Research Methods

in

A

rchitecture

U

rban

建筑·规划·园林
研究方法论

张 波◎著
Bo Zhang

Planning
and

L

andscape Architecture

中国建筑工业出版社

前　言 / Preface

在建筑学、城乡规划学、风景园林学等设计学科中，如何进行研究活动？

这个问题既理想、又现实。理想者，建筑师、规划师、风景园林师总有一种立功而外的立言要求。在现实创作以外，是否存在着可以传于后世的思想？广厦高台、茂林修竹、城池阡陌，这些物质的空间，蕴含了何种认识？如此种种，莫不春风拂面、情怀盎然。现实者，与设计学科学术有关的人员眼下种种需要应付的紧要局面。建筑、规划、园林等学科的硕士生、博士生，如何顺利地完成论文的写作？设计师如何发表论文，晋升职称？设计学院的教师如何确立研究方向，并达到学术指标的要求？如何申请各类研究？如此种种，莫不令人惴惴不安、风声鹤唳。

无可否认的是，设计学科中研究活动的重要性随着设计学科本身的成长越来越凸显。这个以培养建筑师、规划师、风景园林师等实践人才的大领域越来越对研究活动、研究能力呈现一种更高的要求。这种更高的要求不仅来自当今全球日益严重的社会问题和环境问题，也来自设计策划、土地开发、政策制定、环境管理、反馈市民参与等非传统设计师职业活动的需要，更来自设计师群体对自身的意义、角色、技能、前途自发反思的要求。尽管社会上和设计师群体本身对设计学科中研究活动的目的、内容、形式多有争议；但是无可否认的是，建筑、规划、园林领域，研究活动成为一种不可缺少，而且越来越重要的要求。关心学科前途的研究者越来越认识到，一个学科的成熟不仅在于其学科"知识领域"的阔窄厚薄，而且更在于"知识产生机制"、也就是研究方法的多寡强弱。因而，研究活动的开展是建筑学、城乡规划学、风景园林学从技能向学科转变的必由之路。

对于研究活动既要又怕，折射出建筑、规划、园林研究方法的不发达。设计学科的研究方法与设计建筑、规划、园林的技能并不直接相关联。我国著名建筑大师杨廷宝曾经对子女们说："自己很羡慕刘（敦桢）先生和童（寯）先生会写书，可惜自己只会搞设计，书写不好。"[1] 杨廷宝坦陈的这种感受并非孤例，且十分普遍。在笔者的见闻中，时常接触到优秀的设计师，由于不熟悉和掌握设计学科的研究方法：景愿上，对学科发展的方向，愿意思考，但是找不到思路；现实上，导致学业进展（如学位论文写作）、职业发展（如职称评定）等方面的受限、受挫的情况；乃至于排斥、回避研究活动，甚至对本专业失去信心。

1　钱锦绣.建筑大师杨廷宝二三事 [N].金陵晚报，2009-10-23.

在建筑、规划、园林的研究生教育中，研究方法的训练机制并不完善。所谓研究生，顾名思义，就是要从事研究活动；攻读研究生，应该要接受研究方法的训练。但是，以笔者较为熟悉的中美两国研究生教育为例，情况并不乐观。截至2014年，中国大陆的高等院校共设立建筑学、城乡规划学、风景园林学的硕士点30、32、36个[1]，博士点18、13、20个。在中国，这3个专业绝大多数的研究生教育体系中并未开设研究方法课程。从事研究活动的研究者、教师、研究生也缺乏一本相对完善的指导性书籍。在美国，大多数建筑学、城乡规划学、风景园林学的硕士、博士课程计划中开设了研究方法的课程；然而，课程的体系也并不完善，也没有形成一个或者更多的成熟的范本。设计学科仅有的几本研究方法论著虽然有开创性，但是都不尽如人意。

研究方法的不发达有设计学科本身的原因。其一，设计学科本身以应用为根本的，其首要任务是培养为社会服务、从事设计实践的建筑师、规划师、风景园林师；而不是像物理学家、哲学家、社会学家一样的研究者。因而，设计学科的研究传统不如纯粹以研究为目的学科（如哲学、历史学、物理学等）悠远，对研究方法的积累也不深厚。其二，设计学科具有很强的综合性和很广的牵涉面，它既综合了美术、工程、地理学、生态学、物理学、社会学、历史学等多种知识门类；又涉及实践过程中立项、策划、决策、分析、设计、建造、管理、使用、再利用等各个方面。这些"无所不包"的学科内容带来了纷繁复杂的研究对象，也带来了斑驳陆离的认识论和方法论。

在建筑、规划、园林的研究中，不管何种思想、认识、景愿、理解，作为新产生的知识，总有产生的机制。研究方法的目的就是使研究者如何熟悉这些"知识产生机制"，以便更好地创造新的知识。本书的写作基于研究活动的重要性和必要性；也基于"道可道"——设计学科的研究方法可以被认知和讨论的，设计学科知识的积累存在特定的方法和范式。中国古代的学术活动有过分强调直觉性和灵活性的传统，所谓文无定法[2]，文成法定。这种虚无主义的论调很容易在强调创造力的设计学科找到市场。彼得·罗（Peter Rowe）在任哈佛大学设计研究生院院长时（1992—2004年），取消了该院博士生的研究方法课程，他的理由是研究方法是没办法讲授的。而笔者认为：研究方法是完全可以

---

1 这里统计的是通过专业学位评估的硕士点情况，没有参与评估的硕士点数量估计和通过评估的数量相当。
2 [清] 俞樾. 古书疑义举例·叙论并行例[M]. 上海：上海世纪出版集团，2006."古人之文无定法也。"

探讨和讲授的。随着知识积累的增加，探求设计学科研究方法的讨论也需要从自发的、零散的状态到自觉的、系统的状态。结合上面的认识，本书的写作试图回答下面几个问题：

第一，建筑、规划、园林等设计学科的研究方法是否有独特性？在一个以实践应用为主的学科内探讨知识积累的问题，毫无疑问要借鉴以理论为主的学科（如社会学、哲学、物理学等研究方法发展相对完善学科）的研究方法。然而，本书强调，以空间、场所、环境为对象的社会学研究和采用社会学方法的设计学科研究存在着区别。直接套用其他学科的研究方法，既没有解决价值问题，也不能很好地解决实用性的问题。在设计学科研究方法借鉴其他相关学科的同时，应该打下设计学科的强烈烙印，保留设计师的基本价值，挖掘设计专业训练的理论和技能优势，而不是简单地引进其他学科的研究技能。这个问题会在总论部分1、2章详细论述，并在分论中予以贯彻。

第二，设计学科的研究方法是否需要一个系统性的框架？不少设计专业的研究者在没有系统性框架的情况下，也在自己的领域探索了比较有效的研究方法。然而，本书认为一个总括性的研究方法论框架是必要的：它不仅使初学者对学科研究的各种方法鸟瞰性地有所把握，而且便于不同领域的研究者比较借鉴；同时，一个系统性的框架也有利于把握学科的知识积累。这个问题会在总论部分第3章详细论述。

第三，设计学科的研究方法学习应该遵循什么方法？研究活动的目的是创造理论和知识，理论本身就难免抽象，而研究方法作为创造、验证、修正理论的理论，则更加抽象。本书的目的不是对建筑、规划、园林学科的理论作总括式的介绍，而是阐述这些理论的产生机制。因此，希望读者对本学科的主要理论已有一定掌握。本书的写作会强调每种方法的操作性，讲述步骤、诀窍、门槛；同时，也希望将这些操作的原理，即研究方法背后的思想基础、价值观、优缺点论述清楚。另一个特点是多用实例，重点介绍一些中国读者不十分熟悉但是又十分重要的研究实例。这些原则体现在程序论、分论的章节中。

第四，设计学科的研究方法和学科的发展是一种什么关系？既然前面讲了研究方法重要性的必要性，这一问似乎多余。然而，越来越多设计学科的研究呈现放散的态势，产生了大量空而无物的研究，大量方法严格、结论无用的研究，大量没人读、读不懂的研究。在讲求出产量，广泛吸收各学科知识的同时，设计学科方法论也到了需要从单纯讨论方法本身到讨论主题和内容的时候。研究什么、怎么研究，涉及设计学科的重塑，并不是一个容易的话题。本书本着探索的态度，在每章局部性地、尽可能地探讨专业发展相关这个"前瞻性"的问题。

本书围绕相对抽象的研究方法，而不是以具体的研究认识展开讨论，无疑承担着"言之无物"的风险。研究方法讨论的前提在于读者有初步的研究活动体验，并认识到"研究过程"的重要性；不仅如此，读者还需要对建筑、规划、园林学科的理论有基本的认识。本书的结构分成总论、程序论、分论三个主要部分，及第四部分余论。总论部分主要论述研究活动的本体特征，包括知识论、设计学科研究、研究方法的类别和谱系三章。程序论主要论述研究进行的一般步骤，包括确定研究问题、文献综述两章。分论共十章，分别包括搜集材料为主的研究方法五章，即问卷调查法、实验研究法、实地观察法、访谈研究法、文档搜集法；以及分析材料为主的研究方法五章，即定量分析法、定性分析法、历史研究法、案例研究法（综合研究法）、思辨研究法。余论作为第四个部分，论述了研究型设计的内容，即如何在设计活动中发展理论，并将研究融入设计过程。全书正文共16章，划分为63节，又进一步包含有208个小节，尽量覆盖了涉及研究方法的重要命题。读者在阅读时，可按照研究需要选读部分章节。没有任何研究基础的初学者可以先阅读本书的程序论、分论部分；待对研究方法有总括式地了解后再阅读总论部分。对运用任何研究方法的研究者，为建立起系统的认识，整体地通读仍然是必要的。

本书选用了一定量的图片，旨在解释抽象的论述。但是，研究认识本身仍然是抽象的，文字表述仍然是第一位的，希望选用的图片不要造成阅读的干扰。

本书遵循以下体例。第一，引用和注释采用脚注。第二，重要的概念加括号用英文注明。不易查找的外文人名加括号注明外文。第三，引用的部分如来源于外文，由笔者直接翻译成中文，一般不保留外文全文。第四，在正文部分，所有人名均不加称谓，即采用黑格尔、梁思成，而不说黑格尔先生、梁思成教授。为了使人名的身份清晰，会加上身份的信息，如法国作家纪德，明代学者陈宪章。第五，书中的插图在正文部分只列出名称。插图的作者、年份、名称、来源等详细信息附在正文后。

张波

2014年12月初稿

曼西 白河畔

简明目录

Brief Contents

详细目录

Part 1

Research
Fundamenntals

第1编

总 论

第1章

知识论和学术研究

Chapter 1
Epistemology and Academic Research

1.1 研究引论

1.2 理论概论

1.3 设计和研究

1.4 研究的价值和局限

打开本书的读者，都是为了了解设计学科研究的门径。在介绍具体的研究步骤和技巧之前，有必要讨论一下"研究是什么"这一本体问题。对于行动主义者，本体问题的追问总显得多余——就像大多数人说不清楚"人生是什么"，仍然好好地活着——然而，真正的行动者更能感受到弄清本体概念的重要性。追问"人生是什么"的人，人生也常常遇到挫折；回答本体的内容，能使行为更有信心、更有法度。对于研究本体内容的考察，不仅为了化解"不知研究为何"的困惑，也是为了能对研究活动的基本规律有所了解，使研究者的探寻活动更有信心、更加稳健。

对于建筑学、城乡规划学、风景园林学领域的研究者，"研究究竟是怎么一回事"的疑问常常在耳边响起，并不陌生。不仅硕士生、博士生在开题、撰写论文的过程中会问起，而且成熟的设计师和教师面临晋升时会问起，甚至著作等身的研究者也会在回顾主要成就时问起。为什么要求设计师和学习设计的学生从事研究活动、撰写研究论文？从事设计教学的教师花费那么多时间和精力在写什么？做学问、搞研究、撰写论文、发展理论，这些活动有什么意义？它们之间有何联系与区别？设计是一种研究么？设计活动和研究活动的关系如何？

1.1 研究引论

1.1.1 生活中的研究

研究一词貌似堂皇，但并不生僻。在日常生活中，研究一词被广泛使用。在政法机关，常会有警察或者法官说，研究一下某个案件的案情。在外出游玩之前，旅行者常说，需要研究一下旅行的线路。学生毕业，到外地找工作落户，需要研究一下不同区域房屋的价格。在上述三种日常的情形中，研究之所以需要进行，都表明了存在一个尚不清楚、不能一眼望穿的疑问。为此，研究者需要经历一个有目的地钻研和总结的过程，从而找出答案。这个过程大致包括两个阶段：

第一个阶段是搜集信息和材料，有目的地将相关的信息从纷杂的现实中提取出来。这个目的可以是为了找出凶手，也可以是找出最优的旅游日程，还可以是找到最适合的房源。怀着清晰的目的，研究者需要有意识地搜集有用的、相关的信息，比如案件的各种证据和证言、前人的游记和体会、房屋的价格照片和评论地铁公交情况，等等。

第二个阶段是分析信息和作出判断。通过分析判断前一阶段搜集的材料，才能对研究目的作出回应。分析判断的过程包括分类（哪些是自然型或者人文型风景区？哪些是无门票的目的地？哪些是适合家庭或者单身的住宅？）、比较（哪些出租房源距离商业较近，哪些距离地铁较近？）、数理处理（景点、租房的各种好评级别各有多少人？）、技术呈现（刑事案件血样的 DNA？）等。整理和处理的结果与需要探究的问题形成逻辑的链条，从而回应最初设计的问题。当"研究者"定位了可能的凶手、安排了合理的旅游行程、找到了满意的房源，一个日常生活中的"研究"就完成了。

还有可能出现的情况是，查找材料和分析判断的过程不能定位出可能的凶手、不能安排较满意的旅游行程，或者不能找到了满意的房源的情况。这时，一个研究的过程也已经完成：尽管研究的结论是不理想的，但研究的过程是完整的。在这种情况下，要达到事先的目的，"研究者"需要转换思路（选取另外的旅游目的地、定位其他租房区域）、扩充信息来源（发掘更多的证据、阅读更多的游记），从而开启新一轮的研究过程。在日常生活中，类似的研究活动每时每刻在不同的人群中重复进行着。任何研究活动，自觉或者不自觉地，都需要在某个疑问的指引下，完成查找材料数据和分析判断两个阶段。

1.1.2 学术研究的行动、材料、认识

从日常生活语境的研究，我们回到建筑、规划、园林领域，看一下在设计学科内的研究活动。

1）研究行动

图1-1 上: 梁思成一行前往山西五台山（1937年）; 中: 怀特在纽约市进行摄像（1988年）; 下: 建筑学研究生测试实验房的热性能（2003年）

图1-1中展示了三个研究者的工作场景。上图是读者十分熟悉的，梁思成研究小组于1937年骑着毛驴在山西进行古建筑考察的场景。这次考察发现了重要的唐代建筑遗存五台山佛光寺东大殿。中图展示的是美国社会研究者威廉·怀特，他正端着相机在纽约市的人群中记录对公共空间的使用情况。他作为最早运用科技手段对社会空间进行研究的学者，他的工作揭示了一系列"设计优美"而使用情况消极的公共空间。下图展示的是几个建筑学系的研究生在酷暑中测量实验房的热性能，他们正在验证某气候区域特定建筑设计策略的有效性。

这三幅照片展现了设计学科研究的多样性。虽然同是设计学科，但三组研究者的研究对象有所不同：一为研究建筑历史，一为研究空间的社会使用，一为研究物质环境的热效应。三幅照片相同之处在于，它们都展现了设计学科研究者的行动。研究者在研究问题的指引下，通过行动搜集数据和材料。当说到"研究"一词时，我们能够浮现出这些行动的画面，甚至我们也有参与类似研究活动的经历。与破案和找房等等"日常研究"行为一样，学术研究也需要搜集材料的过程。

2）研究材料

图1-2展示了上面三个研究所搜集的材料。上图是梁思成团队绘制的唐代山西五台山佛光寺东大殿立面和剖面，标明了各主要部分的名称，准确地展示了这座唐代重要建筑的形象和构造。中图是威廉·怀特通过观察和叠加得到的纽约亚历山大百货公司的入口人群停留意愿的平面分布图。从图中，我们可以看到路口处百货公司的入口人群的分

布存在着显著的"聚集效应"。下图是热学测量活动的总结，横轴是时间，纵轴是温度，从中可以看到在一天中的不同时间中，实验房内外及其玻璃空腔中的温度变化。

在学术研究中，对于研究材料和数据的筹划、搜集、清理、展示构成研究者的主要工作。日常的研究活动——无论是研究旅游、租房，还是领导研究给员工加工资——通常并没有展示搜集数据的过程。即使研究案件这样"正式"的活动，搜集材料的过程也不见得向外展示。学术研究的报告中，清晰地展示筹划、搜集、清理材料的过程，为研究的可信度和参与性打下了基础。对于知识共同体而言，一项具体的学术研究从研究材料到分析判断的整个过程是透明的。其他研究者也可以通过新的材料搜集过程来证实、修正、反驳既有的研究。正是因为研究材料处于学术研究过程的核心位置，本书的主体内容就是围绕研究材料的搜集和分析展开的。

3）研究认识

在以上的三项研究中，通过对研究材料的分析，研究者获得了新的认识。关于佛光寺东大殿，梁思成团队通过梁架墨迹、碑记、塑像等证据材料的串联，形成了完整的逻辑链，证实该建筑是唐代遗构。梁思成在《图像中国建筑史》中对这座建筑的认识作了更为细致的介绍。这些也构成对于测绘材料（图1-2上）的分析阐释。

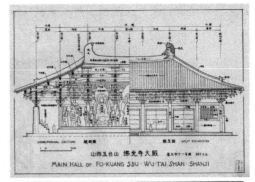

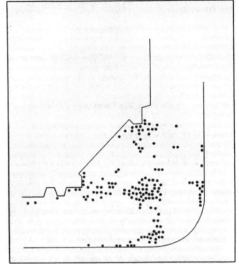

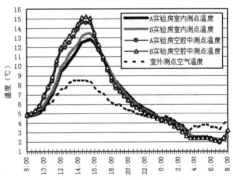

图 1-2　上：唐代山西五台山佛光寺大殿立、剖面图；中：纽约亚历山大百货公司的入口人群停留意愿的平面分布图；下：导热性能的示意图

"现存大殿是被毁后重建的，为单层、七间，其严谨而壮硕的比例使人印象极深。巨大的斗栱共有四层伸出的臂 ["出跳"]——两层华栱，两层昂 ["双抄双下昂"]，斗栱高度约等于柱高的一半，其中每一构件都有其结构功能，从而使整幢建筑显得

非常庄重，这是后来建筑所未见的。

　　大殿内部显得十分典雅端庄。月梁横跨内柱间，两端各由四跳华栱支承，将其荷载传递到内柱上。殿内所有梁[明栿]的各面都呈曲线，与大殿庄严的外观恰成对照。月梁的两侧微凸，上下则略呈弓形，使人产生一种强劲有力的观感，而这是直梁所不具备的。

　　从结构演变阶段的角度来看，这座大殿的最重要之处就在于有着直接支承屋脊的人字形构架；在最高一层梁的上面，有互相抵靠着的一对人字形叉手以撑托脊槫，而完全不用侏儒柱。这是早期构架方法留存下来的一个仅见的实例。"[1]

　　从这段结论中，研究者详细叙述了东大殿比例特征和结构特征，并阐释了曲梁从结构到美学的合理性，而且报告了该大殿作为人字形构架的孤例。而作为少数几座仅存的唐代构筑，梁的评价是"其中每一构件都有其结构功能，从而使整幢建筑显得非常庄重，这是后来建筑所未见的"。

　　对于亚历山大百货公司入口的人群停留情况，怀特进行了如下的解释：

　　"它具有诸多特点：建筑的转角被斜切，从而提供了和街角之间宽敞的区域。入口有18英尺（约5.5米）宽，有8扇对开门……这个入口在功能上运行良好，从未阻塞。它在社交的角度更好。很多人在入口前面聊天。从商店里出来的人常常会在门口停留，仿佛在整理仪容，四周看看，然后再迈步。有些人只是站在那儿——等人，或者吃冰淇淋。图示反映了某天从中午12点到下午1点人在入口前停留的位置。人流最为集中的区域是从商店入口到路边的中段。同时值得注意的是建筑基底的延长线——一条看不见的线界定了人的停留范围。"

　　怀特绘制示意图的意义在于展示了人停留亚历山大百货公司入口的"肌理"。这说明了商业建筑入口应该设计通畅，并且应该在面积上放大。这并不新鲜，很多设计师凭借经验就知道。上面引用的文字则进一步说明了商业建筑入口的两点认识：第一，人停留的原因：寻路、等人、休憩。第二，人停留的范围和建筑之间关系——建筑基底的延长线界定了人的停留范围。这些发现，比起设计师之前持有的观念，更加明确和具体。

　　在上述三个研究中，通过对研究材料的分析判断，获得了超越前人的认识。和日常研究一样，学术研究的成果是认识。梁思成并非佛光寺东大殿的设计者，怀特也没有设计百货公司外环境。研究并没有改变佛光寺、百货公司、实验屋本身的物质形态；所获

1　梁思成.图像中国建筑史[M]//梁思成.梁思成全集（第8卷）.梁从诫译.北京：中国建筑工业出版社，2001：59.

得的是抽象的认识。优化原本一座残破的寺庙，被发掘出建筑结构和风格流变的新信息。原本平常商店门口人来人往的场景，被发掘出空间使用的规律。小小的一座实验房，解释了技术是否适用的规律。这些认识不仅穿透了日常的肤浅的现象，而且比起之前学者对某类现象的认识更加新颖，或更深刻，或更透彻。抽象的认识可以转化为实用的规范、方法，实体环境；但是研究活动本身的目的是获得认识。

上面展现了设计学科的三个学术研究活动特点，其所针对的对象不同，所运用的方法也大相径庭（分别为测量、观察、实验）。它们都反映了学术研究的某些共性：针对确定的研究对象，三个研究都有着搜集材料的行动，都有着明确可以展示的材料整理和记录，都形成了更为深刻的认识成果。三个研究活动的认识达成都经历了从行动到分析，再到认识的逻辑过程。

1.1.3 学术研究的概念

对于研究，《现代汉语词典》的解释是："钻研；探求事物的性质、规律等。"《韦氏字典》对于研究的解释是："勤奋的调查和钻研，特指为了发现和阐述事实、基于新发现修改公认的理论或者规律、应用此类新理论或者新规律的调查和实验。"[1] 学者利迪把研究定义为"一个搜集、分析、阐释信息和数据的系统性过程；由此增加对我们感兴趣或者所关注现象的认识"。[2] 上述的释义各有侧重，但是都体现了两点内容：

第一，学术研究是一个由多个步骤组成的系统过程；这时，研究是动词。和日常生活中泛指的研究（破案、旅游、租房）一样，学术研究一般也具备查找材料和分析判断的基本阶段。研究不仅指代图 1-1 中展示的搜集材料的行动，也包括从无到有的整个探究过程，即是研究筹划、搜集材料、材料分析、判断和阐释的整个过程。和日常生活中泛指的研究不同的是，学术研究需要自行定义研究问题，而不是简单地被一个现实具体问题（具体案件、具体旅游地点、具体租房诉求）驱使。为了获得新认识，研究者需要对某个问题进行文献综述，对前人已有的认识进行梳理。

第二，研究是作为名词的认识成果，即是研究过程所产生的产品。学术研究的终点是产生一般性的、具有规律性的认识；而不是解决日常的具体疑问。从指代的范围来看，研究作为名词可以指代整个知识共同体的认识，但更多的情况下指代某一项具体的研究。研究过程中形成的图像、图示、图表等媒介虽然都形象地展示了研究的某些阶段的成果，但是它们都不能严格地被称为一项研究。研究必须达到认识的高度（图 1-3），形成一般

1　"Research." Def. 2. Merriam-Webster.com Dictionary, Merriam-Webster [OL].[2016-09-04]. https://www.merriam-webster.com/dictionary/research.

2　Leedy, Paul D..Ormrod, Jeanne Ellis. Practical research.[M]. London: Pearson Custom, 2005：2.

图 1-3　石兽鸟瞰巴黎城

化的认识，这些图示媒介才共同形成了研究成果。

本书将学术研究定义为：探索新认识的系统性活动。学术研究的目的在于创造新的认识。从事学术研究，就是需要获得对某一现象的新认识。在建筑、规划、园林领域，这种新认识可以针对设计师的认识需要，也可以针对其他建设活动参与者的需要；可以是具体实用的知识，也可以产生抽象思辨的知识。上面的三个例子中，建筑设计节能策略的有效性研究颇为实用，可以为建筑师在实践中直接采纳。而公共空间使用的规律则较为抽象，离直接转化成风景园林师、规划师可用的设计手法尚有距离，但可能转化为室外空间设计的导则。佛光寺的研究则兼具思辨和实用：既满足了人们认识唐代建筑具体形象的需要，也为现实生活中仿唐建筑的设计提供了样本。实用的知识体现在建造、计算、经济、节能、生物多样性等各个方面，比如，热工性能最优的垂直绿化构造、适应于黏土的雨洪池计算方法、商业形态对于街道商业价值的影响等。抽象的知识，更是意识形态的疑问，体现在历史、思辨、价值观等方面，比如，李诫的生平事迹、美国城市公园发展的分期问题、生态规划设计的价值观等。不论是具体实用的认识，还是抽象的认识，学术研究的成果总要对应着某个层面的认识需求，力争回答某些认识上的空缺；并不是虚无缥缈的存在，也不是可有可无的。在本书后文中，如非例外，所提到的研究均指学术研究。

1.1.4　学术研究的特点

学术研究和"日常"研究都具有过程和结果的要求。而学术研究和我们日常"研究"区别在哪里呢？学术研究至少存在着三方面的特点：理论化的认识、新的认识、开放性的认识。

1）理论化的认识

理论化意味着对某种、某类现象找出有一定普遍意义的答案。从目的上看，学术研究试图回答具有普遍意义的问题，而不是一时一地的具体问题。前文说到的旅游和租房的例子：单次的旅游日程安排不是学术研究，而考察某一类旅行者出行的预期则可能是一个学术问题；单次的租房行为不是学术研究，而房屋环境因素对购房者行为的影响则是学术研究。即使对佛光寺这样的个案研究，也蕴含着唐代建筑面貌的一般性命题。理论化意味着对现象性质、原理、联系、规律的揭示，这是学术研究有别于日常研究之处。

从操作上，理论化意味着研究者需要从纷繁复杂的现实世界中提取出现象。在这种提取的过程中，研究内容（历史信息、空间使用、能量信息）从丰富而具体的生活中（破庙、百货公司的人群、房子）被抽取出来，研究者获得单纯、系统、容易被分析的研究材料（图像、肌理、关系）。理论化的过程超越了纷繁复杂的现实世界，通过概念系统性地提取有限的现象内容，构建出研究者方便分析和切磋的另一个世界（图1-4）。理论

图1-4 插画设计

化的操作过程构成对现实生活的超越和批判。理论化的提取过程也使针对具体事物的考察获得了一般性的意义。在学术研究中，虽然考察对象落脚在具体的一座寺庙、一个百货公司、一个实验屋，但是经由概念提取了单纯的考察内容；这就使得分析判断的结论具有一般性，能够向相同概念的现象进行外推。"普通生活"中的具体探究，虽然有搜集材料和分析判断的过程，没有理论化的目的和操作，不具备一般化的意义，就不是学术研究。

2）待发掘的新认识

学术研究需要获得新认识。在信息时代，人们遇到疑惑试图拓展认识时，首先想到的是运用Google、百度、Quota、知乎等网络搜索工具进行搜索；学术研究者同样可以运用Google scholar、万方、知网等工具进行搜索，从而获得前人的见解。这些可以通过搜索和阅读得到的知识，我们认为是"已有的认识"。而研究活动要寻找的是新认识。学术研究所指的新认识是对于学术共同体而言的——不光对于研究者个体而言是新的，对所有其他研究者来说也应该是新的。因而，学术研究的开展总需要以此时此地的认识水平明确定位研究的意义。前一小节提到的梁思成小组唐代建筑研究、怀特的街道空间使用的研究、建筑热学性质的研究在特定时空下曾经是富有创意的新发现，在现今已经在精度和广度上被后人超越。以新代旧，是学术界的必然现象。搜索工具帮助我们获得已有认识水平的参照；研究者通过研究活动补充、修正甚至推翻"已有的认识"，从而发展出新认识。

学术研究是一个不断创新的产出性活动。知识共同体从来就不是一个固化的物体，而是一个增长体、变化体。学术研究总是针对当时认识中那些不确定的、活跃的、流动

图 1-5　层级累加的工作

的部分。如果把知识共同体比作一副壮观绚丽的画卷，这幅画卷同样是一幅永不停歇的图画（尽管作画的比喻过于平面感，对很多研究活动并不恰当）：画好的部分是已知的、固化的（static）知识；而继续画作的活动则是当下的学术研究（图 1-5）。这种继续作画的活动有可能是在空白处继续作画（研究新的问题、产生新的认识），有可能是将某部分继续描绘清晰（针对原有研究对象的深入认识），还有可能是改画原有的部分（推翻原有的认识）。比如，曾被设计师奉为真理的现代主义宣言随着研究的深入，展现出与大师们所宣称的不同的面貌。有研究者深入研究柯布西耶建成作品的实况，发现劳动阶级并不欢迎工业化的住宅，相反对装饰性的住宅更受他们欢迎。而现代主义大师的经典作品多针对上层阶级，造价极其昂贵。现代主义经典的细部构造不仅复杂，而且粗糙，难于进行快速的工业化。通过这些发现，研究者质疑和批判了现代主义的推理逻辑和设计主张的普遍适用性。虽然这些研究没有推翻现代主义的普遍创作规律，但是极大地加深了对现代主义的认识。又如，在 1970 年代简·雅各布从社会学视角对于城市的观察，打破了原有设计师群体对于现代理性规划城市功能的假说，揭示出城市内部人群使用城市空间的复杂性。不管是哪一类情况，学术研究都应该致力于使模糊的认识变得清晰，使残缺的认识变得完整，使浅薄的认识变得充分，使原有的认识得到修正。学术成果是指知识共同体中那些清晰、添加、改变、修正的部分，而不在于整理那些已经"固化"的部分。作为学术研究的重要前置环节，了解相关的那些固化或者完成的研究在文献综述的阶段完成（本书第 5 章），为论证研究的新颖性提供基础和依据。

　　研究活动探索新知识的性质将研究者与学习者的身份截然划分开来。学习者的身份主要是理解、接受、应用那些共识性的、已经固化的知识，并在应用过程中形成工作技巧。建筑师、规划师、风景园林师职业训练（本科教育）就是学习和应用已有知识，这些固化的知识也构成这些学科的基础。而在硕士研究生及其以上学位的训练中，专业学习者的身份需要由知识消费者转变为知识创造者，需要从无到有地发掘出新的知识。通常听说的"读研究生"这个说法并不准确，容易误导，仿佛研究生只需要在学习期间阅读、汲取足够的已有知识即可。爱好读书只是做学问、做研究的前提。研究的探索活动不同于被动接受活动；相比之下，研究生更应该"做研究"，而不是"读研究生"。正是由于这个"从无到有"地探索新的知识的过程，研究者需要警惕那些关于知识宝库的比喻——研究者并不是去知识宝库中"寻求"宝藏，而是"发掘"和"贡献"宝藏。在中国古代学术中，过于强调传承，"述而不作，信而好古"[1]；过于强调"为往圣继绝学"[2]，而不强调发现、创新。这些观念都需要在研究入门时予以厘清并批评。

和新知相对应的两个概念是公理（axiom）和常识（common sense）。公理是不证自明的；常识是人所不屑证明的。人所共知的常识，或者不证自明的公理都是和新知相对的概念。如果在研究之初，研究者就能够毫无疑问地"预测"出研究成果；这类研究问题多半是常识。有学生说，我要研究建筑是否需要有艺术性的问题。毫无疑问，建筑需要有艺术性是一个放之四海皆准的真理，这些认识已经成为人人皆知的基本常识，不需要进行研究了。这并不是说建筑的艺术性领域就不存在模糊、残缺、浅薄的认识了；更为具体的话题仍然可能成为研究的对象，比如，艺术性和材料消耗的矛盾，艺术形式的具体种类和取向，等等。这也说明，探求新的知识可以在原有的领域中、基于已有的概念，根据新认识的需要，发掘出新的命题。学术研究求新的目的使得研究活动必然是一个小众的行为。学术研究不是向普通大众的科普，行业外的人士必然要有足够的知识积累方才能够理解。甚至在某些情况下，不熟悉特定小领域的专业设计师也要花费一番力气弄明白研究者的研究内容和价值。

3）开放性的理性认识

"夫学术者，天下之公器。"[3] 学术研究创造出的知识是属于全社会的，同时贡献和价值也是公共的，是为全社会服务的。王阳明曾经生动地阐释了学术研究的公共性，他说，"夫道，天下之公道也；学，天下之公学也，非朱子可得而私也，非孔子可得而私也。"[4] 研究者的学术研究是属于公众的认识，孔子和朱子也不能将自己的私见凌驾于公共性的认识之上。由于学术研究的过程和结果开放给所有研究者，接受所有研究者的学习、修正、质询，因而学术研究者平等地形成一个"学术共同体"。每项单独的研究并不是孤立的。在研究共同体的网络中，每一个研究都是对前人的补充或者修正；同时成为其他研究的前提或者参照。发表过的研究成为研究共同体的一部分，供其他研究者阅读、引用、批判、修正。学术共同体的发展和繁荣依赖于个体的参与，以及个体研究者之间的活跃交流。

学术共同体中的学者依循理性展开平等的交流。理性（rationality）是人类形成概念、

1 孔子.论语·述而[M]//朱熹.四书章句集注.北京：中华书局，1983.

2 张载.张子全书·卷十四[M].钦定四库全书·子部一·儒家类.

3 黄节.李氏焚书跋[M]//李贽.李贽文集.北京：中国社会文献出版社，2000.

4 王阳明.传习录（上）[M]//王阳明全集（上）.吴光，钱明，董平，姚延福，编校.上海：上海古籍出版社，2011.

进行判断、分析、综合、比较、推理、计算等方面的能力和共同准则。从材料到结论进行逻辑推断的能力是理性的核心。研究过程中，研究者需要基于逻辑推断进行研究筹划、数据搜集、数据分析的活动，并最终阐释研究结论。在阅读研究成果的过程中，读者同样基于逻辑推断从而理解、认可、评价已有研究的程序和结论。这就要求研究者充足地展示数据材料和推理过程。由于基于理性来完成，同一项研究是可以被不断重复的——不仅数据搜集的过程可重复，推理和思辨的过程也可重复；不仅运用客观研究方法的研究可以被重复，运用主观研究方法的研究也能被重复。在选题的过程中，研究者不仅需要对概念、命题的外延和内涵作出清晰地界定；还需要将研究选题放到整个学术共同体中，评估它和已有研究的联系。在搜集材料和数据的过程中，需要理性地界定研究的可行性与合理性。在研究分析推理过程中和在结论阐释的过程中，需要恰如其分地阐释研究的亮点和意义，力所能及的稳固、可靠、穷尽。作为公共的智力产品，理性的筹划和实施会为研究成果带来严谨、密致、深刻的品质。在学术研究报告（即是通常所说的论文）中，研究者应当详尽忠实地展示研究材料、研究分析、研究结果，以便学术共同体的其他研究者阅读、理解、应用、批评。

基于理性的开放平等交流是学术研究的基础。学术界应该是一个扁平的结构，每个研究者具有完全平等的学术人格。虽然研究者的社会地位有高低，学术影响有大小；但是研究本身的水准并不因研究者的身份不同带来变化。学术研究的进展、知识的积累、认识的加深，都来源于研究本身论证过程的严谨深刻。阅读综述评判其他研究者既有的研究时，研究者应该充分理解，充分体会，实事求是地评价先前研究的贡献。赞扬要切实，批评也要恰当。不误解、曲解其他研究者的结论，不矮化其他研究者的成果。对于有名望的研究者的成果，不可言而无物地赞扬；对于晚辈的研究成果，不可以轻视；对于有缺点的研究，批评不应以嘲讽为目的。理性是学术共同体自律和自洁的基础。一旦研究的理性进入学术研究的环节，抄袭、剽窃、伪造、捏造等学术不端行为就会自然地受到排斥。

理性和同理的基础纠正了古老文明中先知和神灵创造知识的神秘主义倾向，赋予了研究者平等健全的探索人格。虽然研究者的社会身份上有长幼尊卑之别，基于风俗、道德、经历、伦理等形成了不同的社会关系；但是他们在作为研究者的人格上是平等的。他们之间针对具体学术问题的探讨，必须共同遵守理性的规则，这包括学术活动的交流、阅读、引用、质疑、修正等方面（图1-6）。和学术交流理性相对

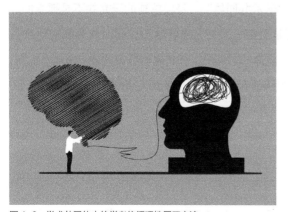

图1-6 学术共同体中的学者依循理性展开交流

的一个概念就是权威。"权威"一词，意味着不容置疑的威势话语，和理性规则背道而驰。研究初学者容易有权威情结：他们所见比较有限，过分依赖前人的认识和"定论"；他们羡慕成功研究者的名望和地位；他们自身不愿意挑战自我认识的舒适区（comfort zone），不愿意通过寻找既有知识中不稳定的、残缺的部分作为研究的突破口。权威情结反映了研究者独立研究人格的不健全：面对规模宏大的建成环境，面对可能的资金吸引，面对强势文化区域的研究、面对流行的研究领域和概念，有权威情结者难免在研究上出现一种屈从心态。权威情结和学术平等的精神背道而驰，是研究入门的大敌。

设计师出身的研究者，尤其需要重视理性在研究中的地位。第一，设计学的感性思维受到理性的检视。由于经历过设计学训练，设计师的思维总是宽泛、跳跃、混沌、复杂、散漫、转瞬即逝，而学术研究的思维应该明确、连贯、清晰、线性、界定清楚、可以重复。设计学中的经典文本，如《走向新建筑》《园冶》等，具有鲜明的散文、散论的特点。这些文本可以作为研究的文字材料，而不是学术研究本身。当设计师的身份转化为研究者以后，需要主动脱离原有松散自由的思维模式；同时注意和学科内散文写作传统保持距离。第二，设计学的图式语言传统需要受到理性的规制。设计师是"视觉动物"，他们的设计草图、图纸、模型、实景，都是以视觉传达和交流为目的的。"一图抵千言"，形象语言具备强大感染力的同时，也过滤了其他环境的重要信息，一定程度理想化了"真实的"环境现象。理性能够补充并且批判图式语言的缺陷。第三，理性意味着研究者思维气质的变化。迈克·芒格尔（Michael C. Munger）提出在研究时，下意识地使用研究者的语气（tone），用这种听不见的声音作为研究的导引[1]。这种语气应该有别于设计师汇报时激情澎湃、略有广告性的语调；也应该有别于故弄玄虚的学究语气；应该主动获得一种平和、客观、严谨的语调。

1.1.5 研究相关概念

1）知识相关的概念

前文界定，研究即是探索新知识的系统性活动。这又引出了"知识是什么"的问题……在从事研究活动的过程中，研究者还会遇到更多和研究相关的概念。这些概念至少包括：

· 知识（knowledge）

· 理论（theory）

---

1 Munger, Michael C. 10 Tips on How to Write Less Badly[N/OL]. Tips on how to write less badly. The Chronicle of Higher Education. 2010-09-06 (10). [2016-04-05]. http://chronicle.com/article/10-Tips-on-How-to-Write-Less/124268/.

·认识（understanding）

·发现（discovery）

·文章（article）

·文献（literature）

·学术（scholarship）

深入讨论研究活动的特点时，有必要将这些概念做贯穿式的解释，也去除掉概念本身的神秘气息。这里需要强调的是，研究（作为名词，即研究成果）和知识、理论、认识、发现等概念，都指向人的认识积累。这些概念都是同义词，可以相互定义，一般可以互换。研究并不是神秘的活动，研究者不必由于这些概念的抽象和宏大感到怯弱。在弄清了一个概念以后，相关概念都是一通俱通。知识和理论都指对现象系统化、一般化的认识，都是对研究成果的描述。学术研究中，知识和理论可以被视作同义词。相比起来，知识更是一个集合名词，比如景观学知识；而理论多用来指代具体的领域，比如新城市主义理论、节能设计理论等。理论既可以指某个领域的所有认识，还可以指某个单独的命题。在本书的后文中，一般用知识指代学科内的所有认识，用理论指代某个局部的认识。发现和知识、理论、认识一定程度上也是同义词；特别之处在于，发现是指新的知识、新的理论、新的认识。知识、理论、认识词汇都可以指代已有的智力成果。因而，好的研究成果应该是发现，两者也是同义词。相比知识和理论这两个貌似高深的概念，本书更愿意用"认识"（understanding）来描述研究的成果。认识一词也更多地运用于单个的研究中。我们说研究需要提出新的认识，即是指认识作为研究活动的最小单位。词典中，对认识的解释是"指人的头脑对客观世界的反映"。这个解释似乎还是不清晰。认识看不见，摸不着，但是"想得到，理解得了"。认识的概念就像设计学科的空间一样，虽然看不见，摸不着；但是能够帮助人更好地理解现象。在空间的概念提出以前，建筑、城市、园林都是物体；而提出这个概念以后，那个物体围合起来"空空"的事物才有了意义，更能发展出诸如空间序列、空间容量、空间维度一系列概念。

另外一些更为具体的概念，文章和文献是认识（或者发现、知识、理论）的载体。研究者一般通过阅读文献来了解吸收已有的认识。研究者的写作中提到文章或者文献，也是指代其中蕴含的认识（或者说发现、知识、理论），而不是纸张或者电子文件载体。文章和文献的不同在于，文章是单体概念，以篇计；文献是集合概念，指代某个知识范围的所有文章。稍值得注意的是，文献只用来指代既有的认识（和将要进行的研究区分开来），所谓文献综述就是对已有的知识进行整理、归纳的过程。学术和研究方法是同义词，因而学术活动和研究过程是同义词。由于现代的高等教育常常将教学、创造性知识运用（设计实践）、交流（会议、讲座等）也归入研究者考核的范围，所以学术活动的范围比起研究的范围要略大一些。

2）设计学科的"类研究"活动

在建筑、规划、园林学科存在着较多"类研究"活动。这些活动通常都发生在学术界，常常被泛泛地纳入到学术研究中；但是它们又不太像典型的学术研究。它们和知识创造的关系长期没有被厘清，有必要细致考察。这些活动是：

- 翻译理论著作
- 编纂作品集
- 编纂设计手册
- 通知和意见
- 编纂设计规范
- 工程设计说明
- 设计评论
- 写作设计宣言
- 总结设计手法
- 访谈业主
- 设计回访

前文关于学术研究的讨论，可以总结为对学术研究的过程判断（1.1.3 小节）和特点判断（1.1.4 小节）。过程判断考察学术研究活动是否具备搜集研究材料、分析判断的过程。特点判断考察学术研究是否为理论化的认识，是否为新的认识，是否为可交流的公共产品。我们通过比较它们的特点是否符合学术研究的要求，判断哪些是学术研究，哪些不是（表 1-1）。

判断设计学科的类研究活动是否为研究　　　　　　　　表 1-1

	过程判断		特点判断			是否有助于设计学科的知识积累
	材料搜集	分析判断	理论化的认识	新的认识	可交流的公共认识	
翻译理论著作	否	否	是	否	是	是
编纂作品集	是	否	否	否	否	是
编纂设计手册	是	否	可能	否	是	是
编纂设计规范	否	否	可能	否	否	是
通知和意见	否	否	否	可能	否	是
工程设计说明	否	否	否	否	可能	可能
设计评论	可能	是	可能	可能	是	是
写作设计宣言	可能	是	可能	可能	是	可能
总结设计手法	是	是	是	可能	是	是
访谈业主	是	是	可能	可能	可能	是
设计回访	是	是	可能	可能	可能	是

翻译理论著作没有搜集研究材料的过程，其认识为原作者已有的认识，并非译者的原创；因而翻译活动不是研究。编纂作品集，无论是刚毕业学生的作品集，还是知名设计师的作品集，均没有判断的过程，也没有得到新的认识，因而均不是研究。编辑设计手册有搜集材料的过程，也会记载理论化的认识；但是没有分析判断的过程，且不产生新的认识，所以不是研究。同样的道理，编纂设计规范没有材料搜集的过程，也无分析判断的过程，同时不产生新的认识（可能编纂规范的依据是某个研究得出的新认识），所以编纂过程也不是研究。依据这个思路，不难判断：各种通知和意见，尽管刊登在专业和学术刊物上，都不是研究。

工程设计说明、设计评论写作、设计宣言、总结设计手法这四种活动都要求一定的文字写作。工程设计说明不产生任何一般化的认识，也无材料搜集和分析判断的过程，因而一定不是研究。设计评论有分析判断的过程，且得到的结论是公开可交流的。这种活动是不是研究取决于设计评论是否单纯的是一个评估的过程；如果设计评论的过程提出了新的认识，这个评论可以被称为研究。同样，写作设计宣言和总结设计手法是否为研究取决于该活动本身的创造力。特别是初学者，如果在没有进行文献综述的情况下，直觉性地参与了这些活动，很可能重复前人已有的成果，产生不了新的认识，就不能被称作是研究。反之，则可以归入学术研究之中。

在设计前期访谈业主和在设计工程建成后进行设计回访，都是设计师工作的一部分。访谈方法、问卷方法、观察方法都是常见的研究方法。然而，研究活动除了满足搜集资料、分析判断的过程特征以外，还需要满足"产生新认识"的内容特征。一般来说，如果访谈业主、工程回访的活动不是为了回答一个理论问题，而是为了具体的设计项目搜集信息，这样的活动也不是研究活动。反之，如果具有理论化的提取过程，则可以归入学术研究之中（图1-7）。

总结了上面的讨论。我们可以得到如下关于设计类研究活动的结论：

第一，并非所有有利于设计学科知识积累的活动都是学术研究。上面列举的所有活动都是设计学科不可或缺的专业活动。然而，很多活动并不以发掘新认识为目的，而出于交流知识（如翻译理论著作）、规整知识（如编辑设计手册）、运用知识（如编写设计规范）等目的；严格来说，这些活动不是学术研究。

第二，学术研究有着一定的门槛设定。这

图1-7 思想者（奥古斯特·罗丹，约1910年）

一门槛就是理论化积累的可能。比如写作设计宣言和总结设计手法等活动，有可能得到新认识，也有可能窘于已有认识之内；这就把研究和非研究划分开来。如设计评论，有可能从批评的视角中发展出新的理论认识；也有可能运用已有的认识，得到一时一地的有用结论，不创造新的理论知识——这就把研究与非研究划分开来。又如访谈业主和设计回访等活动，具备研究活动的程序特征，但其是否为研究还需要看是否产生理论化的新认识。

第三，学术研究有着完整的过程。一般来说，学术研究都有着研究筹划—搜集材料—分析判断的基本过程；换言之，学术研究的认识都是经过研究者挖掘、推理而来的。那些没有研究过程、来路不明的认识和理论是否为学术研究，就值得怀疑。

第四，一般性的编纂工作在学术研究中的地位会下降。当代的信息技术和文本编辑技术使得材料的保存、传输、编纂活动越来越便捷。在这个背景下，编纂集成工作虽然仍然具有很重要的基础性；但如果缺乏明确的研究问题、不产生明确新认识，从认识积累的角度，这类编纂活动会变得越来越不重要。

1.2 理论概论

在第 1.1 节，我们了解到学术研究的目的就是发展出新的理论化认识。理论一词虽然总被提起，但总散发着一种抽象、冷峻的气息。在设计学科，更为人所熟悉的是诗意的空间、动人的形态、闲适的场所这样一类看得见、摸得着的形象化存在；一旦说到把设计学科的形象事物理论化、抽象化，总感觉是如水中探月，令人难以捉摸（图 1-8）。然而，学术研究正是以理论的产出为目的。

理论一词不容易理解，不仅由于它抽象，而且由于它被用在不同的语境中。这些语境暗示了理论的不同形态：有时十分广泛，有时十分具体；有时指向一种视野，有时又指向具体的认识；有时是一系列认识的集成，有时又是资以研究操作的工具。为使理论的概念更容易"捉摸"，研究操作的逻辑更加顺畅，本节对理论的构造、发展、分类等方面展开讨论。

图 1-8　形而上的静物（乔治·莫兰迪，1918 年）

1.2.1 理论的构造

1）理论角度和概念

佛教中的禅宗曾经有一个关于"角度"的故事。禅宗讲求直指人心，见性成佛，以心印心，不立文字。曾有故事记载，禅宗六祖慧能说，佛性是天空的明月，佛法经文是指月的手指；手指可以指出明月的所在，但手指并不就是明月，看月也不一定必须透过手指。慧能形象地说明了理论的角度指向作用。理论并不能代替现象本身的存在，却能帮助我们在不同的层面上更好地理解现象。就"看月亮"而言，明亮的月亮就在那里，依据基本的生活经验恐怕只能看到大大的圆盘。而经由不同文化的指引，人们会看到月亮上的纹样；经由天文历法专家的指引，人们会了解月亮盈亏的变化情况；经由物理学家的指引，人们还会运用万有引力定律认识到更多月球运行的内容。月亮仍然在那里，没有变化；经由不同理论的指引，人们才会认识到月亮的纹样、盈亏、运行等不同的内容。

就像指月的手指一样，理论必须基于确定的认识角度，对现实生活的内容进行选择性地规定和考察。图1-9中的建筑工人从纽约市伍尔沃斯大厦楼顶的外壁上可以获得鸟瞰纽约城的角度。这种角度下，呈现出俯瞰的建筑屋顶和建筑立面、城市的街区格局；同时，这种角度看不到街道上的行人与活动，也看不到建筑入口设计、建筑内的办公情况、建筑的出租情况，等等。研究对于现象的考察角度，也呈现出基于特定角度的提取机制。比如，对于佛光寺东大殿的风格考察借助于建筑设计的角度。这种角度提取出纯净而清晰的建筑尺寸信息；考察经历中所见的蝙蝠、积垢、荒草都被过滤掉了（见图1-2上）。纽约亚历山大百货公司入口研究的考察角度是人的停留行为，这种角度将建筑的具体形象和人的具体形象都过滤掉，而只是以圆点保留了人停留的位置信息（见图1-2中）。在建筑双层皮实验屋的研究中，考察角度是建筑部件的导热关系，所有可见的内容都被过滤掉，而只留下能够被仪器测量的温度信息（见图1-2下）。

概念是理论考察角度进一步稳定化的产物，将事物或者现象的关键性因素系统性地表达和提取出来，从而事物这一方面的特质更为彰显。运用概念是一种观念思维过程，概念就像一个筛子，

图1-9 建筑工人从纽约市伍尔沃斯大厦上的观看角度（1926年）

把非概念所指的"无关"特性都筛去。比如"比例"这一概念，将物体边长的倍数关系和二维构图美学联系起来。我们提到一个立面、平面，或者截面的比例时，实际已经将立面、平面，或者截面的色彩、材质、尺寸、阴影关系等"无关"特性都筛去了（图1-10）。

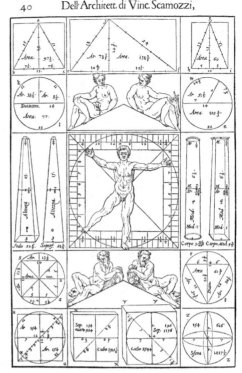

图1-10 建筑与比例（1615年）

研究者借由概念提取出有异于"现世世界"的理论世界，极大地扩展了"现世世界"的内容和深度。在现实世界中的人们不会去专门计算建筑立面边长之间的比例，也不会站在商店外毫不间断地观察人群。在这个意义上，理论就是一种"讲究"。正是由于概念，使得这种"现世世界"中看不到的"理论世界"被"看到"，而且其中的一般性、规律性的内容凸显出来。在建成环境的诸多理论概念中，有些反映的是肉眼可见的形象内容，比如，比例、密度、尺寸、色彩、材质等；还有些概念并不指向形象内容，比如，满意度、舒适性、温度、健康、节能、经济性等。这些概念共同扩充了"表层"而现世的建成环境内容，使研究者的考察能够达到特定的深度和广度。在理论化的过程中，研究者需要从单纯的形象思维转换到概念思维，从一事一地的具体思考转换到普遍性的规律思考。建筑师、规划师、风景园林师执业面对的工作对象不仅具象（设计看得见摸得着的空间和环境），而且具体（总是基于特定的场所和客户要求）。因此，概念思维常常构成对有设计师背景研究者的挑战。设计师出身的研究者对于非形象概念所构建的理论世界，需要予以较多的关注。

概念为认识世界带来系统性和普遍性。经由概念提取后的理论世界由于其特性单纯，所以能够在内部进行分析。比如，比例的概念不仅极大地方便了描述立面、平面、空间的构图关系，而且使得构图元素相互关联的描述精准化。基于比例这一概念，数学家和哲学家提出了黄金分割的概念，并试图通过经验总结、哲学思辨、列举实例等多种方法来证实黄金分割是建筑和艺术中最理想的构图方式。研究者起始于一个特定的考察角度，将研究对象从纷繁混沌的现世世界中提取出来，获得单纯、丰富的考察内容，这便是概念带来的系统性。研究者通过一系列的思辨、材料搜集、分析判断，力图确定概念建立的理论世界和现世世界更为广泛、更为精确的对应关系，这便是探求概念的普遍性。

2）理论的意义

理论的全部意义在于认识的提升。在上文的举例中，指月的手指们并未改变月亮本身，但却能从纹样、盈亏变化、天体运行等方面带给我们超越日常模糊感官的、新颖的认识。在被赋予理论意义之前，五台山脚下的佛光寺不过是偏僻的山野破庙。而当梁思成团队运用年代学的理论角度对它进行考察，佛光寺实体没有改变，而获得了中国唐代大型木构孤例的意义，佛光寺既存构件的形态、尺寸、搭接关系也具有了反映历史信息的价值。理论就像照进现世世界的光芒，让运用它的研究者将之前并不清楚的内容看得清楚明白。

我们常常听人说，理论是"虚"的。从形态上来看，理论是抽象的认识，并不是具体的实体，也不改变实体本身；"虚"的说法是对的。但是，这并不意味着理论是虚无缥缈、可有可无、可以随意变更的。从对象上来看，理论有着明确的内容指向；从价值上看，理论带来切实的认识提升——这些都不是"虚"的。理论于路人不过是抽象的文字符号，而对于会心者却有"于无声处听惊雷"的触动。

理论的价值一旦为实践者认识到，认识的提升能够带来改变现实的行动力。这时，理论不仅带来对观念的触动，也带来行动的改变。比如，建筑风格的探究不仅仅满足我们认识建筑外观的要求，也能为希望追随某种风格的建筑设计过程提供切实的指导。绿化率的概念本身是为了反映土地上的植被覆盖情况，但也能为规划建设的管理过程所使用，对建成区的生态方面进行管控。总的说来，理论对提升认识的价值是第一位的、根本的；认识的提升也会带来行动力，成为设计学科改造世界的依据。

1.2.2 发展理论

1）理论生长与理论范畴

理论一词常常被不必要地赋予过于崇高和积极的含义。有一句常常被人挂在嘴边的话，"用理论指导实践"：暗示所有的理论都是权威、固定、有效的。这种语境中，理论仿佛是管够的"速溶咖啡颗粒"，冲到实践中就能成为好的饮品。英文语境中，理论一词在很多情况下暗示着一种学说尚在逻辑建构阶段。英语说某项命题"只是一个理论"（It is still a theory），意味着只是一个命题：一个说法、"提议""假说"，需要给予支撑、证明或者证伪。开展学术研究的前提是，理论的范畴是不稳定的，理论发展过程是开放的。遵循特定的逻辑和规则，研究者对前人认识可以补充和累加，也可以否定和纠正。相比之下，中文的"学问"一词更为切中，反映出发展理论必须经过认识（学）和质疑（问）

的过程。研究的开始，研究者必须怀着发展理论的目标，发挥概念思考的主动性，去寻找那些可能不完整的、不稳定的、不完美的、松动的、模糊的认识；或者质疑那些看似完整、稳定、完美、牢固、清晰的认识，作为研究问题的来源。一般来说，发展理论均要借助于命题的构建。

从指代的范围来看，理论一词有两种的含义：第一，作为考察角度的范畴；第二，作为认识命题的集成。研究初学者要注意区分。第一，理论作为考察角度的范畴，我们常常听说，提出某某理论，基于某某理论，都是这种情况。比如，根据女性主义理论对苗族民居的家庭空间进行考察；研究基于环境行为学理论，对医院的候诊空间进行考察，等等。这种语境中的环境行为学理论抑或女性主义理论，构成了进行研究活动的特定视角。理论指代考察角度和与之相关的意味着假设、方法、手段、过程、标准等连贯的系统，大概可以等同于"范式"（详见本书第 3 章 3.3.2 小节）。第二，理论作为认识命题的集成。我们常常说，丰富了某某理论，深化了某某理论，发展了某某理论。比如，研究发展了生态社会服务理论；或者，研究进一步界定了公交导向开发理论的适用范围。这里所说的理论，是作为知识积累的形态，是一系列具体认识的集合。在这种语境中，理论就像一个仓库一样，不断地包含容纳新的认识。总之，理论可以指向认识范畴的"筐"，也可以指向是范畴内认识的"果"。

2）理论命题

命题就是在特定的理论"筐"中填充更多的认识"果"，通过在概念视角下发展出对象更多方面的描述和判断，从而使得理论更加富于深度、复杂度、健全性、确定性。作为理论大厦的基础，概念只是理论大厦的第一步；大多数情况下，提出一个概念不能解决所有的认识问题。概念下的具体命题构成了理论的具体组成部分。比如，"高铁新城"概念提出高速铁路对于新城发展的动力来源。然而，高铁对于城市建设的促进作用有多大？高铁新城应该建成多大规模？高铁站以及新城应该距离老城多远？这些具体命题并不能由"高铁新城"概念来回答；相反地，在提出"高铁新城"概念后，预示着更多的待解疑惑。通过研究者提出命题、搜集材料、分析判断，高铁新城的理论也更加健全、深入、实用。在学术研究中，崭新的理论角度是相对稀缺的。研究者针对特定的理论范畴提出更多的命题，通过论证过程获得更多具体的认识，这是发展理论的基本途径。

在特定的理论视角下，构造出明确的命题是推动认识前进的最重要动力。构造命题提出了更多明确的考察方面和内容，就像编制网络一样，使得理论的构建复杂化、具体化（图 1-11）。对于研究者而言，命题构建指出了研究的具体内容——"高铁站以及新

图 1-11　不同角度理论语境的隐喻——横滨艺术装置（numen/for use, 2013 年）

城应该距离老城多远？"在研究命题的指向下，研究者通过抽象、演绎、归纳、反例等手段，在思辨的层面上论证命题的合理性；或者通过观察、访谈、问卷、实验、文档等实证方法在现实中查找材料和分析判断论证某个命题。不论是从思辨的角度还是从实证的角度，研究者从提出命题到论证命题都是使命题更加确定和有效，更加有力地揭示现象的性质、原理、联系、规律，等等。

3）理论命题的构建

发展理论要求发展明确的命题。发展命题不是自然发生的过程，需要研究者主动的智力劳动。构造命题可以基于两个来源：

一种来自于观念上的联系，研究者将某种理论概念运用到对象和设计建造有关的特质中。建筑、规划、园林等领域的研究者关心建成环境的尺寸、容量、投入、层次、使用、绩效等方面的问题，命题的构造也可以围绕这些方面展开。同时，对于一些具体命题，在于不同类型、区域、人群、文化等方面的扩展，也带来更多的命题形式。概念的光芒原则上可以照射到认识相关的内容和方面（图 1-12），研究者原则上可以通过观念上的推导发展出无限多数量的命题。这种策略保证了可供考察的命题的数量，但是存在着滥用的风险。也就是说，研究者观念上发展出命题可能缺乏错综性、迂回性，而只是已有概念的一望就知的"穿透性"推导。这些命题恐怕对于理论的深度、复杂度、健全性、确定性、边界等贡献有限。因此，运用这种策略的研究者需要抛弃掉那些缺乏前途、兴味索然的命题，而保留能够推导出最关键的节点和方面的命题。

图 1-12　借助概念的光芒考察事物

另一种是从经验中构造，研究者从

具体的现象中结合概念发展命题。从自身的生活经验中，研究者不满足现象的表面，而愿意探求现象的机制，通过联系理论而将具体现象变成具有一般性的命题。一般来说，理论角度容易被理解，聪明的研究初学者可以在头脑中不断进行演绎发展；而生活经验需要长期有意识地积累，这需要研究者具备理论意识的积累。这一来源不仅要求研究者确定合理的抽象层次，对现象中抽象提炼的能力，也需要研究者命题表述能力。

理论命题的构建可以千千万万，而论证的时间和精力是有限的，因此，命题必须是有所选择的。学术研究追求新的认识，认识的积累并不是像工农业生产中简单的量化产品积累，需要研究者构建的命题不是那些一望就知、可以预见的"穿透性"问题；而是那些具有错综性、迂回性的问题。"穿透性"问题是依据已有概念可以简单推导的命题，并没有加深或者扩展既有的认识。比如，针对"2+2=4"的概念，研究者可以发展出"2只鸭+2只鸭=4只鸭"的命题，"2+2=4"的概念依然成立。新命题"2只鸭+2只鸭=4只鸭"属于可以预见的"穿透性"问题，从概念到命题是简单的运用关系，理论深度和边界并没有变化，不是扩展理论所需要的命题。又比如，在步行环境的视角下，我们通常认为适合的步行距离是五分钟，很多的城市设施和功能围绕这个指标展开。当这一命题运用到具体的类型和区域时，可能会引发一些讨论：由于目的地不同（餐厅、学校、医院等），人们对于步行距离远近的容忍程度是否会不同？在寒冷地区的冬季，人们是否由于难以忍受严寒而难以忍受五分钟的步行距离，或者希望通过多走路来取暖？上面的讨论显示出"五分钟步行适宜距离"不见得是一个"穿透性"的概念，在不同的类型和区域还存在着一些错综性、迂回性，因而这些命题能够成为有研究价值的研究问题。总的说来，不太高明的研究者盲目地、随意地在任何类型发展命题；高明的研究者更愿意去挑选关键性、特质性的案例发展命题。不太高明的研究者仿佛"无辜"地质疑理论概念的普遍性；高明的研究者能够一眼看穿理论的穿透性，而不愿花费无用的功夫。不太高明的研究者沉迷在已有的模式下无穷无尽的测试；高明的研究者尽可能地通过关键命题寻找理论的边界和悖论，获得有异于原有概念的新认识。在特定的理论角度下，命题可以不断构建，命题数量可以达到无限多。研究者需要谨防思维懒惰，看似勤劳地按照已有的角度、模式、讨论去"重复制造"一些老套的命题；不如主动地筛选掉那些老套的、陈旧的、可预见的命题；保留那些重要的、枢纽性的命题。当然，研究者发展命题的眼界、品位也是逐渐积累的。

1.2.3 理论的分类

理论分类是为了更好地了解理论。不同的理论分类方式不仅突出了不同类型的特征，而且勾勒了理论的范围，明确了理论的服务对象。

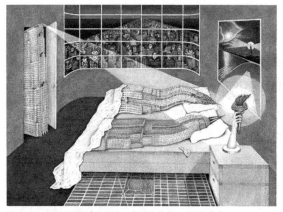

图 1-13 被抓现场（马德隆·弗里森多普，1975 年）

第一，按照和设计活动的关系，可以分为狭义的（1）设计理论和广义的（2）建成环境理论。在设计学科中，最初的理论仅包含指导设计过程完成的观念，这就是设计理论，最直接的就是设计风格和设计方法的探讨。设计理论只研究设计活动本身，其读者也已限定在设计师群体中。传统的理论家都持这种观点[1]。比如，建筑理论主要指向和建筑师设计活动直接相关的理论集群，巴洛克设计理论、后现代理论，等等。广义的建成环境理论容纳了"设计相关"的建成环境现象，除了设计活动，也把"设计相关"的文化、物质、社会、历史的各种认识纳入，广义的设计学科建成环境理论研究者和读者除了设计师，也包括设计师以外的声学专家、地理学家、热学专家、社会学家、历史学家、生态学家等几乎一切的"相关领域"。他们不仅将研究方法和技能带入到设计学科中，也带入了不同于设计师的视角和价值观念。在本书如无特殊情况，理论一词取广义的含义，面向所有"设计相关"的建成环境现象的认识（图 1-13）。

第二，按照现实应用前景，可以分为（1）实用性理论和（2）原理性理论。按照研究对象的不同，可以有广场设计理论、摩天楼设计理论、小区设计理论、生态设计理论等。按照设计学科的分野，可以分为建筑理论、景观理论、规划理论。这些分类都比较容易理解，这里不赘述。

第三，这里主要讨论的理论分类是从研究方法论的角度，基于对于研究对象认识和解释的差异，分为描述性理论、机制性理论、探索性理论。这种理论划分带来了理论命题形式和趣味的不同。对于研究者而言，弄清这些分类可以更好地构建理论。

1）描述性理论

描述性理论以系统地呈现现象为目的，以此带来认识的提高。从全国城市吸引投资的分布，到非正规流动摊点的分布、假山叠石的设计和施工过程、偷盗案件在不同时间和地点的分布规律，再到某流域民居建筑风格的历史变化等，通过特定角度对现象重新

---

1 比如：Contandriupoulos, Christina. Francis, Harry Mallgrave（eds）. Architectural Theory: Volume II an Anthology from 1871-2005[M]. Hoboken, NJ: Blackwell Publishing, 2008；Kruft, Hanno-Walter. History of Architectural Theory[M]. Hudson, NY: Princeton Architectural Press, 1994.

描述的认识构建都属于描述性理论。描述性理论将研究对象某一方面的事实特征抽取出来，系统性地呈现事实，从而触动人们对现象的再认识。描述性理论设定以系统的记录和呈现为最终目的；并不试图对现象出现的原因和影响作出推测。纯描述性研究的立场意味着，研究者可能并没有足够的材料对研究对象和相关事件的关系（原因、影响）作出评估；也有可能研究者专注于对现象的呈现，而不生出其他的旁枝末节。描述性理论对于现象的认识体现在角度、条理、见解三个方面。

第一，从现实生活的现象到系统的描述性理论，研究者需要选择合适的角度。这一角度指导完成具有厚度的材料搜集，最终组织材料完成系统描述，形成对于现象的理论提炼。不论是存在千年的佛光寺东大殿，还是当下新农村改造的浪潮，现象的芜杂存在和清晰深刻的认识永远隔着鸿沟。同一个场地，基于儿童友好的视角、商业活跃度的视角、参与者身心治愈的视角，其考察对象和内容是大相径庭的。

第二，描述性理论依赖条理系统地展示隐藏而复杂的"深度事实"。描述条理是从现象中过滤性地提取考察内容的标尺，其本身具有特定的精度、广度、复杂度等。运用稳定、明确、统一的条理，意味着考察内容能够形成系统。考察的条理通常针对对象所具备的不同方面的特征。比如，对于古建筑的描述性考察，除了以年代的考察作为维度，还可以以立面构图的比例、斗栱形制、梁架样式等作为条理，获得描述性的内容。再将这些内容运用纵向（跨时间）和横向（跨区域）的条理进行分析，又能获得更为确切的"描述性"认识。又比如，某研究以描述"锻炼人群如何选择健身环境"为研究目的，研究者采用不同的锻炼种类可以作为区分和比较的维度；不同的人群也可以作为区分和比较的维度；不同的季节也可以作为区分和比较的维度；等等。描述认识的成果，可以是以人群为结构标示出不同的地点，可以以运动的种类呈现不同场地的特征，还可以在时间轴线上呈现不同地点的锻炼热度，抑或是在地理平面上显示不同运动的热度。这些条理之间还可以形成交叉的关系。一旦研究者明确了更为复杂的内在维度，更为复杂而系统的描述性认识便可以预期。

描述性研究的条理直接指导着研究者的材料搜集——测量实物、查找文档、分发问卷、进行访谈等活动。对于同一现象，常常有着多种用来完成描述的介入角度。比如上述的人群选择健身环境研究，研究者可以对人群的问卷调查（通过人群主观信息完成描述），也可以对不同空间的锻炼情况的观察（通过研究者自己对客观场景变化的观察完成描述），还可以搜集各种社交平台参与者对锻炼行为的自我报告（通过整理分析已存在数据完成描述）。这些不同的材料来源，分别构成描述现象的角度和精度，可以分别或者共同地完成对现象的描述。

第三，描述性理论的见解需要具有深刻性。研究初学者很容易将描述性理论和研究数据汇编混淆起来，低估了描述性理论的认识作用。对研究对象的判断、甄别、比较，也是描述性理论的范畴。比如，城郊农业观光园的节假日和工作日客流差异有多大？使用小区公共空间的人群年龄层次分布是怎样的？在这些命题中，研究者通过描述性材料的归类、比较，才能发展出具有观点和态度的新认识。有些描述性理论由于其维度的清晰指向（图书馆自习室在不同时间的使用强度研究），会有一些解释性的意味（以时间作为突破口来认识强度变化的原因）。

2）机制性理论

机制性理论是指研究是试图探索研究对象机制的理论。比起描述性理论只针对一个对象，机制性理论会同时针对至少两个研究对象：一个处于原因端，一个处于结果端。作为设计学科研究对象的建筑、城市、景观等，在机制性理论中可以处于结果端（比如，钢铁冶炼技术是如何影响芝加哥高层建筑的发展），这种研究被称为解释性研究；也可以处于原因端（比如，高铁站在城市中的布局是否影响城市经济发展），这种研究被称为影响性研究，或者评估性研究。无论哪种情况，研究者需要发现两个以上现象，并且试图建立因果联系。由于机制性理论对于事物间影响机制的解释，更能揭示现象之间的联系，因此有研究者认为机制性理论更接近"理论"。同时，根据机制性理论，人们能够通过施加对原因端的因素（如，调节绿地的分布和设计特征），获得对良好的现实效益（如，促进更为广泛的锻炼活动），从而获得理论改善现实的行动力。对于设计学科前人提出的诸多设计策略，研究者可以在建成使用的环境中通过实证的材料搜集予以验证，形成坚实的机制性理论。机制性理论对于认识的加深体现在构造和解释力两个方面。

第一，就机制性理论的构造而言，有开放的构造（比如，中国建筑为何采用木材作为最主要的建筑材料；或者，都市社区花园对社会交往有哪些影响）；还有封闭的构造（比如，行道树的有无是否影响了行人的步行意愿）。很显然，开放性构造的机制性理论中因果关系的一端（原因或者结果）是比较模糊的。其研究活动一般集中在尽量多地穷举出因果关系的未名一端（比如上面例子中，造成中国建筑用木的诸多可能原因；或者社区花园对小区交往影响的诸多结果）。因而，开放型构造多采用归纳推理。

封闭的构造命题由于十分明确，因果关系的两端都十分明确，回答这类命题可以用"是"或者"否"来完成。有人也把这种封闭的命题称为"假说"（hypothesis），等待数据搜集和分析从而证明或者证伪。这种逻辑称为演绎推理。比如，锻炼人群对健身环境的选择是由于距离的远近，还是环境的吸引力，抑或是健身活动的适应程度？这些影响因素，究竟是共同作用，还是分别作用？如果是共同作用，原则上来说，任何一个研究对象可以发展出无穷多的关系命题（图1-14）。构建机制性理论不仅需要建立两个以上事物的联系，而且需要从万千的关系命题中筛选出值得研究的那些。研究者需要自问的是，机制性理论这种可能的联系有价值吗？它真的是我想解释的现象吗？这种解释活动能够创造出新认识吗？还是只能得出不疼不痒的"常识"？

图1-14 富勒正在考量复杂的结构联系

第二，不同机制性理论的解释力有所不同。逻辑学告诉我们，因果关系存在着充分和必要的差别。因而，"因为甲，所以乙"可以进一步明确为"有甲就一定会有乙""有甲才会有乙""没有甲，则没有乙"等不同的因果关系。如果因果关系能够具备未来的预期性，则解释性研究同时也是预测性研究（predictive research）。除了严格的因果关系以外，还有一种相关性关系（correlation），用来描述相关但是因果关系未明的现象。

不同机制性理论的解释力有所不同。一般来说，自然科学范式要求最为严格，社会科学范式其次，人文学科范式最次。自然科学范式中，仪器或者实验室等方法能够将研究对象的物质特性隔绝出来，同时将处于因果关系的影响因素的前后关系准确界定。在很多情况下，自然科学提供的准确性还会对机制的数学关系（正比、反比、幂数）进行描述，因而我们可以说实验"证明"了某种机制。我们常见的建筑物理研究、水质研究、城市风环境研究、景观生态学研究，都处于这一范式之下。而在社会科学的范式中，由于其研究对象是人，人各个不同，人的观点和活动受到多种因素的影响，难于被从事实中分离开来，并且在社会中，又会接受来自各方面的影响。常见的社会科学策略是通过较大数量的个体观察、问卷、实验等，找出可能的分布和联系。因此，很多学者声称社会科学并不能证明理论（prove a theory），而只能为理论提供支撑（support a theory with evidences）。比如，上述人群选择锻炼空间的研究，就是处在社会科学范式之中。由于社会科学领域研究对象之间关系的复杂性，在数据上显示相关的现象并不一定具有因果关系，特别值得研究者注意。最著名的莫过于雪糕销量和溺水人数之间的关系。研究数据表明，夏天溺水人数随着雪糕销量的增长而增长。这是否意味着雪糕销售是的溺水原因呢？甚至说，我们是否应该通过限制雪糕的销售来减少溺水事故呢？显然都不是。正确的因果关系是：天热了，因而雪糕销量增加；同样因为天热，游泳的人数增加，因而溺水事故会增加。溺水人数与雪糕销量均增长，但两者是同一个原因的不同结果，两者之间并没有因果关系。在复杂的社会现象中探求机制性理论，特别需要注意这种实质因果的判断。在人文学科中，机制性理论所要求的解释力相对最为薄弱。比如，试图解释一座古桥的建成，可以从社会风气上找原因，也可以从建造技术上求得线索。可以作参照的是同时代、同类型的桥梁，也可以从桥梁的当今测绘上进行推测。又如，从设计者的时代、教育、工作经历、游历、言论、信件、著作、交友等角度解释设计风格变迁，是人文学科的常见角度。这些角度显然并不是封闭的命题，也不是充分必要的因果关系。比起自然科学和社会科学对于机制性理论的要求，人文学科要求的是相关事实的呈现相对零碎，系统性要低一些；但是，这些解释维度提供了解释的丰富性。人文学科的机制性理论对人的阐释作用相对会加大。当然，人文学科机制性理论仍然要求研究者尽可能地找到解释力强的材料。

3）探索性理论

探索性理论，是指在某个研究领域形成之初对一般化认识的总结。这些总结由于处于发轫阶段，往往研究对象并不清晰，研究方法比较混杂，研究和实践之间关系含混，甚至研究逻辑并不强健。正是基于其并不是完美的形态，这类研究的成果被称为"探索性理论"。探索性理论并不是一种健全的、可以和前两种理论并立的理论类别。从内容指向上看，探索性理论可能包含描述性内容，也可能包含解释性内容，还有可能是对某种概念的界定、对某种思潮的批判、对某种价值的阐释、对某种愿景的铺陈。

之所以要将这一类理论单列一类，并非是一种权宜之计。第一，这一类探索具有开创研究领域的意义。如果说前述的描述性理论和机制性理论均要求对现象进行较为完备的考察，那么探索性理论是"发现现象"的理论探索，往往能够开创新的领域。

图 1-15 《走向新建筑》（法文版，1928 年）书影

第二，建筑、规划、园林学科是以指导行动为核心的学科。这类学科着力于对未来的探索，欢迎操作性的内容。比如，勒·柯布西耶的《走向新建筑》（图 1-15）就属于探索性理论。柯布西耶敏锐地发掘了工业时代的特殊美学，并将其转化为建筑设计的构想、愿景和法则。由于柯布西耶的"新建筑"还只是停留在构想的阶段，并没有成为现实生活中的实在现象；因而这一理论并没有搜集材料和分析判断的过程，不能简单地归入到描述性理论或者机制性理论。对于科学学者而言，柯布西耶的理论甚至还算不上理论构架，因为柯布西耶谈论的是并不存在的事物。探索性理论的题名赋予了设计学科探索性思辨一定意义上的理论合理性。

第三，探索性理论由于其初创，往往受到其学术严格性的诘责，包括：认识结构的不健全，概念不清晰，缺乏实证材料的支撑，等等。因而，探索性理论往往难于在优秀的学术刊物发表。近年来，随着"科学化"的浪潮，设计学科学术杂志发表的探索性研究也呈现直线下降的趋势。这种现象来自探索性理论的固有使命和特点，在古今中外著名的研究者身上都发生过。因此，研究者在进行探索性理论的建立时，考虑这种可能的风险。本书的主体内容部分关于探索性理论的建构，集中在第 15 章思辨分析法和第 16 章研究型设计的讨论。

1.2.4 理论的进化过程

为方便理解理论的生长，笔者提出了一个理论成熟过程（图 1-16）。在图中，横轴代表理论性 – 操作性的维度，纵轴代表批判性 – 解释性的维度，纵横两轴划分为四个象限。右上方象限同时具备操作性和理论完备性，此时某个设计领域发展出成熟的设计法则，代表理论成熟的状态。左下方和右下方的象限分别是新的理论呼声和新的实践状态。这些阶段，人们分别从认识和操作的方面试图探索新模式，试图反叛脱离旧有的模式。由于它们尚在批判的过程中，均不完善，所以将它们分别命名为"范式变化的宣言"和"零星的实践"。虽然理论和操作常常相互促进，但是两者具有不同的出发点。一般设计师从零星的实践出发，最为天才者归纳整理为范式变化的宣言，就像上文中提到了的勒柯布西耶和麦克哈格等人。从理论出发，最为典型的路径就是以麦克斯·霍克海默（Max Horkheimer）为代表的法兰克福学派，其代表的思想是"批

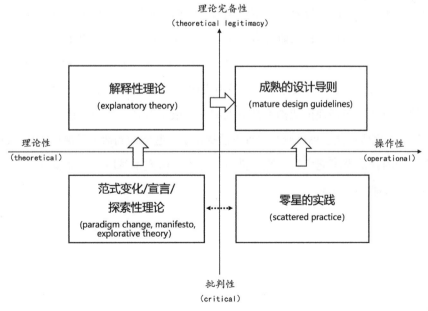

图 1-16　理论的成熟过程

判理论"（critical theory）。批判理论与其说是一种严格的理论，还不如说是一种理论习惯：要求研究者深刻批评和改变社会，以达到未来理想社会为根本目的。显然，学术界最为常见以研究当前现象为主的描述性理论和机制性理论在这里都不适用了。批判理论显然继承了马克思主义的批判特质，甚至可以追溯到黑格尔的否定哲学。我们这里将批判理论看作是探索性理论的一个重要组成部分。"范式变化的宣言"就是批判理论习惯和方法在设计学科的投影。示意图左上方象限是"机制性理论"，从图中的左下方到左上方象限，意味着从批判性到完备性的过渡。不成熟的探索性理论逐渐成熟，一方面是获得了合法性（legitimacy），成为"可研究"的领域；另一方面研究者需要梳理理论的网络，发现其中的谬误，更好地划定外延和内涵，使之更加明确而完善。有人也用范式的概念来描述左上方象限的状态，意味着研究进入了一个价值、趣味、方法、手段、过程、标准等连贯的系统（详见本书第 3 章 3.3.2 小节）。以现代主义建筑的研究为例，当现代主义脱离试验和反叛的面貌被社会接受时，理论家会论证其合法性，同时也会考察它与其他理论的关系。历史学家会考察现代主义建筑大师言论和实践的真实性。社会学家会发现现代主义实践对传统商业空间、交往空间、生活尺度的破坏。这所有的研究均处在左上方的状态，它们并没有否定现代主义建筑这一概念，而是通过更为系统和有针对性的考察加深对现代主义实践的认识。知识积累过程中，大部分研究都是发生左上方象限的阶段。理论在左上方象限的发展最终能够为右上方象限"成熟的设计导则"提供依据。

探索性理论在对象上转移既有的研究领域，在内容上批判现有的认识与实践，在目标上指向新的实践途径。以范式革命为目标的探索性理论是如此动人，吸引着研究者的参与。但是，探索性理论的研究者常常承担着两方面的风险：在理论内容本身，提出的内容可能并没有开创的意义；在研究方法论上，承受严谨性缺乏的攻击，不被主流的讨论（期刊、会议等）接纳。曾经有学者提出用"相关性"和"严格性"来评估研究方法，指出在作为实践性和创造性的设计学科应该追求内容的相关性，而容忍严格性的缺失[1]。探索性理论从内容指向到理论架构上都不太成熟，很难对其发生原理进行规定。本书的定性研究法、案例研究法、思辨研究法等方法提供了一些面向新研究领域的思路。同时，探索性理论的内在缺失不能成为研究的借口。探索性研究本身应该以完备性为目的，跨越从批判性到合理性的鸿沟。

1 朱育帆，郭湧. 设计介质论——风景园林学研究方法论的新进路 [J]. 中国园林，2014，30（07）：5-10.

1.3 设计和研究

1.3.1 设计是研究吗?

在讨论了研究的概念和特点以后,一个和设计学科最为相关的问题来了:设计是研究吗? 要回答这个问题,我们先看看设计是什么? 不同的设计职业,设计的尺度有大有小,设计的内容有室内、室外,但是无外乎按照业主或者设计任务的要求,在特定的地点提供新的环境建设指导文件——这些文件一般以图纸为载体,富有详细的建设要点。

对照研究的定义(探索新知识的系统性活动)和特点,我们可以明确地判断:设计不是研究。从对象看,设计针对具体的环境项目,不针对一般化的问题;从过程来看,设计的考查内容繁多,并没有特定观察角度,也没有严格地搜集材料的过程;从结果来看,设计产生的是"方案",用来指导建设、绿化、城市管理等实施,并不是理论化、一般性的认识。因而,设计有着大量的智力投入;设计有着分析的过程,设计作品给人启发;但是,设计不是研究。

设计不是研究并不意味着设计和研究没有关系。就像作家的创作不是学术研究,而为学术研究提供了对象一样;设计从各个角度都可以作为研究的对象。设计任务的得出,设计师的灵感来源和设计过程,设计后场所的空间品质和使用情况,设计师的教育和身世,建设政策对设计的影响,等等,都能构成研究的对象。反过来,研究的成果,则可以从具体技术构造、设计过程控制、分析过程、灵感来源等,促进设计的优化和完善。我们构建了一个理想的环状结构,用来说明设计和知识在这个结构内的转化关系(图1-17)。图左侧的设计过程在一定程度上可以认为是知识应用的过程,设计师需要运用设计技能,自觉或者不自觉地运用已有的知识,创造出新的空间和环境,完成设计。图右侧的研究过程则是从现实世界出发,通过发现研究问题,通过研究方法的指引,完成

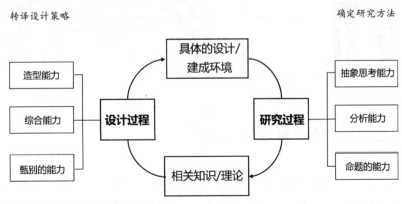

图 1-17 设计过程和研究过程及其相应的能力要求

新理论的发现和新知识的创造。图 1-18 可以看出，研究的过程始于建成环境，而终于理论知识。设计的过程始于理论知识，而终于建成环境。在宏观的层面上，研究和设计互为因果，相互促进。在研究和应用的循环衔接的过程中，设计品质和认识水平均不断提高。

研究和设计要求的技能存在巨大差异。研究活动中（图 1-17 右部），研究者通过抽象的思维分离出特定的研究对象和问题，通过研究过程得到的成果一般是明确的、针对特定问题的知识。研究所需的基本能力是抽象思考能力和思辨能力。研究活动要求研究者从具体的现象（可感知的建成环境）中提炼概念、发展命题；并具备分析概念之间关系的能力。研究活动的核心是确定研究方法，研究者在研究方法的指引下进行数据和材料的搜集、分析，在此基础上回答研究问题，从而完成理论的发展。设计活动中（图 1-17 左部），设计者将抽象的知识转化为具体的设计策略，从而设计出个体的、明确的（建成）环境。设计活动所需的基本能力是造型能力，其核心在于对设计元素的控制和组合。设计个过程要求强大的综合能力，要不同来源的、不同层次的认识调和起来，将各种认识、见解、技术、发现转译成形象的空间。

综上所述，设计活动和研究活动的本质是截然不同的。它们可能针对同一个领域、探讨同样的对象；但是，这两种活动面向不同的目标、生成不同的成果、要求不同的技能。设计和研究的过程也经由不同的路径：设计从抽象到形象，研究从形象到抽象；设计从片面到丰富，研究从丰富到片面。两者都有各自阐幽抉微之处；但是，两者从技法到逻辑上都是对立的（图 1-18）。

图 1-18　设计（左）和研究（右）的趣味差异

1.3.2 微观层面的设计与研究

在宏观层面上，研究和设计互为因果，相互促进；但是，在微观的层面上，具体到每一项研究或者设计，我们会发现"理论指导实践，实践又反哺理论"过程并不必然形成。

具体的设计和研究并不是严格地互为起点。

从研究活动起点看，研究面向几乎所有和建成环境相关的考虑方面：既包括建成环境本身，也包括建成环境的生态、节能、耗材等物质属性；既包括设计师所关心的设计过程的发生、灵感的来源，也包括环境、人和社会的关系。换言之，建筑、规划、园林领域研究的对象已经越过设计师设计过程的研究，而涉及建成环境文化、物质、社会、历史的各种属性，远远超出了图 1-17 指示的研究起点的范围。从研究终点看理论（或者知识）对应着不同的认识层次的需要，因而呈现出不同的抽象层次。某项研究也不能包办实践中的所有问题。发展理论本身为了满足人们某一方面认识的需要，并不必然满足所有设计活动物质、利益、效率的要求。

从设计的起点看，设计所应用的知识是所有相关的知识：其中包括某专项知识，也包括这项研究以外又与设计有关的知识；包括有意识，也包括无意识运用的知识。因而，图 1-17 中互为因果的设计与研究在具体操作的过程中并不等同。从设计的终点看，设计并不能回应所有的知识和所有的对世界的理解；其中必然经过设计者有意无意的选择。设计者技能的关键在于综合。

研究和设计是不同性质的两类活动。然而，在设计活动中，还可以形成研究需要的材料，可以探讨研究成果的适用性，可以穿插研究的内容。这些内容，在本书的第 16 章研究型设计中会详细讨论。

1.4 研究的价值和局限

1.4.1 设计理论的价值危机

我们常听到，知识就是力量、是明灯、是生产力。讨论知识的价值似乎多此一举。然而，在设计学科内，我们也常常听闻一种不以为然的论调："设计师会画图就可以了，有什么必要做枯燥抽象的理论？"或者"研究问题那么琐碎，什么时候才能研究得完？"不少人认为，一位设计师成熟只需在事务所捶打三年即可，无需任何研究生教育。美国规划教授约翰·兰蒂斯（John Landis）和笔者交谈时说道，不发达国家的规划一线只需要受过基本高等教育（能有基本的政府组织知识和领导能力）的女性（有耐心，能够较好协调民众的不同诉求）即可，似乎并不需要有深邃见解的研究者。

质疑知识价值论调一方面可以归结为设计学科强烈的动手实践的传统，另一方面可以归结为世界性的反智主义的传统。两千多年前，庄子就曾经发出过"吾生也有涯，而知也无涯"的感叹。对于设计学科的反智主义倾向也是普遍存在的：关于建筑、城市、园林这些看得见摸得着的东西，"又不是什么高科技，难道还需要研究么？"在建筑、规划、园林等学科内部，不仅在一般设计师群体中，很多知名教授、设计院老总也对设计学科的研究抱一种怀疑的态度：作为应用学科，建筑师、规划师、风景园林师主要应该在实践中应用其他学科的研究成果，并积累经验和设计能力，真的需要研究吗？

1.4.2 理论需求的真实性

这里，我们不妨从两个场景说起。第一个场景是设计师汇报过程。不论在设计学院的师生之间，还是设计公司与甲方之间，设计师总需要对设计方案进行汇报。开始于简单的叙述：道路在哪里，入口在哪里，功能是这些，形式是那些。而当叙述性的内容完成，进入到深层的内容以后，就不可避免地会触及"为什么这样做"的问题："幼儿园的出入口和街道的位置是为了满足安全需要""广场铺地面积与种植面积的比例有利于减轻雨洪的影响""沿街商铺的设置能够促进城市的活力，并能促进片区的安全""运用了太阳能板的设计是为了增加项目的可持续品质"，等等。这些从设计中抽象出来的命题就成为后续讨论的开始。从描述到说明和讨论，显示设计汇报不仅仅是一个产品交付的过程，也是一个寻找共识的过程。这些共识性的命题讨论是在图纸、演示文件、模型等材料业已完成的情况下，脱离基本形象的讨论。这些抽象命题的构造将设计的具体手法（位置、面积、用地性质、技术）和具体的效益（安全、减涝、可持续）联系在了一起。尽管上述命题的"明确性""逻辑性""适用性""一般性"等理论品质仍然存疑，但是它们都提供了有明确观察角度的一般化命题，具备了理论的形式和内容。

第二个场景是设计师的聚会时光（图1-19）：在咖啡馆里，或者是饭局之中，酒酣饭饱之际，除了逸闻趣事，总会说到专业上来。这个中标的项目为什么好，那个大师作品了无生气，关键施工技术的亮点在哪里，不一而足。一旦涉及一般性的现象、手法、规律，诸多的话题，不可避免涉及规则的制定、事实的印证、逻辑的分析；这些规则、印证、分析显然高于具体的、单项的设计活动。在这个意义上，酒桌谈话可以说是设计学科理论的释放。只不过这些理论不完整，不有力，不清晰，不条理化，转瞬即逝，没有头尾，缺乏严格的证明力。

图1-19　1931年纽约市建筑师布扎聚会

上面的两个场景体现出，理论诉求是一种人类的基本需要，设计学科毫不例外。虽然理论认识总是抽象的，但是理论并不是遥远和僵化的。正是基于理论的抽象性，设计活动的各种交流能够展开，设计师在饭桌上谈论能够热烈。在认识层面：图纸和场所并不是设计学科的全部，设计的描述、谈论、思辨都必须脱离形象的图纸、实物、场所而依赖于理论。如何安排最好的流线使商铺便于销售？如何有效地防止幼儿园入口附近潜在的各种安全问题？单纯地依靠穷举式的万千方案难于描绘这些"设计机制问题"，而必须借助于抽象的理论。理论提供了一种机制性的认识途径：形象的设计是被特定的理论所主导的。在这个意义上，空间、形态、场所的设计是理论的"设计载体"，体现对知识和理论的认识。理论被运用到设计的过程，有些是有意识进行的；有些是无意识进行的；有些多次有意识的理论运用会逐渐变成无意识的习惯。无论是正式的汇报过程，还是设计师饭桌上的谈论，理论发生和交流的目的是某个熟悉的现象找到一种满意的而且普遍有效的依据。这些依据能够使完成的设计更加完善、合理，也能使设计师的实践更加从容、自信。

上面的两个场景同时也显示，理论本身需要不断地发展。汇报的正式场合和饭桌上的谈论都缺乏对命题进一步规范的机制。上述关于校园设计、商业空间、可持续化的命题都有似是而非的地方。从理论的目的来说，饭桌上的谈论和学术研究的写作没有本质的区别；但是学术研究活动有着自身的规则和步骤。"谈论"对象更为确定，"谈论"逻辑更为严格——更重要的是，学术研究需要在谈论之外，在研究方法的指导下，通过材料的搜集和解读，对命题进行评判。在此过程中，命题的"逻辑性""适用性""一般性"等理论品质得到界定，理论的外延、内涵、适用范围得到判断，理论的张力和冲突得到辨析和化解。

1.4.3 设计学科知识的价值

对于人类，求知欲永远驱动着研究活动。而对于反智主义批判，从来就没有停止过。赫胥黎曾经说过：

"我所担心的是，我们虽然没有禁书，却已经没有人愿意读书；我们虽然拥有着汪洋如海的信息，却日益变得被动和无助；我们虽然有着真理，然而真理却被淹没在了无聊烦琐的世事中；我们有着文化，然而文化却成为充满感官刺激、欲望和无规则游戏的庸俗文化。人们渐渐爱上了并开始崇拜起使他们丧失思考能力的娱乐世界。……在一个科技发达的时代里，造成精神毁灭的敌人更可能是一个满面笑容的人，而不是那种一眼看上去就让人心生怀疑和仇恨的人。人们感到痛苦的不是他

图1-20 万神庙内景（1881年）

们用笑声代替了思考，而是他们不知道自己为什么笑以及为什么不再思考。"[1]

讲求形象的设计学科，很容易落入到反智主义者"伪实用主义"的浅短视野中。反智主义者没有意识到，在设计领域以及社会舆论中，最新颖的潮流、最尖锐的批评、最精髓的论述，都来自研究。处于享受研究成果和普及化了的研究成果的环境中，反智主义者一般都未曾从事"发掘"和"产出"的工作，他们觉得所有知识的得来理所当然。而对于一个学科的生态，研究活动不仅从数量上增进了对学科问题点点滴滴的认识，而且从机制上改变了学科的发展面貌，使得学科走向深刻、高尚、有趣、健壮（图1-20）。

研究对于设计学科问题的促进机制表现在如下方面：

第一，研究改变了设计学科缺乏知识积累的传统。虽然人类对环境的改造和再造环境的过程随着人类文明的进化从来没有停止过；然而，设计师群体本身并没有一个持续积累知识的传统。作为一个实用型的学科，不论中外，建筑师、规划师、景观师都更关注于环境设计的结果，而缺乏设计过程中的机制、影响涉及的规律等探究和记录的动力。这种只关心实体建设的心态影响了建筑、规划、园林学科的档案保存方式、教育方式、记录方法、交流方式等，设计学科从教育到实践都重视即时的设计产出，而轻视认识的保存和延续。学科以外，整个社会对于设计学科的知识积累也持一种消极的态度：认为设计师的工作性质不具备研究的特征，认为设计知识过于零碎分散，这些观点都助长了设计学科缺乏知识积累的传统。同时，社会和设计师群体内普遍持有一种存在主义的观点，仿佛身边既存的建筑、城市、园林环境一直"就在那里"，而且一直会存在下去。这种沉浸于环境中的态度会导致无视环境的现象、价值、历史、规律、机制，从而缺乏知识积累的动力。这种传统造成了设计学科中知识的系统性缺失——建筑、场所、空间的消失，是值得感叹的事情；然而认识和思想的消失，则更加无迹可寻，更加显得悲怆。如今，倘若要了解任何一种古代文明的环境设计意匠，因为缺乏记载，就显得十分困难。即使

1 ［英］阿道斯·赫胥黎.美丽新世界[M].李黎，译.广州：花城出版社，1987.

有保存下来的有限碑刻、图纸、插画、烫样等，由于文字记载的缺乏，了解当时的巧思，只能从诗文绘画等有限的旁证，推断、猜测、想象当时的意匠和认识。

近年设计学科学术研究考核的硬性要求进一步确立了设计学科知识积累的制度，探讨和积累设计学科的知识被作为一种专门的系统活动确定下来，使得设计学科知识的积累和保存更加系统可靠。设计学科的研究并没有否定师徒言传身教、心口相传、厚图薄文等一系列设计学科的特色和习惯，更好地补充了这些知识积累传统的不足。

第二，研究深入到了"环境表层"以内的机制和规律。设计师的工作，无论尺度，总是面向"表层环境"，依靠点、线、面、体块、形态、空间、色彩等形象直观元素的组合，完成设计方案。然而，设计师的设计方案最终会建成，成为处在社会和物质环境中的建成环境，承载有乡愁、生态、安全、经济、节能、健康等的考量。这些考量既不能被技术性学科（如土木工程、水文学）的知识所覆盖，而涉及这些考量的社会学科（如社会学、心理学）又不甚关心设计时提出的命题，这就需要设计学科内部的研究者进行探索。研究活动突破表层的设计成果，为拓展对建成环境的认识提供了多重维度，突破了建成环境作为"肤浅的事实"（Naïve realty），从而发掘出更多环境策划、设计、使用、运行的机制（图1-21）。

在设计学科千变万化的设计创造中，"看不见的"规律性现象是普遍的。比如，当代中国城市的形象就受到高层建筑设计规范和居住建筑设计规范（及其相关的地方规定）的严密制约。高层规范一定程度上决定了高层建筑的形态，而住宅规范对建筑的进深、间隔等作出了规定，决定了住宅小区的形态。在经过开发商和设计师的经济推算以后，中国的城市都呈现出相似的城市形态。规范对于建成环境的决定作用一点也不比设计师创造力的作用更弱。在设计师的设计方案中，很多的"机制""设想""前提"都被图画所掩盖了。而实际生活中，设计师创造的边界受到物质、经济、法规等因素的制约，设计师们只能被动地遵守物质的、经济的、法规的规则。要反思这些规则，甚至修正、改进这些规则，非跳出设计师所熟悉的形象直观元素，探讨环境表层以内的机制和规律不可。作为习惯于形象思维的设计师，从形象的设计创造到抽象的理论研究，需要提高"提炼"概念的能力。这些维度有可能需要借用设计较近的概念，如宽度、比例、面积、容量等；也可能生发出一些和设计较远的维度，比如空置率、性价比、碳排放量、节能系数等。

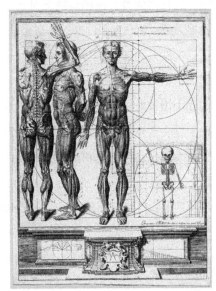

图 1-21 表象与机制——解剖图谱（Atlas Anatomico）书页

第三，研究突破了实践设计师经验知识的认识工具局限，为积累设计学科的知识提供了新的机制。在设计学科研究开展之前，设计学科的知识主要来源于两个途径：上游学科的知识以及设计师实践中总结的知识。设计师作为环境全局的筹划者和预见者，往往容易自大，缺乏对自身剖析的能力。比如说，美国建筑师赖特不仅设计出众，而且爱写文章；即使这样，赖特分析自己的时候，却也难以尽数自己的招数[1]。在梁思成对赖特学徒式的建筑教育的描述中，也可以看到，赖特并不善于理论的总结和条理化的教学[2]。

设计学科研究活动的开展设定了研究者的视角，以自觉完善的研究方法来展开知识的积累。研究超越了设计师从事设计实践的基本技能，超越了本学科自发经验总结的层次；除了对经验知识进行更为细致周密的总结，还能对当前的实践设计师和社会双方进行审视和批判，并能对上游学科的知识体系进行反馈。如果将研究积累比作室内的空气流通，设计师运用自身固有的技能像"内循环"气流；而自觉的研究方法就像一部更强大的空调，引入"外循环"的新鲜空气，纠正专业自我反馈壁垒带来的实践谬误。例如，对古建筑的认识，建筑史学领域的研究中，成熟的研究方法早已超越了建筑师见闻记录的层次，发展到测绘、扫描、考据、论说等层面，发展出建筑史学研究的范畴。而对城市空间内犯罪活动的认识，成熟的研究也能超越直观零碎的观感，借用系统观察、问卷调查、电子模拟、访谈等成熟的研究方法，进而得到对城市空间犯罪特征、活跃特征、时间特征等诸多认识。

设计学科的学术研究突破设计学科的工具局限，不仅使知识的积累系统化，也能纠正设计师和社会双方对于设计认识的盲点。设计师的言语和价值受限于品位、经验和感觉。设计师的教育使他们缺乏对物理过程和社会过程的认识。这也可以解释，在第二次世界大战以后，大师设计的公寓楼会被炸掉，著名公司设计的商业建筑被消费者所抛弃。设计实践最为深刻的"普遍谬误"恐怕还是体现在现代规划理论的失误中。现代主义规划理论的盛期，由于实践中的建筑师、规划师盲从于流行的理论，自以为真理在手，对实践中出现的缺陷往往视而不见，或者来不及探究。城市功能分区带来的城市中心空心化问题、依赖高速公路带来的能源和堵塞问题、郊区化带来的社区感消失问题、抽象美学带来的识别性弱化和消极空间问题，等等，这些认识均是由非设计师的视角发现、分析、证实的。没有研究介入，设计师的模式化实践谬误可能还会持续更长的时间。在当代，各种其他学科对于社会问题、环境问题有了更深刻的认识，发展出更多的视角、测量单位、命题、原理、机制、工具，这些都可以通过设计学科研究者的学习、吸收、转译，成为刺激设计学科自身知识积累的新来源。

---

1 [德]约狄克（J. Joedicke）. 建筑设计方法论 [M]. 冯纪忠，杨公侠，译. 武汉：华中工学院出版社，1983.
2 梁思成. 旅美笔记 [M]// 梁思成. 梁思成全集（第 10 卷）. 北京：中国建筑工业出版社，2007.

第四，设计学科研究活动连通设计师和其他行业的角度和价值。在当今时代，设计师的工作性质从造型变为谋事，从单一的"打样鬼""画图匠"的工作变为统筹者的工作。这种情况下，设计学科更需要借助研究，将视野扩展到设计语言以外的价值，为设计活动和外部世界找到共同语言，而不至于交流障碍，造成误解，白费力气（图1-22）。

图 1-22　巴比伦塔（安东·约瑟夫·冯·普纳纳，估18世纪早期）

任何改造环境的活动都会经历一个长期和复杂的过程，建筑、景观、城市设计的项目从策划到使用，其中会经历经济评估、环境评估、土地审批、方案设计、项目审批、招标、施工、监理、使用、管理等诸多环节，会牵涉政府官员、业主、非设计专业工程技术人员、开发商。设计师置身于其中，常常疲于应付各类环节和各种专业人士的要求，而设计师对于环境干预的领头作用有所迷失。设计师对于业主、审批、结构等相邻的实践环节更为关注，对土地伦理、环境评价、空间使用等相对较远的方面则关注较少。在这个过程中，设计师窘于本专业实践技能的经验、直觉、样式、风潮，陶醉于专业内的命题和共识，常常带来设计实践的"普遍谬误"。设计师关心的形式与其功能之间产生的张力是一直存在的，并不因为某位著名设计师的言论粉饰而改变。研究提供了跳出设计本身，审视和反思设计活动的视角。研究的结论也能够成为政策制定、项目开发、评价改造等活动的依据。对于即使无意从事研究工作的实践设计师，经历研究训练也有其必要性：使其阅读和积累设计学科的基本知识；使其具备基本的逻辑思维能力和批判能力；使其了解知识的出产过程，知其然，更知其所以然；通过研究的产出建立起抽象认识和具体实践之间的联系。

总而言之，设计学科的研究活动具有崇高而又微妙的目标。研究工作本身在整个设计学科中是稀少而又奢侈的。少数设计师在研究者阶段能够接受研究的相关教育，并参与研究活动；只有极少数的人群（设计学院的教师和研究院所的工作人员）能够以研究活动作为主业。研究者所进行的孜孜不倦的努力就是更好地认识设计学科，使学科的认识基础更加真实、深刻、清晰。设计学科研究能够站在高处牵引学科，增进对于建成环境的认识，进而影响建成环境的建设和规划。这是设计学科研究活动的理想和意义，值得研究者全身心地投入。

1.4.4 设计学科研究的局限

在明确学术研究必要性和价值的同时，应该指出，学术研究不是万能药，设计学科的研究并不能包办人居环境的所有问题。设计学科研究有其局限性，设计学科中的其他活动有学术研究所不能替代之处。

第一，学术研究不能代替设计师的设计实践（图 1-23）。研究活动产生的是新的认识；新的认识不能自动地转化为设计的灵感，也不能代替设计基本技能的长期磨合与积累。认识转化成实在的规划、场所、环境，不仅需要设计师巧妙的形象化能力，将抽象的知识转化为形象的空间、形态、场所；而且需要设计师综合的能力，将零碎的、片段的知识整合成完整的建成环境的方案，从而使知识物质化、活化。就如本章 1.3.1 小节所揭示的，研究和设计需要完全不同的两套技能，两种技能基于不同的假设、目标、过程、手段。设计学科需要研究的同时，我们也需要明了，设计师的实践活动并不完全依赖于研究的进行。反之，单项的研究对应设计学科中特定领域的认识需要，并不能一劳永逸地解决设计中所需要了解的，或者能够运用的所有知识。对于个体而言，研究者和设计师的身份可以同时存在于一个人的身上。但是，研究者和设计师的身份并不必然地相互转化：好的研究者不见得是好的设计师，反之亦如此。

第二，学术研究并不能代替设计学科所需的想象力。学术研究的思维讲求清晰、缜密；而设计构思要求开放、灵活。在经验知识之外，设计师们常常会发挥想象力，提出种种创新性的设想和主张。现代主义以来的种种设计革命和设计模型[1]，都离不开设计实践中的想象力。从知识积累的角度看，这些创新性的设想和主张可能零碎而不系统，可能没有经过建造过程和社会使用的检验，可能是存在着内在的谬误；因而很难被称作知识。但是，这些设想扩展设计学科的主体内容，构成学科前进的动力，不断为学科发展输送血液，成为研究的对象；这些都是设计学科的研究活动所不能代替，也不能忽视的。

图 1-23 画板前的建筑师（1893 年）

第三，低质量学术研究的泛滥并不能造福于设计学科。研究活动的本质在于针对设计和设计相关的现象提供无数精妙而富有启

---

1 Conrads, Ulrich(ed). Programs and Manifestoes on 20th-century Architecture[M]. Bullock, Michael(trans). Cambridge, MA: MIT Press, 1971.

发性的认识。这里所说的低质量研究，是指研究者为了迎合绩效考核要求，从研究发表的难度入手而不是从研究问题入手，批量"生产"出的研究成果。这种现象在西方叫作学术的"通货膨胀"（inflation）。这造成社会资源和智力资源的极大浪费。学术通货膨胀的发生，一方面使设计师远离研究领域，甚至拒绝阅读研究成果；另一方面也破坏了研究群体内部的求知欲生态，使得一部分研究者远离研究生涯。设计学科有效的研究活动对研究者提出了更高的要求。研究者不仅需要掌握适当的方法，而且需要寻找真正值得探究的、有触动性的研究问题，才能发展出有益于设计学科未来的新认识。

第 2 章

设计学科的研究

Chapter 2

Research in Design Disciplines

2.1 设计学科的学术化

2.2 设计学科的求知能力

2.3 设计学科的求知模式

2.4 设计学科研究者的塑造

本章着重讨论建筑学、城乡规划学、风景园林学三个实践性学科在学术研究中的特点和对策。比起纯知识生产性学科（如物理学、哲学、地理学、社会学、生态学、园艺学等），设计学科研究方法的不发达有目共睹。这种不发达不可避免地指向这些学科的特点，其知识积累方式必然有异于研究方法成熟发达的学科。在第 1 章讨论研究的共性之后，本章第 2.1 节讨论了设计学科的设立和学术化过程。第 2.2 节陈述了设计学科中进行学术研究的特点，以及这些学科知识需求和"求知能力"的矛盾。为了化解这个矛盾，本书提出了在设计学科中发展研究三条路径：第一，借用其他学科相对完善的具体研究方法；第二，从普通的研究方法入手，将普遍的研究规律投射到设计学科的需要之中；第三，分析设计学科"自发的"研究活动所积累的经验，发展出独特的研究方法。第 2.3 节提出了设计学科研究的主要求知模式，包括：经验知识、专类知识、实证知识。最后，面对设计学科研究的种种挑战，第 2.4 节讨论了如何塑造设计学科的研究者。

本章只针对建筑、规划、园林三个学科与学术研究有关的议题进行讨论，而不对三个学科的基本内容作总结和描述。

2.1 设计学科的学术化

2.1.1 设计学科的形成和学术化

建筑学、城乡规划学、风景园林学这三个学科在本书中被称为设计学科，以建成环境实践中的理念、过程、愿景为核心内容（图2-1）。在漫长的高等教育和职业教育历史中，设计学科关注的内容并没有像哲学、数学、医学一样在高等学府中取得一席之地。设计学知识的积累长久地附着在土木工程（如建筑学、城乡规划学）、园艺（如风景

图2-1 建筑师（乔治·勒韦迪，约1529—1957年）

园林学）等更加"物质化"的学科之中。在中国，现代意义的建筑学、规划学、风景园林学学科发展历程和世界其他国家大致相同。三个学科在中国古代可以大致找到对应的行业：营造、堪舆、园林。营造是一个融合了建筑设计、土木结构设计、施工的行业。堪舆的部分内容较好地服务了城池的选址和勘定。园林涵盖了风景园林学中的私家园林设计的内容。总体说来，在建筑学、城乡规划学、风景园林学三个领域，虽然中国古代累积性地取得了极高的成就，但是并没有形成完备的学科。设计学关心的内容附着在其他学科上，建造的工程性内容更居主导；设计师的概念创造并不被鼓励。这也可以解释为何世界主要文化数百年间的建筑风格保持稳定。

设计学科的发展，源于城市化进程中对于建筑师、规划师、风景园林师职业化的专门需求。直到现代，工业化以后的社会对于建筑形式、室外空间、城市体系的需要变成了一种日常的、持久的要求，建筑、规划、园林这三个学科才从工程技术的学科（土木、园艺、市政）中脱离出来，形成以"设计理念"为工作主线，以"愿景"呈现为工作成果的独立专业。系统而独立的设计学科形成，一般具备三个方面的条件：学堂化、职业化、学术化。学堂化即是系统的专业教育，职业化即是完备的职业实践体系和专业交流机制，学术化即是研究活动和知识积累机制。

1）学堂化

对于应用型的专业，学堂化意味着职业内容的复杂程度发展到需要进行专门培训的

图 2-2 巴黎高等美术学院安德烈工作室（1900 年）

层次。在工业化和城市化的过程中，建设活动急剧增多并复杂化。设计事务所描图训练和耳濡目染的学徒制显得捉襟见肘，需要依靠学校教育来完成独立的人才培养（图 2-2）。在美国，麻省理工学院（1868 年）、康奈尔大学（1871 年）、伊利诺伊大学（1873 年）、哥伦比亚大学（1881 年）、塔斯基吉大学（1881 年）等学校最早开设了建筑学专业。在中国，苏州工专（1923 年）、东北大学（1928 年）等院校开设了建筑学专业，都反映了这一需求。

在学校教育中，设计师的必要技能和相关知识得到总结，并形成相对清晰的课程系列。到如今，建筑、规划、园林三个专业的基本（本科）训练，一般都开设下列大类的课程。

·设计课。设计学科的最主干课程，模拟实践的过程，多角度、多类型训练设计师"从无到有"完成一项设计方案的能力。

·技术和工程课程。实现从设计愿景到建设完成的必要技术知识，如建筑学的结构、水电、设备、声学、光学、热学、工程细部等课程；风景园林学的植物、地形、生态、土方、材料、工程细部等课程；规划学的经济、社会、交通、地理、管网、通信、管理等课程。

·制图和表现课程。提供表达设计意图的美术支撑技能和知识，包括美术、造型、制图、电脑制图、设计表现等课程。

·历史和理论课程。主要包括概论和历史课程，最近还有学校开出了理论课，甚至研究方法课。这些都反映了设计学科非纯技术学科的特点。还可能有以不同设计类型划分的理论课程，有些会融入设计课的序列中，或者单列出设计课与理论课结合的课程。

设计学科从社会实践现象到教育学科（discipline），始于学堂化的过程中。设计学院课程体系的建立不仅体现了建筑、规划、园林专业发展到了较高水平，而且首次完成了设计学科知识内部的积累和划分。课程教材的编写尽管不满足学术研究的诸多要求，但是对学科已有知识进行了充分挖掘和梳理。学堂化的完成也意味着学校代替学徒制的口传心授，成为传授设计知识和技能的主要场所。

2）职业化

职业化意味着设计职业发展的更高层次。职业化有两个标志：第一，设立专业准入

图 2-3　美国建筑师学会（American Institute of Architects）和西部建筑师学会（Western Association of Architects）于 1889 年共同在辛辛那提召开年会，合并成立新的美国建筑师学会

图 2-4　中国建筑师学会民国 22 年（1933 年）年会合影

制度（注册考试制度），通常和学校教育相互衔接，对内形成明确标准和管束机制，对外形成职业的门槛。第二，执业者形成专业协会，对内获得良好的信息沟通，同时保护从业者的整体利益，规范同行业的竞争行为（图 2-3、图 2-4）。职业化和学堂化紧密相连，相互反馈。注册考试制度设定了学校专业教育的基本水准，保证了学校教育的质量。最初设计类院系的教师均由具有丰富实践经验的设计师担任。

图 2-5　《中国建筑》1932 年 11 月创刊号

职业化促进了设计学科知识的积累。注册制度勾画出设计学科内最为基本的知识水平。专业学会的形成反映了专业执业者意识到同行之间，除了竞争的关系，还有相互交流、探讨的必要。这种组织形式使得设计学科的知识积累更加有序。专业协会组织交流、培训、会议，主办专业杂志（图 2-5）。有些活动虽然并不是严格的研究活动，但是他们都促进了认识的交流，是学术化以前积累知识的主要形式之一。

3）学术化

从设计学院（或者建筑、规划、园林的任意一个专业）的设立目的来看，头一等的任务是培养服务社会、具有实践能力的建筑师、规划师、风景园林师。对于教师的要求则是具备出色的设计能力，并将相关的知识和技能传授给学生。在设计学科成立之初，学术化并不是一个必然选项。设计学院的教师来自经验丰富的设计师，他们将实践过程中的认识和技能带到课堂，整理成经验知识，系统地传授给学生。学生从学校毕业后，

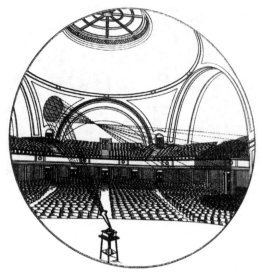

图 2-6　伊利诺伊大学礼堂回声和混响设计，F.D. 沃特森（Watson）和詹姆斯·怀特（James White），1916 年

已经学习了相当的知识并练习了技能，补充到执业队伍中。

设计学科的学术研究是建筑、规划、园林学科发达到一定程度的产物。设计学科的研究首先来自设计学院的专门教师。执业设计师作为设计教师的缺陷，主要体现在三个方面。第一，对于经验知识的整理，执业设计师常常缺乏耐心和技能。第二，设计学科教学中越来越要求经验之上，更具有系统性的原理性内容。设计院系意识到，有必要设立除了外聘实践设计师以外的专门教师岗位，与经验保持距离，对设计的专门类型、专门问题展开研究。比如建筑系首当其冲的，是涉及建筑风格与样式的建筑史课程，最初聘请美术史系的教授进行讲授。第三，在教学过程中，总会发现设计学科所需的某些知识，不仅专业实践中无法回答，而且在上游的理论性学科或者技术性学科中也找不到答案；这就需要研究活动的介入。比如，伊利诺伊大学建筑学系 1916 年的建筑声学研究[1]（图 2-6），就基于这种需要。执业设计师缺乏时间、视角、技能完成这些研究，自然需要专门研究者的介入。

虽然研究活动很早就在设计学科中出现；然而，在学术界将研究活动从设计活动中单独分离出来，并且在学位、职称、业绩的评价中予以严格的界定，却是近几十年的事情。设计学院中要求研究活动的情形，是几乎所有学科"学术化"在设计行业的投影。同时，自从 1986 年英国政府首先进行"研究评价规程"（Research Assessment Exercise）以来，各国政府和学术管理层普遍倾向于采用量化计算的方法和"投入－产出"的经济原则对学术机构进行标准化管理。美国各大学设计学科的教授终身制评定制度也逐渐以学术研究（而不是设计）为主导性的内容。这种学术管理理念影响到了各国的设计院系，研究活动已经成为设计学科不可回避的工作内容、评价指标、日常文化。设计学科学术化是仓促进行的，难免产生各种消极现象，包括研究内容过于粗浅或者晦涩，大量无用的学术垃圾产出、标准化评价影响学术自由等。

值得注意的是，设计学科的学术化有学科发展的内在动因和社会发展的外在动因。各种学科学术化确立了知识积累在学科发展中的位置。对建成环境的各个参与方，业界、

1　Ockman, Joan. Williamson, Rebecca(Ed). Architecture School: Three Centuries of Educating Architects in North America[M]. Cambridge, MA: MIT Press, 2012.

学校、社会逐渐意识到交流和共识的必要，因此，整理和发掘相关认识、规律、共识成为必要（图2-7）。无形的认识（而不是有形的方案）被放到了更加重要的位置。设计院系中教师不仅需要教学，而且需要完成研究工作。设计学教师的视野从单纯的设计技能，扩展到对设计师服务过程、设计过程、建成环境绩效、社会与建成环境关系等内容的考察；设

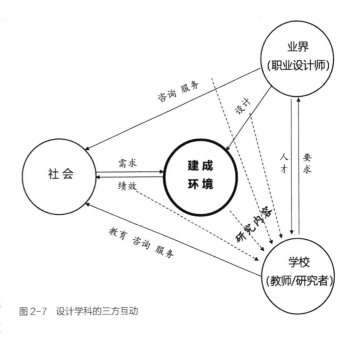

图 2-7　设计学科的三方互动

计学科的知识积累范围扩大了。设计院系从单纯的设计技能传递机构转变成了整理设计知识、发掘设计知识的机构。在研究职能下，设计院系发展出新的认识、方法、技术，不仅对实践界能积极地反馈，也获得了对社会进行教育、咨询、服务的智能。

学术化的关键是研究者，设计院系见证了教师群体从经验丰富的执业者到研究者的转变。一部分设计院系迎来了没有设计背景的研究者教师。更多"学术化"了的设计学院策略性地要求教师既需要具备出色职业设计师的技能，又需要具备从事研究活动的能力，发掘出设计相关的新知识。教育者和研究者身份的重叠，为推动学科发展提供了动力。设计学科教师从事研究活动，不仅可以被动地保持知识专业水平不至于停留在其拿到最终学位的年代，还能主动地对专业实践进行反思、批评、修正，促进学科的知识更新。

设计学科学术化也促使了学术团体和学术媒体的形成。学术团体与专业团体分离成为必要。学术团体的成立明确了研究者独立积累知识的立场，并保持对设计实践客观的视角。在世界各国，设计学科学术团体和设计院系的教师群体基本重合，大概由于设计学科仍属应用学科，研究需求尚不足以支撑独立的研究机构。尽管学术团体和学术媒体已成规模，设计学科的研究方法和策略仍处在启蒙的阶段，需要我们从不同途径予以发掘清理。

2.1.2 三科合一的共识

在当代各主要发达国家，建筑学、城乡规划学、风景园林学是成熟、独立、体系完备的三个学科。它们针对不同的对象：建筑学针对房屋和构筑物，规划学针对空间的社会使用，风景园林学针对室外环境。三个学科面向不同的尺度：建筑针对人性尺度，小

至工程节点，大至建筑基地；规划则小到街道，大可扩大到国家和大陆的尺度；风景园林和建筑的微观尺度相同，大则扩充至区域尺度。三个学科同时持有不同的价值：建筑学的核心价值在于创造空间和形态，城乡规划学的核心价值在于引导土地权力分配和人群体性的有序生产和生活，风景园林学的核心价值在于创造和谐的室外环境和附着于土地的植被、动物、水体等的环境元素的和谐共处。这三个学科的来源也不一样：建筑学最初从土木工程学中分离出来，风景园林学最初从园艺学中分离出来，而城乡规划学来自建筑学、土木市政建设等多个源头。

在第二次世界大战以后，发达国家（特别是美国）三个学科经历了较大的变化。建筑学科吸收了社会学、心理学等各方面的成果，变得更具深度。风景园林学结合了生态学的认识，将视野扩大到区域尺度。规划学则随着城市化的完成，从一个设计的学科，融合了地理、交通、遥感、社会学、政策等学科，变成一个政策导向的学科。而原有的关于城市的设计内容，则被新的城市设计专业和风景园林专业继承。本书所指的城市规划依然面向以土地空间分配为主的设计实践活动。规划专业形成的跨学科分支，比如城市交通学、城市社会学、城市经济学等均已经相对独立，不在本书的讨论范围。总体说来，三个学科的领域相对稳定；上如关于学科对象、尺度、核心价值、源头的认识依然成立[1]。

本书将这三个学科的研究集中起来进行讨论，因为这三个学科从技能要求、思维模式、相互合作要求、跨专业融合需要、知识积累模式等具有极大的共性。在现实的设计教育中，这些特点使得一部分教育家认识到，有必要将建筑学、城乡规划学、风景园林学三个学科统一而平等地对待。最具体的举措就是，学科教育中将建筑、规划、园林三科的合成一个学院。最早在1936年，哈佛大学将建筑、规划、园林三个学科整合成一个联合的教学机构，即为设计学院（Graduate School of Design）。第二次世界大战后，建筑师威廉·沃斯特（William Wurster，图2-8）受到"整体环境"（total environment）概念和各学科协作思想的影响。1940年代初，他在麻省理工学院说服了学校管理层将建筑学院里的城市规划组变成一个独立的系，新的学院随之被命名为建筑与规划学院。这个名称也为其他大学的学院所使用。1950年，威廉·沃斯特加入加州大学伯克利分校并担任建筑学院院长。这时，沃斯特更进一步，期望建筑学院中不仅应该有建筑学专业和城市规划专业，也应该有风景园林专业的加盟。沃斯特的愿景中，新的学院能够跨系任命教学职位并开设跨学科的课程，让学生既有相对专攻的学科领域，也有机会在不同的系里进行综合的学习。经历了一系列争论后，加州大学伯克利分校最终于1959年最终批准了三科合一的方案。

---

1 三个学科的范围并不是越大越好，研究对象越多越好；学科的范畴受到学科自身内在价值、技能的制约。比如，曾有学者提出将景观学范围扩大到地球表层规划。由于过于宽泛，而且明显覆盖了其他的成熟学科，在现实中没有得到回应。参见：孙筱翔. 风景园林（Landscape Architecture）从造园术、造园艺术、风景造园——到风景园林、地球表层规划 [J]. 中国园林，2002（04）：7-12.

新学院的名称"环境设计学院"既反映了这三个学科的特点，又不至于偏向某个学科。[1]随后，美国大多数大学都接受了建筑、规划、园林三科合一的学科设置模式。到今天，尽管仍然有一些学校将建筑学专业设置在工学院、土木学院。将城市规划学科设置在公共管理学院、文理学院等机构中，将风景园林学科设置在农学院、环境资源学院等机构中；但是将建筑、规划、园林视作针对建成环境（built environment）的设计学科已经成为一种共识。

图 2-8 威廉·沃斯特（William Wurster）

在中国，建筑、规划、园林三个学科也经历了三科合一的历程。1951 年，北京农业大学和清华大学合办了"造园组"。1956 年，同济大学创办了中国第一个独立的城市规划专业"城市建设与经营专业"；1958 年，又创立了"城市园林规划专门化"。吴良镛最早在广义建筑学（1988 年）框架中提出，"广义建筑学，就是通过城市设计的核心作用，从观念和理论基础上把建筑学、地景学、城乡规划学的要点整合为一，对建筑的本真进行综合性地追寻。"这一表述虽然反映了中国长时间建筑学科一家独大的局面，然而明确提出了设计学科三科并立合一的思路。长期被置于建筑学大学科下，虽然风景园林学科和城市规划学科的独立性长期没有确认，但是三个学科的类同性一直被认同。这个过程中也有反复，1997 年，中国国家学位办认为风景园林专业并没有形成一个独立的学科体系，决定在全国撤销"风景园林"有关专业。1999 年，吴良镛在《北京宪章》（1999 年）中又进一步提出"三位一体：走向建筑学—地景学—城市规划学的融合"[2]。2011 年，中国国家学位委员会、教育部颁布了《学位授予和人才培养学科目录（2011 年）》，正式确立了建筑学、城乡规划学、风景园林学三个学科的一级学科地位。在这其后，中国设计学科的院系建制也逐步向三科并一的模式靠拢。20 世纪 90 年代以来，大批建筑系开设规划专业，形成建筑学院、建筑与城市规划学院、建筑与艺术学院等。2010 年以来，在建筑院校内又有增设风景园林专业和系所的趋势；风景园林院系则有分设规划、增设建筑专业的趋势。本书基于三科合一的模式使将建筑、规划、园林的知识积累作为共同的对象，讨论它们的知识的积累方式。当然，其他的相邻学科，比如室内设计、环境艺术等的研究活动，依然可以借鉴本书的论述。

---

1 Woodbridge, Sally B. The College of Environmental Design in Wurster Hall [OL]. Frameworks: 2000 (Spring). http://ced.berkeley.edu/about-ced/college-history/.
2 受道萨迪亚斯的人类聚居学影响，吴良镛又进一步提出了人居环境科学的理论。从内容上来看，"人居环境学"亦基本等同于建筑学、城乡规划学、风景园林学之和。

2.2 设计学科的求知能力

2.2.1 设计学科的"求知能力"缺陷

在世界范围来看,研究活动对于设计学科的学术发展呈现出一种越来越重要的态势。尽管如此,设计行业内外一直以来对于研究活动的性质、目的、重要性、评价方法存在种种争议和非议。最为紧迫的问题在于,设计学科研究方法的缺乏和薄弱。当前,这种薄弱造成很多研究者对于"不知道怎么作研究"的抱怨。在设计学院中,不乏优秀的设计师在进行硕士论文、博士论文的写作,一直到成为教师后对研究活动仍然抱有普遍的困惑。从教育对研究活动的引导来看:中国大多数建筑和设计类院校并没有开设"研究方法"的课程。美国设计学院内研究方法课的开设也不齐备,面临着教材缺少、目标杂乱、理解分散等诸多问题。[1]这些不仅反映了有着深刻的学科目标设定的原因,也可以看作是设计学科的知识需求和"求知能力"的矛盾在教育中的投影。

设计学科的基本训练(本科训练)中,强调绘图的技能知识的综合运用,而基本不涉及知识的创造。纯理论性学科(如声学、力学、社会学、地理学)和纯技术性学科(如暖通空调、园艺学、地理信息系统),都是设计学科的上游学科,设计学科作为下游学科运用这些学科的知识。设计学科和其他应用型的实践性学科一样,最初是从来自实践经验的直觉性方法开始知识积累的。比如,烹饪学需要营养学、化学、美学的很多知识。但是,烹饪学知识始于有经验厨师对菜谱、菜式的总结;一般的厨师并不会研究和验证菜肴的营养指数。和烹饪学一样,受设计学科一般专业教育(即本科教育)的建筑师、规划师、风景园林师会运用来自美学、经济、工程、物理、社会管理等学科的知识,也能将实践过程的经验上升为直观的知识,但并不具备较多评价、修正、贡献知识的能力。也就是说,设计学科的知识需求和设计学科的"求知能力"并不匹配。

我们不妨分析一下设计学科的知识需求和"求知能力"的不重合关系。我们将设计学科的知识需求拆分成设计者主观感兴趣的研究和设计学科客观需要的研究两个组成部分。图 2-9 反映了设计学科的知识兴趣、需要、"求知能力"的关系:浅灰色圈代表

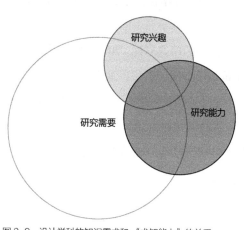

图 2-9　设计学科的知识需求和"求知能力"的关系

1　科林·罗在担任哈佛大学设计学院院长时,曾经取消了博士的研究方法课。他的理由是,研究方法是不可以教授的。

设计者主观感兴趣的研究，白色圈代表设计学科需要的研究，深灰色圈代表设计学科的学者有能力完成的研究。在图中，浅灰色圈和白色圈重合的区域代表了设计学科需要，且能引起设计师兴趣的研究。白色圈和深灰色圈重合的区域代表了设计学科客观需要，且设计学科的学者有能力完成的研究。值得注意的是，在图中，有大片的白色圈未与其他圆圈重合的区域。这说明，很多设计学科需要的研究都在设计师的基本研究能力以外。

设计学科作为应用学科的性质决定了这种不重合会长期存在，设计学科所需的大量知识就来自社会学、光学、热学、土木工程、生态学、地理学等其他学科。但是，这并不意味着设计学科的研究者对"求知能力"的开拓无能为力。本书的写作目的就是进行设计学科研究方法的探讨。首先，需要尽量把图2-9里深灰色圈的范围变大，缓解设计学科的研究活动受到学科"求知能力"的限制。从最初的直觉的知识积累过渡到系统的、自觉的知识积累；设计学科的研究者需要扩展研究能力，了解更多的研究方法类别，避免出现面对研究活动手足无措的局面。其次，需要扩大浅灰色圈，即是结合设计学的学科兴趣进行研究价值的探讨，使设计学界以更为开放的心态认可不同层次的相关知识。最后，需要评估白色圈，从客观上评估学科所需的知识，既鼓励设计背景的研究者，也鼓励其他背景的研究者为设计学科储备相关的知识。

2.2.2 设计学科研究方法的发展路径

要开拓设计学科的"求知能力"，发展和完善设计学科的研究方法，最为可行的策略指向三条路径：第一，借用其他学科相对完善的具体研究方法；第二，从普通的研究方法入手，将普遍的研究规律投射到设计学科的需要之中；第三，分析设计学科自身知识积累经验。不论是从哪个路径介入，研究方法的探寻既要满足相关性，也要满足完备性。相关性是指所探讨的研究方法都能够为设计学科所用的；完备性是指研究方法作为工具不仅有效，而且可靠，研究者运用这些方法能够保证平稳的研究过程和可以预期地产出（图2-10）。

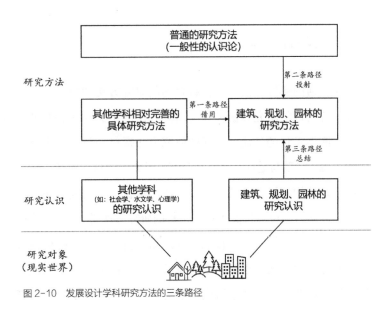

图2-10 发展设计学科研究方法的三条路径

1）借用具体研究方法

设计学科的相邻学科（如城市社会学、生态学、环境心理学）在研究相关的建成环境问题时，发展了十分清晰严格的研究程序和标准，且发展完善了大量成熟的研究领域和研究范式。比如心理学对环境—行为问题的研究，社会学对城市空间使用的研究，等等。这些研究范式发展完善，其对象、价值、方法等连贯统一。这些学科的研究对象和设计学科的研究对象重合，且其研究价值与设计学科并不冲突。设计学科可以对这些研究范式的研究方法直接予以借鉴。这种方式也是跨学科研究、多学科研究的模式所鼓励的。建筑历史学科的发展就曾经广泛借用艺术史学科的研究方法，城市空间研究对城市社会学研究方法进行借用，绿色建筑研究对材料工程学研究方法进行借用，等等。

对相邻学科的研究方法直接予以借鉴带来了很强的操作性。特别是研究初学者，可以对这些成熟的研究从研究对象选择、研究命题陈述、研究搜集数据、研究分析过程进行全面模仿。在此基础之上，进行从局部开始的创新，从而完成对研究方法从了解掌握到发展改善的过程。

这种途径尽管方便快捷，但是存在脱离设计学科核心价值的风险。研究者常常沉醉于已有方法的严格性，而忽视研究问题和设计学科的相关性，以至于产生大批被质疑研究有用性的研究成果。那些研究成果常常被质疑为地理学研究、社会学研究、材料学研究的成果；离设计学科有着较远的距离。一部分研究者由于缺乏与设计者之间的同理心，为做研究而做研究，出产一大批方法严格但没有什么理论和实际价值的论文，被讥讽为"论文工厂"（paper mill）。由于这种方式的研究方法是借用"现有"的理解模型套用到现象中，而不是从现象中发展出认识工具，因而很难发展新的理论维度。

2）投射普通研究方法

从普通的研究方法入手，将普遍的研究方法的规律投射到设计学科的需要之中。近年来，普通科学研究方法和社会研究方法的论文和书籍不断问世。这种现象反映了诸多学科不断学术化的潮流。普通的研究方法提供一系列界定研究活动的概念和维度，如主观和客观、定量与定性、演绎与归纳、对象、材料、阐释、程序等；研究者借用这些概念，可以系统地构建设计学科的研究方法。从普通的研究方法入手，能够从宏观上把握研究活动的共性，避免盲目借用相邻学科的研究方法带来的价值盲区。

本书的组织结构即是按照这种思路，将设计学科的研究方法视作一个整体，从普通的研究方法为主线，组织全书的章节。总论部分包括研究概论（第1章）、研究方法分类探讨（第3章）、确定研究问题（第4章）、文献综述（第5章）等。分论各章分别论述具体适用的研究方法（第 6 ~ 12 章）。在每个章节的内部，虽然不排除从相邻学科借鉴成熟和严格的研究方法，但是以普通的研究方法的严格性和规律性组织整体的结构。

投射普通研究方法的路径有两个缺陷。第一，普通研究方法都是围绕实证研究展开的（参见本章 2.3.3 小节），具有强大的逻辑，同时也容易忽略不是以科学实证为主体的研究。因此，本书增加了案例（第 13 章）、历史（第 14 章）、思辨（第 15 章）等内容，补充论述。第二，投射普通研究方法在具备普遍性的同时，存在着难以涵盖设计学科的缺点。单一化地把设计学科研究视作人文学科研究、社会科学研究，存在着极大的片面性。而且，单纯投射普通的框架容易空洞，缺乏设计学科自身的趣味和价值。所谓普通研究方法是一种概括的说法，相应的框架和概念能够放之四海而皆准，但是设计学科的趣味和范畴并不是普通研究方法可以推导出的。

3）设计学科的知识积累

上述两条路径的不足都指向了对设计学科本身研究活动特点的探讨。这构成了对普通研究方法不可避免地补充和重塑，包括两方面：其一，总结设计学科中进行学术研究的特殊性（以下第 2.2.3 小节）；其二，从已有的研究成就总结设计学科的知识积累模式（本章第 2.3 节）。这两节的结论也会被吸收到本书总论余下各章和分论各章之中。

2.2.3 设计学科中进行学术研究的特点

讨论设计学科研究的目的是厘清研究方法的普遍性和设计学科相互适应的关系，并探索设计学科的研究对象和趣味所带来的机遇。在实证主义的循证研究成为研究趋势的今天，有很大一部分研究者简单地认为从事研究就是使设计学科"科学化"。个体的研究者只专注于一种研究方法或者特定范式，并无不妥；但对于整个学科，就需要照顾到可能的所有研究范式。贯彻"科学化"思路虽然可以长足地发展设计学科所缺乏的实证知识，但是难免削足适履，矮化或者忽视了设计学科的主体性。这就需要对设计学科研究的特点进行讨论，作为对"主流"的实证研究方法的补充。

《上帝作为世界的建筑师》（图 2-11）的画反映了设计师的工作特征：上帝像设计师一样通过圆规勾画出太阳和月亮，并准备再为中间混沌的地球定义出形状。反过来说，设计师设计建筑、城市、园林，与图中展示的上帝之手并没有区别。设计师正是通过提供设计方案，从而指导再造建成环境。虽然随着时代的变迁，辅助构思和制图技术设计师提供建成环境愿景的基本工作内容并没有发生改变。本书所讨论的设计学科知识积累，也必然围绕着设计师的工作内容。

图 2-11 上帝作为世界的建筑师（1220—1230 年）

这里以科学化的实证研究为讨论基准，将设计学科和其他学科进行比较，从而总结其知识积累在价值和方式的差异，包括以下四个方面：

1）知识下游学科

设计学科是知识下游学科，意味着其需要拿来应用的知识大多数都不是来自学科本身，而是来自其他的"上游学科"。比如，建筑学中的结构、设备、水电知识，风景园林学中的种植、生态、社会知识，规划学中的交通、地理、社会知识。纯研究型学科，如物理学、生物学、社会学、生态学、地理学等学科，其学科存在的目的就在于进行研究活动，并创造"研究产品"——知识，如定律、理论、规律、法则等。这些学科的研究对象范围层次十分确定，研究方法的逻辑和流程也十分明确。这些学科的专业训练除了讲授基本学科知识，就是反复训练研究方法，如：一位学习化学的本科生十分熟悉实验研究法、一位学习社会学的本科生十分熟悉问卷调查法，等等。

设计学科作为应用学科，兼容并蓄地收纳综合不同学科多层次、多方面、多角度的知识。建筑、规划、园林学科的职业教育更多地强调统筹、运用、综合相关知识创造理想和谐的人居环境。设计学科的综合性使得这个学科涉及的内容比较繁杂。不像某些划界清晰的学科，比如化学、哲学、社会学，具有特定的抽象层次和研究对象。设计学科中，针对同一个建成环境的存在，包括了多重层次、方面、角度。比如，建筑既可以被视作是完全抽象意识构思的产物，也可以被视作是消耗物质材料的实体；既可以被视作是人活动和交往的背景，也可以被视作是声、光、热作用的物质集合。设计师在设计过程中将所有的相关知识有效、综合、平衡运用到设计方案中（图 2-12），所依据的是综合逻辑。当设计学科研究者要考察一个具体的研究问题时，则需要运用分析逻辑，这和设计师通常使用的综合逻辑是背道而驰的，常常带来无所适从。

图 2-12 密斯在查验伊利诺伊理工学院克朗楼设计

设计学科的综合性带来的复杂导致两种完全不同的研究思路。一种是科学化的实证研究，研究者明确考察的角度、努力从纷繁复杂的建成环境中分离出明确的研究对象（或者研究对象的明确方面）。科学化的实证研究是当前的研究潮流，又是设计学科的研究者所欠缺的，因而是本书重点介绍的内容。所有设计师出身的研究者研究能力训练的重点，在于从复杂现象中提取明确切入点的能力。设计学科的研究者可以溯到源头，借用纯理论性学科的研究方法。本书第 6 ~ 10 章搜集材料和第 11 ~ 12 章分析材料的方法，就是以实证研究为主展开的。实证研究的前提是设计学科的所有现象都可以提取出单一的性质、方面、特性等。作为其他知识学科的下游学科，设计学科的研究者不应在低水平的层次上重复其他工程学科的基本研究领域（如结构、暖通、照明、生态、市政技术等），而应该从设计过程（也就是知识运用）的角度发掘研究问题。在吸收这些学科研究方法的同时，作为知识下游的设计学科不需要在价值取向上纠结于 "研究能否原创性地产生认识"，而是应该直视环境设计中涌现的应用性问题，在已有的、合适的技术环境中积累认识。设计学科研究的核心价值是发展为设计服务的理论认识，而不是知识上游学科的应用型认识。两者虽然可能共有不少考察内容，但角度和价值是完全不同的。

另一种思路是保持整全性。基于设计学科作为知识下游学科的特征，对于那些难于分离的对象，保留其综合性。特别是那些综合其他 "上游学科" 知识的部分，比如：对设计过程的研究，对设计灵感的描述，都包含了难于抽象提取的研究内容。对于这类具备 "综合性" 特点的研究对象，如果以对象的整体为研究的目标，则没有必要打破现象的整全性。对于综合性的考察，多用历史研究法（第 13 章）、案例研究法（第 14 章）、思辨研究法（第 15 章）。

2）行动性学科

建筑、规划、园林三门学科都是行动性的学科。设计师通过方案实现对环境的某种干预，最终改变旧环境、创造新环境。环境干预可能是积极激烈的，比如从农田变成科技园区、在水岸边建设游乐场、在老城区进行高密度的商业开发，等等；环境干预也可以是消极温和的，比如建立自然保护区、对视觉通廊进行划界、对污染地块进行生态修复，等等（图 2-13）。但无论如何，设计

图 2-13　规划师绘制麻省剑桥市 1：12 比例的绘画图纸，1950年代

学科并不满足于停留在纸面认识——即使是纸面的"乌托邦式设计"，也怀有一种建成实施的指向。设计学科这种干预环境的行动性、实践性将其和同样针对环境的纯理论性学科（如地理学、生态学、地质学、水文学等）区分开来。纯理论性学科第一位的学科目的在于积累知识，运用知识的活动往往处于第二位。这些学科将应用性的活动作为其学科的一个分支，比如应用地理学、应用生态学等说法。

行动性学科的实践行动性也构成对于研究考察方式的挑战。第一，设计学科干预环境的行动，并不是基础学科所观测的现实存在事物（比如，一个已经建成的花园），而是蕴含了实践者的即时判断和创造（比如，一个规划、设计、建造花园的活动）。相比于基础学科提供的分析抽取的认识方式，行动的过程永远具备更多的矛盾和复杂性。这些具备诸多矛盾和复杂性的内容往往难于在已有的基础学科中找到相应的考察方式。第二，当行动性的内容成为研究对象时，面临着考察时间时段上的挑战。设计活动的内容都是针对未来的愿景；实证研究只能针对既存的现象，不能对未来的事物进行研究判定，因而具有滞后性。这意味着按照实证研究的要求，建筑师、规划师、风景园林师的设计内容都不能直接成为研究的认识内容，而只能成为研究的前提。从时间上看，一座办公楼设计建造完成需要两年，待完全占有使用又需要时段。更大范围的规划和政策调整不仅更加旷日长久，而且涉及更为广泛的空间范围。从设计端到使用端的内容都被实证研究排除在通常的研究范畴以外。

设计学科作为行动性学科，带来了有别于基础学科的研究机遇，也要求研究方法论从考察方式上的确认。

第一，行动性的实践内容应该成为设计学科的研究对象。设计学科是行动性的学科，其研究内容不能忽视影响环境的动态设计和建造过程；而不能只是局限在静态的基础学科原理性研究中。研究者要将设计活动放到社会、环境、人思维的大背景中，主动从实践中向下寻找研究问题，发掘纯理论性学科忽视的"应用"问题。从设计的行动出发，积累具备行动力的研究命题，而不是变成地理学、水文学、生态学、热学等纯理论性学科下的"应用"附属。设计师干预环境的实践活动也成为设计学科内行动知识的来源。不仅在行动中应用知识的成效值得纳入到研究的范畴中，行动本身的经验也应该成为研究的对象。

第二，发掘"未来"内容的认识范式。成熟的实证研究方法发展出对于既存现实的考察方法，而视设计师"创造现实"的活动为理所当然的前提。从设计学科的角度，对于未来的探索是对于学科基本内容不可或缺的开拓；从研究方法论的角度，这些探索是黏稠的、不可证实的、不稳定的。因而，对"未来"内容的认识范式必须跳出现有的实证研究范畴。思辨研究法提供了为一种可能的考察"未来内容"的范式；思辨借助于思想本身的逻辑性和批判性，关注于观念结构搭建的精巧，并不要求实证和实物；本书第15章中将予以论述。

3）以图像作为媒介的学科

第1章中我们明确，研究成果是抽象的认识，具体的设计项目不是研究。文字对于研究的意义是多重的。第一，文字提供记载认识的工具，认识的保存和交流依赖于文字。第二，文字（包括数学符号和表述）提供定义、分析、阐释的工具，分析材料和产生认识依赖于文字。第三，文字的交流是最为经济的认识交流途径。然而，设计学科本身却与图像紧密相连（图2-14）。一方面，设计学科的内容是为人所使用、较为直观的"感知环境"，而不是如地质学、水文学、土壤学、结构学研究的"里层环境"。"表层环境"当然关系功能、容量等功能性概念，更关心人的直觉、经验、体验、感受；对环境感性化的描述又衍生出形态、空间、

图2-14　图像作为媒介

场所等概念。设计学科所关心的是人化了的"感知环境"，这些恰恰是设计学相邻的工程技术学科和纯知识学科所缺乏的。另一方面，图像信息是设计学科成果呈现的主要形式。设计师一般不直接动手建造，他们所出产的建造方案和策略都是以图像的方式呈现。图像不仅是一种产品，也是设计师的基本技能（比如手绘、渲染效果图等）。设计师的文化也本能地排斥夸夸其谈的"动嘴师"（talkitect）。设计学科作为应用学科的特性在于产生出观念策略性的方案。虽然设计学科是面向改变环境的实践，但是设计学科并不是纯技术性学科。如果对比一下土木工程、市政工程、通信、水利、园艺、交通等对同样对环境进行干预的实践性学科，可以发现，设计学科并不出产较多工程性的"技术"，而只是在应用这些技术的基础上，出产观念策略性的"设计方案"。

设计学科形成了与图形紧密相连的工作方式。图像形式对作为知识的单一存在形式的文字提出了挑战。文字适用于描述和分析抽象提取的思想、认识；而对形象的形态、空间、场所常常乏力。文字是一种单向的、随着时间推进的、平铺的媒介。从真实的体验，到图像媒介，再到文字，必然有大量的信息损耗。如果从提取研究的角度、提取问题的角度，这种损耗是必然的。而从综合性和复杂性，这种损耗导致设计的对象支离破碎。它和建成环境之间存在着一种不完全对应的描述关系。尤其在当今的数字时代，图像存储的成本越来越低廉、操作越来越简便，图像作为知识媒介的经济性已经不是问题。

图像能否作为一种知识的载体？有不少研究者给出了积极的答案。风景园林师詹姆士·科纳（James Corner）认为，图像能产生知识。视觉图像本身有其内在的逻辑，图像

的存在是知识本身。这也是"图式"总结类的研究能够受到普遍欢迎的原因。安吉·罗宾逊（Andrew Robinson）甚至认为，现代社会的图像知识比起言语知识更加真实。离开文字的图像本身能否作为认识？尚不能肯定。对于主流的学术研究，文字仍然是学术成果的载体和媒介。文字因其强有力的逻辑赋予图像以知识的合法性。在图像本身和学术研究存在隔阂的情况下，设计学科在如下三个层次可以予以应对。

第一，发挥图像在研究阐释中的转译作用。研究认识本身多是抽象的，设计师往往视阅读研究成果为畏途。研究者要主动将抽象的认识转化为设计师易于理解的图示、图表、图解。这种转化借助图像媒介的特性，成为设计者熟悉的设计语言，是学术研究对于设计学科传统的必要回归。

第二，需要充分发掘图像形式的研究材料。普通的实证方法发展了比较完善的针对结构化数据的搜集方法。在设计学科中，研究者需要借助于抽象的分析思维考察现象背后的"不可见"内容，也需要保留对于"可见"内容的研究。图像为认识设计学科的对象带来形象丰富的建成环境信息，但是其解读方法不如定量分析完善。研究者不仅需要有意识地搜集图像材料，保持设计学科考察内容的丰富性，也要发展图像解读方法，加强其严格性和逻辑性。这部分的内容，本书主要在第12章定性分析法中进行讨论。

第三，探索图像本身的认识力量。整个知识共同体中，认识基于理性和逻辑。形象的欣赏感知地位逊于抽象的逻辑思维；"美"的证明力量逊色于"真"的证明力量。这种认识规律和图像在于设计学科中的地位是不相符合的。不仅将图像视为研究材料，而且探索将图像视作一种证明方式，到图像作为分析工具和认识成果的地位。图像作为认识工具的愿景还有待于进一步发掘。

4）鼓励多解性的学科

"以人为中心"的设计学科尊重个性、鼓励个性，从而导致学科多解性的特征。一般的科学学科研究方法，寻求一般性的规律；并不承认事物的多样性，或者不以事物的多样性作为研究前提。设计学科在发展的过程中，已经从一个提供方案的"打样鬼"工作逐渐变成了追求个性和特性的创造活动。设计脱离了一般的工程学科，加入了设计者主观的复杂人文思考，设计的多重来源、复杂系统、服务对象决定了设计的多解性。鼓励个性学科的知识积累对于知识本身的特性提出了挑战：设计学科本身追求个性和研究活动与追求一般性、规律性、普遍性、划一性形成了对立；自由裁量和创作灵感与研究逻辑的严密性构成了对立。

从宏观的角度来看，设计的多解性意味着设计"整体"的多样性。同一设计任务，有诸多不同解答都能成立。规律性之外，设计的自由成为设计师必要的自留地。设计的自由不同于人权的自由：人权的自由意味着法律规定以外，事皆可为；而设计的自由意味着无穷的多样性，且种种都能冲出已有形式的可能。设计的自由，如同其他人文创造的自由（比如诗歌、音乐、绘画），创造出缤纷、多样、无穷的设计方案，构成了设计师的主要工作（图2-15）。

从微观角度来说，设计多解性意味着单个设计的独特性。设计者从进入设计学院的第一天起，就被要求设计出各种不同的方案。设计师不仅希望自己的设计与别人不同，而且总希望自己的这一个设计和下一个设计也不一样。设计师不仅在行为上追求独特性，而且在观念上抵制规律性。设计师们甚至耻于谈规律、套路：好像遵从了一个规律是一件很耻辱的、缺乏创造力的事情。社会对于设计的期待也是如此，环境应该是独特的、有识别性的，千城一面是不对的。对于同一类型的建筑、园林、名胜、村落，旅行者并不是见识了一处后就认为"规律在握"，而是总想把同类型的环境看个遍。

设计自身的多解性追求挑战了研究活动"放之四海皆准"的规律性追求。这要求一部分设计学科的研究揭示事物深度、清晰度、复杂性的基本任务之下，尊重研究对象的多样性与独特性。

第一，面对设计整体的多样性，类型的研究方法应该得到尊重。分类所贡献的认识就是把不同的事物按照规则划分到规定的类别中去，以便于更好地理解、分辨、应用。设计的多解性意味着可选择的真理、可选择的规律。川菜好，淮扬菜亦好。当然，选择了淮扬菜，就要按照这个类型做好。对每种类型内的描述和对类型之间的区分是进行类型划分的有效手段。在承认多样性的情况下，不急于寻找"规律"，甚至要防止伪规律化的倾向。鉴于设计的多样性，同时鉴于多样性的不断增长，类型学的研究是基础的工作。

第二，面对设计个体的独特性，研究要充分需要探索性地描述和展示那个个体。即使研究者不断地对文化、气候、材料等创作来源和思考进行类型总结，但是仍然不可能穷尽规律和束缚设计者的创作个性。单个的个体而不是群体，必须成为研究者需要面对的研究对象。考察的角度可以是将心比心的同理心出发的揣测和发现，客观而且量化的科学研究方法在这里不再适用。数据搜集上，承认个体的独特性，可以不需要大量的数据。在结论的预期中，可以暂时不要将个体纳入到某个规律当中去。在研究逻辑上，多运用描述和联系，而谨慎使用演绎与归纳。

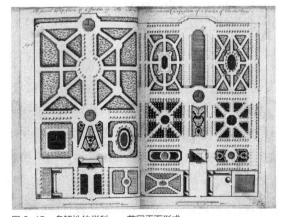

图2-15　多解性的学科——花园平面形式

5）小结

以上的探讨并没有否定实证研究方法的适用性。探讨设计学科在研究上的特点，就是要廓清设计学科研究的内在性趣味和真正对象。设计学科作为纯知识学科的下游学科，没有必要重复技术学科的基本内容、追求原创的技术、成为"上游学科本身"；而应该在应用和综合的过程中寻找贴近设计实践的研究问题。设计学科是行动性的学科，其研究内容不能忽视影响环境的动态设计和建造过程，也不能只是局限在静态的基础学科原理性研究中。设计学科与图像紧密相连，因而需要意识到图像作为分析工具和认识成果的地位。设计学科是多解性学科，因而有别于量化研究的类型学研究和个案研究。

2.3 设计学科的求知模式

虽然设计学科研究从方法论上的总结尚在萌芽中；但是，设计学科的研究活动甚至在设计学科正式设立之前就已开展。总结设计学科既有的研究构成是发展设计学科研究方法的一大来源。设计学科既有的研究不仅塑造了设计学科本身，也提供了继续探索设计学科知识活动的基本素材。我们试图从中总结设计学科知识积累的规律。除了考察设计学科研究所关注的内容，也特别注意总结设计学科研究进行的内在逻辑。具体地说，现有的研究中，研究对象来自设计学科的哪些方面？研究材料和数据的来源是哪些？研究者如何对材料和数据进行分析？研究者的主观参与程度如何？

从对上述问题的考察中，本书提出设计学科的三种求知模式（知识积累范式），包括：经验知识、专类知识、实证知识。在特定的范式内，研究对象、研究趣味、研究价值、研究技能相对统一。以下就分别从三个模式的特征、研究方法的特点、模式的优缺点进行讨论。

2.3.1 经验知识

经验知识是建筑设计实践者对自身直觉自发经验的总结；简单来说，就是"设计师写自己"。所有实践性、应用性的学科都积累着经验知识。设计师参与设计活动，通过总结亲身经历中的经验、感受、体会而积累知识；就好比烹饪学知识就始于有经验厨师对菜谱、菜式的总结。同样，受设计学科专业教育（本科教育）的建筑师也能将设计实践过程的经验上升为直观的知识。经验知识来源于实践者的自观反思，以他们多年的丰富经历为基础。基里柯的绘画《沉思》（图 2-16）图解了"设计师—研究者"的知识积累方式。这种模式中，研究者还未从设计师的身份中脱离出来，更像是"设计师—研究者"。

知识创造的过程强烈地依赖于设计师—研究者的主观：不仅命题的创造依赖于设计师—

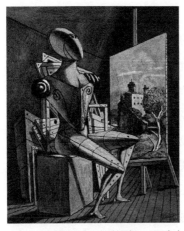

图2-16 沉思（乔治·德·基里柯，1976年）

图2-17 《杨廷宝谈建筑》书影

图2-18 《安藤忠雄论建筑》书影

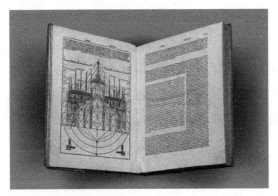

图2-19 《建筑十书》书影

图2-20 《园冶》（华日堂《夺天工》钞本）书影

研究者的设计体会，研究对象也局限于设计者—研究者本身的设计经历。这类知识积累对研究者的要求一般是具有丰富经验，并有较好理论概括能力的设计师（如大师、长者）。《杨廷宝谈建筑》（图2-17）、《安藤忠雄论建筑》（图2-18）即是属于这类知识积累。缺乏设计经验的年轻设计者和不具有设计师经验的学者都没有参与这一层面知识积累的可能。

从研究方法的角度来看，经验知识的研究并不依赖明确的研究问题，研究材料的搜集过程也并未从实践活动中分离出来。研究活动是设计师—研究者的自发行为，缺乏明确研究方法的指导。这一层面知识积累的考察对象（对自身实践的认识）和考察过程（归纳体会感受）均来自主观，因而很难对知识积累过程进行控制、评判、修正。特别是常见的工程项目介绍性的文章（甚至多作品比较），不少还停留在现象描述的层面，较少提供有借鉴意义的理论性内容。所以，有相当一部分学者不认为这一类知识积累为严格的学术研究。然而，设计师—研究者将自身的经验和认识进行充分发掘，并梳理成一系列的主题而获得系统性，其学术性就大幅提升。设计学科的经典，如《建筑十书》（图2-19）、《园冶》（图2-20）就属于这类。更有一部分设计师—研究者，援引他人的理论和实例来支持自身经验的归纳，"六经注我"，增强了系统性和说服力。

经验知识重视实践者的主导作用，强调实践过程中的整合技巧。对于实践型学科的活动——小到护理、书法、烹调，大到区域发展、政治治理等——经验知识对于学科的发展有着不可替代的作用。经验知识的获得没有经过复杂的分析过程，综合性很强，易于理解阅读；同时，经验知识贴近设计师实践，紧密围绕设计实践的操作性，易引起共鸣，能快速转化到设计活动中，受到设计师的欢迎。实践性学科面对的是繁复的、多样的、无限的可能。经验知识的主题和内容并不是已有命题严格推理所得到的认识，而是来源于实践过程中的无数试错和灵感；因此，特别适合设计学科这种"无唯一解"和"鼓励多解"的学科。从研究的结果来看，这种知识积累主题零散、思路发散，内容是经过整理的设计随感，常有洞见。

经验知识的缺陷是显而易见的。由于考察过程和考察材料都不在研究过程中展示，很难判断设计师—研究者的自身经验总结是否还处在"看法"和"随感"层面。经验知识的可信度来自设计师—研究者的行业影响力、实践时间、总结的系统性。从实证主义的观点来看，经验知识有可能是设计师—研究者长期实践中检验的经验（如《建筑十书》），也可能是设计师—研究者未经广泛检验的设想和主张（如柯布西耶《走向新建筑》）。因此，这种知识的"可信度"也会受到质疑。

2.3.2 专类知识

专类知识简单来说，就是"设计师写别人"。研究的发生不以研究者亲身参与设计实践的经验和体会作为知识的来源；设计师背景的研究者通过考察非自身的设计现象获得知识。比起上一个层面的经验知识，这类知识针对除研究者设计实践经历以外的设计现象，比如考察其他设计师的设计作品、非自己身边的设计环境、非自己时代的设计历史等。基里柯的绘画《奇怪的废墟》（图2-21）图解了"他者"角度的产生：设计师经历和研究对象脱离开来，同时又关注凝视。

图2-21 奇怪的废墟（乔治·德·基里柯，1932年）

专类知识的求知模式虽然不能深入设计师的思维深处，但是给研究者带来了作为"他者"的视角：脱离了经验知识的双重主观性（主观材料、主观分析判定），研究考察的对象能够

图 2-22 《建筑模式语言》书影

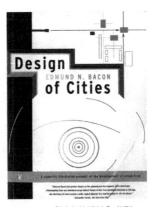

图 2-23 《城市的设计》书影

图 2-24 《江南园林志》书影

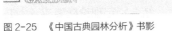

图 2-25 《中国古典园林分析》书影

图 2-26 《中国古代建筑史》
书影

图 2-27 《历史中的城市》
书影

明确，研究考察的内容也能够明确。设计学科中有两类研究遵循了专类知识的求知模式。第一是类型学研究，从类型上对设计内容进行梳理归纳。这既包括对于建成环境诸多案例的分类汇编整理，比如：克里斯托弗·亚历山大《建筑模式语言》（图2-22）、埃德蒙·培根《城市的设计》（图2-23）、童寯《江南园林志》（图2-24）；也包括针对某一类型建成环境，发展更多理论维度展开分析的研究，比如：彭一刚《中国古典园林分析》（图2-25）；第二是历史研究。研究者以时间作为主要维度，梳理出对于建成环境更为清新深刻的认识，比如：《中国古代建筑史》（图2-26）、刘易斯·芒福德的《历史中的城市》（图2-27）。

从研究方法来看，专类知识的积累与经验知识有着明显的不同。专类知识有着明确的考察内容，不再是经验知识所依据的零散经历。同时，专类知识由于研究者"他者"的视角带来了明确的材料搜集过程。为了使研究对象的材料更加丰富具体，研究者还会有意识地运用观察、文档、访谈等较为系统的研究方法搜集研究材料。研究中材料搜集和分析判断的过程被截然划分开来，研究材料—材料分析—结论归纳的研究程序趋于完整。这类知识积累完全具备了学术研究的形式。研究者已经脱离了设计师身份，而具备了完全的研究者身份。专类知识的积累过程以主观分析为主，贴近研究者的设计师训练背景，具备作为设计师的洞察力和同理心；"他者"分析和评判的角度带来了研究方法的严格性。

专类知识的重要性不言而喻。设计学科强调个性、多样性、想象力；这是设计学科知识最为核心的一部分。这就需要特定的方法捕捉多样性的规律，对繁多的变化进行梳理。"多样中看出统一，无穷中找到有限，纷纭中发现条理"[1]。专类知识仍然将建成环境视作一个整体（而不是像2.3.3中论述的实证研究针对某个片面），获得的条理纲领十分精炼概括，同时具有形象的案例支撑；十分贴近于设计师实践。因此，设计师群体天然地欢迎专类研究。

专类知识的积累比起经验知识，超越了设计师—研究者混合身份带来的局限。局限之一是设计师—研究者难于穷尽地厘清设计的门道。即使那些勤于写作的杰出设计师（如赖特），也不能完全穷尽自身的所有设计经验。研究者"他者"视角有助于"穷原竟委，条分缕析"，发掘设计知识并形成。有的研究者甚至"以意逆志"[2]，同理心地探究设计师的内心，挖掘出更具深度的认识。局限是之二是设计师—研究者创造的经验知识往往并不严格，常常夸张、散漫，有陷入玄论、广告等非知识文字的风险。专类知识带来的"他者"视角不仅将设计作品，也将设计师—研究者的经验知识置于被审视的目光之下；不仅有助于归纳出有效的设计门道，也利于揭示出经验知识可能的偏差、悖论、谬误。

专类知识的高级形式是在"他者"视角的基础上，结合特定理论框架或者发展出更细致的考察维度。"他者"视角并不必然带来主观的条理和深度。结合特定理论框架或者发展考察点，意味研究者意识到了直观分析判断的有限性，而尝试运用成熟的理论投射完善主观。不断发展的人文学科提供了繁多的理论框架（如马克思主义、后现代、后殖民、女性主义等），这些理论提供了不同的考察维度，就仿佛运用了不同滤镜的摄影，将研究问题从综合而复杂的现象中提取出来，超越了"知人论世"的朴素考察状态[3]，带来有深度的认识。

专类知识的研究对象形象具体，贴近设计实践，一般也受到设计师读者的欢迎。同时，专类知识研究者的技能仍然限于设计师的技能，因而考察对象以建成环境的形体部分为主（建筑"物"、城市"元素"、景观"要素"），考察维度也主要集中在设计手法。研究成果普遍描述性较强，问题性较弱；缺乏对现象机制、规律的揭示。专类知识具备归纳、评价、修正、批判设计知识的特点；同时，缺乏跳出学科自身的概念，验证、证实、交流设计知识的能力。从普通的研究方法来看，专类知识仍然具备了定性研究的基本形式。设计学科专类知识的产出仍然限定在建筑、风景园林、城市作为"环境物"的类型考察，和自然科学发展早期的博物学具有相似的逻辑和"认识产品"。相比之下，定性的研究方法包括更多的研究对象（如空间的使用、环境的物质和社会特性），材料的系统性也被强调（包括材料搜集的边界、数量的确定）。

---

1 张良皋. 序[M]// 周卫, 李保峰. 博览新空间. 武汉: 华中理工大学出版社, 1999.
2 《孟子·万章上》："故说《诗》者，不以文害辞，不以辞害志；以意逆志，是为得之。"用自己的想法去揣度别人的心思。
3 《孟子·万章下》："颂其诗，读其书，不知其人，可乎？是以论其世也。"后以"论世"指研究时世。

2.3.3 实证知识

实证知识就是科学知识。研究者采用观察、实验等系统方法获得客观的研究材料和数据，通过分析后获得认识。在这种知识积累模式中，设计学科的研究者挑出设计师职业的能力和技能，运用各种科学化的研究方法。研究对象从"环境物"（建筑"物"、城市"元素"、景观"要素"）扩展到了建成环境"相关"现象，包括活

图2-28　神秘澡池Ⅱ（乔治·德·基里柯，1935—1936）

动、感受、政策、经济、健康、生态、物理性能等内容。基里柯的绘画《神秘澡池Ⅱ》（图2-28）图解了实证知识的考察角度：研究者不仅与所研究的环境脱离开来，具备了"他者"的视角；而且所考察内容不再仅仅局限于澡池这个"环境物"，还可以是洗澡活动、洗澡水温度、洗澡者满意度等和澡池环境"相关"内容。通过对这些"相关"内容的认识而获得对建成环境的更深刻认识。实证知识的研究对象大大超越了经验知识和专类知识的模式。一批并非源于设计学科的研究视角，如城市社会学、环境心理学、城市经济学、生态学、声学、热工学等视角被设计学科研究所借用。设计学科中设计师出身（同时掌握了更多研究方法）的研究者和其他学科越界的研究者（如城市社会学家）共同构成了实证知识的研究群体。

顾名思义，实证知识将客观事实的验证作为研究的基本准则：知识的积累不基于研究者和读者之间同情而同理的共识，而是通过研究者和读者都可以观察到的客观事实。轻重不同的物体，从同一高度坠落，它们是否同时着地？伽利略通过比萨斜塔实验展示出事实，给予验证和判断。天下武功之中，是马保国浑元形意太极门厉害，还是自由搏击厉害？可以通过比武结果的事实，给予验证和判断[1]。实证知识的客观事实判断标准，避免了主观分析判断的可能谬误。其中，既可能是亚里士多德的物体下落速度与物体重量成正比观点的"哲思"带来的谬误，也可能是江湖骗子招摇撞骗带来的谬误，还有可能是设计师直觉、品位、想象、灵感带来的谬误。由于客观事实不会改变，实证研究可以不断重复，带来其结论的普遍性。自由落体实验除了在比萨斜塔，还可以在其他地点重复验证。比武不服还可以再次邀约，获得新的事实验证。在设计学科中，常说的科学决策、科学建设、科学管理、科学规划也是基于实证知识：王局长来了这样决策，李局长来了也这样决策。"科学"意味着所依据的知识来自客观事实，具有普遍性和规律性。

1　张颖川. 太极大师4秒被搏击教练击晕[N]. 北京青年报，2020-05-19（08）.

因此，实证研究搭建起建成环境中不同利益相关者（包括：决策者、管理者、设计者、合作者、使用者等）之间的桥梁，在现代社会中被广泛地接受。

实证知识的积累方式是以客观事实的存在作为前提的。实证知识的获得，不在于心灵的认同，而在于事实的契合。在设计学科中，最早进入实证研究的是建成环境的物质方面，包括建筑声环境、热环境、园林植物等等内容（图2-29）。自然科学范式认为建成环境是一种物质存在，不仅是一种构图和感受，也是现实的有温度、湿度、风速、照度、分贝的实体；设计研究有必要为这种实体负责任。对于这类现象的考察，研究者不仅要提取出客观事实片面（比如：将建筑屋顶的导热性作为考察内容从"环境物"的整体中提取出来），而且要找到确定的考察指标和搜集数据的途径。对于设计师出身的研究者，实证研究的分析思维和方案设计的综合思维是大相径庭的。除了物质方面，实证研究也触及建成环境的社会方面（图2-30）。从社会科学的角度来看，社会现象虽然基于人的主观驱动；但是通过实证研究基于事实片面的提取，仍然具备客观事实的属性。比如，考察人对于公共空间的占有使用与考察蚂蚁对于树洞的占有具有一样的逻辑，都对"占有使用"这一客观事实进行材料搜集和分析，就能构建起实证研究的框架。社会科学范式的介入认为空间是人活动的外壳和背景，设计研究应该将空间的使用质量作为研究的目标。不仅如此，人对于建成环境的喜好、意愿、感受等内容（比如：高中学历的人群对于先锋建筑的态度如何？又如：老城区居民觉得菜场改造后生活是否方便？）在广泛的社会空间中是一种客观存在；因此，这部分内容也能成为实证研究考查的内容。

实证知识的积累基于研究方法带来的"工具理性"。研究者并不需要参与设计活动的经验和知识，而需要作为局外人客观地定义考察角度、问题，并借助成熟的科学方法获取系统化的事实。与前两种知识类型不同，实证知识的研究具体执行的过程是可替代

图2-29 《太阳、风、光：建筑设计策略》书影

图2-30 《为人的城市》书影

的：一个设计清晰的开放空间活动的问卷，或者一个室内环境影响工作效率的实验筹划完成后，可以由研究者委托助手或者合作伙伴发放回收问卷或者进行实验操作；而经验知识和专类知识则需要研究者亲自完成所有操作过程。实证知识的研究方法规定了清晰而严格的数据材料搜集方法及其分析方法，研究论文的写作也会比较详尽地展示数据材料搜集及其分析的过程——方便其他研究者针对同一现象进行验证。实证研究所反映客观现象的材料，既可以来自研究者自身进行的观察、实验、问卷、访谈等活动，也可以通过研究者挖掘已有来源的数据、档案、文本、图像等来获得。

实证研究发展出较为成熟的研究方法，研究者的研究技巧和设计师的设计技巧存在着差异。设计学科知识的积累从自发状态进入到自觉状态：研究不再是随机的、灵光一闪的积累过程；而是针对特定问题的探寻过程。比如，历史研究中，对历史事实的考证功底的要求，就不同于对设计师设计历史样式功底的要求。又如，研究者对于某社区安全和犯罪情况研究，多基于搜集、整理、分析数据的能力，而这与设计师社区设计的布局和造型能力关系较远。设计学科的研究者也不应仅是口传心授的有经验实践者；相反，具备研究技能的研究者可以依照成熟的研究方法，重复、验证、修正、推翻某个研究，为设计学科学术共同体系统地贡献知识。这种知识积累方式超越了研究者自身的设计经验，使得设计经验有限，甚至是设计学科以外的研究者仍然能够依循严格的数据搜集和分析模式贡献可靠的认识。

实证主义的传统并非凭空产生的。向现实生活学习的传统一向是在设计师教育中所强调的。在 1950 年代，"清华曾一度有过试验"。汪坦为了设计公共汽车站，曾经跟随售票员一天，这就属于观察法的运用[1]。然而，这些实证方法的萌芽和成熟的实证研究范式仍有很大的不同。总的说来，实证研究要求将设计调研中的研究成分系统地独立并展示出来。第一，实证研究的成果是对某一现象的认识，需要以论文的形式将研究系统地呈现出来；而传统建筑设计的前期和建成后调研一般"汇入"了设计师的经验。第二，实证研究需要系统展示材料搜集和材料分析的过程，也就是我们通常所说的研究过程。这个过程应该遵循严格的规范，并能够被其他研究者理解、重复、考察、辩驳。

实证知识的获得有严格的研究方法，定义研究问题和研究对象会更加容易准确地确认。一般的实证研究都选取现实生活的某个片段、一个现象的某个方面，与经验知识的综合性有极大的不同。很多设计师阅读会感到过于琐碎。实证知识研究会全面、详尽地展示数据材料搜集及其分析的全过程，没有受过研究方法训练的设计师在阅读这类论文时可能只能读懂文章的研究问题和结论，而对分析过程的阅读存在障碍。实证知识最大

---

1 汪坦，赖德霖. 口述的历史：汪坦先生的回忆 [J]. 建筑史，2005（00）：22.

的缺陷在于研究价值问题。实证研究严格而成熟的研究方法一方面解决了实证研究的工具问题：保证研究逻辑的严密；另一方面并没有解决研究的价值问题，有沦为"论文出产机器"的危险。如今，各学科都存在大批有着严格的实证研究方法、逻辑清晰，但是毫无见地的研究成果。如今，在设计学科学术化的趋势和追求论文数量的高校学术考评机制之下，实证知识这方面的弊端尤其值得警惕。

2.3.4 分析和结论

以上结合设计学科自身的知识积累从不同的知识来源、设计学科研究者的不同角色作了梳理。研究者获取知识的社会实践可能是自身直接的设计实践，可能是从旁对环境的观察，还可能是对抽象数据的搜集和分析。三种模式对于研究方法而言，具有不同的主客观角度、研究对象、搜集和分析材料的方法。从不同的知识需求而言，三种知识积累的方式满足了不同知识的需求，形成不同的范式（表2-1）。

设计学科知识积累方式的三个模式　　　　　　　　　　　　　　　表2-1

	经验知识	专类知识	实证知识
研究对象	不清晰	清晰	清晰
研究命题	不清晰	不清晰	清晰
研究视角	主观	主观	客观
主观介入	无筹划过程 资料搜集过程 分析判断过程	研究筹划过程 分析判断过程	研究筹划过程
资料搜集过程	不清晰	清晰	严格

虽然这三个求知模式并无高低之分，但是存在着研究方法严格性的差异。总体来说，实证知识的研究方法严格性最强，经验知识和专类知识趋向追求研究方法的严格和逻辑的完善，有向实证研究靠拢的趋势。具体体现在以下几个方面：

第一，设计学科的研究更加注重过程的呈现。完整地呈现研究过程（包括研究问题、文献综述、研究方法、数据来源、数据分析和阐述）本来是科学报告（即实证知识）的写作方式。而随着循证研究（evidence-based study）成为潮流，即使不是实证研究，也会展示如科学研究报告一样，展示整个研究过程。经验知识模式本没有严格的研究问题，在这个潮流下，就尽量完整说明经验的来源。专类知识没有数据分析过程，在这个潮流下，就清晰说明分类的逻辑。同时专类知识也要求所研究案例不再是随意的汇编，而能够划定材料的来源和边界，建立与现象的关系。历史研究不再满足于呈现完整的历史叙事，而更强调于历史材料、材料分析、阐释发现整个研究过程的严密。

第二，研究领域发生了扩展。虽然设计学科的专业范围并没有本质的变化，从研究问题的范围来看，不再局限于建筑师、规划师、风景园林师执业过程遇到的"设计技法"问题，而是将各种"相关"问题纳入到设计研究的范围内。也就是说，整个设计学科的研究视野，已经不再局限于设计活动本身，而将设计活动相关和建成环境导致的规则、道德、技术、社会认知、调整方法等纳入到了设计学科研究的视野当中。所以，设计学科知识分化出多种角度：建成环境是商品策划过程，建成环境是哲学现象，建成环境是社会现象，建成环境是物理现象。总的说来，设计学科的知识从设计技法集合向建成环境的认识集合发生着转变。

第三，研究方法更加丰富、更加具体、更加严格。研究方法的提升既有从其他学科直接借鉴的部分，也有被研究问题驱使、主动寻找的部分。不论是哪种情况，设计学科的研究方法已经超越了基本的设计师职业训练（本科设计技能教育）的范畴。换言之，以"空间表现技能+相关知识应用"的知识体系已经不能满足日益深入的设计学研究的需要。对于设计学科研究者的教育，必须突破设计师的基本视野和技能，学习普通的研究方法、其他学科的具体研究方法、新出现的研究技能，方能将认识建成环境的种种现象的兴趣与需要变成获得新认识的研究行动。

第四，从研究范式来看，科学和人文的范式在设计学科内逐渐成形。科学范式已经完全进入设计学研究的范畴，不论研究问题是与设计相关的社会问题，还是与设计相关的物质问题，"验证"都成为主要的关键词。研究者群体发生了变化，越来越多非设计师背景的研究者对设计研究作出了贡献，也设立了研究方法完备性的范例。人文学科的范式进一步进化，更多借鉴其他学科的理论角度，比如后现代、女性主义等，投射到设计学科内，促使研究者获得了新的认识角度。

2.4 设计学科研究者的塑造

不管研究范式如何变化，研究技巧如何发展，研究活动的主体都是研究者。没有研究者主动捕捉研究动机、筹划研究过程、执行研究过程，任何方法都只是空洞的说辞。因而，考察研究者个体之于研究活动的适应性种种反应，研究者从设计师的角度提出对策，与探讨研究方法本身一样重要。解决了研究者主观的问题，更多设计师会更加自信和自觉地参与到研究活动当中。

设计师个体做研究，从知识消费者到知识生产者的转变，面临着从技能到意识的种种挑战。在技能上需要克服设计师专业训练的不足，扩展求知能力，掌握更多的研究方法，这是全书的内容。除此以外，与研究有关的"意识"在研究工作中更具驱动的力量。本节将这些非技能的挑战总结成四种情形，以下分别讨论，并试图给出解药。

2.4.1 改变"无知意识"

所谓"无知意识"，就是研究者主观上没有意识到知识这一事物的存在。从设计师到研究者，是未意识到知识的状态，因而不知道如何着手发展认识。建筑、规划、园林等学科面向都是看得见、摸得着的实体环境。同时，这些作为实践性的学科，在学科的各个层面强调动手能力，反对纸上谈兵；强调知识对实践的指导意义，鼓励"知行合一"，反对坐而论道。这种学科氛围下导致了研究者知识意识的缺失。很多设计师习惯于从范例到实践、从形象到实践、实践到实践，从形象到形象；并没有意识到见解、认识、规律、机制对于实践的作用。设计师容易习惯性忽视知识在实践中的存在，以至于需要从事研究活动时不知道目标为何，感到无从下手。

建立起知识意识，就是要建立起对于"知识"这个概念的认同，给予知识在设计学科中明确的存在地位。"知识"是抽象的概念、命题、规律、判断等，和具体设计实践相脱离，一般在外在表现为论文或者著作的形式。从方法上看，研究者需要将"行"中的内容作为研究对象有效地提炼出来；不仅运用主观的经验总结，也运用成熟的研究方法进行考察。研究的目的是得到对于现象的认识：这种认识必然是"知"，而不是"行"。对于第一线的设计师，"知识"概念的建立意味着对于个体实践的超越（图2-31）。最基本的层次是：设计师应从繁忙的设计实践中停下来，对自身的经历进行总结、反思、整理，获得经验知识。个人经验的局限，就要求研究者考察除自己经验以外的设计相关现象，包括其他设计师的作品，获得专类知识；甚至进入更为抽象的层次，超越个体认识，有意识地运用成熟的研究方法，探求人群的反应，文档材料的呈现等，获得实证知识。

当设计者具备了"知识意识"，研究活动就不再是设计师设计实践的副产品，而成为必要的、独立的活动。研究的基本使命是探求对于现象更为清晰、复杂、深入的认识。基于这个目的，研究是从本质和形式上均区别于设计实践的活动。设计者需要脱离知行合一的实践状态，获得研究者的"他者"视角。设计师出身的研究者不仅需要意识到设计活动中知识的探索、转化、运用过程，能在合理的抽象层次进行命题、抽象、讨论。换言之，研究活动的展开需要"知行分开"，不急于进行"转化"，而在"知"的层面上建构筹划，获得认识产出。

图2-31 哲人（乔治·德·基里柯，1926年）

2.4.2 培养理性思维

思维模式是人用来认识世界的思考方式。左右脑差别理论十分清晰地揭示了不同脑体的功能差别（图2-32）。表2-2总结了这种差别在不同维度上的差异。设计学科的基本训练都是基于右脑思考模式展开的。设计师的右脑在设计教育过程中被不断塑造，养成整体、全面、综合、空间的，同时也是非文字、非理性、直觉的思维习惯。这构成了设计师创造力的来源，也为设计师研究能力的欠缺埋下了伏笔。

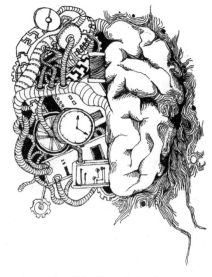

图2-32　理性和感性思维——左脑对比右脑

设计师对学术研究感到困难的思维问题，还有大脑开发的物质背景。设计职业训练的发散、直觉的思维方式和学术研究要求的线性、逻辑的思维方式是背道而驰的。当然，在现实情况下，设计师如果抱怨"只能用右脑思维，没办法作研究"是毫无前途的。设计学科的研究者需要发挥自我意识，自觉地训练左脑，克服长时间的惯性，将思维模式调整到逻辑、分析、理性的维度上。这种转变包括：

左脑思考模式和右脑思考模式特征的比较[1]　　　　表2-2

左脑思考模式		右脑思考模式	
文字的	用文字语言来命名，描述和定义事物	非文字的	用非语言的认知来处理和表达看法
分析的	一步一步，一点一点地分析清楚、搞明白	综合的	把事物放到一起来形成整体
象征的符号的	用一种符号来代表或表达什么。例如，这个画的符号-代表眼睛，这个加号+代表另外的	实际的真实的	与事物本身目前是什么有关
概括的	提取出一点点信息来概括展示整个事情	类比的	从事物中看到相似的地方来理解隐喻的关系
时间性的	依照着时间来顺序性的做事：做完第一件事，再做第二件事	非时间性的	没有时间感的
理性的	基于理由和事实来得出结论	非理性的	不要求基础的理由和事实；愿意推迟判断
数字的	计算时用数字	空间的	看到事物哪里和其他事物有关，部分如何形成整体
逻辑的	基于逻辑得出结论：一件事按照逻辑顺序接着另一件事——例如，一个数学定理或一个精心阐述的论据	直觉的	跳跃的洞察力，往往基于不完整的模式，感受或视觉影像
线性的	以串联的想法来思考，一个念头直接连着另一个，常常导致一个收敛的结论	全面的	（意味"整体的"）一下子看到整个事情；察觉到整体的形态和结构，常常导致发散的结论

1　Edwards, Betty. Drawing on the Right Side of The Brain Workbook[M]. New York, NY: Tarcher Perigee, 2012.

第一，建立概念的意识。在运用感受、图像、图示对现象进行认识的同时，也运用概念对现象进行认识。运用概念思维，需要注意：概念是如何将现象抽象出来的，反映现实的某一方面而忽略其他的？概念的内涵和外延是怎样？哪些现象能被概念所涵盖？概念对现象的提取，是否有相应的描述指标与之对应？

第二，区分不同概括层次的概念。概念是分为不同概括层次的：有些概念的概括程度较高，而距离现实生活较远，比如价值、哲理、理论构建、意识形态等内容；而有些概念的概括程度不高，距离现实生活很近，比如政策、管理、材质、性能等内容。不同概括层次的概念意味着完全不同的考察内容，研究者在运用或者提出概念时需要注意选择和区分。

第三，加强线性思维的过程。设计师的构思和设计过程存在着极大的模糊性、随机性、开放性，这和研究过程所要求的清晰性、确定性、封闭性有着极大的不同。研究活动对思维的要求是可以重复的，这必须要求研究者能够严格界定概念，并且区分不同研究方法所依据的逻辑关系（详见第3章第3.2节）。

第四，从写作训练中进行理性思维。写作作为一种主动的训练形式，将研究者的逻辑用白纸黑字的形式整理出来，不仅是最为重要的认识载体，也是深化认识的必要过程。写作是一种积累认识的习惯，也是学术训练的必由之路。就像季羡林所说，写作"一辈子没停过。我的生活习惯就是不停地工作，写作。不写不行，好像没吃饭一样，第一需要。"[1]

2.4.3 社会责任的扩张

设计学科对于社会的责任存在着应然和实然的巨大鸿沟。从理论定义上，设计学科几乎可以涵盖与人居环境建设和保护有关的所有内容。但在现实生活中，设计师为社会提供的产品是工程图纸：设计学科只需要解决"设计建造过程"中的某些问题。绝大多数设计师为签订合同的业主进行定制服务；而对建成环境更广泛的服务对象——社会和环境所面临的问题处于一种隔膜的状态。具体表现在以下方面：

第一，设计行业服务的对象和内容有限。长久以来，设计师满足于社会分工形成的服务体系当中，在从策划、设计、施工的内循环中和社会隔绝开来。对于空间和环境的使用情况，设计师似乎既无责任，也无热情。问问风景园林师城市空间的使用：每天步行道上有多少经营活动、多少违章处罚、多少自行车停放的矛盾，甚至开上人行道的小汽车？答案是茫然一片，似乎风景园林师画好人行道的铺装就足够了。对于和公众、特殊人群、环境可续等内容，只能是设计师基本工作的例外。

第二，设计以视觉为中心的价值难于涵盖建成环境的难点问题。由于设计工作的创

---

1 央视国际东方时空.《感动中国》候选人物展播：季羡林 [EB/OL].2007-01-05.[2017-01-05]. http://news.cctv.com/china/20070105/106957.shtml.

造天性，设计教育是围绕着美学展开的。设计师们在观察和评判城市空间时，常常也以视觉的质量（美不美）作为选择考察环境的标准。在有历史古旧痕迹的街区，在新建的流光溢彩的新商圈，常可以看到设计师流连的身影。平常巷陌的现象，比如：匆忙的人群、跳舞的大妈、电动车小轿车的停放、早点摊的布置、破损的花坛、泼满油污的地面，等等，似乎从来不是设计师所关注的要点。这种局限性导致设计师精钻于设计形式趣味，回避社会问题，妨碍了设计师对建成环境的理解和贡献。

第三，设计行业内部的自我求知机制并不健全。设计师之间的相互交流，主要集中在类型确定的设计项目上。按照本章第 2.3 节的论述，有心的实践者能够发展出经验知识。设计行业的商业服务性质也使得设计师很难跳出第一线的设计工作，发展考察角度和技能。

建成环境规定了人们的日常观感和行为，对于社会的影响是巨大的。因此，设计学科需要有研究者冲破设计行业社会分工带来的局限，承担起更多的社会责任。在美国城市环境的研究中，记者职业作出了很大贡献。且不说美国风景园林之父奥姆斯特德就是记者出身，写作《美国大城市的死与生》的简·雅各布（图 2-33），写作《城市中小空间使用》的威廉·怀特都是记者出身。他们并没有太多的研究技能的训练，也没有任何设计技能。他们对于城市问题研究的成就，并不单纯在于他们目光敏锐，而在于他们长期和社会接触，萌生出研究社会活动的广阔"背景"——城市空间的责任意识，密切联系社会问题本身，并旷日长久地予以坚持。

对于环境、社会、自然的责任意识研究要求设计师背景的研究者放下身段，雪藏其引以为豪的设计技能，将视线从电脑屏幕和草图纸上移开，去严谨的逻辑筹划研究过程，用严格的方法搜集材料和数据，用严密的方法进行数据分析。这样，建筑、规划、园林学科才不至于被局限在既有的设计咨询服务中。建成环境研究者能够以及时、具体、可靠的认识覆盖更为宽广的自然和人文现象，发挥教育大众，回馈社会，为政府决策服务等等作用。建筑学、城乡规划学、风景园林学在促进社会和环境和谐的同时，促进自身的进步。

图 2-33　简·雅各布为保护纽约市西村而抗争（菲尔·斯坦齐拉，1961 年）

2.4.4　研究者的身份认同

这里所说的身份不是指社会地位，而是指在于社会中的专属专业地位。职业身份对外体现在专业形象上。比如化学家，穿着白大褂，身后一堆试管和仪器，常常还戴着厚厚的眼镜；比如农学家，戴着遮阳帽，皮肤黝黑，出没在田间地头、温室里、实验室中；又比如美术史学家，衣着精致得体，不如纯艺术家的怪异，身后是画廊中聚光灯的画作。建筑师、规划师、风景园林师也有自己的职业形象：非正装、良好搭配的装束，带有设计感的家具、摆设、装饰，甚至是特定的文具品牌；常常在草图、彩图、工程图、电脑之间转换。职业群体的身份认同不仅包括外在透露出的职业信息，更包括工作内容、职业价值、职业目标的深层认同。深层的价值认同在职业内部意味着宗教般的职业信仰，成为职业的光荣和自负之所在[1]。相比于其他职业形象，设计学科研究者的形象十分模糊。有报道将设计学科里研究成就突出，或者实践成果丰硕人士称作建筑学家、规划学家、风景园林学家。作为生造的中文词汇，这些词汇不仅很少使用，而且在英文中也找不到对应的词汇。

正是如此，设计学科的研究者弄清楚"我是什么人"的问题更为重要。设计学科研究者的身份不是成功的设计师，而是对建成环境的诸多方面进行钻研、考察、评判的人。就如同学者在社会中是很少的一批人，设计学科研究者也是极少的一批人。设计学科研究者不为社会贡献具体的建成环境和具象的设计方案，而是与建成环境相关的命题、认识、规律。设计学科研究者的技能不是设计技能，而是发展命题、搜集材料、分析判断的技能。完成了身份认同，研究者从研究成果的旁观者成为身体力行的参与者，化"别人认为的有价值的研究领域"为"我愿意从事的领域"。对于研究者身份，佛教研究者方立天有精辟的认识。他说，选择某项研究绝不是一件简单的事。从理智、认识上肯定研究的课题是一回事，从意志、行动上最后坚定地从事某项研究又是一回事。[2]就像是厨师的职业，食客品尝和欣赏菜肴是一回事，而认同厨师职业，动手亲自做完全是另一回事。研究者需要具备探求建成环境认识的冲动，为这种冲动在知识共同体中找到位置，并愿意为这种意义付出积极的劳动。包括，主动地接受研究的各种范式，主动关心其他研究者的进展，主动地寻找趣味和命题，主动地关注设计经验中没有的概念，等等。

研究者身份的认同意味着研究者职业追求和人生历程的重合。斯特恩的画作《学者与死亡》（图2-34）描绘了研究者的人生日常。一

图2-34 画作《学者与死亡》（扬·哈菲克松·斯特恩，1660年代）

1 费菁，傅刚.最好的老师[J].建筑创作，2005（07）.

2 方立天.我选择佛教而又矢志不移[M]//中国人民大学校史研究丛书编委会.求是园名家自述（第一辑）.北京：中国人民大学出版社，2010.

个坐在办公桌前的年长学者，被各种书籍所围绕。他从写作中停下来思考，但似乎并没有意识到房间里的其他人。从老人身边头戴花环、手持沙漏的小孩、手指向桌子妇人，到背景中提着尿壶的幼童和昏暗的骷髅，都展示着时间的无情流逝。如果研究者个体用人生长度和不是短期功利判断研究课题的选择、执行、运转，应该会避免大量短视、局促、肤浅的研究。

设计学科中，研究者的身份认同总是面临着危机。如果说一位设计学的研究者觉得书架上成排的印有自己名字的书比起一连串的建成作品更有满足感，似乎意味着他更适合从事研究工作。一部分设计学科研究者完成相应的职称晋升以后，就不再继续进行研究活动；这意味着策划和创造建成环境本身的乐趣具有极大的吸引力。从知识积累的角度，放弃研究者身份造成学术资源的浪费，也在事实上矮化了学术研究的价值。姜伯勤对学者人生有清楚的认识，陈丽菲记录了这些内容：姜伯勤说：

> 做学问是一件非常非常艰苦的事情，学术的薪火相传，得人最难。我们都是过来人，其中的苦楚难以言说。现在你们成长得很好，关键是要坚持，要甘于寂寞，甘于贫寒，甘于清冷，要有这样的准备，要准备一辈子做学问，要有勇气，'做这样一小撮的人'。他讲到激动处，直视我们，脸色发红，双目圆睁，且眼中泪光闪闪，绝对是这位大学者的亲身体验，赠给后辈的肺腑之言，有一种郑重相托的意味。[1]

---

1 陈丽菲.这个春风沉醉的晚上——忆念先师吴泽教授 [N].中华读书报，2018-04-25（07）.

第3章

研究方法

Chapter 3
Methods for Research

3.1 研究筹划与方法

3.2 研究方法的分类

3.3 学术研究的原则

在学术界,"高""深"二字常被人们用来形容研究者创造知识的成就。毫无疑问,做研究的任务就是需要超越前人的认识,为学术共同体贡献更为新颖丰厚的认识。然而,学问高深,加之理论抽象,研究活动总是在初学者面前显示出一种难以言说的神秘感和崇高感,使试图接近研究的初学者望而却步。研究方法的探讨就是要化解学术研究活动的神秘感,提供一套清晰路径和程序,使研究的探索活动有步骤和章法可以依循。

常常有研究生问,我没有长期的设计院工作经历,也不是规划局的老总,我做的研究有用么?我做的研究可靠么?回答是,研究的品质和设计实践的经验并没有直接关系。系统地掌握研究方法能够超越个人的设计经验,获得更为系统可靠的认识。比如,掌握了观察方法,研究者不必亲自设计机场航站楼,而能从若干机场航站楼系统观察和数据分析中揭示机场航站楼流线设计的痛点。又如,掌握了访谈方法,研究者也并不必亲历犯罪活动和抓捕活动,而能从对罪犯和警察的反馈中探求建成环境和犯罪活动发生的内在联系,为环境安全性设计提供导则。对于研究者,"实践"并不能以简单的字面意思来理解。研究者的实践既不能简单等同于学生按照学校课程要求,利用课余时间参与社会生活的教育活动;也不能等同于设计师在项目过程中的设计实践和工程实践。研究者的实践就是积累新认识的行动。具体说来,就是通过前期的研究筹划,在研究问题的指引下,搜集研究材料、分析判断,从而得到研究认识的系统性过程。研究者相互认同的这一系列步骤和规范,就是研究方法。

本章第3.1节论述了研究筹划和研究方法的概念。研究的终点是提出新的认识,研究的工具是研究方法。研究筹划中,研究方法尚未启用;而选定了研究方法,就是筹划了研究整个研究过程和方向。基于设计学科研究方法的分散繁杂,第3.2节从多个角度讨论了研究方法分类。第3.3节讨论了学术研究的基本原则,研究者能够更好地把控研究筹划过程。

3.1 研究筹划与方法

3.1.1 研究方法

何为研究方法？研究方法是研究的途径和工具。

第一，研究方法是途径，研究者依循于一条有着目标设定的线性程序，完成新的知识从无到有的创造。从事任何行业都有完成特定产品的程序和途径，设计师的工作包含了设计方法，厨师的工作需要烹饪方法；同样，研究者也有研究方法。设计师的设计方法，包括了分析场地、经济指标和设计任务的确定、空间和造型、设计表现、扩初设计等一系列线性的步骤，每个步骤包含特定的标准和技巧。厨师烧菜的烹饪方法，也指向一个明确的途径：既包括选材、备料、烧制等一系列程序，也包含这个程序中提高品质、增强效率的技巧。研究方法为研究者提供需要遵循的必要路径和程序，据此研究者可以合理筹划和执行研究步骤和任务（图3-1）。总而言之，研究方法是抽象而动态的途径。

值得指出的是，设计学科的研究方法不是设计方法。设计方法是设计实践的步骤和途径，引导项目设计的过程。我们可以通过对设计方法和研究方法的对比，讨论研究方法的三个特点。第一，两者的工作产品不同：设计方法的最终产品是一种途径，而不是如建筑、公园、路网等具体"产品"的方案；而研究方法的最终产品是抽象的认识。第二，两者的目标设定不同：设计方法是针对地中海式建筑、湿地修复、用地性质划分等相对明确的"设计任务"；而研究方法并没有预设的"认识任务"，而需要研究者自己定义研究问题。研究方法不仅包括研究搜集材料和分析判断的研究执行阶段，更包含了确定研究问题、积累理论认识的研究筹划阶段。第三，两者对于研究者的要求不同：设计方法一般规定了清晰固定的操作流程。研究方法本身作为程序和途径不是预设的，需要研

图3-1 设计方法、烹调方法、研究方法的比较

图 3-2　不同的木工工具

究者根据研究问题自行组织和搭建。每个单独的研究都需要新的研究筹划过程，进行具体研究方法的选择，因而明确研究步骤和手段。由于研究方法从一开始就决定了研究后续活动的走向；研究活动对于研究方法的依赖性比起设计过程对于设计方法的依赖性更加强烈。

第二，研究方法是工具。每种研究方法对于完成的研究步骤有着严格的对应关系。研究筹划意味着对不同研究方法有效性的考量（图 3-2）。比如说，访谈方法和问卷方法两者同为对参与者主观信息的搜集。却有着不同的严格程度和形式。问卷方法具有很强的结构性，能够获取大量数据，能够通过严格的问卷表格将各种信息过滤成整齐的信息，进行量化分析；访谈方法具有很好的开放性，访谈的个数有限，但是能够通过非结构性的访谈设定，获得大量的深度信息。两者的数据搜集形式、研究者的投入方式、分析逻辑都不同。作为工具，研究方法并不是知识本身，而是探索知识的桥梁。如果不结合特定的研究问题，获得认识，研究方法就没有作用。研究方法工具性的发挥体现在针对不同研究问题的选择上，依赖于研究者有意识的智力投入。

从范围上来看，研究方法可以是笼统的概念，泛指"研究操作技巧"的所有规范和诀窍；也可以是具体研究阶段的手段。从研究过程来看，研究方法既可以指从研究开始就一以贯之的所有步骤，特别包含研究筹划的步骤；也可以指一个比较成型的材料搜集或者分析步骤。在本章，对于研究方法的讨论主要针对具体成型的研究方法。

3.1.2　研究筹划

研究筹划过程是学术研究数据搜集和分析开始之前的步骤。研究筹划步骤的出现也是学术研究区别于生活中的"一般研究"所在。生活中的"一般研究"，比如寻找住房和旅游计划的研究，其研究问题是明确并且显而易见的，就是解决现实的要求，比如找到性价比高的住房，或者制定一个舒适而富有情调的旅游路线。学术研究除了同样具有搜集材料、分析判断的步骤；和"一般研究"有着很大的不同。第一，在学术研究的开始，研究问题是不明确的。研究者面对的不是一个现实的具体要求（比如确定旅游目的地），而是一个需要捕捉并且构造的理论疑惑。同时，研究者还需要证明，这个疑惑是新颖的、未被前人回答的。第二，在学术研究的开始，研究者的理论构造也是模糊的。研究者进行一系列将现实抽离、分析、判断的活动，在找到理论根基的同时，也理顺研究的基本逻辑。第三，在学术研究的开始，具体材料用何种探索方式也是模糊的。正是由于这种种的未明情形，研究初学者常常踯躅不前，迟迟不能展开具体的研究活动。

在学术活动开始这一系列的未明情形都要在研究筹划阶段明辨（图3-3左侧部分）。筹划阶段以研究计划书或者研究开题报告完成为标志。研究者决定"研究什么""为什么研究""怎么研究"；这三个内容在计划书中常被称为研究问题、研究意义、研究方法（或者技术路线）。研究问题、研究意义、构成研究筹划阶段的三极，均和反映当前认识的已有文献发生关系。研究者通过文献综述比较本研究与已有研究的关系，说清楚"已有什么"，准确定位未来"研究什么"。已有文献提供了理论范式和研究的逻辑，研究者提出已有文献模糊、动摇、空白的部分，从而解释"为什么研究"。已有研究文献能够提供成熟的具体方法供研究者选择，研究者同样可以修正和发展已有的研究方法，最终决定"怎么研究"。研究问题决定了具体方法的选择，而研究者对具体方法的掌握也决定了可能的研究问题。研究筹划步骤完成以后，研究就进入了第二阶段研究执行过程。通过材料和数据搜集、分析、阐释，回应研究问题，补充或者修正已有知识。

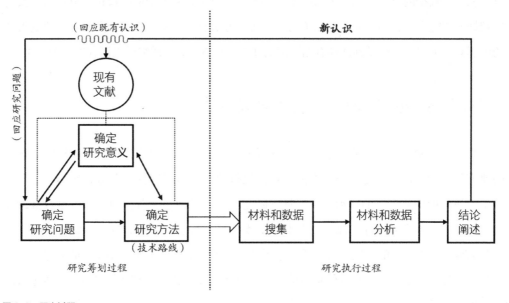

图3-3　研究过程

研究筹划阶段是一个充满了自我思辨和抗争的过程，已有文献和研究问题、研究意义、具体方法三者必然相互碰撞。研究初学者，对研究过程认识还十分薄弱的情况下，必然要经历多轮的往复过程。三极的任何一极都能够成为研究筹划的起点。有的研究者从现实生活或者设计实践中发现了疑惑，从而对照已有的文献，看能否有一个理论。有的研究者对研究方法有着切实的体验（比如，曾经参与过热性能测量的实验，或者跟着导师跑过档案馆），可以从自身的"动手能力"入手，看哪些研究对象能够对应已掌握的方法。有的研究者对某个特定领域的已有文献进行过认真地、批判性地阅读（比如，温度湿度风速的热舒适组合理论），能从已知中归纳出未知，提出新的研究问题（比如，冬季室外锻炼人群的活动是否符合热舒适理论）。在文献和问题、意义、方法三者之间的制约发展出足够的张力，最终界定未来研究在问题、材料、分析三方面的完整线索，研究筹划阶段才算完成。研究过程就从相互碰撞的筹划阶段，进入到应用研究方法的线性执行阶段。具体研究方法的确定，意味着研究者不仅想清了研究什么，也想清了以何种角度（世界观）和步骤认识研究对象：搜集何种材料和数据，用何种方法搜集材料和数据，搜集的材料和数据能够在何种程度与已有知识的关系？

在第3章论述研究方法，探讨其步骤、逻辑以后，本书第二编第4、5章的内容针对研究筹划。第4章研究问题的确定，论述研究者参照确定研究问题的步骤和研究问题的特征，如何发展和评估可能的研究问题。第5章文献综述，论述研究者如何借助已有的研究以定位未来研究的意义、方法、水平、范式。这三章的内容在实际研究筹划的过程中是相互交织、循环往复的过程。除此以外，全面了解具体的执行步骤中搜集数据（本书第6～10章）和分析数据的具体方法（本书第11～15章）对于研究筹划的阶段也十分重要。要完成较好的研究筹划，不仅需要对相关的具体研究方法有所了解，而且需要对不同研究方法的区别有所了解，方能做到选择有据。因而在本章第3.2节会详细讨论研究方法的分类。

3.1.3 执行阶段——具体研究方法

具体执行阶段的研究方法意味着研究者的行动。研究的门道，在研究筹划阶段选定的研究问题为"门"，定下研究方向；具体执行阶段执行材料搜集和分析则为"道"，到了"执行操作步骤"的行动阶段。具体研究方法一旦确定，研究的执行者是否接触过相关理论、会不会做设计，都已经不重要；剩下的工作就是依靠行动力、线性地将研究步骤完成。进入研究的门道，研究活动绝不是"在阳光明媚的下午喝咖啡"的消遣活动，而是始于搜集、发掘研究材料的艰苦劳动。研究者需要像矿工一样（图3-4），通过目的明确的、连续的劳动，将原始材料（粗矿石）从现实生活转换到自己的掌控之下；接下来才可能进行认识（金属）的分析提炼。

具体执行阶段一旦展开，研究者就需要面对如何搜集和分析判断的两个前后相继的步骤（见图3-3）。对比学术研究和金属炼制，搜集材料的步骤就是采矿，分析材料的步骤就是冶炼。本书的分论部分围绕采矿和冶炼展开，采矿论部分论述5种材料搜集方法，包括问卷调查法（第6章），实验研究法（第7章）、实地观察法（第8章）、访谈研究法（第9章）、文档搜集法（第10章）等。冶炼论部分论述5种分析方法，包括定量分析法（第

图3-4　（左）科罗拉多金王矿中工作的矿工（1899年）；（右）克莱德河上的造船：熔炉（斯坦利·斯宾塞，1946年）

11章）、定性（文字、图像）分析法（第12章）、案例研究法（第13章）、历史研究法
（第14章）、思辨研究法（第15章）。从搜集材料到分析材料的步骤，反映了实证研究
的连贯性：有几分证据，说几分话。"我们有一分的证据，只能说一分的话；我有七分证
据，不能说八分的话；有了九分证据，不能说十分的话，也只能说九分的话。"[1] "可以
作大胆的假设，然而决不可作无证据的概论。"[2] 实证研究尊重研究材料作为认识的源头，
规定了材料到观点的严格逻辑，就保证了研究的合格性、有效性、可靠性。

　　具体研究方法是连接起现实世界和认识世界的桥梁。研究者基于研究方法的设定，提
取出现实中包含的研究现象，形成处于研究者掌握的材料和数据，以便后续分析。比如，
对开放空间活跃度的研究：研究者通过附近高楼上架设的相机进行定时拍照，而得到一系
列的照片作为研究材料。尽管这个开放空间的使用在每时每刻都在发生，研究者通过高空
定时拍照将空间使用的"密度"这一特性从开放空间的纷繁现实中抽离开来，成为研究者
掌握的确切的记录。这种记录了密度的照片就能为研究者接下来分析所使用。又如，人们
每日都在建成环境中，不自觉地有观感、有思考。而只有当研究者用问卷调查或者访谈等
"成型"的方式将参与者的观感和思考从日常的生活中挖掘出来，这些现象才转化为研究
的材料和数据。当然，并非所有的材料和数据都需要研究者主动记录。比如材料研究法搜
集反映城市、景观、建筑历史的老照片、报纸、建设档案等，均由研究者以外的人所记录。
这种情况下，研究者虽然不用去现场提取数据，仍然要从某些存放地点获得这些材料，将

1　胡适. 容忍与自由：在台北《自由中国》十周年纪念会上的演说词 [J/OL]. 自由中国，1959, 21(11). https://zh.m.wikisource.
org/zh-hans/%E5%AE%B9%E5%BF%8D%E4%B8%8E%E8%87%AA%E7%94%B1%EF%BC%881959%E5%B9%B411%E6%9
C%8820%E6%97%A5%EF%BC%89.
2　胡适. "有几分证据说几分话" [M] // 胡适. 有几分证据说几分话：胡适谈治学方法. 北京：北京大学出版社，2014.

图 3-5　不同镜面映射不同图景

它们置于自己的研究资源之中。

任何研究方法对于现实的反应都具有特定的角度（图 3-5）。比如，观察研究法就以看为主，访谈研究法以听为主，文档研究法以读为主。因此，每种研究方法直接针对研究问题提取特定的"片面"的事实。在特定的角度下，各研究方法不仅规定了线性的研究程序、步骤、进程，而且规定了操作内容的严格程度，包括标准、单位、数量、精度等；还规定了数据分析阐释时，逻辑关系的严格性。值得注意的是，具体研究方法的严格性针对特定的现象提取角度。不同的数据方法在诸多方面，包括：数据规模、执行过程中研究者介入情况、数据性质和内容、所搜集数据的结构性、现象时段、产生的理论性质、对应分析方法存在着差异，表 3-1 作了总结。读者可以在阅读了 6 ~ 10 章对各方法的详细讨论后，重新阅读表 3-1。

主要研究数据搜集方法的差异　　　　　　　　　　　表 3-1

搜集方法	数据规模	执行过程中研究者介入情况	数据性质和内容	所搜集数据的结构性	现象时段	产生的理论描述性 / 机制性	对应分析方法
访谈	较小	一定介入	主观性材料事实 / 感受 / 机制	半结构性	现在过去	描述性理论	定性分析
问卷	一般大于 150 人	一般不介入	主观性材料事实 / 感受	结构性	现在为主	描述性理论机制性理论	定量分析
观察	较大（200 ~ 2000 人）	不介入（参与式观察例外）	客观性材料事实 / 感受	结构性（参与式观察例外）	现在	描述性理论机制性理论	定量分析为主
文档	从单件到极大（大数据）	数据来源不可控	客观性材料事实 / 感受	大数据	过去现在	描述性理论机制性理论	定性
实验	通常较小	不介入	客观性材料事实	结构性	现在	机制性理论	主要定量

历史研究法和思辨研究法与循证研究略有不同，不能完全纳入到一般研究过程（见图 3-3）的框架中。历史研究方法的特殊性在于，历史研究完全依赖于材料本身。历史的材料不能像其他社会科学研究和自然科学研究，可以即时从现实中搜集材料。如果材料缺失，即使研究者能够很好地定义研究问题、梳理已有的文献、筹划研究步骤，研究也只能停留在猜想的阶段。由于存在历史材料不可得的风险，因而一部分历史研究的实际过程是常常从已经研究材料入手，根据已经获得或者可以获得的材料（甚至对这些材料

作一些初步分析）寻找对应的理论和研究问题，从而完成研究的分析判断、结论阐释的过程。思辨研究法的特殊性在于研究者跳过分析实证的框架，提出有洞察力的命题。这种研究方法没有严格的搜集材料的执行阶段。思辨研究方法的特殊性在于，提出理论（通常是观点、判断）在先，寻找例子支撑在后。

值得注意的是，研究方法的讨论是有限的。对于任何研究活动而言，探索性总是第一位的；而规范性逻辑性总是第二位的。我们说，某个记者、某个网帖富有研究精神，就是说这些人员和活动发掘材料的探索精神。无论作为路径也好，工具也好，研究方法总是必须转化为搜集和分析材料的具体活动，才真正地发挥作用。这里对于方法特征的种种讨论最终还是服务于研究活动的。

3.2 研究方法的分类

物以类聚。相同事物具有类同点，不仅同其他事物区分，而且能够凸显这类事物的特征。本节是通过研究方法的分类从而更好地认识每种方法的特征。同属一个类别的研究方法在认识角度、研究技能、研究趣味等方面存在着诸多的共通之处；相反地，不同类别的研究方法对于搜集数据、分析、阐释过程中的完整度、严格程度存在着极大的不同。对于具体的研究方法而言，它在不同分类中的归属存在着交叉重叠关系（图3-6，见

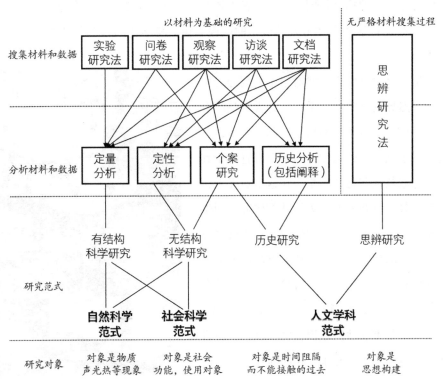

图3-6 设计学科研究中常见的研究方法

表3-3）。对研究方法谱系的整理并不只是从宏观层面增强条理的把控力，更是为了在操作层面便于研究者更好地选用。具体研究方法的确定，意味着研究者不仅想清了研究什么，也想清了以何种角度（世界观）和步骤认识研究对象。

3.2.1 按照学科范式

所谓学科的范式，就是认识世界的基本角度。如果将当今的所有知识学科进行划分，大概可以划为两类：科学和人文。科学研究的范式强调从现实中分离出研究对象，用观察和实验等方法认识研究对象，比如说，光学、声学、水文学、生态学就是典型的科学学科（scientific discipline）。科学学科大体对应第2章第2.3节讨论的实证知识。自然科学的研究材料必须要能够反复观测。自然科学研究方法在搜集数据的过程中，一方面建立在人的各种有限能力（比如观看、记忆、听闻、分析等）之上，另一方面又将人的工具局限（比如观看、记忆、听闻、分析等）规范化和系统化（图3-7）。

人文研究的范式立足于人个体的基本能力和局限，通过人的"有限理性"发展出新认识。比如说，神学、音乐、文学、美术就是典型的人文学科（humanities）。科学和人文所认识的是不同的"世界"。科学世界是客观的，其得到认识的基本判断依据是可以通过搜集数据重复验证；人文世界是主观的，其得到认识的基本判断依据是人和人"将心比心"的相互认同。人文学科大体对应第2章第2.3节讨论的专类知识和经验知识。如果说科学和人文是人类认识的两棵大树，科学树的根基是数学，人文树的根基是哲学。

一般地，科学会由于研究对象不同划分为两类，研究自然界的是自然科学，研究人的是社会科学。社会科学继承了自然科学的研究范式，将研究对象置于被考察的角度，而研究者置身于其外进行冷静地数据和材料搜集。在这个意义上，研究者对于公共空间人的行为活动的研究，同生态学对于鸟类群落的观察，同物理学对于微观世界中粒子运动的观察，并不存在着方法论上的差异。在这个意义上，社会科学将纷繁复杂的社会现象"客观化"，并设定了特定的搜集材料的角度，仍然期待获得可重复性的认识。之所以将社会科学仍然和自然科学划分开来，是因为社会科学研究的对象并不是物，而是人。第一，对于人和人

图3-7 《星系》杂志插图（尼古拉·路托）

群的研究涉及诸多感受性内容，与人的接触和交流，并不能完全依循自然科学的研究方法。第二，正是涉及人的感受和人群的研究，具有更高的复杂程度，社会科学研究对于研究不稳定度有一定的容忍。第三，社会科学研究中必须考虑到制度性因素对人的影响，这种隐形的复杂环境和结构是自然科学中没有的。

社会科学和人文学科都是对人和社会的研究，两者有何差别呢？两者最根本的差别在于考察的角度。社会科学在于客观呈现，贵在可以重复；而人文学科在于价值判断，贵在具有洞察力。现代发展出的人类学、心理学、社会学等学科具有典型的社会科学的特征。对于同一个研究对象，社会科学和人文学科提供完全不同的视角。比如，对于"人贩子应不应该被判死刑"的观点搜集，可以进行问卷调查，得出不同人群的观点分布情况；这种挖掘事实，而不进行价值判断的方法，显然属于社会科学。而究竟决定"人贩子应不应该判死刑"的具体判断，恐怕还是不能简单地按照多数胜出的方法进行，而需要法理学的论辩：这种结合了道德、历史、直觉、推理的判断，就属于人文学科的范畴了。同样，在古村落的研究中，系统地了解村民之间的组织关系和空间使用之间的关系，属于社会科学研究。而对村落布局的美学进行归纳和阐发，则属于人文学科的范畴。可能在研究者未意识到研究方法的自发研究活动中，社会科学的视角和人文学科的视角相互交叉。之所以要将两者分开，就是因为社会科学和人文学科的方法论不同，所要求的数据精度、范围、逻辑、趣味等要求完全不同。

按学科划分成自然科学、社会科学、人文学科三大学科范式，十分方便界定研究内容，从而选择研究方法。当采用自然科学的范式，设计学科的研究对象是建成环境中的声、光、热、能源、水文、动物迁徙、物种分布等自然现象。这种范式之下，主要的研究方法是观察研究法、实验研究法、文档研究法。当采用社会科学的范式，设计学科的研究对象是人群对空间的使用、活动、功能、人群受不同因素影响对于建成环境的态度和反应等社会现象。这种范式主要的研究方法包括观察研究法、实验研究法、访谈研究法、问卷研究法、文档研究法；分析方法对应定量分析法、定性分析法。当采用人文学科的范式，设计学科的研究对象是历史的认识和思想的构筑。其对应的主要方法是文档研究法、访谈研究法；对应个案分析法、历史分析法、思辨研究法（见图3-6）。

3.2.2 定量研究方法与定性研究方法

按照研究过程是否搜集量化的数据和借助数理分析方法，可以将研究方法分成两类：定量研究方法和定性研究方法。一般来说，定性研究或者定量研究贯穿一个研究从材料搜集到分析判断。定量研究在材料搜集阶段是一个测量"研究对象性状"的过程，搜集可以被量化的材料和数据；在材料分析判断阶段，运用数理分析的结论，对研究对象的形状进行进一步判断。定量研究测量的，既包括那些有度量单位的数据，比如长度、高度、体积、容量，等等；也包括那些没有单位，而被研究者赋予单位的数据，比如满意度、连接度、活跃度，等等。准确性和复杂性是定量研究的主要价值追求。比如，采用某种隔热技术究竟能够节约多少电能？"海绵城市"的各种渗水措施究竟能够在多大程度上缓解城市的内涝？城郊农业观光园的人流在平日和假日有多大程度的波动？对于社会科学范式的研究，定量研究要求研究者测量一定数量的样本以获得足够的统计检验力，样本量太小会导致研究可能没法达到统计显著性。

定性研究是相对于定量研究而言的，那些不需要进行数理分析的研究。定性研究的目的在于某种未明的概念或者是研究对象的某种性状特征，可以是价值、过程、态度、逻辑关系、概念结构等。定性研究的成果，可以是定义一种新设计风尚的特征，也可以总结工匠处理材料的方式，或者发掘某个民族的家庭关系对建造的影响。定性研究可以大致分为两类：一类定性研究方法是定量研究的初等阶段，或者说前定量研究，为定量研究方法提供变量和命题。另一类是难于被量化的那些现象的特征的揭示，或者说定性研究对于这些现象是终点。第一类定性研究，比如，研究街道元素对步行体验的影响中，在进行量化的问卷调查之前，研究者需要对步行舒适度的影响因素有一个初步的认识。研究者可以通过定性的访谈方法，列举出影响步行舒适度的所有可能因素。第二类值得注意的是，并不是所有的定性研究必然地导向定量研究。第二类定性研究方法，比如，对于设计手法的类型学研究，对于设计过程的描述和揭示，都达到认识的终点。尽管定性研究和定量研究在某些情况下存在着先后递进的关系，但并不是说定性研究比定量研究低级。它们在特定的认识阶段提供了有效的深化认识的方式。

定量研究和定向研究的划分恐怕是最为重要的研究方法分类方式。两者的差别不仅在于是否以定量分析作为研究的主要途径，而且体现在数据搜集、研究逻辑、理论准备等。第一，从数据搜集的方法来看，定量研究和定性研究区别在于结构性是否完备。定量研究是结构性研究，意味着定量研究方法已经有着较好的"结构"，研究者十分清楚需要测量研究对象的哪些具体方面。比如，实验观测哪些数据，问卷提问哪些问题，观察记录哪些内容，都在研究筹划的过程中定义得十分清晰明了。研究者所做的工作就是搜集数据填充已有的"结构"。定性研究是非结构性研究，意味着研究者在定性认识阶段的主要目的是寻找"结构"，比如概念、关系、类型等。在研究筹划的过程中，研究者无需对研究对象的具体方面有透彻的认识。"结构"本身就是定性研究的结果。因而，搜集数据严整而规范的实验研究法、问卷研究法属于定量研究方法。而观察研究法、访谈研究法、文档研究法则分为结构性与非结构性，分属定量研究方法和定性研究方法。结构性的情况，比如，已经有观察的具体方面（观察的是人群的密度，或者活跃程度），访谈的问题表单统一而且确定，文档数据来自公交刷卡数据，数据呈现结构化带来的齐整统一的标准化，这些研究方法则属于定量研究方法。反之，从混沌的、复杂而无条理的"丰富世界"进行不预设角度地观察、访谈、文档搜集，数据呈现非标准化的特征，就属于定性观察方法。一般来说，定量研究方法为了获得统计意义上的显著性，强调数据搜集的广度，数据量较大。定性研究方法则强调数据搜集的深度，数据量相对较小。

第二，定量研究和定性研究的研究逻辑完全不同。定量研究所遵循的是演绎推断（deductive）的逻辑，其主要目的在于证明或者证伪研究的猜想。比如，人对湿地景观生态效应的评价是否会随着湿地岸边造景层次的增加而增加？在明确研究命题的指引下，研究者通过搜集不同造景层次下人对生态效应评价的感受数据，通过统计分析，即可判断上述的猜想是否为真。定性研究所遵循的是归纳概括（inductive）的逻辑，其主要目的在于从混沌的数据和材料中发现条理和形状。研究过程并没有一个预设命题或者角度的引导——甚至有意识地回避既有的归纳角度。比如，研究者对于 LEED 标准发布以来获白金评价的建筑形态的研究。研究者需要逐个地阅读符合研究范围的案例，提出条理并返回案例库中反复调试，从而获得相关可能的形态特征或者类型。演绎逻辑在于"从有到精"的明确，归纳逻辑在于"从无到有"的创造（图 3-8）。无论是演绎逻辑还是归纳逻辑，都遵从着实证研究的要求——无论是否有明确命题的引导，这些研究发展出认识都是基于研究材料。

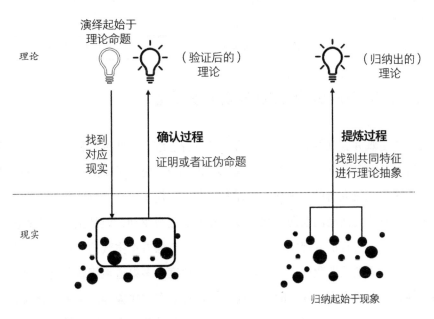

图 3-8　演绎逻辑（左）和归纳逻辑（右）

第三，定量研究和定性研究的理论准备不同。定量研究对于研究假设证明或者证伪的前提是有完善的理论基础。研究者在运用定量研究方法的过程中不需要重新构建理论框架，而是借助已有的框架构建命题。定量研究是标准化数据的搜集，强调搜集信息的广度。定量研究的可靠性来源于工具的精确性。定量研究适合关系明了、有待验证的研究问题，而不适合研究错综复杂、尚未厘清的研究问题。定性研究的目的就是构建新的理论框架，追求和发展"结构"的过程就是理论创造的过程。定性研究搜集非标准化数据，强调搜集信息的复杂度，以期创造出新的理论维度。定性研究可信度依赖于研究者技术及能力（表3-2）。

定量研究与定性研究的比较

表3-2

	定量研究	定性研究
结构性	结构性研究	非结构性研究
研究数据来源	实验数据 态度数据（问卷、普查） 结构性观察数据 结构性访谈数据 结构性文档数据	非结构性观察数据 非结构性访谈数据 非结构性文档数据
数据搜集	标准化数据 强调搜集信息的广度	非标准化数据 强调搜集信息的复杂度
数据量	大量（随机抽取）	相对少量（有目的的抽取）
逻辑	演绎推断（测试假设）	归纳概括（生成理论）
分析方法	统计学分析	文字与图像分析 类型学分析
理论基础	基于已有的理论维度	期待创造出新的理论维度
是否创造理论	不进行理论创造	伴随理论创造
可靠度	有赖于工具的精确度	有赖于研究者概括能力

3.2.3 主观研究方法和客观研究方法

研究方法主观和客观的划分来自于研究者自身思维介入研究过程的态度。主观研究方法欢迎研究者主观的介入，强调研究方法发掘研究者的思维在认识活动中的能动作用。客观研究方法警惕研究者的主观介入，强调研究方法揭示事物不以研究者思维而变化的状态。虽然所有研究活动的前期筹划都离不开人的主观驱动；但是主观和客观研究方法对于主观参与研究过程的界定完全不同。主观研究方法看重主观的能动性，研究的推进依赖于研究者主观的活跃程度。它鼓励研究者多角度、多渠道地接触研究对象，保持主观的参与性，以获得丰富、深刻的研究成果。客观研究方法警惕由于主观介入而带来的偏颇、随意、散漫。它要求研究者的思维和研究对象彼此分离，用一系列主观所不能影响的步骤规范和限制主观的参与性，以获得标准化、可靠、可重复的研究成果。借用王国维对诗境的论述，主观世界是"有我之境，以我观物，故物皆著我之色彩"[1]，可见主观的能动作用；客观世界是"无我之境，以物观物，故不知何者为我，何者为物"[2]，可见客观研究方法对于客观世界的冷静保存。之所以主观和客观划分研究方法，就在于两者对于研究材料搜集过程的规范性要求不同，对于分析判断过程的趣味性要求也不同。

图3-9　昆德·海尔·索纳拉（雷内·马格里特，1932年）

客观研究方法是科学研究的基本范式，其所设定的对象在研究问题之初就和研究者的主观剥离开来，因而研究问题会十分明确，研究者的研究思路也不会被分散。客观研究方法在方法规范和步骤上限制了研究者主观参与的程度（图3-9）。在完成了研究筹划的步骤以后，研究者在搜集和分析材料过程中，置主观于度外，以局外人的视角进行数据搜集和分析的过程，产生偏见的机会被大大降低。在对建成环境的研究中，自然科学提供了较多剥离研究对象的科学分支，诸如对声、光、热、强度、渗水、生物多样性等诸多现象的研究。在材料搜集的阶段，客观研究方法有两种手段来保证客观性，其一是发展指标，通过明确测量内容的规定从而过滤无关的内容；其二是发展工具，运用观察测量的种种工具从而将人为操作为不确定性排除开来。总的说来，客观研究方法追求更高的准确性和操作性。基于实验的观察法（本书第7章实验研究法）是自然科学最重要的研究方法。随着信息技术的发达，人们能够运用电子模拟的技术，在已知（或者假设）规律的引导下，模拟现象的运行，更好地展现研究对象的某些特征，从而获得更深层次的认识。运用模拟研究法，研究者没有直接地观察现象本身，而是观察运用是电子技术模拟的现象。模拟研究法和实验研究法一样，同样分离了研究者的主观参与，是对实验研究法的极大补充。由于减少研究者的主观影响，客观研究方法的执行过程——不管是进行问卷的分发回收，还是到现场观察——都比较枯燥。客观研究方法适合看得到、摸得着、测得出的具有"表层特征"的研究对象，而不适合过于抽象的研究对象，尤其不善于概念、价值类的"本体"问题。

客观研究方法的范式不仅被运用在自然现象（工程现象）研究中，而且被运用在对社会的研究中，成为社会科学研究的基础。社会科学将人作为平均的、理性的个体，将

1　王国维. 人间词话·第三则 [J]. 国粹学报，1908（10）.

2　同上.

社会的所有现象看作一种客观存在。社会的客观存在不仅包括人的外在行为（如广场空间的人群密度及其分布），还包括人内在观点（道路环境设计对于行人步行意愿的影响），都能成为研究者冷静客观考查的内容。社会科学认为社会的存在和运行就像自然现象一样富于规律性，其规律并不受到研究者主观的控制。比如说，有多少人会觉得天亮以前的城市街道缺乏安全性？有多少人愿意花钱进行房屋的热能改造？在社会科学看来，社会对象受到人主观思想的驱使，这些现象是可以测量和认识的客观实在。社会科学范式的主要研究方法包括实验研究法、调查研究法、观察研究法、文本研究法、访谈研究法等。这些研究方法也属于客观研究方法。

值得注意的是，同属于客观研究方法，在执行过程中受到研究者主观影响也会有所不同（表3-3）。实验研究法、模拟研究法、问卷调查法受到研究执行者主观影响较小。换言之，一项实验或者一份问卷筹划完成后，研究者可以委托其他研究者完成实验，或者发放问卷和回收问卷的过程。理论上，更换执行者对数据的获得没有任何影响。观察研究法、文本研究法、访谈研究法在研究过程中受到研究者主观介入的影响较大。由于社会科学研究要和人打交道，这些研究方法的材料搜集过程也会一定程度地依赖研究者的主观介入。访谈研究法的运用中，获取访谈材料的丰富、深入、具体程度和研究者对访谈对象的引导有很大的关系。观察研究法同样受到研究者主观介入的影响：虽然观察法在研究筹划中要确定观察维度，但是运用观察研究法的过程还是和观察者本身的敏感度等有很大的关系。

研究者主观介入程度对研究过程的影响 表3-3

主观影响程度	研究方法（数据分析方法）		研究方法（数据搜集方法）	学科范式	
研究者主观介入程度对研究过程影响巨大（主观研究方法）	思辨研究法				
	定性研究方法		个案研究法	人文学科	
			历史研究法		
研究者主观介入程度对研究过程有一定影响（客观研究方法）		定量研究方法	观察研究法		
			文本研究法	社会科学	
			访谈研究法		
			问卷调查法		
研究者主观介入程度对研究过程影响不大（客观研究方法）			实验研究法		自然科学
			模拟研究法		

主观研究方法是人文学科的基本范式；在社会科学的定性分析中，也会用到主观研究方法。主观研究方法极大地依赖于研究者本身：主观不参与，就没有成果。运用主观研究方法，对于同一个现象甚至同一组材料，可能会因研究者不同而得出完全不同的结论。如思辨研究法，就完全依赖主观的介入。概念的内涵、外延、价值等的定义，命题的提出，

会因不同的研究者有不同的思路，因而认识的方向深浅均有差异。历史研究法的本质也是主观研究方法。虽然历史研究依据于客观的研究材料，但是研究所涉及的分析、认识部分是主观的：历史意义的阐释、历史推演逻辑的构建都属于主观的范畴。因而，它们也是强烈依赖于主观介入的研究方法。运用这两类研究方法，对于同一研究问题的成果存在的差异，很大程度上是研究过程中研究者主动参与材料解读带来的。

图 3-10　雷内·马格里特在纽约现代艺术美术馆（1965 年）

　　研究者主观介入程度较深的研究方法要求研究者主观参与知识创造。人文学科类型的研究多用主观研究方法，要求研究者具有较好的洞察力，以及提出命题的能力、进行纯概念之间逻辑推理的能力、界定概念的能力。主观介入知识的创造，能够借助人与人之间的同理心和同情心，发现深刻的问题。该类研究的读者也能借助人与人之间的同理心和同情心，认同或者批驳研究的认识（图 3-10）。

　　主观研究方法没有客观研究方法设定的种种规则，看似门槛较低，然而掌握较难。主观研究方法对于研究者的高要求体现在要求研究者能够较好地控制"思路"。由于没有像客观研究方法那样有一套线性的分析过程，逻辑思考能力不强的研究者的思路常常会分散。看上去写了很多文字，实际上可能是不同命题的铺陈，东扯西拉，因此认识趋于浅薄和散漫。同时，主观研究方法要求研究者具有稳健的逻辑思考能力。研究者对于命题的推导和证明应该是严密的推导过程。反之，思考和感想就难于区分，可能导致"偏见"。主观研究中主观的介入程度难于控制和规范，初学者应该审慎对待主观研究方法的自主性，切忌滥用。

　　总的说来，研究方法是工具，而使用工具的是人，人和工具的相互适应才能最终较好地完成研究活动。不同的研究方法对于研究者的技能要求不同，影响着研究方法的选择，甚至最终影响了研究者的研究领域。比如，访谈研究法对研究者预约会谈、面对面交流的能力研究较高。而问卷过程中，对于交流技巧的需要则低得多。观察研究法对研究者观察的敏锐性和勤奋记录的能力要求要高。尽管所有研究都对研究者的抽象思考能力有要求，思辨研究法对研究者的抽象思考能力、概念定义能力要求最高。思辨研究法特别要求研究者具有天生的对概念的敏感，对概念的提炼能够得心应手。同时，不同的研究者对于不同的材料有着天生的"舒适区"。有的研究者享受翻检旧书报的过程，适合选择文献研究法；有的研究者享受熟悉和操作仪器的过程，适合选择物理测量研究法；还有的研究者喜欢钻研软件，适合选择模拟研究法。

　　对于研究初学者而言，选择研究方法的过程既是技能运用的过程，也是技能发展的过程。相比于研究问题和研究方法契合性的要求，研究者对于研究方法的掌握和适应在研究方法的选择过程中永远是第二位的。任何一种方法指引的都是一个探索的路径，而不是一个圆滑的"套路"。一方面，研究者对于将使用的研究方法要有把握；另一方面，研究者需要自我挑战，主动学习和训练，促进对研究方法类型的积累，勇于尝试多种方法。很多情况下，研究方法要结合研究问题和可能的材料反复推敲，方才能够确定。在研究者发展研究方法的过程中，除了基本步骤和规范的学习，也是交流技巧、记录技巧、数理统计技巧综合提升的过程。

3.3 学术研究的原则

研究筹划的过程是研究问题、研究意义、研究方法三者反复碰撞的过程，而具体的研究方法需要研究者个体在具体的研究活动进行选用。在研究筹划的过程中，研究对象的各种特征和关系常常和研究方法发生各种冲突、形成张力，使较好掌握具体研究方法的研究者也不免产生困惑。探讨学术研究的原则，是针对研究筹划过程中的逻辑混乱。作为规则化的共识，原则能够在研究困境来临时，起到枢纽作用，给研究者以判断依据。学术研究的展开，既有理想化、严格性的要求，也有权宜性、灵活性的考虑。本节提出了四个研究方法选用原则，包括：学术自由原则、范式原则、稳健原则、次好原则。这些共识不仅有着准则的意义；而且能够给研究者以化解矛盾的启迪，用来解决研究筹划过程中潜在的混乱。

3.3.1 学术自由原则

学术自由是指，一项研究针对什么研究对象，采用什么研究方法，得出什么研究结论，完全应该由研究者自己的意志决定。在建筑学、城乡规划、风景园林学这些综合性较强的学科内，学术自由应该体现得更为充分：研究对象是形象的还是非形象的；发展描述性理论还是机制性理论；运用人文的还是科学的方法；得到核心的还是边缘的结论；都应该是研究者自主评估后的自我选择。学术自由原则赋予研究者在学术人格上的独立性和自主性，从而保证学术研究成果的中立与可信。

研究者个体的自主性是学术研究的动力。由于研究总是探索未知的艰难过程，整个过程要求研究者具备强烈的自主意识，自我驱使，主动追求；而不是盲从潮流，被动附和。尽管所有的学术研究成果是由整个学术共同体共享的，学术成果的产生也离不开研究群体之间的交流和研究个体之间的合作；但是，学术成果仍然始于每一个研究者的智力贡献。没有每位研究者的研究起念、搜集、思辨、梳理，每项具体研究的就不可能完成发端和

图 3-11 丧失自由的"机器学习"

推进的过程。同时，研究人格的自由必须受到学术规范和社会秩序的制约。学术自由并不意味着研究者可以不顾业已形成的学术规范和标准，做出松散低质、重复的研究成果；也不意味着研究者可以不顾当时的学术趋势和社会经济需要，随心所欲地选择研究问题和研究方法。

研究者个体的自主性是学术研究排除非学术干扰，达到求真目标的基本精神环境。在历史上和现实中，学术研究总会受到外部社会因素和学术内部因素的干扰。外部的因素包括政府、宗教、社区、利益团体的不恰当影响（图 3-11）。由于种种原因，这些外部团体对某些现象持有预设的认识和解释。他们试图通过学术以外的手段，以预设的观点（"某事物应当如何"）来影响学术研究的对象、方法、结论（"某事物事实如何"）。这时，研究的中立性及可信性就会受到损害。比如，某些建设和规划部门要求研究者论证某项预设的决策和政策，某些开发商要求指明结论地要求论证建筑风格的原真性，某些风景区要求学者论证该地区虚构的历史。这些外部影响具有商业上的合理性，但从学术研究的角度来看，受影响的学者言论就极大削弱学术研究的品质，不仅不会具备长久的生命力，还对社会构成直接或者潜在的危害。

除了外部因素的被动影响，现实生活中，也有一些研究者为了申报课题等需要而主动贴近现实生活的现象、事件、风尚，迎合学术界流行的概念、方法、结论。对这一现象，需要一分为二地看待。一方面，研究者从经世济国的角度出发，研究社会经济发展中的紧迫问题，是应该被鼓励的。另一方面，研究者被潮流所困，回避了理论创造的最困难部分，盲目地追求学术产出。研究的结果可能既没有深度的理论贡献，也没有现实的触动力量。从学术积累来说，有可能是一种短期的、低品质、大量性的积累，也造成研究精力的浪费。定位自身的研究和外部社会的关系，具体涉及何种范式，何种方法，何种价值，何种意义？都需要研者自主地予以判断。

除了外部社会因素，对学术自主性的内部影响因素来自学术考评机制。现如今绝大多数研究者均是体制内的研究者，而并非"自由的"研究者。学术体制界定了基准的学术认识和学术规范，同时也接受了学术考评机制。学术考评机制的预设在于：（1）学术研究的进行需要资金的资助，越重要、越优秀的研究需要的资金越多；（2）学术研究成果可以进行等级划分；（3）对于研究者的激励应该依照时间段进行考核评定，依次授予各级学位和职称。1986年撒切尔夫人政府时期的研究评价规程（Research Assessment Exercise，RAE）。在全世界的范围内，以研究经费的消耗和学术指标为特征的学术考评机制在世界各国展开，并成为学术界管理的主流。单纯从激励机制来看，学术考评机制无疑是积极地促使研究的展开和知识的积累，研究者应该积极面对严苛的学术考评机制。在短期内，研究者难免从选题、数据搜集、研究规划等方面折中，从而"务实地"完成研究的定额。而从学术自由原则来看，这种过度组织化、程序化的学术考评机制会伤害学术自由。学术研究本应该是自由的行为，知识并不存在各种级别和额度，认识的产生不应该被金钱和等级所绑架。学术考评机制造成一种企业生产的氛围，会让沉浸学术创造的研究者，感到学术是外部压力生产锻造的结果，削弱了内心的自主性。现实中，大量的原创研究项目并不适合学术考评机制。很多传世的研究著作，是在没有受到任何学术资助和考评的情况下完成的，是研究者学术自主性的体现。这时，学术自由原则愈发显得重要，指引成熟的研究者眼光长远地处理学术研究的筹划和执行。

3.3.2 范式原则

图 3-12　美国科学史学家托马斯·库恩
（Thomas Kuhn）

范式（paradigm）是美国科学史学家托马斯·库恩（Thomas Kuhn）（图 3-12）提出的用来描述知识集群（knowledge community）的一个概念[1]。之所以学术界广泛地接受了这个新的概念，在于它对知识积累过程描述的重大贡献。范式的概念改变了以往的科学史线性进化的叙事模式，而认为科学研究的积累呈现从一个范式的知识集群到另一个范式的知识集群的跳跃式变化。比如，牛顿力学和量子力学就是物理学的两个范式。量子力学是牛顿力学的飞跃和革命，牛顿力学的概念和方法完全不能解释和预测量子力学的现象；然而，牛顿力学在其适用

1　Kuhn, Thomas S. The Structure of Scientific Revolutions[M]. Chicago, IL: University of Chicago Press, 1962.

范围中仍然是有效的——即使在量子力学的革命以后，牛顿力学仍然广泛地运用到工程技术等诸多领域。我们熟知的汽车发动、飞机上天、航母下海等活动的发生只需以牛顿力学而非量子力学为基础。一场研究的革命带来新的范式；某个范式内，围绕核心的概念，所有研究有着完全不同的价值、趣味、方法、手段、过程、标准等。旧的范式和新的范式之间具有清晰的界限，两者"不可互通"；而在不同的范式内，各自的概念和方法仍然是有效的。

比起以往用来描述知识集群的概念（比如领域、范畴等），范式具备两个独特内涵：第一，范式的概念假设了知识集群内部结构的系统性与和谐性。范式是一科学领域内获得最广泛共识的单位。范式这一概念不仅指代了知识本身，而且描述了知识相关的价值、趣味、方法、手段、过程、标准等作为一个连贯的系统。在建筑、规划、园林学科里，虽然整体上呈现庞杂散乱的状态，但是也有一些成熟的范式。如建筑史研究、环境行为学研究、环境舒适性研究、环境声学研究、满意度研究。这些领域具有确定而且连贯的研究对象、研究趣味、材料搜集模式、阐释方式；且领域内部有良好的拓展和更新机制，因而可以被称为范式。第二，范式这一概念清晰地说明了不同知识集群之间的"不可互通性"。尽管跨学科研究、多学科研究成为一种有效的研究策略，绝大多数的学科、学科内的范式都是相对稳定的。在某一种范式中可解释的现象，在另一种范式中会有完全不同的解释，甚至不可解释。一般来说，不同的范式之间不能相互解释；也就是说，绝大多数研究都只能在某一个特定的范式内找到研究价值、趣味、方法。园林史研究、环境行为学研究、微气候舒适性研究中，范式之间呈现分化甚至隔绝的关系。很难用某一种范式的方法来研究另一类问题。

范式的概念对于我们讨论设计学科的研究方法有着特殊的意义。建筑、规划、园林等学科是以培养应用人才（设计师）而形成的学科，而不是单纯以积累知识而形成的学科（如数学、哲学、物理学、社会学、地理学、生态学等）。这就要求这类研究者从其他学科中借鉴成形的研究方法。按照所借鉴的范式，无疑会提高建筑学、城乡规划学、风景园林学研究的深度、可信度、严格程度。范式"系统性"的观点认为，这种借鉴不仅是方法、过程、标准等的借鉴，也是对价值和趣味的借鉴。在建筑、规划、园林等学科内，可以通过进一步细分读者群来确定一项研究的具体价值。有的研究揭示出一段湮没已久的历史，有的研究吸引设计师进行阅读，有些研究建议新的强制规划策略，有些研究检验投资和补贴政策，有的研究旨在发现构图新途径以期待设计师采用，有的研究旨在呈现出湮没的历史以纠正某种既成观念，有些研究旨在检验投资产出情况以说明某种补贴政策的成效，有些研究旨在说明某项强制规划策略的弊端供立法者参考。不同的研究内容不仅意味着结论趣味的不同，也意味着在选择研究过程中搜集和分析材料活动的趣味性的差异。后者的趣味性差异和研究者的活动更加相关，是选择和践行研究方法的内在驱动力。

范式"不可互通性"的观点表明，不同的研究范式在趣味、对象、逻辑、方法诸方面存在明显差异，因而不同范式所提示的研究策略、搜集数据和阐释观点的具体手段也会有很大的不同。建筑学、城乡规划学、风景园林学作为应用型的学科，其研究范围十分庞杂，角度多种多样：既包括价值性的内容，也包括技术性的内容；既关注作为艺术创造的环境，也关注作为物质消耗体的环境，还关注作为人的空间使用的环境。这种状况常常使有着设计背景的研究初学者无所适从。这就要求研究者借鉴已经有的范式，特别是某种范式中具有范例特质的研究，唯一性地确定研究切入点，准确地选定研究的层次和角度。作为研究范式，针对某个研究领域的一种或者几种研究方法是相对稳定的。对于人文学科、社会科学、自然科学这三个大类划分相对明确，这导致问题的定义方式不同，因而研究方法也不同。本书的写作就是遵循这个思路，从大的知识类别划分借鉴已有的研究方法，强调任何研究的筹划过程先做人文学科研究、社会科学研究、自然科学研究的基本范式区分。在分论的各章中，从价值到手段探讨研究方法范式和建筑、规划、园林的结合。由于建筑、城市、景观的复杂性，某一个对象可能从不同的领域和角度进行考察，因而要求不同的研究方法以及相应的趣味、价值、规范与之匹配。当环境美学被视作是一个人文学科问题的时候，美是思想、体验、哲学、创造，是人于特定环境的独享——研究者会以思辨的方法定义和阐释"美"这个概念，或者用案例分析的方法描述、分析、阐释设计师创造"美"的风格和方法。当环境美学被视作是一个社会科学问题的时候，美是观点、态度，是社会现象——研究者可以量化和测量 "美"这个概念，看不同的人群对不同的环境和图景有何趋同的反应用案例分析的方法描述、分析、阐释设计师创造"美"的风格和方法。当环境美学被视作是一个自然科学问题的时候——美是生理反应和自然现象。研究者可以通过血液、心跳、脉搏等指标的测量和分析解释美的来源。上述的例子说明，一个概念可能从不同的知识系统进行理解，从而分化出基于不同知识系统的研究问题；然而，选定了一个领域和角度之后，研究方法是相对比较稳定的。在范式之间做大而化之的"交叉"，问题往往会含混模糊，东扯西拉。

范式是一种收敛性的原则，范式思维认可价值中的严谨度高于开放性。对于一种范式的精准掌握会有囿于范式之内的风险。对于成熟的研究者，进行新的研究需要有跳出范式系统、创造新的范式系统（范式亚系统）的勇气。值得注意的是，即使某项研究提出"创新的"知识；按照范式的概念，研究者依然需要论证（1）新知识集群在价值、趣味、方法、手段、过程、标准等诸方面的连贯性；（2）新知识集群诸多方面的独特性如何与旧的概念区分开来。

3.3.3 稳健原则

选择研究方法的稳健原则（robustness）是指研究方法能够承担起充分搜集材料，从而反映研究对象的能力。比起次好原则对研究方法有限性的强调，稳健原则所强调的是发展研究方法，增强其内在严格性，以及满足研究方法认知外部世界的能

图 3-13　建筑师巴克敏斯特·富勒和他的轻质穹顶设计（1979 年）

力。换言之，稳健原则强调研究方法的筹划在从逻辑上多大程度上反映了被研究对象的信息内容。在我们的身边，"不稳健"的研究可以说遍地都是。比如，一项只通过十个人参加的问卷调查而得出的环境管理政策；一项旨在考查新儿童游乐空间质量，只访谈知名的设计师而没有计划考察任何关于儿童活动实况的研究；旨在考查某社区全民健身效果，而只观察经常来场地运动人群的研究；一项被石油公司或者汽车制造公司资助的城市道路系统研究。从常识来判断，这些研究虽然运用了具体的研究方法，但是在研究筹划和方法发展上存在孱弱之处，导致其得出的结论并不可靠，更不能成为知识共同体可以共享的认识。所谓稳健原则，就是指在过程设计中使具体研究方法发展更为健全，避免论证逻辑上的孱弱、偏颇、遗漏、跳跃，从程序上使未来研究得出的认识变得可靠（图 3-13）。

第一，确定研究方法的选取和研究问题在逻辑上有着较好的对应关系，避免"系统性失误"。研究者不光需要选取特定的研究方法种类，还需要考量研究方法的切入角度、准度、精度、数据范围、独特程度，等等。健全研究方法的目标是使考察对象的全部有效信息能够被很好地获得。其中，既需要研究者不断比对研究方法的切入角度，也需要研究者发展出合适的细节：如何从系统上不要遗漏文档材料？如何将调查问卷的问题发展得更为方便易答？如何决定观察活动的记录角度和时间间隔？如何在实验的设计中减弱实验参与者之间的相互干扰？等等。健全的研究方法追求一个目标，其他的研究者运用同样的研究方法设定，也可以得到同样丰厚程度的材料，并可以得到同样的结论。

第二，在特定的研究筹划之下，对研究对象的材料采集要尽量充足全面。一方面，研究者需要尽量多地搜集数据，数据量越大，实证研究越为可靠；另一方面，在社会科学范式下的研究需要照顾到各个方面的对象和人群，特别注意到不同质的人群，不要遗漏或者简化。比如，用观察研究法或者访谈研究法对于医院住院环境的研究。同是使用观察研究法，以研究者、病人家属、"病人"等的不同身份进入病房观察，得到的结果会有很多差异。同是使用访谈研究法，对病人和护士的访谈也会因为研究视角不同，得到对于住院环境不尽相同的认识。在不同的研究阶段，研究者需要不断地运用稳健原则来检查方法的设计，反思研究可能被补救的缺漏。

第三，检验研究方法稳健与否最为便捷的手段是与已经发展出的研究方法相互比较。范式的概念同时告诉我们，研究对象、方法、趣味在一定程度上相互匹配。绝大多数研究都是在借用本学科中已有的概念和价值，站在巨人的肩膀上，来发展出新的命题。特定的学科框架（或者特定的领域）中涵盖了多个概念和概念集群，并且提供研究的趣味和价值、命题思路、分析模式。更为关键的是，学科已有的概念提供了认识现象的已有水平，即是未来研究的最低要求。这种学科框架为理论化提供了天生的系统性：能够作为研究者发展命题的理论参考。并非所有理论化的过程都需要发展出新的概念。研究初学者在从事研究之初，要特别重视借用已有研究范式的方法，从模仿到创新。与其"创新"一个毫无根基、体系脆弱、问题模糊的新范式，不如在已有成熟、完善、确定的范式内前进一小步。

第四，研究方法的健全也可以成为研究创新的来源。知识的积累有特定的规律：人们对自然、社会、自身的认识，总是遵循从简单到复杂，从笼统到细致的过程。一方面，从知识的增长来看，不光是领域范围的扩展，更是复杂度和深度的增加。研究方法本身不是僵化的，稳健原则要求研究者从方法论的角度打磨材料的搜集和分析方法，提高对精度、范围、反映真实性的重视程度。

3.3.4 次好原则

次好原则，又被称为最优可获数据原则（Best Available Data）。次好原则的英文首字母缩写是 BAD（坏的，不好的），因此也被幽默地称为"BAD 原则"，这表明了这项原则巧妙的现实主义意味。学术研究的理想是准确、有效地反应研究对象；而在研究进行的现实中，往往受限于研究方法对于现实反映的真实性和数据材料的可得性。比起丰富复杂的现实，研究能够得到的数据和材料总是片段的、不完整的、残缺的。次好原则是对研究"相对合理性"的肯定。换言之，研究者只要能够论证研究所采用的数据为此时此地可获得的最优数据，研究的合理性即被证明。图 3-14 反映了 16 世纪矿石采集到矿石冶炼的步骤，与研究过程中搜集材料数据到分析提炼观点的步骤颇为相似。虽然在今天看起来这些技法十分粗糙，但是这是在当时的技术条件下的最优可得方式，满足了当时对于金属冶炼的要求。不仅如此，矿石采集到矿石冶炼的原理到今天仍然有效；成为如今冶炼技术的基础。

A—TWIG. B—TRENCH.

A—WOOD. B—BRICKS. C—PANS. D—FURNACE. E—CRUCIBLE. F—PIPE.
G—DIPPING-POT.

图 3-14　矿石采集（左）和矿石冶炼（右）（格奥尔格·阿格里科拉《论矿冶》插图，1556 年）

　　在设计学科的研究中，运用次好原则的例子比比皆是。对唐代建筑的研究只能依据数量有限的建筑实物遗存、形象模糊的文字记载等残缺的材料来完成；这些材料并不能完美地叙述当时建筑的准确实况。依据次好原则，上述研究的思路无疑是现实、可信并且恰当的。在社会学的研究中，大规模的普查研究往往能得到最好的数据，而这对于一般的研究者很不现实。因而，一般研究只能通过抽样，通过有限的样本获得相对最优数据进行研究。值得注意的是，次好原则（最优可获数据原则）既说明了研究的现实，也确定了研究的理想——在有限的研究条件中始终要求最优的数据。

　　在次好原则之下，常常被问到的一个话题是：单个地点得到的研究是否具有一般化的意义？比如，在"北方农村居住环境提升模式研究——以北京地区为例"，研究者计划搜集北京郊区三个村庄的材料和数据。全世界的村庄那么多，只研究三个村庄此时此地的状况，是否有普遍意义？我们说，这项研究是有意义的。纯自然科学的研究，研究对象可以从现实世界中提取出来，并且可以"放之于四海而皆准"。比如，一种墙体的保温隔热性能可以在不同的地点进行测试，并不由于地理条件、文化环境、人口构成因素而发生变化。建筑、规划、园林的研究对象受到政策、经济、人口构成、生活习惯等因素的共同影响，因而并不像纯自然科学容易方便地提取出来，研究者对单个地点和单个案例有疑虑是可以理解的。同时，建筑、规划、园林的研究只能针对特定时空范围内的有限实例。实例的选择在研究筹划阶段需要满足代表性的要求，使其能够反映其类同气候、经济、人口、政策等背景下的对象。具有代表性的实例不仅能够通过数据搜集展现其自身，而且能够一定程度上进行外推，在其代表的范围内具有普遍性。因而，对于一时一地的具体实例，研究者不必嫌其"小"，而应该理顺逻辑联系，在前期论证其代表性，在中期做好具体数据的搜集工作。

研究初学者往往不理解次好原则，片面地追求研究数据和材料的完美性，以至于不能较好地在研究初期筹划研究进程。一部分研究初学者往往由于获取数据的有限性，而否定一项有前途研究的可能性；还有一部分人以数据有缺陷为借口，干脆抛开数据，自说自话地进行"思辨性"研究。最优可获数据原则并不是一种降低研究标准的借口；相反地，这项原则要求研究者贡献自己的智慧，合理地确定现实情况下的"最优可获"的数据。比如，在环境使用的研究中，人对环境的主观满意程度是很难获得的。研究者如果人在游览园林环境时询问人对环境的主观满意程度，可能破坏人游览的原真状况，从而得不到研究所需的数据。如果研究者在事后询问人对环境的主观满意程度，可能由于人的记忆发生偏差。某位研究者提出，用观察人在游览园林环境中的停留时间，来体现人对环境的满意程度：停留时间越长反映满意程度越高。这种搜集数据思路体现了次好原则。虽然人的停留时间并不等同于人对环境的主观满意程度，但是这种替代具有相当的合理性，并优于其他方案，因而可以作为最优可获数据，研究也得到了可行性。最优可获数据原则不仅提供了进行研究的现实性，也鼓励研究者不断探索更好的数据源，为提升研究方法提供了最好的材料来源。

研究方法的本质是研究者通过特定的程序获得反映某个现象的研究材料。范式的概念告诉我们，不同的研究方法是以不同的视角观照世界的途径；并且，明确划分的研究范式之间，具有"不可互通性"。在相同的范式内（特别是实证主义的范式），研究方法观照世界的不同角度，在一定程度上可以相互转换。通过对研究方法的比较，不仅可以更加准确地认识研究方法的"稳健"程度，而且可以在同一种范式内发展出多种研究方法。在选用研究方法的时候，研究者可以选择最为适合的研究方法；也可以运用一种以上研究方法，形成多方法研究（multiple methods）或者比较研究（comparative research），并比较它们对于现象反映的联系和差异。以访谈研究法和观察研究法的差别为例。两者都是对"当代"现象研究的方法，前者是靠看，后者是靠听。如果研究某个体重超标团体的锻炼活动，参与者可能基于想使自己形象更好的动机，而在回答访谈时人为提高每周锻炼的次数。显然，在获得锻炼的次数、强度等信息时，运用观察法显然比访谈法更为准确。同时，访谈法在询问关于运动动机、影响因素等问题时，可以获得观察法所不能获得的丰富、深入的信息。又如，在山西锢窑建造工艺的研究中，用观察法对锢窑残存遗迹和现存较好的构筑物进行考察，只能推测建造的顺序和实况。要了解表面以下的真实建造机制，必须要对老工匠进行深入的访谈，才能深入了解工艺的步骤。

对于特殊的研究对象，研究方法的选择和比较会更具技巧性。如，对于城市犯罪和周边建成环境关系的研究。由于犯罪是偶发式的现象，简单地套用"普通"的研究方法是不可行的：通过录像机进行观察显然不可能，通过问卷调查显然十分荒谬，通过控制周边的环境刺激犯罪发生实验也不可能——不可能找到合适的实验对象，也不可能激发参与者去实施。因此，对于城市犯罪现象的研究只能采用一种事后的视角，类似于近世历史的研究，包括：方法之一，根据通过整理 GIS 数据，获得犯罪种类在时间空间上分布的规律。方法之二，只能等犯罪现象发生以后，到现场观察场地的特征。方法之三，等到犯罪嫌疑人被抓获、被确认为罪犯以后，研究者才能准确地定位信息的来源，通过访谈的方法获得罪犯实施犯罪活动时或者踩点时认识到的环境特征。后两种方法都是基于微观角度的数据搜集：方法之二是研究者的观察推测，方法之三是犯罪活动实施者所记得的那部分环境特征。前者难免有研究者主观臆测的成分；后者则依赖于犯罪实施者的对环境的有意识感知和记忆。

Part 2

Research
Process

第
2
编

程序论

第 4 章

确定研究问题

Chapter 4

Define Research Questions

4.1 研究问题概论

4.2 研究问题的来源

4.3 研究问题的构造

4.4 研究问题的打磨

4.5 研究问题的评估

科学界和管理界流传着一种说法，提出问题比解决问题更重要。一个研究问题的确定，指引着整个研究的方向。明确的研究问题引导着一系列研究操作程序，包括对象的确定，既有文献的综述、材料和数据的搜集、分析进程的执行，以及对结果的阐释。没有好的研究问题，研究者会觉得有力气没地方使；选定了明确的研究问题，就像选定了行进的道路，研究活动就能按照条理顺畅推进，而其他研究问题的风景便与之没有关系了。

在学术界，确定研究问题的活动日益被确立为一个固定的研究环节。各类研究基金的计划书、硕士论文和博士论文的开题报告，都要求研究者在确定的研究问题下，陈述具体的研究内容，并对研问题的重要性与可行性进行论证。确定研究问题是搭建桥梁的工作，桥的一边是整个知识共同体的认识，另一边是研究者具体的研究活动。研究问题的桥梁搭建得好，能做出对"未知世界"有贡献的认识；桥梁搭建的不好，研究者完成了一堆事务，但并未获得任何有价值的认识。从某种意义上，研究问题的好坏，成为预判研究成败的依据。本章对构建研究问题的讨论分成四节阐述。第 4.1 节讨论研究问题的基本要求；第 4.2 节讨论研究方向的来源；第 4.3 节讨论使研究内容明确化的策略；第 4.4 节探讨研究问题的评估标准和过程。

4.1 研究问题概论

4.1.1 确定研究问题的目标

"确定研究问题"常常被一些研究者称为"研究选题";而"研究选题"这一表述恰恰是一个容易误导研究者的词汇。从字面意思上看,"研究选题"仿佛表示研究问题已经是成型的物品,像已经存在的蝴蝶一样供轻佻的游戏者捕捉(图4-1)。这种设定导致很多研究者潦草而敷衍地对待确定研究问题的环节。研究问题从模糊到清晰是个艰苦的过程,要求研究者在确定研究问题的环节不断发掘、塑造、打磨"未知的理论疑惑"(图4-2),从模糊而宽泛的研究领域到发展出具体而清晰的研究问题。

图 4-1 捕捉蝴蝶的时尚男子(约瑟夫·班克斯,1772 年)

确定研究问题的目标是明确一个"未知的理论疑惑"。有读者可能会问,既然是疑惑,而且暂时没有研究给予回答,如何使其明确化呢?2002年2月12日美国国防部长拉姆斯菲尔德在新闻发布会上的言论显然有助于我们理解研究问题的本质。拉姆斯菲尔德提出了三个概念:已知的已知(known knowns)、已知的未知(known unkowns)、未知的未知(unkown unkowns)(图4-3)。"世上有已知的已知,就是那些我们知道的东西;世上还有已知的未知,也就是说,世上还有我们知道我们自己不知道的东西;但是,世上仍然存在着未知的未知,那些我们不知道自己不知道的东西"[1]。在国家安全的领域,已经探查清楚情况(比如某个精度的全球地形)属于"已知的已知"。那些具体方面被很好定义,但是尚未探明的情况(比如某国的轰炸机数量)属于"已知的未知";能够为情报的刺探所回答。那些连具体方面都没有被定义,不知从何着手的威

图 4-2 自塑之人

---

1 Rumsfeld, Donald H.. DoD News Briefing - Secretary Rumsfeld and Gen. Myers[OL]. 2002-2-12. http://archive. defense.gov/Transcripts/Transcript.aspx?TranscriptID=2636.

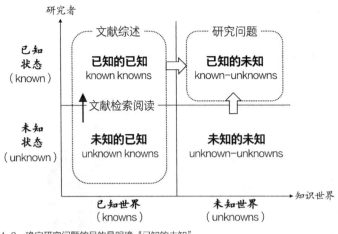

图 4-3　确定研究问题的目的是明确"已知的未知"

胁属于"未知的未知"。对于国防部长来说，"未知的未知"无疑是深为恐怖的情况；因为它不可捉摸、深不可测。而在操作层面，摆脱"未知的未知"必须首先使其转化为"已知的未知"，方才获得努力的方向，能够启动情报机器，消除认识上的疑点。

在学术研究中，确定研究问题的环节就是以定义"已知的未知"为目的。在这个意义上来说，研究者就像国防部长的情报工作一样，在搜集材料和分析判断的活动之前，需要了解研究对象，并能够准确地定位那个"明确的疑惑"——已知的未知。

学术研究中"已知的未知"，是学术共同体尚未知晓的认识，而不仅仅是研究者"个体"尚未知晓的认识。图 4-3 展示了研究者个体和知识共同体之间发掘认识的互动关系。横轴代表知识共同体的认识，向右为从已知世界到未知世界。纵轴代表了研究者个体的知觉状态，向上为从已知状态到未知状态。图中的左下、左上，右下、右上四个象限分别代表"未知的已知"（学术界认识到，但是研究者个体尚未认识到的内容）、"已知的已知"（学术界认识到，同时研究者个体也认识到的内容）、"未知的未知"（研究者个体没有意识到的、学术界的认识空缺）、"未知的已知"（研究者个体已经意识到的、学术界的认识空缺）。定义研究问题是确立某个问题上学术共同体的理论疑惑。一种路径是，研究者首先突破个体认识的局限，将学术共同体已有认识占为己有。通过文献检索和综述，将知识世界已知但是自己尚不知晓的"未知的已知"转化为自身"已知的已知"（从左下象限进入到左上象限）。研究者在已知世界中从未知到已知的过程只能算是学习的过程。研究者再从对"已知的已知"的反思、批判、挤压中定义出"已知的未知"（从左上象限进入到右上象限）。这种论证新的研究课题的路径是被普遍接受的，也是本章论述的重点。另一种路径，研究者从模糊而混沌的"未知的未知"中发展出到清晰而明确的研究问题（从右下象限进入到右上象限）。这种"无中生有"的路径需要具有更强大的洞察力和构建命题的能力，主要在本书 15 章中给予讨论。不论是哪一种路径，研究者需要不断发掘可能的研究对象，塑造、打磨、明确、优化研究问题。在不断评估和比较中，抛弃那些陈旧的、模糊的、琐碎的研究问题，从而将那些有趣的、有价值的、有可行性的研究问题保留下来。确定研究问题的过程并不是一个程序化的线性过程，而必定是一个不断比较、归零、重启的反复过程。

4.1.2 合格的研究问题

合格研究问题需要具备三个要件：疑问句、理论性、创新性。

1）研究问题的形式：可以转化为疑问句的命题

一个研究问题，必须首先是一个问题。第一，研究问题需要具备命题的形式，而不能是孤立的名词。我们常说的"开题"中的"题"，并不是指"题目"（title），而是应该指"问题"（question）。比如，"亚热带地区滨水人行空间研究"就不是一个研究问题，而是一个研究领域。研究问题不是研究对象，不是研究领域，不是研究方向，也不是研究题目。研究领域、研究方向、研究对象都是名词，没有命题所具备的指向性和行动力。研究领域有具体的研究对象，但是并没有提出研究考察的具体方面。"亚热带地区滨水人行空间的商业效应研究"是研究范围的进一步明确，但是依然不是命题。命题意味着研究对象的某种特性作进一步的判断。当前面的陈述转化为"亚热带地区的滨水人行空间是如何促进周边商业设施的发展的？"或者"亚热带地区的滨水人行空间的不同形态对周边商业的影响有何差异？"关于"亚热带地区的滨水人行空间"的命题方才产生，研究问题方算是合格。研究问题是命题，意味着研究问题确实是研究活动对研究对象的某些片面的特征作出判断。研究对象包含了一系列可能的研究方面，而每个方面包含了一系列未明的关系和特征。命题的构建就是要求研究者找出研究对象的哪个（哪些）具体方面的具体特征，作为研究的切入点。一旦提出了需要考察的具体方面，命题的、研究的手段和步骤就可以随之展开。一个命题不见得是一个好的研究问题，但是由于命题的构建使得研究问题形式上合格了（图4-4）。

第二，一个合格的研究问题，应该能够表述成问句的形式。研究问题是一个尚未完全回答的疑问。问号具有强烈的驱动力，通过"问"的方式使研究命题变得更加明确，更有驱动力。李贽说："学人不疑，是谓大病……唯其疑而屡破，故破疑即是悟。"[1] 明代学者陈宪章说，"学贵有疑，小疑则小进。大疑则大进。疑者，觉悟之机也，一番觉悟一番长进。"[2] 他们从正反两方面说明了做研

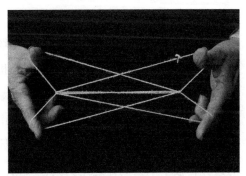

图4-4 研究问题不是领域，而是命题（曼弗雷德·海德，2014年）

---

1 李贽. 焚书·卷四杂述 [M/OL]. 中国哲学书电子化计划. https://ctext.org/wiki.pl?if=gb&chapter=492095&remap=gb#p149.

2 陈献章. 论学书 [M]// 陈献章. 陈献章集. 北京：中华书局，1998.

究要从疑问入手。研究者为研究命题加上"什么""为什么""怎样""如何""是否"等词语后，研究问题真正变成了带有问号的疑问句形式。疑问句能够指引更加具体的研究内容和方向，从而发展出更加明确的研究问题。例如，"垂直自然光的增加会增进工人的生产效率么？"就比"工人工作环境垂直自然光研究"要明确有力得多。同样，"自然的因素怎样塑造桂北吊脚楼的？"就比"桂北吊脚楼和自然环境的关系"要清晰有针对性。通过疑问句的形式来表述研究问题，研究者可以清晰地评判所提出的研究问题不是无关紧要的弱问题，不是似是而非、不需解答的伪问题，也不是无法解答的无解问题。同时，疑问句语气上的对抗形式赋予研究者寻找研究方法、制定研究策略的行动力。比如，"下沉式广场空间和犯罪活动的关系"只是一个命题陈述；而转化成疑问句则是"下沉式广场空间会导致更多的犯罪活动么？"问号带来的驱动力，促使研究者或者搜集治安案宗记录，或者持续观察某些下沉城市广场的活动，或者访谈下沉式广场的使用者和维护者，通过搜集和分析材料来回应疑问，增加认识。

2）研究问题的内涵：有理论支撑的疑问

一个研究问题，必须是一个理论的疑惑。学术研究并不是具体的现实疑问（比如"放假三天去哪里旅游"），而应该是有理论支撑的疑问（比如"旅游目的地的哪些因素影响着大学生出行目的地的选择"）。所谓理论，并不是为了故弄玄虚地将现象变得高深难解（图4-5）。相反地，理论借助于概念将考察内容从纷繁的现实生活中抽象地提取出来，考察事物获得了"研究对象"的意义，具体的研究活动也具有一般的意义。概念的设定只对事物具有共性的特征进行分析，通过一时一事获得的认识也能通过概念"外推"，从而得出普遍的认识。比如，借助于"绿化率"这一概念，研究者就能准确地将非硬化场地同硬化场地区分开来，专门就这一层次的普遍特征进行分析；而具体的植被种类、生长情况、观赏价值都被绿化率的概念所过滤掉了。研究者在扬州市对于城市绿地的绿化率认识，也能够通过"外推"超越具体研究案例的边界，被学术共同体运用到其他城市。同一个类似的"探索"活动，是否具有理论支撑，决定了这个活动在研究上的价值。比如，一位设计师通过三维建模，为同一个建筑设计搭建了两个入口的模型，请几位同事来看看，看哪一个好，从而决定最终的

图4-5 "胜利"油画（雷内·马格里特，1939年）

实施方案。同样，一位研究者为了弄清楚入口的高宽比问题，也搭建了两个建筑入口的三维建模，这两个模型还可以和上面两个模型碰巧一样，研究者请若干参与者来评判哪个入口好，从而获得对于入口的高宽比问题的新认识。上述两个活动，模型搭建和搜集材料的活动相同，前者不是研究，而后者是研究。原因在于，前者是自发的，以一时一地的实用为目的活动；而后者是自觉的、以获得一般性认识为目的的活动。后者具体的考察活动是由理论支撑的，并能够向外推导而具有一般性。学术研究中很多看上去十分具体的研究对象也具有理论的支撑。比如，佛光寺建设年代的具体问题背后，隐含有唐代建筑面貌的更大命题。

在讨论研究问题的理论性时，我们有必要对"问题"一词的多义性作一个讨论。研究问题的"问题"，是一个理论问题。汉语大词典中，"问题"可以指"需要研究讨论并加以解决的矛盾、疑难"也可以指"事故或意外"[1]。在建筑、规划、园林的语境中，问题一词的多义性分别指向"理论疑问"（question），或者"现实缺陷"（problem）。学术研究中的研究问题指向"理论疑问"，而不是实际建设和规划中的"现实缺陷"。比如，有一位研究者要研究城市的公共空间，其陈述的研究问题是："哈尔滨市公共空间数量不足，布局不合理，景观质量偏差。"这个陈述看起来像是"问题"的表述不是一个真实的研究问题（理论疑惑）。这个陈述实际上描述了一个城市公共空间存在的"现实缺陷"，研究者在认识上已经作出了明确的定性结论："不足""不合理""偏差"。这一陈述没有任何疑问，因而不是研究问题。

和日常生活中的"现实缺陷"不同，研究问题需要理论维度的支撑。通过明确理论支撑，现实缺陷（problem）可以转化为可供探究的研究问题（question）。比如，针对上述"城市公共空间数量不足，布局不合理，景观质量偏差"的现象陈述，我们可以发掘出一系列待回答的理论问题。如从公众的角度，可以发掘"现有绿地指标满足公众休憩和健身活动的程度如何？"和"游园人群对高密度城市环境的公共空间的视觉满意度如何？"；从环境的角度，可以发掘"现有城市绿地系统设计对生态廊道的影响程度如何？"；从规划和建设管理的角度，可以发掘"城市规划编制过程中绿色区块划定和实施绩效的关系如何？"。上面改写的研究问题都是来源于具体建成环境的"现实缺陷"，通过切入环境的生成机制和影响机制（比如设计进程、规划管理、资金项目运作、施工、公众使用、维护管理等），结合现有的理论概念（如公众满意度、生态廊道的连接、实施绩效等），从而生成可进一步探究的"理论疑惑"。现实生活的缺陷可以是研究问题的来源，也是理论探索的落脚点——但是，借助于理论概念的支撑，研究命题才能成立。

理论支撑和研究问题的关系是辩证的。胡适曾说过，多研究一些问题，少谈一些主义。

---

1 [EB/OL]. 汉语大词典在线 . http://www.hydcd.com/cd/htm_a/34132.htm.

这说明具体明确的研究问题比起空洞的理论框架和"信念"在积累学术认识上更为有效。研究者特别不要妄想，一个理论的框架搭建完成以后，所有的理论疑问会随之"解决"。同时，没有理论支撑的疑问可能流于琐碎，难于一般化。借助恰当的理论角度，发展出清晰、具体、明确的疑问，是发展理论的必由之路。

3）研究问题的创新性：没有被回答的新疑问

周卜颐曾经将建筑创作的原则归纳为：新、奇、趣（something new, something different, something interesting）[1]。这个原则对于研究问题的评估同样有指导意义。黑格尔在《法哲学原理》序言中写道，"著作家特别是哲学家的任务是发现真理，阐述真理，传播真理和正确的概念。但是，如果考察一下这种任务在实际上通常是怎样进行的，首先我们会发现，老是原来的一盆冷饭，一炒再炒，重新端出，以飨大众。这种工作的确对于世道教化和人心警醒，不无裨益，但是毋宁应该把它看成是多此一举。"[2]研究活动不是科普活动，也不是普通大众的精神寄托或者心灵安慰。研究活动是寻找新认识的过程，必然推翻、补充或者深化已有的认知。

研究问题应该是一个尚不清楚的、需要通过研究回答的"真疑问"；而不是答案一望而知、装模作样构建出的"假疑问"。一个没有被回答的问题，才能保证研究的成果不是对已有成果的汇总重复，不是对已有知识的读后感，不是对已有价值和工具的简单表态。它不仅没有被研究者本身回答，也没有被学术共同体的其他研究者很好地回答；必须借助于搜集和分析材料来给予回答。比如，"江南园林布局是否有助于提高水体生态涵养质量"这一问题。在研究开展以前，如果设计师难于用经验或者基本常识给予回答。它指引了研究者必须通过观察、测量、模拟等研究活动，用数据将造园手法和水体生态涵养联系起来，最终证明或者证伪研究假设。

研究者还可以用"积累感"来感性地评价研究问题是否为"真疑问"。积累感可以基于自身对于知识积累的感觉（我自己是否参加了知识的积累？），也可以基于研究问题对于知识共同体贡献的预判（这项研究是否贡献了某种认识？）。如果感觉到研究问题意思不大，没有添加现有知识的态势，研究问题的合格性就值得怀疑。

4.2 研究问题的来源

研究命题从何而来？研究者的经历见闻和理论水平是研究问题的主要来源。就像图

---

1 周卜颐.周卜颐文集[M].北京：清华大学出版社，2003.
2 黑格尔.法哲学原理[M].范扬，张企泰，译.北京：商务印书馆，1978.

4-6 和图 4-7 所示：左侧米勒绘制的拿着耙子的农场妇女，她的认识来自草根和泥土；右侧拿着书本的圣马可，他的认识来自书本上既成的命题、角度、方法。本小节提出"自下而上"和"自上而下"两种发展研究命题的途径，两者各有其优点和限制。

图 4-6　持耙的妇女（米勒，约 1856—1857 年）

4.2.1 自下而上的途径

自下而上的途径，就是从鲜活的现实生活中寻找和构建研究问题。建筑、规划、园林学科的研究者，既是空间和环境的观察者和思考者，也是其使用者和体验者。设计师和其他人一样，也有出行、休闲、旅游、购物、购房、装修等行为。研究者可以从自身的经历出发，从广阔的社会生活体验中寻找研究方向。对环境的生活经验往往存在着和专业知识不重合乃至于矛盾之处，研究者如果能够敏锐地抓住这些不重合和矛盾，往往能够找到有新意、有驱动力的研究方向。

图 4-7　圣人（圣马可）在阅读（维瓦里尼，约 1470 年）

1）现实生活经历

研究者的生活经历和兴趣是对于研究者教育的良好补充。高等教育系统的程序、内容、标准上的划一要求带来研究者经历和认识的同质性。读一样的书，听一样的课，翻一样的杂志，去过一样的地方，跟随同一个老师学习，等等。这种同质性和学术研究所要求的独特性是矛盾的。发掘自身经历的独特之处可以消减这种同质性。每个人的成长环境、旅途见闻、家庭背景、家乡变化、兴趣爱好总会有特别之处。自身经历和兴趣的背后是鲜活的社会生活，有利于纠正建筑、城市、园林研究空洞化、玄学化的倾向，增添研究的烟火气、世俗气。一旦生活经历转化为可执行的研究问题，研究者之前相关的社会经历和认识就成为研究活动的积累，节约大量前期调研的时间和精力。比如，一位研究者因为童年在铜矿产区度过，选定铜矿的棕地治理作为研究方向。这种联系不仅使得研究者容易获得独特的第一手资料；也由于家园情怀的寄托，自带开展研究的驱动力。

研究者那些具有"疼痛感"的经历尤其值得注意。疼痛感可能触动研究者的问题意识，也显示了现实迫在眉睫的紧迫性和真实性。比如，人行道被停车空间侵蚀导致家人不愿出门，设计和建设活动导致的旅游景区生态系统破坏，保护规划的实施导致文物保护单位的历史氛围被损毁，建成三十年小区的拆除导致记忆消失，等等都是有现实疼痛感的现象。同时，有疼痛感的社会生活现象意味着研究方向，而不是确定的研究问题本身。将生活的疼痛感转化构建为合格的研究问题，研究者需要深入到已有研究的成果，借助于概念的理论构造。

2）专业实践经历

专业实践与生活经历一样，有其丰富鲜活的内容。研究者分享着设计师作为"环境再造者"所特有的视角、技能、口味。同时，专业实践活动汇集了不同领域、不同专业的诸多参与者，提供了合作需要的知识和观察问题的视角。多角度的碰撞带来的复杂性，扩大了"设计研究"的狭小领域。然而，设计实践和设计研究毕竟是两回事。专业实践活动的紧迫（比如图纸要提交，规划图则要通过）使得认识疑惑在实践过程中被边缘化，实践活动完成后又常常被搁置和遗忘。从专业实践经历而来的研究问题提供了对研究者自身经历反思的机会。研究者发现已有知识不能完全覆盖、描述、理解、解决来自专业实践的疑问，从而准确定位研究问题。比如，一位研究者曾经有过设计大跨度建筑的经验。在做设计的时候，他对于大跨度建筑的檐口设计十分感兴趣，也做了一些资料的搜集和比较；但由于投标和施工图进度的原因，没有系统深入地完成这项工作。在开题的时候，经过系统的文献检索，他发现学术界还没有系统论述大跨建筑檐口形式的研究，进而将这一题目确定为研究问题。

3）媒体阅读经历

研究者不可能、也没必要亲自经历全部的社会生活。报纸、杂志、网络等各种社会媒体对社会生活多有即时而深入的报道，能够扩展研究者的观察视野和生活经验。比如，进城务工者的住所选择、小学生的课后活动空间、残疾人在城市空间中活动的自由度和舒适度、老城区的停车难问题、新城区的入学难问题，等等。即使是实践经验丰富的设计师，也窘于以付费服务为主的设计实践的限制，对这些问题介入有限。通过各种社会媒体，研究者不仅可以了解未曾经历的空间和环境体验，了解鲜活而复杂的社会生活，同时可以借助报道者和被报道人群的视角，观察空间和环境是如何被使用、评价、管理的。研究者经由阅读媒体报道不仅可以扩大研究选题来源，还可以获得研究现象的切入角度。

以自下而上的途径发展研究问题，"混沌"的现实和清晰明确的研究问题之间存在着鸿沟。研究者需要对粗糙的现实进行一番整理充实，使之转化为系统的研究内容。一种情况是，研究者对于生活片段的初始积累不够丰富，难于支撑起研究需要的内容。比如，某研究者以带小孩的老年人的公共空间使用为研究对象。虽然这一研究对象明确且新颖，但是该研究者并无小孩，与这类老人也缺乏接触，对于他们的矛盾、诉求、特征等仍然不太清晰，因而难于构建出有针对性的研究问题。超越对研究现象的肤浅兴趣，研究者需要足够的预研究，包括：多接触研究对象，接触尽量多的研究对象，获得研究对象更多的具体特征。在上面的例子中，研究者到现场观察带小孩的老年人的活动，观察有老人带领的小孩的活动，和老年交谈，和老年人的子女交谈，甚至帮助老人带一天小孩，都能够丰富研究者的个人经验，从现实中发现研究对象的诸多侧面，从而发展出有针对性的研究问题。

另一种情况是，虽然研究者对现实生活有足够的了解，然而缺乏将复杂对象理论化的能力。从没有目标、混杂的、"活生生"的现实到可以进行操作的研究问题，需要研究者的理论化塑造。风笑天指出，"光有兴趣不够，兴趣只是研究者为研究某一主题所积蓄的能量；这种能量要转化成真正的研究行动，还需要某种'思想火花'来引爆"[1]。比如，城市内涝可能来源于我们对地表渗水机制了解不清，有可能是建设过程中参照了较低的标准，也有可能是建设在低洼地选址不当，还有可能是在管理过程中对于排水设施维护不当。现象并不会自己说话，需要研究者借助理论将研究的具体方面从复杂的事实中切割出来。对于城市内涝的研究，可以分割成科学认识问题、经济标准选择的问题、建设劣势的问题、对管理活动的认识问题等方面。真正完成"自下而上"的过程，研究对象不再停留在原来的具体层次，现象的理论层次变化了，清晰的研究问题被析出了。研究者后续的研究活动可以像外科手术一样，针对具体、明确的问题，有针对性地搜集和分析材料。

4.2.2 自上而下的途径

自上而下的"上"，即是知识共同体已有的认识、概念、方法。所谓自上而下的途径，就是通过阅读既有研究，从已有的理论角度入手，寻找和构建新的研究问题。已有的研究范式不及当下的生活经验鲜活形象，但却深刻而系统。研究者从已有的研究范式中获得了理论支撑，能够从容地筛选纷繁而复杂的现实生活，切割出认识的层次，从而发展出研究问题。

1) 既有研究示范"具体的"学术研究

研究初学者虽然抽象地了解一些学术研究的概念，但是对于学术研究"究竟是什么样

---

1 风笑天. 社会研究方法 [M]. 4 版. 北京：中国人民大学出版社，2013: 45-46.

子"还是缺乏具体认识。很多学科研究对象的范围和层次被固定得比较好，比如化学，主要在分子、原子层面研究物质的组成、性质、结构与变化规律。然而，设计学科的研究对象来自社会生活的不同方面，处于不同的理论层次；研究问题的面貌繁杂多样。既有研究展示了考察现象的角度、层次、规模，发展命题的结构、样式、趣味。"研究原来是这样子的，我也能够做出类似的"。研究者可以从中学习将生活现象理论化的方式和研究问题的架构方式。

2）既有研究示范了成熟的研究方法

数据的搜集和分析居于研究活动的核心。既有研究的方法部分不光显示了某个研究问题如何被回答，而且在何等深度和何等证明度上被回答。对于研究初学者而言，跟随已有的方法"照着做"，从模仿到创新，无疑是快速开启研究活动的捷径。既有研究的研究方法已经展示了研究现象的考察内容、精度、数量。研究初学者不必从头开始考虑现象的抽象和概念化，不必费心论证研究的价值和意义，也不必为搜集数据指标和方式的选择大费周章。总的来说，这种做法的研究内容容易确定，研究内容较有深度，研究进程比较有保障，研究执行效率比较高。

3）既有研究作为发展研究问题的参照

法国作家纪德曾说："有一件东西最能使人们的思想有魅力，那就是不安。"[1] 在自上而下的途径中，研究者的不安是对既有认识的不满和疑惑，能成为开启研究进程的动力。

考察既有理论，研究者可能获得一种无法忍受的认识不满（图4-8）。由于不能容忍现有理论的缺位、跳跃、模糊、谬误，研究者通过批判的建构自上而下地获得新的研究对象、新的角度、新的概念抽象程度、对象新的方面，或新的数据测量和搜集方法，完成对既有认识的扩充、转移、细化、修正。

图4-8 从不同镜面中定位自己

---

1 [法]纪德.纪德日记[M].李玉民，译.上海：上海译文出版社，2015.

研究初学者经常遇到的一个问题是，如果准备选定的研究问题已经被现有研究涉及了怎么办？凝聚了心血的研究问题还没开始操作就已经被人回答过了，这是很大的心智挑战。如果我们将既有研究视作发展新研究问题的参照，在既有研究上进行批判的建构，不难有层次地发展出新的研究问题。具体包括以下四种方式：

第一种，最为果决的方式是，研究者完全地放弃选定的研究对象，另起炉灶，选定全新的研究对象。比如，研究者放弃对瑶族乡土建筑的研究，而转向以城中村作为研究对象。但是，限于生活经验和学术经验，研究初学者恐怕很难找到尚未被涉及的研究对象——比如，研究者很快会发现城中村也被已有研究涉及。因此，这种方式并不能一劳永逸地确定研究问题。相反地，对于选定其他的研究对象，已有研究的研究范式也可以作为考察新对象的参照。比如，对瑶族乡土建筑的测绘、访谈、形式分析、家庭关系和空间使用分析等，完全可以借用到城中村的研究中。

第二种方式，仍然保持原有研究的研究对象，但是转向原有研究没有涉及的考察方面。比如，研究者发现已有研究对瑶族乡土建筑的建筑形式、建造过程、宗族家庭使用做了较为充足的考察，于是研究者转而面向瑶族乡土建筑的节能特征，或者用材全生命周期绩效进行考察。新的考察方面能够提供对研究对象更为立体的认识。这种方式中，研究者省去了重新熟悉新研究对象的时间。尽管新方面的考察趣味和搜集材料技能和研究者熟悉的截然不同，研究者能够从耳目一新的探索过程中获得动力。

第三种方式，保持既有研究的问题，无论研究对象还是考察方面都不改变，在搜集数据的方法上进行创新。比如，研究者考察城市公园的游览频次，由之前研究方法问卷的数据搜集方式改变为搜集手机信令的方式。又如，考察不同街景中的驾驶员体验，从之前看图片回答问卷的方式，转为采用虚拟现实模拟场景，用仪器测量参与者的脑电波和脉搏情况。这种方式虽然没有提出新的研究命题，其搜集数据和分析内容已经悄然发生了变化。新的数据和分析扩展了认识的广度（如以数据量更大、更及时的手机信令数据考察公园的游览频次）和深度（如以更"客观"的脑电波和脉搏测量考察街景的驾驶体验），老研究问题获得新内涵与外延。

第四种方式，对既有研究，从研究问题到搜集材料的方法都不做改变，在测试对象的属性范围上给予扩张。这种方式的出发点在于，由于设计学科研究对象的复杂性，已有研究在某时某地获得的结论外推时存在疑问：在新天地获得成功的遗产保护和商业开发模式，在其他的城市能够成立？已有研究对于街边公园的问卷回应基本来自老年人的群体，年轻人是否持同样的看法？因此，总有要求研究者采用与既有研究完全相同的研究问题和材料搜集方法，在不同的地点、文化、气候、人群、时段中进行测试。新的研究不提出新的命题和新的数据来源方式，依然能够证实、证伪、修正已有命题，扩大已有认识的外延。

上述四种方式，从研究对象的转移到整体研究问题的移植，新颖性的层次是逐渐下降的。但是，无论哪种方式，借由既有研究不同层次的参照，能保证每一种新研究是既有认识的良好补充，内在价值明确。不当的做法是，研究者回避已有研究成果，"不知不觉"地做一个新颖性不明的研究，填补一个"虚拟的"空白。

以自上而下的途径发展研究问题，研究者应该明了，既有研究的结论应该是"松动而可分析"的。所谓"松动"，是指已有研究的结论不是刚性的、最终的、"凝固化"的，而是可以被新研究重新认识的。所谓"可分析"，是指研究者能够定义新的考察维度和数据来源，对研究对象重新考察，获得新的判断。对于新的研究者而言，最大的障碍是对已有研究认识"凝固化"的满足，"把已有的形式视为神圣的遗产"[1]，导致固化的潜意识。既有的认识、角度、方法不应该成为僵化的模式和套路阻碍研究者发展研究问题。比如，某研究者希望考察城市公园的步行可达性与公园使用活动的关系。如果认为经典的"五分钟步行距离"是一个刚性"凝固化"的结论，研究就没有可能进行下去。相反地，应该考虑到人去公园的步行行为是松动的概念：人去公园锻炼可能并不在乎从住所到公园走更长的时间；也有可能人更愿意在公园中行走锻炼，而不愿意更多体验公园以外的环境；居住密度、公交站点分布、步行环境、自行车停车环境等因素也会对从居所到公园的步行行为发生影响。这些因素都可以成为分析的维度。可见，只有将"步行行为"作为一个松动而非刚性的对象，才能启动研究程序，得出可以与经典的"五分钟步行距离"相比照的新结论。古人所说的"于不疑处有疑"[2]，正是从刚性而凝固的研究对象到"松动而可分析"的对象的转变。又比如，有研究者以火车站出站人流为对象，希望以此为火车站设计提供参考。如果将人流视作平滑而刚性"线条"，恐怕得不出什么有用的认识。作为研究对象，火车站的出站人流只能是松动的：出站时遇到不同的转弯，不同的层高变化，在出口处可能受阻，在换乘出租车、公交车、地铁等交通工具时会有不同的寻找和等候过程，等等。这时，刚性的流线概念变得片段化，同时各部分也具备了从长度、等候时间、转折次数、识别度等各方面对火车站出站人流进行搜集数据、分析判断的可能。

4.3 研究问题的构造

研究问题的构造主要讨论研究问题提问方式的差异。有不少形式合格的研究问题难于被研究活动所回答。究其原因，并不是研究手段有限，而是研究问题的构造不合适，没有能促进研究筹划的完善。因此，本节探讨研究问题的构造类型，以期研究者发展出方便被回答的、能够开启研究过程的问题（图4-9）。

---

1 特奥多尔·蒙森.语录 [OL]. https://zh.m.wikiquote.org/wiki.
2 [宋]张载.经学理窟·义理[M] // 张载.张载集.北京：中华书局，1978.

4.3.1 开放性问题和封闭性问题

问题的开放性是指问题的提问方式是否给予回答者足够的发挥空间。封闭性问题的提问方式限制了回答的内容。最为典型的封闭性问题是一般疑问句,只能用"是"或者"否"来回答。比如:道路绿化增加是否有利于降低交通事故的发生率? 或者,佛光寺大殿是不是一座唐代建筑? 都是典型的封闭性问题,其回答只能为"是"或者"否"。封闭性问题提问的内容比较具体,意味着研究者对研究对象的了解已经比较深入,能够在内容上逼近研究对象的性质。研究者对于封闭性问题的答案有明确的预期("是"或者"否"),其确定性也指向明确的研究方法(在上例中是搜集特定道路的绿化率和交通事故发生率的数据),能够很快开启研究执行阶段。

图 4-9 确定研究问题是一个发掘、塑造、打磨过程

开放性问题的提问方式不限制回答,充满了较多的可能性。比如,道路绿化增加会导致哪些效应? 或者,哪些方法能够降低交通事故的发生率? 这两个开放性问题的回答可以来自较多方向。道路绿化可能导致司机感受变化、行人感受变化、生物廊道连结性的变化、地表径流变化、空气质量变化、周边商业的变化,等等。开放性问题意味着研究者对现象本身的认识有限,尚未弄清研究对象的具体特征;或者尚未明确研究的切入点,因而赋予较多的回答自由。从构造上看,使用"什么(what)""为什么(why)""怎样/如何(how)"等词语的特殊疑问句开放性最高,也意味当前的认识比较有限。使用"多少(how many/how much)""何种程度(what degree)""哪一种(what)"等词语的特殊疑问句具有收敛性,意味着对研究对象的认识明显加强,回答的开放性也受到收束。研究者对于开放性问题回答的预期在于继续丰富对于研究对象的认识,而不是对于对象具体性质的准确确认。对于回答者,开放性问题需要研究者多方向的努力,找那些最为显著的因素,穷尽可能地解答。

从确定研究问题的角度,问题构造越封闭越好。提出封闭性问题,意味着研究者超越了对研究对象泛泛的了解,对其某一特征有深入而明确的关注。封闭性问题意味着研究活动可以明确、线性、快捷地进行下去(图 4-10)。对于开创性、探索性的领域,开放性问题的构造仍然是必要的。研究者提出开放性研究问题,利用其开放性搜集多样甚

图 4-10　研究问题的构造

至芜杂数据，通过多方向的清理而彰显其具体特征。在一些研究中，开放性问题充当总研究问题，可以被分割成若干子研究问题。

4.3.2　总问题和子问题

总问题和子问题，是指一个较大研究问题可以被分割成若干较小的问题。强调子问题的概念，因为一个不可细分的研究问题才是讨论研究方法的最基本单位，才能明确对应线性的材料搜集过程。研究初学者对于研究问题的困惑往往来自找不到最基本的子研究问题。一些发表的研究，为了节省行文，常常将多个研究问题糅合到一篇论文中，因而出现总问题对应多个研究子问题的情况。在确定研究问题的阶段，如果不将尺度过大、包含方面过多的总问题划分为不可细分的子问题，可能带来搜集数据不甚明确、研究方法比较含混的弊端。举例来说，某研究者提出研究"某街道使用的时空变化关系"就是一个略显模糊的问题。其中，特别是"时空变化"的表述显得十分含混。如果我们将这个问题视作一个总问题，至少可以试着在时间维度发展出如下的子问题：（1）某条街道的人群密度分布是否随着在一天中的不同时间段发生变化？（2）某条街道的人群密度分布是否在节假日和工作日存在着差异？（3）某条街道的人群密度分布是否随着季节的变化而发生变化？通过分解的策略，"时空变化"的含混表述由于"时间维度"子问题的分割而清晰化，搜集研究材料的活动也变得具有针对性。研究者在构造研究问题时，应该有意识地分解总研究问题的方面和层次，使研究问题的导引具有更好的明确性和可执行性。

4.3.3　应然性问题和实然性问题

应然性问题是以"是否应该"为提问方式的问题。比如，中国当代建筑设计中应不应该采用欧洲古典形式？高密度城市应不应该采用"海绵城市"（低影响开发）的策略？应不应该用功能主义思想指导商业区块的城市设计？等等。应然性问题指向未来的种种策略和行动，反映了设计实践的迫切性，是设计学科常常出现的问题。但是，应然性问题不是好的研究问题。应然性问题面向未来，而研究活动只能考察过去和当下。应然性问题不太容易被通过研究方法搜集材料的活动予以回答，容易变成研究者脱离研究活动的"本能回答"。

对于应然性问题的提问方式，最基本的策略是将其转化为对"实然性问题"的探究，将应然性问题变成评价性问题。研究者通过实证研究评价已经发生的当代现象的得失，从而得出未来所应该采用的策略，进而回答应然性问题。比如，"中国当代建筑设计中应不应该采用欧洲古典形式？"可以转化为"维也纳风情小区的市场认可程度如何？"的问题。"高密度城市应不应该采用'海绵城市'（低影响开发）的策略？"的问题，可以转化为"建筑密度大于 60% 的城市建成区内，某绿地的经济、环境、社会效应如何？"的问题。在这样一个明确可执行的研究问题的引导下，研究者可以通过理论计算，并观察和测量样本的实况，来做出对已建成使用的"海绵城市"的评判。应然性问题也可以转化为历史研究问题。也就是说，通过考察较长时间跨度的教训，来回答今后应不应该的问题。比如"应不应该用理性的功能主义思想指导商业区城市设计？"的问题，可以通过考察美国 1960 年代以来商业地块的兴衰，累计式地搜集材料，对比得失利弊，回应面对未来的应然性问题。

除此以外，特别有经验的研究者可以将应然性的问题转化为思辨性研究问题。这种思路将不采用搜集和分析材料的实证方法，而是寻找应然性问题背后的道德、文化、习惯、美学等因素，通过严密精巧的逻辑结构的建立和推导来回答应然性问题。比如"在中国当代的城市建设中应不应该采用欧洲古典形式"这一类问题，除了运用实然性的回答方式，其价值内容的部分可以通过研究者借用地方性、文化性、后殖民主义等维度，从而思辨地回应研究问题。

4.3.4 本体性问题

本体性问题是追问研究对象"是什么"的问题。本体性问题关乎设计学科的基本概念和价值观，十分重要。同时，对这类问题的有效回答十分困难，没有受过思辨研究方法训练的很容易用常识进行回答，更像是一种表态式的学习心得总结。一般研究初学者接触的价值性问题和概念性问题已经成为设计者的共识，即是"不需要回答的问题"，因而不需要研究者表态式地一论再论了。比如，某研究者论文的结论是"设计需要具有文化性、地方性、生态性、时代性"。设计的这些原则已经完全成为设计师的共识和原则，不通过研究活动大家都知道，"不成问题"——不应该成为研究问题。

知识的积累有特定的规律：人的认识，总是遵循从简单到复杂，从笼统到细致的过程。研究探索的途径，必然是从研究对象本体的认识快速进化到对研究对象多方面特征的考察。从知识的增长来看，不光是领域范围的扩展，更是复杂度和深度的增加。在某种理念和思潮产生之初，论述基本概念和价值观类型的文章［"是什么（What）"和"重要性（Significance）"］可能会起到引介信息的作用；而一旦概念和价值被广泛接受，这类文章立刻就失去了价值。研究的重点就自然会转移到规律、机制［"怎样发生（How，Why）"］、悖论。秦佑国和李保峰曾经揭示了中文世界中论述生态理念文章的发表状况 1。1990 年代初，国内建筑刊物出现有关"生态建筑"的文章至 90 年代末形成高峰，随后相关文章渐少。造成此现象的原因是，在"生态建筑"作为新事物出现时，介绍概念便具有学术意义，但在可持续发展概念已进入初中教材之时，相关研究必须向可操作层面深化，而可操作层面的研究离不开技术的支撑，受条件及思维习惯的限制，部分学者开始转向其他课题。这个趋势清晰地表明了建筑"生态价值"的本体性论述从热点变成"完全被回答的问题"的过程。后来的本体性论述文章虽然结合了新的案例，但是究其本质是一种复述，对于认识的贡献已经很薄弱了。当人们对生态设计的价值取向普遍接受以后，人们更关心：有哪些生态策略和技术可用？已有的其他地区生态技术能否在本地区适用？生态技术对设计作品的形态和空间有何影响？已有著名的生态设计作品的实际生态效应如何？这些都不是本体性问题能够回答的了。

研究初学者所提出的本体性问题，大多数情况是对研究领域不了解而生出的疑问。这些疑问多数早已经被学术共同体所回答。要发展出真正的研究问题，研究者需要通过大量阅读，跨越对研究对象本体还不了解的"无知"状态，了解学术共同体的已有共识，以此发展研究问题。比如，在乡土建筑领域，保护必要性已经成为学术界和社会舆论的共识。如果以宽泛乡土建筑保护价值和必要性来作为研究问题，就属于面对大众的科普文章，而不是学术文章了。在乡土建筑保护价值和必要性的基础上，研究者需要进阶到更有深度的问题：在商业开发模式的引入到底保护了还是破坏了乡土建筑和古村落？既存的保护模式有几种？对这些模式，村民态度如何，规划部门态度如何，参与的开发企业怎么看？这些模式的经济和政策基础是什么？这些问题才能作为研究问题——"没有被完全回答的疑问"。

4.4 研究问题的打磨

研究内容是研究问题更为具体的血肉部分，包括对研究对象的规模、角度、计划等方面更为细致的筹划。明确而具体的研究内容，意味着研究者能够从研究问题的思辨阶段走向搜集研究材料的行动。在研究问题的命题构造指引之下，研究者究竟如何获得新的材料和数据（是运用仪器，还是运用问卷，抑或是查找档案）？这些材料和数据的精度和范围

---

1 李保峰，张卫宁."美丽"的代价——中国当代建筑创作中玻璃应用问题的调查与思考 [J]. 建筑学报，2005（08）：82-84.

是怎样（单位、频次、数量如何）？获得之后如何展开分析（是定量分析、定性分析，还是历史分析、案例分析），从而回应研究问题？这些都是研究内容需要阐明的。

研究内容上的缺陷体现在三个方面：模糊——没有发展出适当的考察对象范围（图4-11）；混杂——研究活动和理论之间没有形成良好的支撑关系；迷失——

图 4-11　晨雾中的柏林（拉尔夫·罗莱切克，2015 年）

没有发展出具体的搜集材料和数据的工作策略与步骤。本节从研究内容的考察对象、考察角度、工作步骤三方面分别讨论。最后，引入研究前提（assumption）、研究划界（delimitation）、研究限制（limitation）等逻辑概念进一步讨论如何明确研究内容。

4.4.1　考察对象的规模

明确的考察对象意味着研究清晰地界定了研究什么，不研究什么——不存在模糊地带，不会既是这个、又是那个；也不会是可能这样、可能那样。明确的考察对象，有助于形成明确、具体的研究计划，得到集中和有针对性的研究结论。一个明确的考察对象应该是研究者可以掌控、易于接近和操控的。一般的建议是，考察对象越小越好。很多研究初学者有一种错觉，认为研究活动是一个"宏大叙事"；热衷于划分大领域、堆砌或者抽象出宏大的研究对象。这种考察对象尺度上的错觉来自一些大部头著作。很多大部头著作是一系列单个的研究成果的"集成"，并不是考察单个研究问题的成果。过大的研究对象必然导致研究问题的明确性和针对性下降，研究精度变低，研究精力分散，方法草率，细节忽略等负面的后果。研究面过大容易导致过分承诺研究的范围，导致面面俱到；最紧迫、最重要的问题可能被湮没在一堆不那么关键的泛问题之中。

善于将考察对象变小，是研究者的一项重要能力。研究入门者需要节制"宏大叙事"的欲望，学会将一杯水从一池水中清楚地舀出来，清晰地分离出每一个可掌控的研究对象。我们常说的，宁缺毋滥，小中见大，就是这个意思。小到可以掌控的研究对象，容易对应到充实具体的研究数据和材料。将研究对象缩小的思路包括：第一，时间和空间范围的缩小。以可能获得的材料和数据为准，研究者从时间或空间尺度上对研究对象进行适当的切割。一般来说，越久远的研究对象可能获得材料越少，范围可以较大；时代越近，针对研究对象可能获得材料越多，范围应该较小。比如，从古代绘画和文学作品等材料研究风景区休憩建筑，研究对象以朝代为界，如"宋代界画中楼台研究"，可能比较恰当。然而，研究近现代的风景区休憩建筑，有实物、档案、照片、游记、口述历史等多种材料来源，时段和空间范围就需要收缩，如"抗战前的庐山别墅建筑研究"，则比较更为合理。第二，类型的细分。设计学科用类型划分设计对象，不同的类型本身具有不同研究重心。最常见的是功能类型的分类，比如建筑的功能（纪念建筑、办公建筑、商业建筑、金融建筑、体育建筑等），景观功能（私家花园、公共广场、公共绿地、风景区等），城市功能（交通、住房、活动、商业、社会保障）等。在确定研究问题的过程中，类型划分需要结合考虑研究数据和材料的情况。比如，考虑到既存近代建筑的数量，"近代天津建筑风格研究"的考察对象就不如"近代天津金融建筑研究"的考察对象明确具体。第三，切分层次和片段。研究者切分出研究"完整现象"的片段、局部、视角，或者"完整概念"的某个部分、方面、因素和层次。比如，前面提到的"大跨度建筑的檐口设计研究"就是从建筑物的整体中切分出局部现象而进行的研究。"图书馆的读者服务功能研究"是针对整个图书馆所有复杂功能中的一个单项功能。"沿轻轨街道的商业活跃度研究"是针对街道所有现象的特点中，和商业活动有关的那部分。"易安·麦克哈格美学思想研究"针对的是麦克哈格作为生态规划方法奠基人思想的某个片段。

研究者尤其需要重视个案作为研究对象，因为个案在不可细分的最小规模上展示现象。从既有的"宏观"理论框架出发，仿佛从空中鸟瞰，细节容易被忽略，研究结论变得滑溜整齐的"基本常识"，价值就会降低。从个案入手，能够发现更多的复杂性，从而发掘模糊或者未知的理论维度，可以一定程度上脱离既有理论可能过度概括的"凝固化"认识。比如，研究者以大城市周边的乡村复兴建设为研究方向，与其高谈乡村的复兴路径，不如将研究对象定位到熟悉的邱家庄、赵家屯、王家村。又如，研究者以城市居民在居住小区内的锻炼活动为研究方向，与其从宏观上，不如就确定到对时代花园小区或者云庭天地小区的考察。有人会问，我如果只选一个案例，而不是成百上千个，如何能够保证这一个案例是最值得研究，研究得出的结论最可靠呢？回答是，任何研究都不能得到"最完美的"认识，而只能采用"次好"的材料。用有限的材料和数据反映普遍的现象。一个具体的案例总能反映它代表的群体应该具备的特征。研究者根据案例的规模、位置、人群、文化、经济等属性，能够更为清晰地定义一个"普通"案例的代表性。研究者前期的定义工作做得越好（比如，案例小区的规模和房屋形态，和所在城市45%的小区相同）；具体案例获得的结论越具有肯定的外推性。俗话说，"一经通"。如果研究者真正弄懂、弄通一个案例，类似的现象就能融会贯通；乃至于其他的类别，也能触类旁通。因此，某时某地的具体个案是现象复杂性的集中体现，是扩充理论维度的来源，值得深入挖掘。

4.4.2 考察角度

考察角度来自指导理论，能够有针对性地筛选出明确的研究内容。本章 4.1.2 小节讨论了研究问题的合格性要素，研究问题必须是有理论支撑的疑问。即使是对单个案例的研究，也不是对某一个现象的平铺直叙；而是结合理论所提示角度的考察。明确的研究内容要求研究者对考察研究对象的理论层次有清晰的认识，对已有成果、相关理论、研究基础材料有较好的掌握。选择一个恰当的理论，不仅能够划定研究的范围和切入点，而且能像磁铁一样把研究材料和数据聚合起来。在下一步确定研究方法时，搜集的材料和数据就有很强的针对性。

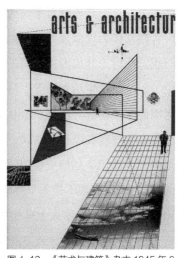

图 4-12　《艺术与建筑》杂志 1945 年 6 月号封面（赫伯特·马特）

比如，"海派古典园林初探：松江府明清造园研究"，就不如"松江府开埠和早期海派园林发展"有针对性。"新京派景观——北京当代公园及园林设计研究"就不如"新中国成立后北京公园系统的流变"或者"后殖民时代理论和北京当代公园设计（1949—1989 年）"切入点清晰。现代以来，社会科学的理论层出不穷，科技手段日新月异，这些都为研究提供了强有力的、新的理论角度和工具（图 4-12）。

理论的目的在于提取纷繁复杂现实的某个方面，使考察活动变得清晰有效率；而不是装作神秘高深，使考察活动增加麻烦。比如，用绿地率的概念来反映绿化状况，就是将建成环境的"绿量"从建成环境的复杂体中抽取出来，使考察和分析具有排他性。"松江府开埠和早期海派园林发展"的例子中，开埠意味着现代化和殖民化的考察角度。一种错误的倾向是试图用理论词汇来"装饰"研究内容，使研究问题"看上去更高级"。比如，有研究者提出"后工业时代第二产业建筑竖直表皮的再生研究"，复杂的词语背后不过是"工业建筑立面改造研究"。逻辑学中的奥卡姆剃刀（Occam's Razor）理论告诫我们："若非必要，勿增实体"。也就是说，用尽量简洁的词句表达需要表达的意思；不必要的内容，都应被奥卡姆剃刀除掉。"故作理论化"的表述都是人为制造的麻烦，对明确研究问题没有帮助。另一种错误倾向是试图叠合堆砌尽量多的理论，使研究问题"看上去更复杂"。比如，某研究者从社会使用、生态效益、公共安全、美学欣赏四个角度对小城镇滨水空间使用进行"耦合"研究。上面任何一个理论角度都是健全明确的。当理论被随意堆砌，研究的切入角度会相互拉扯，丧失其应有的理论张力。

考察角度意味着将研究对象的某一个方面切割出来，而对其他的方面放之阙如。研究问题必须是片面的深入，而绝不需要全面的肤浅。设定考察角度就是为了研究问题能够切入研究对象的某个"片面"。对同一个研究对象，考察切入点不同，发展的研究内容也不同。"陕北榆林姜氏庄园的历史成因"和"陕北榆林姜氏庄园的保护和再利用"这两个题目，其研究对象同为榆林姜氏庄园。前者将姜氏庄园作为现象发展的终点；而后者将其作为现象发展的起点。前者是建筑历史学研究，着重于揭示和评价历史建筑的面貌，并讨论其成因；运用的主要研究方法是档案调阅、实地测量、村民访谈（口述历史）、社会学生活调研等。后者探讨保护的策略、方法、机制，评判已有措施的优劣；运用的主要研究方法是观察比较（改造了的、迁建的、未改造的）、村民访谈（保护状况）、管理者和经营者访谈、问卷调查等。这两个研究考察同一实体对象，也需要共用很多基础知识（如历史价值、建筑状况的描述）；考察切入点不同，研究内容是完全不同的。当研究问题不是一个对象而是多个对象时，研究对象之间的关系就是考察的切入点。比如，研究者将海平面上升相关的交通出行作为研究方向。研究者需要明确的切入点是，究竟是研究交通活动导致温室气体的排放，继而导致海平面上升；还是由于海平面上升，从而导致一系列交通活动的改变。

不同考察角度的根源是世界观的差别。本书第 3 章 3.3.2 小节对于范式的讨论中指出，同一种范式之内，研究问题的角度、价值观、研究方法、研究结论具有统一性。不同研究范式的方法和立场不同，结论常常不具有"互通性"。比如，以城市拆迁现象为研究对象，人文气质的研究者更关注于乡愁和家园的概念、"日常生活"的价值、"每日城市主义"（Everyday Urbanism）的秩序等内容。在一线从事管理工作的研究者对搬迁补偿的方式、各方的满意程度、回迁的建筑规划形式、搬迁的组织步骤和资金准备等内容更感兴趣。前者的世界观是存在主义的，而后者的世界观是实用主义的。世界观设定了完全不同的考察前提和考察趣味，考察内容大相径庭，其结论不必相互参照（图 4-13）。

从现实来看，设计行业内部的专业角度差异也为研究内容提供了多样的角度。以城市历史街区的保护和再利用为研究对象，土地管理、规划管理、策划开发、遗产保护、设计对应出城市土地政策的角度、规划程序的角度、项目功能策划的角度、遗产价值评价的角度、设计进程的角度。这些角度都能有助于研究者发展出明确具体的研究内容。不同专业在规划设计建设实践中相互贯穿，相互协作，相互妥协，共同完成项目；但对于研究者而言，不同的专业具有完全不同看待现象的角度，也具有不同的理论需求。

图 4-13 运动中的静止装置展览

城市政策的制定者感兴趣基于政策和行政程序对城市建设的总体控制，对于好的设计方案能够欣赏，但是并不是核心工作。设计师感兴趣设计手法和设计程序的效果，对政策的调整也十分关心，但只是将其作为工作的前提要求，而不是工作的主要内容。研究者可以从特定的理论需求出发，选准某个专业角度，从具体的专业理论需求出发，过滤背景内容，聚焦研究内容。

4.4.3 工作规划

工作规划的明确化意味着研究内容的可获得性、研究步骤的可预见性、研究结果的可获得性和可预期性。虽然在确定研究问题的阶段，研究内容明确后就能指向未来的研究步骤，明确了可以预期的研究成果。工作规划是从"未明的理论疑惑"到"可以回答疑惑的数据材料"的具体行动桥梁。如果一个研究问题的结果能够被一眼看穿，不证自明，不需要研究者的研究行动；显然不是好题目。如果一个研究问题的表述过于云山雾绕，不能对应现实的研究材料，难于转化为研究者的研究行动；显然也不是好题目。研究者可以以研究工作规划的明确性为尺子，来衡量和评估研究内容的明确性。

"挖掘感"是研究者用来评价工作规划的尺子。研究者所挖掘出的是，作为一个设计师一般专业知识里缺乏的，可以是隐藏在社会中的"深度事实"，或者组合零碎的思维路径。比如，"河南窑洞建造技艺传承的口述历史研究"就清晰展现了研究问题的工作内容。又如，"夏热冬冷地区的中庭夏季通风节能的实证研究"也展示了测量作为研究活动的主要方法。挖掘感既说明了研究者在研究活动中的作用，又说明了研究本身富于方法性和计划性的特点。挖掘感意味着研究者清晰了解研究已有的深度和探索的难度。有挖掘感的题目意味着研究者在研究问题的指引之下，所完成的、明确的"工作量"。

明确的工作规划中，研究对象需要找到对应的研究材料作为落脚点。由于研究问题是理论性的疑惑，研究对象呈现概念性的表述。如果研究概念和研究材料之间不能很好地对应，研究内容就是不稳定的。比如，以城市开放空间的活跃程度作为研究对象，可以将巴黎协和广场作为落脚点，可以将广州海珠广场作为落脚点，还可以将研究者住所旁边的某不知名广场作为落脚点。只有最终选定，考查的内容才会明确。对于研究对象，对于指标、数量、来源的确定有助于明确研究内容。比如上例，确定了具体的广场以后，广场的活跃程度是用人群的密度反映，还是用人的活动量反映？是采用一周的数据，还是需要用一年的数据？是采用微型无人机进行观察，还是采用手机信令的数据？这些都是规划工作中需要明确的。对于不可量化的研究对象，定位研究材料更能使研究内容得以明确。比如对于"古典建筑美"的研究，就很可能显得过于抽象、过于发散；即使研究者列举出诸多的概念和命题，仍然显得难于捉摸。如果研究者计划选取五百个建筑立面、平面进行构图的分析，考察对象就能具体化，考察维度也会更加清晰地聚集起来。不能定位研究材料的研究方向，难于发展出工作规划，研究对象本身能否成立就值得怀疑。比如"中国建筑精神""天人合一"，等等难以定位准确的研究材料，研究初学者应该避免。

4.4.4 研究内容的逻辑构造

本小节讨论明确研究内容的几个逻辑概念。假设（assumption）、划界（delimitation）、局限（limitation）是三种常见的"防卫性"表述策略。研究者通过逻辑上有预见性的切割打磨，能使研究内容更加全面真实，研究的内在逻辑更加强健。

1）前提（assumption）

前提是事实得以合理发生的逻辑基础；缺失了前提的支撑，事实就不合理。比如，有学生高考成绩离某高校录取线差200分，因为健美操特长被录取，其前提是某某大学认可跳健美操的特殊录取资格。对于事物存在的前提，人们通常都是心照不宣的；只有在合理性受到质疑时，才回溯到前提的表述和推理，重新获得事物存在的合理性。进行学术研究内容的筹划时，前提是一种防备性的表述。研究者预见到研究逻辑的弱点，主动地通过规定性的表述，加强逻辑联系，从而夯实研究基础。比如，研究者以创作于明代的小说来作为"明代园林和明代社会"研究的主要材料，其前提是"明代小说对于园林风貌和使用能够有效反映"。尽管我们知道小说只能临时性地记载作家对某些故事场景的设定，但是当时缺乏新闻媒体，也没有任何社会学的记录，诗歌和绘画又都不够具体。根据"最优的可获取数据"的原则，恐怕小说是最有效的材料。如果研究对象是当代，园林实物俱在，了解社会的渠道众多，仍假设小说反映了园林的互动，就很难被接受。不同研究方法中的前提还有，设定"软件模拟技术对热能传递现象反映的可靠性"前提，设定"设计师撰写的设计说明反映了他的真实设计思想"前提，设定"学校中问卷调查的参与者能够代表社会上的普遍认识"的前提，等等。

前提的设定提供研究问题成立的依据，是研究严密逻辑的补丁。在答辩、评审等现实的环节，前提表述能够化解不必要的质疑，增加读者的认可；研究评审人就不再纠结于研究的基础，转而深入考察前提下的具体研究内容。在很多情况下，研究者需要根据其他研究者的"同理心"，提前预测可能的逻辑纰漏方面，进行前提的表述。另一些情况，研究者甚至在研究完成以后，重新整理研究逻辑时，才撑起"前提"的补丁，也是正常的情况。

2）划界（delimitation）

研究划界，顾名思义就是定义研究问题的边界。相比于研究问题构建"研究什么"的表述，划界主要是对"不研究什么"的表述。通过明确陈述研究"不涉及"的方面和领域，划界的表述使研究内容更加明确。由于研究问题的陈述受到语言的限制，难于穷尽研究问题的外延。因而，划界常常采用列举的方法用以去除研究涉及的"多余枝干"。研究对象、考察方面、考察目的等都可以成为研究划界"不做什么"的内容。比如，在笔者研究 19 世纪末至 20 世纪初中国元素对美国建筑和景观影响中，就明确指出"本文将中国城（唐人街）社区、中式餐厅等都排除在外，美国历届世界博览会中的中国临时场馆也没有收入。"[1] 这就将研究的考察内容限定在美国华人社会以外，研究的新颖性也更加清楚地呈现。一般情况下，研究者应该说明为何将一部分内容置于研究的考查范围之外。有时可能是由于研究者的研究兴趣，可能是既有研究的已经涉及，也有可能是由于时间、经费、精力的限制。不论由于什么情况，研究者应该尽量全面地列举出被划界划出的全部内容，从而使研究内容更加明确。

3）局限性（limitation）

局限性从字面意思上是研究的弱点和缺陷。这里特指内在逻辑健全的研究在外推时遇到的局限性。通过研究者主动陈述，研究结果适用的外延得到更严密的确定。比如，研究者在完成一项运用社交媒体数据对公共空间的研究，对局限性的陈述："Instagram 数据的局限性在于大多数 Instagram 用户是年轻人。因此，此研究对于其他年龄段（包括儿童、老人）的人群反映有限"。同时，社交媒体用户倾向于发布更吸引眼球的内容，因此这些数据并不能完全反映其日常使用方式。[2] 局限性的陈述不意味着研究内在不健全，而是研究所得出的结论在外推时应该受到制约。任何研究活动都是一时一地的，单个研究的结论"向外推导"到广大世界才能获得"一般性"。通常来说，客观的、能够进行高度抽象的研究，其向外推导获得高度一般性。比如，阿基米德的浮力原理所针对的液体力学特性就是十分客观的对象，就具备高度的一般性；或者说，在经典物理学的范畴中，阿基米德浮力原理是具有普遍一般性，没有局限性。设计学科的研究对象通常难以抽象成如物理和化学学科的客观概念；这时，研究结论的局限性就显现出来。

研究的局限性来自研究筹划时的"次好性原则"（参见第 3.3.4 小节）。具体研究总

---

1 张波. 中国对美国建筑和景观的影响概述（1860—1940）[J]. 建筑学报，2016（3）：6-12.
2 Song, Yang. Zhang, Bo. Using Social Media Data in Understanding Site-scale Landscape Architecture Design: Taking Seattle Freeway Park as an Example[J]. Landscape Research, 2020: 1-22.

是在一定的物质、时间、人力条件下，按照当时能够达到的最好情形完成。通过健全的研究设计可以使研究逻辑强健合理，但并不能使之"完美"。由于案例的代表性、样本的数量、持续的时间、测试的密度，分析工具的限制，外界在地点、文化、气候、人群上的差异等原因；获得的结论并不是"放之于四海而皆准"的。局限性就通过划定结论外推的界限，对其一般性的"隐患"进行主动、明白、防卫性的清理。局限性选择最为重要的进行陈述即可，不必面面俱到。一般来说，局限性的陈述在研究完成后进行，研究者也常常针对局限性提出下一步研究的展望。

4.5 研究问题的评估

评估的目的就是对可能的研究问题分成三六九等：淘汰不好的，剩下好的。重要性和可行性是评估研究问题的两个重要维度。缺少重要性的研究问题，得到的是可有可无的平庸认识；缺少可行性的研究问题，永远停留在空中，缺乏搜集材料和数据的行动力（图4-14）。如果把知识比作宝藏的话，确定研究问题是对探宝活动的筹划，不仅在于预测要挖掘出的具体宝藏，还在于说明挖掘宝藏的价值几何，现有的条件能否进行挖掘。研究问题的评估完成后，研究问

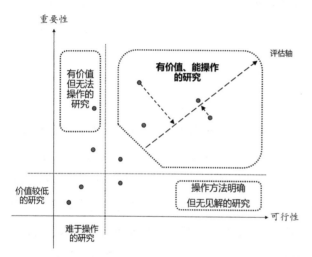

图4-14 研究问题的评估

题的多重意义（重要性）、研究方法（技术路线）就搭建起来，研究者的身份从一个研究思考者进化为研究筹划者和执行者。

研究基金资助制度下，对于研究问题的评估和论证不仅是研究者进行研究活动的需要，也是学术共同体的需要。研究者和知识共同体通过研究问题的评估程序建立起联系。研究者不仅需要回答"我想知道的是什么"的问题，还需要回答"社会/学科需要什么"和"我保证能完成什么"的问题。各类研究基金申请书中对研究意义、应用前景、研究可行性、研究基础等部分的要求均是研究问题评估的内容。研究基金评审人总希望把有限的资助划拨给那些更值得资助的研究。因此，研究者需要信服地向评审人论述研究问题的价值，将自己对研究问题的认同转化为学术共同体（特别包括开题报告或者基金申请书的阅读

人）的价值认同，在研究开始前就达成个体与学术共同体的共识。

4.5.1 重要性（importance/significance）评估

重要性是价值（value）或者意义（significance）范畴的问题；换言之，就是在研究活动进行之前，解决研究值不值得做的问题。明确这项尚未进行研究的价值前景：这个研究值得做吗？这些认识能够在多大程度上修正前人的认识？谁会关心我的研究成果？他们会觉得这个研究有启发性么？

研究价值的评估帮助研究者不断地否定那些内容明确，但是价值上琐碎、虚弱、无趣、重复的研究问题。这个"研究泛滥"时代的不少论文，其方法严格、数据丰满，但是乏于启发性、不疼不痒，研究者读了感觉没读，还不如读者没看文章的基本常识。这就要求研究者在研究进行以前，在脑袋里过一下：不做研究就能知道，觉得做出来也"没什么"——这类研究问题即使形式合格、内容明确，也要勇敢地抛弃，从头再来确定研究问题。相反地，立意高远、趣味不凡的研究，在研究价值评估上规格严格、不断否定，下足了功夫。

价值评估的最终目的，是找到那个"真问题"。真问题是那个研究者确实不知道答案，但又十分想知道答案的问题；是那个印成杂志目录的标题能吸引读者翻看后面正文具体内容的问题；是那个研究者真心觉得有意思，愿意全身心投入的问题。研究活动需要大量时间、精力、金钱的投入，没有研究者希望自己的研究成果被认为可有可无，无足轻重。对于设计师背景的研究者，他们在进行研究活动时，要跨越研究技能和范式转化等种种困难，更希望自己的研究有所贡献。因而，研究者个人对研究问题的价值一定要充分认同，从而满怀热情地进行研究活动（图4-15）。

1）价值取向的划分

价值在于客体特征满足主体的需要。研究价值按照其满足方面的不同，可以划分为内在价值（Internal value）和外在价值（External value）。内在价值是研究对于发展理论认识的有用性，强调在研究范畴、理论、方法上的创见和突破，扩充和修正既有的理论认识。内在价值的参照体系是知识共同体的已有认识水平。

图4-15 向占卜文字致敬（乔治·德·基里科，1913年）

外在价值是应用于现实生活和实践的价值，改变和革新当下的现实世界，强调对于社会经济生活的触动。外在价值的参照体系是不完美的现实世界。通常，研究者可以按照内在价值和外在价值的区分展开研究意义的评估。

内在价值和外在价值可以存在于同一个研究中。以三维扫描测绘技术为例。传统的测绘方法是通过攀爬屋顶，用皮尺等工具完成的。2000年以来，研究者通过激光扫描来进行建筑和园林的测绘工作。其内在价值体现两个方面：其一，扩展了测绘对象，以往难于下手的地形地貌、假山，甚至植物，都可以方便地行测量。其二，提高了测绘精度，电子扫描的方法可以精确定位到毫米，对建筑和环境信息的记载更加准确。总的说来，内在价值在于推动了园林测绘方法本身的进展。这项技术的外在价值可以体现在园林假山修复的现实活动中。受天气等各方面的原因影响，园林中假山破坏严重，修复困难，历来对于假山的描述和记载模糊（一般只有文字记载或者某个角度的照片），一旦破坏，难以再修复。对园林假山进行精确电子测绘，不仅有助于造景的意图被理解，而且提供了修复的准确依据，极大地方便了现实的保护工作。

价值取向的判断可以借助于特定的专业群体。即将进行的研究，觉得谁会最感兴趣？是研究院所的学者，还是高校的教师？是一线设计师，还是政策制定者？是土地的开发商，还是建设的营造者？将一个宽泛的"知识共同体"细化为具体的研究者群体，预判他们对这个潜在的理论疑惑的反应，使之价值取向的表述更加彰显。反之，如果一个可能的理论疑惑没有对应的专业群体；它的研究价值就值得怀疑。

2）内在价值

内在价值是某个研究满足知识共同体好奇心、拓展认识深度和广度的那部分价值。对于任何学术研究而言，内在价值是第一位的、最重要的价值属性（图4-16）。很多学术研究并不具有切实的外在价值（比如：哲学、数学、天文学、物理学的很多研究并没有产生直接的经济和社会效益），还有些学术研究的外在价值需要长时间才能显现出来（比如：从牛顿发现万有引力定律到这条定律应用到航天工业中发挥作用经历了漫长的时间）。无论如何，这些研究都并不缺乏内在价值，能够拓展我们认识世界的深度和广度，治愈研究者的"认识之痒"。这里通过新颖性、

图4-16 卡夏的黎明（勒内·马格里特，1926年）

趣味性、复杂性、先进性四点予以讨论。

第一，新颖性。新颖性是指研究问题能够在对象、内容、方法、范畴上超越既有的研究。清代学者顾炎武提出"必古人之所未及就，后世之所不可无"的著述标准[1]。在各类研究基金的申请要求中，"创新点"的论述要求甚至被单列出来，和"研究意义""应用价值"等内容并置。提出有时代烙印的、新颖的研究问题，研究者需要熟悉特定领域的研究进展，主动放弃已经被前人涉猎的研究内容。在思维逻辑上，研究者还需要一番内在心智上的反省和挣扎，突破潜在的保守意识和知识的舒适区域（comfort zone），甚至批判和抛弃以前熟悉的范畴、套路、技能。

评估某个研究问题的新颖性是指对于某一事物认识上的可能突破，而研究对象本身并不一定为新的事物。换言之，研究问题的新颖性可以针对诸如雨水花园等"新事物"，也可以是针对拙政园等"老事物"；关键在于研究问题能够指向对事物的新认识。新颖性的评估并不是宽泛的、大而化之的论述；而是需要放到既有研究进展的具体情形中。研究问题的新颖性评估具有层次性，这些层次涉及与既有研究的不同方面的比较：

·未来的研究问题是否引入了新的研究对象？换言之，是否开创了新的研究领域？

·未来的研究问题是否关注了原有研究对象的新方面？是否借用了新的角度？是否由此扩展了原有的认识范围？多大程度上补充、修正、扩展、加深了对研究对象的原有认识？

·未来的研究问题是否发展了新的研究方法？是否确定了新的数据来源、范围、精度？是否应用了新技术来辅助数据的搜集？

·未来的研究问题是否在新的地点、文化、气候、人群、时段中测试一个已有命题？已有命题在何种程度上可以被证实、证伪、修正？

总的说来，上述四个层次的新颖性逐渐降低。全新的研究对象意味着开创了新的研究领域，具有最高的新颖性。如果研究问题针对已有研究对象，但发掘出这个研究对象的新方面、新维度、新命题，也会捕捉到新意。比如，科律格的中国园林研究，从园林和农事产出的角度重新评价中国园林的艺术成就，很具有新意。一般来说，开创崭新的研究领域是困难的，围绕已经界定出研究对象占了研究问题的大多数。再者，研究问题的构造和已有研究基本相同，研究者通过采用新的数据搜集方式，或者新的数据来源，回答老问题。如果研究者能预判未来的研究问题不会得出新颖的、有突破性的结论，研究数据的再发掘只能是印证以前的发现，新颖性就较低。总的说来，对既有研究的深刻了解是评估研究内在价值的基础。评估内在价值的过程可以促使研究者主动地突破、扩展、回避原有研究的内容。

---

1 顾炎武. 日知录·卷十九 [M/OL]. 中国哲学书电子化计划. https://ctext.org/wiki.pl?if=gb&chapter=715333&remap=gb#p6.

值得注意的是，研究者应该恰当区分专业"热点"与研究问题新颖性之间的关系。专业"热点"意味着某个时期关注度较高的内容，可以是研究对象（比如：城市碳排放），可以是研究对象的某个方面（比如：城市居民的运动体力活动），可以是研究方法（比如：无人机搜集数据的方法），还可以是特定的地点、气候、人群（比如：雄安新区、气候变化的敏感区、贫困地区等）。专业"热点"带来的新现象并不一定转化为有价值的研究问题。有一部分专业"热点"相关新现象出现的背后已经完成了大量研究。比如：各类的建筑节能部件在形成产品以前经过了大量实验测试，这些"热点"的主要研究问题已经被解答，在认识上并不具有较强的新颖性。还有一部分和专业"热点"相关现象的疑问，按照简单的逻辑推理和计算就能够解答，并不需要研究者额外搜集材料进行分析判断。当热点的基本概念逐渐成为专业常识，相关领域难于发展出具有趣味性和复杂性的疑问，热点就会冷却。从另一方面看，如果研究者遵循研究问题构造和评估的规律，真正用新颖性标准进行评估筛选，从当前的专业热点中切实找到具有新颖性的研究问题；则容易获取社会和学界的双重认可。

第二，趣味性。研究问题的新颖性可以通过内容比较进行判断，趣味感是完全从个体的、直觉的角度得来的"感受"判断。中文的 "旨趣" 一词精准地说明了研究价值的尺度：旨者，宏大的目标和意图；趣者，细微的体会和反应。研究问题的趣味性只能体会，很难论证，一般也不出现在研究计划书的论证中。但是，趣味性维度作为连通读者、研究者和评审人之间的同情同理纽带，超脱冰冷的理性论证，更容易被感受和觉察。在翻阅学术杂志时，很少读者会将杂志所有的内容全部读完。读者必然是选择那些更能引人入胜的主题、理论、方法、对象进行阅读；而对其他的内容一扫而过。同样，如果评审人阅读一个选题报告，觉得"哈，原来是这样""原来这个问题也可以研究""我不知道这个答案，需要好好读一下这个研究"……而不是"不过如此""不用研究就可以预想"……研究问题的趣味感就产生了。

因此，研究者可以采用趣味性作为筛选可能研究问题的维度。捕捉趣味性的洞察力一定程度上对应研究者勇于舍弃"无趣命题"的决心。从研究问题构造的角度，研究者可以通过排列组合的方法，发展出成千上万的形式合格的研究命题。趣味性评估要求研究者放弃虚张声势的"大而空"命题，放弃那些简单推理就能回答的研究问题，放弃那些形式严格而兴味索然的研究问题；剩下值得探究的、令人兴趣盎然的真疑问。好的研究问题首先勾起研究者自己探索的兴趣，才有可能唤起研究同行的认同和兴趣。

第三，复杂性。复杂性是对研究问题所反映现象机制和原理深度的一种度量。人们希望研究问题不是那些不研而自明、"一眼就可以看穿"、可以简单推导就获知的、浅显平滑的命题；而是那些要求分析的、要求接地气调研的、反应现象复杂机制的、"幽暗的"、回应悖论的命题。复杂性维度触及到了研究最根本的内在价值属性。研究者可以通过提出新的研究对象获得新颖性和趣味性；而研究揭示的复杂性甚至并没有改变。换言之，复杂性问题意味着对既有观念逻辑的一种挑战、打破、超越。

论证研究问题的复杂性是十分困难的。因为研究活动本身是化解研究问题复杂性，获得通透、简单、清晰认识的过程；在认识获得以前，很难看清其复杂性（图4-17）。同时，研究问题的复杂性似乎构成对研究可行性的挑战。

图4-17　女人在为一台早期IBM计算机绕线（贝伦尼斯·阿博特，约1958年）

因此，研究者常常采用论述现象本身复杂性的策略来代替对研究问题复杂性的讨论，包括：论述研究对象的特殊性（因为研究对象的诸多特点，因此难于归入到既有普适的理论中，需要单列研究）；论述采用理论角度的多重性（理论角度差异可能带来不同角度认识的龃龉，因此亟需研究化解）；材料的丰富性（反映现象的材料数量庞大，需要解读，具有获得深度认识的潜力）；现象可能研究影响因素繁多（因此需要研究者的工作予以一一测试）。这些论证方式一定程度有助于论证研究问题的复杂性，但并不等于论证了研究问题的复杂性本身。

第四，先进性。先进性原本是对于研究推动认识进展程度的评价；一般说来，凡是具有内在价值的研究问题都具有先进性。随着技术进步的浪潮席卷社会生活的各个方面，先进性在这种语境下主要指向研究问题所涉及的技术内容和效率内容，也就是我们通常所说的：高、精、尖。虽然建筑、规划、园林领域的研究并不是纯粹以技术进步为主导方向的工程学科，也不得不面对这种本不应该普遍运用的标准。

研究问题的先进性评估体现在两方面：一方面体现在作为研究工具，特别是搜集数据材料工具的先进性；另一方面体现在作为研究成果的技术具有先进性。一方面，作为研究工具的先进技术是相对成熟但是在本学科缺乏应用的技术，设计学科的研究者主动利用它们来完成数据和材料的搜集、整理、分析。比如，应用碳-14技术判断建筑的年代，应用互联网进行视觉满意度的调查，应用电子技术来完成人的活动路径的实时跟踪，等等。结合新技术作为研究工具要将其他学科的"陌生"技术内化为本学科的"可用工具"，研究过程具有示范性、磨合性。研究者不仅需要论证所采用技术本身的高精尖，而且应该明确技术能够化解本学科的研究难点。结合新技术在多大程度上深化认识，而不是产生了更多的数据材料。比如，应用互联网进行视觉满意度的调查除了增加了数据量，对于认识是否有真的触动？对人的活动路径的跟踪使得观察记录的精度提高了，这种精度究竟能够用来回答何种研究问题？总之，技术的先进性仍然要落脚到研究的内在价值。

如果为了新技术而新技术，没有和研究问题较好地结合，整个研究活动仿佛没有目标的机器，高速运转起来后也难于产生有触动性的认识。另一方面，作为研究成果的技术是指研究者通过研究测试，能够运用到环境中的技术。比如，节水技术，面向非物质遗产保护的检测技术，等等。这一类技术主要体现为它们的外在价值。研究者的工作是像发明家和工程师一样进行不断试验，优良的新技术可以申请专利，甚至转化到商业开发中。在阐述研究问题的先进性时，需要注意区分两种技术内容在论述中的不同。

3）外在价值

研究的外在价值是其对于现实社会的运转所带来的价值（图4-18）。学术研究的基本认识是为了获得抽象的理论认识，内在价值是第一位的。外在价值的评估是针对研究认识"后续效益"的合理推测，属于"So what？（然后如何？）"的问题。牛顿在提出万有引力定律时，难于预测到这个研究在人造卫星和航天飞机上的运用；但是，人造卫星和航天飞机上的应用确实能有力地说明万有引力定律在满足"认识之痒"以外对现实生活的改变能力。评估研究问题的外在价值，需要借助于那些"看得见摸得着"的事物，进行合理的推断。研究获得认识能够转化为造福特定人群的设计规范条款，还是会节约城市管理过程中的资金投入？能够有效修正某一设计系数满足公共利益的需要，还是节约建设过程中的能源和资源消耗？论述外在价值可以从两方面展开：第一，陈述研究认识能够产生何种"后续产品"。究竟是新的法规条文、新的产品，还是工程作法、设计手法？第二，陈述研究"后续产品"产生影响的评估方法。如果是以对人群、区域、产业等方面作为衡量指标，新的研究问题对应的人群、区域、产业规模有多大？对于可能的改变，能否转化为经济效益（金钱）、时间效益、环境效益（能源、物种）、社会效益（犯罪率、就业率、升学率）等等可以量化的指标？

研究问题处在特定的时空环境中，其外在价值评判会由于所处的文化、经济、技术条件而变化。例如，步行空间研究的外在价值在美国、中国和不发达国家是不同的。美国的现实背景是，对私家车的依赖到了极致，甚至到了出门买一瓶矿泉水都需要开车的程度。由此导致了严重的健康问题、城市人性空间问题、社区交流的问题，研究步行空间旨在重新发现步行空间的优点、推动鼓励步行环境的城市规划革新。在中国，在2000

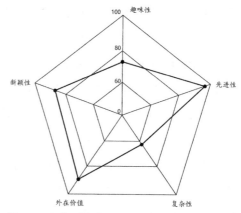

图4-18 评估研究问题价值考察的不同方面

年以后近十余年的时间里，小汽车的拥有量迅速增加，由此带来步行空间被小汽车行驶、停放等活动侵占。进行步行空间的研究在于保护城市的生活质量、保障步行者的权益。而在不发达国家，步行是一种日常交通的常态。对步行空间研究的动力就不如前两者强烈，外在价值相对有限。

研究问题外在价值评估，常常显示出关注现实的紧迫性。一些研究问题缺乏理论上的新颖性，内在价值有限；但却针对实际的缺憾而发展认识，提出有针对性的实践策略，具有显著的外在价值。在当今中国，工业化和城市化高速进行，现实的问题多如牛毛。与其发展不着边际的"新理论"，一种应该鼓励的发展研究方法的策略是利用成熟的概念、命题、模型、方法，从关注特定环境的现实缺陷入手，瞄准更具备外在价值的研究问题。例如，一位硕士研究生提出"小轿车拥有量迅速增加背景下的大学校园空间使用研究"，使用现场观察法、访谈法等较为常规的方法搜集数据。然而，这项研究的成果可以直接应用于修正大学校园规划设计和管理之中，特别是对大学各种交通流的组织和对于停车的管理，具有较强的现实意义。

4）基金申请的价值论证

申请研究基金需要满足确定和评估研究问题的流程（图4-19），同时对于研究价值论证提出了更高的要求，具体体现在：第一，基金申请的价值论证要和基金设立的宗旨相符合。通常来看，政府类别的研究基金更强调对国计民生问题的关注；而很多私立的，或者学科范围内的研究基金则对学科自身的价值和趣味比较尊重。第二，基金申请的价值论证需要更强的说服力。要在诸多的申请者中脱颖而出，研究价值的论证就需要让评审人觉得非这个研究问题、这个研究申请人不可。研究基金的论证要善于驾驭申请书阅

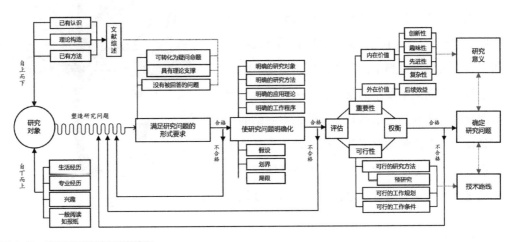

图4-19　确定和评估研究问题的流程

读者的思路，清晰明白地从研究执行的角度论述研究的价值。同时，还需要逆向思维，站在挑剔的基金评审人的角度，预防性地说服潜在的不同观点和思路。第三，基金申请的价值论证需要客观中立、留有余地。由于基金评审人对评审的领域都有较为深入的认识，过分地夸大研究的价值不仅会贻笑大方，而且会招致对研究任务书水平的怀疑；而过分地强调现有研究的缺陷会引起持不同观点评审人的反感。价值论证的关键要在论证的层次性、逻辑性上下功夫；而不是使用夸大的词语和论断。

4.5.2 可行性（Feasibility）评估

可行性是对研究问题探求过程现实性的评估。"图难于其易，为大于其细。"[1]从研究效率的角度来看，可行性论证解决研究投入的回报问题。世间重要的问题那么多，研究者掌握的时间和资源有限，自然是选择最有可能性完成的那些研究计划。就仿佛人在摘苹果的时候总是先去摘取伸手可及，或者至少跳一下可以够得到的"低悬的食物"（low hanging food）（图4-20）。从研究活动的可实现状态来看，可行性意味着研究问题能够从一个抽象的疑问化解成一系列明确的材料收集分析步骤。研究者对即将开始的研究解答进程有较好的把握和控制。论证可行性给予研究者自身积极的心理暗示，使研究信心饱满的进行下去。

研究问题可行性评估的前提是明确的研究问题。如果研究者只是停留在学习、理解的层次，"觉得这个现象很有意思、很重要"，而没有达到能够提出新命题的层次，可行性就无从谈起。可行性就是研究者成功的可执行规划，研究者应该"今天完成这个第一项工作，明天完成第二项……这些活动都在我的能力范围内。因而，乐观估计，在某个时间点，我就会把研究扎实地做出来了"。而不是"今天可能可以做做这个，明天可能可以试试那个，那个问题还不太清楚，可能我可以问问某某系的某某教授……"后一种情况反映出研究问题依然是模糊的、不明确的、不具体的。在这种情况下开始研究进程（尽管很多也是由于毕业、升学、升职等不得已情况），必然是无所适从、得过且过，导致时间、金钱、

图4-20 重要性与可行性的衡量

---

1 老子.道德经·第六十三章[M]//陈鼓应.老子今注今译.北京：商务印书馆，2003.

精力的浪费。研究问题的可行性评估，就是要尽量降低研究活动规划中的风险，规避无产出的付出。研究问题的可行性评估包括：研究方法（搜集数据和材料）、工作规划、研究条件和经费等方面。

1）研究方法的可行性

　　研究方法的可行性针对搜集数据和材料的可能，也就是常说的技术路线的可行性。之所以在选题的时候就对搜集材料的可能性做评估，因为数据和材料是研究分析、阐释的依据。没有了搜集数据和材料的可能性，即使有着良好的理论准备和外部条件，研究问题的回答依然没有根基，以至于研究不可行。研究"当代"的现实社会问题，材料可以主动获得，比起被动式的材料相对有保障。比如，研究要求从空间和环境的日常的使用者的调查、访谈、观察中搜集数据。由于空间和环境的日常的使用行为并不会立即消失，研究者肯花费时间精力，总能得到这些材料。专类性的资料搜集相对会比较困难，比如档案的调阅，对政策制定者和知名设计师的访谈。由于文件保管政策、被访谈者的日程等种种原因，这些材料可能可知而不易得，研究者要费一番功夫才能够获取（图4-21）。最困难的是历史研究，材料的来源完全不由研究者掌握，研究这只能通过熟悉和适应掌握的资源和材料来定义研究问题。关键印证材料的缺失，历史事件的重要见证人去世，研究材料没有了来源，研究的可行性就被动摇了。比如，一位研究者想做中国对日本园林的影响研究。为了这项研究，这位研究者掌握了日文，获得了充足的经费对日本境内的园林遗存做周密的考察。但是，如果搜集材料的可能性困难，无法回答是否有确切的中文或者日文文献记载了中国园林在日本的流传，"中国对日本园林的影响"这个题目

就不具有很高的可行性。充其量，只能做成中日文化交流背景下的类型比较研究，而不能称作是具有授受关系的因果联系研究。

　　研究初学者所在的学术团队常常构成了研究方法可行性基础。在高校中，围绕导师研究组形成的研究团队，扩大范围的团队也包括同院系、研究所的研究者（包括专职研究人员、教师、学生）。学术团队会积累比较成型的研究方向、对某一领域和问题的认识角度，也积累了相对成熟的研究方法。同时，共同研究环境方便相同研究领域的研究者相互讨论。扩大范围的共同研究环境也构成了选题的来源，研究者虽然不切身参与相邻研究团队的所有活动，但由于地理位

图4-21　观赏与政治书插画（1635年）

置的接近,研究者总能耳濡目染到相关的研究话题,也能在生活中相遇、讨论和请教,因而,这些外围的环境也可以构成研究的出发点。

辩证地看,可行性不强、获得材料风险系数较高的研究问题,有可能得到较好的研究成果。这一般发生在成熟的研究者群体中,他们对一般的研究方法规则较为熟悉,愿意通过不成比例地付出获得某种研究成果,也能够坦然接受冒险带来的风险。梁思成等发现唐代建筑佛光寺的研究过程,就属于这一情况。他们通过敦煌壁画中关于五台山的描绘,制定了考察五台山的计划,并最终通过实地考察,特别是大梁的题记、碑刻的文字确定了佛光寺建于唐代这一史实。从研究问题的可能性分析来看,这个研究计划的可行性具有较大的收益风险:壁画和建筑本身存在差距,建筑本身和千百年以后的实态有很大的差距,这个五台山之行有可能没有收获,有可能只是收获寥寥(比如收获几座明代甚至更晚的建筑)。也正是因为承受了风险,研究得出的认识成果显得更加宝贵。

2)预研究

预研究是在正式研究以前,按照研究搜集材料的程序进行一遍演习式的操作。对预研究的要求越来越成为可行性论证的趋势。不论是审查研究生开题报告的指导老师,还是研究基金评审人,总难于消释对于研究可行性的疑惑:这个研究问题真的可行?这就要求研究者在论证研究问题可行性时,就预先完成一部分研究承诺的内容,包括从预实验、预调研、预访谈等活动获得一部分材料;对于历史研究,从预判和寻访活动中确定研究需要的历史材料是否存在。预研究就是待研问题的演习活动,用事实证明着研究的通路已经开辟,潜在的困难能够被克服。从预研究等活动中得到的现实经验可以剔除不可行的思路、发现更多可行的思路。

扩大意义上的预研究包括研究者的研究经历。在研究基金的申请过程,一般需要研究者在该领域发表的相关研究成果,作为"工作基础"。已经发表的研究成果,尽管不是研究计划书所指向的未来内容,甚至不是研究的相邻内容,但是它用事实说明了研究者执行研究过程的效率和质量。这种对于研究者素质的说明远胜于文字的逻辑论证。研究基金评审人当然愿意把资助给那些已经证明具有较高研究完成度的申请者。某种意义上,研究基金申请不像一个承诺制度,而更像一个奖励制度。最后导致既有研究成果更多的研究者更容易申请面向未来的研究经费。这种现实的研究经费申请状况对研究者确定研究问题深度和可行性提出了更高的要求。

3）工作规划的可行性

研究投入的评估要求研究者对研究进程进行合理规划，对研究时间、精力、资源进行合理调度和分配。研究者需要已经熟悉和操作过的相关研究方法，而不只是停留在猜测和熟悉的阶段。对于时间的花费，研究者需要预见测量疏漏、实验误差、反复观察、重复查阅档案等工作所必须花费的"多余"时间。对于掌握不同资源的研究者，研究同一个问题，可行性的考量意味着不同劳力的时间和精力，带来研究深度和广度的差异。比如，作为硕士生研究街道空间的使用，考虑实地重复考察的时间和资料整理的时间，往往只能研究一条或者几条街。作为博导进行同一问题的研究，由于有很多学生合力完成，可以将城市不同类型的街道都进行研究。当由于研究投入的限制适当缩小题目时，并不意味研究价值缩小。可行的规划意味着恰当地定位研究对象和选用研究方法，小中见大地作出好研究。

研究问题可行性评估的基础是合理"投入－产出"的经济学原理，其核心的目的是在学术活动中规避风险，增加收益。在研究申请书的写作中，研究经费的合理规划往往是重要的。对于研究资助的评审方，总是愿意将有限的资源给那些亟需经费的研究课题。在陈述研究规划中关于资金的部分时，研究者需要着重于论证以下三点：迫切、节俭、性价比。第一，研究者要说明，研究过程筹划完备，处于万事俱备、只欠资助的状态。将要进行的研究某些关键环节，没有资金就真的没办法进行。第二，研究者需要说明，研究经费的花销需要有很好的计划，所接受的资助能够用到刀刃上。研究经费的每一个单项都能与研究问题密切相关的环节相连；并且经费的金额是来源于研究活动的切实需要，而不是基于研究基金的可资助限额而进行的生搬硬凑。第三，研究者需要说明，研究一旦接受资助开始进行，能够带来超出资助本身的价值。

同时，我们也需要清楚的是，并不是所有的重要研究都符合经济学原理。就像图4-20中所显示的，除了那些容易够得到的苹果，还有大量重要的学术成果是在没有任何资助，并冒着很大的成本风险完成的。

第5章

文献综述

Chapter 5
Literature Review

5.1 文献综述概论

5.2 研究文献检索和管理

5.3 阅读文献

5.4 文献综述的写作

曾经有同学问过笔者一个十分有趣的问题："学术前沿"在哪里？我的回答是：在研究文献里，需要研究者去整理和发现。如果说研究者是指挥战斗的将军，搜集材料和分析判断等活动就像真刀真枪"冲锋陷阵"的活动；文献综述则如侦察敌情、定义战场的活动。通过文献综述，研究者梳理出"学术前沿"：既包括其他研究者对特定研究问题的认识水平（前沿阵地），也包括其他研究者的研究方法（基本武器）、基本理论假设、最低的研究标准和精度，等等。整理出这些内容，研究者为将要进行的研究定义出最优的"战场范围"。本章介绍文献综述的相关概念（第5.1节），并按照文献综述的过程分别讨论文献搜索和管理（第5.2节）、单篇文献阅读（第5.3节）、文献综述写作（第5.4节）。

5.1 文献综述概论

5.1.1 研究文献的价值

对于研究者，研究文献是指记载了前人研究成果和研究过程的书面报告。研究文献的最小单位是单篇的学术论文，它们篇幅较小，针对单位研究问题，并展示清晰的研究过程。当然，篇幅浩大、含有繁多单位研究的专著、文集也属于研究文献的范畴。在设计专业领域，还有一批记载专业信息的书面材料，比如设计规范、设计说明、公告意见、甚至新闻报道。它们都提供了对于建筑、规划、园林的认识，也可以被视为广泛的知识。但是这些书面材料缺乏聚焦的研究问题和研究结论，也不会展示研究方法；严格意义上，我们不认为这类材料是研究文献。

图 5-1 共同图书馆（估 1740 年）

在方法论的层面，文献是既有认识、理论、规律、发现的载体，是学术共同体的具体体现。阅读文献并对文献进行综述，是和学术共同体建立联系的过程（图 5-1）。有学者在论述文献的意义时指出："没有新思想新到不和已有思想发生联系……虽然我们在做研究时一直在强调创新性，但没有一种创新是没有由来的，它们都是从已知的东西里得出的创新点铺陈开来的。"[1] 已有文献载有的认识，就是牛顿所说的"巨人的肩膀"。通过和已有的文献进行比较和对照，可以核定新研究的基准线。曾有一种说法，要了解一篇文章的水平，先看文后的参考文献，说的就是文献的基准线作用。

研究时不阅读已有文献，意味着远离学术共同体，"运用直觉"进行研究，这时会增加大量低水平重复的风险。在不同的国家，都存在着一批"民间科学家"，简称"民科"，他们缺乏学术理论基础、学术训练，但又对学术研究有极大热情。这类人群的普遍特征是致力于解决著名的科学问题（如相对论、哥德巴赫猜想），或者致力于独自建立别具一格的理论体系。由于他们既不具备最基础的学科知识，也不试图阅读、吸取、对照研究文献；他们的工作被称为空想、妄想、伪科学。"民科"具有显然的贬义。这种现象提醒设计学科的研究者，文献对于承接研究的重要意义。由于设计学科的研究常常针对

---

1 Groat, Linda N.. Wang, David. Architectural Research Methods[M]. 2nd Edition. Wiley, 2013: 143.

形象的、"容易感知的"现象；设计师的思维具有发散的特质。很多研究初学者试图跳过文献，"直接"对研究对象发展命题。此时，就有成为"民科"的危险。合格的研究，总能和已有的研究文献具有扎实的接续关系。

5.1.2 文献综述的概念

文献综述是针对具体研究，对前人的已有认识进行系统梳理，从而发现"学术前沿"的过程。不少研究初学者对于阅读抱有宏愿，"观天下书未遍，不得妄下雌黄"[1]。然而书山苍莽，如果攀登不当，就有不知归路的危险。对于研究者而言，不恰当的阅读雄心总会造成不恰当的心理负担（图5-2）。更有甚者，对阅读感到厌倦，"架上非无书，眼慵不能看"[2]。文献综述作为一种研究环节，一定程度上回应了一般阅读散漫、无序的状况，提供了一种"将书读薄"的程序。

和一般阅读不同，文献综述是学术研究的重要步骤，其目的、程序、产出均十分明确。第一，文献综述不是为了陶冶情操、提供谈资、娱乐和享受，也不是为了一般的增长知识；文献综述的目的是为了揭示某个具体研究问题的既有认识水平。通过文献综述，研究者不仅评判现有学者研究的深度和精度，也总结他们获得认识的逻辑和方法。在此基础上，研究者划定即将进行的研究内容，和对应的研究方法。第二，文献综述围绕具体研究问题，文献的范围和规模被圈定。具有明确范围的文献综述的写作是聚合式的而不是发散式的。从相关文献的搜集、阅读、分析、归纳均是一个线性过程；文献综述的写作是归纳式而不是想象式的。第三，文献综述是一个产出的活动。文献综述不仅是研究者为了让自己研究活动整理针对某个问题的认识水平，而且为整个知识共同体重新勾勒出某个研究问题的认识水平。文献综述需要用简洁的篇幅，纲领性地描绘对某个问题认识的脉络，并需要做出孰优孰劣的评判。

文献综述是读后总结式、反应式的写作。类似的体裁读者并不陌生，比如读后感（essay）和读书报告（reaction paper）等体裁，都是围绕文献的读、思、写几个环节展开的。然而，文献综述的读、思、写这几个环节相互交叉，而且在阅读数量、理解深度、自主性、写作方

图5-2 蹒跚于知识之重（G. 劳森，1888年）

---

1 颜之推. 勉学 [M]// 颜之推. 颜氏家训·四部丛刊初编. 第430册.

2 白居易. 慵不能 [M]// 全唐诗·卷四百四十五. 上海：同文书局石印本，1887.

式等方面与读书报告体裁存在巨大不同（表5-1）。从数量上来看，文献综述对阅读文献数量的要求远高于其他体裁。从写作者的自主意识来看，读书报告是被动的命题作文，所读文献是已经规定了的；文献综述是主动的自命题作文，综述者不仅需要自己选定主题（研究问题），而且要自己查找相关的文献。从对文献的理解来看，读书报告要求读懂文献；而文献综述则不仅要求读懂文献，还要求内化为认识片段，并重新组织成系统性的综述报告。从写作方式来看，读书报告以文献为中心，可能涉及文献的各个层面，是发散型的；文献综述以文献涉及的理论为中心，通过多篇文献的对比构建起知识的系统结构。从体裁的批判性来看，读书报告的批判性是多层次、多角度的；而文献综述的批判性集中在未来发掘的新的知识方向。总的说来，和读书报告等相比，文献综述阅读量更大、条理性更强、写作针对性更强。

读书报告与文献综述的比较　　　　　　　　　　　　　　　　表5-1

	读书报告	文献综述
数量	一篇或者多篇文献	清晰文献群的范围
写作者的自主意识	被动完成	主动进行
对文献的理解	读懂文献	内化为知识体系的一部分
写作的针对性	以文献为中心	以理论为中心
写作的内容	理解、感受	整理、复述、评判
写作组织方式	发散的	归纳的、构建的、聚合的
批判性成分	多角度	预示知识产生角度

作为设计师的研究者，进入到学术研究活动中后，阅读的心态和习惯需要适应研究活动的要求，完成从一般阅读进入文献综述的转化。同一个人读同一本书（或者文章），以设计师的姿态阅读，目的是获得信息和灵感，读书的过程是纯吸收式的，是一个单向接受的阅读过程。以研究者的姿态阅读，目的是获得对知识的系统认识：阅读的过程中不仅要对书中的信息完全理解，还要对这些知识进行系统化的梳理，进而做出系统的评判。因而，文献综述不仅有吸收的过程，还包含有反刍的过程。打一个比方，以设计师的姿态来读书，仿佛在园林中漫步，兴之所至，可停、可憩、可赏；以研究者的姿态读书，仿佛在诸多的山峦跋涉测量，在山顶回看群峰，还要画出山形地势的变化（图5-3）。在第1章第1.2节中我们说道，"读研究生""读博士"的说法并不恰当。作为学术研究生涯中的阅读活动，"读"的意义在于文献综述，是梳理式的、反刍式的、有产出的阅读。

图5-3　江国垂纶图（局部，王原祁，1709年）

文献综述是研究者逐步迈入研究领域的过程。文献虽然是知识的载体，但总是静止地栖居于书架上和数据库中，等待着研究者的接近。通过阅读文献的积累和思考，研究者的自主性不断增强，从研究成果的"参观者"逐渐变成为研究成果的主动"搜集者"和"评判者"，从仰视文献作者到平视作者，从行于文献之下到立于文献之上。最终，研究者需要将自己放在和文献作者同等的地位，要将自己未来的研究置于和已有研究一样的地位。这样才能做出勇敢、透彻、详尽、恰当的文献综述，并准确定义将要进行研究的意义和价值。如果说在确定研究问题阶段，研究者只是在研究这扇门外徘徊，那么文献综述完成后，就算登堂入室了。

5.1.3 文献综述在研究筹划中的作用

在第4章研究问题的讨论中提及了文献综述是从"未知的已知"到"已知的已知"的转化（见图4-3）。这里进一步讨论文献综述如何影响研究筹划（确定研究问题、研究方法）的过程（图5-4）。文献综述揭示某具体研究问题的既有水平，包括既有认识内容和工具（如5-4图中左、右两部分所示）。认识内容是研究获得结论本身；认识工具是研究所采用的逻辑、方法、角度等推动研究进行的内容。在目标上，文献综述从"已知的已知"中挤压推导出"已知的未知"，如图5-4中的中部主体、下部所示。研究筹划中需要弄清"已知的未知"内容，既包括确定研究问题，也包括明确研究方法。文献综述在研究过程中的作用，反映了其内在条理性和外在启发性的统一。

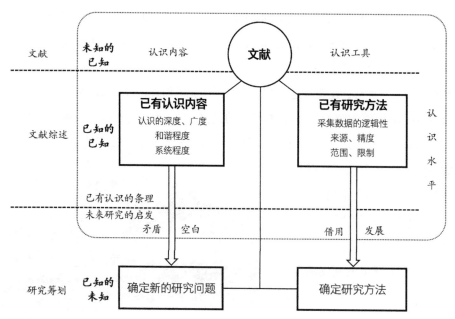

图 5-4　文献综述与研究筹划

1）已有认识的条理

文献综述通过系统整理已有的文献获得对既有认识水平的了解，形成"已知的已知"（图5-4左上部分）。对于同一个研究问题，不同研究者在不同的时空中获得了各自的认识，研究者需要在当下的时空给予系统的整理（图5-5）。对此，叔本华有精彩的论述：

图 5-5 纽约摩根图书馆

> 哪怕是藏书最丰的图书馆，如果书籍放置混乱的话，其实际用处也不及一个收藏不多，但却整理得有条有理的小图书室。同样，大量的知识如果未经自己思想的细心加工处理，其价值也远远逊色于数量更少，但却经过头脑多方反复斟酌的知识。这是因为只有通过把每一真实的知识相互比较，把我们的所知从各个方面和角度融会贯通以后，我们才算是完全掌握这些知识，它们也才会真正地为自己所用。我们只能深思自己所知的东西——这样我们就真正学到了一些道理；但反过来说，也只有经过深思的东西才能成为我们的真知。[1]

研究者通过对于已有的文献的比较、观察、梳理，最后形成对现有认识内容有条理地评判。这个过程中绘制出某个具体问题诸多研究者的"英雄群像"：既显示现有研究所达到的认识深度、广度、复杂程度，也归纳出研究者之间的认识冲突。已有研究内容的条理化是文献综述的主体。

已有文献除了展示认识结果，同时展示了获得认识的逻辑、方法、角度等研究方法部分（见图5-4右上部分）。对于研究的初学者，通过在已有文献中考察"知识是如何获得的"，可以得到多方面的启示：包括研究的切入点、研究过程的逻辑、数据的来源、研究方法的精度、数据量、度量指标、测量方式等具体的研究方面。相比于研究认识的结果部分，研究方法部分针对研究的产出机制。高明的研究者意识到，要系统地对既有认识世界进行梳理，有必要对获得认识的思维构架和操作手段进行比较清理，认识研究工具的异同。相比于认识结果的繁多，研究方法部分的内容比较抽象，但是也相对固定。本书着重论述了经验知识、专类知识、实证知识三种思维架构（求知范式，参见第2章）；以及五种搜集材料的方法（操作手段），问卷调查法（第6章）、实验研究法（第7章）、

---

1 [德]阿图尔·叔本华.论思考[M]// [德]阿图尔·叔本华.叔本华美学随笔.韦启昌，译.上海：上海人民出版社，2009.

实地观察法（第8章）、访谈研究法（第9章）、文档搜集法（第10章）等。处于同一种求知范式去研究问题，其研究的逻辑架构类同。在理解了既有研究基本逻辑架构的基础上，研究方法的梳理主要集中在数据的来源、数据量、度量指标、测量方式、测量精度等方面。一般的科学研究都会辟出专门的小节对研究方法进行介绍（尽管常常并不完整）；随着循证逻辑渐成趋势，越来越多的专类研究也会介绍研究方法的部分内容。相比于对研究认识内容的归纳，研究方法的归纳需要研究者通篇地把握研究逻辑，对数据来源、数据量、度量指标、测量方式、测量精度等方面进行具体考察和必要的推断。

2）未来研究的启发

从文献综述到研究筹划，是在清晰认识已有认识水平的基础上 "挤压伸展" 出未来的研究活动（见图 5-4 左部）。就好像指挥官从敌情侦查到作出决策，在侦查充分的情况下，将领能够确定切入点，谋划我方活动完成歼灭战。应该防止的情况是，侦查不充分，部队东窜西窜，和敌人没有遭遇，徒劳而无功；文献综述过程，如果没有形成研究问题，研究活动看似胡走游飞，最后没有产生有效认识。

从 "已知的已知" 到 "已知的未知" 需要研究者有一点批判的精神。So what？未来的研究活动是已有认识挤压的结果：在有序图景中，还有哪些空白（gap）、冲突（conflict）、模糊（ambiguity）、疑点（doubt）？既有的认识是放之四海皆准的，或者其适用范围还不确定？对于前人已有的工作，我还能从哪方面入手？前人在某方面尚存空白，我是不是可以从此介入？前人研究同样的问题得出不同结论，我能否做一些工作介入其中，从而倾向于某个观点？前人在某时某地得出了结论，我能否在另外的文化、气候、自然条件下考察同样的命题？

如果说从已有认识内容到确定研究问题需要一点批判精神；从已有认识工具到确定未来研究方法更多的是学习借鉴的过程（见图 5-4 右下部）。已有的认识工具（研究逻辑、研究方法、研究角度）会启发研究者明确研究技术路线，既包括对研究问题范围、角度、层级的再定义，也包括对数据来源、数据量、度量指标、测量方式、测量精度等方面的明确。文件综述提供的已有知识框架越清晰，就越能使研究者将未来研究的方向和策略明确化。当然，研究者可以在明确的研究逻辑基础上对已有的研究方法进行改进；这也使未来研究更具有创新性。已有文献定义研究问题的角度和措辞，描述其研究问题所包含的子问题，展示研究问题的不同层级；这能够启发未来研究确定研究问题。已有文献会描述研究所采用的方法，介绍研究的数据来源；未来研究可能用到的研究方法，可以考虑相似的数据来源；也可根据已有研究对新研究的抽样、精度、来源、提取方式等方面进行提高。另外，已有文献对研究问题的社会背景和研究背景的描述，可以帮助研究者定义所进行研究在现有环境下的价值。已有文献的文末会阐述论文的局限性，并展望研究前景，研究者可以从回应这些局限和展望的内容发展新的研究问题，推动研究的进展。

文献综述也提供了明确未来研究意义的框架，确定研究的重要程度。将要进行的研究多大程度上可以扩充、推翻、深化、证实现有的认识？最初确定研究问题的盲目性和随意性，能够通过比照清晰的已有知识系统，得到极大地规范和明确。严格的文献综述对空白（gap）、冲突（conflict）、模糊（ambiguity）、疑点（doubt）的挤压延伸。不穷尽文献就想象地声称"目前尚没有研究者涉足这一研究问题"，是对未来研究不负责任的态度，有可能导致研究者的辛勤实证工作重复前人几十年前就解决的问题。总之，文献综述活动集中体现了知识探索中积累和批判的辩证关系。"非学无以致疑，非问无以广识"[1]。说的就是对待已有知识的虚心而又批判的态度。作为方法论的重要步骤，文献综述发挥着承前启后的枢纽作用。

5.1.4 文献综述与设计学科

1）建构设计学科的知识系统

文献综述是对某一个研究领域已有知识的梳理和总结，将零碎的、分散的知识重新系统化、组织化。已有的文献一定程度上已经完成了独立总结；然而基于发展认识的需要，研究者总需要从不同的角度，试图重构知识系统。如果将文献综述比喻成编制知识之网的过程，研究者就像辛勤的蜘蛛，通过阅读纷繁复杂的研究文献，将已有的知识主动消化，产出"蛛丝"，并从不同的维度织成一张为我所有的知识之网。

文献综述具有构建学科知识系统的使命（图5-6）。建筑、规划、风景园林学科本身是实用性学科，长久以来，设计学科的综述以设计类型和设计手法为主，围绕设计师的基本经验展开。这类综述型论文能为实践提供较为快捷的帮助，因而具有积累学科经验知识的作用。随着实证知识的兴起，对于不断涌现的研究认识的整理显得更加紧迫。由于设计学科具有知识下游学科的特征；文献综述不仅具有帮助设计学科的研究者整理本学科知识图谱的功能，

图5-6 以书构形（格温河城图片，2006年）

---

1 ［清］刘开.问说［M］// 刘开.孟涂文集.归叶山房，1915.

而且负有向实践设计师传递系统知识的职责。考虑到设计学科不仅研究范式各不相同，研究对象诸多，理论层次众多；实践者和研究者还会有意无意地生造概念——这些情况使得设计学科的文献综述比起其他学科更加复杂艰巨，需要更多的智力投入。

若研究者能在文献综述中提出有创见的"新知识系统"，文献综述活动本身就变成一种创造性的研究活动。这时，文献综述不仅是一个研究环节，而且成为一种归纳后的研究认识。这种综述所提供的新框架本身即是新的认识。很多经典著作的基本写作方法即是基于新理论框架的文献综述。比如，理查德·佛曼（Richard Forman）的《土地斑块》[1]一书的基本框架是研究者搭

图 5-7 《土地斑块》书影

建的斑块理论（图 5-7）。该框架将生态系统在土地上的投影归纳成斑块（patch）、廊道（corridor）、基质（matrix）三种形式，并且提出了斑块之间的流动机制。研究者将不同尺度、自然环境、物种的研究文献整理到他构建的斑块理论框架中，以说明斑块理论的有效性。

2）明确设计学科的学术规范

建筑、规划、园林设计本身是主观性较强的活动，相应研究产生的认识和理论的原创性常常不被重视。特别是运用人文学科方法的研究，一方面强调思想的传承和再讨论；另一方面写作中常常将前人思想和作者思想不加区分地（有时是故意地）夹杂在一起，辨别起来会困难。论文写作中"忽视他人思想地位"的倾向，对前人的观点不标明出处；或者将引用看作一种装饰，用来炫耀研究者博闻强记。综述者需要有意识地防止这两种倾向。文献综述本身的意义在于交流，有学者曾经提出过，像希望别人引用自己研究成果一样，引用别人的研究成果[2]。这时，综述者的良心判断会起到支配作用，文献综述的道德性也会更加彰显。

从涉及的认识来源来看，文献综述不仅是针对某个研究问题的鸟瞰山水画，也是包含了诸多研究前辈和同行成果的"英雄群像"。文献综述要向先前作出贡献的研究者致敬。这种致敬既是道德的礼节，也是强制的学术规范。细致的文献综述不仅描绘了知识的系统，也明确了知识的权属，从引注形式上防止学术不端事件的产生。反之，对已有文献

1 Forman, Richard T. T. . Land Mosaics: The Ecology of Landscapes and Regions[M]. Cambridge, UK: Cambridge University Press, 1995.

2 Booth, Wayne C. . Colomb, Gregory G. . Williams, Joseph M. . The Craft of Research[M]. 3rd Edition. Chicago ,IL: University of Chicago Press, 2008.

的贡献界定不清，可能导致不当地运用已有的研究成果，造成不规范的引用，乃至于抄袭，造成严重的学术诚信事件。良好的阅读和综述习惯可以杜绝学术不端事件。

5.2 研究文献检索和管理

5.2.1 研究文献搜索的要求

文献综述是研究者主动进行的活动，主动性不仅体现在提笔开始写文献综述报告的那一刻，而且体现在主动查找文献和筛选文献的过程中。在信息时代，我们能够更加方便地获取处于不同时空的研究者对同一个研究问题的认识；然而，这些认识总是星罗棋布地分散在不同的来源、媒介、语言之中。因此，要将整理出对某个研究问题的系统认识，必须系统而有效率地检索和管理文献。

第一，文献搜索的首要要求是完整、充分地占有与研究问题相关的所有文献。主动搜索文献的环节要求研究者将一个特定研究问题的所有相关文献尽数掌握，不留死角，涸泽而渔。如果研究问题定义得过于宽泛，涸泽而渔就会变得困难。在这个意义上，文献综述阶段也可以检验研究问题的尺度和范围是否恰当。虽然研究者不必"看遍天下之书"，但是在现今的技术条件下，如果研究者能够定义一个明确的研究问题，并掌握恰当的文献搜索方法，研究者是能够有效地覆盖和研究问题所有文献的。

第二，随着信息条件的飞速提升，文献搜索对于准确性的要求越来越高。21世纪初，学术界迅速地从"无书可读"年代转变到"知识爆炸"年代。一方面，信息技术的发达，使得文献的存储和检索越来越方便。网上图书馆的建立和学术杂志的电子化，网络搜索已经逐步成为最重要、最方便的文献搜索方式。借助信息技术的发展，便捷的搜索和翻译工具使得跨越国界和语言的知识交流减少了障碍。信息获取的便捷也极大地推动了知识的产出。在这个意义上，传统的图书馆已不再是获取知识的唯一来源，其作为公共场所、教育服务、资料留存、知识象征的功能更加凸显（图5-8）。另一方面，学术考核机制使得出版泡沫越来越凸显。近年来，学术杂志越办越多，学术会议越办越多，研究论文越来越多。这反映了学术研究的交流速度

图5-8 堪萨斯城公共图书馆书形停车楼（克里斯·墨菲，2006年）

加快，学术研究的参与者增多，学术研究的空前繁荣；这背后也有学术计量化的影响，文章质量良莠不齐，思想和方法重复性高的流水线研究大量出现。这两方面的原因均导致研究者能够获取的文献数量呈几何倍数增长，这给有限时间内阅读和综述带来巨大挑战。因此，文献搜索的要求从以往的"尽量求多"逐渐变成了"务必求准"的取向。这种趋势在搜索文献阶段就进行必要的理解、分析、判断。

5.2.2 文献的类型

展开文献搜索，首先要明白什么是文献。在不同的语境下，文献指向完全不同的书面材料。"文献综述"中所指的文献是"研究文献"，是指记载了前人原创研究的材料。围绕研究文献，这里还讨论相邻文献和背景文献。相邻文献、背景文献和研究对象存在关联，但应该和研究文献进行区分。文献搜索在原则上应该找准研究文献，慎选相邻文献，尽量减少背景文献。

1）研究文献的概念

研究文献是文献综述活动需要准确检索出的基础材料。研究文献是指其他研究者完成的、原创的研究报告。研究文献主要包括四类：学术杂志中的研究文章、学术会议文章、硕博士论文、学术著作。研究文献的基本要求是，与将要进行的本研究应该具有相同内容水平。研究文献"相同的内容水平"可以从以下几个方面来理解：

第一，研究文献应该具有完整的分析推理过程。这意味着，研究文献应该和将要进行的研究在组成部分上比较相似，具有完整的研究各部分。对于实证研究，研究文献应该具有明确的研究问题、明确的材料搜集过程，明确的分析过程，明确的结论内容。对于历史研究和思辨研究，研究文献也展示分析推理的过程和必要的支撑材料。换言之，那些"提到"研究对象而没有搜集、分析、判断过程的文章，其作为研究文献的身份就值得怀疑。

值得注意的是，很多名为"文献"的书面材料并不是这里所说的研究文献，而是供研究采信的"原始材料"。比如，《中国古代建筑文献集要》《中国近代建筑工程文献史料汇编》《现代城市建设文献简介》，等等。这类"文献"是有待研究者分析考察的原始材料，而不是记载了研究推理过程和认识结果的研究报告。文献综述只针对已经完成材料搜集、分析判断过程的研究，而不针对尚未进行分析的一手材料，所以这部分"文献"要在研究文献中予以剔除。

同时，综述性文章也不是严格意义上的研究文献，因为这类文章并不具有和未来研究相似的搜集、分析、推理过程；而是对已有的研究更为集成化的分析概括。综述型论文的归纳过程必然会缩减原有研究的细节。刚进入某个领域的研究者可以先阅读一些综述型论文，从而熟悉该领域的基本概念、命题、方法。真正入门以后，就需要针对具体问题阅读原始的研究文献。要做出有深度的研究，综述者应尽早从阅读综述文章进入到阅读原始研究文献，厘清原有研究的观点、材料、方法等。同样的道理，百科全书、辞书、教科书、年鉴、在线的辞书（比如维基百科）等体裁都不是研究文献，可以作为研究参考；由于其内容不具备完整的分析推理过程，不是文献综述的基本材料。

第二，研究文献的作者必须是研究者，而不是其他的专业身份。研究文献是研究者用严格的研究视角和研究方法切入现象获得的认识，具有可靠性和严格性。并不是发表在学术杂志上的所有文章都是研究文献，非研究者身份完成的文字，包括：政府发布的通知公告意见说明、报纸杂志的编者按语、一般性的发言和演讲记录、大师宿儒的访谈记录、学术期刊的介绍性文章和小品文、城市管理者和决策者撰写的介绍性文章、工程设计者参与者撰写的回忆性文章，等等，都不是研究文献。这些文字材料均对于设计学科的现象有其观点、有所发现，但是缺乏研究者的考察视角和考察过程，并不是以获得认识为目标，不能作为文献综述的基本材料。

第三，研究文献还意味着和将要进行的研究具有同样的研究问题范围。研究问题是研究内容水平的关键。研究对象值得研究的方面那么多，就决定了相关的文献层出不穷。研究文献要求针对相同的研究问题，不只是研究对象相同，而且考察研究对象的具体方面也相同。举个例子，"商场室内儿童活动区域吸引力"的研究文献是针对其他研究者已完成的针对"商场室内儿童活动区域对商场吸引力的影响"这一命题的文献，而不是"商场室内儿童活动区域"这一研究对象的文献。确定了研究文献的问题指向，"商场室内儿童活动区域"除"对商场吸引力的影响"以外其他特质的文章就被筛选在外。

将研究文献锁定在研究问题的特定范围，有助于文献综述对于前人研究的聚焦。由于一个研究对象会具有多方面的特质，可能和多种自然社会元素发生关系；因而会有繁多的文献分别针对研究对象的不同特质。涉及研究对象方方面面的文献，不仅几何倍数增多，也会拉扯条理的清晰。研究文献"针对具体研究命题的认识"是对某一种关系的"单线"认识，防止了包括所有研究对象各个关系的"网络"，将覆盖庞杂的内容切割至可以具体操作的规模。

2）相邻研究文献

所谓相邻研究文献，是针对上一个小节讨论的直接研究文献而言的。相邻研究文献具备完整的分析推理过程和基本的研究视角，但是并不具备和将要进行的研究具有同样的研究问题范围。一种最常见的相邻研究文献为研究问题提供更宽泛层面的理论视角、命题、方法内容，比如一般专业人士都知晓的经典文献。从研究初学者熟悉研究领域的角度来讲，阅读更为宽泛的相邻研究文献是必要的。但是，从文献综述的角度，更为宽泛的研究文献只能充当综述的理论背景，而不是综述的主体内容。经典文献广为传颂，已经转化为某个领域的专业共识和常识；确定的研究问题具有特定的理论层次，其理论范式，其视角、价值、命题、方法是统一的；综述者没有必要跳跃到更高的理论背景层次中进行宽泛的介绍。举例来说，针对草原旅游活动的满意度问题研究，研究者应该围绕草原旅游这个研究对象的满意度具体展开。其背景性的研究问题，比如：一般的旅游活动满意度的研究、实证研究的理论范式等都属于相邻理论内容，一般不用穷尽地作为主体内容分析。

例外的情况是当研究者将领域外的理论作为新的研究视角引入时，需要对这个理论背景进行较为详细的综述。比如，有研究者提出运用建构（tectonic）理论来研究中国园林假山的堆叠，由于建构理论并非假山建造研究中常见的范式，新的理论视角的引入会带来新的术语、命题、材料搜集和分析方法，那就需要对建构理论做较为详尽的综述。同样的道理，只有在当研究者需要为新的研究引进某种新的材料搜集方法时，才需要较为详尽地综述领域外涉及该研究方法的背景文献。当开创一个新的研究问题，或者进行比较宽泛的人文研究时，可以检索间接相关研究文献。而研究一个比较成型的"热点"研究问题时，应该更多地检索直接研究文献。总的说来，综述者对于相邻研究文献的采用要十分慎重；原则上应该以研究问题为准，尽量忠诚如实地搜索相同内容水平的文献，将对于前人的"研究前沿"准确地界定出来。

3）背景文献

背景文献是研究者在进行文献综述时，作为背景出现的书面资料。背景文献最大的特征是与研究文献处于不同的对象层级上，针对不同规模的研究对象和内容。所以，背景文献不能作为文献综述所需要的主体资料。比如，某研究者的研究问题是"村庄公共活动空间的日常使用"，其研究文献只能是其他研究者针对"村庄公共活动空间的日常使用"的论文、专著等。而那些关于三农问题的政府文件，那些对于农村建设必要性的论述，记者关于留守空间的报道，其他研究者关于村庄建设的一般性研究，都应该归入到背景文献的范畴中。相比研究文献，背景文献内容广泛，而不像研究文献聚焦于一处；背景文献层次丰富，而不像研究文献居于某一特定层次；因此，背景文献其内容层次与研究问题总不在同一内容水平上。也正是这样，背景文献数量极大，而不像研究文献处于可以掌控比对的规模。背景文献主要集中在以下几个方面：

第一，政策性文献属于背景文献。背景文献论述研究对象在社会中存在状态，既包括研究对象所处的历史（时代）、区域（地理）、社会、政治、文化、经济方面的论述，也包括那些直接影响研究对象成立的政策性材料。比如，在"村庄公共活动空间的日常使用"的研究中，那些关于农村建设、农村发展、农村基础设施投入的政策文件，都属于背景文献。这类背景文献对村庄公共活动空间的塑造作用极大，在现实中根本上改变了村庄公共活动空间的面貌，甚至是理论研究的动力来源。但是，政策文件只是催生了研究现象本身，并不包括完整的研究各个环节，也不产生和研究内容水平相同的认识；因而，政策文件在研究中只起到提供背景的作用。

第二，设计实践类论文也属于背景文献。虽然这类文献的作者是专业设计人员，所论述的对象也和建成环境密切相关；但是，设计实践类论文的主要目的在于介绍新的设计创造，总结设计者的经验；而不是对研究对象的某个方面进行具体而微的探索。比如，研究者需要对"开发地下商业空间建筑设计策略的有效性"进行文献综述。大量介绍地下商业空间建筑设计实践的文章介绍了新的方案，其中也包含诸如中庭、扶梯、水体、景观电梯、标识等设计策略的介绍，但是实践性论文并不能对这些设计策略的有效性进行分析评判，其内容水平可能还达不到研究文献的内容水平，而是为研究提供背景性的案例存在。因而，设计实践类论文在文献综述的过程中属于社会背景类文献。

第三，根据前面关于研究文献范围的界定，其他研究者关于"村庄公共活动空间"的研究中不涉及"空间使用"这个具体方面的，比如，对于历史名村公共空间的建筑风格调查文章，对于村庄公共活动空间的规划设计方案文章，对于村庄公共活动空间的媒体报道，等等，也属于背景文献的范畴。

背景文献会在研究对象、机制、视角等方面提供广泛的、多维度的、多层次的背景信息。由于背景文献不是文献综述所针对的主体材料，研究者没有穷尽社会背景文献的必要，也不对单篇文献进行切分、比对、分析。但是，完全忽视社会背景文献，会显得研究和社会隔绝。综述一般策略性地选择少量几篇背景文献，从不同的维度和层次支撑性地论述研究现象和社会的关系，从而较为全面地论证研究问题的外在意义。文献搜索的一项重要工作就是将数量庞大的背景文献尽量减少、剔除。

5.2.3 文献检索

在现代公共图书馆发展的过程中，检索卡片具备缩小阅读范围，准确定位知识的功能（图5-9）。在目前的信息环境下，运用联网数据库进行在线搜索继承了搜索卡片的基本逻辑，同时也极大释放了信息技术的威力，成为获取研究文献的主要手段。一般来说，

图 5-9　大英博物馆阅览大厅全景（迪利夫，2006 年）

文献数据库不仅会收录文章本身，还会提供搜索工具搜索文章的作者、出处（刊名、会议名称、时间、期号）、题名、关键词、主题词、摘要、甚至全文等来定位文章的信息。同时，文献数据库不断扩大收录范围、开发搜索功能，为综述者呈现出一个日益完整的"知识共同体"，以下几个方面尤其值得研究者注意。很多数据库不仅将当下的学术刊物和其他报纸刊物收入，也有计划地将历史上的各种文献和专著数字化。有很多数据库相互之间做了链接和整合，在一个搜索平台上可以搜索到多个数据库的内容。比如，谷歌的学术搜索（Google scholar）就链接了诸多的数据库。美国很多大学的图书馆系统开发出了整合性质的搜索平台，对购买或者部分购买的数据库进行了链接。越来越多的文献数据库通过较好的界面设计，帮助研究者对已经检索到的文献进行各种排序（按照时间、期刊等级等），以及提供关联的文献信息（比如引用、被引用、被下载数量等）。综述者需要不断熟悉新的数据库功能，提高检索效率和精准度。

关键词的选择和组合是搜索文献的关键。下面介绍一些初学者需要了解的规则：

第一，通过搜索研究命题而不是单一的关键词，从而准确定位研究文献的具体命题。综述者运用体现研究内容的单一关键词进行搜索，虽然能够网罗所有的相关文献；但也很有可能导致搜索出的文献过多、过滥，或者覆盖不准的问题。文献综述的对象，是针对研究问题的不同认识。在进行文献搜索时，综述者不仅应该依据研究对象的关键词，也要依据研究"切入点"的关键词进行搜索。具体的做法是，综述者要主动运用组合搜索的选项，将一个研究命题划分成两个以上的关键词，进行复合型搜索。

第二，注意关键词表意的"不准确性"。一个概念或者现象常常可以具有不同的上位概念和下位概念；仅用一个词语很难将相关文献全部检索出来。在搜索过程中，需要更换关键词。比如，查找研究"网师园"的文献，可以搜索"苏州园林"和"中国园林"条目，也可以搜索"叠山理水"条目。又如，查找研究"民族形式建筑"的文献，综述者还应搜索具体的建筑作品名称，如"民族文化宫""中国美术馆"等，方可得到详尽的资料。再比如研究铁路遗产保护的研究，可以搜索"铁路遗产""铁路保护""铁路

文化 + 规划设计"等关键词。检索更具体的问题，可以搜索"铁路文化展示""铁路博物馆""铁路产权移交""铁路站场 + 棕地"等。具体到实例，则可以搜索"中东铁路 + 遗产""滇越铁路 + 保护""京张铁路 + 再利用"等。建筑、规划、园林领域涉及的方面较多、较宽，常常会和历史、美学、工程、生态、地理等学科的知识发生交叉，使得概念本身的维度变得庞杂。同一个概念或现象常常具有不同的层级、方面和特征。因此，在运用主题词和关键词搜索时，更需要对相关概念之间的关系十分明了，更换主题词搜索，方能做到"涸泽而渔"，穷尽搜索。

第三，注意概念表述的中外差别。在搜索外文文献时值得注意的是，中外学科的层级和相关概念并不完全对应。研究者在运用关键词或者主题词进行查找时，应注意不能依靠中文概念的外文直译进行搜索。比如，中文中"建筑计划学"这个概念来自日本，是对建筑设计活动中策划、调查、分析、预测建筑、环境功能和设计任务的学科。在检索英文文献时，如果搜索英文的直译 Architectural Planning 得到的结果很少；因为建筑计划学不直接翻译成 Architectural Planning，英文中的对应的概念是 Architectural Programming。有些概念，在不同语言中有完全不同的表述。在搜索外文研究文献时，要尊重相应语言的行文习惯，方能达到好的文献检索效果。比如查阅中国园林对欧洲影响的英文文献，可以检索 Chinese Influence（中国影响），会得到一些结果。而在西文（包括英文）语境中，更多的情况下，学者会用法语单词 chinoiserie（中国风）或者 Anglo-chinois（英中式）来指代中国园林对欧洲影响的这一现象。有时，对中国园林的讨论被放在较为宽泛的"东方主义"（Orientalism）甚至"异域风情"（exoticism）类中。在中文语境中，chinoiserie（中国风）和 anglo-chinois（英中式）还会见到；而"东方主义"（Orientalism）和"异域风情"（exoticism）的概念很少见，因为中国研究者不会将中式的设计风格与其他远东乃至中东、近东的设计风格笼统地称作东方风格，也不会将中式风格认为是一种奇异和特殊的情调。同样，如果要在英文文献中寻找中文概念中的"固有形式""民族建筑"等主题的文献，不应使用字面翻译，而应使用 regionalism（地区主义）、vernacular architecture（乡土建筑）、post-colonial（后殖民）等词语进行搜索。这些词语反映了西方研究者对这些现象的观察角度。还有些概念只在中文存在。如"慢行系统"的概念就不能在英文中找到对应的概念；研究者要了解英文世界的研究，需要分别检索"步行系统"和"自行车行系统"的文献。除了中英文语境的差别，中日差别也值得注意。日文中大量使用汉字，有些词虽然字形完全相同，但意思会有很大差别，不能仅凭汉字字形来简单断定日文的含义。克服中外差别的基本途径是大量并深入阅读外文文献，以了解在不同语境中的概念使用。在进行文献检索之初，要十分注意这些差别，以免漏检文献。

除了运用关键词汇的字面搜索，研究者获得文献还有三个重要的来源：

其一，利用高质量论文文后的参考文献单。这些文献是经过了作者的筛选、阅读、分析后认为有价值的文献，比起关键词的字面搜索更加有保证。特别是高质量的综述类型文章，其文末的参考文献往往是该研究问题的必读文献清单。

其二，通过搜索重要作者的姓名。通过一段时间的阅读，研究者会了解某个领域有建树的学者及其团队。吃了老母鸡的某个鸡蛋觉得很好，这只老母鸡的其他鸡蛋应该也不错。通过研究者姓名搜索可能的系列成果，可以快速了解该领域的发展历程和前沿动态。优秀的研究者总会在某一个领域深耕，形成连续的研究成果。尽管由于考核压力，不少学者的文章水平并不是均一的；重要作者的研究具有特定的水准，在高水平刊物上的发表一般是有保证的。

其三，学术数据库的推荐文章。随着研究者运用某个学术数据库进行文献搜索留下痕迹，数据库会据此为研究者推荐"您也许感兴趣的文章"。笔者对这种来源经历了从不屑一顾到逐步重视的过程。各学术数据库后台不仅能够对文献之间的内容关联进行计算，而且能对搜索历史涉及的内容关联进行计算；其推荐的顺序也有计算的依据。依据笔者的个人经验，学术数据库的推荐中总有值得关注的文章。

5.2.4 文献的管理

文献的管理是应对学术材料爆发式增长的必然对策。很多时候，研究者会感到和未来研究问题相关的文献数量不足；更多时候，研究者会感到文献的数量过多。在搜索文献时，研究者都会抱着宁错勿漏的态度，尽可能多地下载文献。电脑中存储的文献不少，但打开文件夹满满一屏幕，不知从何下手，颇为焦虑，徒增心理负担。研究者一方面不希望遗漏重要的文献，而另一方面，也不希望面对数量庞大的文献手足无措。这就要求研究者对文献进行有效管理，形成文献筛选的机制（图5-10），高效准确地规划有限的阅读时间。通过动态的整理、排序、筛选，将电脑中的文献变成研究者"掌握"的文献。

第一，每篇电子版文献在下载时应该马上重命名。新名称应该以简洁同时方便研究者辨识文献为原则，统一格式应包含出版年份、作者姓名、简要题名等信息。

第二，每个独立的研究问题应该建立一个文献阅读清单，这个清单最终会成为研究论文

图5-10 书主题的公共艺术装置

的参考文献清单。文献阅读清单的管理是一个动态过程：随着研究和阅读的深入，不断检索出新的文献加入阅读单，同时，不断将不合格的文献剔除。明确哪些是需要纳入精读范围的研究文献。

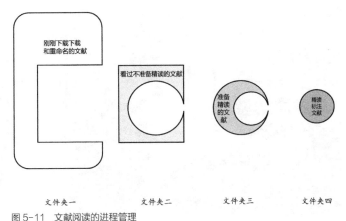

图 5-11　文献阅读的进程管理

第三，针对每个研究问题以及文献阅读清单，建立四个文件夹，用来存储不同阅读状态的文献。管理阅读进程（图 5-11）。文件夹一存储刚刚下载和重命名的文献；文件夹二存储浏览过但不准备精读的文献，这既包括写作质量比较差的文献，也包括质量较好但是阅读后发现和研究问题不太相符的背景文献；文件夹三存储正在精读和准备精读的文献；文件夹四存储已经精读和标注的文献。四个文件夹中的文件不重复。

在阅读文献的过程中，研究者动态地更新文献阅读单，不定期地给文献进行排序。排序是为了在有限的时间内先读到最重要的文献，那些不重要的文献放在后面阅读，甚至不读。对于文件夹三中的文献，应该按照其重要程度，在马上将要阅读的少数文件名前加 01、02、03 的编号。当文件按照名称排列时，重要的文献就会显示在文件夹的前端，方便综述者按照重要次序进行阅读。排序是一个动态过程，要根据阅读的进度和新文献的加入而进行相应的调整。在研究者不太熟悉文献的情况下，排序可参照文献的被引次数、下载次数、刊物的影响力等因素。真正的排序还是需要和定义问题相互对照。综述者通过对文献摘要、图表、文章结构的浏览，基本可以判断该文献命题和自己准备进行的研究是否相接近。命题越明确，研究文献就越有价值，应该排在前面。

5.3 阅读文献

文献综述是一个聚沙成塔的过程。成熟的研究者一般有两种阅读习惯。一种是泛读，定期地像浏览报纸一样翻阅主要的学术杂志，了解研究的热点和动向，不至于孤陋寡闻（图 5-12）。另一种则是精读的习惯，针对研究问题，准确找到研究文献，进行精读，作为写作文献综述的准备（图 5-13）。

文献综述是研究者的产出性活动，生产原料是精读产生的文献片段。不同于其他体

图 5-12 阅读（路易斯·康福特·蒂凡尼，1888 年）　　　　　图 5-13 老人读写像（17 世纪）

裁的写作可以一气呵成，文献综述是一个边阅读、边批注、边笔记、边写作的过程（图
5-13）。阅读文献的过程完成半成品的综述写作。这个过程就像采访联合国会议的记者，
需要充分理解各方的发言，对要点进行记录、摘抄、归纳，最后才能形成忠实具体的综
述报告。充分阅读每一篇有价值的研究文献是完成文献综述的基础。

5.3.1 理解文献

理解是阅读文献的最基本要求，非精读不能完成。通过第一遍的通读，综述者（研究者）
大概能够理解文章的主旨、范畴、写作质量等，这时，就应该决定这篇文章是否要继续
留在精读文件夹中。一旦决定留下，就应该对该文献进行一遍以上的精读，充分理解文
章内容。就像初学厨艺的人，需要反复咀嚼，进行批注，方得"真知"。需要防止的一
种情况是囫囵吞枣，以至于读了文献"感觉没读"，或者"读了完全记不住"。还有一
种情况是阅读文献贪多务全，数量上不少，但是全都不细致，看过的论文没有留下半成
品的片段，全部在脑海中混杂在一起，最终无法转化为扎实的文献综述。

朱熹曾经提出过"熟读精思"的读书要求，对于精读的文献，应该"字得其训，句索其旨。
先须熟读，使其言皆若出于吾之口，继以精思，使其意皆若出于吾之心。"[1]综述者的见
解最终内化成 "吾之口"和"吾之心"，才算得上真正的理解。没有内化的通读都是通
通白读，读的时候什么都明白，一旦离开书本什么都不知道。读而不解，浪费时间、精力、
热情，没有养成良好的习惯，导致以后不愿意进行学术阅读。

---

1 [南宋]朱熹著；[南宋]张洪编；李孝国，董立平注 . 朱子读书法 [M]. 天津：天津社会科学院出版社，2016.

有质量地精读每一篇值得阅读的文献，是繁复艰苦的过程：一靠毅力；二靠兴趣。在文献阅读的开始，没有根基，阅读速度会很慢，对知识系统没有掌握，准确定位研究问题也有困难。这时，研究者一定要克服畏难情绪，硬着头皮看几十篇文献（尤其是外文文献）。随着数量的增加，系统慢慢形成，持之以恒，速度就会加快。兴趣则要求阅读文献过程中保持平和的心态，试着理解文献的旨趣，与先前的研究者对话。综述者需要试着去了解每一位之前的研究者：这位作者的文献到底说了什么内容，怎么说的，为什么这么说，这么说的依据是什么，依据从何而来？自己认不认同这篇文献的观点，认同或者不认同的理由是什么？

5.3.2 文献批注（annotation）

对研究文献内容的内化常常受到人自身能力、特别是记忆力的限制。对文献的充分理解，除了在通读的时候集中精力对文章的主旨充分领会以外，还应该借助文献批注的过程，手眼脑并用，完成从理解到分析、记录、积累的过程。批注使文献带上了综述者的痕迹，综述者完成对文献片段的积累。否则，即使文章被充分理解，随着时间的推移、文献阅读量的增加，读过的文献逐渐遗忘——文献还是文献，综述者还是综述者，又回到"看了等于没看"的起点上。

文献批注包括四种形式：（1）标注、（2）引用、（3）改写、（4）概括。综述者需要特别注意批注过程中涉及的引用规范问题，以利于在文献综述中完整、准确地反映原作者的贡献。

1）标注

标注就是精读时，在文章中对重要的、有用的部分做记号。依据不同的阅读习惯：有的人习惯在电脑屏幕上阅读文献，可以用相应的软件对相应的内容加框、划线、填涂色块等；有的人习惯从纸质的期刊复印文献或者将电子文件打印出来，用笔进行标注。不论是哪一种习惯，标注都能帮助综述者将整篇文献内容打散为可用的片段。最终，综述者会根据需将标注内容通过引用、改写、概括的形式吸收到最终的文献综述中。

2）引用

引用就是原封不动地使用文献中的语句，并注明材料的来源。引用对于综述者来说，是最为简易、方便、稳妥地反映原文思想的方法。但是，引用意味着照搬原文，综述者没有投入思考对原文的思想消化总结，也容易导致行文拖沓。因而，文献综述应该尽量少地引用、而多用"改写"将原作者的思想和观点吸收到综述中。特别对于细节较多的原文，综述者应该尽量使用概括的方式，略去细节，用自己的话提炼出原作者的主旨。原则上，在学术论文的写作中，只有在"不得不引用"的情况下，才对原文进行引用。这些情况包括：

第一，原文的语句对现象的总结简洁独到，有成为名言的可能性。比如梁思成在对蓟县独乐寺观音阁的考察报告中写道："伟大之斗栱，深远之檐出，屋顶和缓之斜度，稳固庄严，含有无限力量，颇足以表示当时方兴未艾之朝气。"[1]这段话语精炼地概括了中国辽代建筑的特点，因而被广泛引用。引用强调原作者的权威，采用引用原话的形式显得更加庄重。为强调权威性的引用意在显示综述者对原作者特别的尊重，凸显先前研究的价值。

第二，原文论断独特，如果改写会失去原作者的语气和效果。比如，麦克哈格在论述自然过程对于设计师的重要性时，曾以他特有的雄辩语气道："几乎所有的建筑师、规划师、风景园林师，在他们认识到世界运行的规则（即自然过程）以前，应该将他们的双手戴上手铐，并将他们的执照注销。"[2]对于语气激烈的词句，改写很难达到引用的效果。

第三，当综述者将要批评和反驳原作者的观点，为准确呈现原作者的意思可以引用原作者的语句。在这种情况下，改写的方式难免会招致歪曲原作的非议，引用的方式更为稳妥确切。

3）改写（paraphrasing）

改写要求综述者用和原文献相同的内容容量，以自己的词句复述原文献的内容。改写与概括的区别在于：改写的内容要保持和原文相同水平的细节，长度也大约相同；概括则省略了大多数细节，更加简练精要。在内容完全忠实于原作者原意的基础上。改写要求综述者必须在行文形式上改变措辞和句子结构（如从主动句式变成被动句式），以免变成没有引号的"不合格引用"。随着信息时代的到来，"复制 / 粘贴"式的学术不端愈演愈烈；相应地，信息技术也用来发展出评价论文重复率的技术。在这个背景下，研究者有必要知晓"改写"这个英文写作中的概念。

进行改写时，综述者可以采用逐字逐句变换原文词序、语序、主被动句式等方式进

---

1 梁思成 . 蓟县独乐寺观音阁山门考 [M]// 梁思成文集（一）. 北京：中国建筑工业出版社，1982：72.

2 原文是 "almost all the architects, planners, and landscape architects should be handcuffed and their licenses taken away until they learn the way the world works"，见：McHarg, – Ian. Nature is More than a Garden [M]// Ian L. McHarg, Frederick R. Steiner (Ed). To Heal the Earth: Selected Writings of Ian L. McHarg. Washington, DC: Island Press,1998:179.

行改写；也可以将原文的要点用自己的语言和句子结构写成完整句子和的段落。值得注意的是，虽然改写的内容不用引号，但是综述者仍然要提供改写内容的出处。有一些写作规范（如 MLA[1]）要求表明原文的页码。综述者需要将自己的改写和原文的语句作对照，确保改写的语句和原文的措辞和语言结构完全不同，但又保留原意。

4）概括（summarizing）和评语

概括是综述者用自己的话简洁地说明文献的主要观点，原文论述的细节都被略去，综述者提取原文中最为原创、最为关键的认识部分。虽然本小节用大量篇幅论述了引用和改写的内容，但是，概括的内容依然是支撑文献综述的主体。概括式的笔记略去了原文的细节，其总结的内容依然源于原作者的思想，因而在文献综述中仍应明确标明出处。

在文献批注的四种内容呈现形式基础上，评语是综述者对于这些内容的主观评价。评语的目的不在于更细致充分地考察文献的内容，而在于发掘文献背后的研究机制，激发综述者进行可能的后续研究。如果说文献的批注有比较严格地忠实于原文献的内容，评语则是综述者个人的评价、感悟、联想，是针对文献认识水平有感而发的结果。总的来说，评价依然应该围绕前人的明确见解，从评价已有认识的共识和差异展开：以前的研究是否存在着跳跃、模糊、谬误、空白？如果说前面的标注、引用、改写、概括都是理解文献的范畴，笼罩在文献之下；那么评语的部分就指向了综述报告的写作条理和见解，建立于文献之上。

总之，不论是"熟读精思"理解要求；还是用标注、引用、改写、概括等方式进行标注；抑或是有感而发的评语，都是为了确切地搜集厘定已有文献中的理论片段。文献阅读阶段最大的问题是"过度概括"。一份不合格的文献综述，粗糙、草率、空洞的特征，都可以从文献阅读的过程中找到答案。实际上还是由于没有下功夫理解文章，做好笔记，理清思路；因而只能用大而化之的语句描绘一个模糊的"研究空白"。

5.4 文献综述的写作

5.4.1 文献综述写作的特征

依据阅读过程中积累的片段，综述者最终需要完成条理清晰、见解明确的文献综述

---

1 Gibaldi, Joseph. MLA Style Manual and Guide to Scholarly Publishing[M]. New York, NY: Modern Language Association of America, 1999.

文稿。和其他学术写作的要求一样，文献综述应该观点中立、逻辑清晰、论述有据，同时，应该满足本章第5.1节所提出的"系统性""启发性"的要求。研究者需要注意文献综述写作的如下特征：

1）文献综述是"片段真理"的汇集

文献综述之所以有其必要，在于学术共同体对某一研究问题尚未达成精确的共识；因而研究者才有必要将纷繁有限的片段真理给予搜集和整理。这就好比盲人摸象的情形（图5-14）。盲人摸象中的每个参与者都报告了他们各自从有限事实中获得的认识。由于每人都只触摸到大象身体的一部分，因此得到不同的结论。讲盲人摸象故事的人能够对局部的"片段真理"给予汇总性地综述，因此显示出戏剧化的差异，这也正是文献综述的趣味所在。在学术研究中，任何研究者都难于在特定时空获得全面的认识，总是只能从采集和分析有限的既有研究认识开始，逐步积累认识。前人的研究由于理论视角差异、测试工具的不同、量度指标的不同、测试精度的不同、地域的不同、研究对象固有的多样性，等等原因，都会造成认识差异的存在。研究共同体的认识差异是文献综述的前提。如果针对某个研究问题的认识没有差别，这说明研究共同体能够达成共识，认识进入到常识阶段，没有继续研究的必要了。

研究者写作文献综述时要以片段真理的态度对待研究文献。对前人的合格研究，无论地位和名气，保持平视的姿态。对于相同内容水平的研究，应该尽量穷尽占有。文献综述的趣味在于从片段真理的比对中揭示差异性和复杂性，展示既有学术认识之间的张力；对于论断趋同的文献，要展示研究发生的具体对象、数据来源、发生情境；而忌于轻率粗糙地概括，获得空洞的单一性结论，尤其不要轻言其他研究者"尚未对此进行研究"。

图 5-14　盲人摸象（喻红，2015年）

2）文献综述是归纳式写作

文献综述是归纳式写作，必须严格忠实于前人所作出的研究认识，展开分析判断。第一，文献综述是归纳式的，而不是想象式的。在阅读阶段，综述者积累足够数量的已读文献，也从已读文献中积累足够数量的批注和评语片段。综述的展开必须以这些片段为基本材料，围绕比对和评价这些片段展开论述

（图 5-15）。文献综述整理前人的认识，目的在于比对前人对研究对象已有见解的异同；而不应该跨过前人，自说自话地论述研究对象应当如何。第二，文献综述的写作是聚合式的，而不是发散式的。综述的基本态度是从已有的片段的整合入手，形成条理，聚合成某个研究问题的认识系统。文献综述的创造性来自于研究者通过条分缕析形成的认识框架。文献综述的启发性建立在基本材料的梳理之上，合理的见解是条理化内容的自然延伸。

图 5-15　阅读和写作的年轻人

文献综述的写作中，叙述主语应该是其他研究者，而不是研究对象本身。对于盲人摸象的文献综述应该是："参与者甲认为大象的形态是厚重的墩子，参与者乙认为大象的样子是蒲扇，参与者丙认为大象的样子是绳子……"这里，叙述主语是参与摸象的其他研究者。如果径直以研究对象（大象）作为主语展开叙述（大象的形态是厚重的墩子，大象的样子是蒲扇，大象的样子是绳子）；综述不仅会指代不清，而且会填充综述者的想象和判断，偏离已有认识的范畴。又如，对于"商场室内儿童活动区域吸引力"的文献综述应该是：王教授认为商场室内儿童活动区域通过吸引儿童和陪护人的活动停留增强了商业空间的活力；李研究员认为商场室内儿童活动区域增加了商场的亲和氛围；赵博士认为光顾商场室内儿童活动区域实施购物行为的概率低于一般顾客，因而没有增强商业空间的活力。文献综述不能凭综述者自身的直觉和经验来对商场室内儿童活动区域展开讨论（研究者当然可以运用自己的直觉和经验来发展命题，开展研究筹划），而必须根据前人已经完成的研究展开归纳。综述者特别要防止越过综述的边界，自说自话地进行与既有研究无关的"脑补"综述。因此，文献综述不是对"研究对象本身"的综述；而是"前人所认识的研究对象内容"的综述。

3）文献综述需要触及具体研究认识

文献综述需要触及研究命题的具体认识，这意味着综述者不能停留在文献的字面和外围，必须读懂研究文献所记载的内容，清晰而不是泛泛地把握其认识，方才能揭示前人对具体研究问题的认识差异。常见的文献综述的肤浅病症表现如下：

第一，只有研究者人名，没有具体认识。比如，有综述者写道："王教授 1999 年率先关注了商场室内儿童活动区域的现象；李研究员团队 2003 年对商场室内儿童活动区域进行了研究；赵博士也于 2010 年对商场室内儿童活动区域进行了研究”。这种写作中，研究者注意到了研究者应该作为文献综述的主语，但是没有深入到研究者认识的具体内容。因此这段文字充其量只能说明商场室内儿童活动空间吸引了诸多研究者。王教授、李研究员、赵博士的观点有何差异？他们发现了商场室内儿童活动区域的哪些特点？研究的进程是否加深，还是在广度上扩展？仅仅列举出研究者姓名而不比较他们的认识，他们的学术贡献就没有被真正提取出来，也不能对后续的研究发挥启示的作用。

第二，只有关键词统计，没有具体认识。近年来，不少研究者借助软件（比如 CiteSpace）对既有文献的关键词进行分析。比如，某位研究者通过软件选择关键词，分析城市社区更新中的公众参与："历年的文献量化显示了该领域的研究进度，1990 年后文献量开始增长，并在 2015 年出现一次大幅上升，并在其后几年处于小幅波动状态，可认为在 2015 年后，城市 / 社区更新中的公众参与持续受到关注。分类统计发现我国与英国、加拿大、澳大利亚等地区文献量相差较小，且均处于靠前位置，对该领域的认知与参与程度较完善，并在参与模式、管理机制、制度体制、政策制定等方面均取得一定研究成果。"类似的文字在学术杂志中会越来越多地见到。用软件能够对多个研究进行共现并生成时间线图，分析研究热点的演变。但是，这类分析仍然停留在研究领域的关键词表面，只能获得关于文献量的认识，而没有深入到研究命题，缺乏具体的命题内容。阅读这一段内容，读者只能大略知道某个领域的研究文章数比较多，还是不清楚城市社区更新中的公众参与领域有哪些新的认识，哪些研究问题需要继续推进。因此，关键词统计不能作为文献综述的主体，研究者仍然需要以提取具体认识为目标进行文献综述。

第三，只有背景和价值论述，没有具体认识。比如，有综述者写道："1996 年，联合国召开第二届人类居住会议，联合国儿童基金会递交了《儿童权利和居住》草案…… 2000 年以来，中国大城市 42% 的多层购物综合体都设置了儿童游戏区域…… 2018 年，联合国儿童基金会发布了《儿童友好型城市规划手册》。深圳市率先发布建设儿童友好型城市的地方性文件《深圳市建设儿童友好型城市战略规划（2018—2035 年）》和《深圳市建设儿童友好型城市行动计划（2018—2020 年）》……"这些论述对于引入研究主题是必要的。但是，综述者需要了解，这些内容只能构成"商场室内儿童活动区域吸引力"研究的外围背景，其论述的观点和论据都和"商场室内儿童活动区域吸引力"的研究主题不在同一个内容层面，不构成具体认识；文献综述的主体内容还是应该集中在针对研究对象的新认识部分。

5.4.2 拆分与重组

在文献综述写作阶段，需要首先将阅读阶段积累的理论片段进行拆分和重组，形成诸多独立的"内容元"。如果把文献综述比作织锦，理论片段如一段一段的丝线，拆分

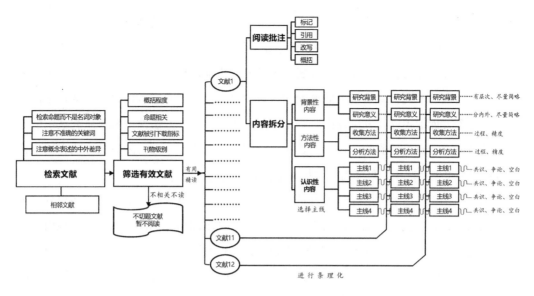

图 5-16　文献综述的过程

的过程就是分线获得独立的分析单元，接下来的比较和对照的过程就是搭配丝线；综述者整理出条理清晰的文献综述报告，就像织出华丽的绸缎一样（图 5-16）。

1）文献的拆分

拆分文献体现了文献综述提升认识的需要。一篇文献的内容按照认识的层次，大致可以可以分为研究本体、研究过程、研究结论三个方面。在文献拆分的过程中，大致对应背景性内容、方法性内容、认识性内容。这三部分内容的详略、条理、分析的要求有所不同。

第一，背景性内容。一般作者会在文章的开始阐释研究的意义和对象，从不同方面说明研究的重要性。对于不成熟的研究领域，还会出现整篇文献都论述研究本体的情况。这部分内容一般不会涉及具体的认识内容，综述者的工作主要是一种摘抄和转述。背景性内容的拆分需要清楚两个条理。一是研究背景的尺度。从大背景到极小背景，其中的任何一个尺度，前人可能都有相关论述。一般来说，从越狭窄越具体的尺度切入，文章论述越专业。当然，考虑到不同层次读者的阅读习惯，简略地涉及更为宏观的背景也是必要的。其二是研究意义的指向，也就是外在意义和内在意义。一般来说，学术研究意义的论述越明确狭窄、越个体化，其对于研究贡献的认识越深刻。研究者对于某个领域、某个研究问题的本体论和价值论不会有太多的分歧。研究越深入，范式越健全，研究问题的概念和价值越加成为共识。研究初学者刚刚开始写文献综述时，往往对研究对象不太熟悉，往往过多着墨于研究意义的部分，常说的"泛泛而论"就是指这种过分集中在背景内容的现象，应该尽量避免。综述者积累了一定量的阅读后，会发现这些内容片段趋于相似。因而，研究问题的本体论和价值论一般在文献综述中应该尽量简略。

第二，方法性内容。这部分内容展示了研究的论证过程。不同文献研究同一个问题的结论之所以有不同，除了研究问题的切入点以外，还包括研究方法设计、数据来源、分析方法等方面的不同。方法性内容不是拆分的重点，但是方法性内容对研究认识的外延以及精度有着直接的影响。比如，数据来源的地点、样本个数、测量的方法在追求认识性内容精度的情况下，可能需要被精确地拆分和比较。

第三，认识性内容。这部分内容是指研究文献作者通过完整的研究活动而得到的独特认识和见解；也就是文献综述的主体内容。通过文献阅读和标注，剥离背景性内容和方法性内容，综述者应该能够较好地辨识和拆分出认识性内容。

从文体结构来讲，科学报告格式写成的研究文献（不论是自然科学，还是社会科学），最为方便拆分。这种格式包含引言、确定研究问题、文献综述、研究策略和方法、研究材料和数据分析、结论阐释等部分。由于这种方式结构清晰，研究者的贡献也一目了然；综述者只需要按照文章的结构每部分切分即可。相当一部分人文和历史论文也开始按照科学报告的形式写成，拆分也可以如法炮制。另有一部分人文和历史论文不按科学报告的方式写作：作者通常用第三人称的"全知全能"的视角写作，隐去分析判断的过程。这类文章直接展示研究者获得的新认识，或者以概念的探讨展示新的思辨认识，或者以"讲故事"的方式展开新的历史认识。非科学报告的写作方式为初入该领域的综述者带来两个困难：第一，前人的贡献和作者的贡献常常混杂在叙述主体内容中。尽管作者可能在文章的注释中讨论前人的贡献，但是两者仍然不容易区分。第二，作者对材料搜集和分析的过程常常避而不谈。这种写作方式并不在文前探讨研究的问题、意义、方法，不会在文中叙述研究策略和方法，也不在文末探讨研究的局限。针对非科学报告式的论文，综述者的拆分并不是机械性的划分，需要综述者在读懂的基础上鉴别前人的认识贡献。

认识本身的复杂性使拆分往往充满了交织的头绪。几乎所有文献（包括单篇的学术文章）都试图在有限的篇幅内论述一个以上的研究问题，这就需要综述者对于认识内容进行进一步的拆分。同一个研究问题自身具有内在的递进关系，也使得拆分需要进行到更为细致的层面。比如，"市域范围内公园绿地的使用强度和原因分析"实际上既涉及了描述性认识内容，又涉及了解释性认识内容，因此研究认识需要进一步划分。同一个研究问题的构成可能涉及多种因素，比如，由于"影响草原旅游区满意度评价的环境设计要素"涉及多个方面，综述者进行拆分时恐怕需要将这一问题做进一步拆分。因此，从单篇的论文中拆分认识性内容而得到多重认识片段是十分正常的情况，这需要综述者的耐心。

2）片段的重组

文献拆分完成后，综述者依照"合并同类项"的原则，将相同的内容归拢到一起，形成可以比照分析的"内容单元"。在片段重组过程中才会真正涉及内容的辨识，因此，理论片段的重组往往比起拆分更困难。我们可以归咎于文献庞大的数量、不同的写作风格、不同的写作方式；尤其在设计学科中，薄弱的知识总结传统、定义模糊的研究问题，夹带不清的研究过程，等等。归根结底，还是由于拆分和组合操作面向的对象不是形象具体的"丝线"，而是"不可捉摸"的抽象认识。综述者在取舍判断中需要投入智力、真正读懂读通，从而对相关片段进行"干涉性地整合"。

第一，整合交叉概念使认识片段更好地重组。设计学科概念的相互交叠常常会给认识整合带来困扰（图 5-17）。比如，"场所精神"实证研究和"公共空间满意度"评价本质上没有差别，"猎物－被涉猎理论"的环境实证和"构图层次"研究内容基本相同。同一个研究内容，具有不同的"名学"；这种现象可能来源于理论家和设计师为了吸引眼球而进行的言语创造，也可能来源于概念构建的角度差异，还可能来源于设计学科研究内容的复杂性、整体性、交互性。不论原因如何，种种交叠性概念名下的研究实际上指向了几乎相同的研究内容。交叠性概念的存在，会导致研究成果不必要地"离散"，使得理论片段重组的难度变大。这要求综述者在文献搜索过程中需要不断变换关键词，在综述过程中合并本质相同的研究内容；在写作中找到通用概念，把理论"名学"不同而内容指向相同的片段归拢起来。

第二，连通测量方法使认识片段能够更好地合并。对于某一研究问题，前人的研究具有采用任何考察方法方式的自由。比如，对于同一个亲水平台的环境效应，同样是采用调查问卷的方法，王教授采用 1～10 分的打分方式问询参与者的"满意度"获得打分数据；李研究员询问参与者"是否"感到满意获得两组人数的数据：两者的数据结果形式难于精确比较。当然，其他导致难于"合并同类项"的因素包括，王教授和李研究员的测试内容是不同的亲水平台，其他研究运用调查问卷以外的访谈、观察等方法来考察亲水平台，等等。应对测量方法差异的基本策略是，归纳出研究的基本论点，概括具体的度量内容，使支离破碎的认识得到"连通"合并。当确有必要对测量方式、度量单位、精度和样本数等更为细致的层级进行考察时，

图 5-17 文献综述"合并同类项"的条理化

再分门别类地给予比较。

第三，进一步切分研究问题的内容能够更好地归类。随着文献阅读的深入，明确的研究问题也可能呈现出多方面的属性，显示出继续拆分的必要。比如，针对"草原环境游览体验的满意度"的研究中，综述者会发现草原环境游览体验的满意度还会能够进一步追溯到各种影响因素，包括：自然景致、交通环境、体验性项目、住宿设施、服务项目，等等方面的内容。同时，进行草原环境游览体验的地点包括：热带草原、温带草原和高山高原草原。同一个研究问题之下显示了多重更为细致的条理，显示了进一步进行拆分的必要。拆分和重组不仅需要综述者的智力投入，而且其操作逻辑也不是唯一的，综述者可以根据内容情况给予调整。

5.4.3 对照和分析

在每一个内容单元中，通过对照不同的理论片段，综述者形成对特定研究问题的研究水平和进展进行评判。比照是在内容单元内比较多样性的认识，获得清晰明确的评判结论，达到通过总括式的提升认识的目的；分析则是探究造成现有研究水平的原因和机制。对照和分析部分是文献综述的最终成果，既是前人已有研究成果的认识提升，也预示了综述者未来研究的合理性和必要性。每个内容单元中，明确的评判结论包括三种形式：共识、争论、空白。

1）共识

共识（Consensus）意味着前人研究对同一个研究问题的判断呈现一种趋同的态势。值得注意的是，虽然在结论上已有文献并不存在矛盾，但是它们的理论依据、研究角度、研究方法、数据来源可能存在差异。这些不同的方面和层次共同地定义了研究问题的内涵、外延、适用范围等。

已有研究形成认识上的共识，并不意味着这些研究的细节可以被"一言以蔽之"地忽视掉。在研究中，认识的达成必然是由不同研究者基于不同的研究条件完成的，可能来自于不同的地理位置、人群、文化，采用了不同的测量方式、标准、样本数量，甚至分析数据的强度、显著程度存在差异。在定义共识的过程中，展示这些差异，不仅能够有效地反映研究共识的广泛程度，而且勾勒出理论的外延范围；而且可以发掘共识在不同层次上研究的可能缺陷，体现出辩证关系。

2）争论

争论意味着前人对于具体问题的判断出现相互矛盾，这往往是文献综述最为令人激动的部分。争论意味着问题本身一直引人注目，也意味着未来进一步研究的必要。文献综述在揭示矛盾的过程中，需要厘清观点冲突本身，还可以提供不同观点背后的支撑性的角度和材料。比如下文中对于平顺天台庵弥陀殿（图5-18）年代问题的综述[1]。

1956年4月，由文化部和山西省文化局联合组织的文物普查试验工作队对天台庵进行了调查，发现并考察了这座重要的遗物。杜仙洲先生认为："此殿在建筑结构上，有些地方近似南禅寺正殿，在风格上具有不少早期建筑的特征，可能是一座晚唐建筑。"此论一出，引起了学界和社会的普遍关注，中国古建筑又添一例唐代木构。

柴泽俊先生认为：弥陀殿"现存殿宇造型结构，由柱子到梁架、斗栱，几乎全部都呈现出明显的唐代特征""斗栱、梁架构为一体，简练有力，与中唐时期重建的五台南禅寺大殿相同。"该殿"为我国唐代小型佛殿中的佳作"，"是全国仅存的四座完整的唐代建筑之一"。

傅熹年先生认为："大殿的创建年代不可考，只能大致定在唐代。""除此之外，殿身构架中未发现更多的比例关系。有可能在金代重修时，因构件朽坏，有的被截短，致使构件尺寸改动较大，如柱高、举高、出檐等，直接影响了天台庵大殿作为唐代实例的研究价值。"

王春波先生认为：弥陀殿"从平面到立面到内部结构形式，均与五台南禅寺大殿相似。""又从大殿的当心间材分值，每架椽的水平长度材分值，屋架举折趋势……柱高、铺作高、总举高等三者之间的比例关系等都是与五台佛光寺大殿相似，所以天台庵是晚唐建筑无疑。"

李会智先生认为："根据该殿梁架结构的整体和局部结构特点，建筑部件的制作手法，尤其是平梁及四椽栿之间设蜀柱，平槫攀间隐刻栱、泥道隐刻栱的制作手法等特点，为五代遗构。"

图5-18　山西平顺县天台庵弥陀殿南面（滨海潮，2019年）

---

1 帅银川，贺大龙. 平顺天台庵弥陀殿修缮工程年代的发现 [N]. 中国文物报，2017-03-17（08）.

同样持五代说观点的还有曹汛先生。

可以看出，弥陀殿的年代有唐代说、晚唐说和五代说。需要指出的是，现有的史料包括唐代石刻都不能提供大殿创建年代的证据。所以，对于弥陀殿的年代只能通过类型学方法进行比较研究，作出一个相对年代区间的推断。然而重要的是，对于一座单体建筑能引发出不同的学术评论，是少见且难得的。

对于已有研究的争论通常采取两种化解的方式。第一，将一个研究问题的矛盾方面视作成两个或者多个类型。这种情况中，持不同观点的研究者在研究逻辑上高度趋同，没有决定性的材料出现时，谁也说服不了谁。在上文的举例中，唐代说、晚唐说、五代说各家均具备了各"聊备一说"的类型学地位。文献综述将这些认识的冲突化解为类型化学说。第二，在未来研究中用更为周全的研究筹划，证实某一方的观点。在实证研究中，常见的研究筹划包括，采用更大的样本，更为可靠的抽样方法，更为合理的实验分组设计，等等。在上述的天台庵弥陀殿年代判断的研究中，研究者获得了落架大修时的墨书痕迹，得出弥陀殿建于五代长兴四年（933年）的结论，比起前人研究通过外观类型学方法进行比较研究显然具有更强的证明力。

3）空白

从字面上来说，凡是前人没有涉及的研究内容都属于空白；未来的研究空白是广阔和未知的。这里所说的空白，是比照前人既有认识所推导出的可以在未来进行的研究命题。文献综述通过有条理地梳理已有的认识，以"挤压"的姿态呈现出明确研究缺陷的存在。能够指出已有研究的缺陷和空白，说明综述者怀有明确的研究方向和更为完善的研究愿景。以展示空白为目的综述，综述者一般选择某个相邻的研究领域，通过借用相邻领域的研究结论和研究趣味展示研究的空白。相邻文献包括：可以比照的现象、可能的影响因素等；虽然这些因素与研究对象不是直接相关，但综述者也可以通过综述这部分的内容获得对现象的间接认识。一般来说，综述者还应该适当地分析造成研究缺陷的原因。下面的段落中综述了中国元素对1880年以后美国景观设计影响的研究这一领域的空白，并解释了造成这种状况的原因。

与日本艺术对美国景观设计的影响研究（Lancester 1963，Wichmann 1988）相比，中国元素对美国景观设计的影响被学术界长久地忽视了。现有的研究认为，1880年代之前，中国因素对美国建筑和景观的影响主要集中在欧洲"中国风"的风格，且大多体现在室内装饰品中（Lancaster 1947，1963，Corner 1979）。在接下来的一个世纪，更多地道的东方设计元素出现在美洲大陆，美国人也能更好地区分中国风格和日本风格。然而，一些学者认为这个时期中国元素只是"为人们的美学兴趣向日本风格转移做了铺垫"（Wichmann 1988: 8）。针对1880年代后中国元素对美国影响的研究只有几个零碎的案例（Lancaster 1947，1963，Imprey 1977，Corner 1979，Jacobson 1993），系统研究几乎没有。仿佛在这以后中国元素对美国景观的影响力已经销声匿迹。造成这种状况的原因是尚没有学者对1880年以后的实例做系统的调查和搜集，因而没有成型的成果发表。

笔者在进行中国元素对美国建筑和景观的影响（1860—1940年）研究时，该领域的研究成果很少。基于这种情况，笔者检索和阅读了三个间接相关领域的研究：中国元素对18世纪欧洲建筑和景观的影响、日本元素对美国建筑和景观的影响、中国和美国的商业来往和劳力输出。从这些研究中，得到研究所需的相关理论、参照对象、外围信息。文献综述对于研究空白的论述，能够较好地论证未来研究问题的新颖性，即是"没有被完全回答的疑问"。之所以有信心提出空白的见解，意味着接下来研究者有能够超越前人的材料、工具、方法等，从而进入前人未能涉及的研究内容。

5.4.4 层次的梳理

综述需要对已有研究成果的"内容单元"有逻辑地排列陈述出来（图5-19）。常见用以梳理"内容单元"的脉络包括：（1）描述——解释的维度：对同一研究问题，从描述现象到解释现象的机制。（2）历史进展的维度：对同一研究问题，按照时间的先后关系排列先后的内容单元。（3）研究对象方面的维度：对同一研究对象，按照方面的不同而进行组织。由于研究问题的不同，条理的梳理会有不同；由于研究问题的复杂性，不同的条理之间呈现出不同的层次，分类甚至呈现出相互包含的关系。综述者需要掌握的原则是：第一，梳理层次越少越好，尽量形成类型化、并列的论述。原则上，选取一种脉络梳理内容单元；换言之，内容单元不重复排布。第二，尽量以研究问题本身进行论述，而不是以作者、学派为中心。虽然作者和学派一般秉承相同的价值观和研究方法，在观点上相互影响；但是他们可能针对广泛的研究问题。因此，以作者、学派为中心展开文献综述报告，可能会导致对研究问题的认识不集中，而变成宽口径的混杂综述。

图5-19　耶鲁大学贝内克善本手稿图书馆内景

Part 3

Specific Research Methods

第
3
编

分
论

第 6 章

问卷调查法

Chapter 6
Survey

6.1 问卷调查法概论

6.2 调查问卷的设计

6.3 调查问卷的发放和搜集

本书第 3 编讨论具体的研究方法。第三编上半部分第 6~10 章讨论材料搜集方法，所谓"采矿论"，分为问卷、实验、观察、访谈、文档五章。第 3 编下半部分第 11~15 章着重于材料分析方法，所谓"冶炼论"，除了介绍对定量、定性两种分析方法，也对案例、历史、思辨三种重要情形予以讨论。

问卷调查发源于 19 世纪中叶的欧洲，成熟于 20 世纪早期的美国。如今，问卷调查法成为社会科学最为重要的数据材料搜集方法。这种方法普遍运用以前，来自"普通人"的观点是不被研究社会现状的研究者采信的。涉及普通人的状况，通常由领主、贵族、管理者等精英阶层进行汇总报告。工业革命以来民生问题的突出，使得了解社会实况成为知识阶层的共识。卡尔·马克思了解劳动阶层贫苦状况的依据，依然来自于工厂主或者经理的报告。直到亨利·梅休（Henry Mayhew，1812—1887 年，图 6-1）让劳动阶层"自主报告"生活状况，问卷调研法才算是具备了基本的样子——以大量从普通人来源系统搜集社会信息形成独树一帜的研究方法。最初的问卷调查以描述社会上最为紧迫的民生问题为主要任务，比如对收入、经济、居住情况（贫民窟）的调查。随着现代学科群的发展以及随着统计技术和手段的发达，问卷调查广泛运用到了心理学、管理学、经济学、政治学等学科中。问卷调查法

图 6-1 亨利·梅休像（1861 年）

搜集研究材料的活动逐渐脱离了随意自发发展问卷的状态，更多地受到这些学科理论积累的引导。随着方法论的发展，问卷调研法不仅持续用于了解情况的描述性研究，越来越多地运用到了认识原理的机制性研究。

在建筑学、城乡规划学、风景园林学等领域，问卷调查法运用得相对更晚。虽然问卷调查不可避免地涉及城市环境问题，其分析方法和结论并没有和设计学科进行有效的连接。最早的现代主义建筑大师（如柯布西耶）改造社会的愿景更多地来自基于设计经验的畅想。在二战后，环境行为学、城市经济学、市场学等学科涉及建成环境的研究为设计学科了解在建筑、规划、园林的内在社会机制提供了示范。而设计学科内逐渐兴起的使用后评价、感知评价、公众参与等活动，也凸显出问卷调查在促进设计学科进展中的作用。本章主要讨论问卷调查法的概念和特征（第6.1节），着重论述了如何准备调查问卷，特别是能够发展新认识的问卷（第6.2节），最后探讨了调查问卷的发放和回收问题（第6.3节）。

6.1 问卷调查法概论

6.1.1 问卷调查法概述

问卷调查是一种社会科学中普遍运用的调查方法，调查者运用事先设计好的问卷获取调查参与者了解的事实或者所持的观点，通过分析从而获得对现象的认识。问卷调查法在社会科学中的运用相当广泛，有些研究者甚至把问卷调查法视作为社会科学研究中唯一的研究方法。从数据材料获取特点来看，问卷调查法通过结构划一的调查表向被调查对象收集信息，从而获得结构划一的数据。从问卷发放和搜集方式来看，问卷调查形式多样，既可以是面对面的，也可以是通过电话、信件、报纸等媒介。在互联网技术高速发展的今天，问卷发放能够通过网页、电子邮件、社交媒体等方式发放，更加方便快捷。问卷调查法被广泛运用到了社会科学的各个领域，包括市场调查、人口调查、民意调查、社会问题调查等。在建筑、规划、园林等学科领域，问卷调查方法的运用将对建成环境的认识放置到了广阔而复杂的社会空间中，为设计学科知识的积累开辟了丰富的来源。

问卷调查法反映了实证研究"向下"进行材料搜集从而获得认识的取向。问卷调查虽然搜集的是主观信息，但是这些信息来自于"普通人"的反馈，通过累加分析，获得的是对社会总体客观情况的认识。比如，"跃层小户型的社会接受度"虽然搜集的是参与者的主观信息，反映的是客观的社会存在，不受研究者主观偏好的影响。追寻基本事实，而不是抽象的道德或者哲学推理，更关注于"现实情况如何"，而不是"应当如何"——这构成问卷调查法的基本任务和趣味。

问卷调查法的前提不是"将心比心"的普遍认同，而是对于相同的事物，人与人之间在喜好、活动、认识上存在的可能差异（图 6-2）。问卷调查法通过问卷表格建立起个体与研究分析总体的直接联系。参与调查的对象中，人和人之间是平等的，在分析过程中每个个体提供的信息所占的比重都是相同的。一定程度上来说，问卷分析法可以视作是西方平等政治理念和平等交换商业理念在研究方法中的投影。人作为单一的个体都是平等的；因此，"普通人"的偏好、感受、观点，可以累加起来，通过统计获得意义。

问卷调查法通过人们对于建成环境反应、感受、观点的差异，找出某种规律化分布的情况。这种分布也被称作"纹理"（pattern）。追求这种斑驳复杂而不是简单化一的"纹理"，能够获得对于现象复杂性和差异性的认识。常

图6-2　金门大桥在不同雨滴中的影像（布罗肯·因那格洛里，2009 年）

见地，问卷研究法在数据搜集的过程中会主动地细化出"纹理"信息，并探寻基于"纹理"差异的联系机制。"纹理"既包括问卷参与者性别、年龄、学历、经历、社会地位、地理区位等信息，也包括调查内容的类别、使用、时间、喜好等可以进行划分的内容。保罗·海斯（Paul M. Hess）对加拿大多伦多地区康奈尔（Cornell）、奥克帕克（Oak Park）、伍德拜恩（Woodbine）三个社区进行问卷调查，试图证实或者证伪新城市主义社区室外空间使用理论[1]。该研究发出调查问卷 2,040 份，回收问卷 479 份，回收率为 23%。表 6-1 展现了居民对于各自住宅前院和后院的使用情况的反馈。从表中可以看到，这项调查的"纹理"集中在对于研究对象的划分上，放映出前院与后院的差异，使用频次的差异，空间使用活动的差异，反映出新城市主义社区规划设计理念在现实世界中的接受情况。

保罗·海斯（Paul M. Hess）加拿大多伦多地区新城市主义社区前院和后院使用的反馈　表 6-1

	康奈尔	奥克帕克	伍德拜恩
每周前院或门廊的使用（夏天）（n=470；$\chi^2=9.0$；df=6；p=0.176）			
每周少于一次	29	29	16
1～2 次	11	11	10
3～4 次	25	25	23
5 次以上	36	36	51
前院或门廊的活动类型			
休息	69	65	69
园艺活动	82	89	87
与朋友、邻居交流	50	59	75
观看人群	40	38	44
抽烟	10	11	9
看孩子	14	27	28
阅读	42	41	52
做专业性工作	6	10	8
其他	2	6	4
每周后院或露台的使用（夏天）（n=466；$\chi^2=3.4$；df=6；p=0.759）			
每周少于一次	4	4	5
1～2 次	9	9	11
3～4 次	26	23	31
5 次以上	60	64	54
后院或露台的活动类型			
休息	86	84	74
园艺活动	84	80	80
与朋友、邻居交流	69	66	62
烧烤	91	91	95
抽烟	12	11	9
看孩子	30	33	29
阅读	63	61	58
做专业性工作	14	12	16
其他	8	9	8

1　Hess, Paul M.. The Use of Streets, Yards, and Alleys in Toronto-Area New Urbanist Neighborhoods[J]. Journal of Planning Education and Research, 2012, 28:196-212.

6.1.2 问卷调查法的特点

1) 主观性

主观性，是指问卷调查法以参与者个体的主观信息为基本的研究材料。这种数据搜集方法不来源于由文档记录保存的内容（第 10 章文档搜集法），也不来源于人们日常可见的行为活动客观事实（第 8 章观察研究法）。问卷调查由隐到显地挖掘主观信息：人们藏在心底的主观信息能够通过问卷的方式挖掘出来一部分；如果不挖掘，则不会呈现。

主观信息在建筑、规划、园林的研究中占有重要的地位。新城市主义社区是否真正促进了室外环境的使用？小区住户对于创新的户型设计是否满意？锻炼的人群是否感觉到活动空间拥挤？人群对环境的评判、感受、思索，就个体而言是主观反应，而对于社会而言是一种真实客观存在，累加式地反映着社会的环境使用现状和趋势。这些信息并不是书斋中学者精巧的逻辑推理和主事决策者的英明洞察可以替代的。主观性内容能够挖掘出想法、考虑、动因，能够帮助揭示客观现象以下的机制。比如，尽管观察能够客观地展现城市广场在不同使用时段的变化，但并不明了究竟哪些原因造成了这种差异；需要研究者通过对使用者主观信息的搜集能够揭示广场使用表象之下的原因。

主观性信息存在着过于随意、没有标准、对事物的反映存在偏差的缺点。因此，问卷研究十分强调问卷问题的设计，需要将研究问题转化为清晰、恰当、可回答的问卷问题。问卷问题需要和参与者的认识水平相适应。一般来说，个体的主观认识包括所忆、所感、所思的内容，在问卷的设计中分别对应事实性问题、感受性问题、思想性问题。问卷问应该以简单直接的事实性问题和感受性问题为主，尽量避免复杂的思想性问题。问卷参与者所提供的特定群体的感受和认识，需要经过研究者的分析和确认，才能成为可靠的认识。比如，互联网上曾经出现过问卷问题："高考是否应该取消数学科目？"大多数参与者回应认为高考应该取消数学科目。这个问卷调查问题有效么？或者说，是否就应该顺应问卷的结果，取消高考数学科目呢？我们知道，"高考是否应该取消数学科目？"是一个思考型问题。社会整体的大多数人群并没有受到高等教育，也不见得明了高等教育的需求和高考的选拔机制。高考是进入高等教育的选拔性考试，其选拔过程必然等级化的，并将大多数人排除在外。因此，面向社会整体的关于高考数学科目存在意义的问卷问题超出了调查参与者的认知范围。该问卷调查获取的内容更多的是社会人群对于数学学习艰难经历的感受和记忆；其结果也不能凭借 "多数胜出" 机制而作为决定高考是否应该取消数学科目的依据。问卷调查法所获取的是针对用以分析和发展认识的研究材料，对于事实性问题和感受性问题比较适用，研究者不能简单地将问卷对象的感受等同于现象机制本身。

2）结构性

所谓结构性，是指问卷调查法使用问卷形式，回答者所能够提供的纷繁复杂的信息被问卷调查形式刚性地规范成事先确定好的"标准内容"（图6-3）。尽管问卷调查表中会出现非标准化的开放问题，绝大多数调查问卷的主体部分仍然是以结构性的问题和选项出现。如，问卷询问参与者的教育程度，其选项以学历的获得，包括：A、小学以下；B、小学；C、初中；D、高中（中专）；E、大学（大专）；F、研究生及其以上。参与者必须将教育程度规范为以上 A～F 中的某个确

图6-3　问卷调查法的结构性机制

定答案。其他更抽象的答案（没读几年书）或者更具体的答案（重点大学毕业，或者高中二年级辍学）虽然可能反映了事实，但是并不被结构化的问卷所接受。又如，调查问卷中一个问题要求参与者用 1～5 的整数反映对一处郊野公园安全性的感受（1 为最不安全，5 为最安全），参与者反馈的信息必然是某个整数。问卷调查法的结构性保证了搜集的数据和材料在格式和信息密度上的整齐划一。

第一，结构性意味着概括性。在问卷搜集数据的过程中，将复杂的现实世界直接转化成单一而固定的选项信息。这个过程促使参与者在填答问卷的同时，将丰富的记忆、经历、感受压缩成特定的类别、数量、排序数据；方便下一步的量化分析。正是由于这种概括性，问卷调查法能够高效快速地提取研究对象某一方面的特点，以较小的代价迅速获得大量的样本信息。换言之，结构性意味着研究方法搜集材料时"自带"数据整理的功能，对研究对象的特征赋以确定的数字化描述。其他的以量化分析为目标的数据搜集方法，如实验研究法、结构性观察法、结构性文档法，都具有"结构性"的特征。

第二，结构性意味着封闭性。问卷结构的设定使得参与者只能将投球一样把信息投入问卷的格式化"选项篮筐"之中。这个封闭的系统过滤了调查参与者除了问卷选项以外其他层次和精度的表达欲望。因此，研究者需要穷尽性地发展出问卷问题的答案选项。参与者用 1～5 的整数反映对一处郊野公园安全性的感受（1 为最不安全，5 为最安全）的结果只可能是 1～5 中的整数，而不可能是其他的答案。结构化数据获取后经过必要的输入和清理就能直接进入分析过程，并不需要研究者进行额外解读。原则上，结构化数据的分析过程可以和数据搜集分开；并不会因为分析者的不同而存在差异。相比之下，非结构化数据（比如访谈数据、文档数据、图像数据、非结构观察数据）有着复杂的层次和细节，需要研究者的参与性解读；研究者的思辨能力和经验会导致分析结果的差异。

问卷调查法的封闭性意味着其运行过程从研究筹划、数据搜集、数据分析都处于问

卷的结构之中。从理论疑惑到搜集数据，遵循着连贯的逻辑。这也意味着，一旦调查活动开启，调查表格的纰漏可能关涉到数据搜集的结构性；这种情况下，研究者只有从头再来一遍分发和搜集数据的过程。这和文档搜集法、访谈研究法等的累积式材料搜集有极大的不同。封闭性要求研究者在研究筹划的阶段能够清晰具体地了解研究对象的特征，不仅需要确定研究对象的具体方面，而且需要确定研究对象那个具体方面的度量、类别、频率等测量指标，同时对获取数据以后的分析方法有清晰的预期。

第三，结构性意味着信息的"肤浅性"。刚性的问卷调查表没有给予参与者回答问卷上"未出现"问题的表述机会；而且也剥夺了他们解释选择确定答案原因的机会。这种信息的划一性显然是不适合搜集"深层信息"。深层内容具有分散性和独特性，研究者需要搜集这类信息时，就不能采用访谈调查法，而要转向开放性的访谈研究法。问卷调查法和访谈研究法构成了两种方法论层面对立的主观信息搜集方法：问卷调查法用封闭而规整的结构获取量化信息，而访谈研究法以开放的形式获取非结构化的信息。文档研究法和观察研究法也能够搜集非结构化的信息，给予研究者发现新现象和新类别的可能。更为非结构的研究，比如设计概念架构和命题的阐发，则属于"谋可独而不可共"的范畴，需要研究者反求诸己，使用完全非实证的思辨研究法了。

3）广泛性和代表性

在主动搜集数据材料的研究方法中，问卷调查法以广泛覆盖研究群体而见长。问卷调查法在操作上的概括性和内容上的"肤浅性"使研究者能腾出精力，覆盖更大的范围、更为广大的群体。比起其他的实证研究方法（如实验、访谈、观察等），问卷调查法要求更大的样本数量，研究的触角得以伸展到社会的各个层面，获得研究的广泛性和代表性（图6-4）。

数据搜集的广泛性所要求数问卷调查的数据越多越好；这并不意味着无限度地增大样本数量就能增加研究结果的准确程度。研究方法的进展，能够在研究者精力和财力有限的情况下，要求以尽量少的数据以获得较好的代表性。对问卷参与者的有意识选择，能够在减少样本数的情况下保证问卷的广泛程度。在英文中，survey 和 census 都有通过问卷而调查的意思，而 census 是普查，如美国每十年一次的人口普查；而 survey（即是这里所说的问卷调查）则是运用抽样的概念，选择性地抽取能够代表整体人群的一部分人口。抽样的概念对于在建筑、规划、园林的研究十分重要：

图6-4 调查记录（托马斯·沃思，1870年）

从内在的研究方法而言，关系到研究的代表性和可重复性；从外在的研究价值而言，也事关空间使用的公平性。如果研究者随随便便找一群人来完成问卷，就难于获得研究的代表性。在 19 世纪末，为保证调查的代表性，欧洲的社会改革家们的调查常常动辄选取 10000 ～ 20000 个样本。到了如今的时代，抽样的概念和统计学的进展已经使得研究者可以确定的样本数，就可以得到十分接近总体水平的结果。尽管具体的样本数需要根据信度和误差范围进行核算，在设计学科以问卷调查为主要材料搜集方法的发表论文，基本是以 200 ～ 600 的样本数量进行分析的。在较大的范围，比如覆盖西方较小的国家和较大的区域，问卷调查的样本常常也在 1000 ～ 1600 之间。

4）主动性

问卷调查法的另一特性是搜集数据的主动性。问卷调查搜集何种数据，搜集的精度如何，都体现在研究者的预判之中。主动性数据的对立面是既存数据，比如既存的文档记录等。随着电子技术和网络设备的普及，大数据（包括社交媒体数据、政府服务数据、自然资源数据等）的整合、处理、运用变得十分便捷。值得注意的是，新兴的大数据由于是依附于既有数据搜集机制的被动性数据，其初衷并不是为了进行学术研究，既存数据被用作研究材料的最大挑战是数据转化替代过程和事实之间存在着偏差。比起既存数据，问卷调查法主动性的优势十分明显。不论是用何种手段分发和搜集，问卷调查的数据材料从研究问题出发，问题指向、面向人群、数据规模都处于研究者的筹划和实施过程之中。因而，问卷调查法能够有效地避免机制上的偏差，获得较好地可靠性。问卷调查法的主动性贯穿了研究筹划的整个过程，其作为社会科学经典研究方法的地位不会动摇。

6.1.3 问卷调查方法对于设计学科的意义

1）使学科更加开放

长久以来，设计学科是一个专业而封闭的实践领域：这个专业领域内，建筑师、规划师、风景园林师形成了自身的价值、趣味、技巧，他们的认识也局限于自身和其他设计师的实际设计经验。问卷调查法将对建成环境的考察从前端的设计扩展到了后端的环境使用，认识来源也扩展到了社会"不懂设计"的各个阶层和人群（图6-5）。问卷调查法在社会学、市场学、心理学等学科所积累的考察角度，诸如：场所的使用规律、安全感知、经济收益、感知机制、康复效应等也被吸收到对建成环境的考察之中，丰富了设计学科的理论维度。由于问卷调查法吸纳大量数据的能力和考察的角度，扩大了整个学科的信息来源，真正地产生具有广泛性

问题1：哪个街道和公共空间的格局是您所认同的？
街道和公共空间的格局是新中心区的起点。请分别为三个方案打分（1～5分）。

CENTRAL OPEN SPACE　　GOWN AND TOWN　　CONTEXTUAL
中心广场方案　　　　　协同大学方案　　　　现状生成方案

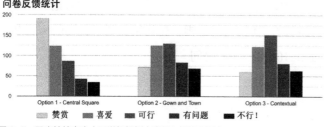

问卷反馈统计

赞赏　喜爱　可行　有问题　不行！

图6-5　圣克拉拉市中心区详细规划方案网上问卷和回应

的新认识，进而可能触动设计知识和设计方法。

2）指标化的考察

问卷研究方法为设计学科的度量化提供了途径，其结构化特征提供了严格、规范、高效的数据搜集形式，为后续的量化分析提供了大量、精准的数据来源。问卷是搜集数据的手段，其核心在于获得可以进行量化分析的指标化数据形式。第一，指标化的考察为建成环境的精细化管理提供了依据。在问卷调查中，影响使用群体感知和记忆的环境要素被提取出来，成为环境各方能够共同考察接受的依据。这些反馈加深了学科对于设计与环境使用机制的认识。第二，设计学科传统的研究内容一定程度上也能够成为数理分析的对象。最为显著的是，问卷研究方法将原来设计学科中感受性的内容也数量化了。比如，古典主义的"美"是一个崇高而理想的范畴，难于进行计算和量化。问卷研究方法引入了里克特量表（Likert Scaling）以后，美的感受也能借此而量化，分成三六九等，继而进入可以数理分析的范畴中。

6.2 调查问卷的设计

问卷方法适用于广泛搜集主观观点的"众议"信息；而不太适合搜集需要研究者自我裁量的"独断"信息。调查问卷是研究者激发参与者思考并提供信息的主要手段。不论是传统的邮寄问卷，还是近年来兴起的利用智能手机进行问卷，都必须以结构化的调查问卷文本为基础。问卷设计能够直接体现研究的理论价值（内在价值），同时也决定了后续搜集材料的质量。

调查问卷的形式一般读者并不陌生，通常包括：封面信、指导语、问卷问题、身份信息等部分。从研究方法论的角度，问卷问题的设计是一个富有创造力的环节，一般并不按照调查问卷各部分的顺序。研究者一般先完成问卷问题的设计；然后依据易读性和严密性原则，对问卷问题进行检视和修改；最后加上封面信、指导语、身份信息等，按照逻辑顺序对于问题进行排序调整。为了保证问卷的质量，研究者通常会在小范围测试问卷的填答情况，最终确定问卷的面貌。以下主要讨论调查问卷中的封闭性问题。

6.2.1 从研究问题到问卷问题

调查问卷呈现给参与者的是一个"扁平"的文本；其背后的问卷设计过程却是一个有着明确层次的控制性结构。研究者需要从研究问题出发，将理论命题的要点分解和转化成方便参与者回答的问卷问题，搭建这个控制性的结构。这里分别讨论研究问题是描述性问题和机制性问题的情况。

1）描述性研究问题

描述性研究问题回答"现象是什么"，挖掘针对研究对象本体的认识，而不涉及对现象成因的解释。针对建成环境的喜好（满意程度如何？）、分布（不同收入的群体住房都在哪里？）、变化（科技园区的绿地在不同时间的人群密度如何？）、频次（门禁型小区居民一周运动几次？）等，都是描述性研究问题。由于研究视角的引入，"日常生活"一定程度上被研究问题过滤成指标化的数字，研究者借此获得对现象的新认识。

在问卷调查中，研究者不能指望问卷参与者直接回答"现象是什么"这样视野宏观、指向薄弱的问题。研究者通常将整体笼统的研究对象切分成具体的各部分（或者各方面），发展出可能的评价指标，从而获得若干个细致、清晰、明确的问卷问题，方便调查参与者个体的回答。比如，对于"某条街道步行空间品质"这一描述性问题的研究，只对整体舒适性提问显得不够具体。最为方便的问卷设计策略是切分出涉及步行空间的方面，诸如步行长度、空间围合、铺地、遮阴、树种、家具，等等组成部分；以及时间、活动、记忆、目的，等等使用方面，在每个方面继续发展出具体而清晰的问卷问题。通过在诸多方面获得参与者的反馈，回应"步行空间品质如何"的这一描述性问题。这种化整为零的策略利用了问卷调查的结构性特征，不仅化解了本体问题难于回答的问题，在操作层面也方便问卷参与者回答。问卷调查法对描述性问题的回答并不以深刻和富于洞察力见长，而是以具体和明确作为价值导向的。问卷调查法的优势在于依据群体性回应累积的"多数胜出"机制，通过获得量化数据，追求对研究对象描述的准确性。

美国建筑师学会（AIA）每年进行居住设计趋势调查（Home Design Trends Survey），目的在于回答"美国住宅设计如何变化"这一描述性问题。该研究每年的问卷问题都延续前一年，从中可以读出年度间的变化。研究的数据来源不是购房者，而是数百家建筑设计公司（具体参与数目没有公布）的问卷反馈。建筑设计公司承接大量住宅类的项目，其主观观点能够对市场情况进行较好总结，同时也能有效关注到设计方面的要点。"美国住宅设计变化趋势是什么"这一描述性问题显然关于宽泛，问卷设计将住宅这一复杂研究对象分解成四个主题，包括：房屋和地块设计、房屋设计特色、社区设计、厨房和

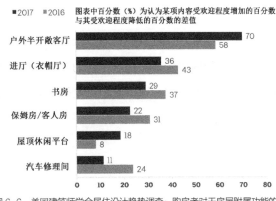

建筑师问卷反馈：功能房间的受欢迎程度变化

图6-6 美国建筑师学会居住设计趋势调查：购房者对于房屋附属功能的兴趣

卫生间。在每个主题之下划分出更多的方面。比如，房屋和地块设计主题包括：房屋面积、不同布局的典型房屋的受欢迎程度（如平层式、可出租单元、紧凑户型等）、室外活动设施、庭院设施、设计合同额等方面。房屋设计特色主题包括：附属特色项目、三代同堂居住、智能化控制、节能策略等方面。在每个方面之下有发展出具体的内容。

比如，调查参与者对于"附属特色项目"户外半开敞客厅、进厅（衣帽厅）、书房、保姆房/客人房、屋顶休闲平台、汽车修理间等六项内容的兴趣。图6-6显示，在2017年最受欢迎的住宅功能房间依次是：户外半开敞客厅、进厅（衣帽厅）、书房、保姆房/客人房、屋顶休闲平台、汽车修理间。比起2016年，户外半开敞客厅和屋顶休闲平台的受欢迎程度有所增强；而其余功能房间受欢迎程度有所减弱。从2016年到2017年，各项目的受欢迎名次变化不大，户外半开敞客厅依然是受欢迎程度最高的项目，而屋顶休闲平台从比汽车修理间受欢迎程度低变为受欢迎程度高。

通过对"住宅设计"这一研究对象进行多层次的分解，这项问卷调查从约30个方面系统展示了美国全国范围内住宅设计的趋势，回答了"住宅设计如何变化"这一描述性研究问题。对于描述性研究问题，研究者必须提前对研究对象有足够的认识，了解能够反映研究对象特质的方面。问卷问题是"结构性"认识框架在问卷文本上的投影。针对描述性研究，问卷并不是对研究对象方面和层次划分得越多越好，问卷内容以能够挖掘出对研究对象新认识为目的。

2）机制性研究问题

机制性研究问题是对现象之间"联系"的研究：问卷调查不仅应该反映研究对象本身；而且要对现象形成的原因、环境、背景等进行探究。机制性研究问题通常包括两个研究对象：一个是现象，一个是现象的影响因素。比如，"人对户外活动的喜好是否和其居所的室内面积存在着关系？"就是一个机制性问题，其对应的研究对象就有两个：住户家庭住房面积和户外公共空间的使用意愿。研究者需要证明或者证伪"室内空间足够大，会抑制人们使用户外空间意愿"这种假设。

绝大多数机制性研究问题都是思考型问题（不同于记忆型问题和感受型问题），不宜直接向参与者发问。因此，一个机制性研究问题一般在问卷中对应两个问卷问题："您家的住房面积有多大？（平方米）"和"您使用户外公共空间的频率是？（每周若干次）"。通过两个问卷问题获得两组数据，通过相关性分析等数理分析，可以证明或者证伪关于这种机制的假设。学术研究总希望能够探求现象下之本质，机制性研究问题能够较好地完成这一目标。不同于描述性研究问题通常采用的分割研究对象的多方面策略，机制性研究问题设计问卷的策略有意识地建立两个独立现象之间的联系。一个是比较显性现象，比如"您使用户外公共空间的频率是？（每周若干次）"；另一个是可能"藏在"显性现象之下的隐形现象，可能是造成显性现象原因，或者是有助于我们理解显性现象形成的因素，比如"您家的住房面积有多大？（平方米）"。研究者应该十分清晰哪两个问卷问题（或者两个以上）需要结合起来，进行数据分析，从而回答因果、并置、分类比较等关系。

在研究的实际操作中，研究者可能会猜测显性现象的一系列可能的联系或者原因；因此，在问卷设计时会出现一个"显性现象"问卷问题对应一系列"可能原因"问卷问题的情况。以上文对于房屋附属功能的兴趣为例，一个总括的研究问题是：哪些因素影响着购房者对于房屋户外环境的兴趣？调查问卷一般只能获得简单的事实信息和主观判断。如果问卷直接询问"哪些因素影响着您对于房屋户外环境的兴趣"的问题，参与者往往一头雾水。因此，在问卷的设计过程中，这一"理论问题"可以化解成若干易于回答的子问题：家庭收入是否影响购房者对于房屋户外环境的兴趣？锻炼习惯是否影响购房者对于房屋户外环境的兴趣？地区气候是否影响购房者对于房屋户外环境的兴趣？基于以上的设计，面向参与者的问卷问题变成了四个：您对于房屋户外环境的兴趣如何？您的年收入是？您的锻炼频率是？您所在区域的气候环境如何（通过查找资料）？在后续的统计分析中，研究者将对应的数据进行分析，分别得到对子问题的判断，最终获得对于"哪些因素影响着购房者对于房屋户外环境的兴趣"的认识（图6-7）。对此，研究

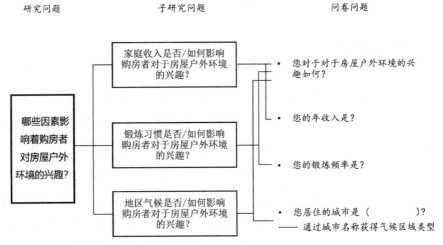

图6-7　影响房屋户外环境兴趣因素研究的问卷问题设计

者在问卷设计之初要明确调查问卷的目的，厘清问卷结构。在问卷设计的浅显通顺问题的背后，各个问题之间的关系要明确并切合研究问题，不至于混淆。

6.2.2 问卷问题的来源

问卷调查法作为结构性工具，常常被滥用。由于问卷调查法主动可控的数据搜集方式；无论多么漫无目的的问卷设计，总能搜集到相对系统的数据，最后获得格式上合格的分析结论。这带来两种后果：其一是研究者漫无目的地套用问卷形式搜集数据，而没有在实质上获得新的认识，最后只是重复前任进行过的或者常识性的命题。其二是以为问卷问题越多越好，参与者填答不胜其烦，而后续分析中并不需要这些数据。问卷问题没有问到点子上，导致后续的分析无法展开，等等。整个数据采集的过程中花费了大量的时间、精力、财力；到头来，得出的结论毫无新意、无关痛痒，甚至是众所周知的常识。比如，"窗口的绿色植物能够改善居住者感知"的题目被一做再做，参与人数越来越多，方法的精度没有任何改善，结论对现实生活毫无触动，对规划设计实践毫无启发。然而，研究者、学术杂志、会议、学位评审人等学术共同体的组成部分，常常感到抵制这种研究活动十分困难；因为"形式上完善的"。很多研究者混混沌沌搜集数据，混混沌沌得出结论，整个过程逻辑完善但是充满了失落感。对于实践型的设计学科，这种失落感是致命的。很多在建筑、规划、园林的研究者珍惜宝贵的时间，从排斥这种"形式上完善的"低劣研究活动。

造成这些现象的原因在于研究问题意识的缺乏。一方面，研究者缺乏对研究对象的了解，问卷问题本身就不具有获得新认识的潜质；另一方面，研究者不具备理论意识，不太懂得从对"具体的现象"提取"一般现象特征"的能力。表面上"容易回答"的问卷问题之下，需要明确研究问题的支撑。这需要研究者对研究对象特征、组成、机制等细致而系统的了解。操作层面而言，问卷问题可以有以下来源：

1）通过文献阅读

通过前人的研究获得关于研究对象的具体方面特征，以及特征之间联系。比如，有研究者要研究住宅的变化趋势，就可以参照上文美国建筑师学会和其他关于住宅的问卷设计。参照前人的问卷问题对于后来的研究者十分方便；同时，这不意味着鼓励研究者复制以前的问题。在参照的过程中，研究者需要考虑两方面的问题。第一，前人问卷问题背后的研究问题是什么？问卷问题获得的数据如何被进行分析？是否多个问卷问题共同回答一个研究问题？第二，新进行的问卷调查为什么要借用前人的问卷问题？是由于测试区域、人口、背景发生了变化，还是已有的问卷问题能够反映新的研究问题？新研究的情境能否对前人的问卷问题提供别样的应答？回答了这些问题，参照前人研究的活动才具备了基本的理论基础和发展新认识的可能。

2）通过学科概念

在建筑、规划、园林学科本身积累了大量的概念，这些概念归结成为可测量的内容（图6-8）。比如：距离、宽度、体积、面积、容量、密度、强度、频次、连接度，等等，我们常常用它们计量、设计、建造建筑、城市基础设施、景观元素。它们不仅使得我们对于建成环境的描述和测量具有依据，也能使规划和设计更加具有依据。在面

图6-8 头脑气球

对一个相对新的研究对象的时候，研究者完全可以通过学科已有的概念构建出研究问题。比如说，"公共无线网络信号的覆盖是否会促进郊野公园的使用？"研究者可以通过询问参与者的旅行距离、活动类别、郊野公园（休息区域）的面积、访问公园的频次、访问意愿等已有的学科概念，以及查看手机频次、时长等因素，通过分析共同回答研究问题。

3）通过接触使用对象

问卷调查所搜集的是结构化的主观数据，参与者在此过程中并无较多的自由发挥的空间。问卷研究结构化特点往往限制问卷参与者，其提供的信息可能不能在问卷问题中找到出口。这就需要研究者超越已有的学科概念和个人思辨，从社会中自下而上地获得问卷问题。一种常见的方法是，在设计问卷问题以前，在可能的调查人群中进行访谈。访谈方法开放性的特征有利于研究者获得研究对象更多方面的维度，转化为问卷问题。特别在研究领域处于初建和萌芽之际，几乎成为规定动作。

总而言之，一项研究能否发展出新的认识？仍然要求研究者在有效的研究筹划过程中，从现象和理论两方面切切实实发现真问题，定义出真的"已知的未知"，定义出可能的新的理论疑惑。在理论疑惑的指导下构造出问卷问题和问卷问题之间的框架，从而展开数据的采集。

6.2.3 问卷问题的构造

从产生认识的研究问题，到面向参与者的问卷问题，需要经过合理的转化。研究者

明确了研究对象及其考察方面后，还要进一步打磨问卷问题的"问法"。由于调查问卷所搜集的是结构化的主观信息，参与者不同层次的记忆、感受、思考需要纳入到问卷选项的回答之中；不同的"问法"决定了搜集信息对现象反映的准确性。

1）想问与能答

问卷调查法通过格式化的问卷搜集参与者的主观反馈信息，问卷问题不能超越参与者的主观认知范围。一般地，问卷问题按照主观认知的强弱可以分为三类。第一，事实性问题，包括参与者的基本信息，以及参与者能够方便回忆的基本事实。比如，参与者的年龄、性别、教育程度，以及每周来公园几次、每天骑车上班的路程有多长，每天锻炼的时间有多长，等等。第二，感受性问题，是参与者对于现象的评判。比如，参与者是否觉得背街小巷安全，是否觉得某一片绿油油的草坪生态效应较高，是否喜爱工业风的旅馆设计，等等。第三，思想性问题，一般需要参与者开动脑，进行理性地分析推理。比如，您是否觉得嘈杂的广场舞驱逐了其他使用人群。常见的机制性研究问题都是思想性问题。

考虑到参与者回答的难易，问卷调查中应该以简单的事实性问题和易于反应的感受性问题为主，尽量不问思想性问题。想完全从研究问题直接转译为问卷问题是不切实际的，因为人的思考能力和对于世界机制的把握能力是有限的。人们回答那些在他们认识范围以内的问题，才具有更接近于现象本身的准确性。很多的机制问题是现象以下的隐藏命题，因此问卷参与者（甚至研究者）不具备回答机制问题的能力。比如，前文提到的研究问题"参与者家的住房面积和户外公共空间的使用意愿之间关系"的问题。如果直接问参与者"您家的住房面积和您使用户外公共空间的意愿之间存在关系么"，不仅参与者反应肯定是"啥？"一样的莫名其妙；该问题答案选项也难于设计。因此，这个思想性研究问题必须分解成两个问卷问题："您家的住房面积有多大？（平方米）"和"您使用户外公共空间的频率是？（每周若干次）"对于复杂的问题，问卷问题应该尽量询问简单的事实，通过结合多个问卷问题的后续分析来进行命题判断。

问卷数据常常也结合其他方法搜集到的数据共同进行分析。比如，研究者通过针对气候环境的问卷问题，除了一般参与者从主观上回答舒适度的感知以外，研究者不妨直接记录问卷分发地点的温度、适度、日照、风速等信息，以便后期进行比照和分析。在研究场所的使用时，采用问卷方法可以方便地采集参与者的"内在"观点、态度，记忆等；而他们的即时"外在"状态，比如：情绪、衣着、运动剧烈程度等，则可以通过观察法获得。这些情况下，要求研究者以调查问卷为主干，留出若干参与者不填的问题区域，问卷调查员在分发问卷时通过观察，或者相应仪器的测试，完成对应的数据搜集。

2）"所指"和"能指"

问卷问题的"所指"和"能指"是问卷问题询问内容筹划和效果之间存在着距离。由于语言文字本身是抽象的,而设计学科关心形象具体的建成环境;因此,"所指"和"能指"这对概念在发展问卷问题时常常显示出张力。研究者所问的研究问题的抽象层次直接关系到搜集材料的品质和价值。例如,热带某干热城市居民对于室外公共空间环境改善观点的问卷调查。针对室外的休憩设施,可能存在如下的询问方式:第一,询问必要性,"您觉得有改善室外休憩设施的必要么?";第二,询问具体的设施,"您觉得有必要在室外增加一个凉亭么?";第三,在问卷中出示一张凉亭的图片,询问"这是您所期待的室外环境么?";第四,甚至将参与者带到一个有凉亭的具体环境中(或者通过虚拟现实场景),询问"这是您所期待的室外环境么?"(图6-9)可以看到,上面四种发问形式同是指向室外休憩设施,却有着完全不同的抽象层次。从环境设施的类别(室外休憩)、具体项目(凉亭)、设计形象(凉亭的图片)、实在环境(凉亭实物环境),抽象层次越来越低,询问主题越来越具体和形象。研究者可以预想,相比于对从环境设施的类别(室外休憩)的询问,通过对具体项目(凉亭)的询问能获得参与者更加明确的喜好。越远离抽象层次,到凉亭的图片、凉亭实物环境,问卷参与者面对的问卷问题对象更加具体,反馈给研究者的信息更加有针对性。同时,越形象具体的问卷内容所包含的信息多,问卷参与者也存在被除询问对象以外因素干扰的风险。比如,当被展示凉亭的图片时,问卷参与者的反应可能是凉亭体验的代入感,也可能是凉亭的风格,还可能是凉亭图片的拍摄质量,甚至可能是凉亭边的植物配置、通往凉亭小径的铺装、照片中天气导致的光线,等等。当被带到现场面对凉亭实物环境,问卷参与者所受的干扰就更多,除了上述提到的因素,还包括场地的活动、卫生清洁情况、人到凉亭实物环境前的所见,等等,都构成了询问凉亭的干扰因素。

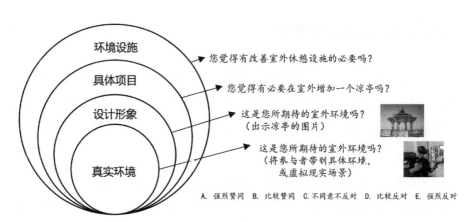

图6-9　关于"凉亭"的问卷问题设计

问卷问题描述对象的抽象层次取决于研究问题的探索目标。仍以上面室外休憩设施的问卷问题为例，如果研究者意在比较休憩设施与活动设施、绿植区域等规划内容，停留在环境设施类别的抽象层面上比较恰当。如果研究者意在提供一份室外空间改善的设计策略，则问卷问题描述对象停留在具体建设项目的层面上要好。如果研究者需要知晓具体的风格样式的偏好乃至于进行切实建设，采用设计形象乃至于实在环境作为问卷问题描述对象就是较好的选择了。总的说来，问卷问题的抽象层次越高，指向越模糊，同时概括性越好，能激发参与者的总结和逻辑思考，排除干扰因素；问卷问题的抽象层次越低，词汇越清晰、越形象、越明确，同时也可能带入大量的干扰因素。研究者需要利用语言抽象性带来的概括功能，同时减少抽象性带来的"能指"分散问题，保证问卷问题能够问出研究问题"所指"的信息。

3）背景问题

一般问卷的设计都包含对问卷参与者背景的询问，包括：性别、年龄、教育背景、收入、职业、居住地，等等。这种询问并不是一种过场，而是搜集数据本身的方法论要求。问卷参与者背景信息一般有两个用途。第一，反映参与问卷群体的基本情况。参与者背景信息的统计勾勒出研究参与者的基本情况，反映出抽样情况，有利于后来研究者对同样研究的重复。第二，背景问题作为统计的控制因素，搜集数据参与到对研究问题的分析当中。比如上文中提到的"公共无线网络信号的覆盖促进郊野公园使用"研究中，收入可能是造成使用差异的因素；因此问卷设计中加入对参与者收入的背景问题。又如，"住房面积和户外公共空间的使用意愿之间关系"研究中，参与者的年龄可能成为造成差异的因素；因此问卷设计中加入对参与者年龄的背景问题。背景问题的数量不应是越多越好，问题过多会导致参与者的厌烦和分析的繁杂。

6.2.4 选项设计与测量

问卷调查法 "刚性"的结构性特征能够有目的地搜集格式化的数据，研究内容被规范成严密的问题和标准选项。问卷研究法对于现象的测量不仅体现在问卷问题本身，也体现在问卷问题选项对研究对象的水平和指标的测量中。四种最为常见的测量包括：定类测量、定序测量、定距测量、定比测量。

（1）定类测量提供的选项可以区分数据的从属类别，而类别之间并不存在次序关系。比如，人的性别，人的籍贯和居住地，人衣着的赤橙黄绿青蓝紫黑白灰，等等。这些分类中，不同定类测量的选项并不存在高低强弱的分别，只具有类别划分的意义。比如：作为人的居住地，北京和天津分属两个类别能够成为其他研究内容的控制因素，两个类别本身并不能够进行任何比较关系。

（2）定序测量则明确数据的某个性质不仅能够区分类别，而且类别本身存在着客观的排序关系。比如，用年龄来区分人群，可以分为：老年、中年、青年、少年、孩童、婴儿。这些类别不仅各不从属，而且存在着从年长到年幼的关系。又如，不同的气候区分类，包括：热带、亚热带、温带、寒带。这种测量不仅区分了类别，而且明确了类别的次序，气候有着明确而固定的冷热次序关系。

（3）定距测量不仅能够反映数据的次序关系，而且能够更准确地反映测量数据差异的程度。定距测量数据的典型特征是数据之间可以进行加减运算。比如，温度就是典型的定距测量。任意两个温度的数值不仅可以比较大小，任意温度的差异（所谓定距）也是可以比较的。很显然，运用定距测量比起定序测量的气候分组所获得的数据更加精确，温度测量比起气候区分类更加精准，也可以进行更为复杂的统计运算。

（4）定比测量是最为高级的测量。定比测量的数据不仅可以进行加减运算，而且可以进行乘除运算。比如，年龄（岁数）就是典型的定比测量。两人的年龄不仅可以比较数值的大小、差异，而且可以进行倍数的比较（路人甲是女主角乙年龄的1/2）。定距测量没有意义，温度的数值显然不能进行乘除运算，城市丙的夏至日温度是城市丁的75%的说法没有意义。定比测量比起定距测量对于数据的要求更高，常见的收入、密度、次数、频率、距离、件数等数据都是定比测量（表6-2）。

问卷表格问题选项测量的基本形式 [1]　　　　　表6-2

	定类测量	定序测量	定距测量	定比测量
类别区分（=，≠）	包含	包含	包含	包含
次序区分（>，<）		包含	包含	包含
距离区分（+，−）			包含	包含
比例区分（×，÷）				包含

总体来说，测量不仅意味着研究对象的具体方面被提取出来，研究对象的具体内容也能够被量化分析。依据定类测量、定序测量、定距测量、定比测量的顺序；越为低级的测量，数据仅能做类别的区分；越为高级的测量，其数据越能进行复杂的数学运算。高级的测量能够包含所有较低级别的测量区分。之所以要区分不同的测量，一方面是认识研究对象特征的需要；另一方面则关系到问卷问题选项的设计。

一个常见的将低级测量转化为高级测量的手段是李斯特量表。李斯特量表要求问卷

1　风笑天.社会研究方法[M].4版.北京：中国人民大学出版社，2013：84.

参与者用 1 ~ 5，或者 1 ~ 9 中的某一数值来回答问卷问题。李斯特量表很好地反映了问卷调查的优势：结构化地提取主观信息，尽量获得定比测量数据，以利于后续的数据分析。对于较为抽象的概念，比如认可程度、喜爱程度、美感、愉悦等接近于类别的概念，与其大费周章进行分解或者描述，李斯特量表干脆让参与者运用统一的量化工具将难于描述（甚至难于定义）的主观感受内容直接量化，以便于方便地进行分析。

6.2.5 引导词

调查问卷的介绍词一般在问卷的主体内容完成后由研究者书写。由于引导词出现在调查问卷的最前端，决定着参与者对于整个问卷的第一印象。引导词写得好，读起来通顺、亲切、有说服力，能够极大地方便参与者作答。特别是研究者不接触参与者的自填式问卷，排版设计和引导词几乎是研究者用来吸引并说服参与问卷调查的唯一工具。随着网络的逐步发展，问卷的发放更加容易便捷，也使问卷的发放更加泛滥。同时由于网络诈骗的猖獗，人们自我保护意识的提升，会导致问卷的回收率下降。下面是某一调查的引导词。

亲爱的调查参与者：

您好，感谢您参与填答本次问卷，本研究的主要目的是考察兆麟公园内热舒适度。您的反馈信息将被记入统计数据库，为将来创造更好的室外休闲环境提供设计依据。本研究获得信息，采用不记名方式，仅供学术研究使用。如您在填答过程中有任何问题，调查员均会详细地答复，感谢您的帮助。

某某大学建筑学院生态研究所微气候课题组 zlgystudy@www.com xxxx 年 xx 月

引导词的目的是向参与者真诚与扼要地介绍问卷研究活动的概况，包括：研究单位、研究目的、具名情况、对参与者的感谢。对于参与者而言，好的引导词一方面打消他们参与问卷的疑惑；另一方面是他们了解自己参与的价值——这种信息搜集活动是有用的，而不是可有可无的。同时，研究者也需要防止过多地透露研究内容，使问卷参与者有先入为主的印象。参与问卷的普通人更多关心的是信息搜集后的外在价值，特别是能够马上转化为环境改造的价值；而对研究者所关心的描述、评估、机制等内容的内在学术价值不太感兴趣。因此，引导词中研究目的的表述，可以笼统地表述为"您的反馈信息能够更好地促进对公共环境的认识和优化设计"。最后，引导词应该表明研究单位的名称、联系方式、问卷时间。这些信息保证调查参与者可以随时联系到研究者。

6.2.6 问卷的检视和改进

当研究者完成了从研究问题到问卷问题的转化，确定所有研究问题的要点都转化为问卷问题；接下来需要对问卷问题进行检视和改进，从而成为一份亲和而严密的问卷。研究者需要站在数据分析的角度，检视问卷的逻辑、选项设计等是否严密；同时，研究者需要站在问卷参与者的立场，检视问卷是否易于填答。改进问卷就是要将问卷问题和选项修订成参与者十分愿意、十分有把握能够回答的形式。不要因为问卷问题的形式阻碍参与者的顺利填答。问卷的检视一般包括以下方面：

第一，问卷问题是否平实易懂？研究者往往将问卷的参与者当作自己的研究同行，误以为他们都具有同样的知识背景。一个常见的现象是问卷中出现大量的专业名词，比如场所"精神""建构""表皮"等词汇。这些词汇都需要转化为参与者日常生活中用到的词汇。另一个现象就是问题的表述过于学究化，比如"度"这个字眼就应该尽量不要出现在问卷的表述中。"您觉得这个广场在外来务工群体中受欢迎程度如何"不如直接表述为"根据您的经验，是否有外来务工人员在这个广场上经常参与活动？"问卷问题的平实亲切也意味着不带有倾向性，让问卷参与者自主作答。

第二，选项的设计是否清晰恰当？好的选项设计给予了参与者足够的表达机会，同时也能保证分析的需要。选项设计需要在同一层次上，选项之间应该相互排斥。比如，比如"空间"和"美感"就是一对相互交叉的选项。美感是空间的一个属性，同时空间还满足容量、舒适等要求。同时空间也是美感的一个来源，除空间的因素以外，美感的来源还包括颜色、质感、象征等。选项设计需要穷尽，比如有些初学者列举不同的设计风格，而忽视其他，这就不是好的选项设计。

第三，问卷是否对参与者显示足够的尊重？问卷调查会占用参与者的时间和精力；数据搜集的高质量完成依赖于这种参与。在简洁明了的同时，问卷的语句尽量采用征询的口气，显示问卷的执笔人温而有耐心，愿意并且真诚期待和问卷参与人交流。相反地，不理想的问卷制作粗糙，显示问卷的执笔人冷淡和不耐烦，只想尽快完成数据搜集的任务。

第四，问卷的排序是否连贯通顺？问卷问题的顺序不见得需要和研究者发展的研究问题的顺序相一致。问题的排布上，一般遵循简单的问题在前，困难的问题在后的原则，避免问题"扎堆"现象。

6.3 调查问卷的发放和搜集

完成问卷设计只是问卷调查法的第一步。设计完成的问卷，如果没有被真实、准确、完整地填写并回收，研究是无法展开的。从方法论的角度来看，调查材料的搜集方式不仅影

图 6-10　调查问卷的搜集方式

响着问卷的效率、花费等现实问题，而且涉及信息搜集的回收率、准确率、代表性等理论问题。调查材料搜集方式决定了被调查者参与调查的全过程体验，同时又依赖社会的组织结构和技术条件（图 6-10）。在选择搜集方式时，研究者需要对这些方面综合考虑。调查问卷的发放和搜集是十分辛苦的工作，需要研究者对于搜集"普通人"观点的热情和意志力。研究者总需要怀着研究的愿望，邀请更多的人来参加问卷调查、表达观点。研究者选择问卷发放方法，可能是调查者亲自去发，可能是委托朋友去发，还可能通过朋友圈和朋友的朋友圈，等等。下面通过自填式问卷和代填式问卷两大类，对可能的发放方式进行讨论。

6.3.1　自填式问卷

自填式问卷是指研究者通过各种渠道将问卷发送到参与者手中，参与者在没有调查员影响的情况下自我阅读作答，返回到调查员手中的调查方式。自填式问卷包括个别发放问卷、邮寄发放问卷、集中发放问卷、网络发放问卷、报刊问卷调查等形式。

自填式问卷的优点十分明显。第一，自填式问卷发放过程中具有很高的效率。由于不需要调查员一对一地与参与者进行交流，这种方式可以同时发放很多份问卷，同时调查很多对象，节省发放问卷过程中的时间和精力。邮寄发放问卷和网络发放问卷甚至还能超越调查员的行踪所及，跨越地理阻隔，极大地扩展调查的范围。第二，由于自填式问卷具有很好的匿名性，使得调查材料的搜集更加准确可靠。很多调查问卷虽然在设计上是匿名的，并不定位参与者的个人身份；但是，由于调查过程中调查员在场，甚至协助填写的过程中接触了参与者，现实地造成了私密性降低，特别是那些敏感、隐私、"灰色区域"的调查内容（比如，被调查对象"抢占"公共场地进行广场舞活动，或者调查对象在自行车道上进行晨练）。自填式问卷的形式保证了参与者独自填写的隐私性，所搜集的数据具有更好的准确性。第三，对于自填式问卷，参与者面对的是单一的问卷表格，因而防止了由于调查员的解释表述、个人偏好、行为举止而造成的参与对象的偏差。

自填式问卷的缺点同样来自于研究者和调查参与者之间没有直接接触，自填问卷的回收率常常受到困扰。由于潜在参与者面对的是抽象的问卷，缺乏督促机制，而参与者并无义务完成调研问卷的填答；因而常常发生回收率较低的情况。自填式问卷由于没有调查员从旁的解释，也会发生参与者在填答过程中发生困难，中止参与问卷的情况。自填式问卷的质量还受到当地调查参与者的受教育程度、工作繁忙程度、当地参与问卷调查风气等的影响。

1）个别发放问卷

个别发放问卷是指调查员将打印好的问卷逐份发放到调查参与者手中，向参与者说明问卷调查的目的和要求，并约定回收的时间（可能是半小时，也可能是几天），届时上门回收（图 6-11）。个别发放问卷能够在抽样引导下比较有针对性地分发到具有年龄、职业、收入、性别等代表性

图 6-11　个别发放问卷（2018 年）

的问卷参与者中。个别发放问卷的过程中，调查员和参与者有面对面的接触，能够对问卷调查的目的和简要解释，也能够一定程度上督促参与者完成问卷。同时，个别发放问卷给予一定的私密空间和思考时间，能够获得更为真实的信息。由于个别发放和回收问卷总是一对一的形式，因此需要调查员极大的时间精力投入。

研究者可以依据特定的社会组织形式进行问卷的发放和回收。比如寻求街道居委会、学生团体的负责人、宿舍栋长、企事业单位的负责人等的协助，完成个别问卷发放。这种方式利用了社会组织内部的联系和执行力来完成问卷的发放和搜集。个别发放问卷的前提是问卷内容不具有敏感性，同时这些组织的负责人也明确支持问卷调查活动。调查员需要找到合适的途径接触这些组织的负责人，解释研究活动的价值，争取他们的支持。当这些组织的负责人同意协助问卷的发放时，研究者应当进一步和他们商讨问卷的发放方式、发放的数量和范围、发放和收回的时间间隔等事项，确保问卷的回收。

2）邮寄发放问卷

邮寄发放问卷是研究者通过邮寄的方式，将纸质的问卷邮寄给可能的参与者；同时会提供回寄的邮资和信封，方便参与者寄回。虽然当代信息传递方式繁多，邮寄送达纸本仍然是最为正式的一种文件送达形式。重要的政府文件、法律文件、合同文件、财务文件等的远距离交流仍然采用这种形式。采用邮寄的方式进行问卷调查也具备了正式送达形式。邮寄发放问卷对于地址比较明确的潜在参与对象是比较适用的。比如，针对专业人群的调查可以根据他们在协会注册的地址，针对教师群体的调查可以根据他们在院系的地址，针对商业门点的调查可以根据它们公开的联系地址等。美国很多城市的街道划分和房屋编号都相对齐整，加之网络地图信息的发达，想要进行地址的查找也相对方便。很多城市的规划咨询和新建项目咨询也通过项目周边若干街区内地

图6-12　集中发放问卷（2019年）

址邮寄发放问卷。比起个别发放问卷，邮寄发送问卷能够到达更为广阔的地理区域。邮寄发送问卷需要准备邮寄和供参与者回寄的邮资和信封，需要一定的花费。

3）集中发放问卷

集中发放问卷是指调查员利用特定的场合向多个参与者发放并及时收回问卷（图6-12）。集中发放问卷的形式一般会借助于特定的场合，比如大学课堂之间的课间间隙，广场舞开始或者结束后的休息时间，主题公园游乐项目排队的人群，等等。这些特定的场合将人聚集起来，为问卷的发放和回收提供了机会。由于人的群体效应，部分人参与问卷的行为也会吸引其他人加入。调查员在现场能够解释问卷的意图，回答填答过程中的问题。集中发放问卷的形式对于设计学科的材料搜集有特别的意义。第一，发放问卷在环境现场，有助于参与者感受并理解问卷问题中关于场所的内容。设计学科所研究的对象是从活生生的环境中抽象出的概念，比如，空间、形式、功能、使用等，并不如收入、安全感等其他社会学的概念容易为公众理解和记忆。在"现场"开展问卷调查（比如在医院的患者等候区问卷医院功能的使用情况），有助于使用者以场所为线索回忆场所使用，较好地搜集信息。第二，对于在课堂、会议间隙等场合发放问卷，还可以利用现场的设备，出示较多的图片、示意图、甚至视屏录像，或者调动气氛，辅助问卷调查活动的进行。

集中发放问卷最大的局限是问卷参与者的随意性。在讲究场合的集中发放问卷中，研究者很难像个别发放问卷一样比较精准地对问卷参与者进行抽样。但是，从研究空间使用现场的角度，对于在场人员的问卷有其实证的合理性。集中发放的问卷应该包含较为充分的背景问题，从而使研究者对于问卷参与者的情况有较好的掌握。

4）网络发放问卷

网络发放问卷，是指研究者通过互联网向问卷调查的对象发放问卷，并通过互联网搜集问卷填答信息的方式。随着互联网和信息技术的普及，网络问卷方便分发、方便统计的优势日益明显，被研究者重视和采用。2010年前后智能手机技术不断发展。对于问卷调查方法，智能手机技术具备了网络问卷的全部优点；并且由于手机便于携带，极大地增强了随时参与调查的可能性。智能手机的社交软件、APP等功能，以及公众数据平台（比如微信公众号、新浪微博等）等媒介也为参与问卷调查提供了方便。尤其是公众参与 GIS（PPGIS）技术还能通过智能手机采集到参与者的地理点位和运动痕迹，极大地拓展了传统问卷调查的数据范围。

网络发放问卷有以下一些特点。第一，网络问卷制作成本十分低廉，便于分发。这种发放方式既不要求研究者和参与者现场交流完成问卷资料的搜集，也不需要花费打印、邮寄费用来完成问卷发放。问卷借助互联网的信息链接，方便地跨越地理的阻隔，问卷的参与者在全球任何有网络连接的地方均能完成问卷。第二，越来越多的网站开发了针对调查的交互式页面，提高填答的准确性。互动式的网页设计能够提示参与者一些简单的答卷失误，比如说，漏填，多填等情况。第三，搜集数据上的方便。提供问卷调查服务的网站能够直接导出整理好的数据。节省了人工整理录入资料的花费。网络问卷也有其局限：参与者必须要有电脑和网络连接，并且愿意登陆问卷调查的页面，方才能参与调查。从人口的分布上来看，能够参与网络问卷的群体只占人口比例的一部分。网络发放问卷仍然属于自填式问卷，缺乏监督完成的机制，运用适当形式将问卷链接送达潜在的参与者，吸引他们点击并参与填答，是这种方式最大的挑战。

6.3.2 代填式问卷

代填式问卷是问卷参与者在调查员的协助下完成问卷。通常由调查员将调查问卷的问题和选项念给问卷参与者听，并同时记录问卷参与者的回答。图 6-13 所示的油画反映了 1850 年美国首次开始人口普查时采用代填式手段搜集数据的情景。调查员进入住户家里，在与户主交谈的过程中获得信息。图中，女主人抱着小孩严肃地坐着，男主人费力地扳着手指回忆调查员要求的数据。一众小孩正躲在女主人身后，害怕而又好奇地看着来人。这种情景反映了调查活动开始之初的种种困难和疑惑：参与对象对调查活动的目的不理解，对于调查活动本身的形式充满疑惧，对于问卷设计的内容不熟悉，需要费力进行回忆，等等。至今，这些情况在不同的文化和地域内至今仍然存在。代填式问卷的形式引入了调查员的角色，用以贯彻抽象的问卷要求，解答参与者的疑问，缓解他们填答过程中的压力，同时督促他们完整地完成问卷。代填式问卷主要包括访问问卷调查和电话问卷调查。

图 6-13　1850 年美国首次开始人口普查的场景——参与人口普查

1）访问问卷调查

图 6-13 中的场景也是通过一对一进行数据搜集的访问问卷调查场景，反映这种方式的种种优势。首先，由于调查员的当面访问，大大提高了问卷的回收率，不会出现网络调查法和邮寄调查法问卷回收率太低的问题以及集中分发问卷时部分参与者遗忘的问题。第二，调查员的访问行为加强了问卷调查的严肃性。当面提问、回答、记录的形式不需要参与者动手填写，减少了他们的压力，增强了他们的参与意愿；同时，减少了参与者应付填写，甚至是欺骗性应答的可能性，提高了搜集材料的真实可靠程度。第三，由于调查员能够当场提出问题，并且当场记录参与者的回答。对于参与者的可能疑惑，调查员能够较好地给予解释，避免由于参与者读写能力或者误解造成的误答。对于读写困难的老年人、读写能力较弱的儿童，访问问卷调查无疑可以扩大数据搜集的范围。第四，对于设计学科的研究者，可以在访问问卷调查活动的同时对周边的环境进行观察，将问卷得到的数据和观察的数据相互参照联系，发展出新的理论维度。

访问问卷调查的缺点也是由于其面对面的特征而产生的。第一，访问问卷调查耗费较多的时间、精力。访问问卷调查不像自填式问卷，访问问卷的数据材料都依赖于调查员等量的时间和精力投入，必须逐个完成。在较大的问卷调查中，研究者还需要花费较多的金钱和精力，招募并培训调查员。第二，调查员与问卷参与者之间的互动也会搜集信息的准确性带来影响。由于人之间的交流并不是单纯地输送客观解释性信息，也是情感、品味、判断、直觉、暗示等内容或明或暗地相互传递。这就难免会对调查者参与应答的准确性产生影响。这就要求调查者严守解释者和协助者的身份，在引导参与者完成问卷的过程中不可以越俎代庖地成为建议者，甚至参与应答者。同时，调查员与调查参与者之间的互动一定程度上将调查参与者的应答内容公开化了；因而，访问问卷调查不适合隐私性、敏感性信息的搜集，特别是年龄、婚姻状况、经济情况、健康状况、出行规律等建成环境研究需要的信息。由于调查员在现场，参与者对回答这些问题感到不自在，反而会导致信息搜集的不准确。第三，访问问卷调查对于调查员提出了要求。访问问卷调查对于调查员的品格和素质要求和访谈研究法比较类似，基本的要求是态度真诚、举止大方、言语得体。在筹划过程中，调查员不需要刻意选择调查对象；调查对象可以是随机的，符合抽样样本对参与者特征的要求即可。在问卷发放的过程中，调查员不需要提出开放性问题，也不必要深究和追问；按照问卷的清单，协助参与者完成整个调查问卷即可。

2）电话问卷调查

电话问卷调查是另一种代填式问卷，调查员通过打电话的方式邀请参与者，按照问卷表格上的问题逐个发问，获得数据的方式。与访问问卷调查所不同的是，电话问卷调查不用调查员和参与者面对面，节约了大量时间和精力。同时，电话问卷调查仍然保持了代填式问卷的优点：问卷参与者仍然不需要动手填写，在问答的过程中调查员也可以实时给予解释和帮助。由于没有了面对面的接触，参与者在提供信息的过程中也不会有太多的顾忌。在中国，家庭电话和移动电话的普及为电话问卷的进行创造了物质条件。

电话问卷调查的缺点也是明显的。第一，电话问卷调查的过程中，参与者看不到调查员本人，因而信任程度较低比起当面访谈要低。加上社会上利用电话作为营销工具和诈骗工具的活动日益增多，对于电话作为问卷方式的抵触更加强烈，调查员的挫败感更强。第二，电话问卷调查时间不宜太长。一般应该控制在 5 分钟以内。超过一刻钟，参与者就会不耐烦。因而电话调查问卷不太适合篇幅较长、内容较为复杂的问卷调查。

6.3.3 提高调查问卷的回收率

调查问卷的回收率是指回收问卷所占发放问卷的比率。一般来说，集中填答问卷和访问问卷的填答率较高。目前在世界各国都受到商业广告和网络诈骗的困扰的情况下，获得较高的调查问卷回收率更加困难。然而，问卷回收率与研究的可靠性相关联。调查问卷回收率低的情况下，即使回收的问卷数量较大，仍然意味着抽样的最初设计意图受到了削弱。以此为基础进行后续的分析，其可靠性就会受到广泛的质疑。问卷的回收率越高越好，调查回收率的下限仍然存在着争议。在建筑、规划、园林领域较好的刊物中，15% 左右的回收率也是被接受的。

调高调查问卷的回收率可以从两个方面考虑。第一，从问卷制作本身改进。研究者在问卷表格或者网络问卷网页的设计上多下功夫。问卷问题的清晰、简洁、连贯、平实，是怎么强调都不过分的。调查问卷没有被回收的一个重要原因是参与者由于问卷内容不合格。参与者怀着良好的愿望参与问卷，却由于问卷本身的粗糙、繁复、冗长而中途放弃作答。笔者就屡屡经历过这种情况。另外，透过问卷的排版、字体、题头设计，参与者能够感受到问卷研究的正规性和亲和力。第二，是运用一些外在奖励，最为常见的是运用物质或者金钱的激励，吸引潜在的参与者参与问卷的填答。研究者需要明确的是，问卷过程中的小礼品对于参与者总是微不足道的，研究者需要向参与者传达的，依然是问卷研究本身的重要性以及调查参与者观点的重要性。随着越来越多的问卷调查采用了奖励的形式，对于激励和小礼品的选择也是研究者需要考虑的。

第 7 章

实验研究法

Chapter 7

Experiment

7.1 实验研究法概述

7.2 实验筹划的相关概念

7.3 实验过程和筹划

7.4 社会试验

针对实验，居里夫人曾经有过一个有趣的论述，"不知道爱情有没有放射性，我先拿一个到实验室去做做实验！"[1] 不管居里夫人真的做了这项实验没有，这一论述反映了实验研究法的几个特点：第一，实验需要有明确的命题（爱情有没有放射性）；第二，实验要有可控的实验环境（实验室）；第三，测试的内容是客观可以观测的（有或者没有放射性的观测内容）。在科学发展的历程中，实验是追求真理的最可靠的研究方法，而不是之一。研究者通过精巧构思实验命题、封闭环境、操作步骤，借助结果呈现工具，客观地观察和记录实验对象在刺激下的反应作用，通过分析获得新的认识。从实验中总结出的、具有规律性的命题，被叫作真理。被实验证明想当然的、表现不稳定的，或者和实验观测不总是吻合的命题，被叫作谬误。

实验方法最先在自然科学以及工程学科中运用，随后也在社会科学中得到广泛的运用。1940 年代，社会科学实验已经得到较为健全的发展；在这之后的半个世纪，对于社会科学实验中的干扰和类型设计的讨论更加深入。自 1980 年代以来，随着计算机技术和统计工具的发展，实验设计的复杂性和可靠性得到加强。设计学科中，二战以后建筑、城市、风景园林的物质和社会属性被给予更多的重视，实验研究法也开始逐步被应用到设计学科之中。本章就对实验研究法的基本特征（第 7.1 节），重点论述了试验研究方法的特殊概念（第 7.2 节）、操作方法（第 7.3 节）进行介绍。最后，也简略讨论社会试验（第 7.4 节）。

---

1 居里夫人：不知道爱情有没有放射性，我先拿一个到实验室去做做实验 [EB/OL]. 2017-08-29. http://www.xinhuanet.com/science/2017 -08/29/c_136565262.htm.

7.1 实验研究法概述

7.1.1 实验研究法的概念

在科学研究中，实验是通过控制条件，验证或者质疑某个命题进行的搜集研究材料的操作。由于实验对条件设定的严格要求，依循同样的命题和操作步骤，不同实验者的重复操作应该能够得到相同的结果。为了说明实验方法的严格特征，我们不妨先来观赏一幅油画《鸟在空气泵中的实验》（图 7-1）。这幅约瑟夫·莱特（Joseph Wright）创作于 1768 年的作品描绘了实验者在有闲阶级的家中演示空气功用的场景。夜晚灯光中的实验吸引着观众的注意。画面右方离演示装置最近的小女孩十分紧张地观看，并紧紧抱着她身边年长的女孩。年长的女孩显然受到了惊吓，捂住眼睛不愿观看。一位似乎是她父亲的人拍着她的肩膀，手指向实验装置鼓励她观看。画面右下方的中年人陷入沉思，似乎在思考着展示内容。画面左下方的两位男青年都为实验所吸引，其中一位手握怀表进行计时。画面左上方的夫妇似乎沉浸于彼此的闲聊中。画面正中的位置是实验装置，一台气泵连接到橘红色支架上玻璃皿，玻璃皿中有一只小鹦鹉。气泵的背后站立着一个穿着红袍、留着长发的演示者，他左手盖上玻璃器皿的盖子，右手操纵着气泵的手柄。演示者是画面中最为镇定自信的人，他的目光垂直地投向画面以外，对于实验的结果胸有成竹。

具有基本科学知识的读者都知道，当气泵抽取空气后，玻璃皿中的鹦鹉会因为缺少空气中的氧气窒息而亡。绘画场景中围观者的反应都围绕着这一可观测现象而产生。这幅油画反映的是启蒙时代人们对于科学的兴趣。这幅作品对于科学实验场景的描绘，有助于我们理解以及科学本身的逻辑性、推理性和客观性；了解实验方法的基本要件。

第一，实验方法针对客观存在的、可以不断重复的现象。《鸟在空气泵中的实验》中观众所观察到的鸟儿从活蹦乱跳到逐渐消亡的过程。穿红衣的实验者巡游各地都能够重复展示这一场景。实验方法可以不断重复的要求集中反映了科学研究求真、求一的特点。科学规律应该是"放之于四海皆准"的；因此，在控制条件相同的情况下，实验的结果应该相同。如果研究者以外的研究者不能准确地重复实验的结果，实验及其所验证的理论的可靠性是受到怀疑的。我们常说的科学决策、科学办事等，就是指决策和办事所依据的客观机制不以某

图 7-1　鸟在空气泵中的实验（约瑟夫·莱特，1768 年）

个研究者或者决策者的意志为转移，而具备客观性和唯一性。设计学科中，采用实验研究法的现象，不论是城市热岛效应、地面渗水率、生物多样性分布；还是人的聚集行为、环境感受、生理指标（如心跳、血压等），都是客观的、可以不断重复的现象。

第二，实验方法需要创造封闭且可控的物质实验条件，从而将研究假设投影在与外界隔绝的现实世界中。在《鸟在空气泵中的实验》中，空气泵和玻璃皿形成了隔绝的实验环境。这个实验环境将"当鸟儿生存状态随着空气稀薄状态的改变而改变"的命题被投射到了现实世界中，与这个命题无关的因素都被试验设备隔绝开来。封闭环境保证了实验测试内容和实验因果关系命题的严密对应性。实验方法封闭环境这一特点不同于其他研究方法：在问卷、观察、访谈等方法中，研究对象不论是人是物都处于"自然"状态中，不一定和环境完全隔离。因此，实验方法能够严格地验证反映因果关系的假说，是一种最为严格的研究方法。在我们通常印象的实验中，物理、化学、生物等学科的实验员都穿着白大褂，甚至戴着大口罩和防护镜。这些装束的目的并不是为了显示试验者的身份，而是为了尽量保持洁净，从而尽可能地排除实验中的干扰因素。不论是鸟在空气泵中实验的器皿，还是实验室实验的器具，还是设计学科实验中"封闭"的建成环境，都是为了在实验中排除物质干扰因素、创造封闭环境（图 7-2）。

第三，实验方法需要明确陈述因果关系的命题假设。上图中实验的命题是："鸟儿的生存是否依赖受看不见的气体（氧气）？"在实验中，空气的量减少，鸟儿失去活力，则命题被证明；空气的量减少，鸟儿仍然充满活力，则命题被证伪。这一命题能够被实验设计的客观内容直接证明或者证伪，因此是封闭式的。这种实验前所发展出的为实验所证明或者证伪的命题又叫作"研究假设"（Hypothesis）。发展出明确的研究假设意味着研究者已经超越了对于研究对象特征进行熟悉筛排的阶段，能够准确地将现象的因果关系机制提取出来。相比于其他实证研究方法，实验研究法在命题构造上的要求最为严格和封闭。如果没有明确的研究假设，研究者就不能准确"隔离"出研究对象，确定观察内容，实验就无法开展。从研究筹划的角度，开放的命题（比如，鸟儿的生存受到哪些因素的影响？）就不适合运用实验方法。实验方法要求像外科手术一样定位准确，定位"刀下病除"的研究问题，避免看起来宏大、综合、全面，而实际上似是而非、难于验证的实验命题。实验方法揭示的"甲决定乙"的因果关系具有预测性，是事物之间最重要的关系。更多

图 7-2 实验方法需要封闭可控的环境（弗朗茨·塞德拉克，1932 年）

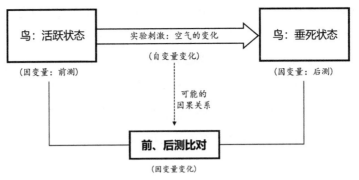

图 7-3 《鸟在空气泵中的实验》的实验概念模型

的因果关系命题为人们改造世界提供了依据。比如，根据城市中更多"破窗"会导致更多的犯罪活动这一因果命题，管理者可以通过封闭"破窗"的举措来降低城市的犯罪率。

第四，实验方法提供了一套包含自变量（independent variable）和因变量（dependent variable）的实验概念模型（图 7-3），从研究逻辑的筹划上严格地反映因果关系命题。自变量（又称为实验刺激）是原因性的内容，因变量是结果性的内容。实验通过控制自变量的变化，测量因变量在测试前后的状态来验证研究假设。在《鸟在空气泵中的实验》中，空气的稀薄状况是自变量，鸟儿的活跃状况是因变量。实验方法的设定包含对鸟（因变量）状态的前测与后测。实验所测试的内容并不是因变量本身，而是因变量的变化，也就是因变量前测与后测的对比。在我们讨论的例子中，实验者关心前后两个场景：鸟的鲜活状态和垂死状态的对比。在这种变化背后，由于封闭的实验设定，造成这种因变量变化的原因只能追溯到自变量的变化：空气的抽离。如此，"鸟儿的生存依赖看不见的气体（氧气）？"这一命题得以证明。和其他方法可以允许测试研究对象"单次状态"不同，实验方法要求至少测试因变量两次的状态（前测与后测），从而获得对于研究对象"应对自变量变化"的认识。这是通过"调控因"而"获得果"的严格因果关系。因此，实验方法适用于验证具有因果关系的机制性理论（空气和鸟生存状态的关系），而非关注单个研究对象的描述性理论（鸟儿有多美丽，空气有多香甜）。在复杂的实验设计中，自变量（实验刺激）可以是多层次、多步骤的；通过量化分析，研究者可以获得更为确切的自变量和因变量之间的关系。还是以鸟在空气泵中的实验为例，实验者可以将空气减少的操作分成不同的级别（并测量不同状态空气的留存量），同时测量每个级别下鸟的反应（依靠观察，或者借助于仪器），从而获得两者更为确切的关系。

在建筑学、城乡规划学、风景园林学中，实验方法适用于那些科学属性较强的领域。这些领域包括针对环境物质属性和规律认识的领域，比如：建成环境的节能研究、材料消耗研究、节水（渗水）研究、生物多样性和生态研究、声环境研究、风环境研究、建筑材料研究，等等；也包括关注环境和人关系规律的领域，比如：工作环境研究、学习环境研究、商业零售环境研究、环境的健康属性研究、步行空间研究、适老环境研究、公共空间使用研究，等等。由于设计学科的对象是处于复杂生活中的尺度较大的建成环境，常常不太容易被"隔离出来"；因而，设计学科对实验方法的探索存在困难。另外，设计学科研究者发展实验模型的能力较弱，能够有能力进行自主仪器研发的研究者凤毛麟角。因而，设计学科主要集中在吸收自然科学、工程学科、社会科学的研究思路，努力学习和熟悉现有仪器和技术，结合设计学科中最为紧迫、有趣的问题，展开实验的设计和操作。

7.1.2 实验研究法的适用性

实验是追求真理最可靠的研究方法。同时，实验方法是对研究条件要求最高的研究方法。因此，并不是所有研究内容适用实验方法进行研究。以下讨论在建筑、规划、园林领域中实验方法的适用性，也对实验方法和其他研究方法作一比较。

第一，实验方法适用于客观的、可以不断重复的现象（图7-4）。实验的基本价值是求真、求一。因此，对于那些发散性的、多解性的研究对象，比如艺术创造、图像解读阐释等，运用实验方法就不适合。对于主观的概念构造、思辨阐释等活动属于纯粹的主观活动，运用实验方法也不合适。

第二，由于实验方法需要创造封闭且可控的物质实验条件；因此，那些不能被从背景中孤立出来的现象就不适用实验方法。实验研究法和观察研究法相似在于两者要求研究者对研究对象积极的观察，比如，运用无人机观察公共广场的使用情况，就很像一个"实验"。值得注意的是，两者最本质的不同在于，实验法所针对的观察需要对现象形成的影响因素进行严格的限制，排除其他所有的干扰因素；而观察法的要求则宽松得多，所面对的现象可以在限定因素和其他因素共存的"自然状态"下进行观察。由于对建筑、规划、园林的研究处于"背景环境"之中，其研究对象的尺度一般远远大于化学和生物实验的研究对象。如何在这个尺度上将创造封闭实验环境，或者运用既存环境而使之与周边隔绝，是设计学科的研究者需要考虑的现实问题。

第三，实验方法需要明确陈述因果关系的命题假设。问卷方法、结构性观察方法和实验方法一样，搜集的都是结构性数据，都需要在研究筹划的阶段明确数据搜集和分析的计划。问卷使用问卷表的方法获得数据，而实验方法和观察方法用仪器（或者观察）来

图7-4 伽利略进行实验的斜塔

获得数据。所不同的是，实验方法验证的因果关系命题在实验开始之前就已经确定，得出的研究结论是清晰的因果关系。这种规定性（prescriptive）命题可以直接转化为改造世界的驱动力。观察法研究常常是对研究对象特征的发现，是描述性的（descriptive），对认识世界具有很大帮助，但是从方法论上并不能得出直接改造世界的认识。常见的描述研究包括：分布研究、评价研究、感受（反馈）研究、风格鉴赏研究等，都不适用实验方法。

第四，实验方法要求研究者数据搜集以前就发展出一套体现自变量和因变量的严格因果关系的概念模型。比如，研究者试图研究"独栋住宅前院的景观层次越多，发生盗窃的机率就越大"这一命题。由于研究者不可能操控犯罪行为，这里的"因果关系"并不能通过实验的操控获得，而是通过观察前院情况和查看盗窃案的记录，通过数据分析两者存在着相关性来推断；或者，通过研究者对抓获的罪犯进行访谈而获得。这些论证因果关系的方法都不是"调控因"而"获得果"的严格因果关系。实验方法和观察方法的区别不在于观察对象显性与否，也不在于是否使用仪器，而在于是否建立起严格的因果联系。观察法和试验法都可以针对直观显性的现象，比如说活动、使用、动作等；也都可以针对不是那么直观的现象，比如温度、适度、响度等。除了实验方法，观察方法也可以使用仪器，比如第8章将讨论的用无人机进行观察，对观察对象进行人脸识别等。

7.1.3 实验研究法概念辨析

1）实验与试验

由于发音接近，并且都会运用到仪器，实验与试验这组概念常常容易被混淆。为了不与实验方法混淆，以下稍作辨析。实验是指通过严格的实验环境设定，证明或者证伪命题假说，从而发展出新的认识的过程。试验是指通过尝试性的活动获得某些事物的性状或者测试结果。试验可以是例行的检测活动，比如材料的耐磨试验、大型公共建筑结构性能的风洞试验；也可以是对新事物的综合检测活动，比如飞机的试飞试验，药物的人体试验，等等。从方法论的角度，试验的理论基础是试验者已知某种事物的性能指标，通过运行、使用、测试获得更加确切的事实。实验的概念指向研究的内在价值，针对发现新规律和获得新认识；试验的概念针对研究的外在价值，通常针对工程、项目、产品的完成和优化。实验不论证明或者证伪科学假设，都意味着认识的积累和进步；而试验总是以成功为目标的；试图通过改进和调试技术，完成和优化工程项目。有一部分研究活动可以同时视作实验和试验（比如某种新材料的发明），但是实验和试验在价值和目标上的差异是明确的。

2）实验建筑

自从 1997 年张永和出版了《非常建筑》以来 [1]，新的具有启发性的设计实践在我国大量涌现。设计学界将那些探索性的、具有先锋姿态的设计方案称为"实验建筑"。这些设计作品在设计思路、操作过程、施工工艺等方面上给予了探索，对当代建筑实践具有很大的启发性。然而，从研究方法的角度考察，这类活动不是运用实验方法的研究活动："实验建筑"的成果是具体形象的建筑作品，而不是一定程度可以一般化的认识。实验建筑通过方案、模型、建造的方式获得对最初设计构想，而不是通过控制实验条件澄清某种命题。同时，实验建筑的设计和落成并不能从实证主义的学理上通过严格的方法程序获得可靠的学术认识。总而言之，"实验建筑"中的探索活动区别于这里所说的实验研究方法。从这个意义上来讲，实验建筑的设计和建造活动并不是实验。这类活动更应该称作"先锋建筑设计"或者"建筑设计试验"，不在本章的讨论范围之列。本书关于研究型设计问题的讨论，集中在第 16 章。

7.2 实验筹划的相关概念

7.2.1 自然科学实验和社会科学实验

由于实验在测试对象上的差异，这里从自然科学实验和社会科学实验分别讨论。

1）自然科学实验

自然科学实验是对自然界物质之间关系假说的测试。在学术进化的历史当中，可以归入到自然科学的学科包括：物理学、化学、生物学、生态学、水文学，等等。这些学科的特征是，将物质世界的某个方面从纷繁复杂的"现世世界"中提取出来，寻找其中的规律。比如：化学主要研究分子和原子层面的物质组成；水文学主要在区域乃至于地球表面的尺度研究水的运动和转化。自然科学的现象处于物质世界特定方面和特定观测量级。经典的自然科学实验不仅具备第 7.1 节所论述的实验特征，从观念上和观测可能性上构建"可被认知"的物质世界特定方面。伽利略的比萨斜塔实验定义出有重量物体的下坠背后有一种恒定机制来控制（今天我们知道是重力加速度 g）。1752 年富兰克林雷电实验通过风筝带来的酥麻感证实了天空中闪电的特性（图 7-5）。由于物质世界的客观

1　张永和. 非常建筑 [M]. 哈尔滨：黑龙江科学技术出版社，1997.

性，自然科学实验能够被不断重复。

在今天，科学学科和工程学科中既有的实验范式不仅比较明确地界定了测试的对象和方面，而且积累测试技术。比如：暖通学科对于隔热、传热、通风等范式，不仅包括发生机制和设计策略，也包括实验测试所用的基本概念、测试单位、测试仪器，等等。

图 7-5　1752 年富兰克林雷电实验

在设计学科中，建筑师、规划师、风景园林师能够从"现世世界"构建出物质世界新概念的可能性十分微小；在大多数情况下，设计学科的研究者通过科学和工程学科提供的概念和工具探求建成环境某个物质内容。在自然科学实验中，研究者所测试的自变量和因变量都是自然现象。研究者的测试内容是建成环境的某个物质方面（因变量）；通过这个物质方面以外环境因素的改变（自变量），考察测试前后的差异，建立或者否定自变量和因变量的联系，从而获得规律性的认识（图 7-6）。比如：改变城市的街道形态对于空气中污染物扩散的影响，改变植物类型对于绿地渗水速率所谓影响，改变温度变化对于房屋隔热性的影响，等等。在这些研究中，设计学科中的自然科学实验一方面要求研究者的考察趣味转变到科学实验的趣味中，具有实用主义的特征。设计学科的研究者一般借用科学或者工程学科已有的考察角度和测试技术，获得对设计学科的新认识。

在设计学科中，自然科学实验还运用物质指标，用来反映人的环境使用内容。比如：测试玻璃顶中庭遮阳情况和人的热舒适度之间的关系中，研究者直接用"温度"这一精确的物质指标来代替涉及人的感受，以不同遮阳情况（自变量）下的温度变化（因变量）建立起实验的因果关系。

自然科学实验的设计和操作可以排除人和社会的干扰，借助仪器，反复多次对自变

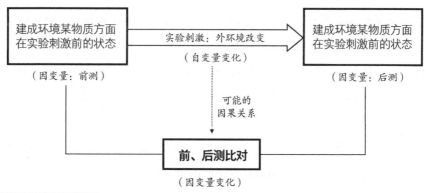

图 7-6　自然科学实验的概念模型

量和因变量之间的关系进行测试。因而自然科学实验常常能够获得曲线、系数、模型等更为明确的关系。由于自然科学范式的实验可以变换自变量多次测试，研究者需要对实验的边界条件给予特别的注意。也就是说，哪些情况下，自变量和因变量的关系会发生剧变或者失效。

2）社会科学实验

社会科学实验是针对人（或者人的群体）与建成环境之间关系的测试。在社会科学实验中，空气泵实验中的鸟变成了人，空气泵等实验环境变成了实验参与者所处的建成环境，人的种种反应成为研究者希望在实验所隔绝而观察的内容。如同自然科学对事物不同方面特性的提取一样，社会科学中对人的属性进行了抽象，复杂的人被设定成相对等质的社会个体存在，就像"相同的"分子组成物质一样。设计学科的实验中，我们感兴趣的是人和环境的关系：自变量通常是对人处于环境中获得的影响和刺激；因变量是人对环境刺激的反应（图 7-7）。社会科学实验中，因变量直接采用人的反应而不采用客观的环境指标，直接以建成环境的服务对象为测试内容。

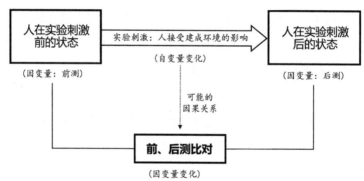

图 7-7　社会科学实验的概念模型

社会科学实验中，自变量（环境刺激）是对人施加影响的因素。在实验设计中，自变量既可以是某种环境因素，比如特定声音频率、特定的温度和湿度、特定的照度；也可以是具体的环境，比如，要求实验参与者凝视一幅风景画，或者在一个康复花园中待上 5 分钟，或者戴上 VR 眼镜在设计的虚拟现实廊道中行走。自变量的设定很像自然科学实验（声学实验、热学实验、光学实验）。研究者需要对相应学科分支（声学、热学、光学）的指标有确切的判断。

因变量是人对建成环境刺激的反应，包括：舒适、康复、烦躁等维度的内容。对于人在不同阶段状态的测试，实验测试具有不同的策略：可以是生理指标，比如心跳、血压等指标的变化情况；也可以是行为指标，比如人在不同地点的停留情况和活动类型等；

还可以是感受指标，实验对象被要求报告在某个环境中的主管体验。除了测试具体人的活动、感受、反应；社会科学实验中的因变量也可以是某种集合性的社会指标，比如说，商品销量的上升、房屋空置率下降、租金上升，等等。随着1980年以来计算机技术和统计分析方法的发展，社会科学实验的测试内容，也从对有限个体的测试进展到了对组织、群体的测试；测试和分析的复杂程度也有着长足的发展。

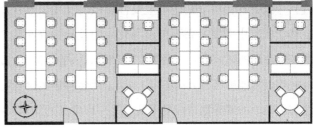

图 7-8　两个办公室实验环境的实景和平面

在一项考察工作环境光照对于睡眠影响的实验中[1]，研究者请30名伏案工作者分别在布局、陈设、朝向相同的两间办公室里工作一星期（图7-8）。这项实验中自变量是两间办公室的照明差别。一间用百叶窗遮挡住大部分阳光（左）；另一间用变色玻璃降低眩光，同时让阳光透过（右）。因变量是伏案工作者每晚的睡眠时间和他们的认识能力测验。通过分析实验数据，研究者发现在有自然采光和视野的办公室里的员工比起，其睡眠时间平均每晚多了37分钟，其决策能力测试中得分高42%。这一实验通过建立起"采光情况——睡眠质量"和"采光情况——决策能力测试得分"的实验假设，通过现实环境的验证，获得了环境采光对于环境使用者影响的认识。

7.2.2 社会科学实验的相关概念和优化策略

社会科学实验的基本逻辑和自然科学是一致的，认为人的活动同自然现象一样具有客观的规律性。因此，社会科学实验的基本逻辑将人设定成抽象的等质个体。社会科学实验的许多测试采用人的反应而不采用客观的环境指标，直接以建成环境最终服务的对象为测试的目的。这种策略直接将人或者人的群体视作测试的终点，在方法论上排除了"过程因素"，将人的忍耐程度、灵敏程度、注意力范围等诸多影响因素全部归结到人本身，体现了以人为本。但是，人会思考、有情感、有差异、会变化；人的这些复杂特征使他

1　Boubekri, Mohamed. Lee, Jaewook. MacNaughton, Piers. Woo, May. Schuyler, Lauren. Tinianov, Brandon. Satish, Usha. The Impact of Optimized Daylight and Views on the Sleep Duration and Cognitive Performance of Office Workers[J]. International Journal of Environment Research and Public Health, 2020, 17（9）: 3219.

们不同于"均质固定"的墙体和水流,也不能简单等同于蚂蚁、娃娃鱼等动物。在方法论上继承了自然科学实验基本逻辑的基础上,社会科学实验需要正视人的诸多特性,规避可能带来的实验干扰。

第一,人的差异性为实验对象的选择提出了挑战。人与人的不同,林林总总;人的这种特性和"每个实验对象都相同"和"每个实验都可以重复"的实验假设存在着冲突。直到今天,社会科学实验可重复性有限的问题依然挑战着社会科学的科学性。因此,社会科学实验中需要一系列措施弱化人的差异性在实验中的显现,使得实验的结果能够反映实验命题测试的内容。我们已经知道,人的年龄、性别、教育程度、理解能力、职业、地域等因素能够区分人的差异。因此,社会科学实验需要用随机分配和匹配参与者等方法,化解由于人的差异性造成的干扰。另一种常见的应对人的差异性的实验思路是,以年龄、性别、教育程度、理解能力、职业、地域等其中的一个或者几个因素划分人群。实验主动测量不同群体的规律,预测他们的行为和体验,并提出环境优化的策略。

第二,人会思考,会交流,会反应;因此,人会在实验的过程中对实验进行揣测以及相互交换信息,产生心理和行为反应,影响实验结果的准确性。比如,实验参与者交流各自接收到的实验刺激,猜测自己被分到的实验组的意义,猜测研究者希望的研究结论,等等。同时,人是自主而且变化的生物,除了实验刺激以外,人的个体和群体反映可能随着时间发生变化,使实验的测量内容变得不准确。

第三,人在实验中不仅是实验对象,还是有尊严而脆弱的生物。在和人相关的实验方法的运用中,研究者要树立起道德标准,在实验中"操纵"参与人完成实验设计的同时,应当清楚而充分地告知参与者可能的生理和心理风险,充分考虑消除和减少实验可能对参与者带来的伤害。

针对人的种种特性,社会科学实验发展出"前测和后测""实验组和对照组""单盲实验和双盲实验"等概念,排除或者减轻人的因素对实验的可能干扰,使实验筹划和分析过程的逻辑更加强劲。

1）前测和后测

前测和后测是指在实验设计中,研究者需要选取实验刺激(自变量)加入前后的两个截面,通过前后截面状态的对比(before and after)获得因变量的真实"反应"和"变化",而不是因变量某个时段的"状态"(见图7-7)。

在实验方法的定义中,前测和后测的概念设定使研究命题对于因果关系的考察十分确切。我们不妨以日常的对话为例说明其中的逻辑关系。比如,甲说:"一拿起书我就特别平静";乙说"收到书的包裹我就特别兴奋"。甲和乙都表述了因果关系:甲描述了"书"（实验刺激，自变量）与"特别平静"（后测，因变量）的因果关系，乙描述了"书的包裹"（实验刺激，自变量）和"兴奋"（后测，因变量）的因果关系。很显然，这两个表述都忽视了"前测"的内容；或者认为前测状况就应该是完全相同的"普通情况"。更细致地分析上面的例子，甲说"一拿起书我就特别平静"，其未明言的前测状态是人相对烦躁，这个表述所包含的因果关系应该是"一拿起书"的原因能使从"烦躁"到"平静"。另一个例子中，"收到书的包裹我就特别兴奋"未明言的前测状态是人相对平静。这个表述所包含的因果关系应该是"书的包裹"能使我从"平静"到"特别兴奋"。甲预设的人的通常状况是烦躁，而乙预设的人的通常状况是平静。可见，前测的状态并不见得是想当然的一致，假设有一个"普遍"的前测状况在逻辑上是不可靠的。因此，在实验筹划的活动中，需要通过前测与后测的相减，孤立出自变量施加影响后因变量的确切变化。比如，在测试电视广告对于产品销量的刺激实验中，电视广告播出后的产品销量并不完全是广告刺激的结果。除了电视广告，产品本身的性能、消费者的需求、消费者的口碑，等等因素都能对产品销量产生影响；后测的产品销量是所有因素影响的共同结果。只有减除前测获得的销量，才能准确定位电视广告的刺激效应。

在建筑、规划、园林等学科的实验研究中，前测和后测同样是必要的。比如，研究者试图考察货架排布方式对超级市场销售量的影响。货架排布方式变化以前，超级市场的售卖和购买情况是存在的。这就需要厘清：商场中的商品销售量的增加是由于货架摆布带来的变化，还是商品本身的吸引力？为了获得货架排布方式变化对销售的影响，通过计算实验刺激前后的差值，才能确切地找到对应实验刺激（货架排布方式变化）带来的因变量反应（销量的变化）。这种前测和后测的逻辑很容易被忽视，值得设计学科研究者的注意。

由于人对于实验刺激的反应并不是即时的，对于实验刺激的反应常常会有延缓效应。因此，这里所说的选取因变量的两个截面进行前测和后测，也并不一定是"即时"测试，实验的设计需要给足前测和后测的时间跨度。比如，在室内照度影响工作效率的实验中，研究者通过照度的调节（实验刺激）测量可能的工作效率变化。由于工作效率的测量并不能一蹴而就地完成，因此，研究者前测的内容应该是一段时间（比如一个小时）的工作量（比如工人完成包装的件数）；后测的内容应该等刺激效应完成并且稳定以后，再测试对应时间的工作量。同样的道理，上例中的货架排布方式实验中，应该留足刺激效应（货架改变效应）的反应时间。

除了对实验对象进行前测和后测，更为复杂的实验设计对研究对象进行多于两次的测量，这种方式叫作轴向研究（Longitudinal study，图7-9）。比如，在墙体保热性实验中，通过多次改变外环境的温度（自变量），研究者多次对应地测试墙体内部的温度（多次后测因变量）。轴向研究比起前测与后测研究不仅更加精确可靠地测试自变量和因变量的因果关系，而且能够"连续性地"反映这种关系。因此，轴向研究常常用来确定变

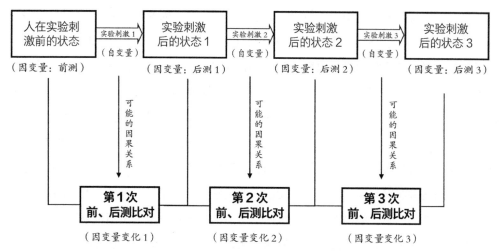

图 7-9　轴向研究的原理

量之间的系数关系，更好地对因果关系的准确性进行预测。另外，轴向研究在多次改变实验刺激（自变量）中，可以向实验刺激两端的极端情况（最高或者最低）进行测试，从而定义出实验所测试的因果关系命题的边界。比如，在上面墙体保温性实验中，通过多次测量不断探及极高温和极低温同样墙体构造的导热性能的系数变化以及因果关系失灵情况，从而获得针对特定现象（某墙体保温性能）认识的外延。在时间轴上多次对于实验对象进行测量，也能很好地显示出刺激反应时间的因素。

2）实验组和对照组

通过对因变量前测与后测的比对获得准确的因变量反应，其前提在于研究对象（因变量）不随时间发生变化。比如说，当鸟在空气泵的实验中，其前提是鸟的各方面生理指标不随着实验的推移而发生变化。在现实世界中，由于实验持续时间较长，很多试验测试的内容会随着时间发生变化。比如，如果我们实验的对象是园艺商店，室外家具和植物产品的销量会随着季节和时间而"自然"地发生变化。这时，如果我们改变货架的排布方式，室外家具和植物产品销量变化情况可能既来源于货架布置方式对购买行为的心理刺激，也来源于销量随着时间而"自然"发生变化。这时，如果实验中仅仅有对因变量（销售额度）之前和之后的测量，前测与后测的差值（销售额度的变化）并不能和自变量的变化（货架的排布）形成闭合的因果环，因为因变量（销售额度）自身还在发生着与实验刺激无关的季节变化。

在这种情况下，需要引入实验组和参照组的概念（图 7-10）。实验组和对照组是研究者所挑选的具有相同"资质"的实验测试对象。实验组的实验对象被施加了实验刺激，研究者需要获得前测后测内容；对照组不施加实验刺激、处于"自然"状态，研究者也需要获得前测后测内容。从实验组的因变量变化中减去对照组因变量的"自然"变化的

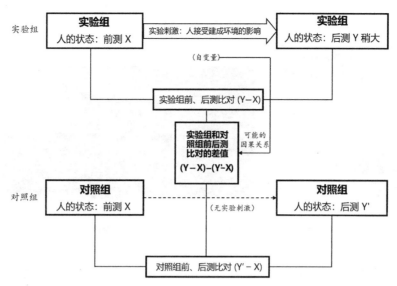

图 7-10　实验组和对照组的测试机制

内容，才能比较确切地判断自变量对于因变量的确切影响。

　　在著名的窗景康复实验中[1]，研究者于 1972—1981 年间在费城市郊的一家医院试图测试室外景观对于手术的康复效应（图 7-11）。由于患者的康复是随着时间推移发生的现象，因而研究者者采用了实验组和康复组的设计。23 位实验组的病人可看到窗外的自然景色，23 位对照组的病人只能看到窗外建筑的砖墙面。研究者试图建立起室外自然景观（自变量）和康复疗效（因变量）之间的联系。康复疗效通过三方面的因变量测量来反映：康复住院的时间、护士护理记录、病人使用去痛药物的量。该实验的结果是，获得室外自然景观的实验组病人康复住院时间较短，护士记录中负面反馈较少，使用较少的去痛药物。研究者因此认为，自然景观有助于病人的康复。

　　采用实验组和对照组的设计需要注意两点。第一，实验组和对照组的实验参与者需要具备相同的"资质"。一般来说，人的资质都是不同的；研究者需要根据实验内容，结合常见的诸如年龄、性别、教育程度、身体素质、职业等参数综合评判资质。第二，在实验过程中，研究者要防止实验组和对照组的参与者由于日常的接触而讨论实验的内容，从而减少对于实验的干扰。

3）单盲实验和双盲实验

　　单盲实验（blind experiment）和双盲实验（double-blind experiment）是对实验参与者和实验执行者屏蔽部分实验内容和实验过程的操作。这种操作的目的仍然是降低人的思

1　Ulrich, RS. View Through a Window may Influence Recovery from Surgery[J]. Science,1984, 224(4647):420-421.
DOI: 10.1126/science.6143402.

Environments for Healing

Pediatric Palliative Care physician Gerri Frager uses Robert Pope's painting, Sparrow, (1991) and a modification to illustrate Ulrich's research on the hospital environment and healing.

Ulrich, R.S. View through a window may influence recovery from surgery. *Science* 1984; 224: 420-421.

This art initiative is curated by Sandra Bertman, Distinguished Professor of Thanatology and Arts, National Center for Death Education, Mount Ida College, MA, USA. Feedback is welcomed at sbertman@comcast.net

图 7-11　实验医院病房平面图（左）；自然窗景康复实验（右）——医院病房窗口砖墙面景色和自然景色对比

维与情感对实验数据搜集过程的可能干扰。最为经典的单盲实验是失眠药实验。由于失眠患者能够从服用药物的行为本身找到心理慰藉，对于研究者的问题是：在服用药物后失眠症状缓解，哪些部分是药物带来的，哪些部分是患者的心理作用？为了有效地测试药物的真实疗效，单盲实验将实验参与者分成实验组和对照组，分别给予失眠药和普通糖丸。按照科学道德的要求，实验参与者知道实验的大概内容和可能风险。同时，按照单盲实验的要求，实验参与者并不清楚自己是在实验组还是对照组，也不清楚自己服用的是失眠药还是普通糖丸（图 7-12 虚线右的内容）。对于组别只用没有取向的 A 组、B 组进行标记。只有研究者掌握分组情况。这种操作中，所有实验者都感到被平等对待了，没有被遗弃感，其获得的心理安慰是相同的。研究者能够用实验组的反应减去对照组的反应，就能够得出药物作用和病症缓解的确切联系。

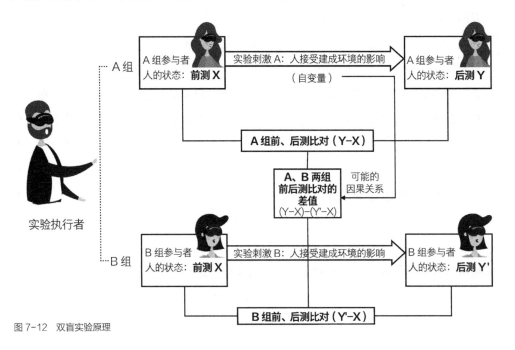

图 7-12　双盲实验原理

双盲实验比单盲实验更进一步，不仅对实验参与者屏蔽具体的实验内容，而且对实验执行者也屏蔽具体的实验内容（见图 7–12）。在上述失眠药实验中，如果按照双盲实验的要求，给所有参与者发放药物的实验执行者只知道发给实验参与者的是"1 号药丸"还是"2 号药丸"，而并不清楚那种药丸是失眠药。之所以要对实验执行者屏蔽部分信息，在于实验执行者常常怀着某种倾向性，在掌握分组信息后可能会"不自觉"或者"忍不住"地对实验参与者施加额外的影响。比如，给予实验组参与者更多的诊疗指导，向实验组或对照组流露出某种关于药物属性的信息，在实验评估的阶段在言语上对参与者加以影响，等等。这些行为都会削弱实验测试的准确性。当对实验执行者屏蔽了一部分信息以后，上述的倾向性就会消失。最终通过实验分析，能得出"1 号药丸"和"2 号药丸"的确切药效。当核心研究者将"1 号药丸"和"2 号药丸"替换成具体药物，研究结果就会十分明了地呈现。在整个过程中，核心研究者、研究实施者、研究分析者不发生叠合；只有最核心的研究策划者掌握实验刺激的具体信息。

例如，我们在做教学实验时想要了解研究方法的课程对于学生的研究过程是否有帮助，包括是否加快学生研究的速度，是否提高学生研究产出的数量。我们选取研究方法课程作为外来刺激，有可能出现的结果是：未来的研究生导师知道哪些同学选修过这些课，哪些同学没有选修，然后对于这些同学进行不同层级和等级的辅导。这种情况下研究者需要对可能的影响施加者（如研究生导师）屏蔽学生修课具体信息，从而排除其额外影响。

7.2.3 小结

社会科学实验的优化策略　　表 7–1

实验策略	目的	具体做法	是否采用的判断依据
后测实验	准确测量出实验刺激所产生的真实效应	在实验刺激施加的前后分别测试实验对象的状态，在分析过程中相减得到"反应"的内容	实验方法的基本操作（决定是采用实验方法还是观察方法）
对照组实验	排除实验参与者随时间"自然"变化内容的干扰	增加实验组，测试实验组的"自然"变化情况，和实验组进行参照	实验内容在"自然"状况下是否发生变化
单盲实验	排除实验参与者心理因素的干扰	对实验参与者屏蔽实验刺激的准确内容	实验参与者的心理活动是否会影响测试内容
双盲实验	在单盲实验的基础上，排除实验执行者心理因素的干扰	对实验执行者屏蔽实验刺激的准确内容	实验执行者的心理活动是否会影响测试内容

在表 7–1 中，总结了这三种策略的目的、具体做法、是否采用的判断依据。这里讨论的三种策略的目的是排除或者减轻人的因素对实验的可能干扰，使实验筹划和分析过程的逻辑更加强劲。同时，我们也看到大量已经发表的研究，并没有全部运用上述的三种策略，而

只是运用了一种甚至更少策略。研究者也需要对过于复杂的实验设计策略的弊端有所了解。

在社会科学实验中，由于人"爱思考"性质，前测和后测的实验要求也会存在缺陷。重复测试内容容易引起实验参与者的警觉和联想，进而猜测研究者的实验设计和动机，根据猜测做出应对的反映，改变原有的行为和观点。多次重复测试内容会使实验参与者产生厌烦情绪，对实验测试漫不经心。这些情况都会影响他们受实验刺激的"自然"反应，进而损害实验的准确性。针对这些情况，研究者需要平衡实验优化策略和简化实验内容的矛盾，综合决定是否采用优化策略。

7.3 实验过程和筹划

本章的 7.1.2 小节，从客观性、封闭条件、因果关系、严格因果关系四个方面对实验的方法论要求进行了详尽论述。选择实验方法，从研究问题的层面，要求研究必须要有明确的待测试的因果关系。从研究操作层面，实验方法要求封闭可调控的实验环境，建立起实验条件、刺激和反应之间的联系，并能够排除可能的干扰因素。本节从实验命题的发展、实验环境的搭建、实验仪器的调试、参与对象的选取、预实验等五方面，讨论实验的筹划。

7.3.1 发展实验命题

在诸多的研究方法中，实验方法最为强调因果关系命题的确定。复杂的实验设施和环境准备不过是明确的实验命题在物质世界的严格投影罢了。不同于其他的研究方法，可以先把数据搜集起来，做做看；对于实验方法而言，具体动手开始进行实验——即使是预实验——因果关系命题的逻辑引导性都是不可或缺的。本章 7.1.1 小节对于实验命题所要求的严格因果关系作了详细论述，在此基础上，这里补充几点：

第一，实验命题本身的逻辑结构越简单越好。换言之，实验命题最好能够是"单因单果"的命题。这种逻辑纯净的命题不仅能够引导研究者创造真正封闭可调控的实验环境，也方便在实验结果获得后方便地阐释。有研究初学者认为实验越复杂越高级，于是增加自变故意量和因变量，变成"多因多果"的命题。就实验逻辑而言，"多因多果"或者"多因一果"的命题不容易阐释究竟哪个原因导致了结果的发生，且难于排除多个原因之间的相互作用，容易造成"一锅粥"的情况。即使研究者具备多因子分析的统计学技能，"多因多果"或者"多因一果"的命题也应该尽量避免。相比之下，"一因多果"的命题是允许的。比如前文自然窗景康复实验（图 7-11）中，自然窗景作为自变量对应康复住院的时间、护士护理记录、病人使用去痛药物的剂量三个因变量。从命题逻辑上，这三个因果关系并不会相互干扰；甚至可以被视作是三个单独的实验。当然，这个命题也可以视作是"单因单果"，康复住院的时间、护士护理记录、病人使用去痛药物的剂量视作反映康复这一因变量的三个指标。总之，单因单果的逻辑得到了很好的实现。

第二，实验命题除了满足逻辑上的形式要求，还必须具有研究意义。由于实验命题的严格性，研究初学者常常构建出一些逻辑上合理，但是理论上没有意义的命题。比如，研究者提出"在夏天，人走到树荫下会觉得舒适度提高"。这种常识性的因果关系命题虽然逻辑上清晰，也能够投射到现实中成为实验环境；但是这个命题只是重复日常生活中的常识，通过实验完成后没有扩展新的学术认识的潜质。另一种常见的现象是，设计学科的实验命题所探索的问题过于肤浅，相当于心理学、教育学、热工学、声学等成熟实验学科的"不入流"研究。这都要求研究者在筹划实验命题时依然按照第4章研究选题的要求，从研究的内在价值和外在价值对实验命题进行筛选。

第三，从既有命题出发，构建实验命题，是研究初学者值得尝试的一条捷径。已发表研究成果中的实验命题不仅示范了实验研究方法所要求严密的因果命题和封闭的实验环境，而且展示了知识共同体对于特定研究领域进展的认可。因此，研究者从现有文献出发，可以较好地获得实验逻辑、理论背景、参数选择、实验环境搭建等一系列研究内容的参照。围绕既有的实验命题进行新的实验，有三种情形：重复既有实验，改进既有实验，发展新的命题和关系。

1）重复既有实验

研究者遵照已经发表的实验研究，从逻辑、理论、参数、环境、分析等方面原样完成前人的实验。重复既有实验可能发生在不同于原来实验的季节、发生在不同的地点，采用不同的实验参与者。前人完成的实验具有完备的命题和实验环境设计；从命题筹划角度看，重复既有实验理论创新性（内在价值）十分有限。但是，这并不妨碍重复既有实验具有划定理论边界的意义和对于外在世界的意义。

重复既有实验获得的结果，大致可以分成两类。一类新进行的实验是和既有实验结果契合，能够较好地 "证明"既有实验命题（Confirmation of Old Models）。在社会科学领域，由于人的复杂性与科学的客观性的矛盾，实验的可重复性一直是富有争议的问题。2018 年发表在《自然·人类行为》上的社会科学复现项目（the Social Science Replication Project）的研究，重复了在 2010—2015 年间发表在《自然》和《科学》杂志上的 21 项社会科学实验。[1] 重复实验发现，只有 13 个可以被复现，而且观测到的效应量级只有之前的

1　Camerer, Colin F.. Anna Dreber. Felix Holzmeister. Teck-Hua Ho. Jürgen Huber. Magnus Johannesson. Michael Kirchler，et al. Evaluating the Replicability of Social Science Experiments in Nature and Science between 2010 and 2015[J]. Nature Human Behaviour, 2018, 2(9): 637-644.

一半。重复实验的结果和既有实验结果契合，不仅具有单次的研究意义（这次"也是一样啊"），而且具对同一命题的普遍意义作出了回应。客观规律的普遍性并不是自然而然地确立的，而是通过不断的验证中反复呈现的。多一次严格的重复实验过程，意味着理论外延边界得以清晰地勾勒划定。吻合的结果能够反映之前发现的客观规律的普遍性，凸显实证研究可重复性的特点。既有实验能够被重复，大多数情况是新实验的结果在方向上能够契合既有实验，而在效应量上有所差异。依据以往的经验，文化、气候、经济、人群（年龄、学历、收入）等因素，常常会影响重复实验的结果。从理论的在验证上来看，这些因素能够解释验证实验命题的契合度，是划定既有实验理论外延。

另一类重复实验获得的结果与既有实验有极大的差异，具有能够"证伪"（falsification）既有实验命题的潜质。造成重复实验结果差异的原因有很多：有可能是研究者从长期接触研究对象的过程中隐隐觉得既有命题并不具有普遍性，有意以重复实验的方法进行挑战。也有可能结果差异由于重复实验地点、人群、时间的原因，差异是地方性、民族性、季节性的体现。还有可能结果差异是研究者原本设想可以证实已有命题，暂时无法解释差异。不论是哪种情况，重复既有实验获得差异性的结果，就能够挑战原有理论命题，推动认识的发展，对研究者都意味着重要的理论机遇。通常发表出来的证伪实验，即使没有构建起新的理论框架；也都指向了新的命题关系，暗示了新理论的构建。

2）改进既有实验

在这种情况中，研究者不对既有实验的基本因果关系作颠覆性的革新，而是附着在原有模型的逻辑之上，从实验参数、实验环境、分析方法等方面改变原有实验，从而得到新颖的测试内容。常见的途径有两种，一种是从实验技术上入手，通过更细致地筹划实验环境，或者采用更为精准恰当的仪器，获得更能反映现象的测试指标（参数）。以自然窗景康复实验为例，比起原有实验"笼统地"测试病人的三个康复指标（康复住院时间、护士护理记录、病人使用去痛药物剂量），研究者还可以更为微观地对实验进行改进。比如，从自变量上可以更为详细地观测病人观察窗外景色的时长，从因变量上可以测试病人每天的身体指标（如：心跳、血压、出汗量等）。实验技术的改进一般不会改变实验的命题逻辑，但是因为技术引入，常常能带来新的测试参数和分析方法，使得对于现象的认识更为精准，对于机制的认识更加明确。

另一种改进既有实验的策略是从实验对象入手，比如有意识地引入人群的疾病类型、性别、年龄、学历、收入等控制因素，测试这些因素对于原有命题的影响。仍然以前述自然窗景康复实验为例，研究者可以将研究问题进一步细化为"自然窗景对于不同人群的康复影响有何不同？"人群的疾病类型、性别、年龄、学历、收入，以及其他影响康复的内容都可以作为新实验的控制因素。研究者实际在既有实验逻辑不变的基础上加入了新的控制因素对可能的现象进行细分，能够获得更为细致而确切的认识。

3）发现新命题和关系

这种情况意味着范式的突破，具有比前两种大得多的意义。研究者常常被告知，要获得新的发现，需要和现象密切接触，还要加上一点点反叛的精神。这里强调一下既有实验对于可能新命题的作用。由于实验方法本身的复杂性，帮助研究者设定了不同于一般生活经验的实验环境，"隔离"出了现象，也设定了既有认识的"精度"。因此，既有实验本身也意味着"高精度"的现象本身，研究者对既有实验从命题到操作上的熟悉，研究者从"做做看"中可能萌发出新的命题。日本研究者田中耕一在一次检测维生素 B12 分子量的实验中，把甘油（丙三醇）当成丙酮，加入了试剂。田中耕一继续对实验进行观察，发现甘油的加入，对分子量大、热稳定性差的有机化合物的激光电离具有促进作用，从而大大提高检测和分析生物大分子的水平。这就是软激光脱着法，导致田中耕一获得了 2002 年诺贝尔化学奖。我们可以看到，在"偶然"的发现中，虽然新的实验命题已经和原有实验逻辑出现了根本的"漂移"，但是原有实验提供的实验环境和观测范式，成为新实验模型和关系测试的支撑。以前述自然窗景康复实验为例，研究者根据既有实验，可能"漂移"出的新命题"在自然环境中活动对康复的影响"，既有实验不仅作为逻辑上的命题关系参照，也能作为实验数据搜集方法和材料的参照。

上述三种发展实验命题的策略之间并没有严格的界限。既有实验所设定的命题逻辑和操作技巧为后来的研究者设定了范式。特别对于研究初学者而言，重复既有实验总能有所收获。不仅意味着研究动手、熟悉流程、仪器，招募实验对象等内容；也意味着对于研究命题的搭建和阐释有着深入的了解。

7.3.2 建立实验环境

1）实验环境筹划

实验筹划包括两个方面：命题筹划和环境筹划。实验环境是实验命题在可实证的现实世界的投影。研究者在设计精巧有趣的命题的基础上，需要设计和创造封闭而可调控的环境，将因果命题中的变量具体化。要使单次的实验具备一般化的意义，就需要保证实验实际所测试的内容是实验命题的内容。自然科学实验的实验环境筹划主要将测试的内容和外界隔绝开来。从物质上，研究者既可以从无到有新建实验设施，或者借用既有的建成环境。比如，对

于双层玻璃幕墙导热性能的实验（图7-13），研究者可以设计新建"实验屋"来获得实验环境。新建实验设施可以尽量排除外部干扰，缺点是一次性投入往往过大。设计学科的研究内容往往涉及环境场所，尺度常常会较大（比如，对南向玻璃墙的中庭空间的通风研究），新建实验环境的可行性较低。研究者就需要考虑借用一处既有的建成环境（如符合

图 7-13　双层玻璃幕墙构造（左）和实验屋设计（右，李保峰，2005年）

要求的中庭空间）作为实验环境；或者进行模拟实验。借用既有建成环境能够节约经费；其限制在于研究者操控环境刺激也受到限制，既有的环境并非为实验所专门设计，可能存在研究者所不知晓的外部干扰。

社会科学实验对于实验环境的准备与自然科学实验有相似之处，一般也包括新建实验设施和借用既有环境。所不同的是，社会科学实验中的实验对象（因变量）是人的反应，实验环境是作为实验刺激（自变量）的存在。环境的存在总是多方面的，颜色、尺度、材质、触感、味觉等。研究者关心的单项内容往往同时叠加在同一个场所。身处在"多方面内容叠加"环境中，人的注意力可能会被多种因素所吸引。比如，在照度影响工作效率的实验中，人在教室中的注意力除了受照度的影响，还受到窗外景色、墙面挂画、饰物、灯具的吸引。将实验者置身于真实环境中意味着除了实验刺激以外，还有较多的其他因素刺激实验对象，这就会给命题的物质投射带来困扰。在现实中使理论上封闭的实验环境具体化，研究者设计或者选择的真实环境应该尽量简化，从而减少实验对象受到非设计实验刺激内容的干扰。

2）模拟实验环境

用模拟的方式创造实验环境具有简便、经济、易于调整的特点。特别是近年技术的发展，使得模拟实验环境更加方便。比如，研究者通过数字建模技术模拟建成环境，实验参与者在实验室中就能完成（图7-14）。又如，声环境的模拟研究通过环境录音，在实验室中实现声环境的还原。模拟实验环境固然不是"真实世界"，但是也尽量将真实世界的内容提取出来。根据次好性原则，替代性的测试内容总能对"真实世界"有所反映。用模拟的方式创造实验环境不仅简便、经济，模拟实验环境过滤了真实世界中斑驳复杂的、与实验命题无关的外来干扰因素，使得实验条件大大可控，使得试验测试更加有针对性；

同时，模拟环境基本都集中到实验室进行，也省去了现场实验的种种麻烦，包括：将实验参与者运输到固定地点不太容易；实验参与者到达现场后又会相互干扰；实验参与者实验过程中会"东张西望"，增加了不可控因素。

图 7-14　博物馆观展感受的模拟实验

在社会科学实验中，实验模拟内容一般是对实验人群施加环境刺激（自变量）。对于同一个因果命题，模拟内容可以具体化为不同形式的。以测试滨水环境对人的康复效应为例，研究者可以用一张照片、一段视频、新建一个虚拟环境等不同方式来模拟真实的滨水环境。同一个模拟方式也存在着精度的差别：照片的拍摄角度和打印尺寸，视频文件的播放屏幕和氛围的选择，虚拟环境建模精度、周边场地、渲染、季节选择等情况，都会对实验的精度产生影响。研究者在筹划阶段需要充分考虑到这些差别，最好能够通过预试验的手段予以比较判定。

在自然科学实验中，实验模拟内容既包括了对自变量（建成环境某因素的改变）的模拟，也包括了对于因变量（测试内容）的模拟。比如，城市尺度的通风研究中，通过现场实测的方法获得具体点位通风信息的成本过高，并且真实的城市环境难于被实验者控制，因此模拟实验成为一种较好的选择。城市尺度通风模拟实验可能指向两个方向，代表着自然科学模拟实验的两个类别。一类是通过缩小尺度的物质模型进行模拟，制作缩小尺度的城市区域模型，由风洞设备对模型的风环境施加影响（模拟自变量），从而获得对模型具体点位的通风信息（模拟因变量）。模型尺度变小了，风洞所模拟的自变量和实验获取的因变量信息也随着实验的设计呈现缩小的关系。这些具体缩小的关系，研究者需要参考相应的风洞设备手册和文献。

另一类是通过软件进行"模拟"。市面上常见的风环境模拟软件基于既有的空气动力学和热力学知识编写完成。从形式上看，软件模拟的测试内容能够极大地排除现实世界的干扰因素，同时方便进行实验刺激（风的设定）的控制和调节。但是，研究者特别需要警惕的是，利用既有软件进行实验模拟所进行的并不是严格意义上的实验研究。由于环境模拟软件建立在已有的科学规律，而不是需要厘清的事实之上，研究者通过软件模拟获得的结论也必然是这些已知科学规律的推导延伸。因此，通过软件模拟所得到的因变量变化更像是利用计算机技术进行演算和呈现。以范式的观点来理解，软件模拟还算不上既有"已有范式"的"沟通"研究，可以说是某种范式集成规律在具体情形下的呈现，研究无法扩展和质疑开发软件所基于的"范式"理论维度。当然，软件模拟仍然能够帮助研究者获得认识。由于软件的强大计算和呈现功能，软件模拟能够根据研究者所构建"范式内"命题，对因变量的复杂变化很好地给予展示。

7.3.3 调试实验仪器

仪器和工具在实验方法中发挥了重要的作用，比如，鸟在空气泵中的实验，如果没有玻璃皿和空气泵作为实验仪器创造出隔绝的实验环境。研究者借助仪器能够完成生活经验以外的实验筹划。仪器用来测试自变量和因变量的指标：既包括精度的提高（比如，高灵敏度测试风速的仪器能够超越人的感知局限，获得环境通风的准确数值），也包括新的测试内容（比如，运用仪器测试脑电波从而获得反映人的情绪变化的数据）。对先进仪器和工具性能的了解，能够给实验者以灵感，促进研究者对于测试命题的筹划。比如，研究者使用新仪器对旧命题重新测试，由于仪器的测试内容层级的提升，能够得到更为准确和可靠的认识。要使仪器成为实验设计中有用的一部分，研究者需要像驯服猎犬一样，将先进（或者不先进）的仪器吸收到实验设计的过程中。研究者需要厘清仪器的如下方面内容：

第一，仪器在实验命题中的作用如何？具体说来，研究者需要弄清楚，在实验中仪器是用来创造和控制环境刺激（自变量）的，还是用来捕捉实验对象反应（因变量）的？例如，在高效工作空间的照明环境研究中，用测试环境照明的仪器来控制和记录环境刺激（自变量）。又如，在康复花园环境对人的健康和情感影响研究中，仪器用来测试实验参与者对环境刺激的反应（因变量），包括：动作捕捉、视线捕捉、各项生理指标（包括筋电位、心跳、心跳变化、出汗等）、推定情感状态的指标（包括脑电波、诱发电位等）……总的说来，仪器测试提供的客观测试结果可以获得比"前仪器时代"的行为观察，或者参与者的自我报告（问卷）内容更为准确客观的数据（图7-15）。研究者得将仪器获得数据的能力和实验命题进行连接，使测试客观数据在实验命题中具有意义。

实验设计中可能运用多种仪器，这种情况下弄清楚仪器的作用更为重要。比如，研究者运用穿戴式设备组合研究运动绩效与场

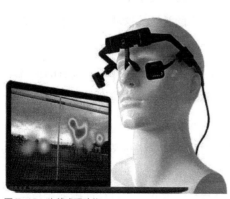

图7-15 头戴式眼动仪

地品质特征关系的研究中，实验参与者所佩戴头盔和三轴加速度计和 GPS 跟踪仪。这个实验设计中，头盔提供虚拟场地信息，这是环境刺激（自变量）；实验参与者佩戴的三轴加速度计与 GPS 跟踪仪器提供实验对象的反应信息，这是对人的状态的记录（因变量）。

第二，仪器获得数据的性能如何？换言之，仪器获得数据的基本原理是什么，在何种程度上能够使所观测的对象量化成数值？仪器获得数据的要点包括两个方面：数据精度和数据量。就数据精度而言，当今的仪器往往功能强大，精度标准很高；但是搜集对于环境认识的数据，还需要仔细分析。比如，无人机载录像机测试旱喷泉吸引儿童使用的实际情况。如果只是分析人群的密度，任何摄像机的精度都能达到；如果要求获得可辨识的表情图像，无人机飞到特定高度就难于获得要求的精度。现今大多数仪器能够连续地获得数据，这项功能极大地解放了研究者的时间和精力，能够保证获得较大的数据量。但是，数据量并不是越大越好。研究者对数据的代表性和搜集频次应该结合研究问题确定。任何数据都不能"完美记录"现象，而往往是用特定的方面、特定的时间点、特定的状态来代表性地反映现象。用可 24 小时连续检测活动心率、强度水平、运动距离、步数的综合性运动绩效测量工具；接下来的分析过程中，用一个类型的数据，还是用多个数据？用某个时间点的代表数据，还是取平均数？研究初学者常常由于缺乏前期筹划，抱着越多越好的态度，搜集了过多的数据；后期在数据清理中耗费大量精力，还可能由于分析逻辑不清而在过多数据中陷入混乱。总而言之，合适的数据精度和数据量要求研究者熟悉仪器，根据测量目标进行人为的调试和设定。

第三，仪器搜集的数据如何进行后续分析，从而回应实验命题？很多重要的实验并没有借助"最先进"的仪器，然而使用"恰当的"仪器能够获得数据。研究者应该十分清楚：仪器获得的数据应该进行何种统计分析。除了测量数据以外，很多仪器还能够形成表格、图表、图像等，这些内容可以成为定性分析的材料。比如在上面，研究者运用穿戴式设备组合研究运动绩效与场地品质特征关系的例子中，三轴加速度计获得的人的活动信息是定量数据；GPS 跟踪仪获得的信息是行动轨迹。它们反映现象的方面不同，分析的方法也不同。

7.3.4 实验对象

这里讨论的实验对象主要是指社会科学实验的参与者。自然科学实验的对象是自然界的物体，比如：墙体、中空庭院、剧院内核、异形的屋面，等等，实验对象的选取和实验环境的筹划遵循同样的原理，相对容易。社会科学实验的对象是人，既可以是个人，也可以是组群，甚至整个社会组织。我们在第 7.2 节讨论了实验设计中考虑人的因素而加入优

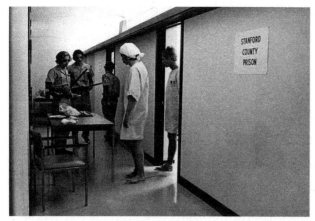

图 7-16　斯坦福大学津巴多教授的监狱模仿实验（1971 年）

化策略。这里讨论在招募实验对象时涉及的问题，主要包括实验伦理问题和对象适配问题。

第一，实验伦理问题是指研究者需要守住学术研究的底线，必须以研究有利社会且不伤害实验对象为基本前提。在 20 世纪以前，医学的发展尚处于初步，社会科学的形成还处于萌芽中，对于实验对象的保护主要来源于研究者的自律。随着 20 世纪医学和社会科学的迅猛发展，一部分短视、自私、贪婪的研究者在实验研究中严重侵犯了实验参与者的基本权利，使得实验伦理问题浮现出来。这些实验包括的领域有：外科手术试验（例如，1913—1951 年利奥·斯坦利医生的圣昆丁州立监狱优生学实验）、传染疾病实验（例如，1932—1972 年美国公共卫生部的塔斯基吉梅毒实验）、生物武器实验（例如，1966 年美国军方在纽约地铁系统的"无害" 枯草芽孢杆菌实验）、人体放射性实验（例如，1953 年美国原子能委员会在爱荷华大学进行的放射性碘实验），等等。上述实验在参与者毫不知情或者隐瞒了大量信息的情况下进行，其后果是以研究的名义导致了触目惊心的伤病和死亡。在这种背景下，对于使用人类作为实验对象的研究计划进行伦理审查的制度应运而生。除了生理实验，一系列酷刑实验和心理实验对参与者所造成的不可逆转的心理创伤。例如，1971 年，斯坦福大学心理学教授菲利普·津巴多（Philip Zimbardo）的监狱模仿实验（图 7-16）。该实验要求参与者扮演虐待者和受虐者的角色。实验参与者被卷入了所扮演的角色无法自拔，这种心理伤害不仅发生在实验进行时，而且在实验结束后的长时间困扰着参与者。这使学术界和整个社会意识到，实验中对实验参与者的保护不光应该包括生理内容，也应该包括心理内容。

伦理审查制度是实验开始之前的一项强制程序。凡是学术研究中涉及的人类实验参与者，不论是涉及心理方面还是生理方面，都需要对科学研究可能对参与者造成的风险进行审核，从而确保实验对象的安全、健康和福祉受到保护。在美国，各级科研院所的伦理审查执行机构是"机构审查委员会"（IRB, Institutional Review Board），具体工作包括受理、评估、决定人类受试者参与研究的可能风险，保证研究者准备的告知文件向实验对象清晰地告知风险。伦理审查的内容包括：判断实验过程是否尽可能避免了不必要的风险，是否采取了必要的防护和补救措施，研究所产生的社会效益是否大于其实验风险。伦理审查的结果一般为：批准、修改、拒绝。获得批准的研究计划具备了伦理审查的合法性，是研究者招募参与者的依据，也是研究成果发表的依据。一般来说，所有涉及人类参与者的实验研究都必须经过伦理审查程序。对有些单位，问卷研究甚至观察研究也要求进行伦理审查。在欧洲等地区，发挥伦理审查作用的机构是"独立道德委员会"（IEC，Independent Ethnics Committee）。中国的伦理审查制度正在迅速建立中；相信在不久的将来会臻于完善。

对于建筑、规划、园林学科的研究者而言，虽然建成环境的研究内容一般对人的负面影响是轻微的，研究者仍然需要在实验设计过程中充分考虑实验对象可能受到的伤害，比如：实验中的噪声强度可能对参与者听力的影响，实验仿真环境可能造成参与者的眩晕不适，等等。在实验招募阶段，研究者应该清晰而准确地向实验参与者告知可能的风险。同时，实验参与者拥有在任何阶段退出实验的权利。由于伦理审查程序一般耗时两周以上，反复的修改可能会使整个过程长达数月，研究者需要将等待时间计入实验程序推进的考虑中。

第二，对象适配是指通过对于研究参与者的合理选择与搭配，保证实验在系统上能够排除偏差。由于实验参与者不是原子，不同的人所具有的千差万别的特性，因此实验测试的内容可能受到人的差别所干扰。一种理想的做法是在选取实验对象时进行"随机分配"（Random assignment），从而提高实验的严格程度。这需要研究者依据实验参与者的差异特征（比如：年龄、专业、理解能力、注意力水平等）在范围人群中选取实验对象。通过随机分配的手段，可能的实验偏差（bias）都能较好地分布到实验对象中。尽管我们知道，任何的实验偏差都不能完全被控制，但是有意识地运用实验参与者的特征能够将可能的偏差降到最低。在参与者选定以后，研究者在实验分组的过程中也需要有意识地匹配参与者（Matching participants）。比如，根据参与者的性别对实验组和控制组进行匹配：在实验组分配一名男性，也必定在控制组分配另一名男性；由此来排除由于性别差异造成的组之间的测试偏差。匹配参与者考虑的因素通常包括：性别、个人能力、教育情况、参与者前测内容的回答情况，等等。在康复实验中，研究者可以把实验参与者按照健康情况分类，然后在分组时保证每种情况的实验参与者在每组中都按照同样的比例出现。

实验方法和问卷方法对参与对象的要求有着很明显不同。选取问卷对象覆盖范围越广越好，需要选取具有代表性的人群，从而反映整体的特征。相比于问卷，实验对于参与者的时间和精力投入要求明显提高：常常要求较长的时间，前测后测甚至三次以上对参与对象进行反复测试。这就决定了实验参与者的数量有限。同时，实验对于参与者本身的均质性也有了更高的要求：实验参与者的灵敏程度差异，对实验内容的理解差异，对实验过程的配合差异都会对实验的准确性和可靠性产生较大的影响。因此，研究者也常常在较小的范围选择同质样本（homogeneous samples）的方式适配实验对象。比如，音乐学院三年级的学生，或者设计公司 30 ~ 40 岁的设计师等。同质样本的方式能够在较少时间招募到一定数量、资质比较均匀、认知水平相等的实验对象。研究者和某个单位和群体建立良好的关系（比如，某市主要运动类别协会，某医院的康复科室），就能比较方便地获得较多参与者。在参与者选定以后，研究者在实验分组的过程中、研究者应该考虑保持实验参与者的原有环境（intact groups）；而不轻易将研究者的原有环境（比如：班级、单位、公司）打乱（artificial groups），从而使得实验分组之间的干扰减少。值得注意的是，较小范围内进行的实验所涉及实验对象较少，且没有经过随机分配，其外推性（generalization）会受到一些限制。

7.3.5 预实验

预实验是保证实验正常进行的必要步骤。实验过程中发生实验设计不相符的状况是很正常的，因此，有研究者建议预研究应该选取至少 6 个参与者进行预实验[1]。由于实验方法要求的可重复性，预实验本身具有方法论上的探索意义。它既蕴含了测试实验假说的希望，也可能带有尚未解决的设计缺陷。

第一，基本判定实验能够成立；也就是说，研究者预想的实验刺激在现实中能够带来可观测到的实验对象反应。如果没有产生研究者所预期的效果，研究者可能需要考虑加强实验刺激（加强量、时间、强度）使刺激足以影响到实验对象产生反应；或者对实验对象采用更为灵敏的仪器、更为有效的测试方式，使实验对象的反应能够被观测到。

第二，识别可能的实验干扰，包括参与者、实验刺激、实验程序等方面。来自于实验参与者方面的干扰包括：实验对象的具体资质差异、实验对象对实验的配合程度、实验对象在过程中遇到困难甚至中途退出的情况，等等。来自实验刺激方面的干扰包括：不同的参与者对于实验刺激的反应存在差异，实验组和控制组的实验对象在日常中接触交流实验刺激内容导致实验失真，实验组和控制组实验对象的竞争意识导致实验失真，控制组实验对象 "被抛弃感" 导致实验失真，等等。在实验过程的干扰包括：实验对象由于前测后测甚至多次测试导致实验失真，研究者在测试过程中的熟练情况和工具使用导致的失真，等等。预研究的任务就是识别出可能的干扰因素，通过实验过程步骤的改进使这些干扰因素对于实验搜集数据的干扰降到最小。

社会科学实验是支配人的活动，实验操作过程要求研究者像电影导演一样，能够调配实验现场的种种资源，同时能够较好地实施对实验环境、实验刺激、实验对象的控制。

1　Bausell, R. Barker. Conducting Meaningful Experiments: 40 Steps to Becoming a Scientist[M]. Thousand Oaks, CA: SAGE Publications, 1994.

比起其他涉及参与对象的研究方法，实验方法的实施过程最为复杂，对实验参与者的要求也最高。比如，像问卷和访谈方法，参与者只需要应答问题就可以；而实验不仅要求参与者按照研究者的设计接受刺激，还最好能作出研究者能够观测到的反应。同时，实验参与者的反应需要是真实的、"自然的"、排除外来的干扰的数据。由于实验对象往往可能将实验前的情绪和状态带入实验中，一般研究者需要设计心情平复的环节。同时，由于实验对象的注意力容易分散，研究者需要给予实验对象明确的指令；保证研究过程按照"剧本"进行。

第三，进行实验数据分析的预演。实验方法是完全的结构性数据搜集方法，实验过程总归要落实到对于数据的搜集。实验数据搜集后常用的分析方法包括：t 检验、ANOVA、ANCOVA，等等。研究者甚至还可以更进一步，尝试阐释数据分析所反映的命题的意义。

7.4 社会试验

社会试验，是在某项策略、制度、技术向社会推广的过渡阶段进行的研究测试。从方法论的角度看，社会试验发生在理论论证结束、实验推断完成以后；同时又发生在大规模推广之前。社会试验包括各种尺度的内容，小的社会试验包括：租借雨伞、社会单车、街道的渗水界面改造、公园内锻炼器材的重新排布、交通环岛形式，等等；大的社会试验包括：公租房试验、廉租房小区政策试验，甚至各种政策、产业、制度"试验区"，比如：项目推进过程中不同的合作机制、不同的居住区管理模式、不同旅游商业街的运营模式，等等。尺度更宏大、影响因素更多的试验包括：政治制度试验、经济政策试验，等等。之所以是"试"验，由于所测试的政策和技术有着向更大范围外推广的价值；但同时政策和技术从产生的副作用效应并不明朗，需要还原到复杂而真实的社会环境中充分测试后予以确定。在这一点上，社会试验可以类比于药物的临床试验，药物机能在实验器皿和实验动物中被揭示出来以后，还要在人体上进行试验，从而更加准确地确定药效，并甄别出未预料到的人体其他反应。

社会试验在设计学科的研究活动中并不占据主要地位。在建筑、规划、园林领域，社会实验的实现往往会要求极大的物质投入，并依赖于社会的组织结构。研究者一般很难主动从研究问题出发，发起社会实验；常常只能在政府、企业、有关组织的试验进程中，后发式地搜集数据和材料，获得认识。一般来说，社会试验存在着以下特点：

第一，社会试验是一种有意识将测试内容还原到"现实"中的研究活动。与实验方法将研究对象从周边环境（既可以是自然的，也可以是社会的）中孤立出来、排除外界一切干扰的控制性环境不同，社会实验是将研究对象还原到"现实"生活中，试图将从生活的"复杂真实"中得到认识。这种还原性的测试环境有意识地让测试内容接触到各

图 7-17　1966 年夏天环境实验工作营（劳伦斯·哈普林，1966 年）

种可能的"触媒"，发生各种"反应"；从而在测试内容推广前充分评估其社会价值和社会影响（图 7-17）。

第二，社会试验仍然遵从一般实验方法的因果关系逻辑。虽然社会试验的环境并不封闭，触媒的内容多种多样；在研究的逻辑上，社会试验和社会科学属性的实验一样，都需要考察具有"自变量"的介入而带来"因变量"前后之间的变化。由于社会试验环境中包含的触媒是多样的，社会试验必然是一个复杂的"多因多果"关系。

综合社会试验的目的有两方面，其一是考察测试内容是否在真实社会环境中达到了原有的效应量级。以"海绵城市"雨水下渗技术的居住区推广而言，试验内容之一就是测试在真实的居住区环境中，雨水搜集和下渗的效率和效益和理论计算有何差异。其二是考察原有测试内容在真实社会环境中的其他影响。仍然以"海绵城市"雨水下渗技术的居住区而言，试验工作除了检验依据水文学计算公式和渗水系数的计算结果在现实中的准确性和有效性；而且要考察"海绵"元素的造价，渗水蓄水效应的运营合理性、低影响元素的长期效益、伴生的环境问题，等等，在社会存在层面更为重要的问题。

第三，从社会试验的目的来看，研究者需要对测试内容的综合效应，也就是对试验"多果"的内容进行权衡评价。社会试验是开放性的、多触角的，其评价机制也是多元、综合的。社会试验并不是像社会科学实验那样线性而单一，也有别于实验方法 "单因单果"的要求。但是，从研究方法的角度来看，研究者仍然需要厘清和梳理社会试验中的因果关系；将说不清脉络的黑箱结构转化为条理清楚的链条结构。这样，复杂的"多因多果"关系能够呈现出明确性，为评价测试内容的综合效应打下基础。

第四，发掘社会试验的考察维度依赖于被研究者"非结构化"地敏锐发现。社会本身是复杂的，社会试验的趣味在于考察测试内容对于复杂社会的适应性。如果说实验研究的认识来自于在实验室的水器皿中投入一个石块；社会试验则是在一个水塘中投入石块。研究者除了观察水和石块的互动，还要考察塘中的水生物、青蛙、鱼类、蛇类等对于石块的反应。这要求研究者积极地进行观察，定位出社会试验中的刺激完成后"涌现出"

的之前未预计到的各种复杂社会因素，从而发展出对于评价测试内容的更多维度。发展维度具有"非结构化"的特点，需要研究者通过沉浸式的观察、访谈等接触活动，借助洞察力予以揭示。

对于社会试验，学术研究的态度和各种行政部门的态度有着很大的不同。后者为了政绩等各方面的考虑，常常夸大试验对于预期效果的那一方面，而忽视、甚至隐藏在试验过程中涌现的各种现实矛盾。研究者需要全面、客观、有洞察力地将各种相关效应揭示出来。对那些未预期效应的揭示，不仅是研究者肩负的为试验推广把关的社会责任，也具有开启新研究现象和领域的意义。

第 8 章

实地观察法

Chapter 8
On-site Observation

中国成语说：身临其境；西谚有云：眼见为实（Seeing is believing）。实地观察法就是基于"用眼睛看"这一人类的本能，通过亲临实地面对形象可感知的研究对象，从而搜集研究材料的方法。虽然实地观察是最简单、最直观的一种研究方法；但是，从本能的观察到研究材料和数据的搜集，仍然有本质的区别。善于做形象思维、善于艺术表现的设计师常常认为自己对环境观察到位，过目不忘，实际并不如此。试问读者，谁能回答天安门的城楼有多少开间？谁说出教学楼下停了多少辆自行车，这些自行车都是什么颜色？

实地观察法对观察角度、记录工具、记录形式等有着严格的要求。同时，作为研究方法的观察，不仅受研究问题的引导，具有明确的目的性；而且与观察对象的性质、研究者的主观参与程度密切相关。本章讨论实地观察法的概念和特点（第8.1节），并从多个角度探讨实地观察法的类别（第8.2节）。并分节论述了空间使用观察（第8.3节）、参与性观察（第8.4节）、环境测绘（第8.5节）、场所体验（第8.6节）四种模式。

8.1 实地观察法概述

8.1.1 实地观察法概念

实地观察法要求研究者在不干扰研究对象所处的环境，运用"以看为主"的手段（图8-1），系统搜集和记录研究所需的材料和数据。广义的观察方法是科学研究所依赖的研究者的能动活动：从伽利略用望远镜研究月球，到巴斯德用显微镜研究细菌，都会涉及观察的活动。本章所讨论的是狭义的观察方法，具体讨论在某种特定环境场所之下，对研究对象"表层信息"的观察，限于针对环境本身（设计）和环境使用（人）的观察。这些观察都是以不干扰研究对象为前提的。那些针对研究对象"深层信息"的观察，

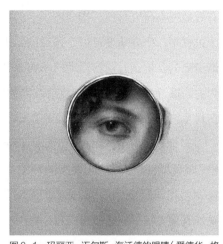

图8-1 玛丽亚·迈尔斯·海沃德的眼睛（爱德华·格林·马尔本，约1802年）

比如针对声、光、热等数据，通过运用仪器，操控环境的变化所进行的观察和记录已经在本书第7章实验研究法中讨论了。

观察是人类自然发生的本能活动；而作为一种自觉的研究材料搜集方法，其目的在于搜集可感知的"深度事实"。观察研究法需要和日常生活中的本能观察活动区别开来。试问读者：谁还记得某位天天见面的朋友十天前衬衫的颜色？人在日常生活中的自发观察存在诸多弱点。第一，人观察的注意力是飘忽分散的。人虽然无时无刻不在看，但是观察活动是相对随机的，不见得"看见"。因而常常发生观而不察，或者视而不见的现象。第二，人类记忆的有限性。日常生活中的观察活动并没有记录的要求，有的观察活动虽然专注地"看见"，但是受到观察者记忆的过滤，不见得记住；即使记住，也不见得达到作为研究分析材料的质量。因而，日常观察活动的成果往往是零碎的、分散的。实地观察法需要搜集研究材料的可靠性，以方法步骤的设定作为保障，从日常自发的、松散的观察方式上升为自觉的、系统的观察方式，完成"观察——描述——记录——分析"的过程。这要求研究者建立起观察系统，明确观察的内容、方面、精度、频率等。在此基础上建立起记录系统，将观察到的内容系统地记录下来，形成内容和变量，以方便进行后续分析。

观察活动之所以重要，是因为它是认识的来源。《南方都市》报道，市容协管员改行做生意往往很成功："做协管久了，更清楚什么路段旺，什么东西旺，上手更快"[1]。

---

1 冯宙锋.转行的忙赚钱　坚守的有抱怨[N].南方都市报，2013-11-03.

同样，电视剧中经常展示巡逻的警官知道哪家餐厅的汉堡味好量足。比起现实生活中的自发观察行为，要求自觉观察的实地观察法要求研究者在相对固定的时间内，在研究问题的指引下，准确有效地搜集研究材料，指向可预期的认识。在这个过程中，研究角度可以是预设的，也可以是逐渐清晰的。但是，观察活动已不再是其他日常行为的附属，而是主动地面对复杂散漫的现实世界、获得系统材料的手段（图8-2）。

实地观察法强调的观察面对生活现场，鼓励研究者走出书斋，从现实的环境中寻求认识来源。在执行观察法的时候，要求研究者不光要像其他方法一样，做到心到、手到；更关键的，

图8-2 雾海上的旅人（卡斯帕·大卫·弗里德里希，1818年）

是要做到"脚到"，勤于跑实地，深入现实生活的"现场"，将现场的情形转化为可供分析的材料和数据。在进行观察和记录的过程中，研究者需要小心翼翼地保护研究对象原有或者应该有的状态，不要由于研究者的观察活动而产生干扰。

值得注意的是，空间使用观察对于建成环境的设计研究具有一定的滞后性。人的空间使用是适应性的；因此，空间使用观察只能基于已经设计并建成的环境，而不能用这种方法对没有建成的方案和设想进行考察验证。

8.1.2 实地观察法的特点

实地观察法具有如下特点：

1）客观性

观察法搜集研究材料的依据在于生活现象的客观实在性。作为观察对象的环境和行为必须是存在于当下、反映研究对象外在特征的、为研究者的视觉所感知的客观信息。实地观察法遵循"由表而里"的逻辑，并坚持对"表象"的忠实记录以及随后的细致分析会带来对"里层"机制的认识。当研究对象是环境本身时，环境自身不能说话，观察法系统详尽地梳理和记录环境的风格、尺寸、比例、细部、材料等特征；当研究对象是环境的使用情况时，观察法并不挖掘环境使用者的主观态度，而是用"看"的方法得出空间使用的行为方式、强度、分布、密度、流线等特征。

客观性意味着真实性。观察客观事物与客观行为，显然可以得到未经主观"处理"过的信息，排除了主观材料可能存在的修饰和遮掩，更加真实有效。由于观察的内容都是通过视觉信息得到的客观实在，研究者不用像问卷调查法和访谈法那样区分事实信息和观点信息。与实地观察法客观性相对的是，访谈法和问卷调查需要激发参与者"陈述出来"的主观性信息。实地观察法对于考察研究对象内在主观无能为力，而只是搜集那些"显而易见"的外在信息；这种客观性成为观察方法的优势。比如，为了考察小区内居民锻炼的频率和强度，采用问卷和访谈等搜集主观信息的研究方法，一部分参与者难免不自觉地陈述一个"使自己感觉更好"的回答：一周锻炼一次可能被修饰成一周锻炼三次。采用观察研究法能够避免这种方法上的固有偏差。

2）非干预性

实地观察法要求研究者尽量不干预被观察的"现场"，不接触被观察对象，甚至不被观察对象注意到。研究者是否熟识观察对象并不影响研究；相反地，过于熟识观察对象可能成为对观察的客观性造成干扰。研究者不用像问卷调查法那样"督促"参与者完成问卷；也不用像访谈法一样激发访谈对象的思考。观察得到的内容最好是事物自然呈现出来的本来面目——即使是涉及接触研究对象的参与式观察，也以不干预研究对象的真实状态为原则。因此，实地观察法不适合搜集人们的记忆、态度、思想等主观"陈述出来"的研究信息。当研究以这些内容为主要材料来源时，采用问卷调查法和访谈法等更适合。

3）现场性

现场性意味着研究者从时间和空间上与场所以及场所上的事件建立起切身的联系。研究者"此时此地"就在现场，因而所搜集的是第一手资料。观察研究的研究者就像武侠小说中的扫地僧，之所以能够洞晓一切，就源于在现场的持续存在。现场观察获得的材料中间没有经过他人的眼、脑、口的信息传递，没有经过任何的主观判断和经验化的提炼，具有很高的原真性和可靠性。也正是由于就在现场，研究者借于主观的敏感能够发现更多的现象细节，具备转化为观察维度的潜质。

现场性还意味着实地研究法"此时此刻"的时效性要求。在诸多针对"当下现状"的研究中，实地研究法是时效性要求最高的。比如访谈研究法搜集的言语材料，问卷研究法搜集的应答材料，虽然也能够反映"当下现状"；但是严格说起来，均是对"不久的过去"的回忆，而不是准确的"此时此刻"的实态。观察的现场内容永远只能是此时正在发生的现象。

由于实地观察法的现场性，观察法并不是一种"高效"的研究方法。实地观察不仅意味着到过和看过，还需要持续地在现场看到和看清。观察材料的搜集需要研究者极大的时间和精力投入，与"一瞥而过"的观光、参观截然不同。现场性还意味着研究者对研究对象多次地、反复地观察，随着次数的累积，观察对象的特征会显现出来。参与性观察（见第8.2节）还要求研究者进入被研究的场所当中去，甚至参与研究对象的生活，从而对研究对象有建立在生活认同基础上的认识。罗格·巴克（Roger G. Barker）《一个男孩的一天》[1]恐怕是迄今现场感最强、记录最为饱和的观察研究。这本著作用400余页的篇幅记录了一个在美国中部堪萨斯州的男孩1949年某天从起床直到晚上睡觉前的14小时的生活。这个堪称白描的著作尝试不运用任何理论，为学术界提供了一个近乎"过饱和观察"的案例。

4）选择性

现实世界是纷繁复杂的，能够观察的内容往往过于繁杂巨量（图8-3），要形成可供分析的材料，观察内容必须经过选择。有选择的观察将复杂事实过滤整理而"结构化"。比如，在游园流线的观察和记录中，只记录人的路径和停留时间，而对人的长相、衣着、胖瘦不考虑。在建筑测绘中，主要提取的建筑形体、尺寸、材料等信息；而对建筑的使用、卫生等情况不予记录。观察角度选择了对研究对象的考察方面和饱和程度。即使在使用更多科技手段进行观察的过程中，研究者仍然面临着内容过多，需要对观察对象、准确度、记录方式等进行选择的挑战。

实地观察法的内容是客观的，研究者的主观决定着观察法的筹划过程中观察和记录的角度。在观察执行过程中，由于人的自然属性，观察过程难免受到主观的干扰而分散注意力。这也造成同一个的观察者对于同一个场所，由于注意力、心境、认真程度的不同，观察结果可能存在差异。因此，在谋划观察维度和精度时，需要发动研究者的主观能动性；在确定了观察维度和精度以后，需要克制主观的选择性，规定性地记录信息，使得观察的内容具有良好的"均匀"质性。

图8-3　煎饼磨坊的舞会（皮埃尔·奥古斯特·雷诺阿 . 1876年）

1　Barker, Roger Garlock. Wright, Herbert Fletcher. One Boy's Day: A Specimen Record of Behavior[M]. New York, NY: Harper，1951.

8.1.3 观察记录工具和"替代性观察"

学术研究所要求观察活动除了看得到，还需要记得下来；这是对人的有限记忆力的补充。实地观察法和测量、记载工具的应用紧密相连（图 8-4）。工具不仅弥补了人作为观察者的弱点，而且使得实地观察的成果形式不断改进，更加利于研究分析。在人类历史上，工具应用带来观察记录的第一次飞跃是基本尺寸测量工具的发明。测量使得人对环境的认识从模糊感知到达了数字化记录的层次。对于设计师，意味着有了改造特定环境、模仿特定环境、理解特定环境的依据。在建筑历史上，对于古罗马建筑的测绘极大地影响了建筑师对风格的讨论和对建筑设计本质的探讨。伦敦城市的测绘第一次整体地揭示了城市和土地之间的关系，城市不再是日常体验的那种"有限世界"，也不再是"自然而然"的生长体。有了准确的城市平面图，对城市进行规划干预的基础才算是具备。第二次工具带来的观察记录飞跃是照相技术的发明。相机的镜头将观察场所的内容投射式地记录下来。在此以前，人们记录场所只能用油画、壁画、烙版画等相对耗时费力的形式。照相记录及时、准确、丰富、忠实。照相技术和新闻印刷技术相互结合，照片等图像在社会上大量的传播，单次的记录得以成为大众的社会记忆。正是这个原因，近代建筑史、园林史的研究有着比之前丰富得多的文档材料。对于当代的研究者，照相机仍然是观察记录最重要、最基本的工具。第三次技术飞跃是摄像技术的发明。通过给照相技术增加时间的维度，摄像技术不仅为空间感的记录提供了更加直观的材料，也为精确记录和时间相关现象提供了更为有利的材料。建筑空间的人行踪迹、市场内从寂静到繁忙再重归于寂静的情状、对园林中万物跟随时节变化的记录，这些针对连续性现象的观察由于摄像技术的发明变成了可能。近年来，价格越来越平民化的行车记录仪也可以用于观察法的记录当中。空间信息技术的进展带来观察法的第四次飞跃。小到三维的形态扫描，大到区域尺度地理信息的采集和测绘，空间移动的行踪跟踪和数据采集等。空间信息技术搜集使得搜集的数据更加形象，更加细致，更加有利于分析的完成。

记录工具的发展使得文档研究法和实地观察法出现某种程度的重合。记录工具的先进性在大大前进的同时，研究者搜集和记录观察信息的主动性大大退后了。这也成为文档研究法和实地观察法的分野：文档研究法中，研究者依赖于记录的数据，研究筹划过程围绕数据的可得性。在获取了记录材料以后，研究者需要花费较大的气力清理和提取有

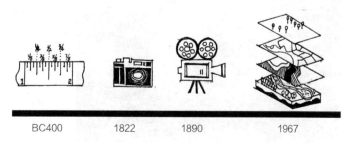

| BC400 | 1822 | 1890 | 1967 |

图 8-4 实地观察和记录工具的进化

用数据。实地观察法中，研究问题主导着观察工具的选用：不仅规定了观察对象，而且定了对观察对象的具体方面、测量单位、采集方法、记录形式等。实地观察法不适合"表层信息"记录相对系统完整的研究对象。比如，对于研究一幢建筑的立面比例，可以用实地观察并记录的方法测绘出建筑的立面。但是，如果建筑设计的原始图纸依然存世，这时档案资料已经能够完全能够覆盖研究所需的材料；观察法的价值就比较低，因为测绘并没有产生新的研究材料。这种情况下，研究者就应该采用材料搜集法，花费较少的力气，找到原始的设计图档，通过分析现成的材料获取对建筑立面比例关系的认识。科技工具的记录功能只有结合了研究问题的材料采集需要才有意义。比如，运用设在高楼上的摄像机拍摄某个街头广场的使用，可以清晰地描绘出不同时段空间活跃程度的变化。而摄影的精度、间隔时间、范围等需要结合研究问题来确定。

8.1.4 观察研究法和设计师观察

形态、空间、活动都是设计师所熟悉的要素，观察和体验是设计师训练的基本内容，速写、绘画需要对建成环境进行充分的观察，设计工作也要求对现场的切身体会（图8-5）。然而，设计学科研究者的实地观察和设计师的体验观察有着明显的差异。

第一，两者的目的不同。作为研究的实地观察是为了搜集可供分析的材料，获得"深度的事实"，最终分析得出对研究现象的系统认识。而一般设计师的观察和体验只是为了获得对场所的感性认识，记录场所体验、搜集设计资料、设计理想的环境。设计师的观察活动都是在设计目标的主导下完成的体验观察，不是在发掘知识目的下完成的搜集式观察，并不是为了验证或者发展认识。

第二，两者观察的对象不同。设计师所观察的环境一般是个人所体验的环境，设计师虽然也会对环境的局部有所关注，但仍然是开放、发散的观察。实地观察的具有选择性、收束性的观察，只是抽取出和研究问题最相关的方面予以观察。实地观察法所涵盖的对象可以是建成的环境、空间、场所，也可以是人和环境（或者在环境中）的相互作用；既可以是个体的人与空间的作用，也可以是群体的人在环境中的互动。

第三，两者观察的规范严格程度不同。作为设计师的观察则可以和环境发生一定的交融，沉浸于其中。实地观察法中，研究者和观察的对象处

图8-5 达拉斯市巨型眼球雕塑（卡罗尔·海史密斯，2014年）

于一种有意识的分离状态，从而建立起"他者"的观察角度。实地观察虽然也针对研究现象外在的特征，其观察对象超出了美术写生的范畴；其观察的步骤、维度、精度、成果形式都具有一定程度的抽象性，是设计学科的实践者陌生的。

8.1.5 实地观察法对于设计学科的意义

人生活在环境之中：人创造环境的同时也使用环境。设计学科对于环境的研究。实地观察的目的是将当下的表面现象转化为学术共同体的认识。

1）留存环境记录

对于建成环境的研究，经由观察而获得的图像记录本身不是知识，但是成为重要的知识载体，为设计学科留存了资料和记录。不像其他的学科的知识可以基于文字存在，设计学科的知识一旦难脱离图像，就容易变得空洞和虚幻。图纸是整个建造学科的基本交流媒介：设计师和业主交流，设计师和其他专业以及施工人员交流，设计师之间交流，都要依靠图纸的记录。现实当中，建成环境并不是固化的，总是呈现出五花八门的变化，不停地发生、改变、消失、重现。实地观察法就是一种最为原始和踏实的方法。建成环境的图像材料总不会自己生成，留存的记录文档总是处于残缺的状态，这就要求研究者前往现场，严格、忠实、敏感地完成观察记录。

处于环境中的人总有一种幻觉，认为身边的环境会永久存在。这种幻觉使得设计学科常常对于身边环境材料的积累并不敏感。2003 年 1 月 19 日，"世界文化遗产"武当山古建筑群中的遇真宫主殿突生火灾，建筑化为灰烬。华中科技大学李晓峰找出了该校建筑学院资料室里的一套测绘资料，由1990年张良皋带队对遇真宫进行测绘后整理出来的。[1] 这些观察记录成为后来复原的基本依据。可见环境观察的记录不仅有衍生出学术认识的内在价值，还具有资以实用的外在价值。

2）产生可分析对象

当人处于环境之中时，或者设计师作为环境改造者的时候，现实总是和分析内容融合在一起，分析是很难展开的。观察的记录最终将现实的某一方面从现实本身提取出来，成为展开环境分析和探究的材料（图 8-6）。当现实变为记录的内容，环境的特性变得可

---

1 柯进，詹健. 被焚武当山遇真宫复原资料找到 [N/OL]. 长江日报，2003-07-03. http://news.sina.com.cn/c/2003-07-03/0853311175s.shtml.

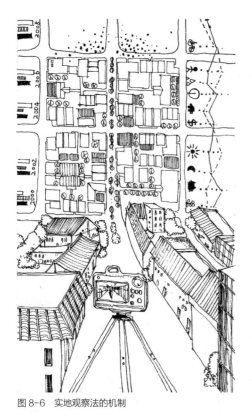

图 8-6　实地观察法的机制

以进行衡量了。无论是古代宫殿广场的比例和尺度，还是屋顶绿化的频率，抑或是人们对于地铁换乘站的使用规律：追寻其实态和规律都能够成为可能。

3）从物到用的飞跃

《老子》中"凿户牖以为室，当其无，有室之用"[1]的论述常常被引用来说明空间中围合构成的本质。人使用的建成环境并不是结构和材料和实体的部分，而是被围合成的空的那部分存在。然而，设计学科对于空间的认识，长久地停留在"围合"的物质属性上。对于通过空间如何被使用的社会属性，直到近几十年时间，随着城市社会学和环境行为研究的发达才得到改观。通过研究人的行为对不同空间特征的反应来"反推"出空间优化的策略，这种思路给曾经只关心物性的设计学科提供了更为细致的对于空间具体品质的认识。

8.2　实地观察法的分类

对实地观察法进行分类是为了使研究者更加方便方法维度的选择。按照观察活动是否设定观察的角度可以将观察活动划分成"结构性观察"和"非结构性观察"。按照研究者在观察活动中观察者主观介入程度的不同可以分为"参与性观察"和"非参与式观察"。除了本章讨论的实地观察（又称田野观察，Field Observation）以外，研究者还会见到实验室观察（Laboratory Observation）的类型，已在第 7 章实验研究法中讨论。

8.2.1　结构性观察与非结构性观察

结构性观察中的结构指的是研究者在正式开始搜集材料前，就已经设计好了观察的角度和内容。就像问卷调查法用问卷作为结构提取数据，观察的维度和精度就是观察活动的

1　老子.道德经·第十一章 [M] // 陈鼓应.老子今注今译.北京：商务印书馆，2003.

"结构"。处于"实地"的真实场所，具体而又杂乱。观察角度就是对现实现象基于某一方面内容的提取，使观察走向系统化（图8-7）。在明确研究问题的引导下（比如，公共艺术品如何影响公共空间使用的），研究者忠实于既定的观察角度（比如，以置有公共艺术品的特定区域人群"密度"为观察内容），将研究对象的研究方面编码为观察的记录（观察有公共艺术品的特定区域人群"密度"，并以半小时作为间隔）；最终通过数据分析回应研究问题（有公共艺术品的特定区域是否具有聚集使用人群的效应？这种效应是如何随着时间变化的？）。演绎式的研究逻辑始于抽象命题，过程是回到真实世界，通过数据搜集和分析回应抽象的命题。在结构性观察的设定中，通过观察角度过滤复杂的现实世界。

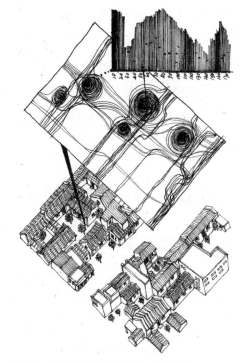

图 8-7　结构性观察：现场到分析数据的转化

研究者只需要观察与观察角度相关的信息，而对与其他信息有意识地去除。比如说，同样是以广场上活动的人群作为观察对象，研究交往质量的研究者可能以人与人之间的对话的次数为观察点；而研究健康活动的研究者可能以每个人的活动种类为观察点——这时候，人具体的高矮胖瘦、穿着打扮等最为外在的特征都被有意识地忽略了。

　　非结构性观察是指观察进行的过程中，观察的角度和内容尚未完全确定。非结构性观察遵循归纳式的研究逻辑，要求研究者在事先不设定观察的角度，而直接进入场所观察获得信息，在和对象的接触中东看看、西看看，逐渐发现新的主题和维度。非结构性观察的活动是探索的、开放的、游弋的。归纳式的研究逻辑始于研究对象的大致范围，过程中研究者从具体世界提取出新的抽象命题。由于不设定观察的角度和饱和度，研究者的主观获得了极大的自由，可以像海绵一样吸收各种层次、方面、性状的观察信息，从而发展出新的观察维度。非结构性观察并非漫无目的，而是要求研究者从结合现场信息中获得研究命题。由于没有观察结构的限制，更利于发掘出既有文献所没有揭示的现象和机制。仍然以公共艺术品在空间中为研究对象，假如研究者在研究进行之初并不设定观察角度，而是沉浸设有公共艺术品的场所之中进行自由观察。研究者可能发现：人们接触公共艺术品后带来了表情的变化，或者人在接触公共艺术品的过程中产生了各种奇异的动作。观看公共艺术品的"表情"和"动作"这些前人没有揭示的命题和维度，就是非结构观察的成果。

总的来说，结构性观察重在系统的提取，非结构性观察重在发现维度。研究者在实地观察现象时，一般是"半结构"的：既沿用经典的观察维度，又对新的关系和维度保持开放性。非结构性观察所得到的新维度，也能作为后续结构性观察的维度，通过数理得出关于现象的稳固结论。由于这个原因，有人认为非结构性观察是结构性观察的前置阶段，甚至只是预研究的阶段。非结构性观察能否成为独立的研究，取决于观察工作能否发现新的维度。

8.2.2 参与性观察和非参与性观察

参与性观察，就是指研究者进入到场所当中，以场所中一员的身份进行观察和材料搜集。人类学以及社会学的研究提供了参与性观察的成熟范式。研究者介入到被观察的场景中，甚至在场景中扮演某些角色。被观察的人群逐渐将参与性观察的研究者视作是"自己人"：不仅不会有意防备研究者，而且愿意向研究者提供更多隐秘的观察机会。参与性观察中的参与是手段，其目的仍然在于研究材料的采集。比如，在聚落环境的研究中，研究者在村落中停留较长的时间，经历和村民反复的互动过程。老工匠最终愿意向研究者展示传统建筑营造的取料、下料、加工的过程；村民最终愿意向研究者展示各种节庆仪式的筹划过程。在城市活动的空间的研究中，冬泳和健行协会的组织者也会由于研究者的主动介入，吸纳研究者成为被观察的团体中的一员。

与参与者身份相对的是旁观者，非参与性观察就是旁观者视角的"冷眼"观察。非参与性观察就像架起一台摄像机对某一个场景进行记录，尽管镜头可以移动伸缩变换，然而整个观察活动是独立的，被观察的场景得到极大的保存。非参与性观察没有获准进入场所，也不需要和场所中的人群共享同理心与同情心。就像影视作品中的扫地僧一样，旁观者的冷静视角能够客观系统地记载实在发生的事件。非参与性观察体现了科学研究的"他者"视角，人和场所之间的相互作用被视作如同原子和原子之间的客观相互作用，非参与观察能够提供有效的工具。

不像结构性观察和非结构性观察总是被截然地分开，参与性观察和非参与性观察式观察活动并不是绝对的。有研究者提出这样的分类：在观察活动的两极是"完全的旁观者"（complete observer）和"完全的参与者"（complete participant）。在两者之间，还有"作为参与者的旁观者"（observer-as-participant）和"作为旁观者的观察者"（participant-as-observer）。确定观察者的身份，研究者在观察活动中需要明了两者的利弊：参与者的优势在于深入而"同理"，但是也可能丧失敏锐性和客观性。旁观者的优势在于客观而冷静，但是有可能对深入信息无能为力。具体观察身份的选取，需要结合对研究对象内容提取的需要。

8.2.3 设计学科四种基本的观察类型

本章的论述按照研究者的主观参与程度（研究者的主观参与，抑或是客观参与）和研究对象与环境的关系（研究对象是环境本身，抑或是环境使用行为），将实地观察法分为四个模式（表8-1）：

设计学科实地观察法分类

表 8-1

	研究对象是环境本身	研究对象是环境使用行为
研究者客观地观察	环境记录和测量	空间使用观察
研究者主观地参与	综合体验和描述	参与性观察

（1）当研究者客观参与对于环境本身的观察，研究对象是作为建筑和环境的"物"，研究者不与使用人群发生关系，观察活动类别是"环境记录和测量"；（2）当研究者客观参与对于人群环境使用的观察，研究的对象是人群的使用行为，观察活动类别是"空间使用观察"；（3）当研究者主观参与对于环境本身的观察，所观察记录的内容是研究者主观对于环境的反应，观察活动类别是"综合体验和描述"；（4）当研究者主观参与对于人群环境使用的观察，研究的对象是复杂的人群活动，研究者的角色转化成参与者，观察活动类别是"参与式观察"。本章就是按照这个分类来组织接下来各节。

8.3 空间使用观察

8.3.1 空间使用观察概述

空间使用观察通过系统地观察和记载空间中人的反应，从而分析得出对的建筑、城市、园林空间的认识。最早的空间使用观察研究始于1960年代，美国研究者威廉·怀特（William H. Whyte）同纽约规划机构合作，对纽约市的街道、广场、公园等公共空间进行了观察和分析。记者出身的怀特敏锐地注意到，在二战后蓬勃建设的纽约市存在着不甚理想的城市空间。他开创性地使用了照相机和录像机等手段，并发展了客观测量方式来系统地记录公共空间的使用。[1]怀特的观察将人的聚集活动、个体动作、相互交流作为主要的考察内容，他发现：公共空间中的座椅总能吸引人的留驻，座椅的舒适程度对于公共性的影响并不大；可移动座椅很受欢迎，因为能够帮助人适应性地重组空间；树下的座椅是最受欢迎的；有商业功能的街道带来人流，提供街道的安全感；醉汉喜欢"空置"的空间；

---

1 Whyte, William H. The Social Life of Small Urban Spaces[M]. Washington, D.C.:Conservation Foundation, 1980.

图 8-8 《城市小空间的社会生活》书影

等等。怀特的这些认识在纽约市以及美国其他大城市的公共空间设计和维护中被充分地吸收：空洞无物的过大尺度空间缩小了，公共空间的座椅变多了；可移动的座椅、咖啡亭、简餐车等不那么"设计"的元素被容忍甚至鼓励，等等（图 8-8）。

怀特研究除了改造公共空间的实用意义，还具有革新数据采集的内在意义。怀特的研究之所以是现代的，不仅在于他运用了照相机和录像机等现代设备；而且在于他发展了系统性的数据搜集方法。这种方法将人的活动视作一种外在的、客观的存在，而不关心人的活动受到主观意识支配的那部分。通过数量、分布、轨迹、频率、密度等概念将人的活动特征进行累加，获得量化的、可分析的数据材料。

同时，怀特研究延伸和扩展了建筑、城市、园林学科研究的边界。设计学科的研究内容不再仅仅是设计师完成的环境艺术作品，而且也被视作承载人类活动的场所。设计学科研究不再仅仅以设计成果（通常是建筑物、花园布置、城市网格等）作为研究对象，同时也能以设计环境的使用效果作为研究对象。设计学经典概念（如：人体工学尺度、比例、细部、形状）并不能覆盖决定公共空间使用的品质，食物贩卖、树荫、场地的商业气氛、人流、色彩、街道的宽度、不受欢迎的人群（醉汉）等因素作用凸显出来。扬·盖尔称这个研究对象为"建筑之间的生活"[1]（life between buildings），怀特则称之为公共空间所容纳的"社会生活"（social life）。空间使用观察具有鲜明的社会科学的实证特征：关心城市广场的"实际使用"（actual use），而不是设计师的"设计意图"。这种以现场观察而不是以主观思辨作为评判环境设计成果的方式，成为设计学科理论的新来源。设计学的经典概念不再"自证其理"，还要受到空间使用效果的检验。人的空间使用的系统化事实和环境本身的特征被联系起来，研究者通过分析人的空间使用效果"反推"出建成环境特征的优劣。因此，建成环境的种种缺陷，比如场地闲置、犯罪活动、交流缺乏、使用效率底下，等等，可以部分地从设计中找到原因。

空间使用的考察广泛地运用到对各类建成环境的研究中：包括：学习空间、康复空间、工作空间、游戏空间，等等；也衍生出诸如环境行为研究（环境心理学）（environment-behavior）、预防犯罪环境设计研究（Crime Prevention Through Environmental Design，CPTED）、康复环境（healing environment）研究等领域。

---

1 Gehl, Jan. Life Between Buildings: Using Public Space Copenhagen[M]. Copenhagen, Denmark: Danish Architectural Press，1971.

8.3.2 结构性观察的维度

空间使用观察的目的是得到某个场所人群活动的系统化事实。就像印象派的画家对现实的抽象一样（图 8-9），研究者对场所的事实进行抽取，过滤掉那些与空间使用无关的特征（比如人的容貌、发型样式、服饰特征等），而选取那些与空间使用相关的特征（比如：活动类型、活动规模、活动强度）。这些被有意识选取的特征就是观察维度。观察维度的系统性在于，不仅不遗漏每一个被观察的对象，每个观察对象提取的内容也是均匀的。比如，以活动类型为观察维度，只能是散步、跑步、玩飞盘、坐等行为中的一种，不会在这个系统中加入诸如高兴的情绪内容，也排除人的交流状况。研究初学者往往难以认识到何为观察的"角度"。往往去几次观察现场，回来汇报一些概略的情况。这些材料不能成为可分析的材料，就是因为缺乏观察维度带来的系统性。

观察精度是观察维度之下的细化概念。精度的概念给予观察活动设定了标准，在不同标准下对观察现象的描述呈现不同复杂程度的特质。比如，对园林空间的观察就可能存在不同的精度。一种观察精度是出现在园林中的人数统计，另一种观察精度是园林中的人的分布情况。从人的数目到人的分布，加入了空间因素和人的位置情况，观察精度提高了。再一种观察精度可以加入人的活跃程度，比如说个体人的坐、停、走、动等各种情况。在这种精度下，人不再是"抽象的点"，每个点的活跃情况也需要被记录下来。精度越高，观察内容的方面也越多，越加饱和。对于观察精度的选择，决定于研究问题的取向；一定程度上也决定于实地的限制。研究者在场地上能够观察的信息是有限的，针对某一个"观察点"的观察方面越多，能考察到的点越少。

结构性观察的维度可以来源于已有文献的阅读，也可能来自研究者的观察经验。已有文献中，数据搜集的角度和精度与研究问题之间的逻辑关系十分清晰，研究者可以方

图 8-9　（左）康尼岛海滩历史照片（1940 年）；（右）印象派油画"康尼岛"（约瑟夫·史戴拉，1914 年）

便借用。历年来的研究者在研究空间品质的过程中积累了较多的观察维度。扬·盖尔总结为五种[1]，包括：数量、身份、位置、内容、时间（how many、who、where、what、how long）。这里的讨论据此展开。由于观察场所内容的独特性，直接套用前人文献的结构而直接进行观察往往并不一定契合；这就需要研究者在"预研究"中，结合对象的范围、数量、特征给予调整。

1）人数

对于环境使用的记录，人数是决定性的指标，也是最容易观察的内容。空间使用现场的观察者最基本的任务就是清点数量。通俗地说，就是"数人头"：一个公共空间或者区域可被观察到的人数越多，就说明它越受欢迎，进而它的某些空间特征就值得肯定。相反，公共空间的设计就需要进行反思。很多其他反映空间品质的指标，比如：密度（人数/平方米）、频率（人数/分钟）、穿行通量（人数/分钟）也是以数量为基础的。研究者获得了人数信息，结合其他的维度，这些指标可以方便地计算出来。

2）身份

观察身份信息是为了回答"谁在使用场地？"的问题。通过观察对象的外部特征大约地获得观察对象的身份信息，常见的包括性别、年龄、种族三种信息。根据性别划分为：男/女，根据年龄分为：婴儿/幼儿/小孩/少年/青年/中年/老年，根据种族分为：白人/非裔/拉丁裔/亚裔/其他。种族信息在美国比较常见。研究者搜集身份信息有着两种不同考虑：有的研究者仅仅是想以此了解被观察人群的概况；另一部分研究者则希望以人口信息为指针，评价观察场地对于不同人群的友好程度，进而探讨设计是否达到了服务所有人群（或者特定人群）的设计目标。研究者还可以分析不同类别之间的关联性（比如：特定年龄和特定公园使用区域之间的关联性，特定性别和空间特征之间的关联性），揭示空间使用更为细致的特征。

具有特殊身份的人群也常常会被用作建成环境品质的指示剂。妇女、儿童、老人等人群属于弱势群体，当公共空间的便捷性、舒适性、整洁度、安全感较低时，他们中的一类或者几类在场所中出现的概率会降低。其他特殊身份的人群包括：无家可归者，放学的少年，衣冠楚楚的上班族，等等。这些人群的空间使用目的相对单纯，比如：寻找栖息地、回家顺便玩耍、工作期间休息和进餐等。观察具有特殊身份的人群对于理解空

---

1 Gehl, Jan. Svarre, Birgitte. How to Study Public Life[M]. Washington, DC: Island Press, 2013.

间使用十分有价值，但是不和所有空间个体的信息在同一个层次。根据研究问题的设定，研究者可以辟出一个低的层级，以专门身份的一类人群作为观察和分析的对象。

3）活动

设计环境的目的是为人所用，设计过程中设计师通过对使用人群和活动的预期决定设计任务书，从概念设计到工程设计，直到项目建成。活动类别作为观察维度成为研究者反溯设计品质的桥梁，一方面会确切地验证不同设计项目的实现和接受效果，另一方面也揭示出场地"复合"功能、"竞争"关系、建设效益。对公共空间中活动的观察，既包括活动的基本种类，也包括活动的目的和强度。在绝大多数公共空间中，人的基本活动可以分为坐、立、行、动这四大类。依据空间类别和研究切入点的不同，研究者可以进一步细分活动的类别。在较小尺度的公共空间（如：街头小广场、医院的康复花园、公司楼顶的屋顶花园，等）中，坐、立、行这三种活动占据主导。对这类空间的考察常常面向社会交往或者空间品质。根据研究需要，坐、立、行活动常常可以进一步按照活动的交往导向进行细分。比如，"坐"可以分为：坐着看来往行人、坐着看书（看报、看杂志、看手机、看电子书）、坐着吃东西（喝东西）、坐着交谈，等等。"立"可以分成：站着交谈、站着喝咖啡、站着发呆（思考）、站着看风景，等等。在较大尺度的公共空间，除了坐、立、行这三种活动，还会有更多的"动"类别的活动，包括：体育活动、嬉戏、音乐舞蹈活动、社团聚集活动、政治聚集活动等。体育活动又可以再细分为：跑步、打太极、放风筝、广场舞，等等。在实地观察中，依据现场各种活动的实际发生状况可以随时增加新类，不必纠结于类别之间的层级关系。在活动类型的基础上，研究者还可以引入活动强度的观察维度。随着近年健康研究的兴起，研究者感到需要获得活动参与者活动强度的信息。特别是儿童游乐场地和包含有运动功能的公园中，对"动"类别的活动常常按照强度进行细分，划分为：激烈、活跃、轻微、静止等类别（图8-10）。

4）时间

观察公共空间的时间维度指代两个不同的概念：持续时间和时间间隔，用以控制搜集数据的精度和厚度。第一，人

图8-10 中央公园冬季滑冰池

活动的持续时间，就是指某个个体的人在场地上从事一项活动的时间长度，比如：小朋友在旱喷泉区域玩耍的时间，老人在石桌边下象棋的时间，公司员工在小花园吃午饭的时间。为了得到能够达到研究计划中现场信息，研究者需要做到"脚到"。研究者需要反复前往现场，甚至长时间驻扎在现场，对在场每个人进行"跟踪"。由于观察者很难一次同时跟踪多人，因此，测量活动时间一般限于较小的区域。更多的现场观察研究不对具体活动时间进行观察记录，而只对某个单独时刻进行切片观察和记录。

第二，是作为控制指标的时间间隔，以此控制不同切片场地活动的情况。比如，某研究者每隔半个小时绕行公园一圈，对公园各处进行观察。半小时时间间隔的连续观察能够显示出场地的丰富差异，同时也能将不同时段的切片进行叠加，汇总成一天的"总数量"。观察间隔频率究竟是 10 分钟，还是一小时，还是一天，还是一季度？需要由观察的对象决定。一般涉及微观的、心理学层面的内容，间隔时间就会较短，比如，儿童的游戏活动的观察间隔可以短到 10 秒。相反地，如果对于大尺度的、规划和政策类的内容，间隔时间可以变长。对于特别需要知道活动持续时间而研究场地又过大的情况，研究者恐怕需要放弃实地观察，通过问卷或者访谈使用者的方式获得这些信息。

5）位置

位置维度要求研究者观察和记录人在空间中停留或者穿行的确切地点。研究者通过观察获得观察对象个体的位置信息后，通常用特定符号标记在平面图上，人的活动特征和场地的环境的特征就能联系起来。人群聚集区域的位置究竟是边界还是核心？儿童感到安全的活动空间是开放还是封闭？座椅、饮水槽、阴凉处对人的活动影响究竟有多大？人的位置信息得到标注，观察内容和周边环境的关系才能进行对应。在某个位置，人出现次数越多，停留时间越久，意味着它的接受程度越高；这些区域的空间环境特征就值得肯定和发扬。反之，那些区域就值得改进。

位置的标识要求研究者准备好观察空间的底图（最好是干净的线框平面图）。底图的比例可以根据研究问题的设定：当研究的对象是环境"区域"（比如中山公园中的不同区域），底图可以较粗，采用较大的比例尺；当研究的对象是具体环境组成（比如一个办公休息区域，或者一个绿道步行节点），底图需要比较清楚地展示各环境要素（比如座椅、灯具、植物围合、标识，等等），需要采用较小的比例尺。最常见的两种人的行为活动标识包括定点标识和路径标识。定点标识适用于人静止的情况。研究者通过不同的符号，将观察对象标注在底图上的相应位置（图 8-11）。由于研究者常常还想标注除了活动种类以外的维度，符号可以被进一步复杂化：比如用实心、空心的符号表示性别，用各种颜色表示年龄，等等。路径标识适用于人移动的情况。研究者通过不同的线条，将观察对象的

移动路径在底图上标出。研究者
为了记录更多的移动信息，比如：
速度、目的性等，也会采用不同
的线型予以区分。对于不太复杂
的区域，定点标识和路径标识可
以在同一底图上标注。

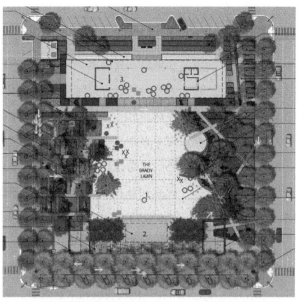

研究者一般要准备多张平面
底图，一个特定的切片时间（如
早晨8：00）对应一张平面底图。
在分析过程中，同一张图纸内的
不同区域可以进行共时性分析，
不同图纸之间通过比照可以进行
历时性分析。多张观察图纸可以
通过叠加获得更为总括性的信息。

图8-11　对塔尔萨市噶瑟利绿地（Guthrie Green）行为活动观察记录

8.3.3 对场地环境改变的观察

大多数情况下，对空间使用的观察是对场所中人的行为的观察。除此以外，人对空间
的使用还体现为人适应性地改变场所环境元素。比如，在路边"自适应"的停车方式，房
屋装修过程中对原有设计格局的重新安排，公园内使用场地功能的调整，现代化机场中有
异于建筑风格的"民族风"装饰，等等。这些"环境改变"明显地区别于设计师设计之初
的愿景，体现了人重新组织和应对环境的"痕迹"。观察这些使用痕迹内容不仅能够鲜活
地反映场地的品质（如某种功能的缺乏，某种风格的误会等），而且能够揭示人和环境之
间互动的规律（如人的能动性、管理活动的弹性等）。这类观察对象相对固定的"物"而
不是活动的"人"，搜集材料的步骤相对简单，读者可以借鉴本章8.5节环境测绘的内容。

空间使用观察维度的选择直接关系到研究筹划，以下几个方面值得讨论：

第一，场地的划定和研究角度的选择虽然是研究者需要在筹划中确定的内容，研究
者需要根据分析内容决定观察记录的维度和形式（不同的点、轨迹、图画等）。分析过
程是基于年龄之间的数量对比，还是活动之间的比较，抑或是场所之间的对比；只是定
性的比较，还是比例关系，甚至要类别之间的相关性分析和回归分析运算？即使研究者
对于既有的公共空间的观察维度有很好的了解，研究逻辑的梳理在前期的筹划和预研究
中仍然是十分重要的。初学者在进行观察时，常常不知道取舍，往往面面俱到，以为选
取的维度越多越好。最后，往往陷入维度过多的漩涡中，或者勉强做成"多因素分析"，

淹没了研究应该着力针对的内容和关系。

第二，研究者需要注意常见观察维度以外的新维度。上面已有的经典观察维度提供了"结构性"的规范和思路。这并不意味着研究者应该放弃在环境使用观察中运用"非结构性"的手段。环境观察中的既有角度和命题，很容易将研究内容导向已有窠臼之中——很显然，人都喜欢待在树荫处；儿童更愿意到喷泉边上戏水；人愿意到有座椅的地方。后来的研究者当然可以不断地、继续地证实这些经典命题。然而，要获得更富有新意的认识，研究者必须抛弃的观察维度，通过到现实场景中发现新的关系。这要求研究者在现场观察的过程中，挑战和补充"设计常识"，不以当下结构性观察的完整为限制，突破已有的维度框架，应该着眼于发展新的观察维度和观察精度，有意思的研究才会产生。

第三，由于信息技术的进展，照相机、录像机、无人机三种工具能够帮助观察者突破人观察记录的局限。随着数码相机的普及，研究者可以通过拍照的方法记录观察场景的切片，事后将照片上的内容转化到表格和示意图中。照片记录空间使用的优势愈加明显的：研究者可以增加观察的频率，获得更多的切片场景；研究者可以设定更多的考察点（如人的表情）进行事后编码，不至于现场观察时措手不及；照片获得的观察内容可以存档，便于未来复查。又如，研究者可以通过录像机对观察现场进行持续的记录。除了具备照片记录的所有优点，录像记录的信息更为丰富。从录像记录中，研究者可以反复跟踪观察不同的使用者，人在场地中的走动情况也可以被很好地捕捉，停留时间和路径信息可以精准地获得。照相机和录像机记录的缺陷是受观察角度限制，两者记录的区域比较有限。正因为如此，怀特的一些录像记录是借助纽约公共空间附近诸多的摩天楼天台获得的。2010年以来，轻便无人机技术突飞猛进，迅速成为一般研究者可以负担的研究工具。在实地观察中，无人机进入场景时研究者本身不用出现，对场景造成的干扰最小；由于从空中拍摄，能够覆盖的场地范围最大；且能够对活动的物体进行追踪，具有广泛的前景（图8-12）。上述三种技术都能使极大地丰富观察的数据量。值得注意的是，不论运用何种技术，研究者始终需要在研究问题的指导下确定变量的精度，对现有数据进行抽样、筛选，不要因为缺乏前期筹划而获得"过于丰富"的数据，反而造成分析过程的困扰。

图8-12 研究者用小型无人机搜集观察信息

第四，场地观察的过程中并不排除观

察以外的方法。人使用空间的诸多要素如果不体现为肉眼可见的外在特征（比如说，人的感受、记忆、目的、情绪、经历等内容），并不能通过观察获得。笔者建议一种结合现场问卷的观察法。研究者的现场观察以一小时或者两小时为间隔获得切片时间点的观察信息；在观察间隔发放问卷，询问观察对象的内在信息，包括：来此处的目的？在此处的感受如何？来此处的频率怎样？住所离这里有多远？ 等等。长时间处于现场观察难免单调疲乏，结合其他材料搜集方法能使研究过程更加生动有趣。

8.4 参与性观察

8.4.1 参与性观察概述

参与性观察要求研究者进入某种特殊的场景，扮演某种角色，从而更好地获得研究材料。在这种观察模式中，参与是手段不是目的。研究者之所以要花费力气地进入到场景中，并不是为了破坏场景的自然状态，而是为了获得从旁观察所不能获得的隐秘内容。1973 年美国心理学家大卫·罗森汉主持的精神病患鉴定标准研究（Rosenhan Experiment）较好说明了参与式观察的特点[1]。这项研究中，八位志愿者（三女五男）均向精神病院医生声称幻听，其中七人被诊断为狂躁抑郁症，他们随后被关入精神病医院。在医院中，志愿者们均表现正常，没有报告或者表现出任何精神病理学上的症状。为了执行参与性观察的任务，假病人经常与人聊天的行为，并在病床上做笔记，详细地记录精神病医院中的所见所闻所想。基于此，一些真正的精神病人觉得他们可能是研究人员，但却没有任何一个医护人员意识到他们并非真正的病人。假病人的"观察行为"甚至被医护人员认为是精神病的症状；聊天和做笔记的行为都被赋予了"病情发展"的意义。当志愿者要求出院时，医护人员认为他们的要求是"妄想症"加剧的体现。罗森汉的研究批判了精神病鉴定和治疗的整个过程中医护人员的判断力。在研究方法的层面，观察者扮演病人角色进入现场，没有对精神病院内部的实际情况进行干涉，获得深入而隐晦的内在信息。观察者当然可以采用非参与式观察，在医院管理人员的协助下进入现场，采用他者的视角"从旁"观察。但是，后一种方式显然不能揭示精神病院日常诊断中对待"病人"的态度，以及辨识真假的能力。

1924 年美国林德夫妇（Robert Staughton Lynd 和 Helen Merrell Lynd）的"中城"（Middletown）研究，展示了参与式观察在城市研究中的运用[2]。林德夫妇以印第安纳州曼西市

---

1 Rosenhan, David. On being Sane in Insane Places[J]. Science,1973, 179 (4070): 250-258.

2 Lynd, Robert S.; Lynd, Helen Merrell. Middletown: A Study in Modern American Culture[M]. New York, NY: Harcourt, Brace, and Company, 1929. 笔者曾于 2012—2014 年居住在该市，对林德夫妇的研究对象所指有一些切身体会。

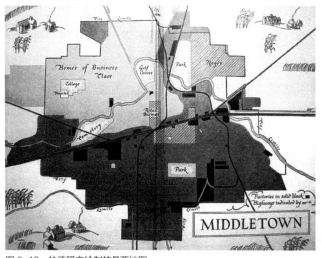

图 8-13 林德研究绘制的曼西地图

为例，挖掘美国当时剧烈的工业化对美国小城市社会的影响。"中城"这个新造的名词显示研究者将这个城市视作一个中间的、平均的、具有代表性的美国小城市。曼西市位于美国中西部，离周边的大城市的距离在 200 公里以上，因而能够"避开"大城市的辐射。在 20世纪初，由于天然气的发现，曼西市玻璃工业和汽车制造业蓬勃发展。城市中不仅有不断壮大的劳动阶层，还有之前就有的中产阶级，城市中还有一所大学。林德夫妇于 1924 年开始在曼西居住了两年，考察了曼西城市的六个方面：生产、居住、子女教育、休闲、宗教生活、社区组织。他们的参与式观察方法意味着广泛接触社会各个阶层（主要是白人），参与各个阶层的社区活动，包括教会崇拜、俱乐部、聚餐、社区会议等等，获得当地人的喜好、观念、生活习惯的材料。参与活动也引导他们搜集其他种类的材料，包括问卷调查、搜集剪报、地方档案等。他们的研究揭示了美国小城市社会各个阶层的相对稳定。商人阶层（商人、律师、医师、教师、公务员等）和劳动阶层（工厂和商店的劳力）的差异并不一定体现在收入上，而主要体现在工作稳定性上。商人阶层需要特殊的职业训练，劳动阶级的工作中则不需要。在没有分区规划的当时，两个阶层居住区域有着较大的不同。如图 8-13 所示，右下方深色的区域是劳动阶层居住的区域，其中有不少工厂；左上方是商人阶层居住的区域，大学就在这个区域；右上方的是非裔美国人居住区（图中标为 Negro）。这些区域之间被公园和墓地等绿地空间"自然"隔开。此外，商人阶层和劳动阶层在起床时间、结婚对象、教堂选择、开何种车等方面存在差异。从 1889 年曼西进入工业社会到 1924 年研究开始的 35 年间，不同阶层内部和阶级之间变化并不大。其间虽然有着工业化的形成和不断的技术变革，由于两个阶层从行为方式到价值体系存在着巨大不同，以及"自然"形成的地理分割，阶层保持了很强的持续性，阶层之间也能够和平相处。即使十多年后林德夫再次考察曼西，发现虽然外部社会出现较多的变迁，尤其是艰苦的大萧条和经济新政（new deal）介入，曼西的社会变迁并不大[1]。

以上两个例子反映了参与性观察收集研究材料的深入性。第一，由于参与性观察的研究者"获准"进入了研究的场所，场所中的生活群体不再存在戒备，展示出更多深层的，

1　Lynd, Robert S.. Lynd, Helen Merrell. Middletown in Transition: A Study in Cultural Conflicts[M]. New York, NY: Harcourt, Brace, and Company, 1937.

甚至是独特的、隐秘的信息。第二，参与性观察材料来源多样：研究者除了用眼睛看到的视觉信息，还需要用嘴巴问、用耳朵听、查找资料、甚至分发问卷，等等。反过来看，某些材料搜集手段也帮助研究者和研究对象接触、取得信任，成为获准进入场所的方式。第三，由于研究者参与到场所到中，获得对场所中其他人的同情心和同理心，研究者从认同生活群体的思想和做法中获得对建成环境的认识。基于同情和同理获得的认识就不仅仅是通过分析外在数据材料而得到的认识，而是内在的洞察和体察的认识。这种认识往往能够超越场所以外的逻辑和思路，揭示出场所"后台"的机制和规则。

参与性观察的缺点是十分耗时。在日益强调"研究产出"的今天，不计成本投入的研究活动生存空间渐小。这也是在操作过程中，我们较少看到参与式观察，而较多"结构式"观察的原因。研究者有意识的参与性观察不妨结合结构性观察"渐进地"参与到观察场景中。比如，前例中对塔尔萨市噶瑟利绿地的观察中，研究者的现场观察以一小时或者两小时为间隔获得切片时间点的观察信息；在观察间隔发放问卷，进而访谈、交朋友、深入问询、不断问询等。这种从严格结构到弱结构、从表层信息到深入信息的方式虽然不是以参与性观察为主体，但是保证了搜集数据的效率，也保持了发展新研究维度的可能性。

8.4.2 参与性观察的筹划

1）参与性观察空间

参与性观察要求研究者调整身份，进入观察空间。这里所说的观察空间不仅包括研究对象所处的活动场地，也包括他们的生活场景和圈层。怀特（W.H. Whyte）的街角社会研究（Street Corner Society）揭示了1940年代波士顿东北部地区意大利裔社区"黑帮"亚文化（图8-14）。为了进行这项研究，怀特住在被研究的区域，学会了流利的意大利语，和被研究对象一同打弹子[1]。潘绥铭对于中国"红灯区"的研究中，住到"红灯区"中，同40余个"卖淫女""鸡头"及"老板"进行了深入的交谈，观察他们的生活。[2]冯军旗通过对中国中部某县考察，清晰地展示了中国基层政府的政治生态。为了获得某县政府人员结构、社会关系、升迁途径的材料，研究者通过在当地两年挂职，成为当地干部的一员，通过采访160余名基层干部，掌握了大量在公开渠道无法获得的材料。[3]

上述三项研究都显示了观察内容的深入和隐秘。无论是黑帮和红灯区的生活内层、还是干部提升，考察这些现象都不能通对研究对象的"客观"外在特征（比如动作、表情、

1　Whyte, William Foote. Street Corner Society[M]. Chicago, IL: University of Chicago Press, 1967.

2　潘绥铭. 生存与体验：对一个地下"红灯区"的追踪考察 [M]. 北京：中国社会科学出版社，2008.

3　冯军旗. 中县干部 [D]. 北京：北京大学，2010.

图 8-14 《街角社会》书影

频率、线路等）的观察就能获得。参与式观察的成效取决于研究者是否能"获准"进入观察空间，融入研究对象的生活场景和圈子中。进入观察场景和圈子的方式包括三种：第一，借助权威方式进入。比如，冯军旗就借助于挂职这种具有权威性的行政指令制度进入到地方的政治生态中。第二，借助人情介绍带入。比如，潘绥铭的很多访谈对象都基于红灯区熟人彼此间的相互介绍。第三，研究者本人渐进式地进入。前两种方式都是以外力消除研究对象的疑虑；而真正要获得研究材料，进入场所最重要的是落脚到研究者本人和研究对象之间一对一关系的建立中。不少研究方法书籍在论述参与式观察方法时，都不自觉地构建起"观察场景"的神话。参与性观察巨大的时间投入和超乎常规的对空间介入方式往往使研究初学者望而却步。进入观察空间仍然取决于研究者的真诚和坚持。研究者需要比普通情况更多一点的耐心，和研究对象套近乎，交换故事，打成一片。研究者要注意场所中其他人的穿着、行动、言语、趣味，努力成为场景中的一部分，将突兀"闯入者"的感觉降到最低。在很多情况下，研究者对于研究的坚持态度以及对于观察对象的"将心比心"的态度会超越身份的差异，获得深入而隐秘的材料。

进入观察空间的难度和研究内容是否敏感有关。比如冯军旗的干部研究，涉及的研究内容讳莫如深，这就存在特定的"领域"，需要研究者扮演特定的角色进入。在建成环境的研究中很多参与性观察活动并没有那么严格的领域概念，这时，研究者的参与式观察就可以顺其自然地进行，用不着大费周章。比如，研究者参与式地观察商场空间中顾客和售货员的关系。这项研究中，研究者完全可以以本来的研究身份和商场中的顾客顺畅交流，用不着扮演收银员的角色。而研究者如果要研究纽约市华盛顿广场的瘾君子活动，则恐怕需要扮演画家或者遛狗的人，经常地出现，从而方便地进入到观察领域之中。

2) 参与性观察的研究者

在参与性观察中，观察的主体是研究者。研究者耗费心力参与到研究对象生活场景中并不是为了加入研究对象的生活，而是从研究对象的生活中获得更多的研究材料。由于参与性观察的复杂性，参与性观察对研究者观察的要求更高。第一，参与性观察对于观察记录的强度要求更高，面对多种来源、多种类型的研究材料，研究者需要勤做观察笔记。第二，参与性观察需要克服丰富场景的干扰。参与性观察介入了观察对象的生活，并没有明确设定的观察场景和角度。研究者既需要不被现实场地的各种无关因素所干扰，也需要以开放的姿态发掘现实场景中可能的新现象，尤其以能够提炼出新观察维度为最佳。第三，也是最重要的，研究者在参与性观察的过程中需要保持理论的敏感性。对于研究而言，参与带来的认同和体察能够带来研究的深度；但是，参与性是一把双刃剑，参与者身份常常与研究者身份相互竞争，影响可能搜集到的材料。某些研究者进入了场景后丧失观察所需要的敏感度，开始认同场所中人们的思想和逻辑，以为自己已经完全成为场景中的一员，研究者"沦落"为完全的生活参与者。比如，留学生在刚刚开始留学生活的时候往往充满新鲜感，观察各种现象也十分细致。当慢慢明晰各种规则以后，生活者的角色增强。比如，有些同学为了研究的需要经常与房地产开发商打交道，过了几个月再见到他们的时候，他们说话的态度、语气、思想变成了开发商的态度与语气。这意味着研究者对观察现象丧失了提取能力，其材料精度和研究立场就值得质疑了。

8.5 环境测绘

8.5.1 场所测绘传统

环境测绘（最早期的是建筑测绘）可能和设计师的职业一样久远。纸张广泛运用以前，记录材料（比如皮革、丝绸等）十分珍贵，设计师的对于场地和形体工作并不能在纸张或者其他记录材料上完成，因而设计师和工程师的角色合二为一，且并不留存任何记录。在很多情况下，建设现场也是设计现场；建设完成也是唯一的设计记录。当纸张逐渐成为经济的绘图媒介时，对于建筑和环境的描绘和再现，成为绘画的重要主题。不论是东方的风景绘画，还是西方的旅游绘画，都试图一定程度地记录建筑、园林、山川、城市等。尽管这些图像材料并不是为了学术研究，但是它们反映了人类记录建成环境，并且在离开原地以后了解和欣赏建成环境的普遍需要。对环境的测绘是特殊的绘图类别。绘制者通过精准测量已存在的建成环境（包括建筑、城市、园林等），并按照建筑专业投影绘图的方式绘制成平、立、剖图等类别的图纸。建成环境的尺度、比例、布局、外观等内容得以较好地记录和展示（图8-15）。欧洲文艺复兴以来，对古典风格的不断认识和丰富，伴随着古代遗迹的发

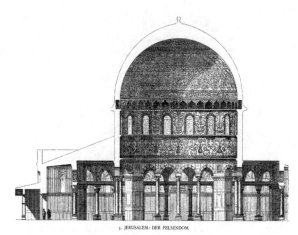

图 8-15　耶路撒冷圣殿山穹顶剖面

掘和持续的测绘活动。中国梁刘学派的建筑史成就是西方古典建筑研究在中国的延续。作为两个最重要的史料来源，对文献和实物的发掘传统在中国营造学社初创之时就被确立。将乡野的残垣断壁变成了学术研究的对象。在此基础上，中国古代建筑史、园林史、城市史研究成果斐然，广为人知。

在研究方法论的意义上，场所测绘是一种以客观观察和记录既有建成环境为手段，从而获得研究材料的方法。测绘对于建筑、城市、园林等学科的意义是非凡的。第一，"野生"的建成环境通过规范性的观察和记录，能够离开场所的"当地"位置，成为可以"携带"的知识财产（图8-16）。在建筑学院和设计公司中，设计师以测绘图样为范本依据，随时了解、学习、模仿设计"历史风格"。由于设计学科是以图像为基础，测绘图纸所记录的图像是规范化了的设计概念。测绘图纸的这种对设计活动的示范作用，远远早于历史保护运动兴起以后测绘图纸作为修复留存依据的作用。

第二，建筑师受益于这个从建成环境到图纸的过程。这个观察和记录的过程调动了建筑师对空间的器官体验，成为对抗图纸"失真"的重要方法。设计者的观察、体验、学习、绘制、保存在测绘中得以综合地完成。以革命者姿态出现的现代主义建筑师勒·柯布西耶也承认测绘在建筑学习中的作用[1]。

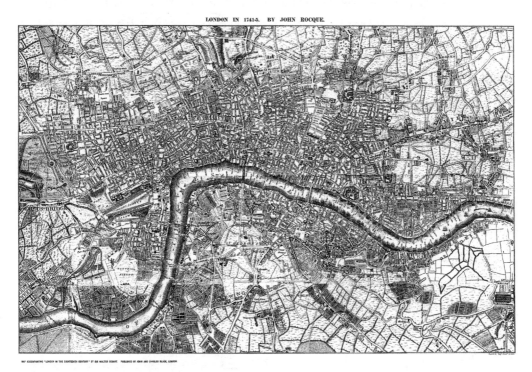

图8-16　伦敦1741—1745年测绘地图（约翰·罗克，1746年）

1　Warden and Woodcock. Historic Documentation[J]. 111; Serra Akboy-lk. Architectural Documentation through Thick Description[J]. Enquiry, 2016b, 13 (1): 17-29.

第三，环境测绘作为搜集研究材料的方法，测绘成果成为研究分析和判断的内容。这种方法将既存的建筑、城市、园林环境纳入到了"学术"范围内：测绘图纸不仅是具有美学价值的艺术品，同时包含了可以产生新认识的信息。本书将环境测绘视为一种实地观察法，因为测绘活动在实地完成观察记录的过程，具有结构化的观察角度，记录内容满足客观性、非干预性、现场性、选择性的特征。尤其重要的是，这些不同的观察类别都是从"表面"特征的记录和整理中发现设计的内在规律。

从产生认识的角度来看，测绘方法的过程与结果同样重要。认识的产生，不仅依赖于作为测绘结果的图纸，也依赖于测绘过程中对研究对象特征的发掘。虽然环境测绘有着一套程式化的步骤，且目前激光扫描技术极大地解放了研究者的精力；但是，测绘观察过程中，研究者和测绘环境发生现场的接触仍然是产生认识所不可替代的来源。研究者于测绘的"结构化"要求以外，能够找到很多解释环境的设计成因和使用的蛛丝马迹。因而，测绘过程中的观察、理解、发现同样重要。

8.5.2 环境测绘的要求

环境测绘的目的是将现实存在的建成环境整理成研究者能够进行分析的系统材料。从当地的"存在"到系统的测绘图纸，环境测绘满足三种需要：第一，为学术研究提供准确可靠的材料；第二，为建筑的保护和修复提供依据；第三，为设计师提供可供参考借鉴的实例图样。工程图纸的基本格式为环境测绘提供了基本的观察成果的格式。测绘图纸围绕尺寸展开，应该对测绘内容忠实地记录。用工程图纸的要求来衡量测绘成果，一套测绘图纸应该具有内在的连贯性和系统性；也应该具备潜在的建造可行性。

1933年，美国风景园林师查尔斯·皮特森（Charles E. Peterson）发起成立了美国国家公园系统（NPS）中的美国历史建筑调查（Historic American Buildings Survey）项目。近一个世纪的环境测绘不仅积攒了丰富详尽的测绘图纸档案数据库，而且发展出详尽的田野考察和制图规范。美国土木工程师协会（American Society of Civil Engineers）1969年参与进来，衍生出美国历史性工程调查（Historic American Engineering Record，HAER）项目。美国景观师协会2000年参与进来，将1930年代开始的美国历史景观和花园项目进一步发展为美国历史景观调查（Historic American Landscapes Survey，简称HALS）项目。这个三位一体的测绘项目延续至今，不仅为历史环境的保护和修复提供了依据；而且为研究者分析和认识建成环境积累了丰富的素材（图8-17）。

1983年，为了满足《1966年国家历史保护法案》（*National Historic Preservation Act of 1966*）的要求，并更好地整理和存档历史环境的记录文件，制定了《建筑与工程记录文件的内政部长标准》（*Secretary of the Interior's Standards for Architectural and Engineering*

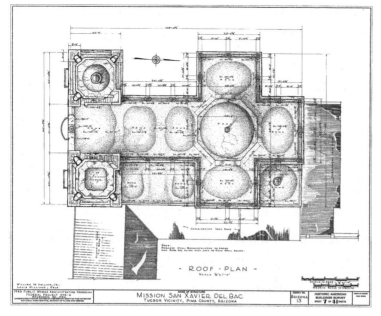

图 8-17 亚利桑那州皮马县圣·泽维尔·德尔·巴克使命教堂（1797 年）测绘屋顶平面图

Documentation）[1]。这个标准针对测绘图纸内容和照片和文字内容，分内容、质量、媒介、保存四个方面进行规定。第一，记录文件应该能够用合适文字和图示说明历史性建筑（以及历史性场地、历史性构筑物、历史性物件）的意义和价值。这项标准说明了测绘内容和测绘目的的统一性，研究者在测绘过程中应该发掘测绘对象的价值，并选取适当的测绘方法和级别。第二，记录文件应在可靠来源的基础上，准确地编制；记录文件来源的缺陷应该明确地阐述；其限制明确允许对信息进行独立验证。这项标准说明了环境测绘是一项搜集实证材料的研究活动，文件质量基于研究者对测绘对象的观察和记录，其可靠性应该经得起重复测绘的检验。同时，记录文件允许系统性缺陷，但是应该明确说明。第三，记录文件应该采用易于复制、耐久的媒介；同时，应该具备标准尺寸。这项标准说明了环境测绘文件的保存应该选取合适的尺寸和材料、考虑长久、易于保存和传播。一般纸质文件可以保存约 50 年的时间，照片则远远少于此。第四，记录文档应清晰并简洁地编制。这项标准说明环境测绘文件应该清晰易读，并满足制图规范。

在中国，建筑测绘按照精度分为两种。一种是基本测绘，以能够反映建筑部件的基本尺寸为测绘目的，能够达到论述建筑风格和建造过程的需要。这种测绘最初为了满足建筑史学者验证建筑风格划分的需要，比如梁思成等学者对《营造法式》等文献记载的验证，又称作法式测绘（图 8-18）。本节主要论述基本测绘。另一种是考古测绘，目的在于检测建筑的可能病害，或者在古建筑大修之前全面记载建筑所有部件。考古测绘对

---

1 Federal Register[J]. 1983, 48(190): 44730-44731.

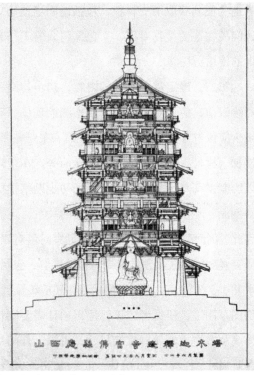

图 8-18　（左）山西应县佛宫寺辽释迦木塔立面渲染图（右）剖面图（梁思成等．1934 年）

测绘的内容和精准度的要求极高，准备工作十分周全，会在建筑搭起满堂架，对所有的部件像拆卸钟表一样，进行标号、分解、拍照、测绘。

8.5.3　环境测绘的程序和内容

完成一幢小型建筑的测绘，一般需要十天左右；大型的建筑或者场地，测绘时间可能多达数周。环境测绘大致分成四个步骤：（1）测绘准备；（2）田野实测；（3）初步绘制；（4）正式图纸。每个步骤花费的时间大概占到整个流程的 1/4。这四个步骤可能存在相互重合的地方，但是每个步骤有着各自明确的搜集材料的要求。

1）测绘准备

测绘准备工作包括两个方面。第一，搜集相关资料，初步确定测绘对象的价值。测绘是一个程序性极强的工作，但对于对象价值的判断伴随着测绘过程始终。其中，最为核心的是对建造年代的判断和建筑的使用历程。在正式开始田野测量以前，研究者应该对测绘对象周边的碑刻、题记、标识牌等内容有全面的掌握。同时，研究者也要利用在当地的便利获取历史材料，包括访问当地历史学会、档案馆、博物馆，收集设计档案；访问所在地的文物专家、文化部门政府工作人员、实物附近的居民等，了解测绘对象近世的使用历程。

第二，确定需要测量的内容，初步勾画一套草图。在研究者正式开始拉开皮尺进行测绘以前，应该到访并初步勘察测绘现场，确定测绘的内容，勾画出一套草图，其内容至少应该包含：总平面、各层平面、主要立面、两个以上剖面、重要的部件（比如斗栱、楼梯、栏杆、门窗）的平面和立面等。在现今的技术环境下，研究者结合卫星图片，可以绘制平面草图轮廓；通过现场初步勘察拍摄的照片绘制出立面草图轮廓。难度最大的是剖面，不仅要表达建筑内和外的关系，还需要表达建筑竖直各组成部分的位置关系。因此，剖面草图需要研究者初步勘察时就对测绘内容有连贯性的认识。在总平面草图上，研究者应该标注出预计需要测量的内容，包括土地的边界、道路、河流、构筑物（栏杆、水井）、植物。对于复杂的地形，还应该预计如何用等高线反映地形。在对于在平、立、剖图草图上，研究者应该标注出预计需要测量的尺寸，待到田野测量时填入，包括：总体高度和宽度、轮廓控制尺寸、进深、开间、墙厚、门窗尺寸、出檐尺寸、平台尺寸、台阶尺寸、栏杆尺寸，等等。重要的部件一般都是三维的，一般与建筑本身主要尺寸不同，因此需要分别测量出它们的长、宽（厚）、高尺寸。对于有弧线的测绘内容（比如：斗栱、柱头、雀替等），依然也测量主要定位点的垂直尺寸。建筑主要构件的尺寸（比如梁高和梁宽、柱）可以在平、立、剖图纸中标注。另一部分构件（比如斗栱、楼梯、栏杆、门窗）需要单独绘制图纸。对于特别复杂的构件，研究者可以考虑用轴测图的方式绘制草图。

总之，前期的草图绘制越详尽，意味着筹划越完备，后期的测绘成果越完善。

2）田野测量

图8-19 学生调查罗马卡斯托尔和波吕克斯神庙
（亨利·帕克，1819年）

传统的测绘工具以卷尺、铅锤、水平尺、长杆等为主（图8-19）。在工作现场，小组工作的效率最高。一般三人为一组，一人记录数据，另两人拉尺读数。小组的规模也便于相互帮助和事后的检查复核。一般来说，受到了专业制图训练的设计师能够较好地完成测量和记录的工作。整个建筑测绘中，真正的田野测量的时间可能占的 1/3 不到，但是仍然是整个过程中材料的唯一来源。田野实测不完善，或者在尺寸上发生矛盾，就必须返回进行补测。在测绘过程中，以下要点值得注意：

第一，水平和竖直定位问题。虽然很多建筑和园林从肉眼看上去都是横平竖直，但是绝大多数并非如此。平面布局的限制，建造过程中的差池，故意的收分，地基的变化，木材砖石长时间受力带来的变形等原因，都可能造成测绘对象不那么横平竖直。因此，在测量之初必须进行水平和竖直轴向定位。首先需要用水准仪确定建筑主要角点的位置（包括角度和距离），测绘的主要数据应该都由主要角点联系开去。在建筑的主要水平面，可用胶布在水平尺的帮助下固定出水平的长线，从而在建筑外立面标识出一个准确的"水平面"。借助这样的"水平面"进行拉尺放线，能够保证卷尺的标度在水平的方向。在竖直方向，一般在主要的角点设置铅锤来决定竖直轴，以和竖直轴的关系来确定竖向方向。

第二，总体尺寸和分尺寸问题。工程制图假设建筑各部分之间都是密实连接的，而测绘中所涉及的对象一般并不如此，比如，木构建筑构建之间会普遍存在缝隙。另外，测绘时难免会出现各种各样的误差。因此，从测量数据到绘制图纸的过程中，经常出现建筑的总体尺寸和测绘得到分尺寸对应不上的情况。这要求研究者保留总体尺寸，以数据反映真实情况为原则，研究者需要决定是否反映"缝隙"，适当调整构件的分尺寸。

第三，采用新的测量手段。新的测量手段既包括局部的激光测距仪，也包括三维激光扫描和摄影测量等技术。这些新的手段不仅能够节约时间，也能提高测量的准确性。一般来说，这些仪器普遍存在着"数据过多"的问题。绝大多数仪器提供方便获取数据的渠道，而很难一步到位地生成研究需要的图纸。研究者对于仪器的测量原理和生成成果进行熟悉是很必要的。一般来说，研究者对三维激光扫描的点云测量模型中的主要尺寸予以采纳，绘制成图纸。

第四，保存原始测量文件。主要包括测绘过程中标有测量尺寸和笔记的草图。研究初学者错误地认为，只要将尺寸测量完成就可以了，在田野现场的草图布满各种斑斑点点的标记，不必留存。在实际操作的过程中，由于记载不规范而在后续绘制过程中产生困难的情况比比皆是。原始测量文件应该规范清晰地标注尺寸，不仅便于在当天收工前检查遗漏情况，也便于系统地比照测绘的总尺寸与分尺寸之间、不同轴向之间、平立剖面之间的尺寸关系是否协调。研究者也可以将测量过程中的感想和发现记载在草图中。因此，测绘过程中应该重视草图作为第一手资料的规范性和丰富性，当正式图纸绘制完成以后，测量草图等文件应当一并存档。

第五，边测边想。像其他观察方法一样，环境测绘对于观察对象的观察有选择性。测绘图纸能够很好地反映测绘对象的尺寸特征（如长宽高等），同时会有意识地忽略测绘对象的其他特征，比如颜色、材料、使用痕迹、文字题记，等等；对于对象局部的关注也不如总体。而这些被测绘程序忽视的内容恰恰有助于研究者分析建成环境的年代、建造工艺、使用流变等认识性内容。田野测量得以与测绘对象近距离接触，除了按照程式化的要求提取尺寸数据以外，还需要主动观察"非结构性"的内容，边测边看边想，对一些觉得有意思的内容拍照并做一些笔记。在这个意义上，纯粹客观的三维激光扫描测绘剥夺了研究者一部分观察和发现机会。

3）绘制初稿

测绘图稿完成后应该在当地整理，一般也依据"不过夜"的原则[1]，研究者需要在当天把测量数据转化到图纸上。比起为田野测量准备的草图线稿，初绘图纸会包含铅锤线、水平面的信息，所有测量尺寸都会和这个系统发生关系，因此复杂程度会显著增加。在田野测绘的过程中，"测"和"绘"并不分离，绘制初稿是对田野测量质量的最好检验。初步绘制时尺寸之间发生对不上的情况是很常见的事情。这不仅包括同图一张图纸上各种尺寸之间的衔接，也包括平面、立面、剖面等图纸之间的立体衔接和数据调整。在绘制初稿过程中的矛盾、空缺、疑问等都要求后续的补测。

4）正式图纸

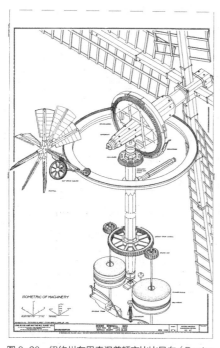

图 8-20　纽约州布里奇汉普顿市比比风车（Beebe Windmill）（1820 年）细部轴测图（绘于 1976 年）

在经历了测前草图和绘制初稿以后，正式图纸是研究者第三次绘制测绘图纸。正式图纸需要进一步核对初测和补测的数据，协调各图纸之间的关系。研究者应当撰写测绘说明，记载主要的测绘步骤和工具。整理图纸和出图效果，包括确定打印比例、线型，添加图标、图签，加上目录页，进行图纸编号，等等，最终形成一套完整的图纸。除了上面的基本内容以外，研究者还会依据测绘的内容，画出一些"表现性"图纸。比较常见的是：透视图、鸟瞰图、剖透视图。美国国家公园系统还鼓励研究者绘制解释类型的图纸，包括：轴测图、剖视轴测图、大型机械的运转流程图等（图 8-20）。重要的照片、测绘草稿、初绘图纸等应当一同存档。

1　参见本书第 9 章访谈研究法第 9.5 节"不过夜"原则的讨论。

8.5.4 图纸分析和研究新趋势

测绘图纸是观察的终点，也是分析判断的起点。研究者通过解读测绘图纸内容，通常包括尺寸、比例、材料、形态、细部，等等；结合年代类型学的比较，从而得出关于测绘对象特征的年代、特征、使用、建造等方面的认识（参见第 12.3 节图像分析）。材料分析的需要，有利于激发研究者在观察和测绘过程中的测量精度意识和发现问题意识。近年来，历史研究的范式发生了一些转变，不再满足于仅仅对测绘对象进行外观描述。除了综合文档、访谈、实验等其他研究材料的来源进行分析，也对环境测绘提出了更为能动性的要求。

第一，从定时案例研究到历时案例研究。传统的测绘研究中，研究者从某幢建筑和园林的测绘图纸中，对其研究对象特征进行测量记录，从而描绘和概括相应时间点（比如辽代）的特征。这种方式的前提是：假定某个建筑恒定不变，保持了它所代表的"主要"时代和区域的特征。这种假设强化了观察方法的选择性，忽视了历时性信息，研究对象长时间和社会与环境的互动就难以反映。比如，1937 年梁思成小组对佛光寺大殿的初步观察和测绘主要针对大殿形制。1964 年 7 月，罗哲文和孟繁兴因雨季驻留佛光寺内，对东大殿进行了仔细的观察，发现了唐、五代、金，以及明清墨书题记数十处[1]。这些墨书题记包含游览、宗教交流、政治军事等多方面和寺庙之间的联系。这些文字材料不仅支持了大殿建成于唐代的观点，也反映出寺庙在历史过程中与社会生活的互动。历时案例研究要求研究者在观察和测绘的过程中重视观察过程中的非结构信息，保持一种"层叠式"观察的态度。

第二，从对建筑物的研究到对建筑使用的研究。传统的研究者强调将建筑物从外部环境中"提取"出来，以便进行图像和工程的分析和阐释。这种模式有意识地弱化建筑物的社会属性，常常导致研究成果"见物不见人"。发掘建筑物的社会属性，需要重视那些"非建设因素"。这包括文档、访谈等材料来源，同时也包括测绘的内容。建筑大量的现存及其"使用历史"的信息包括：对家具摆布、生活用具、增添和移除建筑细部、生活痕迹（比如张贴、悬挂、墨书、烟熏，等等）、生活场景、家庭社区仪式、工作的观察和记录。美国国家公园系统特别强调了在测绘过程中反映建筑建造和使用过程、工厂的工艺过程、这些内容可以和建筑物测绘内容相互比照联系，获得更为翔实的生活认识（图 8-21）。

第三，从建筑外在风格研究到建筑构造技艺研究。在很长一段时间内，建筑测绘目的以获得"图样"为根本目的。图样是建筑外在风格的直接体现，可以为建筑师在设计

---

1 罗哲文.山西五台山佛光寺大殿发现唐、五代的题记和唐代壁画 [J].文物，1965（5）.

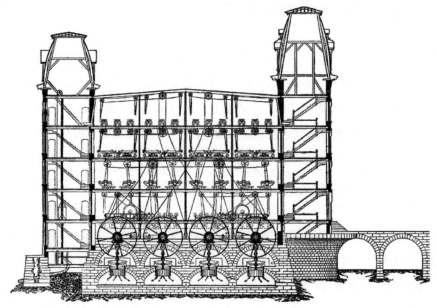

图 8-21　马萨诸塞州洛厄尔布特棉纺厂（The Boott Cotton Mills of Lowell, Massachusetts）剖面

新建筑时直接转化为各种投射图样。而过于重视图样也会忽视场所建造信息，造成认识缺乏甚至误解。在很长时间，中国近代租界和领馆区的教堂建筑被中国建筑师们尊为学习西方建筑形式的典范。高曼士[1]等人对中国近代教堂建筑的观察和测绘不仅包括了外部和室内的形态内容，而且深入到教堂建筑的天花板内。研究者发现，为适应中国的材料和建造环境，在中国的相当多西式教堂是西洋样式和中国建造技术的有趣杂糅，甚至有为"西体中用"的木制拱券和穹顶。这项研究推翻了中国近代西式教堂的"典范论"，深化了对这类建筑的真实性认识。

8.6　场所体验

8.6.1　场所体验概述

场所体验是研究者在建成环境的场地，通过自身视觉、嗅觉、触觉、听觉，以及神经和肌肉的诸种知觉，调动主观活动，从而获得研究材料和理论线索的活动。通俗地讲，场所体验就是研究者到场所中有意识地转转、看看、想想、记记。本章第 8.3、8.4、8.5 节讨论的三种观察方法均着重于搜集研究材料和数据。由于这种方法搜集数据和形成理

---

1 ［比］高曼士，徐怡涛. 1926 年法国传教士所撰中国北方教堂营造手册的翻译和研究：舶来与本土 [M]. 北京：知识产权出版社，2016.

论的开放性，场所体验既有搜集材料的部分，也有验证命题的部分，还有发展理论维度的部分。这种方法强调场地、身体、主观三者的相互反应，强调研究者在场对于发展理论线索的重要性。基于本书体例的限制，仍然将场所体验放在搜集材料的章节。

场所体验是一种能够对抗设计学科专业化和学术化带来"场所失真"的研究方法。当设计师的职业和工程师以及工匠分离开以后，设计师的主要时间是在设计公司的绘图室中用纸笔（以及绘图软件）绘制建筑、城市、园林的图样，设计师并不在场地中工作，甚至在设计完成后仍未去过场地。设计作品完成后，设计师的主要工作似乎是拍摄照片、展示在杂志和公司介绍中，而不是体验和使用场所。设计学科专业化使得设计师的基本技能极大提升了，而设计师的场所联系急剧下降了——场所成了"他在"的存在。与此同时，学术研究的范式将研究对象某个层级的特征从丰富的场所中提取出来（比如把人对光环境的体验），分析得到一般化的结论（比如特定的照度以上会带来不舒适），这使得对场所的认识存在片面化的风险。

学术研究内容确切可靠的同时，也依赖设计师的综合与还原到场地环境的设计。设计的来源，不论是设计师的草图图像，还是他人的学术研究，都脱离于场地本身而存在。因此，敏锐而明智的设计师主动地要求回到场地获得感受、用人作为尺度评价设计、贯穿场地和人的尺度，对抗"场地失真"。柯布西耶、慎文彦、安藤忠雄、劳伦·欧林等设计师在回忆起他们的成长历程时，无不强调旅行和体验的重要。经验可以用诸多文字概念描绘，也可以用图像来记录，但总是难以全面而综合地传达，所以非要靠研究者身临其境地体会不可。场所体验是研究者个体通过在场所的体验获得研究材料和理论维度的方法。这包括将命题和认识还原到生活中，通过个体的经验给予验证；在身体——场所——主观的互动中，获得新的命题。

8.6.2 场所体验的特点

场所体验作为一种研究方法，显示出对于学术规范的不适应。一般的研究方法书籍不把场所体验列为一种研究方法，从学术产出的角度是可以理解的；但这更加凸显出场所体验的独特性。

首先，场所体验强调研究者的在场性。研究过程必须是研究者将"我"置于建成环境中，设身处地，用自己的身体作为"实测仪器"来产生体验和认识。这种体验要求人主动介入到环境中，身体和环境之间形成观察的界面。这种置身于环境中的"此在世界"活动有别于研究者在书斋中根据材料进行分析判断、构建"彼在世界"的活动；也有别于研究者在场所"从旁"观察场地活动，从而分析判断的活动；更有别于对固定建筑物进行总观全局，细察部分的测绘观察。

场所环境作为一个环绕研究者的触媒，不断催化研究者的主观认识产出。作为研究者在场生活的一部分，场所是人们生活和体验着的场所。《传习录》中记载过"心外无物"的故事。在游览南镇时，友人指着岩中的花树问王阳明，天下无心外之物，像这样的花树在深山中自开自落，和我的心又有什么关系呢？王阳明说："你未看此花时，此花与汝心同归于寂。你来看此花时，则此花颜色一时明白起来。便知此花不在你的心外。"[1]这个故事传达了强烈的在场感，生动说明了场所体验对主观认识的激活作用。

场所体验方法把观察者作为"实测仪器"放在环境中获得认识。设计学科的命题，包括比例、尺度、围合、层次，等等。通常的做法是将环境用使用记录、测绘图纸、照片、录像等媒介提取出来，进行量化的分析，或者同理同情的想象予以验证。这些抽象的研究方式清理了人体验的复杂性。而场所体验方法是对人和环境相互交融的一种回归。人沉浸在环境中，除了用眼睛看，还会用耳朵听，用鼻子闻、用手触摸、甚至用嘴巴尝。五种感官以外，还有人在环境中皮肤对温度、湿度的触觉，肢体肌肉的收缩和放松，等等。这些丰富的感官（以及其他尚未概念化的感官）将研究者和场所结合在一起。场所体验不是书斋中用"静观自得"的分析方式来获得认识，而是要求研究者将自己投入到场所中，通过感官、主观的相互激发，与环境全面整合。这种捕捉人和环境的相互渗透的观察方法并不是简单的物我同在，而是沉浸式地与环境互动。它融合了独特微妙的地域体验，超越了纯理性思辨，建构起深沉丰富的家园感。

其次，场所体验从手段和内容上都是主观的。在本章第8.3、8.4、8.5节所论述的研究方法中，不论是否有研究者的主观参与，观察内容都是有别于研究者自身的外在世界。场所体验不仅借助于研究者主观作为工具，其搜集材料的内容和维度都是研究者的内在世界；不是"观他"，而是"自观"。研究者并不将建筑、城市、景观当作考察对象："人在画中游"，研究内容和生活内容没有切割、没有距离，建筑、城市、景观是研究者生活世界的背景，观察者能够在尺度、层次、内容上随意切换。研究者比起"普通享受者"所不同的是，他们具有特定的理论维度；更为敏感，更能调动自己的感官和主观。

第三，场所体验搜集材料并不具有系统性。通常的观察研究方法带来用作分析的材料：本章第8.3节得到空间使用的强度、类别、频率等人类活动信息，可以进行量化分析；第8.4节得到场景中的隐秘的社会关系信息、一般进行定性分析（见第12.4节）；第8.5节获得场地建筑物和其他建成环境的明确外观图像，一般可以进行定性的图像解读（见第12.3节）。由于场所体验的观察对象都没有像其他观察类型那样明显的边界，获得的

---

1 王阳明. 传习录（上）[M]// 王阳明全集（上）吴光，钱明，董平，姚延福，编校. 上海：上海古籍出版社，2011.

材料就远不如其他三种观察方法那样确定。由于场所体验搜集的材料是研究者个体在场所获得，因此，这种主观的、单来源的、随机随意的数据来源很难搜集得到系统的、"可供分析"的材料。场所体验把人当作是资料搜集的工具，搜集材料和发展理论维度呈一种混合的状态，研究者不必拘泥于其系统性。场所体验得到的成果是一系列笔记，成为思辨方法（第 15 章）提炼和重构的材料。

第9章

访谈研究法

Chapter 9
Interview

人类运用言语信息记载知识有着悠久的历史。《伊利亚特》和《奥德赛》是诗人吟唱的记载；《圣经》《论语》《六祖坛经》等经典都包含有大量言语交流的记载。当人类发明并且普遍运用文字以后，书面化的文字日益占据了信息和思想的记录及其传递。人们将认为更重要的事件、思想、知识用书面文字写下来，而言语材料则被认为是肤浅的、日常的、未被处理的材料，日益被轻视。在某些"演说"场合，人们需要先起草一个"书面体的"文稿，再用口头的方式将其中的信息传达。在整理重要讲演和谈话时，人们又尽量采用"书面体的"形式和语气。这种"书面化"的倾向，显示了记录信息精练扼要和规范性的需要。但是，在书面化的潮流下，言语本身的生动性丧失了；更重要的是，作为重要的研究材料来源的言语交流方式被研究者忽视了。

访谈研究法不仅复兴言语信息的传统，而且将这种传统确认为一种获得研究材料的方法。看似"不正规"的口头言语也能再成为学术认识的源头，被考察和阐释。因此，言语信息获得了如同观察信息、实验信息、问卷信息一样的研究材料的地位。本章第9.1节介绍了访谈研究法的搜集材料机制，第9.2节介绍了访谈研究法的分类。第9.3 ~ 9.5节围绕访谈的开展，分别讨论了选择访谈对象，发展访谈问题，控制访谈进程三方面的内容。

9.1 访谈研究法概述

9.1.1 访谈研究法的概念

访谈研究法是由研究者通过访问访谈对象，从而搜集研究数据和材料的一种研究方法。访谈研究法搜集材料的职能基于言语交流这种最为本能的人际交流形式。在现代社会，尽管交流的形式越来越丰富，信息传送和保存的效率也越来越高。然而，当我们提及交流一词时，最直观的印象仍然是人和人之间直接通过言语进行面对面的交谈。当代的多媒体资讯、视屏电话、社交网络等繁多的技术为交流提供了更多方式，这些也能转化为研究材料的搜集方式；然而，面对面的言语交流依然是一种不可替代的基本方式。本章所介绍的访谈研究法就是基于面对面的言语交流；当然，研究者也可以借助电话、网络、视屏电话等媒介辅助进行访谈活动。

言为心声，言语是人表达思想最为直接、最为真实的材料。访谈研究法最为显著的特点在于，通过研究者的提问激发和倾听记录，搜集人深层的、复杂的主观信息。同为搜集主观信息的问卷调查法获得的信息齐整而简单，人群中的每个个体被假设为同质的"平均人"。这种假设方便了统计分析的进行，但也掩盖了人认识水平的差异。被调查人对于场所、环境、空间的感知水平、理解水平、思考水平有所不同，且受到回忆、经历、情绪、喜好等复杂机制的影响。问卷调查法通过问卷格式的设计，在方便进行量化分析的同时，也丧失了获取独特、深入信息的机会。访谈研究法突破了"平均人"的假设，充分地尊重并利用人的认识差异，在此基础上进行研究材料的挖掘。访谈研究法遵循自下而上的逻辑，通过挖掘访谈对象获得复杂深入的材料。访谈研究法不需要完善的理论构架；获得的材料是非结构化的，对应定性研究方法，发展出清晰的概念、形状、命题类的内容。

访谈研究法是研究者通过言语交流，通过倾听获得研究材料的研究方法（图9-1）。比起文字材料（如文集、法令、报纸、书籍等），言语材料往往被轻视。同时，言语材料并没有依附的媒介，显得难以捕捉。在很多研究者不把访谈这种轻松愉快的方式作为一种获取研究数据和材料的过程——仿佛研究理所当然是一种苦闷单调枯燥的活动。

图9-1 在博林场（Bolling Field）的声音放大器

还有一些研究者更强调仪器实验、电子模拟等，更为"高级"和复杂的研究方法，而忽视了访谈作为一种直接有效的研究材料来源。

9.1.2 文档研究法特点

1）互动的信息发掘方式

访谈活动的基本形式是研究者和访谈对象的问和答。最终研究材料的取得，依赖于问答双方的良好互动。在访谈过程中，不仅要求研究者记录听觉信息，而且要求研究者对交流过程的适当干预和灵活反应。这和其他的研究方法有着很大的不同。访谈研究法的互动性体现在研究者能够引导访谈对象，有参与"激发交流"的成分。研究者不控制访谈对象的言语的内容；还可以对话题指向进行控制，不断、深入、明确地发问和追问。比起同样搜集主观材料的问卷调查法，访谈研究法可以通过研究者的发问获得更为深入、丰厚、明确的信息。

在很多情况下，由于对研究的价值定位和理解角度不同，很多访谈对象没有认识到自己的经历和认识作为研究材料的重要性和独特性，"没必要写"，"没什么好写的"。又由于对社会名声等顾虑，很多访谈对象不愿将自己认识的某些内容写出来。访谈者的作用就是启动访谈对象的开关，使这些信息从埋藏的状态挖掘成显现的状态。发问的过程促使被访者思考，即时地创造出新的研究材料（图9-2）。从这个意义上，访谈者的访谈筹划和访谈技巧决定了访谈的效果。

图9-2 访谈研究法的机制

2）激发性

据《裴德罗篇》的记载，苏格拉底提出，写作的方式限制了思想，因为写作的方式无法调动思想者的情绪和语调，失去了激发思想最为有灵性者。[1] 访谈的形式和我们通常说的侃大山、摆龙门阵没有本质的差别。交谈的过程海阔天空，访谈对象一般比较享受被问询和释放的过程。言语的交流对于访谈对象来说直接方便、节省精力、轻松愉悦。

---

1 [古希腊] 柏拉图. 裴德罗篇 [M] // 柏拉图. 柏拉图全集（第二集）. 王晓 朝，译. 北京：人民出版社，2003.

这个过程中，他们思路最为活跃，同时也最为发散。比起写作，访谈对象不需要经历构思、谋篇、修改的过程。访谈对象没有精力记录的内容在言语交谈中可以较好地呈现。

3）即时性

访谈研究法所依赖的言语交流是即时性的，容易散佚。不像文献和图片资料、既存的建筑物和环境、填好的调查表格，言语交流的内容成为研究材料依赖于研究者的及时记录。离开了充满机锋的交流场景，访谈对象在事后也不能完全提供当时同等厚度和细节的信息。虽然对某些在取得访谈对象同意的情况下，研究者在访谈过程中可以进行录音。然而，录音的方式只能记录访谈对象交谈的内容，而不能记录他们的语气、态度、表情，也不能反映研究者访谈时的思考。在访谈过程中，不仅访谈对象的思维是活跃的，研究者的思维也十分活跃。因此，在访谈过程中，即使有录音设备，研究者也应该记录访谈对象的谈话要点和态度，以及自己即时的理解和感受。

4）对象性

访谈研究法打破了"平均人"的假设，将研究者的搜集材料活动指引到最有可能掌握研究信息的人群，激发获得他们特有的信息和见解。访谈研究法给予了访谈对象进行主观表述的极大空间，也要求研究者花费大量精力进行一对一的谈话。访谈对象的选择不能像其他方法一样，将所有的参与者视作具有同样的特质，随机地抽取参与者；与此相反，访谈研究法需要发掘访谈参与者的独特性。

研究者同时需要明了访谈研究法本身的局限性，并不是所有的研究问题都适合采用访谈研究法搜集材料和数据。第一，访谈研究法比其他研究方法耗时，花费一个上午甚至一天只能得到一个访谈对象提供的信息，访谈之前与之后，研究者还需要花费大量时间熟悉被访谈人情况，分析访谈。第二，访谈研究法受限于访谈问答形式本身和搜集信息主观性的局限。对于内容比较敏感、不适合当面发问的问题，不宜采用访谈研究法。这时，采用问卷调查的方式获得回答更加合适。对于主观难于回忆的、有关行为方式的问题（"您是如何使用小区里的水泥场地的？"），采用观察的方法获得讯息更加准确、全面、有效。第三，访谈得到内容的准确性需要研究者审视。人的记忆总会存在偏差；而且，由于人是社会动物，访谈对象叙述的内容总是混杂了其个人的角度、立场、甚至利益。研究者特别注意访谈对象由于某种需要，夸张、曲解、误记研究者需要的内容。在研究过程中，研究者在研究开始的阶段就应明确需要搜集访谈对象提供的事实描述，还是其观点看法。在材料分析工程中，需要有意识地区分访谈对象言论中的记忆和观点。

在分析判断的过程中，对于访谈得到的主观记忆的事实，研究者查证相关的文字记载，最好能够相互印证。对于有疑虑的访谈材料，需要用注释进行补充说明。

9.1.3 作为研究方法的访谈

访谈就是对话，原本没有任何神秘。随着电视的普及和多媒体技术的发达，访谈作为一种正式的节目形式也越来越多地出现在了报纸、杂志、电视、网络等新闻媒体中。研究者可以通过观摩新闻访谈节目，学习开场、发问、追问、转换等访谈的技巧。建筑、规划、园林等行业的专业媒体和学术杂志也会约请行业专家进行访谈，记录并发表访谈的内容。在形式上，新闻访谈和研究访谈并无特别的不同。但是，作为新闻访谈，和作为研究方法的访谈两者存在着本质的差异，这些差异体现在访谈目的、过程、内容要求、对象选择等方面。

1）访谈目的

新闻访谈的目的是向读者（观众）展现访谈对象的认识，记者作为观众的代言人向访谈对象提问。新闻访谈完成以后，编辑人员根据播出的需要，整理剪辑成媒体节目或者稿件。研究访谈的目的为研究搜集资料，研究者需要在研究问题的主导下进行。研究筹划、访谈准备、访谈进行、访谈整理、材料分析、研究结论，形成一个完整的链条，研究对于通过访谈发展认识深度的要求要高于展示访谈材料本身。

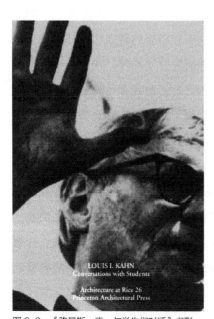

图9-3 《路易斯·康：与学生们对话》书影

在学术研究中，原始访谈记录被视作"裸"材料，研究者还需要分析从而发展出相对稳固的认识。原始访谈记录一般不是对外发表的主体内容：学术刊物不会将访谈记录作为研究论文刊发，学位论文接受访谈的记录作为附录部分。市面上会有一些以访谈记录为内容的出版物（图9-3）。这些出版物和新闻采访记录，起到了保存研究对象记录的作用，可以作为研究者搜集文档研究材料的来源。选取访谈记录文本和筛选访谈记录文本的过程属于文档研究的范畴，见本书第10章。研究者也可以已发表的访谈记录筹划将要进行的访谈，使接下来的研究访谈更有针对性，挖掘出访谈对象新的、更深刻的认识，不至于再次让访谈对象重复以前的言论。

2）访谈内容

新闻访谈面向普通读者和观众，因而访谈的内容以向普通观众传递和解释相关的理念、经历、认识为主。新闻访谈一般要求深入浅出，通俗易懂。虽然新闻访谈的话题限定了一定的谈话范围，但总体比较宽泛，留给访谈对象自由发挥的余地比较大。研究访谈的目的在于发掘新知识，以明确的研究问题作为导向；研究者希望访谈过程中获取的应答内容能够尽量多地成为研究材料。访谈本身具有较强的开放性，研究访谈的发问则需要具有一定的针对性、目的性。这要求研究者对访谈内容有较好的了解和掌握程度，一般应该高于记者对新闻访谈的准备。在访谈过程中，研究者要引导谈话的走向，尽量避免访谈对象过于浅显的铺陈和解释。比起新闻访谈的应答内容，研究者应该保证研究访谈的应答范围明确、内容深入，从而获得创造新认识的可能性。

3）访谈的筹划

新闻访谈的对象一般是从某个行业内选择较有影响力、公信力的专业人士作为访谈对象。一般来说，公众的读者和观众愿意去聆听这部分专业人士的意见。新闻访谈的对象是有限的一位或者几位，访谈的时间和资金相对充足。研究访谈的访谈对象选择基于研究问题和角度的设定，访谈对象的学识、社会地位、专业素养完全由和研究问题的相关性决定。对于以搜集数据分析为目的访谈，访谈人的数量可能会更大。因而，研究访谈需要综合性地平衡时间、精力、访谈结果。

9.1.4 访谈对于设计学科的意义

1）挖掘深度信息

在建筑、规划、园林领域，长期以来存在着"图胜于言"的传统。视觉表达占据了设计师教育很大的份额，善于言辞的建筑师被嘲笑为"建言师"（Talkitect）。在工程实践中，规划、设计、建造行业的交流是以工程为基本目标，以设计图纸为基本媒介的。各相关的设计师都像精密仪器上的零件，对本职工作负责。在这个过程中，虽然专业人士对自身的技能、认识、模式、策略或多或少有所认识和总结。然而，由于设计行业的工程化设定，无论是设计师之间，还是设计师和社会之间，都缺乏有效的言语记录机制。这使得关于设计灵感、经验、见解、机制、思想等深度信息都难于被揭示出来。结构性的研究方式限制了关于设计的表达和交流，一般的问卷调查难以获得丰厚的、发散的信息。

设计师受到访谈邀请时，在时间许可的情况下，一般会比较愿意接受。设计师的访谈内容基于长期的思考，会言之有物；这些都能成为设计学科研究维度的来源。

一般来说，所有人都生活在场所和环境中，对身边的场所总能有所观察、行为反应、体验、思考和见解；因而，在访谈的过程中很少会出现无话可说的局面。同时，关于建筑、规划、园林环境内容的访谈敏感性相对较低，不像贪污、犯罪、治安等社会问题那样敏感；因而，一般不会有人因为设计学科的访谈内容拒绝访谈。

2）挖掘研究维度

实证研究的严谨构造和设计学科的开放性之间总是存在隔阂。实证研究的概念常常将人和场所之间的复杂联系，抽象地简化为功能、容量、视线、满意度、人口信息等整齐划一的维度。这些理论维度在体现功能性的同时，对设计学科的多解性、趣味性、可塑性等特点并不能很好地适应。访谈研究法为设计学科发掘研究维度提供了一条途径。访谈研究法采用开放式问答的方式，鼓励在不预设概念的情况下挖掘个体的、发散的、深入的信息。每个访谈对象的应答内容都能以使用空间个体提供独特的视角、叙述独特的事件和经历、反映主体和场所的深层情感和联系。发掘这些独特的材料意味着发展新的研究维度的机遇，具有发展设计学知识的可能。

3）保存时间记忆

一种常见的错觉是访谈对象是永远存在的。这种心态导致研究者在进行访谈研究时缺乏紧迫感，没有清晰地采访计划。笔者的切身经验以及杂志上无数的怀念文章都证明，故人的凋零总是猝不及防，随之也带走所有的记忆和认识。对年长者的访谈，一定要有"只争朝夕"的紧迫感。

访谈研究方法搭建起思想和事件与空间、环境、场所的桥梁。因此，我们既存的对于空间场所本身和空间场所设计的记载往往远不如政治、军事、经济、文化的记载系统完整。很多人常常有一种错觉，认为空间、环境、场所作为社会事件和个体生活的背景，是永久存在的，以至于时间流逝，往日的面貌情状和情感认识均烟消云散。在这些内容成为研究的谜团以前，那些"前不久存在"的空间和场所还保存在一部分亲历者的记忆中。通过细致的访谈（比如公园的管委会主任、某个城市商业区的巡警、工厂的老厂长），可以极大地丰富对场所的认识。通过访谈获得访谈对象记忆中的观察内容，实际是"观察研究法"的有效概括和替代。

9.2 访谈研究法的分类

访谈研究法的分类，按照访谈约定形式的有无可以分成"正式的访谈"和"非正式的访谈"，按照访谈框架设计的有无可以分为"结构性访谈"和"非结构性访谈"，按照访谈对象的多少可以分成"单独访谈"和"组群访谈"。

9.2.1 正式访谈和非正式访谈

正式的访谈有正规的约定，研究者和访谈对象约定时间、地点、环境，展开访谈活动（图9-4）。在这种情况下，访谈者和访谈对象对访谈均有所期待，从心理上、话题上均有所准备，因而有利于沟通和搜集资料的进行。一般来说，在研究问题和研究筹划指导下进行的访谈一般是正式访谈。这意味着研究者需要提前约定访谈的时间和地点，选择访谈的环境，发展访谈的内容，在现场记录，安排录音甚至录像。

除了传统的访谈形式，运用电话、网络聊天工具、可视电话等电子媒介也能进行访谈活动。这类访谈活动均属于有约定的正式访谈。通过电子媒介访谈能够节约研究者执行访谈过程中交通上的投入。同时，通过电子媒介访谈毕竟隔着电脑屏幕，研究者对访谈过程的把控力下降，激发和捕捉访谈对象回应内容不如面对面的形式有力。

图9-4 休·唐斯（Hugh Downs）在美国全国广播公司"和智慧老人对话"节目中采访弗兰克·劳埃德·赖特

非正式的访谈则是不分时间、地点、场合的，有时甚至是不期而至的（图9-5）。非正式访谈有可能是楼道里随便的闲聊，有可能是研究者和访谈对象由于某一事由接触的后续谈话，还有可能是饭桌上不经意开启的话题。非正式的访谈具有形式上的随意性，访谈对象心理轻松，甚至不认为是访谈正在进行，因而交谈思路更开阔，交流更顺畅，可以碰撞出更多的思想火花。非正式访谈也有其缺陷：非正式的形式可能会被打断，不能保证研究搜集材料和数

图9-5 约翰·麦当劳和人交谈

据的效率；谈话内容流于散漫；非正式访谈的火花常常可遇而不可求；访谈现场一般不会记录，对研究者事后回顾的能力要求较高。成熟的研究者更善于巧妙利用生活中的各种非正式场合向身边的人围绕研究问题问询捕捉灵感，搜集资料。不少研究者可以在咖啡桌边、排队的队列前后将要问的问题问完。研究当代居住环境历史的研究者，喜欢在生活中询问朋友关于成长过程中搬家的经历，用以获得主观个体丰富的对于环境变迁的感受性内容。在美国很多大学有较好的教师午餐餐厅和咖啡厅，环境优雅，价格便宜。大学教师常常利用午餐时间，进行"非正式访谈"类型的交流，相互碰撞出许多火花。

9.2.2 结构性访谈和非结构性访谈

结构性访谈和非结构性访谈是根据访谈是否规定内容框架的分类。结构性访谈中，访谈者预先发展出访谈的问题提纲。由于访谈对象和研究者一般不太熟识，谈话很难自然地展开，问题提纲能够控制谈话内容的走向，引导访谈顺畅地进行。在访谈之前，访谈者根据研究问题，将研究目标分解为独立的研究目标，进一步形成访谈的问题提纲。问题提纲除了覆盖研究问题的主要方面，访谈提纲的问题之间也存在着递进的逻辑关系。值得注意的是，结构性访谈的结构性不同于问卷调查法中问卷问题的结构性。结构性访谈的过程中，访谈对象针对访谈问题仍然有较多的发挥程度，这种开放性远远高于问卷问题选项的结构性。

非结构性访谈没有访谈问题列表，访谈进行不受事先拟定的问题的限制，较好地体现了访谈研究法开放性的特征。访谈只是预设大致的谈话范围，不预设访谈的对象、角度、问题、概念。访谈对象以自己的语言和角度应答问题。研究者通过整理访谈对象谈话的内容，不仅获得访谈对象的记忆和观点，也能够提炼出视角和概念。非结构性访谈的最大缺陷是比较耗时，以大量的时间投入换取尽量多的研究材料。值得注意的是，非结构性访谈只是对谈话的问题模式不做事先的限制，而不是纯粹海阔天空的漫谈。即使是非结构性访谈，研究者仍然需要把交谈的内容控制在和研究问题相关的范畴中。在访谈研究法的操作中，最常见的半结构访谈，达到搜集材料的效率性和开放性的平衡。在访谈进行的过程中，研究者可以根据对访谈应答内容即时地判断，决定是否允许较长时间偏离原有的提纲。

9.2.3 单独访谈和组群访谈

单独访谈是研究者对单个的访谈对象进行的访谈；而组群访谈是研究者针对两个或者两个以上访谈对象进行的访谈。组群访谈，通俗地说，就是开讨论会。这个过程中，不仅发生研究者和多个访谈对象之间的交流；访谈对象之间也会相互交流（图9-6）。族群中的访谈对象之间处于相同的地位，甚至相互熟识，便于他们之间毫无拘束的讨论。针对某个观点或者现象，多个访谈对象能够提供不同的论据和逻辑。组群访谈的讨论过程能够使得访谈对象相互启发，引发深入思考。某个访谈个体对于议题的回应可能会得到很多附议，访谈对象也会不断修正自己的观点，从而为研究者提供更为成熟的材料。针对某个议题，多个访谈对象无论达成共识，

图 9-6　俄克拉荷马州立大学设计师进行组群访谈

还是坚持异议，都有助于研究者发掘研究对象的复杂性。在组群访谈中，研究者面对诸多的访谈对象，只需要解释一遍研究的问题和背景，就能获得一组人的观点，提高访谈效率。

组群访谈的缺陷也是显而易见的。由于组群访谈中访谈对象之间复杂的社会关系，很多访谈对象可能选择在"大庭广众"之下隐藏自己的观点。组群访谈往往反映了善于言辞者的观点和立场，不善于表达自己观点的访谈对象常常在组群访谈中被湮没。浅显直白的话题更适合组群访谈；较为敏感的话题或者较为微妙的话题都不适合组群访谈。同时，组群访谈中对研究者掌控访谈提出了更高的要求，不仅需要能够组织起会议，及时控制场面，化解和分析矛盾，引导话题的走向；而且需要用更为有效的方法激发一组访谈对象的即时思考。

9.3 访谈对象的选择

访谈对象，是访谈研究的唯一信息来源。访谈对象之所以区别于"平均人"，在于其与建成环境相关的独特经历。有些访谈对象是环境的创造者（如开发方、设计师、工程师）；有些访谈对象是沉浸在环境中的使用者。有些访谈对象每天都与特定环境接触，有些访谈对象和环境的联系发生在文件中、图纸中、记忆中。正是因为访谈对象和环境的关系，他们从不同角度观察、使用、感受、思考建成环境。研究者需要结合研究的问题，考虑可能的访谈对象所代表的角度，精准的定位出访谈对象。

研究者在选择访谈对象时，一定要抱有"三人行必有我师"的谦虚态度，不能由于访谈对象教育背景、社会地位、经济收入的缺陷而抱着一种俯视的态度看待访谈对象；更不能由于自身的教育水平和认识水平而认为访谈对象"什么都不懂"。研究者不仅要将访谈对象当作搜集研究材料和数据的必要资源，也要将访谈对象真心实意地当作认识来源和研究伙伴。

9.3.1 细分专业人群

常见的和建成环境相关的专业人群包括政策制定者、开发者/业主、技术人员、使用者/观看者、研究者。这五类人代表了整个规划设计行业的主要参与者。但是，职业划分只是给出了宽广概括的领域，并不能精确定位可以提供真知灼见的访谈对象。研究者定位访谈对象的活动还需要将定义宽泛的人群不断细分，不断为抽象的职业添加限定性的信息，同时将访谈对象的具体经历加入——从一个没有特征的人群类别中，定义出一个经历切实和研究相关的人。比如，政策制定和执行者中，潜在访谈对象是决策部门的日常管理者，还是决策部门的政策研究者？访谈对象熟悉政策出台的流程，还是政策文本的操刀撰写者？是政策文件实施过程中的传递者，还是长期对某项政策实施情况的跟踪者？访谈对象和场所，或者项目的接触是通过咨询和审批完成的，还是通过实际地点巡视和执法完成的？又如，在项目开发者中，潜在访谈对象是综合全局的统筹者，还是联系多专业的具体操办者？访谈对象是项目开发资金运作的筹划者，前期发展景愿的策划者，还是全过程的土地购置、招标、施工、采购、安装、验收、招商的介入者和监督者？在技术人员中，潜在的访谈对象是设计师，还是施工专业人员？是灵感的提供者，还是规范方案的细化者？是在设计过程中的总负责，还是负责联系内部各专业工种的协调者，抑或是对外商务和施工的联系者？由此可见，在某个职业类别中具体人员所从事的具体工作内容存在着很大的差异，从而导致同一类别（甚至同一部门、同一项目）的潜在访谈对象经历和感受完全不同。研究者需要清晰地评判这些具体工作和观察角度与研究问题之间的关系。

不同人群和空间和场所的关系各有不同；对于同一现象存在着认识角度的差异。研究者可以据此筹划研究问题，设计相互对比和印证的研究角度。比如，某研究针对房地产开发过程中绿色技术实施情况，不仅可以访谈某个开发项目的开发商代表，而且可以访谈相关的设计人员、施工人员、建成后的住户，从而获得全面的信息。在多角度信息的比较中，可以得出实施绿色技术的瓶颈（到底问题是资金、技术普及、制度鼓励、用户反应的，还是其他方面？），从而改进绿色技术实施的策略。

科研院所和大专院校的研究人员和教授是比较特殊的一类潜在访谈对象。他们不仅比较熟悉专业实践领域，而且直接参与研究活动。他们一般知识面较宽，也比较熟悉专业前沿的动向，可以成为"无障碍交流"的潜在访谈对象。这类人群不仅能提供可供研究采访分析的言论、逻辑，而且他们能够提供研究本身的背景资料，指导研究进行的意见。

以专业人士作为访谈对象，研究者不需要研究者解释研究目的、访谈的问答过程会紧凑而有效率；然而，专业人士的视野固定，也导致访谈的角度并不立体丰富。相对于非专业人士，专业人士的工作节奏紧张，可能由于繁忙不愿意接受访谈。特别是一些知名的设计师，更是如此。研究者需要充分考虑潜在访谈对象拒绝参与的可能性，充足地准备后备访谈对象。

9.3.2 发掘专业外围

除了对规划设计建设行业各个主要专业进行细分以外，那些没有被社会承认的掌握特殊技能的人士应该引起研究者的充分注意。

最突出的就是和建造相关的民间匠人，如从事木作、泥瓦、彩画、叠石、雕塑的师傅。他们普遍没有接受高等教育，他们的专业人士身份没有得到专业体系的充分确认，他们的技艺传承依然部分依靠口传心授，是一个值得挖掘的源泉。比如，梁思成为了读懂《清工部工程做法》，在1932年在对杨文起、祖鹤州两位匠人做了多次访谈，积累了大量的资料，在此基础上完成了《清式营造则例》（图9-7）。在这个过程中，研究者通过访谈方法将漂浮而零碎的构造经验挖掘出来，配以图示，整理固化为具体而系统的知识。

潜在的访谈对象还包括规划设计建造行业的相关专业人士，比如幕墙工程师、电梯的推销员、防火设备的供货商、声学和舞台的供应商，等等。这些人士被设计师认为是规划设计行业的外围行业，在市场上被认为是建筑行业的服务行业。他们的经历和认识没有得到研究者的重视。然而，他们对环境建造具体问题的认识，不仅角度独特，而且深刻具体。长期从事隔热材料推销的人员对建筑节能问题的认识比起只会算窗墙比的设计师要清晰很多。舞台设备推销的专业人员对于剧院布局的认识比起只设计过几座剧院的主创设计师要更加深刻。

退休的专业人士是另一类重要的访谈对象资源，这其中也包括的政府部门主管规划和建设的退休官员、专业出版社和学术期刊的退休编辑、科研院所的退休研究人员、设计公司的退休设计师、设计院校的退休教授等。他们见解的深刻性不仅来自于长期专业实践的经验，而且来自于他们离开工作岗位以后的反思。离开长期工作的专业领域不仅使他们离开了专业内利益和名声的纠葛，也能以超然的角度对专业问题作出更为公正和深刻的反思和评价。同时，这类访谈对象的空闲时间比较多，处世心态比较平和，等级观念相对弱化，也会比较容易接受研究者的访谈邀请。在研究机构以外的研究者，比如：文史爱好者、当地掌故者，等等也具备一定的专业知识。这一类人群可能并不具有专业人员的严谨性；但是他们对场所和环境具有极大的热情，对关于环境、场所有较多的关注和观察。他们通常具备一定的理论知识，但也没有写作出版的压力和学术门派之争，能够超然地谈论很多现象，提供可能的材料和维度。

图9-7 《清式营造则例》书影

9.3.3 发掘"非专业角度"

图 9-8　纽约市街道清洁工人

比起选择专业人员作为访谈对象所要求的准确性，确定非专业访谈对象更偏重于角度的发掘。研究者需要巧妙地定位非专业访谈对象与空间使用的联系，借此获得访谈内容的独特性。在建成环境的规划设计过程中，场所中的活动被抽象成"功能"，人的场所经验常常被湮没在均一化的假设中。在设计师绘制的表现图中，街道设计的场景中没有清洁工，广场设计的场景没有卖报纸的小贩，植物园的设计中没有花匠，广场绿地的设计中看不到放学回家捕蝴蝶的孩子。要找到潜在访谈对象，研究者头脑中关于场所的图景一定不再是单纯的形体空间组合，而需要添加和场所相关的人的身影。场所中的人一直就"在那里"，就仿佛电影中的扫地僧，默默守候并长期观察着场所的日常，等待着研究者的寻访（图 9-8）。

1）场所的日常使用者

日常使用者和空间之间的联系是行为和活动。当研究者从富于生活细节的行为和活动中，而不是抽象的"使用者"概念中寻找日常使用者，访谈对象的形象立即鲜活起来。公园里的遛鸟人、景区过夜的游客、城市广场的集体舞者、河堤上放风筝的人、城中村的租户，等等，都能成为有效的访谈对象。同一场所中，具有完全不同诉求的使用者常常是共存的。在公园中，有看护孩子的家长、太极剑练习者、减肥俱乐部成员、马拉松练习者，等等。他们的身份不同，行为和活动不同，能够提供回应访谈信息的角度也不同。

正规或者非正规的组织是访谈对象的重要来源，包括：居委会、商会、自行车俱乐部、户外运动协会、钓鱼小组、郊游微信群、轮流送小孩上兴趣班的家长互助组，等等。互联网的发达，能够使同一地理区域中具有相同兴趣和需要的人聚集起来。这些组织通常对某一活动有着特殊的兴趣和需要，对活动安排和建成环境的关系有较深刻的认识，其成员可以作为访谈对象的来源。

2）场所维护者

场所维护者是指不断对场所中人的活动作出修正，使场所保持正常秩序，不至于发生混乱和灾害的人员。包括：大楼管理员、保安、工厂守更者、停车场的管理人、城管执法人员、水上派出所民警、居委会工作人员、反扒干警等。场所维护者的工作职责要求他们长时间地驻守现场，在常年的工作中积累大量的在场经验，这使得场所维护者成为重要的访谈对象类别。他们的经历中有很多和环境使用直接相关的酸甜苦辣，然而这些经历常常被社会忽视，因而他们十分愿意和人分享这些感触。访谈的信息挖掘可以从这类访谈对象的工作内容展开，比如，城管执法人员是了解街道环境使用实态的绝好访谈对象。同时，可以从这类访谈对象工作现场的观察内容展开，比如，比如剪草工人对公共草坪及其周边公共空间使用情况的会有定期的观察。这些内容同样可以成为研究者选择访谈对象的出发点。

3）场所服务者

场所服务者是通过自己在场所的活动，改善或者加强其他使用者场所体验的人员。包括：快递员、花匠、清洁工、剪草工人、剧院的领座员、天桥上的小贩、闹市的卖唱艺人、商场户外空间商业活动的组织者，等等。场所服务者与场所维护者十分相似，他们都在场所中停留较长的时间，完成工作职责的同时会积累比起普通人更为丰厚的场所经验。从工作性质来看，场所服务者比起场所维护者具有更多对人的考虑。场所服务者往往并不具备场所维护者的权威，这也构成他们独特的观察视角，成为访谈信息的来源。

总的说来，对于非专业人士，研究者需要花费时间向他们解释研究的目的和访谈的内容，效率相对较低。非专业人士的应答内容散漫、丰富、立体。这些内容中可能有许多和研究问题毫无关系的内容；但是，由于非专业人士没有概念限制，富于生活气息和立体感，能够激发研究者总结新的理论维度。

访谈能够大量获得访谈对象深层的观点、感受、认识；然而，访谈是特别耗时的研究活动。通常研究者需要花费时间预约、前往访谈地点、进行访谈、事后整理访谈内容等。因此，研究者需要充分考虑时间投入、访谈内容的获取、访谈角度等多方面的平衡，特别是不同研究对象对访谈效率的可能影响。

9.4 访谈内容和问题

9.4.1 访谈内容的属性

访谈研究法的目的是搜集研究材料，访谈问题的准备取决于研究者所期望挖掘的研究材料。由于访谈搜集数据的开放性，访谈研究法搜集材料可以在分析环节用作分析材料，也可以指引研究进一步搜集材料的方向，访谈内容还可以提供理论维度本身。

1）可供分析的材料

访谈所搜集的材料绝大多数都是定性材料。这些材料不像问卷研究法和实验研究法搜集的材料数量大且具有固定的格式，可以进行定量分析。访谈所获得的材料一般经由定性分析（参见本书第12章），形成对于现象认识的理论维度。定性数据并不需要用量化的统计分析证实已有的概念，而是从散漫丰富的原始叙述中，总结出概念和维度，以及概念之间的关系。例如，研究者通过对7位参与过预制木构件设计施工的设计师和3位预制木构件厂商技术人员的访谈，对这些材料进行比对、合并、分类，最终归纳出四种"数字设计"不衔接的情况。这就是从访谈材料获得定性认识；具体这四种情况占比各是多少，比起定性维度的归纳，已经不是那么重要了。访谈研究法集中体现了定性数据灵活、深入、开放、多维度的特点。

第二种情况中，访谈方法获得的定性认识不是终点，而是作为接下来定量研究的结构。比如，研究者计划对北京市郊农村环境整治进行问卷研究，但是对于农村居民诉求和农村的情况并不知晓。于是，这位研究者在问卷之前对选定村庄的约二十户农户分别进行了访谈。从开放性的访谈材料中，研究者归纳出如下情况：（1）该村庄外出打工人员较多；（2）居住在村庄中的除了本地居民还有大量的外来城市务工人员；（3）农户对自家的外观改善和对别家外观改善的评价角度有很大的差异；（4）农户对于政府补贴进行的各种改善措施总体是满意的，对于各种措施重要性的排序认识有差异；（5）农户对于各种环境措施导致的频繁施工尤其反感。这五条定性的认识能够成为下一步认识的理论维度，被研究者吸收到下一步的问卷调查的结构中。包括，（1）在问卷参与者信息中，增加"常年居住在村庄内／常年居住在外工作"的问题，作为后期分析的控制选项；（2）在问卷参与者信息中，增加"本村庄居民／本村庄租户"的问题；作为后期分析的控制选项；（3）将"对村庄整体外观改变的满意度"和"对自家外观改变的满意度"分成两个问卷问题；（4）对政府补贴进行的各种改善措施的评价采用要求问卷参与者按照满意度进行排序的方式；（5）增加对于农村环境整治频繁施工的问题。在这种情况下，访谈获得的定性认识维度能够为处于准备阶段的定量研究提供度量结构，帮助研究者完善研究筹划。无论是作为定量研究的前置研究，还是作为定性研究材料激发访谈对象多层次的应答，在分析阶段、解读阶段应该尽可能多地发展理论维度。

第三种访谈内容为独家材料，针对谈话内容知情人很少。比如，对故去建筑师家属的访谈，很多内容并不能从第二人的口中得到。对于同一种维度材料来源稀缺，会出现"孤证"的情况，因此难以进行定性式的归纳分析。这部分访谈内容就会作为"独家"内容直接成为研究采纳的观点、事实、维度。评估这些访谈内容需要持有辩证的角度：一方面，由于独家材料，使得其具备稀缺性；另一方面，同样由于独家材料，而动摇其可靠性。

访谈获得的言语信息仍然是一种主观的表述。访谈对象难免由于记忆的不准确，或者基于种种利益名声考虑，陈述了夸大、缩小、歪曲的事实。有人尖锐地批评口述历史访谈"正在进入想象、选择性记忆、事后虚饰和完全主观的世界……它将把我们引向何处？那不是历史，而是神话。"[1] 对这部分内容，研究者有义务进行合理推测和小心查证。特别是针对那些寻找其他来源的材料相互印证。对于存疑的内容，要主动进行讨论和标示。

2）研究方向和索引

在这一类访谈中，研究者并不期望访谈内容能够作为研究分析的材料，而是期望访谈对象能够提供指引研究进行的数据源和材料链的方向。这种访谈大多针对某些研究问题有深刻认识或者具有特别经历的专业人士。美国景观史学家肯尼斯·赫尔普汉德（Kenneth Helphand）认为最好的研究方法就是不断地进行针对研究资料索引的访谈。他的《抗争的花园》一书考察了 20 世纪的战时花园现象（图 9-9），包括两次世界大战、朝鲜战争、越南战争等战事间由军人、集中营的关押者、战俘、平民所建造的各式花园。当他为此书搜集资料的过程中，会直接告诉受访对象他关心的研究内容，打开对方的话匣子。访谈对象常常可以指向出乎意料的研究方向和研究材料来源。[2]

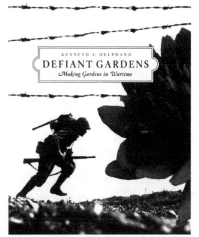

图 9-9 《抗争的花园》书影

为了获取这类材料，访谈的问题应该集中于线索的存在。富有切实经验的访谈对象，往往会提供更多的，从而牵涉出包括连串的地名、人名、书名、人物的背景、材料的地点、获得材料的方式，等等。这些内容能够扩展研究者的下一步的研究筹划。下面文字是大上海都市计划（图 9-10）的参与者李德华在这项工作完成 60 年后接受访谈的内容。[3]

图 9-10 大上海都市计划第一稿土地使用规划（大上海区域计划总图初稿）

1 杨祥银. 当代美国口述史学的主流趋势 [J]. 社会科学战线，2011（2）：68-80.
2 Helphand, Kenneth I.. Defiant Gardens: Making Gardens in Wartime[J]. Places，2007, 19(3): 30-33.
3 李兆汝，曲长虹. 大上海都市计划的理性光辉——访中国城市规划学会资深会员、著名规划专家李德华 [N]. 中国建设报，2009-03-24.

记者： 据资料记载，大上海都市计划组织期间曾邀请过很多中外知名专家，请问都有哪些不同背景的专家参与了这项工作？

李德华： 最初参加编制的人员有：上海开业建筑师陆谦受，圣约翰大学的教授和开业建筑师、德籍的鲍立克（R. Paulick），工务局工作人员钟耀华，英籍开业建筑师甘少明（Eric Cumine）和白兰德（A. J. Brandt），圣约翰大学的黄作燊教授，美籍华人开业建筑师梅国超，以及中国建筑师张俊堃。他们8人是正式署名的上海市都市计划总图草案初稿工作人员。此外还有未署名的施孔怀、王大闳、郑观宣等人也参与了编制工作。金经昌则是在进入工务局后参加了第三稿的编制工作。

在这些具体参加编制工作的人中，钟耀华作为工务局工作人员，是编制工作的具体负责人，很多参加编制工作的人员实际上是由他召集来的。鲍立克在初稿方案中发挥了非常大的作用，陆谦受和施孔怀同时还是上海市都市计划委员会的聘任委员。

除了这些直接参与编制工作的人员外，还专门成立了工务局技术顾问委员会都市计划小组研究会。姚世濂、施孔怀、吴之翰、庄俊等都是这个研究会的成员，具体参加编制工作的陆谦受、鲍立克也是这个研究会的成员。此外，还有侯彧华、卢宾候、吴锦庆也是这个研究会的成员。

上面的文字很好地说明了被访谈的信息指引功能。在上面一段不长的谈话中，访谈对象不仅提供了参加规划编制的人员的姓名，而且提供了他们的背景、国别、身份；不仅提供了在案的编制参与人员，也提及了未署名的参与人员；不仅提供了参加编制的人员的角色和重要性，也提供了规划编制的工作机制；不仅提供了编制组织的构架，也提供了编制组织和相关政府部门、研究机构之间的关系。这些信息作为设计事件的亲历者的独特观察和认识，提纲挈领地勾勒出上海都市计划编制的人事关系谱系，大大超出了正规文献和档案记载的范围。虽然上面引用的访谈材料并不是以进行研究为目的的；但是，由于访谈对象的回答细致周到，以上海都市计划编制为研究对象的研究者，可以从这段材料中理出搜集材料的线索，对于访谈中提到的上述人员、单位进一步挖掘，从而获得更多的研究材料。

3）启发思辨的思路

在另一些情况下，访谈不是为了搜集可供分析的材料，而是直接针对思想和认识的探讨。所得到的内容并不仅仅是可供分析的材料和可供延伸的线索，而是理论维度本身。访谈过程中，研究者和访谈对象共同作为"洞见者"，他们的讨论不完全依赖于数据的交换，而是成型观点的碰撞和交锋。由于交谈者话题投机、学力对等，这种访谈就能够跨越事实征询，而跨越到讨论的层面。俗语说："与君一席话，胜读十年书。"这种访谈并不是简单的问和答形式的索取，更是交谈者共同对某一话题更有火花的交流碰撞，思想交锋，思路发展，最后生成新的概念、角度、命题。美国建筑史学家希格弗莱德·吉迪恩（Sigfried Giedion）在他的名著《空间·时间·建筑》的序言中就坦言，书中诸多观点的形成就是不断地与建筑师朋友在咖啡厅中问询、答辩、讨论的结果（图9-11）。

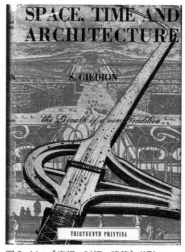

图9-11 《空间·时间·建筑》书影

这种访谈的形式中，访谈对象提供观点和见解，但并不能代替研究者的工作。专业人士对访谈的内容足够熟悉，同具有聪明的大脑和敏锐的洞察力，能够提供一些独特的角度和思路。这些思路可能是专业化的、深入的认识；也可以是非专业性的、零星的见解；忽闪的、模糊的角度。绝大多数被访谈对象由于缺乏学术训练的系统思考的时间，并不能发展完整、独立、健全的学术命题。研究者有责任敏锐地抓住这些角度和思路。除了正面的吸收访谈对象的观点和见解，研究者在这个过程中也可以展示自己掌握的材料、对材料的分析、初步的一些结论，供访谈对象批判。在访谈的过程中，问题本身的定义，问题的内涵与外延、概念间的命题关系等不断地被提出并检验。研究者可以在这个过程中通过反驳和激辩访谈对象，在切磋砥砺的过程中发展出更为完善的理论。访谈对象的作用，有时像是调味剂，有时像是催化剂，促进思想相互作用，最后获得理论维度和方向。

9.4.2 访谈问题的基本要求

对于研究而言，访谈的目的是为了在有限的时间内获取可供分析判断的材料。因而，访谈不可能是完全非结构化的，至少是半结构性的。在访谈正式开始以前，研究者通过分解研究问题，设计出访谈问题的表单。一般研究问题的表述是书面体的学术表述；而访谈问题面向访谈对象，就应该在细致、准确的前提下，尽量口语化。研究者需要试着自己去回答这些问题，以检验这些问题的表述是否清晰、是否便于潜在的访谈对象回答。对于不同教育背景的访谈对象，研究者还需要在问题的表述中适当加入解释性的内容，以方便获得更多的访谈材料。

1）明确访谈问题的属性

问题的形式要尽量开放，并能开启更多的思绪。那种访谈对象只能回答"是"或者"否"的问题显然不是好的访谈问题。访谈问题根据获得研究材料的内容，可以分为三类：第一，访谈对象客观地对某个过去事实的陈述，即是"我记得"的内容；第二，访谈对象主观地对于某个事物或者现象的评价和感受，即是"我觉得"的内容；第三，访谈对象主观地对于某个事物或者现象的观点和见解，即是"我认为"的内容。这三类问题所涉及的分析方法不同，对于研究者的要求也有差异。访谈对象在回答第一类"我记得"的问题时，可能存在着记忆的偏差，或者有意地美化（比如或者在环境使用中声称自己具有良好的习惯，或者夸大自己在项目设计过程中的作用）。这需要研究者计入研究筹划的考虑当中。对于第二类"我觉得"的内容，访谈对象可以自由地表达被采访时的见解和感受。由于这部分是主观内容的提取，研究者无需对这部分内容的准确性进行查证。对于第三类"我认为"的内容，访谈者虽然希望表达自己的观点，可能存在表述破碎、模糊等问题。研究者有义务重复、总结访谈对象的内容，使可能的因果关系、冲突关系、附属关系、关联关系等梳理出来。在访谈的过程中，"我记得""我觉得""我认为"的内容常常夹杂在一起；研究者在设计访谈问题时，需要做严格区分。

2）达到相应"对话层次"

访谈问题的基本标准是：问到点子上，少问"傻问题"。所谓傻问题，就是对形成新认识起不到作用、并且访谈对象不屑回答的问题。如果研究者缺乏访谈前的准备，所提出的访谈问题都是"常识性"的内容；即使访谈对象同意接受访谈邀请，得到的访谈内容也会是稀松平常，对产生新的认识贡献有限。不仅如此，研究者过多的"傻问题"会严重消弱访谈对象的对话兴致，削减访谈获取的实质内容。不论访谈对象是设计大师，还是熟悉某种工艺的匠人，抑或是场地上的使用者和维护者，访谈对象都没有义务向研究者普及自己的工作内容和相关的专业知识。虽然访谈的过程总是开放性的，准备材料和访谈问题是为了在有效的时间内获得更多的研究材料。研究者在准备访谈问题的过程中，应该尽量将"傻问题"剔除。

研究者发展访谈问题的基本要求是达到访谈对象的"对话层次"。作为研究的访谈问题应该是研究筹划进一步发展的产物。研究者需要对访谈背后的理论性内容（比如基本的专业知识、理论构架、资料来源、发生规律）有足够的了解。发展访谈问题不仅是核实已有内容，更多的是发掘出新的理论疑惑与趣味点。在弄清楚哪些是"已知的已知"以后，研究者才能定义出"已知的未知"，才能发展出有层次的访谈问题清单，问到点子上。比如，某研究者希望通过访谈民间工匠从而获得当地卵石材料砌筑技艺特色的认识。研究者应该知道"普通"石子的铺地、挡土墙、承重墙、外墙装饰等不同情况下的构造细节、使用工具、操作流程。以此基本达到工匠的"对话层次"，方才可能从一般到特殊，深入挖掘当地特色的工艺。又如，对某位已故教育家

图9-12　麦克·道格拉斯（Mike Douglas）访谈易安·麦克哈格（1969 年）

设计教育思想的访谈。研究者需要对设计教育活动的基本组成部分和高校教师的基本工作内容有所了解，方能从教育指导思想、课程体系设计、课程设计、授课特色、教学成果、学生成就、科研成果入手，发展出有新意的问题。

除了研究筹划过程中的理论准备，研究者提前对访谈对象经历和背景的了解，也有助于发展出深入的研究问题。美国电视节目主持人麦克·道格拉斯（Mike Douglas）访谈易安·麦克哈格之前，就阅读过他的著作《设计结合自然》（图9-12）。访谈对象的建成作品、公开简历、发表的言论和文章，等等内容是研究者发展访谈问题的源泉。在进行访谈的过程当中，研究者所显示的对于访谈对象的熟悉能够迅速拉近对话的距离，使访谈的进行更加富有成效。同时，之前在背景调研的过程中，已经明了的信息可以从访谈问题列表中删去。访谈内容不要太多地涉及家长里短、人事纠葛、轶闻奇谈，等等，偏离获取研究材料的根本目的。

3）增加诱导性材料

设计学科的研究者应该在访谈中发挥设计学科的特点。除了一般意义上的访谈研究法的程序和要点，研究者还可以综合运用照片、图纸、地图、示意图、模型，甚至虚拟现实等设计学科特有的形象媒介来辅助访谈问题的进行（图9-13）。形象的材料能够开拓访谈对象的谈话思路，也能获得更多和空间环境相关的内容。比如，在对幕墙销售人员的访谈中，研究者呈现出之前整理的基本幕墙形式的剖面图，能够使谈话的内容有所根据，内容的提取也更加深刻。研究者为了了解某个场所使用情况的访谈，研究者打印出场地的详细平面图，不仅能够利用图像

图9-13　山西省平遥县工匠接受访谈

激发访谈对象的会议和思考，也能够依据平面图提供的位置信息、更加精准地记录访谈内容。

9.5 访谈过程

9.5.1 访谈技巧的要求

作为一种搜集研究材料的方法，访谈研究法不要求高级的实验技术，却要求高明的谈话技巧。人的因素成为访谈活动成功与否的关键。由于不能改变访谈对象，访谈人需要从主观意识、习惯、技巧等多方面加强对自身的训练和要求。访谈者需要努力去适应不同的访谈对象，获得充实的材料。访谈研究对研究者的素质和精力投入都有较高的要求。访谈者需要合理地调配时间，使约定、赴约、交谈的过程能够有效率地完成。对于需要搜集大量数据的访谈研究，主要研究者还需要培训访谈者。

访谈过程中，访谈对象滔滔不绝的谈话阀门需要研究者来开启。交谈过程中，难免出现访谈对象不愿开口的情况，研究者一定要在这个时刻保持积极和热情的交谈态度，避免出现冷场的情况。访谈是人和人交流，基于人之间的相互理解，信息交流的过程既包含有逻辑的认同，也包含情感的认同。因而，同理心和同情心是交流的基础。在大多数情况下，研究者需要不厌其烦地解释研究意义和访谈者谈话的重要性。由于建筑、规划、园林环境内容的普遍性和日常性，不像社会事件那样那么引人关注；非专业人士可能还没有意识到这些研究的意义，对于将要进行的访谈轻视、质疑，乃至于不配合。研究者需要设身处地地站在访谈对象的立场，充分耐心地将访谈对象对研究问题的认识统一到研究需要上。对于平淡的内容，访谈者要加一些背景；对于敏感的问题，访谈者需要加一些铺垫；对于抽象的问题，访谈者需要加一些解释。在访谈的过程中，非专业人士不理解空间、环境、形态问题的理论逻辑，交谈中应答的内容有时会过于发散。访谈者还应该对于社会礼仪规范严格遵循，使访谈对象觉得交谈的过程十分愉快。由于访谈对象为研究无偿地提供知识和信息，研究者应该始终处于十分感激访谈对象的心理状态。如果发生某些访谈问题被拒绝回答，访谈突然中断等情况，研究者也应该充分理解、得体对待。

9.5.2 访谈约定和开始

这里所说的访谈过程是在完成了确定研究问题、文献综述、研究方法筹划等步骤以后搜集访谈材料和数据的过程；也是进行材料分析的前置环节（图 9-14）。研究者确定了访谈对象、准备好研究问题后，和访谈对象开始接触。正式访谈中，一般要求研究者

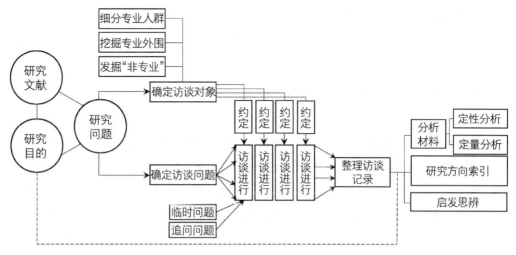

图 9-14　访谈研究法的进程

和访谈对象联系，并约定访谈进行的时间和地点。有些随机的访谈不需要提前预约，比如研究者访谈公园中的锻炼者。如果要进行较长时间、较为深入的访谈，仍然需要和访谈对象再次约定。在和访谈对象进行访谈约定时需要清晰地说明（1）访谈的话题内容和意义；（2）访谈对象被选定的原因；（3）访谈预计持续的时间。访谈约定可以通过口头、电话、电子邮件等方式，尽量通俗简洁，态度真诚。

访谈的请求被拒绝是很正常的情况。由于访谈本质上是研究者占用访谈对象时间，无偿为研究者提供信息的过程；因此，潜在访谈对象并无任何义务参与访谈。潜在访谈对象拒绝参与访谈的决定合情合理，研究者应该理解。同时，研究者可以用真诚热情的工作态度感染和打动潜在的访谈对象。同时，利用通过各种社会关系，"获准进入"访谈对象的工作和生活领域。任何社会都有人情和权威的成分在内，研究者可以利用同事、同学、亲戚、朋友、熟人、导师等的介绍获得潜在访谈对象的亲近和信任；或者利用单位介绍信、建委、规划局等相关政府部门的协助等权威消除潜在访谈对象的不信任感。

当访谈开始进行时，研究者和访谈对象的隔阂是多重的。研究者对研究问题和访谈有相当的了解；而访谈对象不仅对访谈一无所知，和研究者之间也并不熟识。访谈开始时，研究者不必急于进入正式访谈，而应该帮助访谈对象尽快熟悉研究者本人和研究者所准备的访谈话题。研究者需要从熟悉的话题入手，建立起融洽的访谈关系。鉴于整个访谈过程是研究者向访谈对象不断索取信息的过程，在访谈的开始时，研究者不妨主动向访谈对象提供较多个人信息，使访谈对象感到研究者真诚友善的态度。同时，研究者还需要向访谈对象清晰明确地说明自己在研究中的具体身份、研究的目的和价值、这次具体访谈的内容、选择访谈对象的原因、其他相关访谈的进行情况等。对于访谈对象比较敏感的保密、具名、录音、后续访谈等问题，研究者也应该在研究开始时清晰明白地告知访谈对象，打消他们的疑虑。

9.5.3 访谈过程：反应、干预、记录

当研究者和访谈对象已经建立起了融洽的访谈关系，访谈原则上就会在研究者事先拟定的框架下，按照一问一答的形式进行。为了启发更多的回应，研究者最好能将研究问题具体化，提供更多的可参照观点和时间点，从而方便访谈对象回忆。比如，与其问"您如何看待新城市主义？"下面的提问方式更能得到具体而有价值的回应："王教授认为新城市主义代表了中国社区和房地产的发展方向，而张教授认为新城市主义提出的规划策略在中国一直存在，没有很多理论价值。您如何看待新城市主义？"与其问"您的设计思想和实践是如何变化的"，提问方式"当国家大剧院建成时，您在从事什么项目？您对当时的争论如何看？"更能得到具体而有价值的回应。

研究者需要及时给予访谈对象反应和干预，将谈话者的状态和谈话的内容调整到理想的状态。反应是研究者针对访谈对象应答作出的言语、表情、动作等方面的回馈。在整个访谈过程中，研究者通过对访谈者谈话的不断反馈，让访谈对象感到自己是访谈的主角，自己的认识和见解被采纳到研究环节中。干预是研究者对访谈对象的谈话思路进行影响。研究者虽然不能决定访谈对象谈话的具体内容，却可以调整谈话的范围和重点。根据访谈对象的表现和研究者的即时判断，谈话中的干预包括：第一，内容衔接：从某一个类别的话题自然过渡到另一类话题。第二，内容转换：当访谈对象明显跑题时，需要巧妙和礼貌地打断，转换到和访谈提纲相关的内容上去。第三，重复内容：要求访谈对象对模糊简略的叙述进行重复和澄清，含有极大的激励谈话的成分。第四，深入追问：依据谈话已经展示的内容，进一步问询现象的原因、机制、后果等，甚至引出相关的新话题。不论是哪种情况研究者都不应该和访谈对象争论。访谈的目的是获取信息，而不是纠正访谈对象的内容。访谈过程中，研究者可以求证细节，但是并不意味着研究者可以向记者一样质询访谈对象记忆的偏差。如果研究者和访谈对象争论，试图"纠正"其观点；那么，访谈活动就失败了，以交谈搜集原始信息的目的并未达到。

访谈研究法的互动性体现在研究者可以随着谈话进行的状况而对对话的方向进行调整。根据谈话的态度观点的走势，研究者决定下一个发问的问题。访谈的过程中可能存在两个极端：一个是访谈对象说不出来，另一个是访谈对象说的过多。对于访谈对象谦卑的时候，研究者需要给予鼓励。研究者需要不断变化访谈对象适应的问话方式，将过于笼统抽象的问题分解成具体的易于访谈对象回答的问题。对于访谈对象表述模糊的部

分，研究者需要给予解释展开的机会。根据访谈对象情绪、态度的变化，研究者需要及时加强或者转换谈话的内容。访谈对象说的过多，访谈对象性格外向，口才极好，以至于常常偏离了主题；这时，研究者需要将话题拉回到研究问题相关的范围中。访谈对象说的过多还来自对研究访谈的性质不甚了解；研究者往往被当作作为有权者，或者生活中的知音进行倾诉。

对偏离主题的谈话及时进行内容转换是很必要的。笔者在学生时代曾经帮助一名美国研究者整理对一名中国设计师的访谈。中国设计师懂简单的英语，美国研究者不懂汉语；访谈以英语问，汉语答进行，同时进行录音。由于美国研究者不能听懂中国设计师的回答，因而访谈过程在一问一答地机械进行。该研究者回到美国后，和笔者一同整理了录音。我们发现被访谈的设计师在回答问题的过程中对访谈的问题用很少的言语作答，而用大段的时间谈人生际遇、私人恩怨，这些都是访谈者不需要的。访谈者花费了大量的精力、甚至进行长途旅行进行访谈，而由于访谈过程中干预的缺乏，访谈对信息的获取是不成功的。交谈技巧的核心在于在交谈过程中要把握一个时间付出和内容收益的平衡。访谈者既需要尊重访谈对象，不破坏交谈情绪；同时也不愿意访谈对象的应答过于啰唆，以至于浪费时间。既不愿意在离题太远的内容上纠缠，也不愿意失去交谈中不期而遇的闪光点。这时就需要访谈者礼貌地将谈话的内容拉回到访谈问题的范畴中。

在访谈过程中，研究者都应该进行记录（图 9-15）。记录并不仅为了记载访谈对象谈话的原始内容；而且还需要捕捉访谈时的思维撞击。当时记录能将清谈话的层次和结构，捕捉访谈对象的态度、气氛、强调、言外之意，记录自己的即时体会。同时记录的姿态使访谈对象感到被尊重，能鼓励他们更好地交谈。随着如今的记录方式发达，即使在访谈过程中使用了录音和录像，研究者的记录活动仍然是必要的。研究者不可以一味埋头记录，还应该和访谈对象之间有一定的情绪交流。既要反映出研究者的专注，也不宜太多以至于让访谈对象感到不自在。

保持研究立场中立，是访谈过程中的重要技巧之一。访谈过程中，研究者可能遇到市民对社会问题的抨击，专家学者对理论和技术的诘责。研究者需要明了的是，研究访谈的目的在于搜集和研究问题相关的材料。研究者的干预在于避免离题的访谈，研

图 9-15 拳击手汤姆·吉本斯（Tom Gibbons）接受采访

究者的必要解释是为了让访谈对象明确访谈的问题。研究者要防止将自己的见解、认识、观点影响甚至强加给访谈对象：既没有必要为任何的理论、现象、政策进行辩护，也没有必要试图"教育"访谈对象和纠正访谈对象的认识。

9.5.4 访谈材料整理

访谈结束时，研究者可以对访谈对象提供的谈话内容做一小结，复述访谈对象的主要观点和事实陈述。离开以前，访谈者一定需要向访谈对象致以真诚的感谢，感谢他们无偿地贡献出宝贵的时间和研究材料。研究者应该整理出谈话的内容文本（Transcripts）。访谈过程中使用录音的情况，整理文字版本的记录文本是必要的。访谈过程中未使用录音的情况，也要根据研究者记录要点和记忆，整理成语句通顺、意思连贯的内容文本。文本的完整性十分重要，它既是访谈过程目标，也是进一步进行文本分析和内容分析，回应研究问题的依据。

整理访谈的内容除了包括访谈内容的基本记录文本，也还应该包括研究者的理解和感受。访谈一问一答的交流过程，不光是访谈对象思维最为活跃的阶段，也是研究者思维活动最为丰富的阶段。整理访谈不仅需要完善地整理出谈话内容，而且需要从谈话的内容中厘清访谈对象谈话的基本逻辑，从而勾勒出访谈对象的思路、重点、结构。同时，研究者需要理清自己的感受、启发、联想；这些内容将会成为后续内容分析的理论维度。通过及时地延续访谈交流的兴奋感，研究者将自身对访谈的理解和感受也充分整理出来。

不论研究者在何种时段、场所下所进行的访谈，访谈的内容整理应该遵循"不过夜"的基本原则。其依据是德国心理学家赫尔曼·艾宾豪斯（Hermann Ebbinghaus）的遗忘曲线。[1] 从图9-16中可以看到，人的记忆衰退十分迅速。某件事情发生后的20分钟，人只能记得60%的细节；1个小时后，只有50%；9个小时后，就只有30%多一点了。访谈方法获得的信息密集，细节繁杂，为了使访谈的内容尽量多

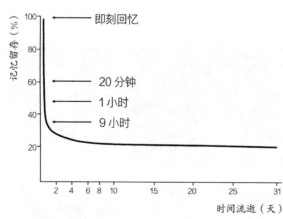

图 9-16　艾宾豪斯遗忘曲线（1885 年）

1　Ebbinghaus, Hermann. Über das Gedächtnis[M]. Leipzig: Dunker，1885.

地被吸收运用到最终的研究成果中，研究者需要依据"不过夜"的原则，及时地记载、回忆、整理访谈的内容，并记下自己的体会。记录整理的工作需要良好的习惯和巨大的毅力。

值得研究者注意的是，访谈研究法只是针对着研究材料的获得，而并不是意味着研究的完成。在后续分析过程中，访谈材料有可能成为定性分析、案例分析、历史分析的材料，读者可以参考本书第12～14章。还有一些情况，访谈激发了研究者的思辨，并进行理论框架的建构；关于这方面，研究者可以参见本书第15章的内容。

第 10 章

文档搜集法

Chapter 10
Record Collection

10.1 文档搜集法概述

10.2 文档材料的类别

10.3 文档搜集的筹划

10.4 文档材料的寻访过程

一位旅游者旅游归来后，试图回想数天前的旅游经历："我当时都干什么了来着？"不论这位旅游者记忆力如何，不可避免的是，即使是发生在几天以前的事情，很多的记忆都模糊、碎化。这时，一个最为便捷的途径就是借助于记录旅行期间产生的各种材料进行回忆。可能的材料包括：拍摄的照片（包括电子照片的时间信息），出行的机票、车票、景点门票、停车票，餐饮购物的对账收据、节目单、行程表、社交媒体即时发送的信息、行车记录仪的录制内容等。这些材料在旅行事件发生时就同步产生，且独立于旅游者的主观记忆而存在。它们不仅比起主观记忆更加可靠，而且更加丰富、具体、稳定：拍摄的照片包含有旅行者当时没有观察到的细节，各种附有电子计时信息的材料（停车票、电子照片、社交媒体的消息）能够提供比主观回忆精准得多的信息。研究者可以依据这些材料，提取出有用的信息，从而编织出旅游经历的主线和细节。

文档搜集法和旅游者为回顾游历而搜集各种材料具有同样的逻辑，都是根据问题的指引，采集反映已发生的活动的材料。材料记录形式虽然有巨大差别，但是它们都记录了研究对象某时某地的某些特征。人对现象的记忆和记录总是有限，能够动手获得的材料也十分有限，通过考察业已存在的记录可以极大地扩展研究材料的来源。本章讨论了文档搜集法的基本原理（第 10.1 节）和文档材料的类别（第 10.2 节）。针对文档材料的寻访搜集，着重讨论了文档搜集的筹划原则和文档材料的记录和保存机制（第 10.3 节），文档材料的寻访过程（第 10.4 节）。

10.1 文档搜集法概述

10.1.1 文档搜集法的概念

文档搜集法，是指研究者以搜集业已存在的文档记录材料为主要工作内容，通过分析这些材料从而回答研究问题的方法。这里所说的文档既包括各类文字记录材料（报章、书籍、手稿、日记、信件、录音、批注等），也包括对设计学科比较重要的视觉材料（包括草图、图纸、照片、绘画、录像、器物）。最近，由于电子信息技术的进步而产生了一类新的记录材料（比如乘客的流动信息、道路监控、游览信息等），能够细致准确地反映人对环境的使用，也属于文档搜集的范围。这些材料中，有记录者有意识记录的（如帝王起居注、城市规划会议的记录），也有"无意识"产生的（如社区公园的监控录像被用作研究材料）；有当事人记录的（如设计师在杂志上介绍设计过程的文章），也有旁人记录的（如记者撰写的参观某工业园区情况的文章）；有事件发生当时记录的（如设计师的草图），也有事件发生后以追忆的方式记录下来的（如业主的事后文章）。这些材料的共同之处是保存了研究者感兴趣的建成环境现象并留存形成了某种媒介（图10-1）。

文档搜集法中，研究者以外的某种记录机制已经完成了对研究对象的记录，形成了保存到当下的材料。文档对于现象记录的意义就像琥珀对于古生物学家一样。由于松杉类植物树脂能够包裹体量较小的动植物形成化石，使得我们得以窥见数百万年前乃至数千万年前世界某个片段的样貌（图10-2）。文档搜集法借助的各种记录机制，像琥珀一样对于建成环境的面貌、影响、机制等内容进行了记录。由于材料形成时的留存机制都在研究者的控制以外，文档搜集法搜集的材料也被称作"二手材料"。在上述列举的文档类型中，一般社会话语并不将器物、录像、数据记录等材料视作文档；但是它们记录了研究对象的特征，并且业已存在，本书把上述所有这些材料视作广义的文档材料。

研究者并不"创造"研究材料，而是"搜集"研究材料。问卷、实验、访谈、观察等研究方法要求研究者"创造"出新的材料，而文档搜集法要求研究者结合研究问题和文档保存的可能，推测出可能的文档材料来源，

图 10-1　文档的各种类型

在现实中努力预判并获得文档材料。采用材料搜集法的研究者像追查嫌犯行踪的警察，要为找到材料下一番功夫。嫌犯虽然狡诈，但和其他社会生活的参与者一样，总是会留下一些痕迹。有些是他们自身的行为留下的，如案发现场的种种痕迹；有些是外界对他们行为的记录，比如乘车、用餐、住店、刷卡的记录，驾车出入城的摄像头记录信息等；还有一些是政府部门的数据库，如户籍资料等。在侦查的过程中，警察并没有直接接触嫌犯，正是通过猜测这些可能的记录方式，在现实中找到记录这些痕迹的材料，结合其他研究方法（访谈街头报摊小贩的见闻、小旅馆清洁工的回忆），通过比对拼接，在时间的轴线上绘制出完整的事件链条，最终定位嫌犯。

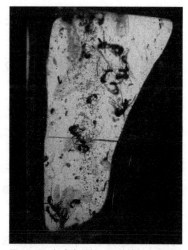

图 10-2　包含有蚂蚁、浮游等昆虫的琥珀（2300 万年前至 533 万年前，发现于肯尼亚蒙巴萨）

当然还存在一种可能，狡猾的嫌犯巧妙地隐藏了所有的痕迹，或者警察没有找到有效的链条。这时，真实的案情如同谜团，虽然曾经发生，却由于"痕迹"的缺乏，永远地陷入未知之中了。

　　研究者运用文档搜集法研究建筑、城市、风景园林与警察搜集证据追查嫌犯行踪要求不同的专业技能，但是两者的考察逻辑基本相同，都需要研究者以旁观者的立场，尽可能多地搜集既存的材料，以揭示未明的疑点，从而更好地认识现象。文档搜集法的进行是围绕着猜测、寻访、明辨、整理，进而阐释既存记录材料的研究活动。

10.1.2 文档搜集法的特点

1）对象的非接触性

　　文献搜集法的设定中，研究对象的特征完全通过研究者以外的记录者所创造的"二手材料"传递给研究者。由于无法接触研究对象（比如历史研究）或者没有必要接触研究对象（比如大数据提供的研究材料足够丰富）；因此，研究者不用像实验、访谈、问卷、观察等方法亲力亲为地与研究对象进行接触。这种非接触性跨越了时间上难以衔接的断裂、地理空间上的阻隔；也跨越了社会交往中限制接触研究对象的障碍。研究某一个历史时期的建设事件或者思想，不仅当时的设计者、建造者、使用者已经阴阳两隔，而且那些曾经的建成环境也不复存在。在充分发掘文字、图像、数据资料的情况下，研究者通过阅读前人的经历和感受，观察当时的影响，从而拼接、累积、推测出历史存在。对当代现象的研究中，系统的文档用来跨越"存在而难于接触"的鸿沟。比如，对城市公共空间形态和犯罪行为关联的研究，运用已有的地理信息记录会方便很多。知名的设计师、大学教师、政府官员等人群十分繁忙，通过访谈方法来获得研究材料会十分困难；研究者可以运用文档搜集法系统地搜集这些研究对象发表的文章和媒体访谈，从而达到获得认识的目的。虽然现今的交通更为发达，信息条件更为开放，研究的资金支持更充足，但并不是说研究者能够或者有必要亲自搜集获得所有的研究材料，研究者依然可以借助已有的文档材料，从而得到那些难于接触到的研究对象的有效信息。

2）意义转化性

把文档材料称作"二手材料"的说法当然有轻视的意思，也揭示出研究者不能亲手创造研究材料，而只是搜集既存材料的天然限制。大多数情况下，文本、图像、数据产生的原始目的并不是为了进行学术研究而积累材料。这就要求研究者转化材料的原始意义，从材料产生时的功用转化成研究的功用。比如，中国古代山水田园诗歌的创作目的是诗人为了记载诗情，并不是为了记录对于理景、造园的认识。然而，研究者可以基于这类诗歌的内容与理景、造园活动的相关性，解读这些材料。山水田园诗不仅可以反映景观的游赏方式，也能提供反映某些园林、景区营造意匠的片段。运用转化过的视角，在绘画中建筑和环境也能变成活跃的主角："他们不仅烘托画中表现的人物，也能携带表现自身特质的关键信息。"[1] 又如，1893 年芝加哥举办的哥伦比亚博览会为参观者游览参观和留作纪念，同时也为盈利，发售了地图（图 10-3）。这一地图详尽地记载了哥伦比亚博览会的会场布局、空间划分、建筑平面设计，色彩清晰易读，后世的研究者常常用这张图（而不是原始的规划设计图纸）来研究和展示这一历史事件。

文档材料具有天然劣势，有必要对其进行意义转化。研究者不能主动创造文档材料，更不能伪造文档材料，只能从旁猜测、寻访、搜索而获得材料（或者没有获得材料）。在接触到相应材料以前，研究者的研究筹划必须要联系研究问题进行必要的意义转化，猜测预判研究材料的可能性，直到切实接触到文

图 10-3　世界哥伦比亚博览会的旅游纪念品地图（1892 年）

1　Lillie, Amanda（ed）. Building the Picture: Architecture in Italian Renaissance Painting[EB/OL]. 2014. https://www.nationalgallery.org.uk/research/research-resources/exhibition-catalogues/building-the-picture.

档，并作一定的解读，模糊的猜测才会变成清晰的答案。这个过程存在着惊喜，也交织着挫折。在某些情况中，猜测的文档图档被很快找到，而且还会涌现出其他研究筹划过程中没有预见到的材料或者线索。随着研究者对文档来源、分类方法、保存制度更加熟悉，这种惊喜会变成一种常态，线性的搜集过程就变成了树状甚至网状的过程。同时，搜集过程中遇到挫折也是一种常态。比如，研究者了解到某图书馆藏有一位设计师的专门档案并经过系统整理，而这位设计师的某个作品正是自己的研究对象。研究者自然推测这个档案收藏中可能有自己需要的草图、设计说明、工程图、客户通信等。而实际存在的材料并不以研究者的猜测为转移：很有可能研究者出现空手而归的情况，也有可能收藏中的相关材料过于简略或者缺乏相关性，缺乏研究和分析价值。当遇到这些情况时，研究者只能另辟蹊径，考虑其他的材料来源，甚至可能出现死胡同，研究被迫终止的情况。

3) 材料的非完美性

所有研究者都希望所搜集的文档材料完美地反映研究对象的特征；但是，必须意识到，假借他人之手而产生的文档材料总不理想。文档搜集活动总是在材料记录发生以后，研究者不能主动地创造材料，因而总是处于一种事后发掘的状态。刘易斯·哥茨查克（Louis Gottschalk）精彩地描述了文档材料从事实发生到研究书写过程中所经历的不断消减的八个阶段。

> 观察的一部分成为记忆；记忆的一部分成为记录；记录的一部分被留存下来；被保存下来的记录的一部分引起研究者的注意；引起研究者注意的材料中有一部分是真实可信的；真实可信材料的一部分被研究者把握；被研究者把握材料的一部分被研究者解读和阐释……在研究者的阐述工作以前，过去已经经历了上述八个不断消减的过程。至于留下来的那些材料是否最重要、最丰富、最有价值、最有代表性、最持久，是毫无保证的。换言之，所研究之物不仅不完整，而且由于材料的丢失和恢复而发生变化。[1]

研究材料的非完美性决定了文档搜集法选题过程的特殊性，要求研究者不仅论证研究问题的逻辑和价值，而且在预研究中论证研究所需的材料是否切实存在。这种要求在问卷、观察、实验等直接从现实中获取研究材料的方法中是不存在的，因为现象、反应、人群等总是存在，研究者随时可以通过问卷、观察、实验去搜集研究材料。在这个意义上，问卷、观察、实验等实证研究方法更像种田，研究者总能从当下的现实中获得某些研究

1　Gottschalk , Louis Understanding History[M]. New York, NY: Knopf, 1964: 45-46.

材料；其研究筹划主要探讨研究手段的有效性和逻辑性。相比之下，材料搜集法更像打猎，研究者通过追寻猎物的行踪对猎物的位置进行判断；只有当猎人用肉眼看到了猎物，整个谋划判断的过程才算是有意义。文档材料的丰厚程度也不由研究者控制，即使有预研究对材料可得性的探讨，文档搜集法仍然不可能完全准确地定位研究问题。只有到研究者完全获得并解读了文档材料后，才能根据获得材料反映研究对象的相关程度、丰富程度、系统程度，对研究切入点进行调整。总的说来，文档搜集法在围绕某件具体材料的实际操作中充满了回环往复，研究筹划和执行过程常常难以绝然分开。

挖掘文档材料是一种理想和现实的斗争，是认识的欲望和材料的非完美性之间的斗争。研究者毫无必要为不断消减的八个步骤而感到悲观，而应积极而务实应对之。一方面，材料客观的非完美性并不代表材料不可获得。上述八个阶段中，从第四个阶段开始就可以有研究者的全面介入。研究者可以通过猜测、阅读、访谈、寻访，努力发掘新的材料来源渠道，尽量扩大对既存材料的掌握。这种主观能动性是运用文档搜集法的核心。另一方面，材料非完美性框定了研究的范围。对于确实没有找到文档材料的研究命题，务实的研究者应该主动放弃，或者将研究问题调整到文档搜索过程中能够找到的那些材料上去。

文档材料的非完美性也能成为研究考察的张力。文档材料不仅记录对象的特征，也反映了考察研究对象和社会互动关系。解读文档材料，不仅可以解读被记录对象的内容和特征，还可以解读出文档记录机制背后的制度、技术、风气、规律等内容。光绪三年（1877年）出版的汉口街道图（图10-4）在今天来看一定是非完美的，图中的比例、方向、内容按照现代地图标准来看均不准确。这并不妨碍城市规划研究者从中解读出相对准确的街道结构关系。图中地点标注反映了制图者意识中的 "城市意象"；图中对汉口英租界的缩小和简化反映了当时对新设租界区的一种陌生和排斥的态度。如果文档材料是准确完美的，这些内容就不会显现出来。因此，文档对记录对象的取舍、缩减、加工，甚至歪曲并不必然地降低其研究价值，相反，可能启发材料分析的角度。

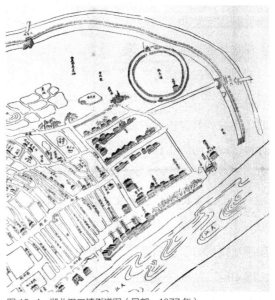

4）材料的丰厚性

文档搜集法常常能够为研究者提供比较丰厚的分析内容。比如，研究某位设计师的设计思想，依靠研究者个体

图10-4　湖北汉口镇街道图（局部，1877年）

通过访谈方法获得的"片状"信息，和用文档搜集法获得的草图、文章、通信、日记等，其丰富和深刻程度是不能比拟的。同样，政府部门的统计资料以及监控设备记录的公共空间的实况，可能比起一个研究团队通过实地观察法得到的测量材料要丰富具体得多。这也是很多卓有成就的研究者愿意采用文档搜集法的原因。

值得注意的是，文档材料的丰厚性是有边界的。第一，很多研究要求研究者去外地，甚至国外搜集文档资料，花费的精力和金钱不菲。一部分档案馆、图书馆、博物馆对于文档的查阅和使用有相当多的限制，比如不允许拍照、对复制的页数有限制、高昂的复制费用，等等。这些都会挑战文档的丰厚性。第二，文档丰厚性的前提是材料相关且存在。文档记录者只会选取当时认为现实有用的材料进行记录，并不会考虑到后来学术研究的需要，更不会考虑到研究者的研究角度。研究者面对材料的丰厚性常常是分散的、杂乱的。很可能会出现针对某项研究问题，研究者找不到任何文档材料的情况；也有可能出现既有文档虽然记载丰富，但是没有涉及研究问题的情况。

10.1.3 文档搜集法区别于文献综述法

在研究实践的过程中，文档搜集法和文献综述（第5章）都针对文字材料进行分析，阅读和分析方法也有类同之处，容易相互混淆，有必要进行比较辨析。

第一，文档搜集法与文献综述法对文献的考察角度不同。文献综述法所针对的是研究文献的认识，综述者和原文献作者的身份都是研究者，是一个研究者对另一研究者学术观点、方法的整理评价。文档搜集法所针对的是反映研究对象的材料。材料研究者和原文献作者的身份之间是考察与被考察的关系。在这个意义上，同一件研究文献，当作为文献综述法和文档搜集法的对象时，呈现出完全不同的意义。比如，美国建筑师赖特不仅设计成果卓越，也长于写作，他对建筑室内外渗透关系有很多精彩的论述。当我们对"建筑室内外渗透关系"这一问题进行文献综述时，我们的考察对象是"建筑室内外渗透关系"的认识，赖特是以研究同行的身份出现的，他针对"建筑室内外渗透关系"的认识会和其他研究者的言论进行比较。而当我们研究赖特的设计思想时，针对同样的材料，就会用到文档搜集法。赖特对建筑室内外渗透关系的论述就成了挖掘赖特设计思想的支撑材料和数据。赖特此时已不是研究同行，而成为研究对象。

第二，文档搜集法和文献综述所基于的材料根本不同。文档搜集法所指的材料范围更广，一般来说，大大地超过常见的学术杂志和专业杂志的文章的范围。一般地，文档搜集法更倾向于去档案馆、政府数据库、社交媒体公司搜集市面上不太容易见到的材料（图10-5），而不是那些已经被其他研究者广泛阅读的研究论文。在发掘研究材料的意义上，由于文档材料本身是"二手材料"，基于文档材料写成的研究论文只能算作是"三

图 10-5 捷克社会保障局档案室内景（1937 年）

手材料"。在"三手材料"基础上进行研究分析，认识必然会是进一步的"稀释"。因而，对于文档材料的发掘，研究者应该跨过研究论文的解读成果，至少探寻和掌握到这些研究的原始文档材料；甚至再进一步，发掘出更多、更有说服力的文档材料来源。

第三，文档搜集法与文献综述的解读深度不同。研究文献的内容指向是十分清晰的，即是先前研究者创造的"认识成果"；研究者阅读前人研究文献的目的在于比较和梳理已有的认识，并试图发现空白和矛盾。通过文档搜集法得到的文档材料，其意义是未知的，是尚未进行分析判断的"原始矿产"；研究者需要对文档材料的内容进行解读、分析、揣测、阐释。研究者通过解读原始文档材料，使文档获得意义；从而回应研究问题，产生新的认识；这种认识层次已经大大超越了文档材料记录的深度。

10.1.4 文档对于设计学科的意义

1）扩大学科认识范围

设计学科强烈的实践性使得社会和设计师都不重视建成环境的认识积累，这就导致设计学科停留在肤浅的现世世界而缺乏时间纵深和认识纵深。随着建筑废弛、城市改变、园林荒废，对于相关建成环境的认识也就随之消失。文档搜集法要求研究者重视设计行业和社会各方面积累的可能反映建筑、城市、风景园林的材料记录。通过主动地预判和发掘文档材料，产生新的认识。从研究者自己搜集材料到有意识地搜集他人创造的材料，有助于改变设计学科认识停留在"现世世界"的情况，建立设计学科更宽阔的知识世界。他人各式各样的"记录角度"也提供了不同人群使用、观察、管理建成环境的信息，扩充了研究认识的切入点。

比阿特丽克斯·法兰德（Beatrix Farrand，图 10-6）的档案发掘过程可以说明文档搜集法对于设计学科的意义。比阿特丽克斯·法兰德（1872—1959 年）是美国女景观师，1899 年美国景观师协会成立时的 11 位创始人之一。1955 年，法兰德在去世前将她的部分藏书和设计档案捐献给了加州大学伯克利分校保存。在近 20 年的时间里，这些档案一直归于沉寂，法兰德的思想和成就不为人知；她的作品华盛顿丹巴顿橡树园、海豹港洛

图 10-6　比阿特丽克斯·法兰德像

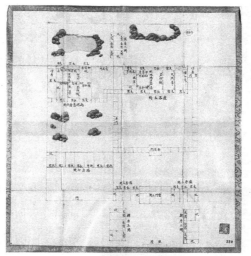

图 10-7　五台山行宫座落地盘图（样式雷，1736—1796 年）

克菲勒花园、普林斯顿大学、耶鲁大学、芝加哥大学、欧柏林学院等校园景观背后的原理和方法也湮没无闻。直到 1974 年左右加州大学伯克利分校景观学系的研究生马琳·沙龙（Marlene Salon）发现并整理了这批档案 [1]，并发表了法兰德的研究论文，重新认识和评价了这位已经被人遗忘的女性园林先驱。[2] 档案材料也引起其他研究者的注意，并衍生出了更多的学术讨论会和学术著作。[3]

2）挖掘设计机制

文档材料的丰厚性能够较好地适应设计学科对于设计活动内在机制的研究。由于建筑师、规划师、风景园林师的具体工作是设计实体环境，他们对信息丰富程度的要求较高。从研究的视角，设计学科是鼓励多解性的学科，是下游学科，是图形相关度较高的学科，以抽象提取研究对象特征的科学研究方法有时难以适应认识设计实践的要求。文档搜集法所获得的材料具有较多维度、较好的深度和复杂程度。图 10-7 是乾隆年间样式雷为五台山行宫绘制的座落地盘图。解读其内容，不仅可以明了清代皇家建筑的布局和尺寸信息，

1　关于法兰德档案的详情，参见：Laurie, M. Michael. The Reef Point Collection at the University of California[M]// Kostial , McGuire Diane. Fern , Lois (Ed). Beatrix Jones Farrand (1872-1959): Fifty Years of American Landscape Architecture. Washington, DC: Dumbarton Oaks, 1982: 1-20.

2　Salon, Marlene. Beatrix Jones Farrand: Pioneer in Gilt-Edged Gardens[J]. Landscape Architecture, 1977(1): 69-77.

3　如丹巴顿橡树园的讨论会，记录在：Kostial, McGuire Diane. Fern,Lois (Ed). Beatrix Jones Farrand (1872-1959): Fifty Years of American Landscape Architecture[M]. Washington, DC: Dumbarton Oaks1982: 1-20. 其他著作还包括：Balmori, Diana. McGuire, Diane Kostial. McPeck, Eleanor M. Beatrix Farrand's American landscapes: Her Gardens and Campuses[M]. New York, NY: Saga Press Inc. ,1985 等十余种。

还能知晓建筑设计过程中设计师对房间具体功能（值房、朝房、膳房、书房等）、室内装修需要（飞罩、天然罩、碧纱橱、炕等）、院落的内外连通关系、院落的假山水池布局等内容的考虑。这些考虑是设计的核心内容，反映了建成环境的深层机制。

10.2 文档材料的类别

10.2.1 图像资料

西彦有云：一图胜千言。图像能提供某个场景、空间、环境丰富的信息，为研究者提供亲临其境的场所感，也能为材料分析过程提供丰富的细节。现实的生活中，沧海桑田，宫阙变土，建成环境不断发生着变化。图像资料的记录能够留下某一时刻的场景，可以为认识那个时刻的建成环境提供依据。通过对成系统的图像资料的阅读，还能为探索建成环境的类型特征和发展变化提供材料。萧默以敦煌石窟中的壁画为主要的材料来源，通过提取其中的建筑信息（图10-8），对从十六国时期到元代的建筑进行了解读。[1] 通过系统分析和整理壁画对于同时代建筑形象的记录，对照联系其他已有成果，研究者系统归纳并论述了佛寺、阙、城垣、塔、住宅五大类型建筑的布局、组成、类型、分期等方面的新认识。对于相对零碎的材料，则归入其他建筑类型（如监狱、坟墓、台、草庵、穹庐、帐、帷、桥梁、栈道）、建筑部件与装饰、建筑施工、建筑画等，梳理出新的认识。

文档图像资料包含的类别十分丰富。按照图像材料的可得性，大致可以分为三个时期。第一个时期是前出版时代，任何图像材料都是单件的，比如壁画、油画、卷轴画、雕塑、物件。图像的创作十分不易，每一细节都是创作者一笔一画绘制的

盛堂第172窟北壁观无量寿经变

盛堂第172窟北壁观无量寿经变

图10-8　敦煌莫高窟172窟北壁《观无量寿经变》原图（上）和考察内容（下）

---

1 萧默.敦煌建筑研究[M].北京：文物出版社，1989.除了主体部分对壁画中建筑形象的解读分析，该书也对敦煌古城、石窟、塔等建筑实体遗存进行了研究。

图10-9　龟户天满宫神社雪（歌川广重，1833—1834年）

结果，值得研究者用心解读。由于前出版时代复制图像的难度，除了可以移动的小画作、小物件、卷轴画外，观看图像也要去图像所在地。第二个时期因印刷术而改变。不论是木板、石板、铜版，还是后来更为复杂的印刷技术，印刷术使得一幅图像能够方便地复制出多个相同的副本，图像制作更加考究，传播更加广泛。出版印刷带来传播影响和盈利动力反过来又促进了图像的生产（图10-9）。欧美19世纪报纸业空前繁荣，其中也包括供文盲阅读的以蚀刻版画为主要内容的报纸。报纸发行频率远高于一般图书和招贴画，报纸上的图像提供了当时社会生活的丰富记录。第三个时期，19世纪以来，摄影技术的发明和普及使真实方便地记录社会生活成为可能。摄影技术不仅极大地提高了记载对象细节的准确性和丰富性，也提高了记录时间上的准确性。摄影技术机器般地忠实于原有的场景，比起任何的画作在忠实性上更值得信赖。照片对拍摄时间多有记录，即使没有，从摄影胶片及其冲洗的技术也能较为准确判断拍摄的时间，这比起从绘画风格的判断要精确得多。利用照片记载场景的便利是研究更早期的建筑所不能获得的。记载社会图景的照片被刊登在报纸上，出版制成明信片，广泛流传。

图像材料是既丰富又肤浅的材料。图像材料具体、生动、丰富，但是并不能为自己"说话"，其细节有赖于研究者的解读，其意义有赖于研究者的发现。从源头上看，图像材料的形成来源于记录者有选择地记录一部分对象，或者记录的对象一部分特征，而忽视其他。采用图像作为研究材料需要研究者从两方面入手进行考察：第一，图像材料在多大程度上反映了描绘的实体？中国文人绘画中记载了很多历史的场景，包括表现城市和建筑的界画和表现景致的山水画。界画到唐代已经比较成熟，而到宋代，界画更加准确、细致地再现所画对象，分毫不得逾越，形象、准确地记录下古代建筑以及桥梁、舟车等交通工具，较多地保留了当时的生活原貌。直接从图像中逐项辨识组成元素，能够较好地提取出研究对象。第二，图像的记录机制是怎样的？在题材选取、内容加工、媒介呈现等一系列过程中，图像制作的范式是怎样的，记录者带有个性的视角和技巧如何进行塑造图像？图像的记录机制不仅帮助我们了解被记录的环境和场所，而且反映了在绘图、摄影等活动发生时记录者的角度、方法、态度、情感。这些内容也能成为研究对象。图10-10中三种不同图像形式反映了19世纪晚期以前广州作为中国唯一外贸港口的景象。上图是平面地图形式，中图是由不知名的中国画家从透视的角度按照油画风格绘制的水彩水粉画；下图是以散点透视的角度按照中国画结合装饰绘制的墙纸。三幅图像都以港口城市为对象，对水体、十三行建筑、街道、山体均有涉及；但是着眼于完全不同的角度，传达出不同的氛围。上图以街道为主，重在描绘交通格局。中图从水面的角度描绘广州城的气势，明显是为了满足西洋人的纪念需求。下图描绘出城外十三行的忙碌，广州城内的田园恬静，将东方国度的生活完全理想化了。城内城外用水体分开，甚至都没有出现城墙的元素，整个图像充满浪漫和谐的气氛。

10.2.2 文字材料

文字材料包括文章、书信、日记、报道、著作、碑记，甚至小说、诗歌、网络言论等不同的形式。人和动物区分开来，在于人类发明了语言文字。由于写作的行为是主动的，因而文字材料的记录都是作者

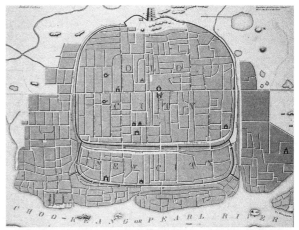

图 10-10　图像中的广州

认为有必要诉诸文字记载、说明、阐释的内容。文字材料的价值从被创造和记录的时候就被证明了。文档材料之所以能够存在，就在于它所记录的信息满足了记录者或者记录制度的某种需要。不论是对事实的记录，还是对感想思考的记录，必然是记录者意识中主动筛选的结果，凝结着记录者的观察和思考。比起访谈、问卷、实验通过外部刺激获得研究材料和数据，主动完成的文字材料具有较强的思想性，往往可以让研究者了解记录者丰富的主观世界（图10-11），成为我们了解建成环境构思、协商、建造、维护等内在机制的来源。

随着印刷技术、社会媒体、保存条件的发展，越近世的材料越丰富。从仅有的经典文献，到各种层次和类别的写作；从正式发表的写作，到完全私密的信件、日记等材料，极大地丰富了研究文字材料的来源。特别是近代以来，新闻媒体的兴起，大大改变了文

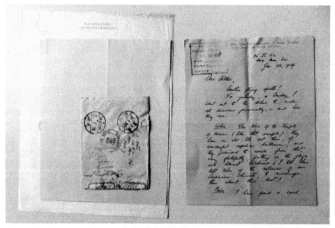

图 10-11　乔治·凯特关于建造细节信件（1939 年）

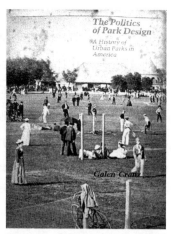

图 10-12　《公园设计的政治——美国城市公园史》书影

字材料的范畴和内容。媒体文字一经出版并且流通，就被诸多读者阅读，具有极大的公共性，极大地区别于其他私密的文字材料。媒体报道的时效性也能使关于研究对象的记录更加精准丰富。媒体和读者之间形成一种相对平衡的编读关系，因而媒体的文章总能反映某些大众共识，即所谓"社会风气"。报纸和其他大众媒体也将城市空间策划、设计、建造、管理作为其内容的来源。场馆、设施和绿地的落成，大型的城市开发动议，公共空间的合理或者不合理使用等成为媒体报道、评说、争议的对象。不少媒体还刊登游记、杂文等文艺作品。大众媒体记录有着独特的材料意义。对于城市空间策划、设计、建造、管理的书写权利从专业人士的手中释放到了非专业人士的手中：不仅规划官员、建筑师、规划师、风景园林师，而且城市的使用者、观看者、参与者也能参与到对空间环境的评说之中。广泛的参与性带来文字材料的丰富和多样性。

盖伦·克兰茨（Galen Cranz）的《公园设计的政治——美国城市公园史》（*The Politics of Park Design: A History of Urban Parks in America*）[1] 是一部模范运用报纸进行历史研究的作品（图 10-12）。通过查阅纽约、芝加哥和旧金山 1850 年到 1980 年间的报纸，研究者考察了这三个城市 140 年历史中的公园设计变迁。公园愿景很大程度上是社会理想的投影，公园的物质空间反映和满足社会价值。报纸上的评论文章和报道记载了很多关于公园应该如何设计的争议。研究者选取研究材料的巧妙在于，美国报纸媒体的大众化时期略早于公园的大规模兴建，这样，历史材料就完全覆盖研究对象。通过对不同时期争议主题和公园实体特征的总结，研究者将美国公园的发展分为四个时期，包括休闲场地时期（the pleasure ground）、公园改革期（the reform park）、娱乐设施期（the recreation

---

1　Cranz, Galen. The Politics of Park Design: A History of Urban Parks in America[M]. Cambridge, MA: MIT Press, 1989.

facility）、公共空间期（the open space system）。公园决策过程中的争论是该书的重要内容。比如，尽管专业的景观师奥姆斯特德认为公园是休憩身心的场所，应该尽量设计成具有野趣的环境，但是，随着社会空间的紧张和社会文化的发展，很多文化性的设施（如博物馆或艺术馆）、商业服务设施（如零食商亭）、体育设施需要进入公园，对野趣美学构成挑战。由于采用报纸中的文字材料来支撑观点，该书阐释具体而生动。

10.2.3 大数据材料

信息技术和媒体的发展带来了数据记录和传输的革命。最初，一些政府部门和研究机构会定期搜集，并向社会（或者一部分研究者）开放社会管理的原始数据。比如，美国很多城市的规划会议全部录像上网，可以为人随时浏览。随着信息技术的发展，社会生活方方面面的痕迹被系统地记录下来，形成庞大的数据。比如，公共交通的刷卡记录、街头采集治安资料的监控录像记录、停车场的进出车辆记录、手机信令数据、航班信息数据、包裹流量数据等，这些数据中有许多内容反映了建成环境的使用状态和机制。另外，随着社交媒体（比如微博、微信、大众点评、马蜂窝等）的普及，普通个体能够在社交平台上发布自己的生活状态和思考，也客观上留存了对于建成环境的记录。

从研究方法论的角度，大数据具有如下特点。第一，数量十分庞大。一般网页评论内容可以轻易获得成百上千条数据，网络公司支撑的研究获得几十万上百万的数据也十分常见。传统的问卷、观察、实验、访谈等方法都很难达到大数据的数量级。庞大的数据量不仅能够提高研究的精度和信度，也能够提供更多可供分析的内容。第二，数据格式规整。一般大数据都是借助于特定的数据搜集机制，比如旅游网站的数据都会有评论发布的时间、发布者的用户名、评分、文字评论等。这样得到的数据格式统一，具有很好的结构性，十分便于进行分析。第三，不断积累增长。大数据搜集的机制是持续的，随着时间的流逝数据量会有序增长。大数据的形式不仅能够追溯到 2010 年甚至更早，而且在可以预见的将来不断积累。因此，大数据不仅能够进行定时性分析，还能方便地进行历时性分析。第四，内容十分丰富。大数据的搜集机制为数据带来复合型的特征。比如，一条旅游景点的评论，除了主体的图像和文字信息（图 10-13），还包括打分信息、时间

图 10-13　社交媒体提供照片和主题标签作为研究材料

信息、地理位置信息等。对于这条评论，其发布人的居住城市、性别、年龄等信息也可能获得。复合型特征为后续分析提供了多种可能。尤其值得注意的是，这些社交媒体中参与者主动上传的内容，没有任何强制成分，一定是有感而发的内容。比起研究者通过问卷、访谈、实验等方法"激发"得到的数据，社交媒体能提供的研究材料更加真实可信。正是由于这些原因，大数据日益受到建筑、规划、园林研究者的关注。

在搜集大数据作为研究材料时，需要注意以下问题。第一，大数据材料仍然属于文档材料，这意味着研究者无法控制材料搜集的过程，而只能通过预判和寻访的手段来获得材料。大数据虽然具有庞大的数据量和丰富的数据层次，其数据的产生目的并不是为了进行学术研究，因此并不能记录和反映所有的建成环境现象。特别是那些较为私密的场所（比如养老院、居住建筑、图书馆等）和过于平常的类型（比如街道、超市、食堂等）就不太适合运用大数据，研究者仍然需要结合研究问题，有意识地建立起大数据和空间使用之间的关系，将可能存在的数据转化为考察建成环境使用的材料。第二，越来越多的网站开放了数据内容，越来越多的研究者掌握了数据爬取技术，这都极大地方便了研究活动的开展。然而，仍然有很多类型的大数据处于特殊的商业机构和政府机构的管控之下。对于大数据来源的开拓，仍然是研究者值得努力的方向。

10.3 文档搜集的筹划

文档搜集法的目的是找到能够反映研究对象的文档材料。一个常见的误解是，文档搜集法是守在书斋里的学问，研究者只需要舒舒服服地坐在书房中读书就可以了。实际上，材料之于文档搜集法的研究者就像琥珀之于古生物学家：有了较多数量、较高品质的材料，后续的描述、分析、阐释才能够展开。学术研究对于文档材料有着严格的要求。好的文档材料不光在逻辑的证明力上切合研究问题，本身还应该具有独特性。运用常见的，甚至一般设计师日常专业阅读以内的材料作为研究材料，其研究结论很可能也是意料之中、稀松平常。研究者应该尽量发掘稀缺、罕见的材料，或者整理零碎、细微的材料。

琥珀只能被寻找，而不能被创造。文档搜集的这一特点为研究活动增加了挑战，也平添了惊喜。当研究者处于搜寻材料的角色时，会体会到文档记录作为研究材料的差距。发掘相关性是对抗文档材料有限性的有效策略。文档搜集分成两个步骤：筹划阶段和执行阶段。虽然两者相互交错，但各自的目的各有不同。筹划阶段预见材料的来源；执行阶段寻访材料，用事实证实材料是否存在、是否支撑研究问题。

10.3.1 文档搜集的要求

研究者以能动性对抗材料本身的有限性，这就要求研究者开动脑筋，尽量多地预见高质量的文档材料来源。从量的角度讲，研究者需要从相关性的概念入手，从尽量多的角度建立起可能研究材料和研究对象之间的联系。从质的角度讲，研究者需要了解评估材料质量的维度，主动地评估文档材料的质量。

1）材料与现象的关联

文档的相关性是指文档材料和研究对象存在一定的某种联系，反映出研究对象的某些特点。正是基于这种联系，研究者从材料中解读出与研究对象有关的事实、观点、机制，发展出新的认识。在筹划阶段，研究者则是遵循完全相反的逻辑：研究者需要基于材料和研究对象相关性，在还没有材料的情况下，尽量多地预见可能的材料来源。在世界大多数的文化中，建筑、规划、园林作为专业学科成熟的时期都比较晚。因而建筑、城市、风景园林并不是大多数记录活动的目的。但是，社会生活的记录总会包括建成环境的背景。体现研究者能动性的部分在于，发掘材料的相关性，能够将各种把看似不相关的原始记录变成和设计学科相关的、有用的研究材料。按照文档材料产生时的目的和研究内容的差距，下面将材料分成三类。

第一，材料产生的目的和内容都是建成环境。这类文档材料产生时的目的、内容和研究材料完全重合。比如，设计师在工程开始之时的分析草图，造园大师的假山叠石模型。毫无疑问，这类材料能够成为文档搜集法的寻访对象。

第二，材料产生的目的并不为了描述建成环境，但其主要内容是建成环境。虽然这类材料并不是为了研究活动而产生，但是其文本内容和研究者所需的内容完全重合。比如，设计师和客户之间的通信，这种材料的产生目的是设计师向客户问询要求、解释疑问。设计师信件中向客户解释疑问的内容，直接反映了设计师的设计意图。因而，这类材料能够直接作为了解设计师的设计意图的研究材料。又如，宋代《营造法式》是为当时营造的规范化而制定的定额材料，并不是为了描述当时建筑设计和营造艺匠。但是，这部著作记载的"营造理想状况"直接反映了当时建筑设计和营造的实态。因而，通过解读《营造法式》来研究宋代建筑的基本特征，不仅恰当，而且准确、细致、深入。研究者注意转化既有材料的产生意义，调整阅读材料的视角，就能够较多地预见能够反映研究对象特征的合格文档材料。

第三，材料产生的目的并不是建成环境，其主要内容本身也不主要是建成环境。比如，监控摄像头的安装是为了能够较好地记录监控区域的治安、交通、环境等状况。

图 10-14　莫高窟第 61 窟西壁《五台山文殊圣迹图》

而监控录像除了记载上述内容，同时不可避免地记录下发生这些内容的建成环境，以及人与环境之间的互动关系。比如，一位研究城市公共空间的研究者，可以通过申请查阅监控录像的内容，了解到在时间轴上城市空间的使用状况、活动种类、活跃程度。又如，佛教经变画的主要内容是反映佛经的故事，宣扬佛教思想。然而，无论描绘的是西方事迹，还是人间故事，这些故事的场景不可避免地投影了经变画作者所处时代的建筑、城市、园林。梁思成就是从保罗·伯希和的《敦煌石窟图录》敦煌南区第 61窟《五台山图》的经变画（图 10-14）中，了解到五台山的建筑，猜想其中一些早期的实例可能仍然被保存下来。通过实地勘验，从而发现了唐代建筑既存实例佛光寺。再比如，搜集记录地铁数据的初始目的是控制流量，保证通勤秩序。研究者搜集既存的数百万地铁刷卡信息，对这些信息进行空间分析，可以获取城市空间使用者的居住地点、收入、通勤活动的关系。

　　总之，发掘材料相关性的关键在于意义的转化，研究者需要高明的洞察力：从某一角度，抓住材料对研究对象某一部分、某一方面特征的反映，建立起材料和对象的联系。同时，研究者需要对材料局限性有清醒的认识，不要因为材料与事实联系的发掘而在分析、阐释材料时说过头话。比如，研究者用古代诗歌研究园林和理景。除了认识到诗歌反映当时社会生活的相关性，研究者还需要认识到诗歌本身篇幅短小、更重感受，因而对社会生活呈现碎片状的记录；且诗歌的总体留存量较少（唐代横跨了近三百年时间，留存下四万两千余首诗歌），故而以古代诗歌为研究材料只能对大时段（比如某个朝代）的建成环境做出片段性的反映。又如，研究者通过搜集网友的言论研究社会对建筑形象的接受程度。在认识到网络言论开放性、真实性的同时，也需要认识到网络言论的夸张性。从年龄阶段、教育程度、收入分布来看，上网发言的那部分网友相对年轻，并不能等同于整个社会。材料的局限性并不否定材料对现象的反映，更不否定整个研究；指出文档材料的局限性能够使研究更加完备、严谨、无懈可击。

2）材料的规模

追求材料的规模是对抗文档材料非完美性的另一策略。搜寻文档材料，当然是反映研究对象的内容越全面、越深刻越好。内容的深刻性，是可遇不可求的；而内容的全面性，则可以通过充实材料的规模来达到。和现象具有某种关联的单件材料，总能够吉光片羽地反映出场所某一时间

图 10-15　南京夫子庙（潘玉良，1937 年）

点的特征。比如，从画家潘玉良的画笔中，记录了南京夫子庙的节庆场景（图 10-15），我们可以读到晴天的节庆场景。牌坊前后有舞龙聚集的人群，街边有来往的行人。在街巷中有汽车、电线等现代城市的痕迹。但是，单件材料能够解读出的内容恐怕就是这些了，如果还要获得更多认识，则需要借助于更多的其他材料。从发展认识来看，单件材料常常只能为主体叙述提供注脚，本身难于形成系统的、有见地的认识。

怀着扩大材料规模的目的，研究者除了搜集某个建筑、园林、城市鼎盛期的资料，也要搜集其发展变化，包括逐步形成、发展、变化、衰落的材料；除了搜集反映设计灵感和思想的材料，也要注意收集内在策划、施工、运行的材料；除了从设计师角度搜集设计建造资料，也要从作家、画家、记者等视角搜集使用和感受的材料。当材料达到一定规模，研究者能够方便地发展出更多的维度，串联起材料，形成具有复杂度的认识。当某一角度的材料受限时，其他角度的材料如果足够充实，研究进程不至于中止。材料的规模足够大，不同角度的材料之间能够相互联系。材料的相互联系能够立体地反映研究对象，可能发展出一重以上的理论线索，显示出研究对象发展的、交互的、复杂的内容。在前文的举例中，梁思成利用敦煌莫高窟第 61 窟西壁壁画作为寻找唐代建筑遗构的线索，而进一步进行实地考察，运用题记、碑刻、塑像、测绘等材料进行分析。相比之下，萧默利用在敦煌的全部壁画材料作为分析来源，富于细节内容，形成多重线索。

3）材料的系统性

系统性是指一定规模的文档材料的组织规律和整合程度。在研究筹划阶段，从文档材料的系统性可以推测所需材料在某类文档群中存在的可能性、编排规律、充实程度、材料规模，从而判断材料的质量。研究者知晓文档的数量、类别、组织规律，划定文档

群的"边界",不至于发生遗漏。如果说相关性的探求增加了更多数量文档材料来源的可能性，系统性的评估会提高材料组织的可靠性、保证文档材料的质量。

文档群的系统性来自文档产生、记录、整理、存放的内在机制。当某类文档被积累到一定规模时，必然会以某种特定的规律被聚合排列在一起，最为常见的就是时间顺序。比如书籍出版的年份、报纸杂志的期号顺序、信件往来必然按照时间排序。这些材料在被图书馆、档案馆收藏以后，一般会按照时间顺序编目保藏。各种规划、评标、咨询会议会形成记录。建设报批、审查、竣工等各个过程当中，收档也会形成备案的图纸、文件。这类文件一般也会按照行政行为的性质、年份、项目、区域、媒介、内容指向排列。在发达国家的很多城市，规划委员会会议会专门录像，这些录像一般会按时间排序，在网站上公布。

文档群的系统性还来自研究者的接触整理，在解读分析过程中赋予材料以系统性。对于搜集完成的材料，可以做定量研究或者定性分析。定量分析所需的材料应格式单位统一，从而方便转化为数字化的材料，目的在于用数字描述一个现象或者在数理上证明一个命题。用以定量研究的材料一般是形成特定格式的资料：既包括那些特别搜集和整理的材料，比如统计报表、数据年鉴等；也包括那些由于技术进步形成的即时记录数据，比如停车场数据、公交刷卡数据、网络评论数据等。这些数据虽然齐整庞大，但是仍然不能"一键式"地产生有启发的认识，这就需要研究者在原有材料存储系统性的基础上寻求分析的系统性。比如，研究者对数据中的词语按照语义进行分类（图10-16），试图找到场所中使用者注意力、活动、感受的频次和关系。定性分析资料不要求进行数理分析。定性研究通过对材料的解读、阐释、归纳、分类，反映研究对象的性质、特点、关系等"属性"命题。定性分析所需的材料则可以多样化、片段化。比如，著名学者、设计师的手稿、草图、日记、信件等材料，可能没有进入图书馆、档案馆的收藏程序，由当事人或者其亲属、学生保存；或者虽然有稳定的收藏，但是存放处于杂乱状态。这类材料的系统性有赖于研究者代替档案员、图书馆员，按照材料的产生时间、内容指向、材料媒介等进行整理，从形式上的系统性再逐步进入分析中的系统性。

另外，还有很多材料的存在处于完全零散的状态，并没有特定的归属，这就需要研究者聚沙成塔般地搜集，从时间、地点、类型、风格等方面赋予材料以系统性。比如，研究某个城市广场的历时演变，

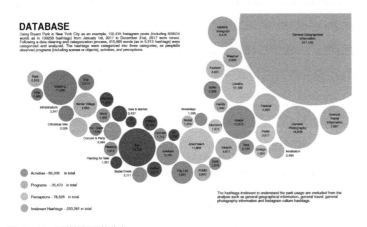

图10-16 对数据词语的分类

就需要从不同的来源搜集毫无系统的不同照片、图纸、报道等。可能有些来自网络文章，有的来自网络数据库，有些来自已有出版物，有的需要从大型丛书中析出，有的来自独立的档案收藏，有的甚至需要研究者花费金钱购买。这类情况中，材料的收藏和整理同时发生，并且相互启发。研究者需要像收藏家那样具有敏锐的识别力和持久的毅力，一件一件地将分散的材料归拢起来。系统性观念不仅方便串联已有的材料，也便于发现下一步搜集的目标。研究者的积累行为塑造了材料独特的系统性，形成的系统本身就具有价值。

4）独特性

独特性是指文档材料的新颖和特别之处。材料之独特，可能来源于没有经过编辑整理出版，可能是某图书馆的某个特藏、某研究所图书室、某档案馆没有经过前人触碰的某几个档案盒，可能是在私人手中的手稿、信件、图纸、报刊，也可能是交通研究中心、土地中心的没有经过研究使用的数据库。这些材料的共同特点在于，它们都不是整个知识共同体已经掌握、方便查阅的材料来源。追求材料的独特性，要求研究者像考古学家一样，发掘文档材料的新源头。对于研究者而言，独特的文档材料意味着独占性。由于这些材料尚未被其他的研究者占有，能够保证研究的新颖性和独创性。对于学术共同体而言，新发掘的材料是硬通货：不仅丰富了分析讨论的材料库，而且能够发展出新的研究命题和研究角度。相比之下，被汇集出版的材料、网络上开放的文献、已有研究所指向的材料，虽然仍然值得解读分析，其独占性和稀缺性就会逊色一些。

独特性的材料往往是不易得的。因而，文档搜集法并不是"躲进小楼成一统"般闲适的阅读。研究者仅有坐在书斋冷板凳上阅读和分析的恒心是不够的，需要研究者锻炼挖掘和搜寻的能力。他们不仅要勤于走动，勤跑图书馆、档案馆等单位，而且要勤于开口，从图书馆员、档案保管员、文史专家、规划专家等专业人士处挖掘与研究问题相关的资源，并了解文档资料整理、存放、阅览的规则。档案制度促成了材料的保存和整理，从收藏材料变为研究材料，还需要研究者根据研究对象主动对档案材料进行阅读和甄别。

10.3.2 文档记录和保存机制

文档材料得以记录和保存是从研究对象到达研究者的桥梁；讨论文档记录和保存机制是预判文档来源的线索。研究者在研究筹划阶段预见的文档线索越多，在寻访阶段切实找到有用材料的可能性越大；预见的材料角度越新颖，研究成果的新颖性可能就越高。建筑、城市、园林处于社会生活中的不同方面，不同的人群对于建成环境的观察、思考的角度不同，他们自觉或者不自觉的记录内容有很大差异，反映研究对象材料的品质也有很大差异。这一小节讨论文档材料的记录和保存的基本机制，基于此研究者可以尽可能多地揣度文档材料的来源。

1）设计建造过程

　　建筑、城市、园林是从无到有的创造过程。这个过程中会留下大量的记录材料，可以作为研究者的材料。设计和建设作为一种专业协作的活动，各个责任方的参与、交流、定案、执行各个步骤能够详细描述创造是如何发生的。在最传统的设计建造过程中，设计师和委托方商讨设计任务的组成、设计灵感与意向，设计师有义务向承建方说明建造的预期，设计师和承建方需要向供应商说明特殊的材料需求。留下的相应记录材料中，既包括参与设计建造过程各方之间的通信、会议内容记录、设计各个阶段的图纸，也包括合同文件、广告信息、建材信息、土地信息等。每个步骤留下的记录往往能够具体、生动、充分地反映设计的真实过程、设计者的真实想法、设计项目的真实挑战。研究者基于这些材料，特别是结合多种材料相互印证，分析和阐释能扎实饱满、有感而发，而不流于笼统飘浮。图10-17是建筑师詹姆斯·麦克劳克林于1875年的辛辛那提动物园鸟舍设计图。这显示在19世纪下半叶美国随着西方列强对中国的瓜分并未影响其在文化上接受中国建筑的形式。由六个小亭和一个大亭构成的综合体反映了特殊时期的东方建筑传播。图10-17中一系列的立面图是建筑师的屋顶修改过程，从中可以看到设计师对东方建筑屋顶形式的理解。

　　对于参与设计建造过程的各方，研究者除了搜集他们在参与设计建造过程中留下的

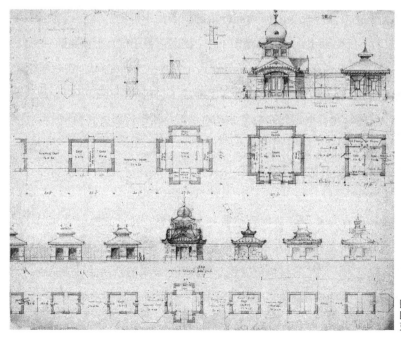

图10-17　辛辛那提动物园鸟舍设计图（詹姆斯·麦克劳克林，1875年）

图像材料，还可以搜集和建造过程有关的外围材料。比如搜集项目业主（委托方）的购书单、艺术品清单、游历记录（日记、照片）等，能够较好地了解其美学品位和建设愿景的形成。搜集设计师的笔记、写生、草图以及收藏，能够更加充分地了解其设计灵感的来源、设计思想和技法的变化过程。除了最为传统简便的委托设计模式，研究者还应注意到规划委员会会议、设计竞赛投标等设计和建设模式带来的记录材料。

从保存的角度看，设计和建造过程产生的文档一般都会整体保存。和项目有关的业主、建设和规划管理部门、设计公司、设计师本人和家属都可能保存有这类文档。如果能够找到文档的收藏地点，一般研究者能够接触到大量的、成系统的文档材料。由于任何一方的所藏材料的系统性和丰富程度与其他各方基本相同；所以，研究者可以选择瞄准其中较易接近一方的材料即可。由于这类文档的整体性，也容易成批量地散失。比如业主单位、设计师家属如果没有意识到建设图纸对于研究的价值，或者没有条件保存，文档可能会当作废纸处理掉。1997 年，建设部发布了《城市建设档案管理规定》，各地普遍设立了城市建设档案馆。进入 2000 年以后，各地又陆续设立了城市规划展览馆。这些机构都为设计和建造过程文档的搜集提供了便利。

2）社会传播过程

建筑、城市、园林建设完成以后，成为建成环境的一部分。这时，建成环境不再是一个专业建造活动，而是社会活动的背景和地点。建筑、城市、园林作为背景和地点不仅是社会活动的容器，也成为社会生活关注的对象。记者会报道环境的面貌，文人会描写赞颂环境的特征（诗歌、游记等）。从画家描摹的图景（挂画、壁画、速写、插画、新闻画等），到近代以后的摄影摄像，都包含了对环境的描绘和记录。建筑、城市、园林的存在是如此不可回避，记录它们的"文档"也超越了一般的图像，包括瓷器、漆器、墙纸、丝绸等器物，甚至商标、邮票、儿童玩具，都能算入。古代墓葬明器对同时期的社会生活有着具体而微的记录。如今汉代的地面建筑荡然无存，而汉代墓葬明器是墓主人生前生活场景的"记载"，对于望楼、院落、猪舍等的反映十分具体、形象；因此，我们对于汉代建筑的认识很大一部分来自对墓葬明器的解读。如图10-18 所示为河南博物院所藏 1993 年出土于河南省焦作市白庄的七层连阁式陶仓楼。这一文物形

图 10-18　七层连阁式陶仓楼（东汉，出土于河南省焦作市）

象地反映了建筑的形体、屋顶、窗户、栏杆、斗栱等内容。在此之前，五层的陶楼都是罕见的，其连阁式的形式同样罕见。这件明器的出土很显然将改写汉代楼阁建筑的成就。

社会传播过程产生的文档材料内容丰富、角度多样。这类材料留有记录者的强烈痕迹，材料的细节、角度、深度、关联度都取决于记录的角度和形式。文学作品中，有的作品会详细描绘建成环境的情况（如各种山川志），有的则是借建成环境抒发情况（如《醉翁亭记》）。在图像作品中，有的会细致忠实地描绘彼时的场景（如《康熙南巡图》[1]），有的只是将建成环境作为故事的背景（如传世的诸多风俗画、小说的插画）。在当今的数字时代，人们表达和交流的途径更加多样，比如各种社交网络、平台、群组的建立，人们不仅可以方便地发表对建成环境的印象和观感，也能为研究者留存这些材料。从文档搜集的角度来看，这部分内容也构成社会传播过程中产生的文档材料。

社会传播过程材料的产生原因并不是为了建筑或者园林的建设，更不是为了学术研究。研究者运用这类材料时需要转化原有的角度，从而找到有用的研究材料。绘制于文艺复兴时期的《国王崇拜图》（图 10-19）的原始目的是用于宗教教化，描述了耶稣诞生时三王来贺的场景，理论上其发生的时间在公元元年。如果研究者转换角度，结合绘画的创作时间，背景的残垣断壁提供了意大利文艺复兴时期建筑结构的写照。总的说来，比起设计建造过程中的材料，社会传播过程留存的材料涉及具体设计、建造细节较少，而印象、感受性内容较多。如果说设计建设过程的文档是聚于特定建造事件的技术信息，社会传播过程产生的材料则更多地提供宏观的信息。这并不是说后者的文档价值较低；相反，他们不仅能够在设计建设文档缺失的情况下仍然反映研究对象的面貌，而且能够从不同人们作为受

图 10-19　国王崇拜图（桑德罗·波提切利，约 1470—1475 年）

众的诸多角度形象地提供环境使用、感知、记忆、传播等多方面的信息。后者是设计建设过程中的专业文档所不能提供的。同时，社会传播过程的材料对实际建成环境的记录角度繁多，记录者处于无意识的状态，材料和实际之间并不是镜像般的准确复制关系。文学家的概括描述，美术家的裁剪缩移，工匠的将就方便，都会削弱甚至歪曲所记录的对象。研究者获取这类材料，除了结合记录机制对材料进行审慎地解读，详细分析材料对于研究对象的反映机制也是其重要的研究内容。

1　胡恒.《南都繁会图卷》与《康熙南巡图》（卷十）——手卷中的南京城市空间 [J]. 建筑学报，2015（4）.

从材料的保存来看，建筑、城市、园林在社会传播过程产生的材料一般有较多的副本（如报纸、瓷器、明信片等均会有较多数量的拷贝），比起设计建设文档独此一份（或者几份）的情况，这类材料留存下来可能性更大。相反，这类材料也存在着保存分散、类别庞杂的缺点；很多情况下，并没有根据研究者的视角较好地整理。这就要求研究者根据研究问题的设定，确定能够反映研究对象材料的范围（比如《点石斋画报》中描绘的租界室外环境[1]），再根据材料的产生机制决定材料搜集的系统性、完整性、代表性（比如报纸的年份、壁画的年代和地点、瓷器的出产年份和地点）。很多情况下，这类材料需要研究者　件　件进行搜集、甄别、整理。即使像报纸杂志等连续出版物类的材料，研究者仍然要从每期、每卷析出与研究真正有关的报道和图片，从而形成真正与研究有关的材料系统。由于社会传播过程的多样性和复杂性，研究者不可能较早地预测出材料的来源。因而，主动发掘材料的范围和接受外界的材料的刺激是有必要的，比如文献展览、旧书报交流网站，都可以成为预测社会传播过程的材料来源。

3）运行管理过程

建筑、城市、园林等建成环境存在于人的世界中，人不仅是创造和使用它们；为了保证它们的品质，也会对它们管理和维护，由此也产生运行管理过程的文档和材料。楼宇需要水电、网络、保安、停车的资源，花园需要灌溉、修剪、清扫、维护，城市需要交通组织、邮政服务、公安保障等。现代社会中，更为舒适、安全、有序的环境依赖于有序的管理和运营。管理和运营过程中产生的种种记录，可以成为研究者研究材料的来源。常见的运行和管理过程中产生的材料包括各种值班记录、维护修理记录、收费记录、监控录像等。除了单个单位的自存记录，政府部门、行业协会、研究机构也会对相关领域的数据搜集和整理，出版行业年鉴、白皮书、趋势报告等。这些出版物中有的会得出明确的结论，有的只是数据的呈现。如图 10-20 所示，是一份设计师弗莱切·丝缇尔在 1939 年设计的中式建筑后向客户说明屋顶瓦的各种形式，从而方便更换。从表单来看，瓦的构件形式有 11 种之多。由此可以说明这个时期西方设计师对

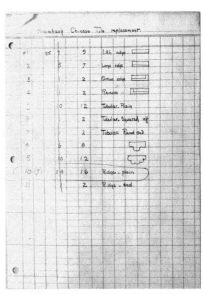

图 10-20　中式屋顶瓦的更换说明（弗莱切·丝缇尔，约 1939 年）

1　郑星球.《点石斋画报》图式流传与衍化 [J]. 美术学报，2006（7）.

中式建筑已经脱离了"中国风"的外在模仿，而能够从构件深入理解中国建筑的特殊性。

运行管理过程的数据资料记录明确、数量充足、格式固定，具有很强的专业性和系统性。这类数据材料不仅能够反映出一时一事仅可以定性描述的状况，而且能够在地理、时间等维度上分析反映出研究对象的分布、趋势、联系等可以定量研究的特性。发掘运行和管理过程中的记录材料，需要结合研究问题的设定，建立起材料来源和研究事实之间的关系。比如，可以通过搜集住户的电费缴费记录来研究房屋的节能情况，可以通过研究景区的监控录像来研究游人的游赏活动，还可以通过公园养护的值班记录来研究景观设计的可持续指数。

著名的桑伯恩地图是典型的运行管理文档。为了帮助保险公司设立火灾保险费率和条款，桑伯恩地图公司（Sanborn Map Company）绘制了北美约 12000 个城镇的高质量彩色地图（图 10-21），这些地图通常采用大比例（1 英寸：50 英尺，或者 1：600）。由于要进行火灾保险的评估，每幅地图标明了每栋建筑物的用途、尺寸、高度、建筑材料以及防火措施（如火灾警报器，水管、消防栓等）。随着城市化进程，不同的城市每隔数年又会更新地图。从 1867 年到 1977 年间，桑伯恩地图公司共制作了 50000 个版本的地图，包括大约 700000 个地图幅面。在进入地理信息时代以后，电子地图已经完全取代了纸质地图。桑伯恩地图的存续时间伴随了美国城市化的主要时段，因其精确的细节、规整的格式、连续的记载，在完成了服务火灾保险评估的使命后，依然清晰、忠实、系统地保存着对美国的城市和建筑变迁的记载，成为文档搜集法的富矿。

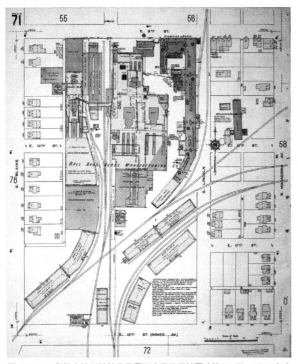

图 10-21　印第安纳州特拉华县曼西市桑伯恩地图（第 72 页，1911 年）

运行管理过程文档材料的获取是研究者的一大挑战。这类文档的保存一般有严格的程序和规章。不仅如此，在现实情况中，由于公用单位缺乏服务公众的意识，而商业机构则认为这类材料属于商业秘密，不愿意提供。获取这类材料的最好方式就是借助于所属组织和机构的力量，进行单位之间的研究协作，合作研究，成果共享。这样，以学术机构的信誉作为保证，材料的提供方从材料提供角色变成合作研究的角色：一方面使材料提供方意识到研究的价值，另一方面说明了对于这些机构的有用性，有利于他们的协助和参与。

4) 研究交流过程

对研究对象感兴趣的人群探讨交流的过程对研究者搜集材料也是至关重要的。研究交流最为正规的形式是学术研究，表现为学术著作、期刊文章、学术会议文章等。对于建成环境的探究是一个参与性极强的社会活动。除了设计领域的研究者，作家、记者、策展人、出版人、地方文史爱好者、文物保护志愿者等都会参与到研究和交流的过程中。随着经济的发达，城市问题、历史遗产保护问题的兴起，关于建成环境的讨论更加活跃。同时，电子技术的兴起，同城论坛、博客、空间等新兴媒体的出现，使得全民参与成为可能。比起社会传播的过程，研究交流的过程具有明确的记录和探讨对象。如果说前面探讨的社会传播的过程的文档是集体无意识的记录，那么研究交流过程就是集体有意识的活动。

研究交流过程中一般不会产生第一手材料，而是展示来源、讨论内容、阐释发现的过程。诸多研究参与者都能成为文档材料来源信息的提供者。专业的参与者对从属的领域更为熟悉，一般会有严格的材料意识，取得、整理、阐释材料的可信度一般较高。非专业的参与者，有极大的热情，而他们对身边的事物熟悉、见多识广，会有效地指引材料来源；但是由于缺乏研究训练和材料意识，难免出现以讹传讹的情况。不论是研究交流过程中哪一类研究者提供的材料来源，研究者都需要越过已有的分析和结论，寻找到原始材料所在。从研究交流的过程中发掘材料，包括以下几个来源。

第一，已发掘材料的重读和再引。在前人同一主题的研究成果（如论文、书籍）中，总会展示一部分原始材料：有的是以引用原文（如日记、信件、碑文）的形式，有的是以记录录音的形式，有的是以翻印图版的形式，更多的只是在参考文献或者图表中标明了文档材料的存在。已有研究成果展示的材料都是经过上一个研究者研读，认为比较有价值的文档材料的局部，因而值得重视。正是由于经过了上一个研究者的选择、编辑、删减、组合，发表的成果中的展示只占原始材料中很小的一部分，其完整性和原真性都打了很大的折扣。对于前人研究中已经采用的文档材料，除了吃透研究的观点和论证关系，研究者还应该追溯材料的源头。笔者在研究纳姆柯基（Naumkeag）时，了解到弗莱彻·斯蒂尔（Fletcher Steele）的相关档案藏在四处[1]，国会图书馆、罗切斯特大学图书馆、纽约州立大学环境科学与林业科学学院图书馆、马萨诸塞州保护托管会档案和研究中心（图10-22），这些就为未来的文档搜集开辟了方向。

第二，利用经过编辑整理的材料。中国自古以来都有编辑类书的传统，编辑者按照某种系统性，辑录或者重新整理已有的文档材料，更加利于保存和传播某个专题的文档材料。这类材料经过专业人士的整理，不仅由于经过出版，更加便于研究者接触到，而

---

1 Karson, Robin S. Fletcher Steele, Landscape Architect: An Account of the Garden Maker's Life, 1885–1971 [M]. Thousand Oaks, CA: Sage Press, 1989.

且经过了编辑整理，便于阅读查阅。随着信息技术的发达和出版事业的繁荣，类书会越来越多，整理的程度也越来越好；越来越多的材料形成了数据库，能够在网上查询。在设计领域，出版业的发达产生了不少和建筑、城市、园林相关的文档材料出版物，比如，专门刊录中国古代建设资料的《建苑拾英》[1]，专门刊录中国古代园林文献的《园综》[2]等。对于知名学者，会有出版部门将他们的著述言论整理出版。[3] 对于较好的设计实践，也会有结集出版：这些内容除了对设计实践具有借鉴意义，其对于研究者作为研究文档材料的意义更值得重视。

图 10-22　马萨诸塞州保护托管会档案和研究中心

对于研究者来说，经过较好整理甚至经过出版（包括数字化出版、建成数据库）的材料具有正反两方面的意义。一方面，研究者可以借由整理对文档材料的系统性有较好的认识，方便研究筹划阶段研究问题的确定；同时，检索和阅读编辑后的文档材料十分方便，免去了寻访奔波之苦。另一方面，当文档材料经过整理出版以后，其资料性和流通性大大加强，而独特性、稀有性却大幅下降了。这些材料需要研究者重新解读，赋予新的阐释角度，做出有新意的研究来。

第三，通过访谈方法获得材料来源指向。这部分的材料源头主要通过对作者正式或者非正式的访谈获得，访谈以可能的文档材料来源为中心。访谈对象既包括学术写作的作者，比如高校教师、研究生、研究院所的研究员；也包括大众媒体的作者，比如报纸、杂志文章的作者；还包括新兴媒体的作者，比如个人网站、博客的作者，论坛的发言者。不论是哪个层次的作者，从事了基于文档的写作，说明作者对某个来源的材料有相当的兴趣和一定的了解。公开发表的写作中只能展现一部分作者所了解的材料，访谈能够给研究者带来更多的文档材料来源。另一类作者是场所内的作者，如公园的园长、文管会的研究人员、景区的宣传人员、修复人员。相关的材料是他们工作的依据：虽然他们可能不经常使用这些材料，但是可能会知晓文档材料的来源。

总的说来，上述四种机制概括了从建成环境记录的发生到研究者可以获取分析的不同路径。机制的类型化描述只是从一般化的层次上预判，切实地找到材料并转化为研究者可以解读的内容，还需要研究者在每种机制之下尝试诸多可能的渠道，从而找到可用的研究材料。

1　李国豪.建苑拾英——中国古代土木建筑科技史料选编（第三辑）[M].上海：同济大学出版社，1999.

2　陈从周，蒋启霆，赵厚均.园综 [M].上海：同济大学出版社，2004.

3　朱启钤.营造论 [M].天津：天津大学出版社，2009.

10.4 文档材料的寻访过程

文档的寻访过程就是筹划过程的延续。文档搜集法的研究者就像采矿作业一样，不光需要前期的猜测和筹划，还需要中间繁杂的探矿作业，最后需要辛苦的钻矿，才能将矿产原料完全占有。文档搜集法不仅需要猜到文档来源，而且需要在寻访材料过程中验证筹划过程的猜测。赖德霖曾经回忆自己的学术积累和材料搜集的关系：

> 读博士期间，如果不是在外地调研，我每周至少有三天在国家图书馆内度过。在这里我学会了使用《民国时期总书目》《全国中文期刊联合目录》和《申报索引》等工具书，逐卷查阅了《东方杂志》等大型期刊，《上海工部局年报》（*Shanghai Municipal Council Report*）等政府公报，《建筑月刊》《中国建筑》和其他馆藏各建筑类刊物，还借助微缩胶片阅读器浏览了《申报》和《时事新报》的"建筑专刊"。四年里我探访过国内 30 余家图书馆和档案馆，积累了可观的近代建筑史料，其中许多都是首次为建筑史学者所知和所用。[1]

从最初的"猜到"到"找到""读到"，一个完整的文档搜集过程才算完成。对于寻访过程中的挫折，研究者需持有平常心，不为"寻而不见"而懊丧，也不为意外之喜而骄狂。对于存储方式不同的文档材料，搜集过程和重点会有所不同，下面分源头、搜索、积累、引注四个方面讨论。

10.4.1 定位收藏源头

很多国家的图书馆十分注重档案资料的搜集、整理、数字化，并有专门的馆员管理，鼓励研究者充分利用设计档案进行研究。笔者曾经任教的鲍尔州立大学建筑图书馆的视觉资源收藏部就包含有设计图纸和档案的收藏。美国华盛顿敦巴顿橡树园图书馆（Dumbarton Oaks）就致力于搜集园林景观方面的书籍和档案材料。美国著名园林设计师比阿特丽克斯·法兰德（Beatrix Farrand）设计丹巴顿橡树园的草图就作为档案完好地在该馆中。[2] 在笔者研究中国元素对美国建筑和园林的影响时，查阅了这些草图。这些草图记录了园中的"中国风"风格的秋千亭和面对水池台地（Fountain Terrace）的反弧形屋盖

---

1 赖德霖. 走进建筑，走进建筑史——赖德霖自选集 [M]. 上海：上海人民出版社，2012：4-5.
2 Lott, Linda Carder, James. Garden Ornament at Dumbarton Oaks[M]. Washington, D.C.: Dumbarton Oaks Research Library and Collection, 2009.

（图 10-23）。设计草图清晰地表明中国元素是花园整体的组成部分，被设计师加以设计的，而不是临时购买的流行饰品。这个史实清楚说明了中国元素经由欧洲大陆"中国风"的想象和转化进而影响美国建筑和园林的历史路径。

　　咨询文档材料的保管者是寻访文档的必要步骤。文档材料的保管者，如图书馆员、档案员，既是材料收藏的守门人，也是离材料最近的人，甚至可能是文档材料的整理人。他们比研究者更早读到档案的内容。他们整理档案时，一部分的认识内容被依照工作要求整理成了档案的基本说明，剩下无法填入格式的认识、体会、感想，可能只会藏在他们的心底。他们熟悉本机构的编目方法习惯和数据查询界面，能够指导研究者更好地进行文档检索。根据笔者的经验，博学的文档保管者除了就本处的文档收藏帮助研究者，还会为研究者提供其他地点类似文档收藏的信息。对于非正式收藏的数据资料，比如监控录像、交通刷卡资料、门票销售记录等，咨询几乎是了解数据材料来源的唯一手段。在这个意义上，文档资料的保管者是研究者接近文档材料的向导。由于材料的搜集可能还会涉及访问、复印、版权等后续问题，在咨询阶段，研究者一定要表现得十分谦虚诚恳，和档案收藏单位建立良好的关系，用尽量短的时间从一个陌生人变成一个获准进入收藏的研究者。

　　不论是哪种咨询，都是研究者搜集信息和相关咨询方提供信息的过程，研究的主动性仍然在研究者手中。研究者可以尝试通过写信、电子邮件、打电话、当面请教、视频会议等方式主动联系咨询方。研究者不能依赖被咨询的对象：他们不能替代研究者搜集材料，也不可能代替研究者进行研究材料的甄别，更不能进行文本分析和解读。由于馆藏文档材料总不在研究者的掌握中，而且来往收藏地点总是耗费精力，对于能够获得的馆藏资料，研究者应该尽量占有（图 10-24）。在馆期间，应以复制、拍照为主。待回去以后再进行阅读甄别。

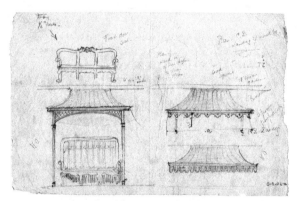

图 10-23　丹巴顿橡树园屋盖设计（比阿特丽克斯·法兰德，1926—1930 年）

图 10-24　美国国会图书馆楼麦迪逊楼档案阅览室进厅

10.4.2 运用搜索工具

对于被正式收藏的文档，研究者定位可能的收藏机构以后，需要进行检索和咨询。随着数字时代的来临，很多报纸、媒体，甚至档案被电子化，并能够提供关键词的搜索，极大地方便了运用媒体材料作为历史研究材料的研究。研究者不再需要逐页逐版阅读搜寻所关注的内容，而只需要在相应的数据库中用关键词查找某个时期某个媒体中的内容，极大地提高了工作效率。其搜索过程和做文献综述时搜索工具的运用基本相同：要注意搜索的概念语义的模糊性，尽可能将概念的相邻概念、上级或者下级概念予以搜索。由于很多数据库还会标明文献的时间，使得搜索更加有效。比如研究民国间某中山公园的情况，选定特定时段的资料数据库，搜索当时具体的公园名称即可获得相关的资料。

图像文档的搜索比起文本文档困难。由于图像文档的搜索是依据图片的名称和描述信息进行的，如果搜索词汇不能覆盖图像文档的内容，可能会漏掉很多内容。好的图片库的质量不仅取决于图片的数量和拍摄者（作者）、年代、来源等基本信息的确定，而且取决于对每一张图片基本描述信息的完备。在相关的文档信息中，小到一张照片，一封单页的信件，也会单独编目（图10-25）。在整理编目时，档案员会对文档的内容进行初步的审读，并按照整理的规范，用关键词和简短的语句描述材料的内容。在购物网站（如淘宝、Ebay等）上，网络商家总会费尽心思，将一切可能的词语都叠加到商品的描述中，唯恐被潜在的消费者搜索时遗漏。好的图片库会依循这种思路，对图片内的每个元素确定不同的名词，从多个角度描述一件文档，从而方便研究者查询。

尽管当下文档数字化已经成为各文档收藏机构的工作之一，仍然有大量未数字化的文档材料等待研究者的发掘。

很多已经数字化的文档材料仍然不能够直接获取，如存档的图纸、不公开的数据、未来得及扫描的材料。这些材料需要研究者花费时间、精力、金钱去突破复杂的管理程序而获得。花费一番工夫获得的材料可能具有更好的稀有性、独特性，有利于开辟新的研究，这些代价都是值得的。

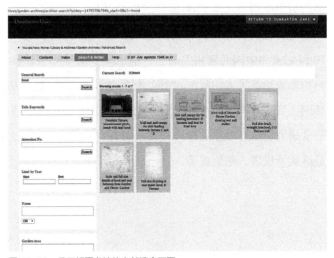

图10-25　丹巴顿图书馆的文献搜索页面

10.4.3 逐件积累收集

除了从网络数据库和特定藏档地点搜集，文档材料还有一个原始的来源，就是研究者从生活中逐件获取文档材料。比起前两种可能大量性和系统性的材料，这种途径更笨，更实在，也更加难于被其他的研究者取代。这种寻访的方式更像收藏的活动，冯天瑜在论述收藏行为时写道：

> 收藏是人类的天性，很难想象全然不懂收藏的人怎样生活和工作。某些动物也有收藏食物的本能，但在自觉意识指导下，按特定分类标准系统集合并研究物品的"收藏"，唯人类为能，从而成为一种饶有兴味的"文化"现象。一般人都有集藏行为，但只有那些如蜜蜂般勤奋、蚂蚁般坚韧、哲人般深究的访辑搜求者，方可称之"收藏家"。他们数十年如一日，甚至续数代之力，从事某方面集藏与研讨，成就某文化门类的标本大全，具备历史认识价值、美学价值及其连带的经济价值。[1]

逐件积累收集的方法一般融合了研究者的多重搜集经历，包括阅读、交谈、见闻、观展、收购等。这种方式收集的材料十分分散，但是也更具价值：不仅材料本身更加具有独占性和稀缺性，而且这种"开口式"的材料搜集方式对整个学术共同体也有着莫大的吸引力，可能开辟出新的研究范畴。比如甲骨学的开创，就源于王懿荣 1899 年染疟疾后，从宣武门外菜市口达仁堂的所配中药无意中发现的刻画着符号的一味名为龙骨的药。对古代金石文字有研究的王懿荣觉得这些符号很像古代文字。为了获取更多的研究材料，他即是采用逐件搜集的方法，以每片二两银子的高价，从药店和古董商等来源收购所有刻有符号的龙骨，累计收集约 1500 多片。这些材料最终为刘鹗编为《铁云藏龟》，将汉字的历史推到公元前 1700 多年的殷商时代，开创了甲骨学的研究门类。

笔者在进行《中国对美国建筑和景观的影响 1860—1940》的研究时，为了查找美国 19 世纪末和中国元素相关的亭、塔、桥、墙等元素，就采用了这种最为基本的方法，材料积累成型花了大约有 5 年时间。材料的积累方式包括：从阅读材料中积累，从游历中积累，从网上商铺购买，从档案馆搜寻，从老报纸数据库中搜寻，等等。逐件积累收集的方法要求研究者具有敏感的神经和联系研究对象的意识，在大海捞针般寻访中才能不断斩获，最终聚沙成塔、集腋成裘。

---

1 冯天瑜. 弁言 [M]// 冯天瑜. 冯氏藏墨·翰墨丹青. 长春: 长春出版社, 2015.

10.4.4 引注

材料搜集过程中，研究者还需要特别留意记下文档材料确切的位置。对于数据类的文档，需要清晰地记载获得文档的准确机构和获得时间。对于档案类的文档，不仅需要标注收藏机构，而且需要精确提供档案存放的具体位置。欧美主流的几个注释规范要求对档案来源的描述细致到档案集成名称，其中第几盒、第几个文件夹。[1] 很多档案并不像图书一样有较大数量，很多情况下只此一份。精确提供档案存放的具体位置，不仅说明了研究材料来源的真实性，而且方便有相同研究兴趣的后来研究者方便地找到研究的关键材料，继续深化对某一现象的认识。

---

1 比如 Chicago 注释规范：Booth Tarkington to George Ade. 8 May 1924, Box 10, Folder 5. George Ade Papers 1878-2007. The Virginia Kelly Karnes Archives and Special Collections Research Center. Purdue University Libraries.

第11章

定量分析法

Chapter 11

Quantitative Analysis

11.1 定量分析概述

11.2 定量分析工具

11.3 定量分析的筹划与整理

本书第二编的后半部分包括第 11 ~ 15 章，讨论分析方法。分析方法是运用搜集到的数据进行整理、提炼、演算，从而获得认识的操作。采用本书第二编的前半部分第 6 ~ 10 章所讨论的材料搜集方法，研究者能够获得各类反映研究对象特征的数据和材料。对于研究问题而言，研究材料本身还停留在反映研究对象特征的"原始"阶段，还不够精练和概括，还没有上升为具有理论化的认识。分析的目标就是对原始数据进行整理、提炼、演算，从而提取出比原有数据规模精巧得多的内容。打个不恰当的比方，材料搜集是关于摘菜，而刚刚摘取的蔬菜不能食用；分析方法是关于炒菜，经过清洗、备料、烹饪、装盘，才能成为可以食用的菜肴。分析方法提供从数据到结论的提炼模式，这些规定化的、比较成熟的模式能够产生令人信服的结论。同样的模式也能为其他研究者运用，从而使得研究活动能够被验证、推翻、交流。

定量分析和定性分析是分析方法的两大体系。定量分析能够从材料中获得"有意义"的数字（比如反映研究对象的平均数、中位数、总数、置信度参数、影响系数等）；定性分析则获得有"有意义"的概念和命题（比如特征、属性、机制等）。本章讨论定量分析方法。设计师出身的研究者常常抵触定量分析，这是可以理解的。定量分析从繁到简，是逐步抽象、获得"有意义"的数字的过程；设计过程从无到有，是逐渐丰富、形成设计形象和空间的过程：两者遵循相反的逻辑。设计师实践总是基于一种决断性的定性概念和意识，通过图形操作而完成设计；数字只是作为辅助和参照。然而，设计概念虽然精妙，但是，总会在社会和自然情境中受到难以用定性概念化解的争论。比如，对于安德鲁中国国家大剧院设计方案的评价，有人觉得它简洁大气，有人觉得它体量庞大，有人觉得它功能不合理，还有人觉得它适合建造在郊外。这些评价并不一致，甚至还出于不同的出发点，如果试图汇总并衡量这些观点，显得莫衷一是，因为它们是"离散"的。又如，在设计方案投标的评审会上，9位评委专家们尽管可以畅所欲言地评价10个方案的优缺点。当要决定投标的优胜方案时，也必须进行某种程度的最终判断。常常运用的方法包括评分，或者投票，进行汇总后决定胜出者。比如，3号方案获得最高平均分85.2分，高于所有其他方案。在投票的方法中，3号方案获得7张评委票，6号方案获得2张评委票，3号方案胜出。打分和投票一般不会同时使用，都显示了不自觉地对建成环境离散认识进行"量化"从而"汇总认识"的途径。量化操作中，可能存在对于前提假设的种种讨论（比如对专家评审会打分表格设计的争议，对专家代表性的争议，对专家打分结果和市民喜好关系的争议）；但是，定量分析能够使复杂"离散"的现象变成简单可判断的"数字结论"。上述方案比选通过"7（评委票）大于2（评委票）"的数字比较清楚地完成了。在学术研究中，定量分析也是遵循这种化繁为简的逻辑，将反映现象的数据演算成简单的"数字结论"，从而加深对考察对象的判断和认识。

统计学积累了一系列比较成熟的定量分析工具，研究者可以用来阐释研究数据材料，获得新认识（图11-1）。本章主要是定量分析的实用范畴、从现象到定量分析的筹划过程，以及最为基本的定量分析工具。

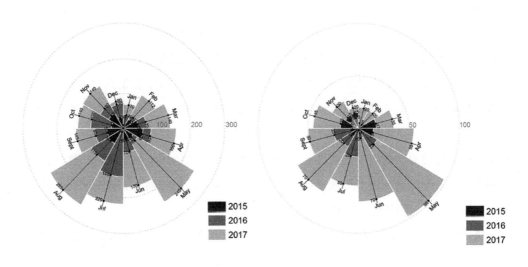

图 11-1　Instagram 平台照片数（左）和标签数（右）所反映的西雅图高速公园三年（2015—2017 年）每月活跃情况

11.1 定量分析概述

11.1.1 数字和定量分析

早在公元前 6 世纪，毕达哥拉斯学派（Py-thagoreanism）就提出了"数是万物的本质"的观点。尽管从今天的角度，该学派的诸多具体命题包含有太多神秘主义的色彩，充满了谬误，但是"万物皆数"的视角为认识世界提供了简洁而深刻的视域。毕达哥拉斯学派的贡献在于：从 5 块石头、5 个鸭子等具体复杂的世界中抽象出了"5"这个非物质的、抽象的"数"的概念（图 11-2）来对事物这一方面的属性进行认识。恩格斯说：

图 11-2 金色的数字"5"（查尔斯·德穆斯，1928 年）

> 数和形的概念不是任何地方得来，而仅仅是从现实世界中得来的。数学是反映现实世界的，它产生于人们的实际需要，它的初始概念和原理的建立是以经验为基础的长期历史发展的结果。数学以确定的完全现实的材料作为自己的对象，不过它考察对象时完全舍弃其具体内容和质的特点。[1]

数的抽象超越了实体，从多内涵的事物中带来统一性的分析内容，可以交流、比较、分析的认识对象。

人本身是聪慧发达的，但是人的感官、记忆、分析本能是有限的。据称，如果让人去数不断跳跃的小球，当小球的数量超过 7 以后，人的辨别能力会显著下降，更不用说在现实中进行复杂关系的探求。数学和文字，仿佛人类的左右手，帮助人们拓展了记录、分析、思辨能力。数学的抽象考察舍弃了对象的具体内容，而将数量关系作为分析的本质内容。同时，将具体的研究对象视作抽象的数字，使不同发达程度的考察对象具有同样的地位，也使单次的研究活动具备一般性。和纷繁复杂的现实相对脱离，数学获得独立的发展，数学的研究内容形成自身的逻辑体系，发展出更加强大的分析工具，可以不断地回馈到对现实的分析、认识、改造的活动中。

借助数学的概念，生活世界的时间、空间、事物可以被量化，从而精确地度量、分析、

---

1 恩格斯.反杜林论 [M]. 中共中央马克思·恩格斯·列宁·斯大林著作编译局，译.北京：人民出版社，1970.

计划、干预。基于可以被数字化的方向，更为复杂和桥梁性的概念被提出来，比如容量、密度、强度、效率等，使得我们对纷繁复杂的现实世界的认识加强了。就设计师而言，其基本工作内容就是提供新建建设环境的具体尺寸。在设计学科的发展中，无数设计师从几何学、力学中寻找灵感，创造性地发展出新的设计形式（图11-3）。在古典建筑学中，对于比例的探索和对于古典建筑构件尺

图 11-3　近代新发明（扬·科拉尔特一世等，约 1600 年）

寸的探究一直是设计师研究的重点内容。作为其他学科的知识上游学科，结构、声学、热学、水文学、交通学都以数的内容为基础。当代的设计学热点领域，比如参数化设计、分型设计、拓扑学等，数的内容起到了关键的作用。

　　本章讨论的定量分析建立在数学之上，通过运用统计学工具对大量性数据的演算而获得数字结论，从而产生对建成环境的新认识。值得说明的是，定量分析方法并不包括"所有涉及数量"的数学演算工具，而是特指与统计学相关的分析工具。作为数学的一个分支，统计学的发展来自现实的驱动力。在微观的角度，在17世纪后期的欧洲，赌博十分流行，面对变幻复杂的赌局人们愿意想一些办法，找到"规律"以便决策下注赢钱。在宏观的角度，近代社会的行政管理要求主事者对社会的复杂情形有宏观的掌握和判断，在对社会生活各方面情况的调查、描述、比较的过程中，积累和发展了针对大量性研究对象的工具。植根于数学的统计学慢慢与数学脱离开来，获得了独立的学科地位。统计学来自对大量性"同质"事件的考察，通过数字反映出超越研究者直觉的必然性，这种必然性被称为"统计规律"。比起数学关注内部的数量关系，统计学更愿意回到社会现象中，主动地发展数据工具使得得出数量关系能够在现实生活中找到意义。这使得统计学立足于数学而又发展出不同于数学的学科价值。定量分析广泛应用于社会科学和自然科学的过程中，不仅具备了认识工具和分析工具的作用，还具备了判断工具和预测工具的功用。在今天，统计学的语言进入了社会话语当中，比如"趋势""小概率事件""五十年一遇"等说法被广泛使用，乃至误用。在当代，当我们谈到经济发展、企业经营、股票期货、灾害预测、疾病传播等现象时，不可避免地运用了统计学的诸多工具，尽管这些应用者在不具备统计学知识时下意识地认为这些是"不系统的"。

　　对于研究者而言，统计学扩大了研究的范围和手段。首先，统计学充分地承认了世界是复杂的，不局限于"绝对"规律和理想现象，统计学将斑驳复杂的现象（比如变化、波动、差异等内容）纳入研究的范畴中，将这种斑驳的复杂性作为现象的"本质"给予对待。

图 11-4　数学科学园（弗朗切斯科·柯蒂，17 世纪）

其次，统计学通过提供演算途径获得"数字结论"，提供了化繁为简的认识方式。比如说，研究两组人对某个滨水景观的喜爱程度，不仅可以比较分数的高低、考察喜爱程度总体水平的区别，而且可以通过标准差、四分位距来考察喜爱程度组内差异状况的区别。对现象的预测，研究者可以利用统计学的各种检验（例如 F 检验、t 检验、卡方检验等），比起直觉判断更加有统计学依据。

统计学不是设计教育的基本内容，在培养执业设计人才的教育中，统计学并不在基本的课程之列。缘于社会科学研究方法的引入，在高层次的研究生教育中，统计学工具为研究建成环境现象提供了新的视野。统计学的视野将复杂纷乱的现象（而不是理想圆满的现象）引入设计学科中，并提供了揭示这些现象本质的数字演算工具（图 11-4），研究者能获得精炼而富有预见性的认识。在当代，风险、差异、趋势、预期、显著性等概念渗透到社会的方方面面，也越来越要求设计学科研究对建成环境所联系的社会现象和自然现象有较为精准的把握。无论研究者是否抵触，以统计学为基础的定量分析正逐渐成为设计学科研究者的基础知识。不仅越来越多的论文中采用了概率、显著性、相关性等概念，而且 CV, S, p, t, F 等"约定俗成"的符号被直接写到论文中。不掌握统计学基本概念，就不能理解这些成果，更不用说发展或者反驳这些成果了。随着社会愈加开放平等，信息技术愈加发达，数字均一化的内容呈现出定量分析法可以为认识发挥更大的作用。同时，研究者也需要明了，目前在设计学科中运用定量分析以追随其他社会科学的范式为主，设计学科最为核心的认识往往不见得是定量研究所揭示的，需要研究者自觉地学习和更合适地发展运用定量分析方法。

11.1.2 定量分析的适用范围

何种情况下使用定量分析法？需要再次明确的是，并非所有运用数字的研究都在定量分析的范畴之中。定量分析的达成需要满足以下条件。

1）群体均一性

群体均一性是指研究对象能够被基于某种特征，被视为平等的可统计个体，且这些个体的数量较大。比如，对建筑的认识、阐释、评价，某位建筑理论家的评论文章显然比"一般人"更丰富和深刻。由于理论家和一般人（以及理论家之间）提供的内容不具有群体均一性，因而不能放在一起作定量分析。同时，在居住环境的喜好性考察中，如果研究者将建筑理论家作为一个现实生活中的使用者（或者潜在的购房者），他的观点和千百万"一般使用者"一样具有平等而均一的意义。他作为使用者的那部分内容（比如对房屋价格的接受程度，对居住环境设施的要求，对房型的喜好等），能够成为使用群体中和其他个体具有相同地位，能够被包含在大量性数据中，被定量分析很好地揭示出来。又如，对于金贝尔美术馆的研究。当承认这个设计项目在设计史上的地位，它的采光设计、模数化设计、细部设计具有"与众不同"的特点。在这种视角下，研究者会采用案例研究方法，对这些特点进行定性地描述和评价。只有当研究者认为金贝尔美术馆具备其他美术馆一样的"群体均一性"，才可以进行量化研究。金贝尔美术馆与其他文化设施一道，可以从面积、容量、满意度、使用效率、展览内容、公众讲座频次等方面被进行量化，并汇入大量文化设施的群体中被进行定量分析。不具备群体均一性的研究对象具有自成一体的独特性，作为研究对象是"孤单"而独立的，并不能被量化。在这种情况下，理论维度的提出、概念的界定、思路的梳理、条理的连接、谬论的批判、系统的搭建、事实的认定、图像的解读、类型的总结等定性研究方法就成为主要的研究手段。

群体均一性意味着单个研究对象数量较多，彼此之间内容厚度相同，能够在大量性数据中充当着"1"的作用。因而，单个研究对象具有"一般性"的意义。这并不意味着研究对象的所有特征都会被抹去。上面例子中，建筑理论家（和所有其他人一样）的性别、年龄、收入、受教育程度，甚至受建筑教育程度、在建筑业的从业年份等特征仍然能够计入分析维度中。在统计学中，具有群体均一性的研究对象个体还以其性别、年龄、收入、受教育程度等特征代表着其所属于的总体（population），被称作"样本"。

2）对象特征的"离散性"

具备群体均一性的研究对象，并不是所有的内容都能进行定量分析，而且必须具有"离散性"。比如，如果一个小区所有人都毫无差别地认为小区绿化适合锻炼活动，就没有可能进行定量分析了。只有有的人认为适合，有的人认为不适合，有的人认为比较适合——众人观点有所离散，才有可能和必要对众人的观点进行量化（比如将适合与不适合赋值为两个组别，或者更为细致地从适合到不适合赋值5至1），展开定量分析。又如，对于建筑作品的立面构图比例进行考察。用立面元素尺寸数值的比例本身就是数字，对这项内容的研究能够揭示立面设计的规律。如果研究限于一个单独的案例，其构图比例是确定数值，并不具有"离散性"；因此，尽管构图比例本身是数字，仍然不是可以进行定量分析的内容。同样地，如果研究者先行就认为任何构图比例的数值一定是黄金比例，这也否定了研究对象特征的离散性。只有研究者认为建筑立面的构图比例具有离散性的现象，通过大量性案例（比如考察某设计师 72 个作品 258 个立面的比例数值）定量分析后获得的"数字结论"，从对大量性数据分布、集中情况的描述中获得意义。这个结论当然可以和包括黄金比例在内的其他立面构图比例理论进行比较；但是定量分析过程的展开来源于可能具有离散性的数据材料，而不是明确固化的已有认识。

不光是社会科学所考察的现象，自然科学所考察的现象也具有一定的"离散性"。比如说，对于某种材料的导热性进行测量，如果每次测量存在着误差，统计学的根本思想是"偶然之中有着必然"，这个必然就是用"数字结论"对离散的数据给予精练概括，这也是统计学工具的主要内容之一。

3）研究对象的可量化

我们常常听说，定量分析要将研究对象的特征进行量化，形成数字的内容，然后才能够进行分析。何为"量化"，数字的内容在哪里？在定量分析中的"数"涉及三方面不同的内容，有必要给予厘清。第一是反映研究对象特征的单位个体的总量，也就是常说的数据量。比如，在进行问卷调查中研究者获得 300 份问卷，在社交媒体等来源获得可能轻易达到上万。较大的数据量是能够进行定量分析的基础。第二是每个个体数据的数值。比如说，某个具体专家的打分分数，某个建筑立面高宽的比值等。每个个体数据可能具有数值表达的形式（比如每位参与者对建筑热舒适度的打分值），也可能不具有数值表达的形式（比如社交媒体数据中反映场所观察的每张上传照片）。就定量分析而言，较大的数据量对于定量分析是基础性的，个体数据是否具有数值形式具有选择性。比如本章引言部分的举例中，通过评标专家投票进行定量分析。投票数据的每张评委票指向某个组别（3 号方案、6 号方案），实际上并没有"数值"，每张评委票的内容都是"1"，单个投票数据内容之间不能进行数值比较。但是，每个组别内单个数据累积起来是有意义的：3 号方案组别获得票数为 7，6 号方案组别获得票数为 2。因此，组别之间可以进行大小比较（7 比 2 大），也可以进行加减运算（3 号方案组比 6 号方案组多 5），也能够进行百分比的运算（3 号方案组占总票数 77.8%，6 号方案组占总票数 22.2%）。这些比较都可以帮助我们认定，3 号方案胜出。"分类数据"是一种结构化的数据。虽然定量分析并不需要每个个体数据具有数值，但是需要每个个体数据很好地"结构化"。

第三是分析结果的"数字结论"值,通常是以单个数字出现的。比如,评标过程中每个方案获得的票数;考察对于某景区步行环线满意度,最后通过300个样本求得平均值、中位数、标准差等。研究者需要将"数字结论"值的统计学意义和研究问题的内容联系起来,从而决定定量分析工具的选用。

定量分析所使用的数据从结构上分为两类,分类数据和数值数据。[1] 分类数据单个数据没有数值,但是类别关系清楚。比如,评委投给了3号方案,就不能投给其他方案;参与者的教育程度是大学,就不能是其他教育程度。分类数据只能进行类别间的运算(比如类别间的大小、加减、比率等),其单个数据不能运算。而在数值数据中,单个数据具有可以比较大小并进行加减、乘除运算。比如,景区步行环线满意度数值,每位参与者对建筑热舒适度的打分值中,单个数据是可以参与运算的。区别类别数据和数值数据的方法很简单,如果单个数值能够进行平均数运算,该数据则是数值数据;否则,该数据是类别数据(表11-1)。

类别数据和数值数据 表 11-1

数据 类别	基本特征	举例	判断依据	其他的称谓
类别数据	单个数据没有具体数值,只具有"1"的意义	投票、民族、性别、是否具有吸烟习惯	数值不能计算百分数	定类数据,离散数据,名义数据,以及类别数据等
数值数据	单个数据有数值,数字大小有对比意义	满意度分数、体重、身高、收入、空间使用密度、使用次数	数值可以计算平均值	定距数据,定比数据,定序数据,连续数据,有序数据等

在定量分析中并不要求所有定量数据都具有数值;比较两者,数值数据比起分类数据能够进行更多的定量分析操作。同一个研究对象的特征,常常既可以用分类数据也可以用数值数据反映。研究所需要的数据类型由研究问题决定。以设计方案评标的数据搜集为例,除了采用专家一人一票的分类数据,还可以采用专家对每个方案打分(可以是百分制)的数值数据。10位专家对9个方案打分,能够获得90个数值数据,显然比10个分类数据要多。对于数值数据,我们可以对每个方案的得分求平均数,取平均数最高者为胜出方案。从选出优胜方案的目的来看,采用投票的方式,分类数据的信息更加集中,更能显示每一位专家的意志。从进行量化分析的精度和方式来看,打分的数值数据不仅更加"精细",而且可以进行更多的分析操作。研究者不仅可以通过平均数获得每个方

---

1 在很多统计学书籍中,数值数据可以进一步分为三类:定序数据(有确切的大小关系,但是大小之间的距离不确切,可以进行排序比较,比如受教育程度、年龄组别数据)、定距数据(有确切的大小关系和确切距离,可以进行加减运算;但是由于数据的起始点不确定,不能进行乘除运算,比如摄氏温度数据)、定比数据(最高层次的数值数据,可以进行大小、加减、乘除运算,比如体重、身高、空间使用人群密度、使用次数、收入等)。由于在定量分析的操作中,定序数据和定距数据常常被近似地当作定比数据进行操作,且由于本章旨在向没有统计学背景的研究讲述基本原理,所以为方便起见,将定序数据、定距数据、定比数据统称为数值数据(定比数据)。

案打分的一般水平，还可以通过标准差获得每个方案评价的差异情况；不仅可以考察每个方案获得的评价情况，还可以考察每位评委打分的一般水平和差异水平。因此，研究者常常尽可能地将一些分类数据转化成数值数据。比如学历通常情况下看作定类数据，但也可以将高学历的水平赋予大的数值，形成数值数据。数据的量化过程具有一定的灵活性，这也是定量分析的有趣之处。

11.1.3 定量分析的特点

1）准确性

数字的抽象特征为考察、测量、分析现象带来了准确性。定量分析能够以数字结论精练地概括出研究对象的特征，方便地剥离了现象的干扰内容，而将考察归结到对于有效内容的分析中。其描述有其特定的刚性：多就是多，少就是少；显著就是显著；不显著就是不显著。清清楚楚，明明白白，不存在模糊地带。正是由于这个特点，定量分析特别适合对于追求认识对象精确性的研究。尤其是在讲求决策科学、办事效率、投入效益的今天，人们不再满足于"方向正确"，而更期待一种精确的可预见性、可比较性、可控性。定量分析的准确性能够较好地满足这些需要。

2）适应性

定量分析是十分抽象而程式化的操作。如果说定性分析中，研究者对研究对象的形状提取还保留着基本的语言含义，还能看到研究对象本身的内容（比如从女性主义视角考察对园林空间的使用还能基于语义进行解读）；而在定量分析中，研究内容被整理成数量化的数据，完全脱离了基本的语言文字，只保留了数字信息（比如考察人们对火车站商业服务空间的满意度，分析只剩下分数值）。定量分析过程实际已经脱离了研究对象，只对数字进行演算，分析者甚至不需要明白研究的内容，只考虑数字的意义（比如大小、强弱、显著与否等）。在定量分析完成后，研究者才将数字的意义"还原"到考察对象身上，方能对研究问题进行回答。这种进入"数字抽象而返回"的过程使很多研究者不适应。不光是设计学科，其他学科的研究者在学习了统计学知识以后也对定量分析的学习存在着障碍。

定量分析要求研究者的适应性。统计学提供的分析工具是十分刚性和固定的，定量分析具有一种数据到结果的贯穿性，研究者并不创造分析工具，而只能运用已有的分析工具。即使统计分析框架齐备，数字不会自己说话，数据分析的过程也不会自我进行。研究者的研究创造力包括对研究对象进行数字化"驯服"的能力，在定量数据搜集时就设定良好的

图 11-5　数量化的生活

"结构性"。掌握的统计学分析工具只是基础，如何适应这些框架，捕捉量数的意义和趣味，自如地、自信地采用"数字结论"，"抽象而返回"地揭示出研究对象的规律，是定量分析方法的真正难点（图 11-5）。

3）广泛性

定量分析法毫无疑问扩大了建成环境研究的深度和广度。第一，定量分析为难以精确考察的对象提供了考察途径。传统的"非实体"考察内容，诸如满意程度、喜爱程度、参与意愿、紧张情绪与压力等，都能够借由"量化"的思路，变成清晰的数字考察。从比较模糊的考察类别描述，变成能够进行各种演算、发现研究对象的各种规律、趋势、机制。建成环境的效益、预期、强度、概率、置信度等内容也能够借由定量分析工具进入研究视野中。

第二，定量分析提供了考察整体和部分内容确切关系的工具。定量分析能够打破原来"自成一体"的考察对象，从而考察其构成元素及其分布，获得新的认识。比如，研究者定量地分析《红楼梦》前八十回与后四十回的词语元素特点差异，来判定《红楼梦》后四十回的作者归属问题。[1] 这就是将原本整体连续的考察对象《红楼梦》"化整为零"地变成可量化元素，通过考察大量性元素的分布来获得认识。定量分析还运用于对投票结果作假的判定、对于画作真伪的判定。设计学科中分析图像层次、植物（绿视）比例等也属于这种思路。

第三，定量分析也能局部地运用到定性分析、历史分析、案例分析等方法中。定性分析、历史分析、案例分析以提出性状和构建命题为主要目标；定量分析以数据搜集为基础，以获得代表性的数字结论为研究目标。定量分析并不能直接回答定性研究的基本问题，但是依然能够定位群体均一性的内容，在定性研究中插入局部的定量研究内容，为定性研究提供论据。

11.1.4 定量研究的限制

定量研究由于其庞大的数据量和明确的数字结论，具有定性研究难以企及的准确性，

1　陈炳藻. 从词汇上的统计论《红楼梦》的作者问题 [R]. 首届国际《红楼梦》研讨会, 美国威斯康星大学, 1980:1-10; 陈大康. 从数理语言看后四十回的作者——与陈炳藻先生商榷 [J]. 红楼梦学刊, 1987(01):293-318; 李贤平.《红楼梦》成书新说 [J]. 复旦学报 (社会科学版),1987(05):3-16.

越来越受到各个学科研究者的重视。一部分研究者甚至将实证研究等同于有数据的研究，再把有数据的研究等同于定量分析。在这种情势之下，仍然有必要了解定量分析法的局限。

1）定量分析的证明力被滥用

定量分析带来的准确性、可靠性、多样性可能被研究者滥用。第一，有恃于定量分析工具的多样，以及其他学科的研究示范（比如社会学在年龄、收入、民族、性别、教育程度等维度）；研究者总能"左分析""右分析"，获得一堆"数字结论"。研究者不进行前期的研究问题的筹划，在研究命题不明确的情况下，搜集到"大量的"多维度的数据。这种"发散式"的定量分析往往芜杂零碎，虽然具有清晰的数字，但是难以转化为对于现实的新认识，难以获得有启发性的确切认识，甚至还有研究者"以数之名"，对现象进行随意解说。第二，研究者依赖于已有的陈旧命题，不进行新的理论构建；只将精力搜集"大量性"数据上，只在形式上满足"搜集材料—分析判断"的研究过程。对一些早已有定论的问题用已有的方法一测再测，反复分析。比如，不少心理学家对"人对窗前绿色的反应"持续了几十年，反复"证实"了一条常识，没有任何新意。发表了一堆没人看的"实证"论文，自欺欺人，造成了巨大的智力和财力的浪费。

定量分析被滥用的根本原因，是研究趣味和定量分析工具的趣味没有很好匹配。定量分析成熟、多样的工具成为研究的负担。研究者应该正视"定量分析"为我所用的工具性，仍然从发展研究问题出发，而不是从"便于搜集数据、获得结果"的庸俗实用主义出发。只有在数据搜集以前确定了研究的基本价值，否则，虽然研究者付出了大量精力，搜集到具备大量性数据的形式，但是可能实质没有得到多少有价值的认识。繁复的数理统计分析值得研究者去努力探求，但是必须运用在有用的研究问题上，定量数据的搜集和分析才能够切中性地获得认识。西谚所谓"用机器切奶酪（Using a machine to cut cheese）"，换言之，就是多此一举，用在某些定量研究上是恰当的。一些学术杂志没有意识到这一点，往往基于搜集的辛劳和数据的庞大而发表论文，事实上助长了定量分析方法的滥用。

2）切割与分离的可能

定量分析的两个前提是研究对象的大量均质和研究内容的抽象单一。因此，定量分析十分适合于社会学、心理学、经济学等社会科学研究。社会科学面向的是大量性的人口群体，其研究内容是人群特征。社会科学研究的趣味和技巧完全可以被设计学科所吸收，获得定量能够解释的建成环境认识。当定量分析运用到"整体"而且"形象"的建成环境，必然需要将研究对象化整为零，将研究内容进行数字的抽象。在获得准确性特征的同时，建成环境作为整体会被切割，研究内容必然分离。定量分析的规定操作并不适合设计学科的所有问题和价值。

3）数字意义的有限

定量分析所依据的大量性数据带来普遍性，其数字结论的形式又带来准确性。这带给研究者一些错觉，有人认为定量分析是比定性分析更为高级的方式，有人认为最终所有研究需要以定量分析作为最终目标，还有人认为没有定量分析的研究就不是实证研究，等等。从某些研究领域来说，上述判断是成立的。但是，仍然有着大量的研究对象（包括设计学科的诸多领域）不能被量化，或者量化并不能够完全揭示研究对象的价值。举例来说，某研究关注当代高层住宅的设计风格，尽管研究者能够对不同类型和风格的楼盘的建成面积、建成时间、价格区间等维度进行多方面的定量分析，但是，这些数字化的内容只能反映设计风格的应用范围，仍然不能代替研究者对各种风格本身进行分析。因此，研究者不必执拗地将研究对象的所有内容完全切割和分离成定量研究要求的形式。

11.2 定量分析工具

定量分析并不能从简单字面上予以理解，定量分析指向具有群体均一性的研究对象，其具有离散的特征，并且能够进行量化测量。这一节介绍基本的定量分析工具，即统计学提供的数据分析模式（图11-6）。大多数研究者没有接触统计学的时候，实际已经自发地使用了定量分析方法，比如人数、比例、平均数等。这些都是最基础、最重要的定量分析方法。在某种意义上来说，统计学既是我们普通常识的延续和正规化，使得定量分析程序和内容更加规范、严密、可靠，也提供了更多更复杂的工具，使分析能达到常识所不能达到的高度。如今，定量分析工具的概念、术语、符号、结果的表达方式和解释方式已经成为各类研究的基本语言要素：研究者不论在介绍自己的研究，还是阅读他人的研究时，都会用到这些概念。因此，对这些概念的掌握也成为设计学科的要求。本小节简略地介绍最基本的单变量统计分析（第11.2.1小节）、推理性统计分析（第11.2.2小节）、双变量统计分析（第11.2.3小节），以便研究者准确地理解它们，从这些分析模式中找到发展命题的灵感。对于研究者而言，

图11-6 定量分析工具

这里的介绍是远远不够的，深入具体地学习一门到两门统计学基础课程（以及统计学基础工具）仍然十分必要。目前，研究者多用 Microsoft Excel 或者 IBM SPSS Statistics 两种软件对数据进行分析，研究者对统计学的学习也可以结合这两种软件进行。

11.2.1 单变量统计分析

单变量统计（descriptive statistics）包括两方面内容：描述和推论。第一方面，描述统计是通过演算获得数字结论对研究对象群体的某一特征的精练概括，比如室内环境中工作者的情绪、对某种的满意程度，某城市公园每日的游客量等。对于这些大量性的、离散的研究内容，数字演算提供了集中趋势分析（central tendency）和离中趋势分析（或者说分散程度，variability）两方面描述。描述集中程度的量数包括：平均数、中位数、众数等，由此可以精练地概括总体的特征；描述分散程度的量数包括：标准差、方差、四分位距等，进而精练地概括总体的数据分散程度（或者说总体偏离中心的程度）。第二方面，推理性统计（inferential statistics）是从样本得到的数据中推断总体数量的情况。也就是说，通过演算，研究者从搜集到的一定数量的研究对象的数据中而推断总体情况，包括区间估计和检验假设。以对主题公园等候区的满意度调查为例，满意度的平均数、中位数、众数等反映的是对主题公园等候区的满意度概况，而满意度的标准差、方差、四分位距反映的是参与调查者对主题公园等候区的满意的分歧概况。而通过推论统计，我们可以推断计算的集中指标多大程度上反映了总体的情况。

1）集中趋势——一般水平

集中趋势分析提供一个具有代表性的数字来反映一组数值数据，概括地反映现象的共性，这种用来反映研究内容共性的数字被称为研究对象在某种状态下的"一般水平"，比如设计师收入的一般水平、对工作地点环境满意程度的一般水平、程序员寿命的一般水平等。集中趋势分析是最简单、最常见，也是最重要的分析方式。常用的集中趋势的分析指标包括平均数（Mean）、中位数（Median）、众数（Mode）。

统计学中常说的一般水平是针对数值变量而言的，而不是针对分类变量而言的。比如，研究者观察商场中的甲、乙两个休息区中一天的顾客驻留情况，发现在甲休息区的顾客有 217 人，在乙休息区的顾客有 123 人。将甲、乙两个休息区作为两个类别变量（就像前面所述的专家投票一样），通过每组个体总量可以直接获得甲休息区更受欢迎的结论。在现实生活和研究中，这种不需要计算一般水平而通过每组个体总量累计比较而得出结论的分析是大量存在的。在上面商场休息区的例子中，如果研究者每天前去观察，得到甲、乙休息区不同的数值，这时，甲乙休息区就成了数值变量，可以通过平均数、中位数、众数等分析工具来认识其每天访问量的一般水平。

（1）平均数（Mean）。平均数是所有数据的算数平均值，将所有单位数值之和除以总体单位数目得到的数值。总体的平均数一般用 $\mu+$ 表示。样本数据集的平均数一般用 $\bar{X}$ 表示。平均数的计算公式如下：

$$\bar{X} = \frac{\sum x}{n}$$

其中：$\bar{X}$ 为数据集的平均值，x 为数据集中的每个数据值，n 是数据集的数据量。

题 11-1：在对湖景豪庭和江南御景两居住小区住户入住五年后的环境满意度评价度分别进行调查，我们获得了表 11-2 的数据。试根据表格中的信息比较两居住小区满意度的一般水平。

湖景豪庭和江南御景的满意度调查结果 表 11-2

湖景豪庭	满意度分值	江南御景	满意度分值
湖景豪庭住户 1	81	江南御景住户 1	91
湖景豪庭住户 2	88	江南御景住户 2	82
湖景豪庭住户 3	86	江南御景住户 3	90
湖景豪庭住户 4	84	江南御景住户 4	88
湖景豪庭住户 5	90	江南御景住户 5	85
湖景豪庭住户 6	88	江南御景住户 6	89
湖景豪庭住户 7	80	江南御景住户 7	78
湖景豪庭住户 8	85	江南御景住户 8	95
湖景豪庭住户 9	82	江南御景住户 9	88
湖景豪庭住户 10	83	江南御景住户 10	87
湖景豪庭住户 11	81	江南御景住户 11	91
湖景豪庭住户 12	86	江南御景住户 12	87
湖景豪庭住户 13	85	江南御景住户 13	92
湖景豪庭住户 14	84	江南御景住户 14	93
湖景豪庭住户 15	88	江南御景住户 15	84
湖景豪庭住户 16	77	江南御景住户 16	90

解题：根据表 11-2 以及平均值的计算公式，湖景豪庭的满意度一般水平是：

$$\bar{X} = \frac{\sum x}{n}$$

$$= \frac{81+88+86+84+90+88+80+85+82+83+81+86+85+84+88+77}{16}$$

$$= 84.25$$

江南御景的满意度一般水平是：

$$\bar{X} = \frac{\sum x}{n}$$

$$= \frac{91 + 82 + 90 + 88 + 85 + 89 + 78 + 95 + 88 + 87 + 91 + 87 + 92 + 93 + 84 + 90}{16}$$

$$= 88.125$$

比较可知，江南御景的满意度一般水平高于湖景豪庭。

孤立的数据组平均数的意义比较模糊，比如，单单计算出某设计公司的平均工资是每月 2150 元，这种孤立的一般水平往往难以分析获得有效的认识。研究者通常的做法是会将两个以上组别数据的一般水平进行对比。比如，对比某设计公司和其他设计公司的平均工资，对比本设计公司和同一写字楼律师事务所、软件开发公司的平均工资，对比某设计公司本年度和之前五个年度的平均工资，等等。在比较中建立起不同类别一般水平内容的关系，为认识的发展带来意义。常见的分析比较维度包括：人群的属性（比如年龄组别对比、教育程度组别对比、职业组别对比、收入组别对比、性别组别对比、测试组和对照组对比等）、参与者的不同状态（比如接受实验刺激前后的状态等），时间的属性（比如年份组别对比、工作日休息日对比、月份 / 季节组别对比、每天内时间对比等），测试对象的属性（比如不同的设计风格广场、不同的交通组织方式、不同的测试图片构图等）。研究者依据研究问题确定对比的维度。

（2）中位数（Median）。中位数是一组数据从小到大排列以后中间的那个数值。平均数是最常用的指标，由于单个数据在数值上的水平差异较大，在数据值分布不甚均匀的情况下，用平均数反映。比如，2015 年美国家庭收入的中位数为 60987 美元，而 2015 年家庭收入的平均数为 92673 美元。[1] 后者数值为前者的 1.5 倍，显示了巨大的差异。这是由于富裕家庭的数目较少，其收入数值上远远超过多半家庭，提升了平均值；而多半的家庭并未达到平均数值。用平均值来说明问题或者制定政策会有较大的偏差。

因此，中位数反映的是位于队列中央的个体数值，比起平均值更能反映家庭收入的"一般水平"。在中位数的概念设定中，每个个体数据在数据组中存在的意义超过了个体数据数值权重的意义。如果数据组的总数是奇数，中位数就是处于从小到大排列以后中间的那个数值；如果数据组的总数是偶数，中位数就是处于从小到大排列以后中间两个数值的平均值。在上述题 11-1 中，湖景豪庭和江南御景的满意度中位数分别是 84.5（84 和 85 的平均值）和 88.5（88 和 89 的平均值）。和平均数一样，单组数据的中位数意义不甚明显。研究者常常将不同组别的中位数，或者同一个研究对象的不同状态的中位数进行比较，从比照中获得意义。多数研究只会在中位数或者平均数中选择其一来代表本组数据的一般水

---

1 https://fred.stlouisfed.org/series/MEHOINUSA672N；https://alfred.stlouisfed.org/series?seid=MAFAINU-SA646N&utm_source=series_page&utm_medium=related_content&utm_term=related_resources&utm_campaign=alfred.

平。当然，在同一组数据内部，可以比较中位数和平均数来说明数据的"均匀情况"。

（3）众数（Mode）。众数是一组数据中出现次数最高的数值。比如在表11-2中，88就是湖景豪庭的满意度众数（出现了3次），而91、90、88、87是江南御景的满意度众数（均出现了2次）。众数一般不太适应数值统计精确的数据组，而适应于定距分组形式的数据。比如在描述年龄的时候，采用1～10岁，11～20岁，21～30岁如此等等的分组形式；在描述收入的时候，采用0～1000元、1001～2000元、2001～3000元、3001～4000元，如此等等。

平均数、中位数、众数三者都能反映一组数据的一般水平。这三个指标的关系也可以反映数据组中变量的分布情况。如图11-7所示，左图中，数据的形态呈对称分布，这种分布叫作正态分布。在正态分布的情况下，这组数据的平均数、中位数、众数相互重合。中图和右图反映了偏态分布的数据组，偏态分布的平均数、中位数、众数三者不重合。在正偏态分布（中图）中，数值较小的数据比较密集，而数值较大的数据虽然比较稀疏，但是取值较大；这使得中位数偏向平均值的左边（比如上面说的美国家庭年收入的情况）。在正偏态分布中，平均数＞中位数＞众数。在负偏态分布（右图）中，数值较大的数据比较密集，而数值较小的数据虽然比较稀疏，但是取值较小；这使得中位数偏向平均值的右边。在负偏态分布中，众数＞中位数＞平均数，和正偏态分布正好相反。

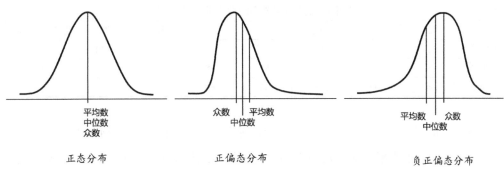

图11-7　正态分布、正偏态分布、负偏态分布中的平均数、中位数、众数

2）离中趋势——差异性

集中趋势分析在精练概括研究对象一般水平的同时，也掩盖了研究对象数据组内部的差异性；因此我们需要离中趋势分析反映数据组内的差异性。离中趋势，又称离散趋势，是建立在集中趋势对一般水平的描述之上的。离中趋势越薄弱，意味着各个数据和中间的"一般水平"相差不大，集中趋势的指标（比如平均数）能够很好地反映数据组的全貌。离中趋势越强烈，意味着各个数据距离"一般水平"越远，集中趋势的指标（比如平均

数）反映数据组就相对比较片面。总之，离中趋势分析能够进一步说明，集中趋势的指标能够在多大程度上代表了整体状况；或者，一个数据集的内部，数据的差异性有多大。由于定量分析针对具有离散特性的大量性数据，离中趋势分析也成为其他更为复杂统计分析的基础。常见的离中趋势分析包括四个指标：标准差（standard deviation）、离散系数（dispersion coefficient）、全距（range）、四分位距（interquartile range）。前两个概念对应集中趋势中的平均数，后两个概念对应集中趋势中的中位数。

（1）标准差（Standard deviation）。标准差是数据组中各数据对其平均数差值的算术平均数的平方根。标准差是最为重要的离中趋势的量数。其计算公式是：

$$S=\sqrt{\frac{\sum(x_i-\bar{X})^2}{n}}$$

其中：S 为标准差，$\bar{X}$ 为数据集的平均值，x_i 为数据集中的每个数据值，n 是数据集的数据量。

题 11-2：考察某社交媒体中用户所上传的某市区公园中入口草坪、林荫步道、山顶平台三个不同地点一周内每天吸引的照片数量。试分析三个地点被社交媒体关注度的一般水平和差异。

某市区公园中四个不同地点的照片数量 表 11-3

	周一	周二	周三	周四	周五	周六	周日	七天的平均数
入口草坪	33	43	55	45	36	75	70	51
林荫步道	54	46	53	52	55	48	49	51
山顶平台	40	18	28	55	60	21	30	36

解题：根据表 11-3 中数据，我们首先分别计算出三个地点的照片平均值，用以反映三者关注度的一般水平，见表 11-3 最右边列。其中，入口草坪和林荫步道两个地点在一星期七天的平均值均为 51 张，均比山顶平台（平均值 36 张）的关注度要高。

社交媒体对各地点的关注度差异可以从表 11-3 的数据中体现，入口草坪的每天照片数量变化比较大，而林荫步道的变化比较小。标准差提供了一种规范而确切的描述数据组内波动情况的量度方式。对于入口草坪的照片数，其标准差是：

$$S=\sqrt{\frac{\sum(x_i-\bar{X})^2}{n}}$$

$$=\sqrt{\frac{(33-51)^2+(43-51)^2+(55-51)^2+(45-51)^2+(36-51)^2+(75-51)^2+(70-51)^2}{7}}$$

=16.34（张）

对于林荫步道的照片数，其标准差是：

$$S = \sqrt{\frac{\sum(x_i - \bar{X})^2}{n}}$$

$$= \sqrt{\frac{(54-51)^2 + (46-51)^2 + (53-51)^2 + (52-51)^2 + (36-51)^2 + (75-51)^2 + (70-51)^2}{7}}$$

=3.37（张）

对比两者的标准差，我们可以说林荫步道在一周内变化的差异性小于入口草坪，其一周内每天的波动情况比较小。由于入口草坪和林荫步道一周中每天的照片平均值相同，均为 51 张，林荫步道的平均值对于林荫步道比起入口草坪的代表性更大些。

山顶平台照片数的平均值为 36 张，这说明这个地点被记录和展现频率低于入口草坪和林荫步道。山顶平台照片数的标准差是：

$$S = \sqrt{\frac{\sum(x_i - \bar{X})^2}{n}}$$

$$= \sqrt{\frac{(33-51)^2 + (43-51)^2 + (55-51)^2 + (45-51)^2 + (36-51)^2 + (75-51)^2 + (70-51)^2}{7}}$$

=16.34（张）

对比入口草坪和山顶平台的标准差，两者相等。这说明在公园一周内每天的波动情况，入口草坪和山顶平台这两个地点的波动情况相差不多。

（2）离散系数（Dispersion coefficient）。离散系数是相对数值表示的数据离中趋势量数。离散系数是标准差与平均数的比值，用百分比表示。

$$CV = \frac{S}{\bar{X}} \times 100\%$$

其中：CV 为离散系数，S 为标准差，$\bar{X}$ 为数据集的平均值。

离散系数和标准差都针对平均数反映数据的差异情况，标准差反映的是绝对数值，而离散系数反映的是相对数值。标准差的单位和平均值相同，一般需要和平均值一同呈现；离散系数用百分数表达，没有特定的单位，因此离散系数一定程度上可以独立呈现。比如，题 11-2 中的入口草坪照片数和山顶平台照片数的标准差相等，都是 16.34 张。但是，入口草坪照片的每日平均数是 51 张，而山顶平台每日照片的平均值是 36 张，两地点关注度存在着差别；标准差 16.34 作为绝对数值，对整个照片整体的意义而言可以比较，而对于平均值分别为 51 和 36 的波动意义是不一样的。如果我们采用离散系数，就能很好地解决这个问题。入口草坪每日照片数的离散系数是：

$$CV = \frac{S}{\overline{X}} \times 100\% = \frac{16.34}{51} \times 100\% = 32.04\%$$

山顶平台每日照片数的离散系数是：

$$CV = \frac{S}{\overline{X}} \times 100\% = \frac{16.34}{36} \times 100\% = 43.39\%$$

比较两者的离散系数，山顶平台照片数比起自身的差异程度更大一些。

题11-3：在对千处豪居和西洋家园两居住小区住户入住一年后的环境满意度评价度分别进行调查。我们获得了如下数据：千处豪居的满意度为7.23分（总分为10分），标准差为0.62分；西洋家园的满意度为80.25分（总分为100分），标准差为9.33分。试比较两居住小区环境满意度的差异哪个更大？

解题：千处豪居环境满意度的离散系数是：

$$CV = \frac{S}{\overline{X}} \times 100\% = \frac{0.62}{7.23} \times 100\% = 8.59\%$$

西洋家园环境满意度的离散系数是：

$$CV = \frac{S}{\overline{X}} \times 100\% = \frac{9.33}{80.25} \times 100\% = 11.63\%$$

通过比较两者环境满意度的离散系数可知，西洋家园小区环境满意度的差异更大。

题11-4：某设计学院某年度签约工作的本科毕业生的在校加权成绩的平均值是83.4分，标准差为7.9分。本科毕业生签约的平均年薪是7.8万元人民币，标准差是0.6万元人民币。试比较毕业生的在校加权成绩的差异和签约年薪的差异哪个更大？

解题：本科毕业生在校加权成绩的离散系数是：

$$CV = \frac{S}{\overline{X}} \times 100\% = \frac{7.9}{83.4} \times 100\% = 9.5\%$$

本科毕业生签约年薪的离散系数是：

$$CV = \frac{S}{\overline{X}} \times 100\% = \frac{0.6}{7.8} \times 100\% = 7.7\%$$

由于离散系数没有单位，所以毕业生的在校加权成绩的差异和签约年薪的差异可以进行比较。从解题的演算比较可知，本科毕业生在校加权成绩差异比起签约年薪的差异更大。

（3）全距（range）。全距又称极差，是数据上下波动的极限，是数据组中最大值和最小值的差，以此来反映数据组的差异性。比如题11-2中，入口草坪的照片数全距是 42（即 75-33），林荫步道的照片数的全距是 9（即 55-46），山顶平台的照片数全距是 42（即 60-18）。

（4）四分位距（interquartile range）。四分位数（Quartile）是统计学中分位数的一种。把数据组中所有数值由小到大排列并分成四等份，处于三个分割点位置的数值即为四分位数。第一四分位数（Q1），又称"较小四分位数"，等于该样本中所有数值由小到大排列后处于第 25% 位置的数字。第二四分位数（Q2），又称"中位数"，等于该样本中所有数值由小到大排列后第 50% 的数字。第三四分位数（Q3），又称"较大四分位数"，等于该样本中所有数值由小到大排列后处于第 75% 的数字。和中位数的规则一样，如果处于四分位的位置没有一个具体数字，则取该位置前后两个数字的平均值。四分位距（Interquartile Range, IQR）是第三、四分位数与第一、四分位数的差值。

11.2.2 推理性统计分析

推理性统计（inferential statistics）是通过特定的数学模型，通过已有的数据集进行概率计算，试图对为纷繁复杂世界的"离散"现象找到规律的方法。概率是某个具体事件在整体中发生的可能性，一般用百分数表示，具体值处于 0 ～ 100% 之间。一个关于概率最简单的例子是投掷硬币。我们常常听说，硬币正面或者反面向上的概率各为 50%。这一结论是基于对多次投掷硬币进行观察，对硬币正反面出现的次数趋于相同现象的数字化表述——即使从有限的对现象的观察而推断更为整体的现象特征。在学术研究中，绝大多数的研究对象内容比起投掷硬币更加复杂（类别项目更多，或者数值更复杂），但是计算其概率的逻辑是一致的，都是通过已知的数据集来推断整个数据集的情况。

推理性统计通过计算置信度，对现象特征的出现可能性进行把握。我们常常听说一种说法，明年出现经济衰退是小概率事件。这是一种典型的推理性统计表述。首先这种表述并没有绝对否定明年出现经济衰退的可能；同时，又十分肯定地表述，出现这种现象的可能性十分微小。这种表述的背后是推理性统计对于置信度的计算。在本章 11.2.1 小节，我们论述了一般水平和离散水平。整体上看，一个数据集越离散，其标准差和离散系数越大，数据集包含的范围越大。反之，一个数据集越集中，其标准差和离散系数越小，其包含的范围越小。但是，一般水平和离散水平还不能描述数据集的全部特征。比如，数据集内部也有疏密之分：有的数值区域出现的次数较多，而有些区域出现的次数较少。哪些属于出现次数较多的区域，哪些属于出现较少的区域，单变量统计分析并没有给予解答；同时，对于已知具体数值的个体现象在离散的整体中处于何种"密集"水平，并没有讨论。这里介绍的推理性统计，一方面能对数据集内的区间疏密差异进行描述，从而找到某些重要的节点；另一方面能够通过已知的数据集的数据分布，对某些具体数值的现象的属性进行判断。在本章11.1.2小节我们知道，定量研究针对的研究对象是具有"离散性"的大量性对象。在一个研究对象的数据集之中，在某些范围的数据较稠密，我们说这个范围内的某个数据出现的概率大；在某些范围的数据较稀薄，我们说这个范围内的某个数据出现的概率小。基于"年度经济表现"这一对象的过往既有数据，通过统计计算来考察这一数据组中某个具体数值出现的可能性。推理性统计需要明确以下内容。

第一，推理性统计获得的概率百分数是通过特定模型运算后获得的"分布规律"，而不是原有数据集的简单原始排列。比如，某次考试有200个同学参加从而获得200个分数，这个考试出现概率为1%的分数节点并不见得是原数据集中200人最高分数和最低分数，而是通过特定的数学模型（比如正态分布模型）对200个分数进行"适应性"运算整理而得出的界限值，和原有数据集的单个具体分数并不直接一一对应。

正态分布是统计学中最常见、最初等的数学模型。根据中心极限定理（central limit theorem），大量相互独立随机变量的均值经适当标准化后依分布收敛于正态分布。在实际生活中，虽然大量性数据的分布服从于正态分布的规律，仍然有其他数据分布并不服从正态分布的规律。法国物理学家加布里埃尔·利普曼（Gabriel Lippmann）曾经这样论述正态分布："每个人都相信正态法则，实验人员想象这是一个数学定理，而数学家则认为这是一个实验事实。"[1] 因此，正态分布在初等定量研究中近似地取得了公理的地位，较为基础的统计分析都是以正态分布模型为基础展开的。

第二，在实践中，概率将风险转移给了决策者，百分比形式的概率和人们的通常感觉可能存在差异。我们通常所说的百年一遇的灾害意味着其发生的可能性较低，并不是说百年一遇就是每年遇见的概率都是1%；1%的概率在某些年份和状况下意味着100%。又比如，60%的概率听起来并不算低。但是，要达到对现象认识较高的把握性，通常统计分析会要求较高的置信率，比如：90%、95%、98%、99%等，这种统计学的要求赋予命题较高的可靠性。

第二，推理性统计对研究对象的推断是基于已有的数据集。比如上述例子，通过采用某个试卷200个学生的考试成绩，对其"分数区间"的分布进行计算。当用这个数据集来推断的计算结果对更大范围进行推断时，需要保证更大范围的学生的资质和学习层次等和已有的数据集完全相同。

1）区间估计

区间估计是在一定的置信度下，通过对样本统计值区间的计算从而反映研究现象总

1 Gabriel Lippmann (French physicist ,16 Aug 1845 – 13 Jul 1921), Conversation with Henri Poincaré . In Henri Poincaré , Calcul ds Probabilités,1896: 171.

体的基本范围。区间统计通常可以用这种方式表述："我们有 95% 的把握认为，全校学生对新宿舍楼的满意度为 78% ~ 92%。"这里的 95% 是置信度，是学生满意度数值的区间范围的可靠程度。换言之，区间统计就是考察研究对象（学生对新宿舍满意度数值）在排除小概率事件（5%）以后，研究对象数值所处的区间范围。在 11.2.1 小节，我们已经会用集中趋势的统计数值和离中趋势的统计数值来描述研究对象的基本水平，但是，这些指标在某些情况下还比较概括，不够"保险"，缺乏决策需要的临界值。区间估计正是对这种临界值的直接计算。

总体均值的区间估计公式为：

$$\bar{X} \pm Z_{(1-\alpha)} \frac{S}{\sqrt{n}}$$

其中：$\bar{X}$ 为数据集的平均值，$1-\alpha$ 是置信度，$Z_{(1-\alpha)}$ 为置信度对应的临界值（确定置信度后，通过查表获得），S 是数据集的样本标准差，n 是数据集的数据量。

$P \leqslant$	$\lvert Z \rvert \geqslant$	
	一端	二端
0.10	1.29	1.65
0.05	1.65	1.96
0.02	2.06	2.33
0.01	2.33	2.58
0.005	2.58	2.81
0.001	3.09	3.30

Z 检验表　　　　　表 11-4

区间估计的计算考虑两个因素。第一是可靠性，在区间估计中称作置信度。置信度用 $1-\alpha$ 的形式反映，95% 的置信度写作 1 ~ 0.05，意味着 5% 的小概率事件被排除了。置信度越高，把握性越大，意味着更多中间范围的小概率事件被吸纳到区间中，因此区间范围会越大。反之，置信度越低，把握性可以降低，更多中间范围的小概率事件可以被排除；因此区间范围会越小。表 11-4 中列举了不同置信度的临界值。对应常用的置信度 90%、95%、98%、99%，从表中二端可知其临界值逐步变大，分别是 1.65、1.96、2.33、2.58。在区间估计计算中，临界值意味着区域范围变大。对于研究者，从精确性出发，希望区间范围越小越好；而从把握性出发，则希望把握越大越好，这就会带来区间范围扩大。这使得研究者在把握性的选择上进行某种妥协，排除一些小概率事件，选择置信度稍低的数值。第二是样本的规模。随着样本规模越大，带来把握性也越大，区间估计的范围会越小；这两点无疑是研究者都需要的。当 n 无限大的时候，区间的范围无限小，甚至可以是一个数值。因此，研究者获得样本规模越大越好，对于区间估计无疑是有利的。

题 11–5：在某大学校园中调查大学生对新入住的学生宿舍的满意度（用百分制表示），随机抽取 200 名学生作为样本，得到他们的平均满意度为 86.22 分，标准差为 10.35 分。求在 99%、90% 的置信度下学生对新宿舍的满意度区间。

解题：查表 11–4 获得 Z 值。在 99% 的置信度下，学生对新宿舍的满意度区间是：

$$\bar{X} \pm Z_{(1-0.01)} \frac{S}{\sqrt{n}} = 86.22 \pm 2.58 \times \frac{10.35}{\sqrt{200}} = 86.22 \pm 1.89$$

满意度区间即为 84.33 ~ 88.11 分。

通过对区间估计的计算，可以对研究对象的范围进行更为明确的描述，这意味着研究者有较大的把握认为，学生对新宿舍满意度在 84.33 ~ 88.11 分之间。

在 90% 的置信度下，学生对新宿舍的满意度区间是：

$$\bar{X} \pm Z_{(1-0.1)} \frac{S}{\sqrt{n}} = 86.22 \pm 1.65 \times \frac{10.35}{\sqrt{200}} = 86.22 \pm 1.21$$

满意度区间即为 85.01 ~ 87.43 分。

比较 99% 和 90% 置信度下的区间范围可知，置信度越高，相应的范围越加宽泛。

总体百分数的区间估计是另一类区间估计，从已知数据集中的某个类别所占百分数，计算其在整体数据集中的置信区间。总体百分数的区间估计公式为：

$$p \pm Z_{(1-\alpha)} \sqrt{\frac{p(1-p)}{n}}$$

其中：p 为数据集的百分比，$1-\alpha$ 为置信度，$Z_{(1-\alpha)}$ 为置信度对应的临界值（确定置信度后，通过查表获得），n 是数据集的数据量。

题 11–6：调查游客对于某景区识别度的，随机抽取 150 名游客作为样本，发现认为景区"识别度较差"的游客占 32%。求在 90% 的置信度下，反映该景区"识别度较差"游客比例的置信区间。

解题：在 90% 的置信度下，反映该景区"识别度较差"游客比例的置信区间是：

$$p \pm Z_{(1-0.1)} \sqrt{\frac{p(1-p)}{n}} = 32\% \pm 1.65 \times \sqrt{\frac{32\%(1-32\%)}{150}} = 32\% \pm 6.28\%$$

即为 25.72% ~ 38.28%。

2）检验假设

所谓检验假设，就是小概率不应该影响我们的决策，尽管小概率事件有发生的可能性。比如，虽然我们听说过熊袭击露营者的新闻，但是总体而言，公园游客被熊袭击的概率在270万分之一，属于微乎其微的范畴。[1]因此，大多数露营者在做决策时恐怕不会担心自己露营时被熊袭击。再比如，我们有一组参与康复花园实验的72名参与者，在参与了1个月的实验以后，这一组人群的夜晚自然睡眠时间平均值从之前的7.1小时，变成了参与后的8.2小时。我们可能认为康复花园的实验刺激对于参与者是有效的。但是，如果变成了7.2小时，我们能否说这个实验是有效的呢？有没有可能是实验误差造成的？如果说实验是有效的，我们有多大把握（用百分数表示）这么说呢？检验假设的计算就是要解决这个问题。首先，检验假设认为接受或者拒绝一个假设命题，和数据的大小，以及置信度关系密切。研究者接受或者不接受某个命题，取决于研究者如何定义小概率事件。其次，检验假设通过计算获得特定置信度下的临界值，也就是阈值，从而提供研究者判断是否接受某个命题的依据。

特定数量的样本，越多越好，但是不容易执行。由于偶然性，可能犯错。只要样本不足，是可能犯错的。

题11-7：我们有一组参与康复花园实验的72名参与者，在参与了1个月的实验以后，这一组人群的夜晚自然睡眠时间平均值从之前的7.1小时，变成了参与后的8.2小时。方差是1.3小时。问题是，我们是否有95%的把握，认为睡眠实验的刺激是有效的。

解题：检验假设的思路是先否定新的命题，而将原来命题设为"虚无假设"。

第一步，设定虚无假设（H_0）和研究假设（H_1）。

H_0：$\mu = 7.1$，也就是人群的夜晚睡眠时间没有变化。

H_1：$\mu \neq 7.1$，也就是人群的夜晚睡眠时间发生了变化。

第二步，计算样本数据的临界值。

$$Z = \frac{\bar{X} - \mu}{S/\sqrt{n}} = \frac{8.2 - 7.1}{1.3/\sqrt{72}} = 7.18$$

其中：Z为样本数据置信度的临界值，$\bar{X}$为数据集的平均值，μ为对比数据集的平均值，S是数据集的样本标准差，n是数据集的数据量。

第三步，通过查表11-4，获得$Z_{(0.05/2)}$的临界值是1.96。

第四步，比较样本数据的临界值与查表临界值$Z=7.18 > 1.96$。我们知道，Z值越大，

---

1 Ethan Siegel. What are the Odds of Getting Bit by Both A Bear and A Shark? [EB/OL]https://www.forbes.com/sites/startswithabang/2018/04/26/what-are-the-odds-of-getting-bit-by-both-a-bear-and-a-shark/?sh=7ca-7c1a97783. Overall, only 1 in 2.7 million park visitors are likely to be injured by a bear, but those odds go way up if you're in the backcountry: to 1-in-232,000 per day. For someone who spends a 90 day summer in the backcountry, that gives them about a 1-in-2600 chance (0.04%) of getting injured by a bear.

意味着样本数据的临界值越大，置信度更高；也就是说，在 $\alpha = 0.05$ 的显著水平之下，出现 H_0 将是小概率事件。我们需要拒绝虚无假设 H_0，接受研究假设 H_1。也就是说，检验假设告诉我们，如果依然承认"人群的夜晚睡眠时间没有变化"将会是小概率事件；因此，我们有超过 95% 的把握说康复花园实验对于睡眠时间是有效果的。

同样，如果变成了参与后的 7.2 小时，重新计算 Z 值。

$$Z = \frac{\overline{X} - \mu}{S/\sqrt{n}} = \frac{7.2 - 7.1}{1.3/\sqrt{72}} = 0.65$$

这时，远远达不到 $\alpha = 0.05$ 的显著水平（1.96）。在 95% 的置信度下，如果依然承认"人群的夜晚睡眠时间没有变化"将不是小概率事件；因此，我们很难有 95% 的把握说康复花园实验对于睡眠时间是有效果的。

11.2.3 双变量统计分析

1) 相关分析

相关分析是采用数理方法展示两个数据组之间存在着一种连带的共变关系；也就是一个变量发生变化，另一个变量随之发生变化。比如，水景观特征发生变化，人的情绪也随之发生变化。我们可以说，水景观特征和人的情绪是相关的。又如，居民的住房面积增加了，使用公共空间的意愿下降了。我们可以说，居民的住房面积和使用公共空间的意愿呈现负相关关系。在设计学科中，由于直接进行实验的困难，研究者常常搜集研究对象在"自然"情况下的心理体验、行为倾向或行动指标，试图揭示建成环境中不同因素之间的机制性认识。

变量与变量之间存在着相关性，说明两者之间存在如下两种关系中的一种：因果关系，或者存在共同因子。比如，前面举例中，水景观特征和人的情绪是相关的，我们可以推论，水景观的差异作为原因能够影响人的情绪。因果关系的揭示在建成环境研究中具有重要意义，这意味着人可以通过建成环境的调整获得优化的结果。严格来说，相关分析只是说明两个变量具有连带关系，还没有达到因果关系的严格程度；两者之间统计上的相关可能是存在共同因子导致的。比如说，从数据统计计算来看，点外卖的人数和逛公园的人数存在着负相关的关系，也就是说，点外卖的人数越多，逛公园的人数随之减少；换言之，点外卖的人越少，逛公园的人越多。这两者之间是否存在着因果关系呢？甚至说，我们能否通过控制点外卖的人数，来使市民更多地使用公园么？答案显然是否定的。点外卖的人数和逛公园的人数这两者都是天气变化的结果：天气情况变得恶劣，点外卖的人数增加，逛公园的人数变少；天气变好，点外卖的人数变少，逛公园的人数变多；

因此两者之间并不构成因果关系。一般地，研究者进行相关分析是为了揭示两个变量之间的因果关系。在进行相关分析之前，研究者有必要根据常识或者既有理论，判断两个或者更多变量之间存在相关关系的逻辑是否能成立；然后再展开相应的计算。

相关分析方法包含两个重要的判断指标：（a）判断相关关系存在的检验；（b）考察相关关系强弱的计算。两者缺一不可。

（a）判断相关关系存在的检验（比如我们通常听说的 t 检验、x^2 检验、Z 检验），是考察两个数据组存在相关关系的入门门槛。值得注意的是，检验提供系数只提供可信度，而不能作为相关关系强弱判断。比如，通过检验得知甲地居民居住地距离周边 300 米范围的绿化率（数值变量）和居民的体重（数值变量）两者存在相关性的显著性水平为 0.001，而乙地两者存在相关性的显著性水平为 0.05。我们只能说，对于两者存在相关性这一事实判断，在甲地比起在乙地的把握性更大；而并不能说，在甲地绿化率（数值变量）和居民的体重（数值变量）两者之间的相关强度更大；因为相关性检验只对相关性存在与否这个定性事实进行判断，而不对这个事实中两者之间的相关性强弱进行判断。

（b）考察相关关系强弱通过相关系数的计算。在统计学上，相关系数的意义在于消减误差比例（proportionate reduction in error），简称 PRE。在双变量统计中，两个变量相关，意味着可以用变量甲的内容来推测或者揭示变量乙的内容。比如，某个研究中发现，居民的住房面积和使用公共空间的意愿呈现负相关关系，意味着可以用居民的住房面积这一变量来推测居民使用公共空间的意愿。在两者存在相关关系的前提下，如果两者的相关关系越强，意味着越可以依赖于变量甲的内容来推测或者揭示变量乙的内容；反之，两者的相关关系越弱，意味着变量甲的内容来推测变量乙的内容其可靠性越弱。单纯以变量乙样本的数据（使用公共空间的意愿）去推测变量乙总体（使用公共空间的意愿），不涉及变量甲，会存在一定的误差，用 E_1 表示。在知道变量甲的情况下，由变量甲推测变量乙的误差为 E_2。由变量甲推测或者预测变量乙所减少的误差为 $E_1 - E_2$。所消减误差的比例为：

$$\text{PRE} = \frac{E_1 - E_2}{E_1}$$

由变量甲推测变量乙的误差 E_2 一般不会超出其原有的误差 E_1。当 E_2 越小说明变量甲推测变量乙的效果越好，因而 PRE 越大。当 E_2 为 0 时，PRE 为 1，说明变量甲和变量乙完全相关，变量甲能够百分之百地解释变量乙的变化。当 E_2 等于 E_1 时，说明引入变量甲推测变量乙的变化完全不能消除误差，PRE 为 0，也就是说变量甲和变量乙没有关系，变量甲对于解释变量乙的变化无能为力。

上述介绍的 PRE 是消减误差比例的基本概念。在进行分析的变量中，存在着定类变量、定序变量、定距变量等不同的层次，而不同层次的变量进行排列组合，又排列组合出不同的对应关系。不同层次的变量间，以及同一层次的变量内部，数学家和统计学家发展

出了定义 E_1 和 E_2 的不同策略。因而，存在着不同测量相关系数的方法（表 11-5）。SPSS 等统计分析软件都包含这些方法，研究者可以直接输入数据进行分析。本书对于这些方法的详细计算公式都略去，对 SPSS 等统计分析软件的操作方法也都略去，感兴趣的读者可以查阅统计学的相关书籍。

变量间相关关系的检验和测量总结　　　　表 11-5

两个变量的类型	相关系数	名称	检验方法
（无序）类别—类别	λ	Lambda 系数	X^2 检验
（无序）类别—类别	T_y	Tau-y 系数	X^2 检验
（有序）定序—定序	G	Gamma 系数	Z 检验
（有序）类别—类别	ρ	Spearman 系数	Z 检验
数值—数值	r^2	Pearson 系数	t 检验
类别—数值	E^2	Eta 平方系数	F 检验

题 11-8：在某个调查中，78 个参与对象均提供了住房面积（平方米）和户外活动意愿（分值）。两者均为数值变量，所以我们采用皮尔逊（Pearson）系数和 t 检验。表 11-6 为 SPSS 生成的数据分析结果形式，从中可以看到：显著性检验为 0.000，显著性级别很高；皮尔逊相关系数为 0.726，相关性较好。

78 个参与对象住房面积和户外活动意愿相关分析　　　　表 11-6

		住房面积	户外活动意愿
住房面积	皮尔逊相关性	1	.726 **
	显著性（双尾）		.000
	案例数	78	78
户外活动意愿	皮尔逊相关性	.726 **	1
	显著性（双尾）	.000	
	案例数	78	78

** .0.01 级别（双尾），相关性显著。

2）回归分析

相关分析对于两个变量之间的关系，用检验去判定，用相关系数去描述；对于两个变量之间的相关的有无、强弱、方向进行了描述。回归分析比起相关分析更进了一步，能够对两者之间的关系作出数学上的准确描述。比如，居民年龄和居民晚饭后体力活动意愿存在相关关系，回归分析能够帮助我们描述居民年龄（岁数）和居民晚饭后体力活动意愿（分值）究竟存在何种关系。形象地说，将具有相关关系的两个变量数据集（岁数、分值）放到二维坐标轴上，每个点的 x 轴和 y 轴上的值分别对应其岁数和分值。回归分析用曲线来平均地反映二维坐标上的点，试图用数学模型来描述这种曲线。回归分析只针对数值类型的变量（类别变量不能进行回归分析），一般以回归方程的形式出现，不仅能够确切地描述两个变量的变化关系，而且能够对于任意给出的某个变量值，预测出对应的另一个变量的值。因此，回归分析比起相关分析增加了因果性，在揭示现象的理论机制上更进了一步。

一元回归分析假设两个变量之间是一种线性关系，其回归方程是一元一次方程：

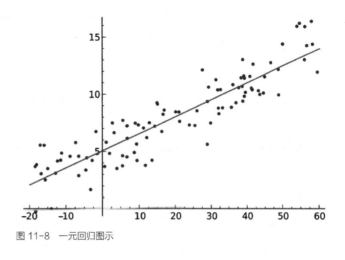

图 11-8　一元回归图示

$$y=a+bx$$

因此，一元回归分析的基本任务成了确定上述方程中的 a 值和 b 值。由于在散点图上的，代表一元回归方程的直线不可能和每个点都刚好相连（图 11-8）。回归分析计算的目的是找到一条能够照顾到各个点的直线，使计算出的 y 值和实际差别越小越好。根据最小二乘法原理，统计学给出了如下计算 a 值和 b 值的方法。

$$a=\bar{Y}-b\bar{X}$$
$$b=\frac{\sum(x-\bar{X})(y-\bar{Y})}{\sum(x-\bar{X})^2}$$

对于两个数值变量之间相关关系和回归关系的关系，研究者需要有清晰的认识。没有相关关系就谈不上回归关系。相关程度越高，回归方程的拟合程度就越好。相关分析中变量处于对等的关系，回归分析中的两个变量要确定自变量和因变量。相关系数（r）和回归系数（b 值）虽然方向一致，但是反映的内容完全不同。相关系数（r）测量的是两种数值变量之间的关系，但是并不能对某一数值变量发生 Δx 变化时，另一数值变量的具体变化 Δy 有多大做出具体的描述。相应地，回归系数（b 值）能够对两变量的具体因果关系进行描述；但是并不能描述两个数值变量关系的强弱。总的来说，回归系数（b 值）描述的是回归方程本身，相关系数（r）描述的是实际数据集对于回归方程"靠拢"情况的描述。值得注意的是，运用回归方程对于未知数据的预测是有边界的，一般不应该超过原有数据集的边界。

11.3　定量分析的筹划与整理

定量分析的展开依赖于对已有分析模式的适应。因此，尽管定量分析的筹划和整理实际发生在分析活动之前，本章先在第 11.2 节介绍定量分析模式，本节再来讨论定量分析的筹划和数据整理。

11.3.1 从现象到量化的研究筹划

从混杂丰富的"现世"现象到最终简单明了的数字结论，定量分析经过了"量化操作"和"分析操作"两个步骤的筹划。第一个步骤，量化操作意味着现实的丰富现象能够通过研究者的搜集活动转化为大量性的数据，这种转化经过了"抽象的理论内容—现实的复杂考察对象—考察内容（方面）—指标（参数）—搜集方法"诸多层次。比如，研究者研究儿童游戏场所使用现象。从诸多的儿童游戏场所中选取了某一个作为考察对象。在这个复杂而丰富考察对象中，研究者可以将儿童的活动作为考察内容，也可以将游戏场所内的不同区域作为考察内容。当以儿童的活动为考察内容，其考察指标可以是儿童在游乐场的总停留时间（分钟），也可以是儿童的具体活动类型（种类），还可以是儿童从事各种具体活动的时间（分钟结合种类）。就搜集上述数据而言，观察法是最为合适的搜集方法，也可以运用问卷等方法。上面的例子中，将一个抽象的理论投射到一个具体的现实例子中，又从"复杂而丰富"的儿童活动场地现实，转化为大量性系统化地描述其特征的数据，就是量化操作。现实现象蕴含着万千可以被考察的内容，每一考察内容又可以用多种指标来具体化。量化操作的目的是为搜集材料确定具体考察内容、指标、方式，进而每一个个体的具体特征能结构化，对个体数据不断累计化，能够形成大量性数据。值得注意的是，量化操作的测量指标不见得一定是数字化的数值数据，也可以是非数值的类别数据；但是必须是大量的、可以具有累加效应的同类型数据——这一点在本章引言部分和第 11.1 节已经清楚地说明了。

第二个步骤，分析操作是对搜集获得的大量性数据运用分析工具进行操作，获得代表性的数字结论的过程。前述量化操作步骤只完成了对大量性数据系统的结构性获取，这是第一重意义的量化，在形式上获得的是分散的、独立的数字内容，在认识上并没有形成能够回应研究问题的代表性数字结论。因此，研究者需要进一步进行分析操作，获得"结论性的数字"，这是第二重意义的量化。"结论性的数字"可以是总数、分段总数、平均数、相关系数等，依赖于研究问题对于分析工具的选择。以上述儿童活动场地使用为例，如果研究问题是"不同区域的吸引力有何区别"，分析操作可以是计算不同区域中每个儿童活动的平均时间，并比较大小；也可以是计算不同区域中连续时段出现儿童人数的平均值，并比较大小。如果研究问题是"儿童游戏时间是否受到儿童年龄的影响"，分析操作需要结合儿童游戏时间和儿童年龄两组变量，进行相关显著性和相关系数的计算，用其结论来回应研究问题。研究者可以将所有数据进行分析，也可以分别分析不同区域儿童游戏时间和儿童年龄两组变量。

将研究问题转化成分析操作，选择任何定量分析工具涉及一系列影响操作的判断，包括：

·是对已有数据进行整体分析操作，还是分组进行分析操作？

·是对已有数据直接进行操作（比如计算平均值），还是进行某种处理后（比如计算百分比、频率、总量，或者进行排序）再进行操作？

·已有数据中哪些内容会成为分析的主体（比如上例中），用来回答研究问题；而哪些内容只是进行"惯常"的简单统计分析（比如某个数据集中参与者的基本年龄、性别、教育程度、经济状况等），旨在了解整个数据集的概况？

·已有数据中哪些内容会完成单变量分析，哪些内容会完成双变量分析（甚至多变量分析）？在双变量分析中，哪些数据内容是自变量，哪些数据内容是因变量？

总之，定量分析是理论命题的数字化操作形式。从对现象大量个体结构化数据的定量操作，到获得简约化数字结论的分析操作；其目的是将理论命题投射到现实中，获得可以量化分析的数据，最终对命题的真伪予以回应。定量分析具有数据格式上的贯穿性，从研究对象到"结论性数字"是封闭而确定的，因此需要在筹划过程中对定量操作和分析操作进行明确的规定。统计分析的数字内容有些是和现象本身相关的，比较容易理解，比如单变量分析中的平均值、离散系数等概念；有些是对于命题内容的评判，比较抽象，比如置信度、显著程度等概念。定量分析的贯穿性要求研究者在搜集数据前，在研究问题的引导下，在诸多"可能"的统计分析工具中选择明确的一种或者几种，从而用来指导前期的数据搜集的方面、指标、范围。研究者的定量筹划需要注意如下问题。

第一，定量分析筹划的确定性比可能性更重要，简约比起复杂更有效。统计学的繁多分析模式（远远超出了本章第11.2节的介绍）为定量分析的开展提供了多种可能性，这也使研究初学者产生定量分析"有了数据总能分析出什么"的错觉，忽视定量分析（尤其是分析操作）的前期筹划。定量分析工具的多样性与定性分析过程中开放而多样的特点完全不同：前者是多条路径而操作时只选其一；后者是方向确定而操作时具有较高的容忍性。研究初学者在没有明确研究问题的情况下，抱着"走一步看一步"态度盲目搜集定量分析数据，导致分析数据时遭遇种种尴尬。有些抱着"搜集研究数据越多越好"的观念，花费大量时间精力搜集了没有进入分析的冗余收据；有些数据由于不符合统计学的要求而不能用；有些回应研究问题的数据没有搜集到，导致分析不能展开；有些对研究对象某个特征重复搜集了多种指标的数据，困于不同数据集之间的细微差别，而对需要考察的研究问题不能有效揭示。

第二，明确定量研究的有限性。定量分析方法的数字效应给研究分析和阐释带来准确性，同时也带来思维上的懒惰。需要明确的是，定量分析仍然是通过操作有限数据，反映研究对象的有限部分，揭示有限考察内容的研究活动。研究者需要保持一种数据上的克制，杜绝面面俱到的分析方式。有研究初学者抱着"定量分析可以将多种数据联系起来进行分析"的观念，试图建立无限复杂的"多因子联动"，甚至"万能的"建成环境模型。以笔者所见，"万能的"建成环境模型从来没有成功过。原因在于，人和环境

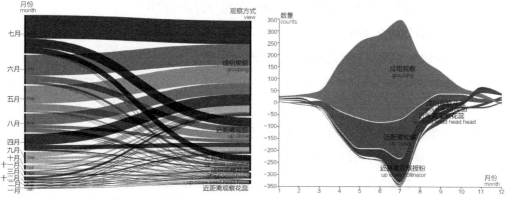

图 11-9　Rawgraph 所提供的可视化数据图示

之间的相互关系的影响因素过多，很多影响显著情况不同，能够搜集到的数据远非理想。完成真正的"多因子联动"模型，不仅要求的数据量呈几何数量级上升，而且也会极大地稀释显著效应。即使万能的建成环境模型本身能够成立，很可能由于变量过多，稀释掉研究者从现象中提取出的、难以反映出最迫切需要了解的研究命题。研究者需要做的是，明确定量分析所切入的层次、类别、角度、关系，准确地找到研究的关键内容。

　　第三，充分利用可视化的图表。统计分析工具强大而又抽象——这是定量研究的研究者（筹划者、分析者）和读者必须面对的问题。在研究者的接触材料中，统计表格详尽准确，但又抽象冗长。可视化的图表具有形象直观的特征，除了形象地总结呈现，还能够帮助研究者厘清研究思路，将对命题回答的趣味展示出来。同样是反映量化的数据，饼状图利于展示部分和整体的关系、条状图（柱状图）利于展示部分之间的直接对比、折线图利于展示时间轴线上的变化。如今，除了主要的分析软件提供生成图像化内容的工具，还有一些网站提供更为新颖的图表形式。如图 11-9 Rawgraph 所提供的可视化数据图示，反映各月份的场所观察事物类别的同一组数据。左边冲击图（alluvial diagram）着重于月份和观察内容的对应关系；右边凸凹图（bumpchart）着重反映月份之间的变化关系和排序情况。这些不仅包括描述性分析，还涉及机制性分析。对于逐渐适应抽象统计分析的设计学科研究者，由形象的图示设定命题进而筹划数据搜集是一条捷径。

11.3.2　整理数据

　　数据整理是在数据搜集完成后，将数据予以审核、编码、录入，从而完全能够展开分析的步骤。如果说搜集数据材料是"买菜"的过程，分析数据是"炒菜"的过程，那么，整理数据就是"择菜备菜"的过程。懂得烹饪的人知道，为了下锅炒得畅快美味，厨师必须完成细致而有条理的备菜过程。数据分析成果的质量取决于输入数据的质量，所谓"垃圾进，垃圾出"（Garbage in，Garbage out）。整理数据占到整个数据分析过程大约 80% 的工作量，是研究分析前质量控制的最后一环。合格的定量分析要求研究者重视整理数据的过程，真正投入时间，按照审核、编码、录入等环节的要求严格完成对数据分析前的整理和检查。

1）数据材料的审核

审核数据材料的目的在于获得真实、完整、系统的可分析材料，而尽量去除那些虚假、冗余、差错的内容。数据材料的质量，以能够较好地反映现象的特征为标准。在数据搜集过程中，一方面现象的存在独立于研究过程，并不随着研究者的意志而转移，另一方面搜集数据需要对现象进行某种程度的简化和抽象。研究者搜集数据总是依据"次好原则"（见本书3.3.4小节），倾向于论证数据搜集的成立。而进展到数据整理阶段后，就需要对数据材料反映现象的真实、完整、系统性进行再次审核。数据材料的审核可以从固有偏差和操作偏差两方面入手。

固有偏差是数据筹划中数据本身的特性造成的系统性偏差，这种偏差一般来说是不能克服的。比如，通过在网络上获得的问卷回应数据，对于其人群的抽样情况很难进行控制。对于固有偏差有两种举措：第一，需要十分明确所搜集数据的系统性和局限性，以便在分析和阐述时不说过头话。比如，对于网络上获取问卷反馈信息的内容，需要明确这部分人群的基本面貌，不能认为他们的反馈信息代表了整体人群。第二，对那些明显偏离研究筹划的数据材料应该调整分析方向，甚至抛弃。比如，有研究者看重推特（tweeter）数据带有地理位置信息和具体发帖内容，希望通过这类数据获得人们在确切的时空点上的环境反应。然而，通过审核爬取搜集的推特数据内容，发现其发帖的内容以时政话题为主，比较微妙的环境反应出现得很少。这就意味着，研究者需要舍弃这类数据作为建成环境研究的材料，或者转向政治观点传播方面内容的研究。

操作偏差是在数据搜集过程中由于数据提供者或者数据搜集操作产生的，研究者可以通过细致的审核工作减少这种偏差。比如，社交媒体用户在某个特定的地理坐标点可能不小心输入其他地理坐标点的内容，导致分析内容中含有"杂质"；问卷填答者漫不经心，可能提供有悖于真实情况的虚假内容；研究者搜集数据将所属类别不同的内容进行不恰当地合并（比如微博数据和大众点评数据），带来数据内部结构的混乱，等等。都可能带来数据失真的问题。研究者珍惜自己辛苦劳动所搜集的数据，同时又忽视审核的过程，种种操作偏差就会蕴藏在整体数据中，造成分析和结论的失真。

材料的审核遵循三个原则：完整、合格、统一。完整主要针对结构性材料而言，对于问卷、观察、实验等方法搜集的材料，每个单份的材料所设定的内容都获得了完整的回答而没有漏掉的情况。对于那些漏填的材料，需要给予回溯，从而决定是否留存和舍弃。残缺的数据集会导致后续的各指标总量参差不齐，为后续分析带来无穷的烦恼。合格是指数据材料在内容上能够反映对象的特征，没有出现显然失真的情况。比如，在问卷的填答中，填答者对所有问题的回答全都是一个选项；这极有可能是一种不能反映现象真实特征的不合格内容，需要在审查过程中予以剔除。其他通常采用考察合格性的标准还包括：显然失真的最大值和最小值，参与者的年龄、性别等。统一既是对数据形式的要求，也是对数据搜集逻辑的要求。结构性的完整数据一般具有形式上的统一性，但形式上的统一性可能会掩盖逻辑上的统一性要求。比如，室外感知实验的过程中，如果不审查实验的天气情况，所有实验数据将最终无差别地汇入数据集中进行分析。又如，研究者将反映同一个现象而来源不同的数据（比如涉及北京南站的微博文本数据和大众点评数据）给予合并使用。不对多来源的数据其反应现象的机制进行审查，数据集中就会存在系统性的偏差。一个与数据统一性审查相关的问题是，预研究时搜集的数据能否汇入最终数据集中？原则上，不鼓励将不同时段、不同时间强度、不同内容强度的内容进行合并。

2）材料的分类和编码

分类是一种认识的方法，分类意味着研究者已经对研究对象十分熟悉，对研究对象某方面特征的多样性能够进行区分。分类和编码概括研究对象特征，使对象特征成为标准化内容而进入定量分析。分类具有两种认识意义。第一，是借助分类的类别更好地了解研究对象的概况。比如，了解参与问卷人员的收入处于几个区间的分布情况，了解实验参与者中性别的组成情况。分类带来的是研究对象这些特征的明确化，使得这些特征具有"意义"。比如，通过分类，收入的数据具有了高、中、低的意义。第二，是通过分类类别进行理论命题的构建。比如，高收入人群使用室外空间的意愿是否更低？女性对于环境舒适性的要求是否更高？分类不仅提取出研究对象的特征内容（比如收入、性别），而且能够成为作为构建理论命题的维度。这个过程中，分类内容不仅显示出实维度上的指向作用，而且显示出理论上的构建作用，成为研究命题的一部分。

数据材料的分类遵循四个原则：有效性、同层次、互斥性、完备性。有效性是指材料数据的分类需要围绕研究对象被考察的特征，分类并不是越细越好，而是以能够恰当反映研究对象的特征为好。为了对应研究命题的内容，有的时候研究者还需要将更细致的分类合并为更为粗线条的分类。同层次是指所分各类别都指向相同的概念层次，不会出现抽象程度、概括程度、意义层次的差别。互斥性要求所分各类别不存在重合，每个具体的数据不会有两个及以上的类别归属。完备性要求分类类别能够覆盖所有数据，不会出现具体数据找不到类别归属的情况。

传统意义上的定量研究，搜集数据的过程依循结构性的框架，一般具体数据都有特定的类别；在数据整理的阶段按照分类基本原则对数据进行核查以及必要的合并，并进行编码赋值即可。近年来，信息技术越来越发达，大数据内容进入设计学科研究者的视野中。大数据规模庞大、内容丰富，但是很多类型大数据的产生并不是研究者主动搜集的结果，没有前期设定的结构性类别框架。很多内容能够反映设计学科所关心的环境内容，缺乏能够直接进行量化分析的结构，需要研究者通过分类对数据内容赋予意义。比如，通过对社交媒体照片中呈现的物体、活动等内容进行分类，获得参与者的对周边环境注意力的可分析数据。由于计算机日益强大的查询功能和人工智能内容识别功能，研究者按照分类原则对大数据进行编码，能够高效整理出可以进行分析的数据内容。

3）数据的登录汇总

数据的录入是从原始的记录状态登录转化为系统完整的汇总文件。在前信息时代，输入数据通常在数据审查和编码之前完成。数据输入需要制作规范化的个案登录卡片和整体汇总表。这项工作繁复、抽象、枯燥，同时也是数据结构性和客观性的最终体现。登录汇总过程中，研究者得以和每个个案数据接触，内容审查十分透彻详尽，遇到疑难情况可以随时解决；纸质的登陆媒介也不容易"消失"，方便在分析过程中随时返回查找核对。

进入信息时代以后，绝大多数数据登录汇总采用计算机完成。一种常见的做法是采用Microsoft Excel软件录入数据，然后采用Excel或者SPSS进行数据分析。计算机录入的方式具有高效便捷的特点，方便导入不同的软件中进行分析运算；有些数据的采集过程甚至直接生成Excel格式的文件，极大地节约了研究者的时间。Microsoft Excel等软件除了基本的登录功能以外，还能够对数据材料进行检索、排序、分类、计算等操作，极大地方便了研究者对数据的利用。同时，电子化数据没有经过"手工分拣"，所有结构化的数据都是根据计算机的"默认"设定而进行的，发生偏差并不容易呈现出来，这些潜在的偏差可能为后续的数据分析带来无尽的烦恼。常见的包括：第一，数据串位的问题。数据串位是指数据集中数据内容由于爬取、录入、转换、编号、粘贴等操作，产生的数据整体错位。原因之一是研究者依赖输入软件中的序号而不设置单独的编号。由于很多软件第一行（甚至前若干行）是类别名称的信息，第一行数据信息处于表格默认编号的第二行（甚至更低的位置），这就可能带来数据串位的问题。因此，研究者需要自建数据的编号列，保证数据编号的完整和统一。第二，空格字符串的问题。由于数据输入和数据爬取等问题，单条数据内容前后会出现空格字符串。不同数据处理方式对于读取空格字符的设定往往并不相同：有的则认为空格字符是独立而有效的字符，有的会默认空格字符无效信息而自动读取有效数据，还有的默认空格字符后面的整条信息均为无效。这需要研究者反复检查，保证有效数据能够最终全部得到分析。第三，字符乱码的问题。网络数据特别是在社交媒体可能会有一些特殊的符号、表情等内容的运用。这部分内容也需要注意统一处理。

第 12 章

定性分析法

Chapter 12

Qualitative Analysis

12.1 定性分析法概述

12.2 定性分析的类别

12.3 定性材料的解读

12.4 大量性材料的定性分析

建筑师理查德·迈耶（Richard Meyer）曾经为自己辩护，声辩某位理论家将自己编入"某个流派"的动议是不恰当的。[1] 没有任何一个设计师愿意被"打上标签"。然而，对于知识共同体的认识积累而言，"标签"是有利于深化对建成环境的理解的。作为多解性的学科，活跃的设计学科也比任何其他学科都需要对秩序和性状的把握。从研究方法的角度来讲，"迈耶属于解构主义"是一个通过归纳诸多数据材料而得出的定性结论。定性结论的得出依赖于有洞察力的概念归纳，并不依赖于数字化的分析推导。在很多情况下，定性结论比起通过数理统计得到的定量结论更能切中研究对象的本质特征，更有深度，更能满足建筑学、城乡规划学、风景园林学的认识需要。

定性分析是围绕构建概念展开的。其研究过程比贴标签更为规范，需要通过大量性材料的获取自下而上、从无到有地"发展"出性状、概念、条理、框架、关系。对于建筑、规划、园林学科，来源于社会科学的定性分析法的讨论不仅规范了学科内的归纳性的研究活动，而且将研究的对象从单纯的设计之"物"本身扩展到环境和社会的复杂领域之中的广阔内容。本章第 12.1 节介绍定性分析法的概念，第 12.2 节讨论定性研究的种类，特别讨论了增加定性研究复杂度的策略。第 12.3 节从微观层面，讨论了基于单件定性材料的解读策略。第 12.4 节从宏观层面，讨论了基于大量性定性数据的数据清理、编码、理论化的三个步骤。

---

1 Kenneth, Frampton. Rykwert Joseph（Eds）. Richard Meier Architect, Vol. 3 (1992–1998) [M]. New York, NY: Rizzoli, 1999.

12.1 定性分析法概述

12.1.1 定性分析法的概念

定性研究，就是对现象性状、概念、条理、框架、关系的研究，这类研究又被称为质性研究。定性分析法是在通过观察、访谈、文档等途径完成了数据搜集的前提下，对数据进行归纳性地整理和提炼，从而以性状、特征、属性为认识目标的分析方法。定性分析法处于材料搜集完成以后的分析阶段，是与定量分析相对的 种材料和数据分析方法，讲求用非数理统计的归纳逻辑分析和整理数据，获得对研究对象"特性"的认识。定性分析法尤其适用于研究对象不太方便量化，或者量化研究意义不大的"复杂"研究内容，包括思想、偏好、情绪、经验、行为、创造力、人际关系、组织功能、文化风尚、社会结构、社会运动、国家关系等的研究。定性研究的结果没有数字、单位、比例、尺度等数量化的特征，而试图得出性状、概念、条理、框架、关系等非数量化的特征，为认识复杂现象提供考察角度和解释模式。经历了 20 世纪后期的发展，定性分析法广泛运用于人类学、社会学、教育学、心理学、历史学、政治科学、护理学、外交学等学科之中。

与其说定性分析法是一种研究方法，不如说定性研究是一种研究逻辑。它讲求对大量杂乱无章的材料进行沉浸式解读，从而得到条分缕析、条修叶贯的"定性"认识（图12-1）。这些定性认识，既包含抽象的条理本身，也包含依据条理梳理的材料。由于不同学科的研究对象不同，分析的趣味和规则不同，因此形成了定性研究的不同范式和不同名称。研究者经常可以听到的文本解读、图像（媒体）解读、扎根理论、民族志、类型学、编码、概念提取等不同的说法。这些范式都遵从定性分析法自下而上、由模糊到清晰的归纳逻辑。对于研究方法不太成熟的设计学科，其他学科的研究范式能提供从程

图 12-1 虚幻的光带穿透现实世界

序上、条理上、趣味上的各种启发。

对设计学科而言，定性分析的应用十分广泛。比如，对芝加哥学派风格的总结，对卒姆托设计理念的追溯，对美国大平原地区城镇选址的分类研究，对"生态表现"设计语汇和法则的归纳，对民宿经营模式的探讨，等等。这些研究都属于对研究现象性状、特征、属性、条理、框架的研究。定性研究的优势在于从纷繁的事实中提取出有序的条理、特征、框架等。作为多解性的学科，活跃的设计学科也比任何其他学科都需要对于秩序的把握。这类研究在定性研究概念成熟之前就在建筑、规划、园林等学科得到广泛运用。之所以引进定性分析以及与之相关的一系列概念（如解读、编码、理论化等），旨在使分析过程规范化，使分析成果的评估更为健全。虽然规范化有导致僵化的风险，但是其明显的优势是在分析条理的梳理中获得较多的灵感，在结论的得出过程中获得更多的严格性。

12.1.2 定性研究与定量研究的比较

定性研究和定量研究在名称上显示为对定量与否的侧重，两者是从逻辑根基上相互对立的、具有本质差异的研究方法（表 12-1）。表面上来看，定量研究需要统计学工具对量化的数据进行分析，而定性研究不需要运用统计学工具。无论定量分析或定性分析所做后得出的最后成果都是抽象的"认识"，而两者研究逻辑具有差异：定量研究是演绎式的，其研究目的在于证明或者证伪一个较为明确的"命题假说"（hypothesis）。比如，"商业步行街截面的高宽比过小（小于 1/4）是否会导致步行体验变差"这一假说。定量研究以结构清晰的命题为前提，目的就在于证明或者证伪某一命题假说（会导致 / 不会导致）。而定性研究是归纳式的，并不要求研究之始有一个清晰的命题，常常只有一个大致的范畴和对象。比如，研究者试图探索那些未被发现的（文献中没有提到的）影响商业街步行体验的因素。这就需要运用定性研究，从搜集的材料中试图发现关系和命题。从步行街体验的例子中可以看到，定量研究建立在明确的理论框架之中，其研究结果是明确而可预计的，商业步行街截面的高宽比过小会导致或者不会导致步行体验变差，两者只能居其一，其研究趣味在于准确性。而定性研究本身的任务是建立理论，可能是确定新的体验影响因素，也可能是其他关于研究对象（步行街人的交往、商业氛围营造）的性状、概念、条理、框架、关系的命题，其研究趣味在于创造。对于数据的搜集，定量研究存在着一个命题假说，其理论层次确定，所以研究搜集的数据内容十分明确（商业街界面的高宽比数值、人的步行体验的量化数值），数据搜集的过程已经将研究对象的某个特征片面化地提取出来，分析过程也有成熟的统计分析工具（如回归分析）。由于定性分析没有预设的理论命题，所以研究材料可以形式多样、来源多样。打个比方来说，定量研究的过程好比打靶射击，而定性研究的过程好比破案。打靶（定量研究）不仅目标明确，而且计量方法清楚；而破案（定性研究）不仅需要筹划搜寻证据材料，还要及时反应、提出关联、最终找到有意义的线索。就其操作而言，定量研究是"操纵数字"的过程，依赖于研究者合理选用统计分析工具。定性研究是归纳式的，其阐述过程是对繁多材料解读、排列、联结，从而"寻找意义"的过程，依赖于研究者的洞察力。

定量研究与定性研究的比较

表 12-1

比较内容	定量研究	定性研究
研究逻辑	演绎的	归纳的
前提	封闭的命题假说	不设前提
研究结果	可预见的形式（证实/证伪）	不可预见的形式
和理论的关系	证实或者证伪已有的理论（以理论的存在为前提）	建构理论（没有理论内容的前提下）构建更为清晰、概括、关联的认识框架
研究过程	具体的、规定性的研究 线性的研究	非规定性的、归纳式的研究 发散——聚拢式研究
数据形式	整齐的结构化数据	丰富芜杂的数据
研究工具	数理统计	主观认知，洞察力
研究技法	数据的操纵	内容解读，不同层次的总结

从定量研究的立场观察，定性研究是缺乏数理分析支撑、缺乏精确性的研究方法。为何定性分析法仍然能够占据分析方法的半壁江山呢？这是由于对定性认识的需要决定的。定量研究依赖定性研究提供认识事物的形状、特征、关系等定性命题，进而发展出定量研究的明确命题。定性研究发展出复杂的或者是新的概念，为下一步的定量研究明确测量内容。比如，在用统计定量方法研究购房者购房意愿与规划设计要素之间的关联研究。作为前置研究，研究者常用定性研究方法（比如非结构性访谈）了解到设计师设计时考虑哪些因素、销售人员在售房时经常提起哪些因素，购房者进行购房时考虑哪些因素。在此基础上，这些具体的因素才能成为定量研究命题中的明确可测量因子。研究者据此搜集结构化的数据（如问卷调查法），定量的采集数据和分析才能够展开。这种情况下，定性研究是定量研究的前置环节。

另一类研究中，研究对象用定量分析方法没有意义，而只适合用定性方法来研究。换言之，弄清研究对象的"定性特征"是这类研究的最终目标。比如人生、信仰、理念、逻辑、趣味、品质、生活习惯、社会关系等研究对象，人们对这些现象"本质"的关注远远大于对测量数值准确程度的关注。"本质"的揭示，着重于它们的性状、概念、路径、条理、框架、关系等的揭示，而不太在意它们的数量、程度、比例等。这一类以定性为终点的研究在建筑、规划、园林学科中大量存在。比如，设计流派的分类对设计有重要的启示作用，读者对流派特征的兴趣远远大于对流派具体参与人数统计的兴趣。又如，对"乡愁"的内涵进行研究。包含距离感、乡音、场所、熟人、民俗等诸多方面，对这些方面进行排序等量化分析的意义比较薄弱。针对复杂现象，特别是许多采用社会科学以及人文学科视角的研究现象，目的在于发展出研究对象的定性维度和命题从而获得这个学科需要的认识趣味。这时定性研究能够被列为独立的分析类别。

12.1.3 定性分析法的特点

不像定量分析法有诸多定型的统计学工具，定性分析法更是一种归纳的逻辑程序。这里比照定量分析法，从研究对象、研究材料、材料解读、研究进程四个方面论述其趣味和规范。

1）研究对象比较混沌

定性分析法的名称意味着在研究结果出来以前，研究对象的性状和特征还不清楚。换言之，定性分析进行之初，所针对的研究对象只是有一个大概的范围，而不太明确其具体方面。比如，研究者通过深入低收入"非正式"社区，获得近一个月的该社区孩童户外活动的观察和访谈记录。研究分析针对的对象，究竟是针对孩童活动的时间规律，还是针对孩童活动的种类，抑或是研究户外空间分布与活动的关系，在定性研究开始之时是不太明确的。同样，研究者通过读画、看旧报纸、查旧档案等非结构化材料的研究都是归纳性质的定性分析，其研究对象的具体方面在研究开始之时也是不太清楚的。定性分析的材料搜集是开放式的（而不是结构化的），材料可能针对不同的主体，所覆盖的方面也丰富、零碎。定性分析过程是对含混的研究对象（和研究对象的方面）结构化、理论化、条理化的过程。定性研究存在着一定程度的选题风险。一般来说，只要反映现象的材料规模足够大，通过解读分析编码总能获得线索，聚拢支撑材料，研究内容就会明确起来。

2）研究材料丰富芜杂

定性研究材料的丰富芜杂意味着两个方面：第一，定性材料多是非结构性材料。结构性材料的搜集经由单一的数据过滤，搜集整齐划一的材料，只反映现象唯一的具体方面。比如，调查问卷选项只反映受访者对某一问题的态度，且这种态度被结构化成特定的分值或者选项。实验方法通过仪器测量，获得特定特征的客观数值。相反地，定性研究材料常常反映出多个研究对象、多方面的特征。比如，以中国古代楼阁绘画为材料，可以读出建筑的形制，可以读出建筑的营造材料，可以读出建筑选址和地理形势的关系——其内容在解读前并无划一的格式。非结构性材料并不对应研究对象的唯一方面：解读的角度不同，可以读取出的内容也不同。针对定性材料反映研究对象多方面内容，可以有求同与求异两种倾向：研究者一方面可以从大量材料归纳出普适的条理，另一方面可以抓住发现新的、异质的形状内容。这两类途径的定性研究都能增加对事物复杂性的认识。

第二，定性材料的形式多样。除了材料反映研究对象的内在方面比较多样以外，材料的外在形式也是纷繁多样的。定性分析中可以包括听到的、看到的、留存的等各种来源和形式的材料。虽然材料本身规整划一的整齐程度降低了，但是对现象反映的丰富性加强了。在定性研究所鼓励的多种材料中，每种材料本身代表了独特的视角，其共存带来的复杂性构成了其特殊的趣味和规范。在建筑、规划、园林等学科中，很多研究者不自觉地借助了这种复杂性。比如，对古代城市规划过程的研究，常常结合古代的木刻地图、堪舆书籍中对选址法则的规定、方志中的记载、现有的地理信息数据、现有的地质水文记录、研究者在现场对地形的观察等。多种材料共存不仅使得研究对象呈现得更加形象和立体化，而且不同材料的并置能够相互印证，或者构成张力，获得特殊的理论趣味。

定性研究的材料来源 表 12-2

材料来源途径	搜集方法	种类来源	参照范式
听到的内容	非结构访谈	多种类 多方面	扎根研究
看到的内容	非结构观察	多种类 多方面	
留存的文字	文档材料	多种类 多方面	类型学
留存的图像	文档材料	多种类 多方面	

定性分析材料的来源丰富而芜杂，对材料本身的质量同样有要求（表 12-2）。第一，定性研究的材料虽然来源多，但还是需要研究者对搜集材料的外在边界和内在系统性进行界定。整个针对定性研究的材料搜集，应该是研究筹划指导下的逻辑过程，而不是一个随意的过程。虽然定性材料的解读可以发生在接触材料的任何时间点，认识也会随着材料的数量而增加，研究者最终呈现定性发现，但仍然应该以材料在一定范围内"涸泽而渔"为基础。第二，相比测量大量对象的定量研究，定性研究测量的对象数目较少，而测量每个对象内容的方面较多。[1] 但是，定性研究依然是建立在大量数据材料之上的，

---

[1] 风笑天.社会研究方法 [M]. 4 版.北京：中国人民大学出版社，2013：288.

研究对象的数目仍然是越多越好。判断研究材料的多寡应该以材料能够支撑起较为强健的理论化过程为标准。研究者为了达到这一目的，常常需要多次进行田野工作，进行沉浸式的材料搜集，长时间地进行观察、访谈、搜集文档等，以获得更多的材料，发展出具有足够理论饱和度（theoretical saturation）的维度。

3）材料需要解读和理论化

由于定性分析材料的非结构性，定性分析法比起定量分析法多出一个材料解读的环节。不像定量分析法基于已有每个对象单一的抽象特征抽象成数字要求（比如，问卷调查显示的喜爱程度为 4 分），研究者需要对每件材料都作解读，尽量多地挖掘出每个对象多方面的特征。如果说定量研究所依赖的是统计学的数理分析模型，那么定性研究所依赖的分析工具是处于核心的研究者本身。定性研究自下而上的归纳逻辑，是以研究者对材料的贴切解读为基础的。在进行解读的过程中，研究者需要像八爪鱼一样，灵敏而多角度地触及材料的不同方面和层次（图 12-2）。研究者"沉浸"在搜集的数据材料当中进行解读，既起到整理、编码、过滤的结构化作用，又起到发现、理论化的作用。

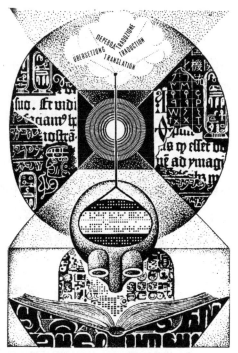

图 12-2　插画创作（尼古拉·鲁托因那，估 1970 年）

材料解读的目标是理论化，所谓理论化就是从材料具体现象到认识普遍命题的提升。研究者需要理论敏感度（theoretical sensitivity），包括从具体材料的解读、编码到构建命题的能力，恰当评判理论构造和搜集材料的结合密实程度的能力，以及主动剔除那些非饱和理论的能力。定性分析的过程对材料解读理论化创造性的要求远远高于整理、过滤的结构化要求。研究者的解读姿态应该是灵活、丰富、开放的，而不是收缩、紧张、严格的。由于定性研究的结构是开放的，在既有的材料中，同一研究者发展出不同层次、不同维度的认识，其他研究者也可以就相同的材料提出新的维度和认识。

设计学科的固有趣味能够帮助建筑、规划、园林学科的研究者更好地发挥人在定性研究中的主观能动性。除了社会科学所常用的材料解读方法，研究者的体验也能成为发展定性维度的来源。由于设计学科的研究对象是空间、场所、环境，设计师的职业习惯使得他们随时随地都在进行着参与性观察。他们观察山形水势，留意形态和材质，了解设计任务的确定——这部分内容是启发理论化的来源。定性研究方法本身仍然是实证研究方法：定性分析理论化的成果需要回到数据当中，重新检验新发展出的维度，那些非饱和的薄弱概念将被过滤掉。

4）研究进程的交互性

定性分析的过程不是线性的，而是处于反复探索、不断重启的过程中。第一，定性分析过程的每个步骤很难精确定义。由于定性材料的搜集、整理、解读、分析的开始阶段甚至是伴随着搜集过程发生的，随着每件材料（或者材料片段）的搜集，研究者随之进行解读、整理、分析、阐释。材料搜集过程和分析过程，并没有阶段上的严格界限。有些维度是在材料整理得相对完善后通过对比分析提取出的，有些维度则是分析还没开始，在观察、体验、搜集过程中得出来的。一个经常被问到的问题是，定性分析究竟进行到何种程度算是完成？一般地，研究者认为将材料范围内的性状、特征、关系、结构挖掘获得了一定"理论饱和度"的命题，特别是能产生前人尚未提出的概念和关系，并且这些概念和关系得到了既有材料的充分支撑，定性研究就可以告一段落了。当然，对于同样的数据和材料，并不妨碍未来研究者解读、发展出新的概念和关系。第二，定性分析的过程是一个循环往复的过程（a circular process）。一方面研究者从已有数据中归纳出特征和命题，另一方面根据这些命题对已有数据进行编码，从而检验命题的饱和程度。随着理论化的深入，不同的条理可能存在重叠冲突；条理和材料之间的联系存在着强弱。因而，涉及材料的重新解读，概念和联系的重新梳理。这个来来回回的交互过程中，性状的发展变得强健，材料对于性状的支撑趋于稳定。第三，和严密而精美的量化分析相比，定性分析对材料的处理可能存在相对的选择性。虽然研究者会尽量覆盖所有的材料，但是定性分析的结束阶段可能有些数据被剩下，甚至还有很多的数据和材料处于"暂放阙如"的状态。

12.1.4 定性研究方法与设计学科

对于建筑、规划、园林领域的研究者，定性研究的提法显然是社会科学的舶来品。然而，定性分析活动在设计学科内并不陌生。长期以来，对风格与类型进行描述和归纳在设计学科一直存在，随着设计学科的发达，这类研究又有了"类型学研究"的新名称，主要目的也在于理解纷繁复杂的设计形象。建筑、规划、园林等学科由于其创造性、多解性、实践性的特征，常常在知识积累中显示出一种"变化无穷"，甚至"变幻莫测"的姿态。陈从

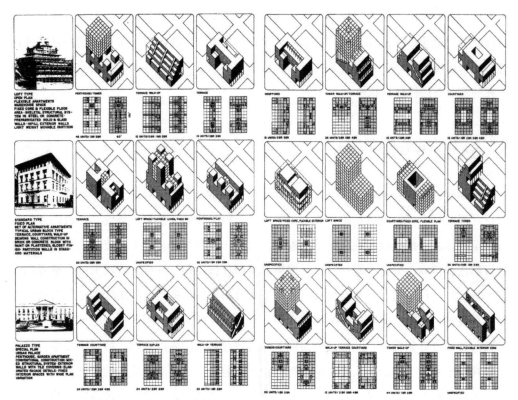

图 12-3　设计手法的类型学

周说园林创作应该"有法而无式"[1]，就是这种不可知论倾向的体现。作为定性研究的一种形式，类型学研究极大地化解了设计活动的不可知论倾向，促进了设计学科知识的系统化。类型学对于设计学科研究的前提假设在于：虽然创造力是难于穷尽的，但是从研究者而言，可以用归纳分类甚至编纂词典的方法追赶由于设计创造力激发而无限扩张的实例。类型学的研究不仅试图提出描述性法则，指出设计是什么样的；进一步提出规则性法则，归纳出设计应当如何做。设计类型学最早表现为图示研究，用来研究设计的平面布局、立面组合、形体和空间关系。最为现代主义的类型学将形体的图示关系归纳到极简的极致，和其设计取向也相契合。在城市和区域的层面，也将大尺度空间、系统、功能等元素进行编码而整理成不同的类型。在现代主义之后，风格被明确地确定为类型学研究的对象，更多的城市结构要素、历史文化、社会使用的因素都能被纳入类型学的框架之中。总之，类型学范式消解设计的神秘性，增进对建成环境的理解和认识（图 12-3）。

　　定性分析法比起类型学具有更为规范化的方法论。在研究过程中，定性研究法强调界定明确的材料来源和范围，展示完整的推导归纳过程。定性研究所针对的对象更广。类型学研究主要针对的是形体和图式问题，所运用的材料相对比较有限，主要是记载设

1　陈从周 . 说园 [M]. 上海: 同济大学出版社，1984.

计的平、立、剖面以及透视图等文档材料。所依据的"维度"限于日常设计语汇；所选用的案例是"优美案例"；所运用的资料基本以图片分析为主。对于新关系、新类型的贡献比较有限，没有涉及设计策划、设计过程、设计使用等关键因素。定性研究能够将设计学科的视野从设计师扩展到社会的各专业和群体的视角，将研究问题的范围从设计问题扩展到复杂而抽象的各类社会问题，研究材料的来源也吸纳了访谈、观察、文档等多种材料。用定性研究而不是类型学研究，意味着从单纯的对物的研究到对相关现象和关系的研究，有助于扩大建筑、规划、园林等学科的研究视野。

定性研究是拓展建筑、规划、园林等学科理论口径的重要通道。在学术评价指标的导向下，搜集和分析数据确定的定量分析法更受青睐；但是，定量分析法本身缺乏理论产出能力，且与设计学科的对象和价值存在诸多不契合之处，一部分研究有陷入重复、琐碎、泛滥的危险。定性研究的特点能够适应设计学科图形化、多解性、行动性、知识下游性学科的特征（参见第2章第2.4节）。在信息化的大背景下，计算机在聚集整理材料、读取数据、分析数据等多方面的能力为研究提供了新的机遇。近年来，机器的自我学习能力的开发达到了新的高度，甚至机器人能够在象棋比赛中战胜人类的顶级选手。值得注意的是，机器令人惊叹的学习能力是建立在既有的严整规范和法则之上的（比如象棋比赛的规则）。而对于规则的制定和意义的发现，机器常常无能为力。在定性分析中，我们也可能借助机器精确地统计出词语的频率，可以展现出概念之间可能的"同置"关系，但是却不能阐发出其中"有意义"的规则。在可以预见的未来，定性研究从认识论的角度具备在机器智能时代研究者的不可或缺的作用：寻找结构、定义规则、发现意义。

12.2 定性分析的类别

理论上，所有不以数理统计分析为基础的研究似乎都可以归类到定性研究。是否所有非定量的研究都是定性研究呢？在实际情况中，由于有几类"非定量"研究已经形成特定范式，所以一般会划分成独立的研究方法。本书所论述的定性研究一般满足以下三个条件：第一，定性研究主要面向当代现象，而不是历史的现象。本章的所有论述都会适用历史现象的研究，本书第13章会围绕历史研究法的特点详细论述。第二，定性研究主要指循证研究，依赖于数据搜集到分析的整个过程。对于不依赖于数据搜集而通过思辨性非循证方法的研究，本书第14章思辨研究法中会详细论述。第三，定性研究主要依赖于大量性的研究对象，而不是单一的研究对象。对于深入考察一时、一事、一物的案例研究，本书第15章会详细论述。以上的划分并不是绝对的，基于定性研究归纳式的研究逻辑，那些非当代、非实证、非大量性的研究也可以参照本章的讨论。本节的讨论主要针对定性分析法产生理论的特点，根据现有研究范式和理论发展的复杂性而展开。

12.2.1 定性研究的成熟范式

就既存范式而言，存在着扎根研究（grounded theory）、民族志（ethnography）、案例研究（case study，参见本书15章内容）三种主要的定性研究范式，它们的关系如图12-4所示。从数量维度上来看，案例研究的研究基础是一个或者几个案例，而其余两个范式都要求具有大量性的材料。从理论性的追求来看，扎根研究着重于理论的创造，而民族志来源于关系和现象的描述。本章论及的定性分析法主要涉及民族志和扎根理论。

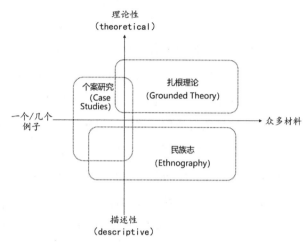

图 12-4　定性研究的理论维度和数量维度

民族志最初形成于20世纪初西方旅行家和殖民地官员对不同文化的考察和报告，这种研究范式也最终成为文化人类学的基础。民族志强调在实地考察的基础上形成对社会形态的描述研究。由于民族志的研究对象是特定民族群体的思想和行为，因而讲求数月甚至数年对研究群体的参与性观察，常常结合了不同的考察方式，包括观察、影像拍摄、访谈、问卷、文档、物件搜集等。民族志分析的前提是社会的复杂性需要被作为一个整体，而不是可以分开的个体进行研究。研究成果尤其重视社会群体中的关系，比如亲属关系、交往关系、权力关系、工作关系等的揭示。如今的民族志范式的应用范围已经远远超越了对异国部落对象的研究，扩大到对不同社会群体、社区、机构、制度特征的研究之中，也能运用到设计学科的相关领域。民族志方法以冗长时间、参与式观察搜集材料，以关系和结构为研究目标，其基本的研究维度在于系统描述。

扎根理论（grounded theory）这种范式的名称已经表明该范式试图植根于实证材料，以最终建立起相应理论为目标。这种范式是由巴尼·格拉泽（Barney Glaser）和安塞尔姆·施特劳斯（Anselm Strauss）于1967年在研究人们的死亡意识时提出的。[1] 死亡的意识既是深刻而复杂的哲学主题，又是医院等机构迫切需要指导行动的认识。格拉泽与施特劳斯意识到死亡过程中的病患和其家属对死亡的认识差异决定了他们之间交流内容。通过对不

---

1 Glaser, Barney G.. Anselm L. Strauss. Elizabeth Strutzel. The Discovery of Grounded Theory; Strategies for Qualitative Research[J]. Nursing Research, 1968, 17(4): 364; Glaser, Barney G.. Anselm Leonard Strauss. Awareness of Dying[M]. Piscataway, NJ: Transaction Publishers, 1966.

同类型医疗场所的观察和访谈，研究者归纳出认识死亡的不同模式，包括封闭认识（不交流）、相互猜疑、相互欺骗、开放认识（相互交流）四种模式。在不同认识类型下，医护人员需要制定护理的对策以保持病患的安宁。这项研究示范了具体的自下而上地进行理论创造的方法，跨越了理论创造和实证研究的鸿沟。在当时量化研究逐渐占据主导的社会科学研究中，这一研究奠定了定性研究的合法性。死亡意识这一主题也较好地说明了定性研究对象的特征：定量研究失效时，意义的挖掘更显重要。扎根理论运用于社会科学，从大量的数据中找到重复的元素、思想、概念的条理，这些条理成为分析的基础，并最终转化为理论。相比于民族志，扎根理论选取的研究对象尺度较小、问题意识更强烈，建立理论的愿望更加迫切。

12.2.2 "简单型"定性研究和"复杂型"定性研究

针对定性研究的分类，美国学者厄尔巴比从"难易程度"提出了一个重要的观念，将定性研究方法分为"简单型"定性研究和"复杂型"定性研究。[1]他指出，"简单型"定性研究比定量研究更容易，而"复杂型"定性研究比定量研究更困难。但是，他并没有详细区分"简单"和"复杂"的区别，这里详细展开讨论。本书认为，那些套用常用的，或者"显性"性状维度的定性研究可称之为"简单型"定性研究。比如，对某地区20世纪建筑的研究，以建成年代、建筑风格、建筑类型对一定范围的建筑案例进行类型学研究，就属于"简单型"定性研究。建成年代、建筑风格、建筑类型等维度是设计学科中常见的、屡试不爽的条理。这些既成框架和维度引导着直观明了的材料归拢，整个研究过程比较程式化。"简单型"定性研究在篇幅上可以浩瀚绵长，也能对一时一地的现象发展出系统的认识；但是对于理论构造的贡献有限，而从方法论的角度看研究者在"定性"上的智力投入较少，属于"简单型"定性研究。

"复杂型"定性研究要求研究者对研究对象的未知特性进行发掘，超越已知的、显性的性状和框架。在这个"发现性"的过程中，面对一堆尚未条理化的材料，研究者对于"性状"提取的层次还不知道，甚至研究的具体对象范畴都不太明确。因而，研究者必须"沉浸"到材料之中，对所搜集的材料进行积极而细致的解读，以期能发现新的维度、条理、结构。在发现新的"性状"的过程中，并不是线性的明确"分类"过程，而是存在着筛选、扬弃、校准、往复。比如上面地区建筑的研究中，研究者若能从接触的诸多案例中发展出新的"风格"，或者揭示出与普遍认识有异的设计和建造机制，则成为"复杂型"定性研究。

凯文·林奇（Kevin Lynch）的城市识别性研究[2]可以说明复杂型定性研究（图12-5）。

1　Babbie, Earl. The Practice of Social Research [M]. 12th Edition. Belmont, CA: Wadsworth, 2010.
2　Lynch, Kevin. The Image of the City[M]. Cambridge, MA: MIT Press, 1960.

| 路径
（Path） | 节点
（Node） | 地标
（Landmark） | 边界
（Edge） | 区域
（District） |

图 12-5　凯文·林奇城市意向的五个维度

林奇在 1960 年提出了控制城市识别性的五个要素，包括路径（path）、边界（edge）、区域（district）、节点（node）、地标（landmark）。这一理论来自对大量城市体验经验的搜集，通过反复解读和归纳，支撑起了城市可辨识性（Legibility）或者可阅读性（readability）的概念。林奇认为，城市不是一个自在存在的物体，而是人生活的载体；人需要可识别性高的城市环境，为生活带来安宁。城市图像五要素的提出反映了人的日常体验，能够帮助设计师在城市层面建立起语言和概念，而且也可以用于指导城市的规划和设计。

　　之所以说林奇的这项研究是"复杂型"定性研究，原因在于城市图像五个元素被提取出，成为编码城市识别性特征的定性维度。林奇对城市建设的具体要素进行了理论化的再梳理，提出的五个要素完全不同于既有的建筑和公共设施的固定类型（如道路、图书馆、绿地、河流等）。林奇的研究材料来自波士顿、洛杉矶、泽西城三个美国城市，通过参与者访谈并要求他们自绘平面草图从而搜集大量"非结构性"的数据材料，遵循自下而上进行定性分析的过程，并有意识地发展新概念后获得的。正是由于这些维度从实证的数据而不是意识中总结而来，这五个理论化的结论并不像研究者的经验构建那么清晰精妙，有其斑驳复杂的特征。这五个特征中，有的突出人的移动性感受（比如线路和节点），有的突出静止性的感受（比如边界）；有的突出相对明确的场所（比如节点和地标），有的所突出的地点相对模糊（比如区域）。这也显示了城市感知本身并不是能够设定而规定，而只能通过从现实材料中探求。任何的城市图像都不是纸面一样的存在，除了视觉以外，它们还是城市规划和建设活动的直接结果，以及作为城市生活体验背景的意义。因此，林奇提出任何城市图像均具有可辨识性（视觉关系）、结构（城市的图底关系）、意义（人的心理体验）三种特性。林奇从无到有地发展出新的"性状"和条理的过程，就是复杂型定性研究。至于后来的研究者借用凯文·林奇的维度，对不同的经济、文化、气候条件下城市元素的定性研究，由于没有提出新条理，就属于"简单型"定性研究。

　　"简单型"定性研究和"复杂型"定性研究的划分十分重要。这种划分清晰地说明了定性研究门槛较低而精通则很困难的特性。在定性研究中追求"复杂型"应该成为研究者的一种自觉追求。同时，研究者也需要明了，"复杂型"定性研究取决于研究过程中研究者对定性维度的创造，并不能在解读之前生硬规定。发展出崭新的概念和关系的框架，常常从已知的概念和关系入手，进行数据整理、分类、解读。在这个过程中，研究者敏感地注意到异质的内容，从而发展出基于原有框架的新门类或者亚型。

12.2.3 增加定性研究的"复杂性"

笔者以近年参与研究生答辩和学术期刊论文评审的经验发现，以类型学为代表的定性研究淘汰率呈现出居高不下的态势。以致很多导师明确要求学生不要使用定性研究方法。本章第12.1节论述了定性研究能够整体地认识对象的重要特征，因而在设计学科中不仅受到欢迎，而且不可或缺。然而，程式化的、浮于表面的"简单型"定性研究显示出认识过程的浅薄敷衍，不会给我们带来过多的认识。这要求研究者增加定性研究的"复杂性"。一项定性研究开始之初，由于定性研究模糊而清晰的归纳特征，并没有保证研究最后的质量。如何在研究的开始阶段有意识地筹划，达成一个复杂性定性研究，这里提出以下建议。

第一，增加研究对象的样本数量，明确样本范围。在当今时代，信息的存储和传输效率经历了革命性的改善，网络使得研究材料的获取十分便捷，也对定性研究材料的搜集提出了更高的要求。例如，某研究者以"当代纪念性景观"为研究题目，所搜集的案例只有80个左右，这样的样本数量在目前的信息条件下显然是比较薄弱的，一位合格的研究生用一下午时间就能搜集完成。从内容上看，由于案例规模、文化背景、地理位置、设计手法各异，经过分类以后能够代表各种方面的材料就所剩无几了。增加样本数量能够避免遗漏相应的类型，发掘更多的设计特征，提供更多形成理论条理的机会。进一步来说，研究对象的搜罗应该是穷尽式而不是举例式的，并尽量囊括通常专业视野以外的材料。以上面"当代纪念性景观"为例，如果研究者能够以特定的类型、时间段、地理位置等来筛选研究对象的样本，能够使样本范围更加明确，类型内部的探讨也更加扎实。

第二，不仅进行单维化分类，而且进行多维度分析。研究初学者有一种误解，以为定性研究只能采用单一的分析维度，因而揭示研究现象的复杂性有限。在掌握了定性分析的程序后，研究者需要积极地运用多种维度对定性材料进行贯穿分析（图12-6），揭示对象的特征会更加丰富；多重维度之间能够有意识地形成考察网络，获得的认识会更加立体深刻。仍以"当代纪念性景观"为例，研究者在既成的分类（如半开敞纪念性景观）中，从设计描述的角度可以进一步对构筑物的高度、游人空间的尺寸、流线的长度、曲折程度、材质、休憩空间的位置等维度进行考察；从使用反馈的角度可以进一步对游客量、游客活动、游记内容、社交媒体评价等维度进行考察。

图 12-6　多重维度贯穿定性研究材料

多维度分析要求研究者按照分析维度的要求，将研究对象材料整理成统一的格式，并根据选用的维度进行进一步评判。因此，要求研究者按照统一的格式重绘所有案例的立面、剖面、平面、平面流线示意图等图纸，从而按照不同维度对案例进行比较和重新排布整理。最终，多维度分析不仅能整理出条分缕析的类别，并归纳出每个类别的准确特征（构筑物的高度在哪个范围？适宜人活动的空间有多大？整个体验序列如何展开？等等）；而且能够网状地构建维度之间的网状关系（即维度之间的可能关系）。这种由发展多维理论维度而编制理论网络的方式是一种明确能够增加定性研究复杂度的策略。

第三，从描述研究，进展到规则研究。定性研究就像字典编纂一样：读者不会只满足于一个词语的有序汇编，而且需要通过查字典获得对于词汇使用规则的信息。因此，对定性研究深度的探求可以突破"语汇"汇编的层次，进展到"语构"和"语用"规则的层次。比如，半开敞型纪念景观适用于何种城市环境，在规划条件上有何要求？在地铁商业空间的布置形式中，分别对应何种站点条件、人流规模、相邻地块容积率？这要求研究者从评估的角度，对划分形成的类型继续探求，搜集其影响和机制方面的材料。

12.3 定性材料的解读

12.3.1 材料解读概述

在操作程序上，定性分析法比起定量分析法所多出的一个步骤就是对材料的解读。解读意味着研究者需要对每一件材料进行考察和辨析，运用尽可能多的角度提取出信息。查尔斯·狄更斯的《艰难时代》一书中[1]，主人翁庞得贝（Josiah Bounderby）说，每看一次画，就增值 100 英镑；看七次，画的价值就增加到 700 英镑。这种说法形象地解释了定性分析中材料解读的特点。解读的过程依赖研究者的主动挖掘而产生"增值"认识。《艰难时代》观画产生乐趣，定性研究的产生是对研究对象的新认识；两者都要求解读过程

1　Dickens, Charles. Hard Times[M]. Peterborough, Canada: Broadview Press, 1996.

中反复观看、辨识、分析、思考。虽然研究材料（比如一幅画、一段日记）的物质存在在解读过程中并没有变化，而认识的基础内容却由于对材料的反复观看、揣摩、解读而大大增加了。

定量研究方法是自上而下的方法，其高下在于搜集材料之前研究命题搭建的精巧；定性研究方法是自下而上的方法，其高下首先来源于研究者对材料的反复解读。由于定性分析法不预设对象的性状、特征、规则等结构性内容，材料解读积累的点滴认识是后来"编码"和归纳的基础，也是发现新维度的来源。因此，对于单件材料的解读就像建设大厦的砖石一样重要。定性研究材料的来源多样，有观察、文档、访谈、大数据等；形式丰富，有着地图、录音、工程图、照片、文章、日记、行为观察记录分布等形式。

对于一个单项的定性研究（广义的，包括案例研究和历史研究），研究者可能计划解读一件或者几件材料而完成一项研究，也有可能计划解读极大数量的材料而完成一项研究。解读一件或者几件材料的重点在于材料内部的复杂内容的发掘，分析和阐发发生于解读完成以后；解读极大数量的材料不仅需要发掘理论维度，还需要将理论维度推广到一般性的材料中，运用编码的方式将大量材料串联起来，理论化地发展认识。无论研究材料的数量是单件的还是大量的，都始于对单件材料的解读。在定性研究方法"自下而上"的逻辑规定中，研究者对材料沉浸式的解读就是这个"下"，研究者借于此发现新的阐释维度。材料解读遵循四个基本原则：

第一，先提取元素，再梳理条理。研究者先弄清楚材料各个组成部分的内容是什么，再归纳出可能的主题维度。比如，面对一幅规划图纸，哪些绿地，有哪些建成元素，有哪些人工痕迹，大小和分布如何？寺院碑刻记载的内容是什么？访谈的内容主要涉及哪些主题？人的流线记录所反映的流动方向、频率如何？古画上显示了建筑庭院多少，是何种布局？有效地、穷尽地辨别元素是解读最为重要的基础。

第二，先内在内容，再外在背景。研究者先弄清楚材料本身所记载的内容是什么，包括具体的尺寸、样式、材料、纹样、结构形式、记载形式等；再联系外在的时代、类型、思想、技法等，做进一步的阐发。比如，从一幅地图读出了绿地的平面形态。这种形态究竟是该案例的独创，还是受当时某规划思想的影响？显示了建设功能的初衷，还是被当时的流行风气挟裹？与同地区的同类型绿地相比，这种形态是否存在差异？建筑庭院布局为何形成，比起前朝有何变化，和后续是否形成存续关系？对于研究材料以外研究领域的熟悉，和解读材料进行链接、比照、判断，就仿佛编织成网，能够得到更为丰富和多样的认识。外在内容的讨论需要研究者具有充分的知识准备。

图12-7是一张出版于1858年的密西西比河下游的地图，描绘了从密西西比州阿齐兹市到路易斯安那州新奥尔良市的土地分割状况。密西西比一侧棉花种植较多；路易斯安那一侧种植甘蔗较多。图像内容最为显著的特点是所有土地的分隔都呈垂直于密西西比

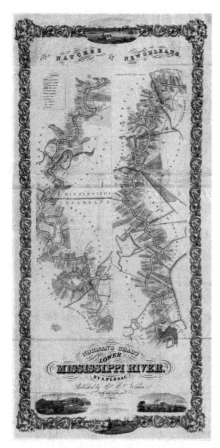

图 12-7　1858 年密西西比河下游地图

河岸的狭长放射形，离河岸越近处越发狭长。要探究这种土地划分形态的成因需要结合外部信息推测。密西西比河是开发美国中部的主要交通线路。河岸是贸易港口的枢纽，每家每户都希望保持与河的接触界面，就出现了垂直河岸的狭长土地形态。早期开发能力决定了土地的最远边界离河岸的距离是有限的，随着开发强度的增大，导致土地所有权向内陆纵深，形成狭窄的放射状。结合外部条件进行"合理推测"所得到的解释很大程度上合理，但是论证过程并不确切。究竟是土地开发随着时间推移沿河岸垂直方向向内陆方向发展（从而形成了狭长形），还是划分土地之初就明了开发的强度？要切实具体地论证土地划分的形成过程，仅图像推测还是不够的，还需要找到农场主更多的记录文件才能完成。

第三，先客观解读，再主观代入。当研究者已经完成了以"他者"角度对材料的分析后，再进一步站在材料创造者的立场，同理并且同情地揣测材料的意旨。画家接到画作委托的基本要求是什么？新闻记者报道面向的读者是哪些人？建造者当时的建造技术背景如何，是否受到经济或者制度因素的限制？主观代入是结合为人处世常识、生活及实践经验，设身处地地分析和推演。主观代入能恰当地获得材料反映现象的张力，更好地理解材料创造者面临的挑战和建造事件的创造力，挖掘出更多生动而会心的内容。

第四，先单种材料，再多种材料。研究者在掌握了足够多的单种材料以后，可以将相关联的材料进行连接比较，获得更为立体化的认识。比如，将文字和图形互证，将图形与实物互证，将不同来源的文字记载互证，将同一作者不同时间的记载互证。基于不同材料的记载角度和材料的特点，内容可以相互印证和补充，从而获得更为深入的见解。

对于设计学科，其他学科提供了解读材料的丰富经验和成熟方法。尤其是文学、历史学、社会学对于文本解读方法的发展，美术史等学科对图像解读方法的发展。当然，建筑、规划、园林研究者对三维构造、空间体验等概念更加熟悉，来自设计学科内部的经验为解读这些材料提供了比美术史研究更多的维度。以下就结合设计学科的特点，从文字材料和图像材料两类展开讨论。

12.3.2 解读文字材料

文字材料包括文本、报纸、信件、日记、工程记录、访谈录音等。文字材料本身就是表意的，有着明确的叙述对象和表意内容。文字的创造者（设计师、业主、记者、受访者等）通过自己对现象的观察、理解、记录，生成文字材料，本身就是"白纸黑字"地写下来给人看的（图 12-8）。文字材料本身的意义是明确的，不需要像解读图像材料一样，从视觉信息转化为文字。同时，文字材料的解读能够随着阅

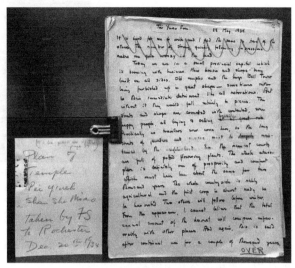

图 12-8　弗莱彻环球旅行日记（1934 年）

读进程"匀质"线性地展开，不像图像材料中的元素是分散糅杂存在于图像媒介上。但是，文字材料的语素仍然不等同于理论化的研究认识。研究期望获得超越文字"表面"语素的新认识。这要求研究者一方面系统理顺文字材料本身的所指内容，另一方面对原有文字的能指内容进行理论化的考察和提炼。原始文字材料的记述角度总是有异于研究者的视野和切入点，研究者通过识别、连接、重组文字内容，引入理论化的考察角度，需要获得超越"文字表面"的维度、性状、关系、命题等。以下讨论三个方面：提取事实元素、切换考察角度、揣度言外之意。

1）提取事实元素

提取事实元素是研究者将文字材料中和研究对象有关系的语素内容一一切分列举出来。原始材料自有其文字条理，研究者通过摘取元素，赋予他们进行分析的意义。研究者当然可以按照语素（比如观看元素、动作元素、感受元素等）提取出来，但关键是看文字元素能否上升为某种理论。提取元素最终会被研究者用来阐释"这些语素反映了何种现象，揭示了何种机制，提供了何种新认识的角度"。因此，提取元素需要研究者在读懂的基础上，怀有饱满的理论敏感性，按照 12.3.1 小节材料解读四项基本原则的要求，将文字材料中的吉光片羽提取出来。

在对大量性材料进行分析时，事实元素提取是形成量化分析框架的前提。随着计算机技术的发达，研究者能够借助于编程技术进行文字符号识别。但是，计算机对文字意

义的识别是有限的。比如，在给定的文字材料中，如果没有研究者设定的分析框架，计算机无法判断哪些文字符号记载了叙述者看到的环境元素，哪些记载了叙述者的感受，这些内容存在着什么意义。因而，研究者对事实内容的提取确认是计算机所不可代替的，往往前置于计算机量化识别的步骤。

图 12-9　美国芝加哥千禧公园

以下以某社交媒体中关于芝加哥千禧公园（图 12-9）的若干手机信令为例，说明文字材料事实的提取。很显然，设计学科研究者的解读目的是希望从中获得对于建成环境的认识。手机信令其内容是：

手机信令一："不论对家庭、情侣，还是个人，千禧公园都是散步的好地方。这个 319 英亩的场地有许多的绿色植物、花朵、喷泉，它离湖岸很近。"

手机信令二："千禧公园十分繁忙，却是享受散步的好地方。是从市中心堵塞、繁忙的道路中的一种解脱。"

手机信令三："对家庭而言，是散步的好地方。我们享受该区域的氛围。我们曾去过晚间的音乐会，尽管我们并没有看完整个音乐会。当时公园里都是参与音乐会的人，他们都有一个放松的夜晚。"

如果我们对上述三段文字材料进行辨析，可以分别析出元素：家庭、情侣、个人、绿色植物、花朵、喷泉、湖岸；繁忙、喧闹；家庭、音乐会、放松。如果我们进一步考察元素内容所指的差异，大概可以梳理出三类概念。第一类事实元素可以归纳为使用人群，包括家庭、情侣、个人，以及市中心的人群。第二类事实元素说明了散步品质的来源，即千禧公园的各设计组成部分，包括绿色植物、花朵、喷泉、音乐会等。第三类事实元素说明了使用者的主观感受，包括繁忙、解脱、放松等。这个例子可以认为是一个以文字材料为基础的微型分析，从中可以看到事实内容提取和解读的基本要求。第一，辨识有效元素。研究者需要从文字材料中一五一十地提取出不能进一步细分的词组。当将连续的文字划分成单个词组后，得到了一系列意思单一明确的"要素单元"，这些是定性分析的基础。第二，通过对要素单元条理化、理论化，产生出"有意义"的认识。在上述的例子中，使用人群的类别、散步品质的来源（公园组成部分）、使用者的主观感受等就是梳理后得到的。通过条理的串联，大致可以归纳出千禧公园散步活动相关的定性关系：使用主体的类别、公园组成部分吸引参与者活动的因果关系、公园的被使用者感知的内容。以上关于人群、元素、感受的梳理属于设计学科中的常见维度，因此这个微型解读应该属于"简单型"的定性研究。当然，能够获得"复杂性"定性研究的新维度也只能来自自下而上的事实元素提取。

2）切换考察角度

文字是观念的产物。虽然文字材料"白纸黑字"般清晰地记录了需要表达的相关内容，但是，文字材料并不能像记录者随身的录像机和"录脑机"一样，将记录者的所见所想原原本本地记录下来。文字材料的形成，是书写者选择的结果：从观看到记忆，从记忆到思考，从思考到记录，其间经历着不断的内容筛选，能够落到纸面的内容必然在内容指向、抽象层次、思想层次、情感层次上产生极大的差异。解读文字材料的叙述角度，不仅要弄清文字材料的所指内容，而且也要弄清从现象到文字材料的生成机制。文字材料的差异对应有差异的介入策略，四个切入文字材料的维度所形成的张力值得注意。

第一，"事实—思想"的维度。写作是头脑指挥的产物，因此，书写者常常未对叙述内容中"事实"的部分和"思想"的部分作区分。记录者甚至有可能发生将"觉得是什么样"的内容和"认为应该是什么样"的内容当作"实际是什么样"的内容给予记录。不同体裁的表意功能是不同的。比如，诗歌体裁长于记载片段化内容，事实性内容并不丰富和准确，主题性内容则会清晰。这意味着解读重点的不同。

第二，"自己—别人"的维度。这个维度所提示的是事件记录者中存在亲历者和非亲历者的差别。比如，在一个规划委员会的公开会议中，市民、官员、规划师是参与者，而报道这次会议的记者就是非参与者。"自己"写作的文档材料源于亲历，有参与性的观察和反思，因而具备深度；但也出现亲历者掩盖、纹饰、歪曲事实的情况。"别人"写作的文档材料比起亲历者总会单薄一些。作为非亲历者的"别人"通过多种渠道获得信息，有可能是确切的来源，也有可能是道听途说；同时，非亲历者提供了一种利益隔绝的他者视角，带来对现象冷静客观的记录可能。

第三，"事中—事后"的维度。这个维度所提示的视角是时间的推移。在文字材料中，一部分是"当时写的"，成为当时事件的一部分。比如，设计师的设计说明、工程的往来信函；一部分是"事后写的"，是从后来一个有效的时间点对某事件的有效回顾，比如游记、日记、回忆录、设计师的总结文章等。总体说来，事中的材料有自身的生成机制，可信度更高；但事件发生之时并不见得有文字材料予以记载。事后的记录会带有记录者的主观加工，其中既包括记录者的总结和反思而变得丰富的部分，也包括记忆稀薄而变得不准确的部分。

第四，"私密—公共"的维度。公共文字材料的写作是准备给大众看的，比如新闻报道、会议记录资料。由于公共媒介的约束力，公共材料总体上比个体写作的材料更可靠。同时，相对私密的材料，比如日记、书信、访谈稿等，充满了丰富的细节，也能提供当时不便或者不必向大众展示的内容，这都是研究者赖以形成新理论和独特分析维度的重要材料。

3）揣度言外之意

对于研究者，文本解读中最困难的，是透过明确的文字，合理阐发出材料的"言外之意"。这种阐发超越了体裁、身份等显性因素，而要求研究者合理而令人信服地发展出基于文字材料的"全面认识"。获得言外之意，可以从两个方面着手：第一，结合外部的因素，比如社会背景、技术条件、经济条件、社会风尚等。第二，应用已有的理论视角，比如后殖民主义的理论、建构主义的理论视角、场所的理论视角。这些视角将微观的、局部的、片段的文字材料放到时代和理论的大背景中。值得注意的是，用外部因素以及已有理论和既有文本参照：如果新发现的材料符合原有的时代叙述和理论认识，则是对前人认识的证实；如果新发现的材料违背原有的时代叙述和理论认识，则能够产生更多的理论趣味。托马斯·格雷格（Thomas Greg）在分析伊莎贝拉·加德纳（Isabella Gardner）1883年亚洲旅行（图12-10）时，不仅根据具体文字、图像、购物内容，而且结合言语之外的理论和社会情境进行了分析。第一，研究者结合赛义德东方主义理论对于加德纳日记文本进行解读。19世纪末的亚洲旅游体现出一种上层社会观看劳苦大众的特殊优越感，同时也体现了帝国主义世界观的延伸。西方人物和习俗的威慑力得以在世界其他地方呈现，同时，关于东方的偏见也被带回西方。在这种背景下，加德纳对于中国所见风物、宗教、建筑的书写显示出开放性，对于中国当时饱受指摘的当街刑罚、卫生情况并没有进行道德的指责；也对各种宗教仪式和场所显示出兴趣。这些个体行为修正了以往我们对于帝国主义和东方主义的认识。第二，研究者对比当时其他西方旅行者的亚洲旅行，挤压出伊萨贝娜的兴趣点所在。对于规划史学家引以为豪的北京城市格局，当时绝大多数西方游客都并没有表示出欣赏。由于北京城市

图12-10　伊莎贝拉·加德纳中国旅行相册（1883年）

容肮脏、道路泥泞、污水外排，北京和天津之间交通不便；和西方正在进行的市政现代化形成鲜明对比，掩盖了城市格局的美妙。对于颐和园等旅行景点，加德纳并没有描写其景色或者陈述其感受，而只是将其作为西方人社交的背景。对于所购买的各式地标建筑照片，也没有做针对性描写。这些结合言外之意的对比显示出加德纳中国旅行"精致而烟尘"的独特美学体验。[1]

12.3.3 图像材料的解读

这里所说的图像材料包括图画、地图、照片、印刷品等二维图像材料，也包括雕塑、物件、影像资料等"多于二维"的形象材料。图像材料的信息相比于文字材料丰富而又分散。图像材料不像文字信息总在纸面上按照"阅读时间顺序"线性、匀质地排布，图像中繁多的元素同时出现在一帧图像之上。西谚有云：一图千言，就是说明图像材料信息丰富；给内容解读带来潜在的挑战。不同于文字材料所包含的语素所指清晰，图像媒介所指：图像的元素是什么，意味着什么？从图像材料到学术认识，仍然需要以文字表述作为载体，依赖研究者的有序解读。解读雕塑、物件、录影等"多于二维"的图像材料，其基本思路是转化为"二维材料"。

解读图像材料仍然依据从局部到整体、从内在到外在的顺序；由辨识而描述，由描述而阐释。图像材料的特点要求研究者需注意三个方面。第一，图像信息并不具备文字信息一样的阅读顺序；图像中的元素解读常常容易被遗漏或者忽视，因而识别解读更具挑战。第二，解读图像材料，除了需要拆分成个体元素，还原成相对整体的场景也很重要。解读图像材料中需要一系列"组合"概念，诸如气氛、景深、层次、构图等，都是解读文字材料时没有的。拆分而组合，依赖于研究者把握多种元素的眼光。第三，图像材料的形象内容，具有物质性的支撑，比如绘画的颜料、纸张、笔法、构筑物的建材、结构、连接细节等。图像的"表象内容"和"物质基础"之间的联系和张力是解读文字材料所不具备的。另外，由于图像承载的信息远远多于文字信息，这需要研究者对社会生活背景有更多、更深入的知识准备。

1）元素与构图

辨识元素就是将图像材料的整体进行拆分，并将各组成部分的图像元素识别清楚。

---

1 Greg, Thomas. Dust and Filth and Every Kind of Picturesque and Interesting Thing: Isabella Gardner's Aesthetic Response to China [M]// Chong, Alan. Murai, Noriko (Eds). Journeys East: Isabella Stewart Gardner and Asia. Boston, MA: Isabella Stewart Gardner Museum, 2009: 422-431.

辨识的目的是认定图像元素的具体事实，而不是进行漂浮的抽象。因此，研究者在解读过程中，切忌使用诸如美轮美奂、天人合一、栩栩如生、赏心悦目等似是而非、缺乏所指的形容词对图像内容进行笼统的评价。一件绘画材料中，有多少建筑物，建筑物的形制如何？构件特点如何？前景和背景各有多少植物，植物的种类是哪些？家具器具有哪些？人物有多少，其身份如何，产生何种行动？辨识元素解构材料的整体性，而对每个部分有清晰的认识。研究者不光要识别感兴趣的元素和内容，对于不明了的元素也要保持好奇，不轻易放弃。图12-11中，一位老人正在观赏一件中国明代衣柜，他背着的手中正持着一本《中国鸟类》的专著[1]。很显然，他试图借助鸟类手册辨识出衣柜柜门上镶嵌的鸟图案的具体种类。将鸟的具体种类辨识后，才能进一步评价探讨具体鸟类的象征意义，推测工匠对鸟形象的塑造技法、图像对真实生活的选择记录等认识内容。

图像材料区别于文字材料的一个特点在于：一幅图像内的所有元素都是同时呈现的。因此，研究者在面对图像材料时，不仅要辨识出单个元素，而且要探究图像元素之间的关系，更好地挖掘出图像材料的意义。多元素解读能够更好地阐释图像材料的内容，也能进行图像材料的创作、制作。比如，在上面提到的明代家具中，诸种花鸟是以何种构图组合排布在柜面之上？这种组合是客观场景的真实复原，还是创作者的创作拼接？构图本身是一种绘画中的概念，包括层次、均衡、衬托、隐藏等概念。研究者的工作就是将藏在显性平面下、显元素之间的这些"隐性"关系揭示出来。一幅室外音乐会的照片中，哪些元素被刻意强调了；拍摄者如何设定景深关系？一幅山水画中，楼阁与周边的山体、树木、道路是如何搭接的；上述元素和雾霭之间又是何种关系？与辨识元素步骤中所要求的全面细致的解读不同，构图和场景分析是选择性的。研究者并不需要排列组合般地将元素间成千上万种可能关系列出，而是需要一点找出那些最能反映图像特质的内容。

对于多重多层次图像的解读，构图

图 12-11　一位老人正在解读中国明代木衣柜

<hr />

1　Schauensee, Rodolphe Meyer De. The Birds of China[M]. Oxford, United Kingdom: Oxford University Press, 1984.

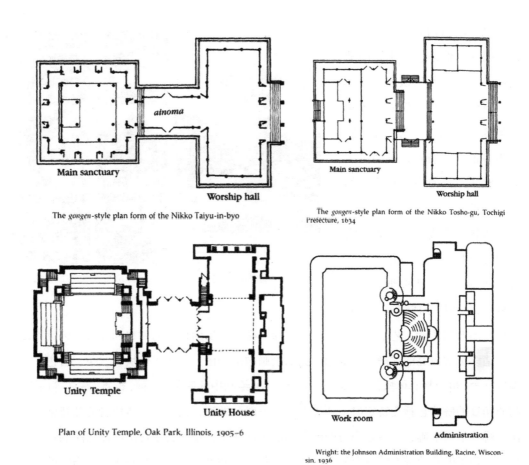

The *gongen*-style plan form of the Nikko Taiyu-in-byo

The *gongen*-style plan form of the Nikko Tosho-gu, Tochigi Prefecture, 1634

Plan of Unity Temple, Oak Park, Illinois, 1905-6

Wright: the Johnson Administration Building, Racine, Wisconsin, 1936

图 12-12　弗兰克·劳埃德·赖特的作品平面和日本建筑平面比较

复杂性体现理论意义，理论敏感和视觉敏感是相互激发的。图 12-12 中，凯文·努特（Kevin Nute）将弗兰克·劳埃德·赖特的作品平面和日本建筑平面比较，从茫茫的视觉材料中，发现了日光市太阴宫（左上）、东照宫（右上）、橡树园市联合教堂（左下）、约翰逊公司行政大楼（右下）四个项目在平面构图上的相似性，为赖特受日本建筑影响的阐述提供了切实的支撑。[1]

2）物质与技法

图像材料的物质属性是指材质、结构、工艺、技法等得以使图像材料"成型"的因素。区别于文字材料，图像内容的形成总有着特定材料和工艺的支撑。比如，前文所述的明代家具，鸟类和植物图案的物质方面包括木材的种类，家具部件的方式，家具面板镶嵌图案的珍珠母、琥珀、玻璃、象牙等材料和拼接方法等。物质属性反映出图像材料制作

1　Nute, Kevin. Frank Lloyd Wright and Japan: The Role of Traditional Japanese Art and Architecture in the Work of Frank Lloyd Wright[M]. New York, NY: Routledge, 2000.

者为制作图像内容所付出的辛劳，因此图像内容并不是随随便便产生的，值得认真对待。物质属性的分析不仅能够揭示图像的生成机制，也能提示图像更多的内容特征，发展更多的"触角"，使内容和技术相互形成张力。

图 12-13　巴尔的摩市帕特森公园八角塔：（左）历史照片；（右）建筑细部

从物质角度获得认识，需要研究者持有图像制作者的主观代入感。从一张白纸、一块木材、一片场地变成图画、器物、环境，图像制作者（艺术家、工匠、设计师）必然要借助特定的材料和技法。解读维度包括诸多观赏成品的"静态"概念，比如绘画中的构图、层次、体块、线条、着色、氛围等概念，也包括具体操作的"动态"内容，比如绘画中的调色、笔触、覆盖、裁剪等内容。物质角度的解读包括在特定时空环境下的"一般"做法，也包括个体作者的独特创作技法。哪些最为准确，哪些是当时的流行画法（做法），哪些又呈现出解读物品的特色。比如，位于巴尔的摩市帕特森公园的八角形塔建于 1890 年（图 12-13）。在当时的美国并没有可以参照的东方建筑样式的范例，建造者完全运用铸铁结构完成了总体东方塔形式，而组成整体的每一部分（如支撑构件、楼梯、栏杆、窗型、玻璃等）却又呈现出西方传统纹样和工业化部件之间的交织。如果再结合设计师查尔斯·H.拉特罗布（Charles H. Latrobe）土木工程师背景以及诸多工程设施成就，不难对设计过程进行推测。

3）场景与使用

场景是多元素分析的另一重维度，要求研究者在读取图像组合结构的基础上，对元素组合的"意义"进行探究。场景的意义，就是那些图形结构的"烟火气"，多种元素在一起反映出何种事件、气氛、愿望、情绪、寄托。场景总需要有人的介入，只有人的观看、使用、描绘才行。不少"没有人"的绘画和摄影材料中，也传递出一种孤寂、冷清的人类情感。因此，在建筑、规划、园林的研究日益从"物"的研究到生活和社会研究的背景下，场景分析日益成为一种重要的维度。

这里，以明代谢环《杏园雅集图》（图 12-14）为例[1]，从画面本身元素组合关系的考察入手，说明场景分析到获得理解花园空间新认识的解读过程。该图卷表现了内阁大臣杨士奇、杨荣、杨溥等十人在杨荣家杏园聚会的情景。画中除了主要人物，还描绘了九名童子、五名仆人、杏园环境风貌、临时设置的家具、游乐用具、炊饮用具等内容。篇幅所限，这里仅仅选取画卷中最为核心的片段。构图中，三位最重要的官员坐在画面的中央，背后是巨大的假山石和石屏障，周围是临时布置的书案和文玩摆件，三位官员身边簇拥着多达五位侍者。三位官员官服的颜色醒目，成为画面的主导颜色。人物的周围设置了临时家具：书案上有山水风格的大理石屏、砚台、笔洗、毛笔、水盂，架子上摆放着红珊瑚和香炉。那么，这些元素组合在一起，构成何种场景，又有什么深意呢？首先，图像本身描绘了一个议事的场景。从人员的位次、构图的主次来看，画面一定程度呈对称状，尊卑有序，仪式感远远大于娱乐感。其次，图像传达出拘谨沉静的氛围，主要的人物均是身着官服，正襟危坐，都不愿显现出任何动作，似乎他们端坐的状态都被临时设置的家具所限定。五名侍者有四名袖手站立。第三，没有人和图画中的园林元素（植物、山石、鸟类）产生任何接触活动，场景中摆布的文具和文玩也没有任何人使用。园林元素在图卷中虽然得到了详细的描绘，但是却没有占据画面的主要内容。造园家所津津乐道的山水相间、巧于因借等造园法则没有作为重点描绘。园中的主要场所集中在没有园林元素的空地中；园中雅集者的注意力也全不在山水之间。总而言之，《杏园雅集图》的图像展现了官场交际的场景，园林的存在作

图 12-14　《杏园雅集图》（谢环，约 1437 年，大都会木，局部）

1　关于这幅画的解读，有着较多的成果。参见：吴诵芬.谢环杏园雅集图研究 [D].台北：台北艺术大学，2002；画错颜色的后果——杏园雅集图与戴进传说的矛盾 [J].故宫文物月刊，2008（8）：32-41；镇江本杏园雅集图的疑问 [J].故宫学术季刊，2009，27（1）：73-137；李若晴.玉堂遗音：《杏园雅集图》卷考析 [J].美术学报，2010（10）；尹吉男.政治还是娱乐：杏园雅集和《杏园雅集图》新解 [J].故宫博物院院刊，2016（1）.

为权力空间的背景。官员的聚会严守着既定的官场秩序，赏景、吟咏、玩赏只是官场联谊活动的附属。园林只不过作为室外议事厅的背景，园林设计的构图关系让位于权位关系。

我们还可以运用文本解读的方法，分析在图后所附的诸人的题跋。由于篇幅所限，仅以杨荣所作的《杏园雅集图后序》为例。园记首先介绍了聚会的时间，并用相对程式化的手法描写了当天的景色："时春景澄明，惠风和畅，花卉竞秀，芳香袭人，筋酌序行，琴咏间作，群情萧散，衎然以乐。"接着，园主用大约四分之一的篇幅介绍了游园十人的官职、姓名、在图中的位置（大都会本中缺少画家谢环），并称"十人者皆衣冠伟然，华发交映"。从这部分内容我们可以得知上图中居中者为杨士奇 [内阁首辅、少傅（从一品）、兵部尚书（正二品）兼华盖殿大学士]，杨士奇的右手是园主人杨荣 [荣禄大夫（从一品）、少傅、工部尚书兼谨身殿大学士]，杨士奇的王直 [少詹事（正四品）兼侍读学士]。虽然，园主接着写道"景物趣韵、曲臻于妙"为作图的原因，但是笔锋一转，马上引出园文的主要内容，所思所感，均是当朝的皇上，"仰惟国家列圣相承，图惟治化，以贻永久"。"吾辈忝与侍从，涵濡深恩，盖有年矣"；园画中的诸人均是承恩的对象。"今圣天子嗣位……近职朔望休沐，聿循旧章。予数人者得，遂其所适，是皆皇上之赐，图其事以纪太平之盛，盖亦宜也。"换言之，诸人所得均是拜皇上所赐，园中种种也是圣恩太平盛世的反映。接着，主人显然想将这次的十人聚会（算上画家谢环共十人）与唐代的香山九老和宋代的洛社十二耆英相比，却发现"彼固成于休退之余，此则出于任职之暇"，自述性地说明任职期间和退休以后的状态不能相比。园主旋即为任职期间的园聚找到了优越感，他认为香山九老之类的团体没有工作上的友谊，"爵位履历非同出一时，联事一司"。而杏园聚会的团体联系紧密，"膴密勿之"，且"寄同官禁署意气相孚"，形成了工作中的紧密联系。作者显然为这种杏园诸人官场上的联系得意洋洋，说"追视昔人，殆不让矣"，"后之人安知不又有羡于今日者哉"。园记的最后，园主仍然抬出了当朝皇上，声称聚会宴乐的原因是"感上恩而图报"，聚会同时还能"戒怠荒"，"从诸公之后而加勉焉"。在园记中四处提到皇上，分别是"列圣""圣天子""皇上""上"的词语，在书写的过程中，每逢这些词语，园主均另起一行，并冲破顶个两字书写。总的来说，《杏园雅集图后序》的文本解读印证了图像阅读中对于杏园作为官场权力空间的判断。同时，园主人清新地表明了园林聚会所具有的尊皇上、联同僚的意图，甚至将聚会活动定义为图圣恩、"戒怠荒"、勤加勉的一部分。这就不难说明为何游园聚会沉静拘谨了。

我们再看 17 世纪的伊朗（或是伊斯法罕）的瓷砖图像（图 12-15）。女主人翁身着西亚式样的宽大衣裙，慵懒地躺在置于白色山丘的靠垫上，并将脚伸到了男主人翁的膝

图 12-15　花园聚会（1640—1650 年）

盖上，并将很可能是盛满酒的酒杯递给他。男主人翁身着欧式的斗篷与帽子，跪在女主人翁面前，似乎双手持着一块丝巾展示给女主人翁看。跪在图片右方身着黄色衣裙的女子有可能是女主人翁的晚辈或者贴身女官，她正做着手势，似乎在指导男主人翁的行动。三位其他侍者端着点心水果和饮品，环绕于周围。整幅图像人物神情丰富，富于对话和动感。这幅图像显示出和《杏园雅集图》展现出同质的构图特征，主要人物均是背临石壁，左右被树木环绕，周边是奴仆的角色。画面中蓝、绿、黄、白等作为主色，用来描绘天空、山体、植物、服饰，渲染出暧昧欢愉的气氛，与杏园雅集沉静拘束的气氛形成了鲜明的对比，显示出对花园空间使用和感受的巨大不同。

12.4 大量性材料的定性分析

对于单件材料的定性分析，止于解读过程完成之时；对于大量性材料的定性分析，则还需要根据解读获得可能的观念结构，在大量性材料中测试，建立起贯穿材料的格式共识和理论共识。大量性定性材料的分析步骤包括：数据清理、编码、理论化（表 12-3）。具体来说：第一步，数据清理将研究材料的内容和格式给予清理和简化，使之相对统一，方便进行贯穿性的分析。第二步，编码将观念结构（主题和条理）运用到数据的标记中，不断磨合条理和材料的对应关系，最后形成系统化的主题数据。第三步，理论化在编码得到的主题数据基础上，构建新的理论层次，最终获得对研究对象的新认识。

三步骤	基本工作	基本目标
数据清理	格式化	形成格式统一、内容有效的数据
编码	主题化	形成条理分明、系统性好的主题数据
理论化	理论化	构建"有别于编码理论层次"的新理论

编码分析三步骤是对特定观念结构的检验。观念结构来自微观层面上对每一件材料的解读。观念结构是否有效，不仅在于在形式上能否有大量性数据，更在于主题化以后的数据能否获得新认识。

12.4.1　数据清理

数据清理是大量性材料定性分析的第一步。定性研究材料"非格式化"的特点带来了清理的必要性。研究者从各种渠道获得的定性数据丰富芜杂、形式多样，不像问卷和实验等"格式化"数据在获得之时就具有整齐规整的分析格式。由于这些"生"材料在内容、格式等方面不确定的指向，使得后续的编码工作一筹莫展；必须经过在内容和形式上的拣选和清理，从而变成清爽明晰、可为编码分析所用的"熟"材料。研究初学者需要明白数据处理是编码前的必要工作，执行起来不要烦躁；数据清理得越好，后续的编码越顺畅。数据清理包括格式清理和内容清理两个方面。

1）格式清理

格式清理是指将初步搜集的材料整理成易于分析的统一格式。第一，文字材料格式清理包括将材料转化为纯文字的电子文本，使文字处于均一化水平，减少分析过程的干扰。研究者需要将访谈录音转化为文字记录，把旧报纸、手稿、文件上的文字录入为电子文本。大量性文字材料的分析不像单件的材料解读，可以通过笔记式的摘录方式完成。要使编码方式具有对于大量性材料的贯穿性，就要使大量性数据格式具有研究者阅读的可能，也能够对其进行搜索、比对、统计等工作。

第二，图像材料格式清理包括将图像信息尽量统一成相同比例、方向、表达方式，获得具有同等丰富程度和统一表现格式的图像内容。比如，在研究哈尔滨近代城市规划中，研究者选择运用历年的规划图和市街图这两类图像材料来考察规划意图和城市面貌的变迁。这些材料均属于平面地图，形式比较单一，按照时间线索排列，分析维度也很清晰。

即使这样，由于地图的制图标准、图例、颜色、比例、方向、范围等因素的差异，对两张以上地图进行比较分析常常难于兼顾首尾。分析工作常常被图像表达方式的差异干扰，不能得到贯穿性的认识。格式清理包括将现有原始规划图和街市图在制图软件中调整成同样的方向和比例，将每张图纸在硫酸纸上打印，并将同样考察内容（如广场、绿道、河流、建筑等）用相同的颜色标出。当研究者

图 12-16　研究者用统一格式的硫酸纸地图研究规划变迁

将统一格式的一系列硫酸纸地图叠在灯箱桌上时，规划形态和格局的变迁就能够十分明晰地展现出来，容易被研究者捕捉、比较、归纳（图 12-16）。总之，格式清理要求研究者在不消减材料内容的前提下，通过统一材料的格式，使得大量性材料的有效信息处在同一个可以比较的水平，从而使细致的比较和整理成为可能。

2）内容清理

比起形式清理，内容清理着重于去除研究材料中明显与研究目的不相干的部分。内容清理的必要性在于，研究者从各种渠道获得的材料并不是为研究而准备的，总会附带着大量的无效信息。"生"材料即使格式清爽明晰，也需要经过有用性的检验，才能变成可用的分析材料。前期有效的内容清理能够减少编码步骤不必要的工作。比如，在访谈的过程中，被访谈人总会提供大量"陈年老谷"、人事纠葛等。研究者需要在编码之前把这些内容删除。又如，研究者从社交网络图片数据中考察古根汉美术馆被重点关注的部位和角度，以及人和建筑之间的互动关系。研究者从某社交网站上下载标注有"古根汉美术馆"的所有图片。初步查看这些照片就会发现与预想内容不同的照片，包括有些社交媒体用户会将去美术馆路途中的照片上传到"古根汉美术馆"的标记中，有些用户会上传与美术馆毫无关系的大头照，还有一些用户会上传美术馆周边的花草和动物。作为社交媒体用户，上传者没有义务提供单纯清爽的建筑鉴赏图片。这些情况都意味着研究者需要在数据清理阶段筛选出那些不能反映研究目标的内容。

12.4.2 编码

编码一词的原意是由于传送信息（如发电报）、标定物品等级等需要，对物品、文

字进行重新标注从而便于归类识别的活动。在编码的过程中，编码者通常按照特定的"编码本"，将物品或者文字逐一标上不同的类别和记号，所有编码后的物品和文字获得新的系统性。定性分析方法的编码步骤借用了编码的比喻义，研究者尝试将观念结构（主题和条理）运用到大量性图片和文字材料的标记中，不断磨合产生成熟的主题和条理，并最终形成主题化的数据集。和日常的编码活动不同，定性分析开始编码时并不存在着一个事先规定的"编码本"，定义"编码本"也是编码步骤中的一部分。研究者需要通过接触大量数据材料，抽象出能够反映对象特征的条理和维度——即使在运用既存条理的"轴心式编码"中，研究者仍然需要通过接触数据材料，确定条理的对应性。编码充分反映了定性分析作为实证研究的特征。"条理"和"维度"作为理论并不能飘浮在空中，必须来自数据材料，并得到数据材料的切实支撑。

编码的成果包括两方面：一方面包括过程中确定的"条理"和"维度"，另一方面包括通过"条理"整理原始数据而获得的"主题数据"。在编码步骤中，条理既充当着过程工具，也充当着认识结果。研究者进行比较和抽象，将一部分材料的内容抽象为可能的"条理"。接下来，研究者以条理作为整理数据的依据，对所有材料进行重新编排。同时，对材料编排的过程也检验和质疑已有的条理和维度，测试它们和数据材料的符合程度。因此，编码是一个循环往复的过程：研究者一面不断从数据中解读提取出条理，一面在编排材料的过程中确认和舍弃条理。编码最终形成有骨有肉的结构——由材料支撑的诸多条理。研究者获得条理的乐趣就仿佛从一筐葡萄中，顺着一个藤茎而将许多单个的葡萄牵动起来。定性研究（特别是"复杂型"定性研究）的任务是发展出可能牵动大量数据的原始"藤茎"。编码的结果是真正能连接起诸多葡萄的"藤茎"，不能较好连接诸多葡萄的"藤茎"要被舍弃掉。编码方式一般包括轴心式编码、开放式编码，以及选择式编码。

1）轴心式编码

轴心式编码是以确定的条理和维度对大量性数据进行归类、分组、赋值等活动的编码方式。我们固然知道定性研究的材料是自上而下地搜集的，搜集材料的过程并不作任何"结构性的"预设；而在完成了数据和材料搜集、面对一堆杂乱的数据材料之时，研究者自然想迫切地获得头绪。轴心式编码借助现成的概念进行编码，使杂乱的定性材料找到主题和秩序（图12-17）。这种方式的编码中研究者虽然没有一个事先规定的"编码本"，但是可以借助前人使用过的"既存"编码条理，尝试开始考察这些条理的适用性。常见的编码轴心的来源包括：事物本身的特征（长度、宽度、高度、色彩、材质），设计学科的基本概念（比例、高宽比），设计实践中用来描述设计项目特征的概念（容积

图 12-17　插图（尼古拉·鲁托因那，估 1970 年）

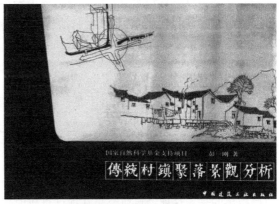

图 12-18　《传统村镇聚落景观分析》书影

率、每平方米造价），地理学、社会学、心理学用来描述研究中的种种维度（通过密度、服务人数、停留时间、活动种类、生态效应指标）等。轴心式编码既然是选择既有的条理，就不在乎条理是否"陈旧"，而是应该多用多试、尽量全面地提取研究对象的特征。在罗伯特·加特吉（Robert F. Gatje）对西方广场空间的研究中，研究者着眼于研究广场功能性（utility）、整合性（integrity）、愉悦感（delight）[1]的考察。研究者采用了十个维度来编码每个广场，包括广场平面尺寸、高度、周围建筑物立面材料、车行道、铺装、广场家具、围廊、纪念性建筑、树木、行人的特征。在这种丰富而嘈杂的广场空间研究内容中得到系统的提取。

设计学科中的类型学属于轴心式编码。这类研究能够较好地适应设计多解性的特征，条分缕析地对建成环境的功能类型、造型手法[2]、理论基础[3]、使用意义[4]等进行编码。大多数类型学研究不会涉及"抽象层次"的变化，借用而并非创造理论概念和框架。比如，彭一刚所著《传统村镇聚落景观分析》（图 12-18）是较早在大量性实例的基础上进行轴心式编码的研究。[5]该研究采用手绘图示作为"数据清理"方式，用统一风格的平面图、一般透视图、鸟瞰图统一了所有村镇聚落的表现形式。该书的主体部分（第五章、第六

1　Gatje，Robert F. Great Public Squares: An Architect's Selection[M]. New York, NY: W. W. Norton & Company, 2010.

2　张楠 . 当代建筑创作手法解析：多元＋聚合 [M]. 北京：中国建筑工业出版社，2003.

3　王向荣，林箐 . 西方现代景观设计的理论与实践 [M]. 北京：中国建筑工业出版社，2002.

4　Alexander, Christopher. The Timeless Way of Building[M]. New York, NY: Oxford University Press, 1979.

5　彭一刚 . 传统村镇聚落景观分析 [M]. 北京：中国建筑工业出版社，1992.

章）采用了轴心编码的方式对案例进行编码。其中，第五章以村镇和地形的关系，从宏观布局的角度将村镇划分成平地村镇、水乡村镇、山地村镇、背山临水村镇、背山临田畴村镇、散点布局的村镇、渔村、窑洞村镇共八个"专题数据"。这种分析方式显示了轴心式编码的特征，数据的"格式"和"规模"比较确定，编码条理和标准清楚，根据编码方式基本可以囊括所有数据材料。该书第六章以部分的景观元素和元素的特征，从微观的角度划分出更多的专题，包括街、水街、桥、巷、牌楼（拱门、过街楼、门楼）、广场、水塘、井台、路径、溪流、台地、屋顶、马头墙、层次（环境、意境）、仰视（天际线）、地方材料（构造做法）、质感（肌理）、虚与实、色彩。和第五章形成对比，第六章的编码条理多有变化，并不是一以贯之：有时是元素，有时是概念，有时又是法则。数据材料选择性地汇聚成专题，专题之间并不能完全地对等。这是由于传统村镇景观元素的多样性决定的：很难找到单个的村庄具有所有景观元素的门类。从编码技术来说，第六章所运用编码条理属于设计学科常见的概念，可以具有开放式编码"选择性"的特征。值得指出的是，这项经典研究是在前计算机时代研究者筚路蓝缕完成的。随着信息技术的发展（如卫星地图技术、无人机拍摄技术、社交媒体信息提取技术等），在当今材料搜集环境下的研究者有条件编码更多维度的数据材料，可能获得更为细致复杂的认识。

轴心式编码区别于开放式编码的最大特点在于，选用既存的编码轴心已经具备较为清晰的分类或者赋值规则，研究者不必一件一件地从数据中抽取出编码条理。但是，轴心式编码的这个特点并不意味着林林总总的编码条理都能具备意义，也不意味着研究者需要将林林总总的编码条理在所搜集的数据上全部试一遍。编码条理毕竟是为形成认识服务的，因此，研究者预判和选择编码维度，能够使得编码进行得更有效率。比如，研究者在社交媒体搜集数万张纽约猎人角公园的照片，试图通过定性研究图片，获得对公园使用规律的认知。研究者可以大概估计"环境—行为"的研究方式。从环境描述方面，照片所显示的空间环境的围合程度、质感、植物的出现等情况，均可以作为不同的编码轴心，将同样规模的图片进行多次划分编码。从人的行为方面，人的动作（比如跑、站、跳、坐、行、卧等）可以作为编码轴心，将诸多图片划分到相应的主题之下。同时，人的面部表情（比如大笑、微笑、平静、郁闷、愤怒）也可以作为另一个编码轴心。如果经过编码测试，这些编码轴心在大量性数据中没有形成明显的区分依据从而划分能够反映环境特征的主题数据集，这些编码轴心就需要被放弃。

2）开放式编码

开放式编码就是在不凭借既有研究维度的情况下，从茫茫的材料中发展出编码维度、形成主题数据的活动。开放式编码没有"历史包袱"，不会窘于前人的框架和条例，充

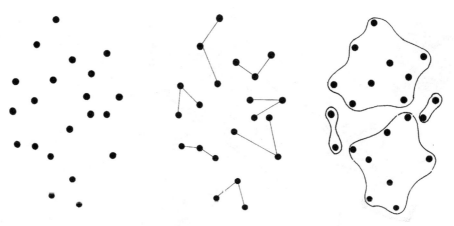

图 12-19　开放式编码："线索连接"（中）和"领域划定"（右）

满希望地提出可能的新条理，因而具有极大的灵活性和创新性。开放式编码一方面需要研究者勤于接触材料，沉浸式地解读个体信息的内容，尽可能地挖掘材料的可能方面；另一方面需要他们勇于提出新的见解，试着考虑多个数据之间的可能关系，通过敏锐和富有洞察力的思考提出新的条理。

在操作上，轴心式编码有着条理和规则的"密码本"可以依循，可以三下五除二地完成归类、划分、赋值等动作。开放式编码只能从解读材料开始，采取一件一件的"枚举式"办法，从无到有地发展出编码维度。研究者可以借助"线索连接"或者"领域划定"两种图示来理解这种编码方式聚沙成塔的效应（图 12-19）。在编码开始时，研究者只能在几件材料之间寻找线索或者范围。随着材料积累越多，强劲的线索和范围逐渐显现，其背后的筛选和分类规则逐渐清晰。这时，新的条理就会形成，研究者运用新条理的明确规则开始编码，开放式编码就转化为轴心式编码，系统性获得，极大地提高了效率。

在开放式编码的操作过程中，研究者可能遇到如下情况：第一，开放式编码前期是像设计构思阶段一样天马行空的过程。大量的定性数据可能带来多种可能的编码轴心线索，这些线索暂时没有经过编码的检验，显得充满亮点而又毫无特色；研究初学者常常手忙脚乱，迟疑不前。这个前期探索线索的过程蕴含了新编码轴心的可能性，研究者不要轻易放过。研究者还需要变换发掘线索的视角，运用左顾右看、尺度变化、求同存异等策略，保持理论的敏感度，提出尽量多的线索。开放式编码前期发展出单个维度并不困难，困难的是将探索出的线索尽量多地发展出编码条理。第二，开放式编码获得的轴心可能不能贯穿所有数据，研究者不需要对所有编码维度抱有完美的执念。遇到这种情况，研究者可以贯彻"不连贯"标准，选择性地完成编码（图 12-20）。第三，研究者通过解读后而枚举的方法进行解读、连接、划定，可能发现归纳出的"新条理"与既有的理论条理存在重合，只是开放式编码方式带来了条理的耦合。这种情况在开放式编码中常常

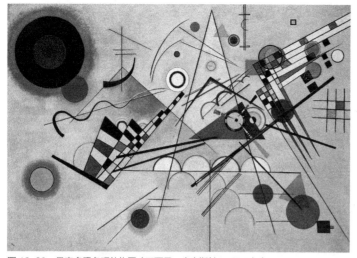

图 12-20　贯穿多重条理的构图（瓦西里·康定斯基，1923 年）

发生。然而，发现真正的创新条理，仍然来自自下而上的开放式编码。

乔纳森·巴内特（Jonathan Barnett）对 60 种最新的"城市主义"研究[1]反映了开放式编码的特征（表 12-4）。首先，研究者成功地进行了编码之前的数据清理。品目繁多的"城市主义"是美国为主的西方学术和实务界针对现代主义城市规划范式所提出的改良策略的集合。这些"主义"呈现出斑驳混杂的状态：有的来源于研究者的理论推导，有的来自开发实践的总结，有的来自草根运动，有的是设计师的空想，有的则来自学生的竞赛方案。研究者敏锐地认识到诸多"城市主义"的存在和其名称对于规划理论和实践的意义，并将它们从不同的文章、报纸、报告、宣言等来源网罗式地搜集起来，形成 60 个的"城市主义"词汇。然后，研究者按照开放式编码的原则进行了编码。这些"城市主义"纷繁杂乱，存在着重叠、交叉、矛盾等情况；研究者选择开放式编码的策略，容忍用"不连贯"的标准进行编码。最终，60 种城市主义归纳到六大主题之下：系统城市主义（Systems Urbanisms）包括了能够将城市视作某种系统的所有观点；绿色城市主义（Green Urbanisms）则将关注城市的环境、生态、可持续发展的观点聚拢起来；传统城市主义（Traditional Urbanisms）把强调前工业时代城市人本主义品质联系的观点汇聚起来；社区城市主义（Community Urbanisms）把关注人的活动对城市塑造的观点归拢在一起；社会政治城市主义（Sociopolitical Urbanisms）、标题城市主义（Headline Urbanisms）似乎将幻想的、超验的，以及难于被前面几类涵盖的城市主义全部囊括。在编码过程中，材料向各主题聚集的标准各不相同：有的是手段，有的是结果，有的是支撑内容；每个主题下"城市主义"的数量也存在着较大差异。这些都反映了开放式编码的自下而上、基于实证的特点。

1　Barnett, Jonathan. Short Guide to 60 of the Newest Urbanisms and There could be Many More[J]. Planning, 2011, 77(4): 19-21. 研究者包括该文作者以及文中提到的 Jason King、Ethan Seltzer、Allison Duncan、Bret Milligan。

Systems Urbanisms 系统城市主义	Green Urbanisms 绿色城市主义	Traditional Urbanisms 传统城市主义	Community Urbanisms 社区城市主义	Sociopolitical Urbanisms 社会政治城市主义	Headline Urbanisms 标题城市主义
Infrastructure Urbanism 基础设施城市主义	Landscape Urbanism 景观城市主义	Traditional Urbanisms 传统城市主义	Participatory Urbanism 参与城市主义	Dialectical Urbanism 辩证城市主义	Big Urbanism 大城市主义
Future Urbanism 未来城市主义	Green Urbanism 绿色城市主义	Walkable Urbanism 步行城市主义	Consumer-Based Urbanism 消费者城市主义	Political Urbanism 政治城市主义	Holy Urbanism 神圣城市主义
Retrofuture Urbanism 幻想城市主义	Sustainable Urbanism 可持续城市主义	New Urbanism 新城市主义	Do It Yourself Urbanism 自建城市主义	Beautiful Urbanism 美丽城市主义	Brutal Urbanism 野蛮城市主义
Bypa-ss Urbanism 分流城市主义	Environmental Urbanism 环境城市主义	Anti-Urbanism 反城市主义	Informal Urbanism 非正规城市主义	Real Urbanism 真实城市主义	Paid Urbanism 支付城市主义
Parametric Urbanism 参数城市主义	Ecological Urbanism 生态城市主义	Second-Rate Urbanism 次等城市主义	Open Source Urbanism 开源城市主义	Denied Urbanism 被忽视城市主义	Border Urbanism 边界城市主义
Emergent Urbanism 紧急城市主义	Clean Urbanism 清洁城市主义		Opportunistic Urbanism 机会主义城市主义	Irresponsible Urbanism 不负责城市主义	Trans-Border Urbanism 越界城市主义
Market Urbanism 市场城市主义	Agricultural Urbanism 农业城市主义		Guerilla Urbanism 游击城市主义	Recombinant Urbanism 重组城市主义	Nuclear Urbanism 原子城市主义
Propagative Urbanism 宣传城市主义			Gypsy Urbanism 吉普赛城市主义	Unitary Urbanism 单一城市主义	Micro Urbanism 微型城市主义
Behavior Urbanism 行动城市主义			Instant Urbanism 即时城市主义		Middle Class Urbanism 中产阶级城市主义
Braided Urbanism 编织城市主义			Pop-Up Urbanism 弹出式城市主义		Stereoscopic Urbanism 立体城市主义
Digital Urbanism 数字城市主义			Temporary Urbanism 临时城市主义		Post-Traumatic Urbanism 灾后城市主义
Disconnected Urbanism 断裂城市主义			Everyday Urbanism 日常城市主义		
Networked Urbanism 网络城市主义			Exotic Urbanism 异域城市主义		
			Radical Urbanism 激进城市主义		
			Bricole Urbanism 修补城市主义		
			Magical Urbanism 魔幻城市主义		
			Slum Urbanism 贫民窟城市主义		

注：本书作者根据原文绘制

3）选择式编码

有些学者认为，除了轴心式编码和开放式编码，还存在着第三种编码方式：选择式编码。与其说选择式编码是一种独立的编码技巧，不如说是一种更为贴近现实的编码思路。在编码开始时，不论是已有了编码轴心，还是通过比较材料本身，研究者开始只能选取部分材料，"求同存异"地建立主题数据。当编码接近尾声之时，研究者在获得一系列丰厚的主题数据时，恐怕仍然面临未形成主题的"无用"数据。这些数据可能包括：在编码阶段发现的无意义信息、有特定意义但不能纳入现有条理和主题中的数据、有特定意义但数量太少难于形成单独主题的数据。后两类数据可能成为新的异质类别，成为新研究的引子。但是，在即将收尾的研究中，这些零散的数据无疑将被选择性地排除在编码之外了。

以上就是对主要编码方式的介绍。定性材料十分芜杂，并且数量庞大，这就要求研究者付出极大的脑力劳动。编码过程常常要求研究者归纳出不止一套条理和类型，更是几何式地增加了研究者的工作，常常使研究者首尾难顾，顾此失彼。常见的一种情况是，研究初学者拥有丰富而大量的材料，在编码时却未能充分编码梳理，以至只是草草得出一些"简单型"的定性维度就急于结束研究，十分可惜。这里补充介绍两点提高编码质量的经验。

第一，在数据清理和编码过程中做一些笔记。编码的线索可能来自不同的思维层次、发现对象的不同方面，线索和材料也有远近的差别。那些可能帮助研究成为复杂性定性研究的新条理都是如火花般瞬间产生，有可能转眼就灭。这些火花可能是主题、关系、层次、类型、命题、特点、例外等。用笔把这些关系和背后的逻辑记下来，才能以此为据，回到数据中重新进行编码。

第二，采用研究小组讨论而不是个人独立的方法对材料编码。约翰·兹塞尔（John Zeisel）建议将图像材料等投影在墙上，引发研究小组的讨论。[1] 小组讨论避免了"孤独"的编码过程。小组成员相互交流的过程有助于研究者提高注意力，不至于由于枯燥的编码过程导致精神涣散。小组成员众多，在讨论阶段可以提出更多不同的切入视角。当正式开始编码后，小组成员可以各自担当起一个维度，将编码的进程有效推进，从而避免个人单独研究因诸多维度积压而造成的迟疑。

---

1 Zeisel, John. Inquiry by Design: Environment/ Behavior/ Neuroscience in Architecture, Interiors, Landscape, and Planning[M]. New York, NY: W. W. Norton & Company, 2006.

12.4.3 理论化

理论化是定性分析的第三个步骤：研究者通过发展新的命题，为编码获得的主题数据找到"新意义"的过程。这里的"理论化"一词中所指的"理论"不是编码步骤中得到的理论条理和主题，而是要求研究者超越前两个步骤中的理论维度，在形式上提出"新层面"的概念和命题，在实质上获取"新的意义"，促进对研究对象认识的发掘。

流行病学之父约翰·斯诺（John Snow）的霍乱传播途径研究，可以帮助我们可以更好地理解"理论化"步骤何以超越编码、获得新理论的形式和意义。1854年，伦敦索霍区暴发霍乱，616人因此丧命。此时人们虽然意识到霍乱的病状，但对其传播途径还充满疑惑。很多人认为霍乱是通过空气传播的。结合索霍区糟糕的卫生状况，很多人因此认为改善道路清洁、下水设施，霍乱就能平息。[1]斯诺怀疑这种观点。他对死亡案例进行搜集的过程中，发现有些区域的死亡率高，有些区域的死亡率低。死亡发生的区域差别启发他对死亡数据进行"编码"。通过"地理分布"的编码条理，他将这些数据重新梳理。因霍乱死亡的住户位置在地图上用黑色的条块标注，死亡人数多的住户多标黑色条块，死亡人数少的则少标（图12-21左）。这种类似于现代地理信息系统（GPS）的编码方式为数百条杂乱的霍乱死亡事件的条理：地理分布。斯诺并没有止于此。在当时的伦敦，市政用水来自自来水公司设置的水井，居民到水井用泵抽水（图12-21右）。斯诺怀疑霍乱是一种水传播疾病，他进而在地图上标注霍乱发生地区所有13个水井的位置。通过霍乱死亡地理分布和水井地理分布的"连接比对"，他发现黑色条块最多的区域就在两个水井附近。斯诺重新审核了人步行到水井的实际路径和距离——而不是地理的直线距离——进一步确定了霍乱死亡的更大比例可能取用的水井是布罗得街和牛津街交汇处（现为布罗得维克街和莱克星顿街交汇处）的布罗德街水井。接下来，斯诺对不同水井中进行采样，通过对显微镜观测到的水样中微生物进行比对，观察到布罗得街水井中含有其他水井不含有的未知细菌。"死亡分布"和"水源位置"两个现象得以连接成一个命题，通过实验进一步给予确证：霍乱是由布罗德街水井传播的，城市应该通过控制水源切断霍乱的传播源。尽管当地市政仍然怀疑斯诺的研究，但仍然拆下了布罗德街水井泵的手柄，疫情很快就消退了。这个研究中，斯诺的研究并未停留在系统展示霍乱死亡病例地理分布的编码成果上，而是进一步将之"连接"到水井的分布，从而解释厘清了病例分布和可能病源的联系。这里的"理论化"步骤超越了编码能够反映出的现象的条理性。在形式上，斯诺构造的命题创造出"连接"内种现象的更为复杂的命题；在实质上，这种联系描述的内容远远超过了霍乱死亡的地理分布描述的认识，从而获得了对"霍乱通过水

---

1 Frerichs, Ralph R. Competing Theories of Cholera[EB/OL]. 2001-08-05. [2017-07-08]. http://www. ph. ucla. edu/epi/snow/choleratheories. html.

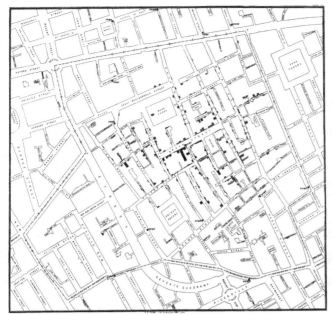

图 12-21 　（左）1854 年伦敦霍乱暴发地理分布；（右）伦敦布罗威克街约翰·斯诺纪念地水泵

传播"的病理机制新认识。

理论化步骤要求研究者超越编码主题数据的理论层次，通过新命题的构建，实现认识的飞跃。有些学者将"理论化"步骤的理论提升称为增加"理论饱和度"（theoretical saturation）。编码和理论化两个步骤都会涉及理论维度，两者存在很多差异：第一，价值取向不同。编码步骤建立类型和条理，追求结构搭建的精巧有序和对数据的贯穿，而理论化步骤追求认识的深度和复杂程度。第二，形式上的复杂程度不同。编码处于针对数据编码轴心的特征，没有涉及维度之间的相互关系，一般理论维度比较平面，而理论化要求统领起研究对象多方面特征，可能会涉及相互关系，理论维度也会立体起来。这种形式上的不同，要求研究者在操作层面有意识地进行概念和命题的再构建。第三，最为关键的，反映研究对象的认识深度上不同。理论化的步骤是为了加深研究对象的认识。研究者可以通过各种组合，构建千千万万形式复杂的概念和命题；这些命题是否有效，仍然要通过"意义"的检验，保证新概念和新命题能够确切地揭示研究对象的新特性。

需要强调的是，在定性研究"数据清理—编码—理论化"的三步骤中，任何一个步骤都可能形成完整的学术成果。数据清理步骤的成果，包括研究者出版的各种名录、清单、资料集成等，它们可以供后来的研究者使用。[1] 编码步骤的成果，例如前述传统村镇聚落的景观研究和 60 种城市主义研究，它们均完成了系统而精巧的类型划分，形成了清

---

1 张波，金霁 . 受中国影响的美国园林和建筑名录 [J]. 中国园林，2016(4): 117-123.

晰的认识。并不是所有定性研究都能够有机遇完成理论化的步骤，理论化步骤要求特殊的时机和条件。本书第 1 章将理论的创造划分成"描述型理论"和"机制性理论"两类：前者回答"是什么"，后者回答"为什么"或者"会怎样"。这里讨论理论化步骤，也借助这个分类。

1）以描述型理论为理论化目标

在理论化步骤以前，主题数据的编码已经极大地厘清了研究对象的秩序和内涵。比如，前文提到的巴内特对 60 种最新的"城市主义"研究。之所以要在主题数据编码的基础上提出更高的理论层级，就是因为研究对象特点丰富、条理繁多。因而，需要研究者发掘新的理论层次，从而能更为有效地描述研究对象。这种类型的理论化的前提是：在编码步骤研究者已经发展出研究对象繁多的条理。研究者对诸多条理予以叠加，形成一个上位概念。从诸多的描述维度形成新的描述型理论，在语言的指代上更具有效率，在逻辑的整理上更为清晰，在理论结构上更加统一。

例如，在盖伦·克兰茨（Galen Cranz）和迈克尔·博兰德（Michael Boland）第五代美国城市公园的研究[1]。研究者所针对的研究对象是 1990 年以来的美国城市公园。研究者通过编码梳理出包括公园社会目标、公园活动、公园规模、和城市的关系、构图、公园元素、推动者、受益者共八个方面的条理。通过和克兰兹之前总结的四种主要的美国城市公园类型进行比较，研究者发现，1991—2002 年的公园类型在以上八个方面都出现了极大的不同。公园社会目标从公园内的娱乐活动和社会交往，到对人类健康和生态健康都更为强调。公园内新强调的活动包括慢跑、远足、自行车、主动和被动的游戏、观鸟、教育、环境责任教育等。公园和城市的关系强调艺术和自然的融合，和城市形成同一个系统，成为其他环境设计的榜样。公园的构图正在进化出一种新美学。公园内出现的新元素包括：原生植物、深水铺装、生态修复、绿色基础设施、节约资源、自给自足。公园的推动者来自环境主义者、当地社区、志愿者团体、景观设计师。研究者用这八个条理重新归类了最近的 125 个公园，发现从 1991 年以来，第五代可持续公园呈明显的上升趋势（表 12-5）。研究者进而提出了可持续性公园的三条原则：资源自给、和城市系统有机融合、新的美学表现方式。这个实例中也说明了以描述性理论为目标的理论化过程。新的理论构建来自对待复杂条理，于诸多条理之中选择最为主要者，给予适当放大。研究者将诸多条理整合到"可持续"的总概念之下，将目标、设计、元素、人群等因素"理论化"形成一个复杂整体。

---

1 Cranz, Galen. Boland, Michael. Defining the Sustainable Park: A Fifth Model for Urban Parks[J]. Landscape Journal, 2004, 23(2):102-120.

	1982—1990 年（个）	1991—2002 年（个）	总计
	1982—2002 年出现公园的类型考察		**表 12-5**
休闲场地（Pleasure Ground）	12（23.5%）	12（16%）	24（19%）
革新公园（Reform Park）	0（0%）	3（4%）	3（2%）
娱乐设施（Recreation Facility）	12（23.5%）	0（0%）	12（10%）
开放空间（Open Space）	23（45%）	34（46%）	57（46%）
可持续公园（Sustainable Park）	4（8%）	25（34%）	29（23%）
总计	51（100%）	74（100%）	125（100%）

有人会说，可持续的概念早就为其他人所提出，上述第五代公园研究将公园设计中新特征统领到"可持续"这个更为概括的概念下，并没有触动各个条理，产生新的命题，相反虚化了公园在新的时代有别于其他可持续设施的具体生态和社会特征。这个定性研究的理论化形式上的意义，似乎大于揭示研究对象特征的实质意义。由可持续公园研究的，反映了以描述型理论为理论化目标的定性研究存在内在缺陷。第一，新提出的概念和命题可能会过于概括化，弱化了研究对象本身的特征。比如，上述例子的"可持续"的概括，可能会削弱景观可持续设计的具体特征，比如节水、过滤、处理污染、多样性等。这时的理论化以后可能反而不如以前清晰、具体。第二，新提出的概念和命题过于"普适化"，缺少和对象的"唯一性"联系，似乎可以应用于其他对象。似乎我们也可以说，可持续城市、可持续社区、可持续街道等。这些概念似乎不仅经过大量材料的搜集和编码，直接可以"套用"地制造出来。这时，从编码到理论化的过程显得可有可无，自下而上归纳研究的优势没有显现。总之，不成功的描述性理论，难免有"跑马圈地"、脱离材料、玩弄概念的嫌疑。因此，对于不成熟的描述性认识，研究者不妨不急着"理论化"，仍然停留在编码步骤得出的类型成果进行讨论。对于相对成熟的描述性认识，研究者不仅需要在形式上构建有异于编码理论的命题和概念，而且需要在意义层面给予检验和过滤：新的理论化命题应该比编码维度更明确，而不是更模糊地揭示研究对象的特征；新的理论化命题应该和编码对象有唯一性的紧密联系，和没有经历编码过程的"泛概念"区分开来。

2）以机制性理论为理论化目标

以机制性理论为理论化目标，是由于研究者在主题数据的编码中发现了一种"再解释"的必要。比如，斯诺对霍乱传播途径的研究中，"患者的地理分布"的编码完成后，研究者并不满足于编码形成的齐整分布的认识，而是试图进一步找到"为什么"的认识。最终，理论化的深入发现了水质和死亡之间的机制，其意义远远大于"患者的地理分布"

和"差异水井的地理分布"两组单独的主题维度。机制性理论以明确关系为理论化的对象，通常需要为两组或者两组以上的主题数据（甲与乙）找到关联（图12-22），在意义上产生更高的"理论饱和度"。形式上合理的机制性理论能够直指意义内核，能够规避描述性理论"言之无物"、玩弄概念的风险。这些关系包括：

- 并置关系（Juxtaposition）：在同一时间或者空间，甲和乙同时存在。
- 因果关系（Cause-Effect）：甲导致乙发生，两者充分必要。
- 影响关系（Impacted）：在甲的影响下，乙发生了，并非充分必要关系。
- 体现关系（Embodiment）：乙（显性现象）是甲（隐形现象）的反映。
- 进化关系（Chronology）：随时间的变化，从甲变化到乙。

这些关系中，最容易理解的关系是因果关系。"并置关系"是一切其他关系的基础。在前述霍乱病理关系的研究当中，研究者意识到"差异水井的地理分布"和"患者的地理分布"两组主题数据在同一时空的存在，是发展机制性理论基础。研究者进一步发现差异水井和患者、普通水井和非患者两组数据之间存在着截然的不同，从而推动了"并置关系"转向"因果关系"的发展。又如，从对上例纽约猎人角公园的照片研究中，研究者首先需要明确"照片所反映的空间开敞程度"和"照片中使用者的活动种类"两组主题数据在同一时空存在的"并置关系"；然后，才能进一步推测前者对后者施加影响的原因——结果顺序，从而发展出"空间开敞程度影响（或者不影响）人类使用"的理论化命题。

在发展机制性理论的操作过程中，确定两组数据的关系并不容易，需要研究者耐心地选择、连接、判断。在诸多的主题数据条理中，进行所有数据的两两相对的排列组合是保险的办法：更多的时候，命题关系的发展来自研究者的从模糊到清晰的预判。当然，机制性的理论命题不见得

图 12-22　插画创作（尼古拉·鲁托因那，估 1970 年）

全部来自编码阶段主题数据的链接。针对数据不足的情况，研究者需要跳出已搜集的数据，也可以借助于外在的时序、地理、社会、技术等数据源头。研究者将主题数据和外部内容进行有效连接，透过对主题数据和外部内容间关系的陈述，形成一个理论架构（theoretical framework）。比如斯诺霍乱发病机理研究中，研究者就跳出了霍乱病症本身的描述，在主题数据之外找到了水井分布的主题数据。

又如，运用社交媒体对设计学科学生设计概念接受程度的研究。[1]该研究采用了非结构的研究文本采集方法，通过社交网站脸书（Facebook）建立起图像上传的平台，要求不同年级设计系的学生在院系组织的项目参观中，用20个左右的帖子记录印象最深的建成环境图景，并书写一句"尽可能专业的"文字描述。当研究者面对近千条文字内容时，没有前人研究可以作为可以凭借的编码维度，研究者只能开始开放式编码，沉浸式地解读每条帖子的内容，通过往复磨合确定最终编码维度从两方面展开。一方面，借助设计学科的基本设计概念，研究者提出了七个编码内容维度，包括形态（线条）、颜色、材料（质感）、景深、空间（围合/高差）、体验、功能。另一方面，研究者试图了解每条叙述所反映的对设计理解的"深度"，从浅到深依次为：客观的基本描述、主观的基本描述、象征和联想、设计原理分析、环境绩效分析、批评和建议。以此对近千条文字陈述进行条理化。编码步骤完成后，观察者的"设计概念"关注点和观察深度得到较好的呈现，但还是没有发掘出设计教学更有魅力的内容。这时，研究者跳出了社交网站搜集数据本体，将学生的发帖内容的编码数据和其美术课和设计课成绩进行了连接，从编码步骤到机制性理论的构建。理论化的结果是：第一，设计学科概念的四个编码数据能够和学生的设计课程相关联。在发帖文本中较多提到颜色和材料两类元素的学生，设计课程成绩普遍处在较低的水平。在发帖文本中较多提到形态和空间两类元素的学生，设计课程成绩普遍处在较高的水平。特别发现，有些美术能力薄弱的学生，但是发帖文本中较多提到形态和空间两类元素，他们的设计课程也普遍处于较高水平。随着学生年级的增长，形态和空间两类元素在发帖文本中出现频率增加。这个结论意味着形态和空间是学科的核心概念。学生对颜色和材料等属于日常生活中概念的关注，显示设计学学生尚未"入门"设计。第二，发帖文本所反映的理解深度维度中，设计原理分析维度出现的次数和设计学学生的设计课成绩密切相关，且随着学生年级的增长，设计原理分析在发帖文本中出现的次数显著增加。这个结论显示了文本内容能够反映学生对特定设计概念的理解。设计初学者对于形态、空间、材料、颜色等设计概念的注意程度和对于环境描述的深度能够作为他们设计学习水平的指标。同时，教育工作者也可以有意识地引导设计初学者

1　Holmes, Michael. Bo Zhang. Using Facebook in Assessing Student Learning of Design Elements and Principles-A Theoretical Framework and Case Study[M]// CELA (ed). Bridging: The Council of Educators in Landscape Architecture 2017 Conference Proceedings, 2017.

从对材料、颜色的关注转换到对形态、空间的关注。从研究方法的角度看，研究者通过连接主题数据，删除无效的连接。研究理论化步骤开始于学生设计课成绩数据的引入，最终得到了有"体现关系"的有意义的理论化构建。

最后需要说的是，定性分析法反映了认识过程中特定的阶段和趣味。研究者以定性研究法的范式作为一种保护，捍卫特定研究的合法性和价值，这是完全正当的。但是，研究探索是没有边界的，研究者不必自我设限而停留在定性分析的方法之中。不少研究者在同一个研究中，不仅运用定性分析获得理论维度，而且立即用这些维度对数据进行定量分析，并未区分定性分析的边界，也是十分正常的现象。

第 13 章

案例研究法

Chapter 13

Case Studies

13.1 案例研究法概述

13.2 案例研究的类别

13.3 案例研究过程

曾经有善于统计学的研究者讽刺案例研究就是"新闻稿",算不得一种研究方法。在他们的观念中,只有大量数据的定量分析才能得出一般化的认识,案例研究充其量就是"故事会",一时一事,发展不了具有普遍性的学术认识。显然,在这种观念中,任何认识都来源于宏观视野之下的群体考量。

案例研究法就是考察个体而不是群体。这种方法认为,深入到个体内部,能够获得理论在现实中交织的复杂性,带来反映现象本体的深刻性。在设计学科中,个体的言论、人物、作品、场所、区域等内容比起群体的内容更加明确具体,都需要运用案例研究的角度予以考察。案例作为设计师熟悉的"单元",具有限定考察的方便性。同时,考虑到设计学科作为应用学科,案例的研究视角在复杂的生活现实中"还原"理论,认识现象"层层叠叠"的复杂性。案例研究法因此成为一个不容忽视的重要手段。案例研究法不像定量研究一样追求数据的数量和多样性,也不试图像思辨研究法一样构建"玄之又玄"的抽象理论模型。案例研究法是实证方法的一种,以多重理论框架发掘单个研究对象的丰富内涵,从而增进认识。

13.1 案例研究法概述

13.1.1 案例研究法

就像其名称所揭示的一样，案例研究法是以考察一个（或者几个）研究对象从而获得认识的研究方法。所谓案例，可以是社会科学提示的单个个人、组织、事件、过程等，也可以是设计师熟悉的言论、人物、作品、场所、区域。马克·弗朗西斯从设计学科的角度将案例研究法定义为"研究某一个建成的环境或项目，通过对其设计过程、决策过程及结果进行仔细的、系统的研究"。这种研究对未来的实践、政策、理论或教育提供启示。[1]

图 13-1 解剖麻雀是对复杂整体的考察

毛泽东对案例研究有精辟的论述，他将案例研究法比作"解剖麻雀"（图 13-1），指出"麻雀虽然很多，不需要分析每个麻雀，解剖一两个就够了"。[2] 我们不禁要问：案例研究何以成为一种独立的研究方法？为什么一两个案例就够了？单个案例的考察是否单薄，能否产生可靠的认识？案例研究如何区别于"故事会"？在如今的大数据时代，为何仍然要做个体化的案例研究？这些问题都指向了案例研究的方法论设定：对"复杂整体"的考察。

将个案视作"复杂整体"来源于案例研究法具体而微的考察角度。[3] 毛泽东还将案例研究的考察角度比作是"下马看花"，以区别于宏观而概略的"走马看花"。[4] 由于研究者的全部注意力都会被集中到个体上，就不会被大量性的材料所干扰（比如定性研究中的编码等）。此时，这个集中了研究全部注意力的个体就既不是量化考察中的"一个"，也不是可以被不断细分的个案的组成部分。用毛泽东的话说，这是"过细看花，分析一朵'花'，解剖一个'麻雀'"。[5] 整体"混沌未开"的状态由于过细的解剖而变得丰富而有条理。就仿佛一颗种子在放大镜之下显示出错综的纹理，案例所包含的理论维度都

1 Francis, Mark. A Case Study Method for Landscape Architecture [J]. Landscape Journal, 2001, 20(1): 15-29.

2 毛泽东 . 我们党的一些历史经验（一九五六年九月二十五日）[M] // 毛泽东 . 毛泽东选集（第五卷）. 北京：人民出版社，1977：305-310.

3 本章"复杂整体"概念受到了 Yin (1994) 案例"保留了现实生活情况中整体而有意义的特点"的启发。见：Yin, Robert K.. Case Study Research: Design and Methods[M]. Thousand Oaks, CA: Sage Publications, 1994: 3.

4 毛泽东 . 在中国共产党全国宣传工作会议上的讲话（一九五七年三月十二日）[M]// 毛泽东 . 毛泽东选集（第五卷）. 北京：人民出版社，1977: 403-418.

5 毛泽东 . 我们党的一些历史经验（一九五六年九月二十五日）[M]// 毛泽东 . 毛泽东选集（第五卷）. 北京：人民出版社，1977: 305-310.

被在考察的过程中梳理和并置出来。被考察的案例本身在这种视角下变成了一个复杂的生命体，研究内容是案例个体内部包含的矛盾和关系内容，而不是进行提取和抽象的内容。纯科学所研究的单一特性（如温度、质量、速度）很容易"附着于"对象之上，也很容易被"抽象"和"分离"开来。定量研究方法强调对于大量性研究对象单一特性的提取（比如建筑的保温性能），搜集和分析数据材料，得到针对这个单一特性的结论（单纯针对保温性能）。案例研究的视角保持了研究对象"复杂整体"的特征。对于具体的建筑案例而言，保温性能还原具体建筑中，必然要和某一个建筑的功能、美观、造价、寿命、维护等问题一同考察，显现出"复杂整体"的意义。打个比方来说，案例的考察方法有些类似于对烹调菜式的考察。虽然研究者可以按照抽象提取的方法，从味觉、营养、花色、销量等维度对菜式进行评价，但是这些维度的考察内容必须回归到"烹调菜式"色香味相互交织的"复杂整体"中才具有实践上的意义。因而，案例的考察角度在保持实证研究的逻辑下，试图超越定量研究方法单纯特性提取的片面性。

在设计学科的研究中，现象和其产生环境的边界常常不明显，不能严格区分开来。影响案例的要素及案例的结果常常过多，相互呈现出有趣的复杂交织关系，急于进行定量研究会丢失这种复杂性。比如在研究健康景观时，对于空间的组织形式，气候对人使用空间带来的健康方面的结果是有一定影响的，这是遵循严格的定量研究方法。如果用案例研究法时，空间组织形式、空间设计、气候、树种等多层次因素之间的影响被纳入考察中，前提与结果的复杂性都成为研究对象，也方便研究者对诸多因素的考察中确定建成环境的主要矛盾。案例研究强大之处在于，通过研究一个场所、一种运动、一个组织，通过对复杂性考察切入原真现象本身，解释真正的问题，而不仅仅是沉迷于"数据流"中。

总之，案例研究所设定的"复杂整体"概念，成为案例研究强大的方法论依据。这种方法填补了定量研究方法不适合研究复杂对象，尤其是设计学科中实践性较强的研究对象的缺点；同时为各种理论回归到真实的现实提供了更为具体的认识途径。在产生认识的角度，案例研究擅长于深化对既有理论的认识，重新定义其内涵与外延；或者突破既有的理论认识，构建新的理论。仅仅用一个例子挑战普遍性的理论，案例的作用有点像撬动地球的"支点"。正是基于此，案例研究要求研究者对案例的选择充分论证，真正做到"以小见大"，精确制导，精确打击。

有人要问，从研究方法在研究过程中的任务来看，案例研究方法是一种数据搜集方法，还是一种数据分析方法？既都是，也都不完全是。数据搜集方法首先是一种研究筹划的策略和角度，强调从具体的一时、一事、一物的考察中获得新认识。其次，案例研究法是实证研究的一种，不仅强调从现实中获取研究材料，而且鼓励研究者从不同渠道获得研究材料，从多个角度分析案例。案例研究法不是指具体的搜集数据材料的方法，但是在操作中会运用到访谈、文档、问卷、观察等方法中的若干种。因此，有学者将案例研究法称为综合研究法。最后，从数据和材料分析的角度，案例研究法通常被认为是定性分析方法的一种。案例研究法也不排除局部运用定量分析的方法，总体来说案例研究法结论通常是比较的、非规则的、定性的。综上所述，案例研究法是以"研究角度"命名的研究方法，需要综合运用前面相关章提到的材料搜集和材料分析方法。本章所论述的内容集中于案例"视野"所带来的考察方法的不同，包括搜集材料和分析材料的特点（表 13-1）。

定量研究、定性研究及案例研究比较   表 13-1

	定量研究	定性研究	案例研究
逻辑	验证理论	创造理论	验证理论（重新定义其内涵与外延；反证、提供悖论）创造理论
数据规模	极大量数据	较大量数据	一个或者几个案例
研究逻辑	演绎式逻辑 先有确定命题	归纳式逻辑 自下而上总结	归纳式逻辑为主
数据来源	表现数据 态度数据 观察数据 人口普查数据	（非结构）观察数据 文档数据 视听数据	所有可能的多种数据形式

　　值得注意的是，这里讨论的案例研究是一种以获得认识为目的的循证研究活动，而不是一种编辑和整理活动。案例研究需要和设计活动中常见的"案例搜集"，以及市面上经常见到的"设计案例实录""规划和景观案例库"等严格区分开来。在观念中，"案例实录"认为所搜集的案例具有示范作用，是用来"学习借鉴"的，而案例研究对作为研究对象的案例持一种谨慎旁观的态度。在目的上，"案例实录"是为了方便设计师参照、模仿、移植；案例研究以发现理论和现实的摩擦为趣味，为了从对案例的考察中得到新认识。在过程上，"案例实录"主要从设计公司、已有媒体搬运简介式的信息；案例研究搜集材料是挖掘式的，需要从多个途径和角度搜集可以相互比较和对照的"深度事实"。从结果看，"案例实录"是将大量案例的基本信息进行汇总；而案例研究对有限案例的诸多方面进行深入分析、比照、权衡，从而产生新的认识。案例研究是开发新认识的研究活动，而不是集篡活动（compilation）。直接从工程项目拷贝案例，是信息传递，没有任何认识产出，因而不是案例研究。有学者认为，案例研究应具备面面俱到的整理和记录功能[1]，而对案例研究的认识功能不做要求，这是本书所不同意的。同时，划定数据来源范围的定量研究也不是案例研究的范畴，题如"居民交通出行满意度调查：以奥兰多市为例"不属于案例研究。该研究虽然有"以某某为例"的字眼，但是充其量只是框定

1　Francis, Mark. A Case Study Method for Landscape Architecture [J]. Landscape Journal, 2001, 20(1): 15-29.

了搜集数据的范围，其本质是以搜集单片内容数据为手段的定量研究，不具有案例研究的"复杂整体"视角和趣味。

13.1.2 案例研究法的特点

1）理论的复杂性

案例研究所构建的"复杂整体"为考察抽象理论问题提供了最为具体、直观、可感的方式。案例研究法离不开理论的支撑。案例研究的目的在于印证理论，或者构建理论（详见本章 13.2.1，13.2.2 小节）。在整个案例考察的过程中，理论都贯穿始终：案例的选择需要理论的指导；案例的分析，需要借助理论维度或者发展理论维度；案例的阐释，需要对已有的理论有所印证、补充、质疑、修正、批判。这也是案例研究法区别于"故事会"的主要特征。如果将案例中不同的维度视作既有理论回落到现实的投影，案例就像一个巨大的反应容器，为考察不同理论的"交织"提供了"落脚点"。所谓理论可以是不同视角的命题，反映在设计流程、评价体系、政策法规等方面。而一个具体案例（比如一个旧厂区边上相邻的社区广场）的考察将会使原来的理论设定都还原到现实之中：具体而微地揭示这些方面（比如广场设计过程、生态、视线、活动、气候）中，哪些符合原有的设定，哪些又和原有的设定发生摩擦。用理论维度构建"复杂整体"，就是为了使这些"摩擦"生动而具体化，通过各种方式方法搜集不同的材料来展示整体，进行有厚度的描述和分析，从而获得认识。

案例研究通过考察单个对象带来了具体而微的考察方式，获得了很大的生动性。然而，这种生动性并不是指"故事会"一样的文学性，而是基于将抽象理论投射到现实中获得的丰富而具体的事实支撑。理论提供了案例考察的维度。比如，在考察一个广场设计的案例时，如果考察者意识到了可以从人的交谈、看与被看、美学喜好、流线等方面考察时，研究者实际已经能够用这些理论维度将纷繁复杂的现实进行整理成"复杂整体"。

2）材料的多样性

案例研究法材料的多样性包括来源和格式的多样性。案例研究法和定性研究法在这一点上是相同的，有人因此也认定案例研究法是定性分析法的一种。研究者在搜集研究材料的时候不必拘泥于单一的材料搜集方法，也不必纠结于材料格式和单位的统一。案例研究法要求研究者主动开发不同的材料来源，常见的包括运用实地观察法、访谈法、文档搜集法等方法广泛搜集不同来源的材料。这些材料可以指向事实、态度、诠释等反

图 13-2　同一场所呈现的不同图像

映案例特征的不同侧面（图 13-2）。

　　案例研究法区别于大量性数据为主的定性分析方法。第一，两者的分析逻辑不同。定性研究方法重在归纳，案例研究方法重在比较。前者强调从大量性材料中理出条例和类型；后者强调从材料的多样性中获得"横看成岭侧成峰"的考察角度，展现多重理论维度以及它们之间的摩擦。第二，定性研究的结论常常是新的理论构建，对新的类型、关系、机制的总结，而案例研究方法常常是对已有关系、机制在不同视角下的效应的适用性，以及和其他理论维度兼容性的揭示。第三，案例研究比起一般定性研究的材料来源更广泛。除了常见的包括运用实地观察法、访谈法、文档法等方法以外，案例研究法中也可以局部地运用定量类分析方法，比如运用问卷调查、结构性观察、结构性访谈搜集可以进行定量分析的数据，从而形成特定的考察角度。定量数据在案例研究中能够揭示不易被研究者察觉的隐藏关系，也能防止研究者被案例中形象生动的"表象"所迷惑，印证从定性数据中得出的结论。

3）过程的重要性

　　案例研究的过程与结论同样重要。案例考察的过程能够展现丰满和细腻的现实，具有很高的可读性。不仅如此,案例研究的过程中展现理论和现实交互编制,直接说明了理论的复杂性及适用性。因此,案例研究的过程是研究结论不可分离的一部分。相比之下,一般的定量研究和定性研究着重于得出结论,详细的研究过程,比如具体的数理分析过程,或者编码过程都可以在介绍了精度和操作方法后略写或者省掉。案例研究对细节的重视有点像人物传记:人物传记在于展示生命过程,如果读者只去阅读作为结论的传记的历史贡献、人物性格等,而不去阅读传记的具体内容,是没有意义的。因而,研究者在展示案例研究时,应该凸显具体考察过程所包含的趣味性,详尽地展示案例研究中不同维度理论和现实交织的过程,而不是仓促地总结和省略。

13.1.3 案例研究法对于设计学科的意义

1)切合实践角度

几乎所有实践学科——既包括建筑、规划、园林等设计学科,也包括临床医学、法律学、工商管理等学科——都认识到了案例的重要性。建筑师、规划师、风景园林师、医生、律师、经理人、公务员等群体除了阅读理论性的读物,也会大量地阅读案例。在社会生活中,实践性强的学科都是为一线培养实践者。设计师、医生、律师、经理人、行政管理人员等职业的常态是面临各种复杂的问题,他们时刻需要作出连续的判断,同时快速判断理论和策略的选择。连续判断的不同导致同一个问题的不同解。案例研究的角度切合实践者熟悉的"单位"对象,提供了理论相互碰撞和摩擦的"落脚点"。案例研究法针对个体的角度,和实践者所面对问题的抽象程度和复杂程度是一致的。对于包括设计师在内的实践者,案例研究不仅提供了理论还原到现实的亲近感,也能够捕捉到实践本身的复杂性和紧张感。

2)拓展实践的理性和深度

由于设计学科工作内容的直观性,常常发生设计师直接从形象借鉴以至于到抄袭的现象。设计形象的方便剪切有导致盲目而肤浅实践的风险。将研究考察引入案例中,无疑在设计师熟悉的学习角度中增加了深度。前人的实践不再仅仅从形象视角予以借鉴,也不再是理想化的范例。案例研究对个案中理论考察发展了对理论的适用性和兼容性的认识,也成为设计师群体增加认识深度的视角。

13.1.4 案例研究法的限制

1）一般化限制

案例研究法作为方法论最大的限制在于，通过案例研究法得到的认识遇到"一般化推论"的限制。换言之，其考察结论来自于对一时、一物、一事的有效认识，而在推广时就存在疑问。这种研究方法的限制来自案例研究"此一可则彼皆可"的逻辑。这种逻辑显然与量化研究的较为严谨的抽样要求有所不同，因而案例研究得出的认识被认为是局部的真理或者暂时的真理。一般化的疑问也使一部分研究者对案例研究的合法性提出质疑。

对抗这种限制，要求研究者在筹划阶段对案例研究有所认识。第一，案例研究的认识属于定性认识，适用于对理论维度进行发掘。因而，案例研究比较适合具体而深刻的事实，试图获得概括而精确的事实，应该偏向于定量研究。第二，研究者需要对案例的代表性予以论证，使案例在各个方面能够代表足够多的研究对象。在很多情况下，研究者愿意寻找著名的设计师、著名的建成项目、著名的建成环境事件等。这些案例广为人知，影响力巨大，对他们进行案例研究能够带来更多的关注。同时，研究者也需要注意案例研究的理论假设：如果案例的考察能够得出一个结论，则其他同类现象也同样适用这个结论。案例的代表性还需要从理论的维度上予以认证，寻找理论上的案例和一般现象的对应性，而不是仅仅考察案例表面上的知名度。另一种试图采用"此一不可则彼皆可疑"的逻辑，就是说一旦在案例考察中找到相反证据，对已有理论的质疑就能够成立，从而方便地推导至其他的现象。历史上伽利略对亚里士多德的质疑就来源于此。由于"此一不可则彼皆可疑"的逻辑比起"此一可则彼皆可"的证明要容易得多，所以可以看到大量高水准的案例研究是对特例、反例、极端情况的发现。研究者以此发展悖论，来质疑和发展已有的理论维度。

还有学者提出通过扩充案例数量对抗案例研究方法难于一般化的限制，以此来实现理论研究结论的"概推性"与"普世化"。还有学者提出跨案例研究方法[1]，应用逐步复制或者差别复制的方法来扩大案例研究的容量，保证研究的效度和信度。这种思路本质上是将案例研究推向定量研究。虽然这种思路带来结论信度和效度的提高，但是可能会带来案例研究"复杂整体"特性随着案例数量增加而消失了。这时，研究从对个体复杂性的考察转向对群体一般性的考察，就需要考虑定量研究的种种标准，提炼具有较高一般性和实用性的理论。当然，这种折中的思路仍然可以作为研究者在平衡复杂性和可信度时参考。

---

1 Eisenhardt, Kathleen M.. Melissa E. Graebner. Theory Building from Cases: Opportunities and Challenges[J]. Academy of Management Journal, 2007, 50(1): 25-32.

2）不适合考察宏观性问题

案例研究的考察范围限于一个或者数个案例，这种视野决定了案例研究法不适合考察宏观问题。案例研究适合考察那些富有内在维度的、理论维度难于从现象中分离出来的那些研究对象——值得运用"下马看花"的方法进行考察的现象。而对于外在的、理论维度容易进行抽象的单维度问题，就不适合用案例研究了。特别是那些已经被提取出清晰可量化概念的研究领域，如交通体系统、生物多样性、视觉评价、经济影响、游览频率等，用量化研究的方法能够获得更明确、更有信度的结论。

3）对研究者的要求较高

案例研究法是一种易于接近而难于掌握的研究方法。其直观可感的特点使人感觉它是一种门槛较低的研究方法，而其高度复杂性和"理论—现实"交织的特点对研究者提出了很高的要求。常常出现的情况是，研究者从身边可得的资源草率地决定了案例选择，搜集多渠道数据的时候又比较随意，最后的分析判断就难免流于简单、表面的叙述。这种所谓案例研究不可能发展出具有复杂性的认识。由于案例研究法和研究者是一对一的关系，案例和案例所包含的理论维度就是研究活动的全部。这要求研究者有较好的理论视野和高度的敏感性，能够从单个案例中发现考察活动对扩展认识的意义。

13.2 案例研究的类别

案例研究可以按照不同的标准进行分类，常见的分类方式有三种：第一是按照案例数的多少将案例研究划分为单案例研究与多案例研究。第二是按照案例研究理论化的程度，将案例研究划分为探索性、描述性、因果性研究。第三是按照结合案例研究内部结构构成，可以将案例研究划分为单案例整体性研究、多案例整体性研究、单案例嵌入型研究、多案例嵌入型研究。[1] 上面的分类都有其一目了然的清晰性和合理性，这里不展开叙述。

本书将案例与理论的关系作为案例研究分类的依据，分为理论印证型案例研究和批判建构型案例研究。考虑案例研究法是通过考察案例从而获得新认识的研究方法，案例研究总需要和已有的理论为参照。理论印证型案例研究以原有理论为基本框架，展现理论在具体生活中的复杂性、有效性、适用性；批判建构型案例研究展现案例（常常是特例）对于原有理论的突破，并试图建立新的理论。打一个不恰当的比方，如果将案例研究比

---

1 Yin, Robert K. Case Study Research and Applications: Design and Methods[M]. Thousand Oaks, CA: Sage Publications, 2017.

作人物报道：理论印证型案例研究像模范人物的报道，此类报道能够凸显主流价值和真实社会之间的复杂关系才会好看。而批判建构型案例研究更像边缘人物的报道，此类报道在于突破一般的社会见识，探索社会生活的深度和边界。其共通之处在于，人物报道在于展现人性和社会的关系，而案例研究展现理论在现实中的运行。展现理论的复杂性是为了考察理论的外延、内涵、适用等问题；发展新的理论是发现原有理论的局限——不论是深度还是范围，两者都指向了对现有理论的发展。由于案例研究的归纳逻辑，在案例研究开始之时，研究者很难判断得出的结论会是上面的那一种类型。但是研究者在进行研究筹划时需要明确选择案例和其基于的理论考察角度，以此才会得到有效认识。除了这两种典型的案例研究类型，本节还论述了超过一个案例的比较案例研究。

13.2.1 理论印证型案例研究

理论印证型案例研究是通过对实际案例的考察，从而印证某个或者某一类既有理论在现实中的适用性。这类案例研究的前提是先前的研究者已经完成了理论建构，而本案例正是这种理论的应用或者体现。也许读者要问，既然一个理论或者概念已经广为人知，甚至被普遍接受，为何还要用案例这种看似单纯而原始的方法进行考察呢？对于单纯的自然科学问题（比如抽象化了的声、光、电、热等），理论的适用性不是问题，研究对象能够从现实中清晰地抽取出来，也能方便地还原回去。应用型学科（如法律学、设计学科、临床医学）理论不太容易从复杂的现实中提取出来，当用提取出的理论指导应用时，其适用性常常受到现实的挑战。设计学科中存在着各种复杂因素，设计成果也具有"多解性"的特征。这时，考察理论和现实的适应关系，重新定义其适用性（外延与内涵）就显得尤为重要。比如，如果将光伏建筑的个案作为考察对象，设计的节能特征也会涉及光伏板材料的使用量、光伏材料的使用周期，光伏能源的稳定性、经济性等一系列"现实"问题。在个案研究中，光伏建筑的节能性能可以回落到复杂现实中，从而获得新的、更为确切的关于适用性的认识。值得强调的是，理论印证型的案例研究不是为支撑理论而选取案例，而是对理论有效性和适用性的考察，需要通过分析理论的外延和内涵有所发展。

理论印证型案例研究的趣味核心并不是得到"某个案例支持某个理论"的单纯结论，而是在考察过程中所揭示案例作为"复杂整体"。某个案例贯穿了哪些理论，这些理论如何在同一个案例中展示摩擦或者形成张力，这些摩擦和张力具体体现为哪些材料和细节等（图13-3）。因而，这一类型案例研究的"印证"结论并不重要，反而是在分析过程中所揭示理论在张力中成立的状态更令人关注。案例考察过程得到进一步明确了所体现理论的有效性和适用性，也展示了一种高度可行的理论"操作"样本。从搜集材料来看，已有的理论实际已经为搜集材料提供了良好的框架，要达到产生新认识的深度，研究者

图 13-3　条理在空间中的相互贯穿

图 13-4　美国弗吉尼亚州白头山

需要发展出基于本理论的新考察维度，力图发展出理论和现实的"摩擦"，方才可以编织出分析的复杂性。比如，对"形式追随功能"在路斯项目中的展示，其目的并不是要证伪这一论断，而是要在复杂的社会、技术、经济等维度之下，考察这一论断的具体"运行"情况。又如，用某个特殊气候和经济环境下的设计案例考察不同绿色评估体系。其研究一方面可以展示不同评价体系的侧重点，另一方面可以展示刚性的评价系统和具体的"复杂事实"之间的张力。单个案例不可能测试评价体系的有效性，其价值在于还原绿色设计评价体系于现实之中的复杂性。

戴维·罗伯逊（David P. Robertson）和布鲁斯·赫尔（R. Bruce Hull）以弗吉尼亚州西南部白头山（Whitetop Mountain，图 13-4）为案例，重新考察了自然观理论的复杂性。[1] 对于风景园林师和规划师，弄清"自然"的概念不仅是一种观念需要，而且引导着大相径庭的设计策略。这项研究没有试图从理论思辨的角度进行抽象的构建，而是从一个具体地点的案例的"感知材料"中进行比较归纳。"一座山长什么样取决于观察者希望看到什么"，白头山的感知和愿景正是不同自然观的体现。研究者从三方面论证了研究材料和理论的关系。第一是实证性，从日常话语、专业文本，或者科学报告中考察自然观，而不是研究者离开分析材料的想象和猜测。第二是普遍性，自然观能在案例以外的其他地域找到对应的情况。这种逻辑显然是"此可则彼皆可"的逻辑，用一个案例作为"代表"考察普遍适用的自然观。第三是可操作性，自然观考察必须要自然为主体景观的设计、规划、管理活动有所启发。在这三方面的设定之下，研究者搜集了来源多样、形式各异的材料，包括对国家森林局工作人员的访谈、当地居民的言论、学术论文、媒体报道、传说和民

1　Robertson, David P.. R. Bruce Hull. Which Nature? A Case Study of Whitetop Mountain[J]. Landscape Journal, 2001, 20(2): 176-185.

间文学、各种组织的文件、各级政府部门的政策文本等。材料分析和解读出不同人群的观察角度、认识深度、现实需求等内容，从而归纳出四种自然观：生态旅游，浪漫主义，田园主义（pastoralism）和生态主义（ecologism）。生态旅游视角的自然观对应创造舒适愉悦的游览经济，由此衍生出地方各种为了发展经济的现实策略，保护自然的视觉美感，同时也增加交通和服务设施。浪漫主义来源于对自然野性的向往和尊重，由此发展出严格防止干扰的保护理念和措施，防止人的干扰和侵害。田园主义植根于当地居民的农业生产活动，由此衍生出一种和乡村生活相关的怀旧文化，提供的是一种低技术的、小范围开发的模式。生态主义的自然观则着重于该地区生物多样性和生态系统多样性，从而要求系统化的和超越保护区范围的综合措施，从科学的角度界定生物多样性、有害物种等概念。最后，研究者思辨性地提出了第五种可能的自然观——生物文化论：设想一种平衡主义的观点，主张人是自然中不可或缺的功能体和适应体。

这四种自然观对于熟悉景观理论的读者来说并不陌生。这一研究显示了案例研究在理论复杂性考察上的优势。诸多自然观能够共存于一个现实案例之中，体现具体的、差异性的美学理想和规划策略。案例研究的视角捕捉了理论回落到具体生活的生动感和现实感。案例研究的成果不仅在于命题的提出，也在于理论和现实交织的复杂特质。

13.2.2 批判建构型案例研究

批判建构型案例研究针对的是某个已有的理论难于涵盖的"范畴外"案例，研究者通过分析案例引入批判性视角；通过解释案例的发生机制，从而构建新的理论。在这种类型的案例研究中，批判和探索是理论化活动的两端：一端是集中于对已有理论的批判，强调对已有理论边界的质疑；另一端是试图从对案例现象的解释中探索出新的范畴和维度，从而构建新的理论。任何对"理论范畴外"现象的考察，需要相应的描述和解释，需要一定程度化的理论探索，不可避免地形成对已有理论的批判。不同方法论书籍中有批判性案例研究（critical instance case studies）、解释性案例研究（explanatory case study）、探索型案例研究（exploratory/pilot case studies）的说法。这三种类型的命名实际是强调批判建构型案例研究的不同方面以及研究认识的最终形式；批判性案例研究的提法强调找到"不驯服案例"的理论拓展意义，解释性案例研究的提法强调确立"不驯服案例"的合理性，探索型案例研究的提法强调新理论建立的深度。本书将以上三者都统一到批判建构型案例研究的类型中。

批判建构型案例研究需要突破原有理论的范畴，而不是像理论印证型案例研究是对原有理论的深化和健全。一般来说，研究者能够找到"范畴外"案例对这类案例研究具有决定性的作用。这要求研究者对已有理论的边界和内涵有着清晰的认识，同时需要研究者有足够的敏感度，对现实世界现象中包含的意义能够敏感发现。当研究者能够"直觉地"将某种理论和某个案例联系起来，并意识到理论的"范畴"和现实案例的"维度"已经不能相互适应，批判建构型案例研究的方向就基本确立了。比如，最早出现多层超级市场时，研究者若能意识到原来单层超级市场的流线、运输、防火等理论都已经被突破，那么这就可能成为一个"范畴外"案例。接下来，需要对现实案例"范畴外"的部分进行描述、分析、解释。和其他案例研究类型一样，批判建构型案例研究的材料来源可以来自不同方面。研究者可以运用已有的分析维度对现象进行描述（比如上例中的流线、运输、防火等理论维度），也可以自创出新的理论维度（比如上例中垂直设计元素）对案例的机制予以解释。这些新的理论维度（包括新的概念、命题、系统等）趋于逻辑结构的合理和解释能力的强劲，新的理论（比如上例立体超级市场的设计理论）就建立起来了。

"理论范畴外"案例在成为研究考察对象以前，总是显得粗糙和怪异，这有待于研究者建构新的理论维度，获得合理性与合法性。文丘里等著《向拉斯维加斯学习》[1]从1968年前后对拉斯维加斯的案例考察中获得批判力、构建新理论（图13-5）。案例的选择显然考虑了独特性原则，拉斯维加斯市当时（恐怕一直到现在）被认为是"非正常"的美国城市，该城市拥有大量的赌场、宾馆、酒吧等，被称作"罪恶之城""光城""娱乐之都""赌城"等。拉斯维加斯拥有诸多不甚合乎现代主义品位的停车场、广告牌、灯具、建筑形体等。在试图为拉斯维加斯现象寻找合理性的挣扎中，研究者终于找了这些形式的驱动力——

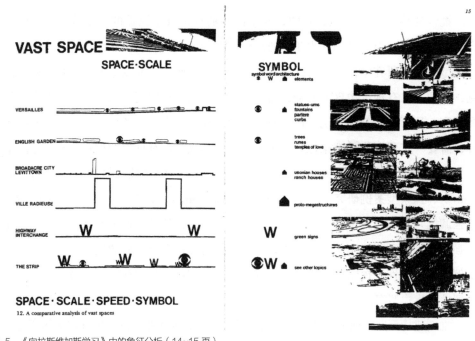

图13-5　《向拉斯维加斯学习》中的象征分析（14~15页）

1　Venturi, Robert. Scott, Denise. Venturi, Izenour. Robert, Brown, Denise Scott. Izenour, Steven. Learning from Las Vegas: The Forgotten Symbolism of Architectural Form[M]. Cambridge, MA: MIT Press, 1977.

意义的表现和氛围的传达。赌城的一切都是要吸引顾客，整个城市的各种环境就成为传达商业信息的"交流系统"（communication system）。文丘里团队拥有"他者"的观察角度，还有作为建筑师的图像分析技能。研究者建构起"图案手册"（各种分析得出的图解）、"风格"、"幻觉／暗示"等分析维度。从解释现象到构建理论，文丘里团队提炼出"象征性"的概念，质疑了"功能决定形式""少就是多"等排斥意义的简单现代主义逻辑。他们认为，建筑和环境不仅是冷冰冰的形体和空间，也是蕴含着记忆和信息的象征物。文丘里也最终喊出了"建筑是有装饰的庇护所"（architecture as shelter with decoration on it）的口号。这项研究从批判和理论构建上是相当成功的，在建筑学历史上被誉为后现代主义的奠基石。它不仅扩大了建筑学的研究范围，突破了单纯基于结构合理性肃穆而单调的现代建筑，让设计学科的理论更广范围地拥抱"现实美国"，而且启发了后现代主义建筑风格的设计实践。其作者之一的罗伯特·文丘里被誉为"后现代主义之父"。

由于时代和面向的读者限制，《向拉斯维加斯学习》的写作呈现一种松散的组织形式。从方法论的角度，该书无疑采用了批判式建立理论的案例研究方法。通过案例的考察和理论的构建，文丘里等为读者展示了一种观察城市图景的系统，和从现实中提取理论的案例研究法。

从单个案例批判而来的新的理论能否被广泛接受？这是批判建构型案例研究最大的理论风险。化解这种风险，研究者可以考虑以下两个方面：第一，"理论范畴外"案例需要具有一定的普遍性，能够找到其他的案例与之对应。换言之，批判旧理论的"范畴外"案例并不是孤例，能够代表一批广泛存在的现象。第二，新构建的理论必须有实质内容，而不是概念重复的游戏。新构建的理论需要能够触动学术共同体的观念，而不是在文字上进行组合游戏。一般来说，对某些现实问题缺陷的揭示是不够的，要对观念具有启发意义，还需要构建新的体系，为现象找到合理性。

13.2.3 对比性案例研究

对比性案例研究就是多案例研究，是指在一个相对完整的研究中，选取一个以上案例进行对比分析，从而得到认识的案例研究类型。有学者认为在多案例的设计中，由于案例数量增加，可以增强印证理论的说服力。这是笔者所不同意的。案例研究的方法论基础在于展现"解剖麻雀"的分析过程。案例数量上的从一到十的积累，不论是印证理论还是批判理论，并不能在统计学意义上获得由案例研究而使理论"一般化"的说服力。同时，多案例研究不同于实验对比组。案例研究法有别于实验研究在于实验研究能够方便抽象出简单的维度，并能进行因素的控制；而案例研究本身就是分析还未完全抽离的每个因素之间的关系，通常在不干涉研究对象的情况下进行考察。案例考察本身回落到现实复杂的多种理论

图 13-6 《革新郊区》书影

交汇的复杂情况，如果另设一个没有理论影响的"单纯"案例，不仅不可能，也没有实质对比的意义。本书认为，对比性案例研究的必要性在于，单个案例反映理论复杂性的纵深有限，需要在研究筹划中选取更多的案例展现同一个理论范畴的不同维度。同一个理论，针对不同现实生活的方面，总是呈现出不同的触角。多案例研究在于探求这些伸向理论触角，从而展现理论的"广度"，在多案例的考察和对比中展现基本的共性和"不同触角"的特性。多案例选择的方式既可以运用到理论印证型案例研究中，也可以运用到批判建构型案例研究中。

安·福赛斯（Ann Forsyth）的《革新郊区》[1]研究展示了多案例研究在城市规划研究中的运用（图13-6）。该研究的对象是1960年代以来，美国有见识的规划师和设计师所提出的一系列改进城市蔓延的社区规划策略。美国在第二次世界大战后城市化基本遵循了以私家车交通为基础的独户住宅社区模式，这也被视作"美国梦"的外在体现。理论家和实践家发现了这种"美国梦"模式在环境、交通、公共空间、社会隔离等方面的诸多问题，提出了一系列策略。这些策略从理论上考察显得片面而分散，并且，很多"反郊区化"的策略是相互对立的。案例研究法提供了考察这些策略在"复杂整体"中混合运行的情况。研究者用一本书的篇幅考察了三个在60年代和70年代被视为"反郊区化"先锋的典型案例，包括位于南加州的尔湾牧场社区，马里兰州的哥伦比亚社区，以及在得克萨斯州休斯敦市郊的伍德兰兹社区。三个社区各有其特点，尔湾牧场社区以多种（而不是单一的独户住宅）居住形态和居住区内对商业的考虑而著名，哥伦比亚社区涉及种族融合的努力，而伍德兰兹社区着重于生态规划和雨水设计。案例研究还原了社区本身在现实中的"完整性"，同时，研究者又有足够的篇幅对每个案例所包含的理论维度做细致的考察。研究者主要运用了访谈和文档方法，通过数十个深入访谈获得了开发商、设计师、居民等多重角度的材料。研究者将不同来源材料和不同角度进行对比，展示和评估了社区中三个案例的设计过程和使用实况。这些认识显然有别于之前占据主导话语权的设计说明和开发广告宣传。这三个案例在普通意义上是成功的，开发者从中盈利，居民对居住质量也比较满意。更重要的是，研究考察了种族、性别、生态可持续、市场等理想主义的"先锋"规划策略（也就是我们所说的理论维度）在这些社区使用中的贯彻和运转情况。一些规划史上的经典概念和观念，

1 Forsyth, Ann. Reforming Suburbia: The Planned Communities of Irvine, Columbia, and The Woodlands[M]. Oakland, CA: University of California Press, 2005.

比如花园城市、小社区规模等内容也作为理论维度，在考察时也被用到。从和理论的关系而言，《革新郊区》的研究属于本节论述的第一种理论印证型案例研究，由于鲜活材料的搜集和丰富的理论维度，极大地扩展了对于反郊区化理论的认识。

13.3 案例研究过程

和所有的循证研究一样，案例研究法也是一个从研究筹划，到搜集数据、分析判断从而积累认识的过程。案例研究方法从研究过程整体上和定性研究法比较相似。所不同之处在于：定性研究法可以在研究之初较为开放而且广泛地搜集信息，而案例研究在研究进程一开始就设定了明确的单个考察对象，数据搜集的范围基本框定在此范围以内。在一个案例的范围内，考察的内容又取决于理论形成考察角度。案例研究所形成的认识，应尽可能地反映理论维度的"摩擦"，从而获得认识的复杂性。因此，本节从案例选择、发展考察维度、分析比较三个方面进行讨论。

13.3.1 案例选择

从万千事物中找到值得考察的那一个，并不是一件容易的事。案例一旦确定，研究搜集材料的范围就被牢牢地框定了。在一家设计公司，每年会完成数十上百个项目，似乎每一个项目都可以是一个案例。参与的相关决策、设计、实施人员那么多，都能成为研究材料的来源。哪些可以做案例研究？既然案例研究法规定只能考察一个（或者几个）案例来考察，为什么研究这个（这几个）案例，而不是其他案例？如果说案例研究的趣味在于"小中见大"，选择关键在于论证一个案例之中"何以为大"的问题，包括对理论的体现，对大量同类型其他案例的代表性，研究者搜集材料的方便性，等等。

1) 案例对理论的体现

一个案例有何意义，体现了何种理论？就是从学术认识的角度确定案例的价值。佛光寺东大殿在被"发现"以前，不过是山间乡野的破庙。当梁思成团队从历史进化的视角，找到反映年代的证据，这一案例就变成了汇聚唐代建筑形象的唯一案例，学术共同体借于此可以穿越时空，大大扩展对唐代建筑的具体认识。这一案例研究中，建筑史年代的梳理就是东大殿体现的"理论"维度。如果说案例研究是"下马看花""过细看花"，王阳明对看花的论述说明了"看花"背后的理论关照："你未看此花时，此花与汝心同归于寂。你来看此花时,则此花颜色一时明白起来。"[1]之所以能够明白,是由于理论观念的驱动,从而发展考察的维度。不论是印证型还是批判性案例研究,都蕴含了研究者对既有理论的不满,而案例的选择,实际是考察其体现理论的厚薄宽窄。

任何行业都是由伟大人物和伟大事件所推动的。重要的设计师、理论家、作品、环境都能成为案例研究的来源,比如曼哈顿古根海姆艺术馆、巴西利亚、中央公园。重要设计师和理论家,其思想和手法具有广泛的影响。这些对象作为案例,无疑具有不证自明的重要性,研究的新结论也由于案例本身的知名度而受到关注。在研究筹划阶段,研究者需要知晓的是,这些重要和知名的例子是否具有理论的代表性,其理论是否还有未解的复杂因素在内,是否有可能产生新的认识。争取在案例选择阶段一击而中,找到"说明问题"的案例,带来产生新认识的可能。换言之,熟烂的知名例子如果没有理论的张力,也应该舍弃。

笔者对麦克哈格(Ian McHarg)美学的研究,遵循了案例选择考虑理论代表性的思路。麦克哈格是知名的生态规划专家,以发明千层饼叠层综合法而闻名于世。他既不是传统意义上的设计师,也并非美学家,为何研究他的美学思想?原因在于,迈克哈格既是生态规划的代表人物,也是传统景观美学的激烈批判者。他声称,只要按照千层饼叠层综合法,顺应保护自然的要求,设计自然就会富于美感。换言之,生态保护规划能够代替现有的场地设计。在 1970 年代初,环境主义思想在美国流行的时代,麦克哈格的生态决定论逻辑造成了很多设计师的困惑,不知道"生态的设计"应该如何做了。在这个意义上,对麦克哈格这一个体构成了生态决定论、千层饼叠层综合法、场所设计不同理论维度的交汇点,是打开生态设计方法的一把钥匙。对单个案例的研究能够打通这几者的关系,最终完成理论上的和解。

麦克哈格是传统景观美学的激烈批判者,他自己的世界仍然不能完全避开美学的讨论:他的言论中不难发现对景观感受的论述,对不同时期景观风格的评价,对设计过程中景观形态生成的规定;他为数不多的设计作品(包括他的自宅)从设计过程和结果上都体现了他自己可能尚未意识到的美学主张(图 13-7)。搜集这些材料,一个反对美学但是"有美学主张"的麦克哈格才会变得立体起来。在这个意义上,定义案例的理论维度能够指导后续的材料和数据搜集。

2)独特性案例

案例除了可以汇集多种理论维度,还可以和已有的理论形成对比和矛盾,这就是特例和反例。独特性的案例更能突破现有理论的边界产生有趣而深刻的见解,构建有革命性的新认识。前文提到的《向拉斯维加斯学习》的案例选取过程中显然考虑了独特性视角。在

---

1 王阳明.传习录:上[M]//王阳明.王阳明全集:上.吴光,钱明,董平,姚延福,编校.上海:上海古籍出版社,2011.

现代主义设计精英视角下不入流的拉斯维加斯，被赋予了体现象征文化乃至构建起后现代主义理论的使命，扩大了建筑学研究的对象范围。

池塘（Pond）

连接渠（Swale Entering Pond）

滞水区（Standing Water）
图 13-7　体现麦克哈格美学的项目照片

独特性案例选择的过程是意义赋予的过程，当案例选择承载了研究者对现有理论的不满时，新的理论构建的方向也确定了。独特性案例当然可以来自新近出现的事物，比如说众筹型旅馆、自主型自行车、社区种植型花园等。这些现象代表了人对环境的新探索，其可能触动新的理论维度，值得运用案例研究的方式印证其存在的意义，揭示其复杂性。更多的独特性案例是基于对理论不周全现象的发掘，而不仅仅是针对新颖表层现象。虽然案例研究的认识生成遵循着自下而上的归纳逻辑，生成新的认识，但是案例的意义总要从参照既有的理论中找到，搜集他们游离在某个理论"体制"外的新意义。大多数独特性案例都不是显而易见的"极端分子"，要求研究者通过意义转化使"平常"现象富有意义。在《向拉斯维加斯学习》中，文丘里团队并不认为拉斯维加斯应该是一个"体制外"的非城（Noncity）。相反地，他们用拉斯维加斯作为反抗和批判现代主义建筑理论的机会，通过材料搜集发展出象征文化和消费文化的概念，为该城市的建筑和景观形象找到了合理性。总之，独特性案例需要对照理论的边界予以发掘，从而突破熟视无睹的"无意义"。

3）一般性案例

前两个选择案例的视角来自和既有理论的印证关系，这里所说一般性案例是指案例与同类型其他案例的相似性联系。从外在观察，这个案例是不是具有大量的同类副本？或者，是否具有其他案例所具有的特征？从机制上，这个案例产生的机制是否被其他的设计者和决策者模仿？从影响上，这个案例是不是在当时广泛宣传，并被大量模仿？通过回答上面几个问题，基本可以判断案例是否具有一般性的论证。这种考察一定程度上可以缓解案例研究方法所得到的结论难于"一般化"的限制。偏有社会学气质的案例研究尤其强调案例的一般性，而并不是案例的知名度。这种观点考虑平凡案例的真实代表性，也考虑研究成果的"通则化"或"普世化"的可能，力争将一个样本的认识推广到它所代表的总体中去。

古人说，观一叶而知天下秋；[1] 我们同时也知道，没有两片叶子是相同的。研究者随随便便地找一个不知名的案例可以保证其是平凡的，但不能说明其方法论上的一般性。研究者需要借助于一系列指标体系来建立起某个案例和整体的关系，论证具体案例的一般性。本书第 8 章第 8.4 节所提及的中城研究是以印第安纳州曼西市为案例的美国城市研究。在 1929 年林德夫妇对该城进行考察以后，直到如今，不断有社会学家和新闻记者对该城进行回访。[2] 除了林德夫妇《中城》一书巨大的影响力以外，一个经常被提起和回答的问题是，曼西是否具有作为美国城市的一般性？作为复杂的集合体，谈论一个城市的代表性总是充满了风险。有学者用具体的指标曼西作为美国小城市的典型性：考察其离婚率、抢劫发案率、公共图书馆借书率；曼西市和全国的平均水平十分接近。[3] 同时，曼西的选举结果很大程度能够预测美国总统选举。[4] 很多连锁餐馆将曼西市作为新餐品推出的试验品尝城市。这些说法一定程度上支持了曼西代表美国中小城市的观点。但是，曼西其他的社会指标，比如收入、受教育程度、自杀率、交通事故指标等，和全国水平有所不同。因而，曼西作为美国城市的一般性是有限的，其作为案例的说服力也来自《中城》经典的延续效应。

值得注意的是，案例的一般性和其理论的代表性并不完全重合。比如，前文介绍的安·福赛斯《革新郊区》的案例选择均是知名的案例，其研究能否代表广大的社区就应该质疑。然而，考虑到该研究的主要对象是"先锋"的社区设计思想和实践，这种选择是恰当的。上面提到的先锋人物、案例、行动等，由于这类案例没有被大量性地复制，考察的一般性意义就应该受到质疑。

4）地方性案例

地方性案例主要涉及案例研究搜集材料的难易程度和观察角度。如果案例处在研究者方便可及的区域，研究者已经积累了相当多的背景信息，研究者"进入"案例就是进入生活的一部分，既方便寻访和搜集材料，也方便伸展感知的触角，获得深入的认识。这些都是要求深度、厚度、复杂度的案例研究所欢迎的。比如上文提到白头山研究，其案例的选择就来源于研究者生活的区域。对于研究初学者而言，似乎案例资料的多寡、案例地理位置离自己的远近常常将案例选择导向地方性案例。从搜集材料的角度，地方

---

1 《淮南子·说山训》："以小见大，见一叶落而知岁之将暮。"《太平御览》卷二十四引作"一叶落而知天下秋"。

2 Geelhoed, Bruce. The Enduring Legacy of Muncie as Middletown[M]// Lassiter, Luke E.. Elizabeth Campbell. Hurley Goodall. Michelle Natasya Johnson. The Other Side of Middletown: Exploring Muncie's African American Community. Walnut Creek, CA: AltaMira Press, 2004.

3 Caplow, Theodore. Howard M. Bahr. Bruce A. Chadwick. Dwight W. Hoover. All Faithful People: Change and Continuity in Middletown's Religion[M]. Minneapolis, MN: University of Minnesota Press, 1983.

4 Younge, Gary. The View from Middletown[N/OL]. The Guardian, 2002-10-11. https://www.theguardian.com/membership/2016/oct/11/middletown-gary-younge-us-election-presidential-muncie-indiana.

性案例不仅意味着研究者可能对案例本身有切身体会，也意味着研究者能够对当地的媒体、档案、机构、人员等可能的材料来源有深切的了解。

同时，研究者也需要明了，地方性案例的考察有两种限制情况。第一，地方性案例注重搜集材料来源的方便程度，可能忽视了案例本身和理论之间的关系。案例的论证应该围绕研究的范畴和问题展开，依然需要借助理论可能相关程度来选择案例。在研究筹划过程中对理论框架的忽视可能导致最后考察的材料很多，但是不形成强有力的理论框架。第二，地方性案例的考察中，研究者处于一种"局内人"的视角。虽然这种视角方便获得丰富、深刻的见解，也由于身在案例之中或者之侧，丧失了"他者"的旁观视角，可能导致某些方面触觉不甚灵敏，丧失意义的阐释。

13.3.2 发展考察维度

研究者选择案例的过程也伴随着考察维度的发展，这也是案例研究不同于定性研究的地方：定性研究开始之时，可以对研究材料尽数纳入，理论维度可以待到后面发展出来（本书第12章）；而案例研究则要求在研究开始时对考察维度有所规定。最为现实的原因是案例研究的对象是单个个体。不迅速建立考察维度，案例的结构就十分单薄。研究精力集中于一个案例，并不意味着研究范围缩小导致数据规模较小，而意味着研究者要主动丰富考察维度。

考察维度是选择案例过程中所参照理论的延续。虽然案例研究法总是以归纳的面目出现，但其背后总有着演绎的影子。研究者根据已有的理论，建立起考察维度——即使研究者的动机是揭示已有理论的缺陷，也需要让旧理论的维度充分伸展，形成分析框架（ana-lytical frame），从而能够尽可能多地搜集材料。如图13-8所示，艺术家设置了不同的镜子，在反射的过程中更加立体地观察装置设计的场景。案例研究的考察维度就仿佛不同的镜子，反射出不同的材料内容，将单个案例立体化起来。在上文提及的白头山案例研究中，分析框架来自观念、图景、行动（包括规划、保护、开发行动）三个维度。考察维度不仅方便搜集材料，而且在理论上暗示着在三方面之间存在着对"自然观"的认识张力，需要进行最终的理论清理。最终，研究者总结出的四种自然观在每种维度上都有所差异。

除了既有理论发展得来的维度，案例的考察维度也可以部分地从材料自下而上地发展考察维度。在考察过程中，研究者在接触更多材料的基础上发展出分析维度，这种发展通常根据搜集材料的特征，按照分类的方法使之更加清晰。比如，在对拉斯维加斯的考察当中，文丘里团队就对自下而上地归纳出"图案手册"（各种分析得出的图解）、"风格"、"幻觉/暗示"等分析维度，最终完成象征性概念的提出。材料的不同来源也能构成考察的维度。在上面提到的笔者完成的麦克哈格美学考察中，其基本的理论维度为麦克哈格"生态决定论"。以此对搜集的材料进行分析比较，包括：第一，设计言论（以下简称生态言论）和

图 13-8　多重考察维度——明合文吉"梦幻上海"（Shanghai Vision）

他的美学论断之间的对照。第二，生态言论和他对历史上的不同设计风格的对照。第三，麦克哈格生态言论和他负责的实际建成项目之间的对照。这些对照展现了理论维度之间的冲突，最终划定出麦克哈格生态设计方法应有的外延和内涵，其美学认识的片段性和矛盾性，美学愿景的局限性等内容。

研究者需要把搜集材料的多种来源与考察研究对象的多种理论维度分开。搜集研究数据和材料的来源包括：组合使用定性和定量数据，进入现场搜集数据，扩大材料的来源，应用观察、参与、文档、访谈、问卷等不同手段，对同一种手段采用不同来源和角度的材料。搜集材料的多种来源能够使某个方面的事实更加清楚（图 13-9），并不必然地带来认识层次和方面的变化。换言之，如果以人群和材料来源的差异作为理论的出发点，搜集材料的多种来源能够带来理论维度的复杂性；反之，多种角度的材料带来材料本身的丰富性，并不带来新的理论维度。

南希·柏林那（Nancy Berliner）对荫余堂（Yin Yu Tang）的研究展示了案例研究中开发考察角度。[1] 荫余堂原来是位于中国安徽省的一座建于 19 世纪初的徽式单院落住宅，在策展人柏林那的主导下，该住宅被美国马萨诸塞州塞勒姆（Salem）市皮博迪埃塞克斯博物馆（Peabody Essex Museum）整体购下，拆卸，运输出口到美国。最终，住宅在皮博迪埃塞克斯博物馆的扩展区域重新装配建造，作为永久的"展品"于 2003 年向公众开放（图 13-10）。这座建筑是大量徽派建筑遗存中的一个，历史也不算悠久，无论在当时还是今天的中国都够不上文物保护单位的标准。从案例选择的角度，该案例很大程度上能够代表徽式建筑，能够很好地满足"一般性"的要求。从案例选择的角度，荫余堂对于研究者来说显然并不是本土案例，不利于材料和数据的搜集。然而，这种选择也有助于研究者建立起"他者"的角度，而研究者主导对建筑购买和转运的经历也弥补了材料收集的短板。

对于这样一个徽式建筑，无论作为一件博物馆中的超大尺度展品，还是作为一个案例研究，都需要"以小见大"地发展出更多的、有见地的认识。《荫余堂》一书大大超出了为参观游客提供充分信息的范围，以一个案例展示了中国古代建筑文化的丰富内涵。第一，该书用三分之一的篇幅将荫余堂建筑编织到中国古代建筑和安徽地方这两个重要的传统之中，诠释了这座名不见经传的建筑和文化源流之间的关系。第二，该书用几乎可以用到的

1　Berliner, Nancy. Yin Yu Tang: The Architecture and Daily Life of a Chinese House[M]. North Clarendon, VT: Tuttle Publishing, 2013.

图 13-9　观察龙的不同角度　　　　　　图 13-10　荫余堂（美国马萨诸塞州塞勒姆市皮博迪埃塞克斯博物馆）

所有手段考察了建筑本体。除了常见的历史照片、测绘图纸、建筑细节等研究方法，该研究还对木工工具、建造方法、拆卸和重建等做了事无巨细的记录考察，具体到每间房的装饰、家具、"传家"物品，都做了详细记录。第三，最重要的，研究将该住宅主人黄氏家族的家族史和建筑的关系作为考察对象，展现了"七代黄家人在这座建筑中食、寝、笑、泪、婚、衍的故事"。传统的建筑历史研究倾向于将建筑本身看作一个客观的"物"，和现实生活分离开来，从而方便地对其特征进行描述。到底是建筑塑造了家族传统，还是家族传统塑造了建筑？这不是一个单向因果关系的科学问题。一般的测绘研究往往过滤了富有魅力的复杂现实。意识到家族生活和传统是围绕着荫余堂展开的，研究者通过书信、日记、家族物件、访谈等材料归纳出新的考察维度，不仅揭示出中国传统居住环境和生活的互动行为，而且揭示出人和建筑之间的深切心理联系。两百年的时间跨度属于"不久以前的过去"，并不遥远，但又包含天翻地覆的社会变迁。荫余堂仿佛一面平常的镜子，通过家庭建筑环境的考察，折射出整个文化和社会的冲击和渗透。总之，荫余堂研究展示了案例研究"以小见大"的特征和趣味：通过从多方面考察"复杂整体"，实现了基本理论对现实的回归，展示理论认识和现实之间的张力。从类别上看，荫余堂研究属于理论印证型案例研究，通过不同分析维度之间的交织，丰富了建筑学研究对徽式住宅的认识。

13.3.3　比较分析

案例考察的最终目的是发展认识。研究者搜集的各个方面材料在案例这个"复杂整体"中需要被视为理论维度的体现。不同理论维度在比较分析的过程中形成"交织"的趣味（图13-11），这是案例研究特有的复杂性趣味。考察维度不论是来自既有理论，还是来自过程中自下而上的发现，如果没有多种考察维度相互交汇和摩擦，案例这种考查方式就显

图 13-11　相互重叠的道路高架

得单薄。就像所展示的道路高架一样，不同的维度之间在研究者进行分析比较之前，展现为并置和共存的关系。由研究者定义这些交汇的"意义"，并给予适当的清理，认识的火堆才会被点燃，爆发出新的认识。下面就从本章所举的例子中，对理论交汇的不同类型略作归纳。

1）主体理论考察

主体理论考察在案例分析中以一种理论为考察的重点，通过考察单一理论的多维度后果来深化对这一理论的认识。在案例选择的过程中，案例的基本面貌体现了特定的某种理论。在《革新郊区》研究的三个案例中，尔湾牧场社区体现着居住形态融合和居住区内融合商业的理论，哥伦比亚社区体现了种族融合的社区规划理论，伍德兰兹社区体现了生态规划和雨水设计理论。来自现实世界的种种反映案例运行的材料，不仅能够验证主体理论范围内的预期命题，而且展现了主体理论未曾预料的、对于现实世界的深远影响。比如，对哥伦比亚社区的运行和生活方式考察，不仅揭示出种族融合的社区规划理论涉及的那些预期的内容（比如种族融合的情况、治安情况、社区归属感等）的实态，同时还能借助于更多的事实材料揭示出该社区的经济、维护、生态多样性、教育、休闲等种族融合理论没有涉及的"未预料影响维度"。这些维度是每个社区所不可回避的内容，体现了种族融合理论的案例也不例外。案例研究就是这样考察理论在现实中的"运行"。

主体理论考察根据多维度事实的厘定和评判，重新明确理论的边界。这种考察方式是在主体理论范式内完成的，研究者不用进行新的理论建构。举例来说，哥伦比亚社区案例考察可能会揭示出种族融合社区规划理论的部分内容符合预期命题，部分内容不符合；可能会揭示出该案例的种种积极或者消极的"未预料影响维度"。无论结果如何，这些都能产生对种族融合社区规划理论的深入认识。

2）理论维度编织

理论维度编织，也叫作多角度考察案例。这种策略并不试图考察一个主体理论，而是通过编织多种同等重要的理论维度，对单一案例的不同方面进行考察。这种考察手段通常用在描述性的研究中。比如，在荫余堂研究中，研究者运用了建筑史、地方史、空间分析、木工工具、建造方法、拆卸和重建过程、家族史、生活的建筑使用等维度。多种维度的运用带来两个认识上的结果：第一，获得了十分立体、鲜活、丰满的案例。荫余堂案例由于考察维度的丰富，能够以小见大地反映一种以上理论，同时又借于理论视角搜集更多的材料。诸多理论维度的汇集，反映了设计学科的综合性要求。第二，理论维度的交汇能够考察不同理论间的可兼容关系，理论交汇结点也能够阐发出共鸣和放大效应。比如，荫余堂研究中家族史维度与建筑空间分析维度相互交汇，使得家族史的考察更具有场所感，而建筑空间的考察延伸了更丰富具体的使用内容。理论维度编织并不进行理论构建，同时，这种案例考察策略很难证明或者证伪理论，其趣味在于理论维度编织成网络，以及网络节点的放大效应。

3）理论内部梳理

理论内部梳理的必要性来自案例考察所展示的诸多材料。在一般情况下，研究材料能够像铁粉之于磁石一样聚集在主体理论周围，研究者能够据此来重新划定主体理论的内涵与外延。但是，在少数情况下，研究材料呈现出混乱的关系难于被主体理论解释，这就需要对理论内部进行梳理。材料呈现的混乱关系通常是不同命题内容发生竞争冲突的产物。最常见的手段就是进行类型学的归纳，每种类型内部达成手段、对象、愿景、价值等的统一。白头山研究的例子，以研究者厘清四种自然观，每种自然观都有着实证性、普遍性、可操作性的支撑，从而在理论上化解白头山感知和愿景的混乱。

理论内部梳理意味着新的理论建构，不仅对于梳理现象具有指导价值，而且对于深化理论有着积极的意义。理论内部梳理既认可原有理论的基本角度和基本价值，又通过灵巧的划分化解冲突、达成和解。经过梳理的理论具有更好的颗粒度，能够更明确地解释和预测现象。

4）新的理论溢出

当原有理论的外延经过扩展，或者内部结构经过清理后仍然不能解释案例所反映的现象时，就会发生溢出的现象。研究者需要极大的勇气，突破原有理论，批判地构建新的理论。比如，《向拉斯维加斯学习》研究建立起建筑象征理论，从而解释了拉斯维加斯种种建筑和城市景观有异于现代主义的合理性。值得注意的是，这种情况下的案例是"不驯服案例"，并不是反例；溢出的案例并不能证明或者证伪原有的理论，而是从价值、趣味、操作手段等预示出新的理论范式。新的理论构建除了包括从内部价值、命题、规则等方面建立合理性，也通过和原有理论的对比建立张力。

第14章

历史研究法

Chapter 14

Historical Method

14.1 历史研究概述

14.2 设计学科的史学方法传统

14.3 历史研究的选题和材料

14.4 历史阐释

波士顿艺术博物馆的亚洲展厅悬挂着一块吴昌硕1912年的题匾,上有"与古为徒"四个篆字。在附款中,吴昌硕写道:"好古之心,中外一致。由此以推,仁义道德亦岂有异哉?"对于认识过往的兴趣,并无文化的限制,而学术研究中如何"与古为徒",却有着特定的趣味和规范。历史研究,是唤醒沉睡的材料和事实,从而认识过往的方法。本书之前章节的论述,尤其是第10章文档搜集法和第12章定性分析法的内容,基本覆盖了历史研究方法涉及的搜集材料和分析判断的方面。然而,人类对重大问题的追问中,历史角度的作用如此之大,且历史研究在设计学科研究中的地位如此重要。这里单独列出一章,从历史研究的独特性补充论述。

历史研究法的命名既来自研究对象(过去发生的事件),也来自研究成果(历史叙事)。历史研究包含了确定研究问题(或者研究对象)、搜集材料、分析比较、阐发认识的整个过程。本章第14.1节论述了历史研究的特点,第14.2节论述了设计学科(尤其是建筑史)的史学方法(historiography)传统,第14.3节讨论了研究材料的来源和要求,第14.4节讨论了历史阐述的展开和维度。除了上面提到的两章以及本章的内容,读者还可以参照第8章观察研究法(搜集测绘材料)、第9章访谈研究法(口述历史)、第15章思辨研究法(新观点和角度的形成)等章节的内容。

14.1 历史研究概述

14.1.1 历史研究

《大英百科全书》（1880年版）指出，历史一词有两种完全不同的含义：第一，指构成人类往事的事件和行动；第二，指对此种往事的记述及其研究模式。前者的历史可以理解为过去发生的所有事情，有史家称为"史事的本身"或者"历史发生"；后者的历史是经过人阐释总结出来的认识，大概可以称为 "认知的历史"或者"历史叙事"。人们永远不能回到过去的历史中，通过展开历史叙事成为探求过去的唯一手段。历史研究是研究者通过搜集、分析、阐释材料，从而发展历史叙事的活动。

历史研究是一个和时间博弈的游戏：研究者一方面和时间搏斗，对抗时间对材料的消减力量；一方面向时间致敬，从时间轴所提供的回望角度中获得认识的深度。图14-1中，西班牙画家萨尔瓦多·达利通过描绘瘫软的时钟，来反映时间流动对人记忆的制约和改变，表达对时间的敬意。人之所以是有意义的个体，不仅在于在时间的长河中做过什么，更在于返回时间长河中"获得"什么。在文学和影视作品中，失忆症总是一个经久不衰的主题。失忆的人虽然躯体容貌并未发生变化，但是不得不面对"我是谁"和"谁是我"等本体性问题。对历史的追溯不仅是人作为个体天然的、自发的行为，也是人类社会积累本体认识的重要手段。正是由于这个原因，几乎所有人文学科都将历史研究作为最基本的研究方法（另一种是思辨研究法）。由于历史研究借助时间轴线的沉淀力量，提供一种从探求过去从而探求"事物本质"的途径，任何涉及思想、感受、价值等人本主义方面都会涉及历史的对象、认识、视角。

不同于以搜集数据过程（调查研究法、访谈研究法、实地研究法、实验研究法）和分析数据过程（定性分析法、定量研究法）命名的研究方法，历史研究法和"过去"作为研究内容相关联。一般地，我们说"历史研究"可能包含了三个视角：第一，历史研究所针对的对象是过去，这个对象永远和现在、当下相隔离。第二，历史研究的成果是历史叙事，即是对过去的某个事件、某个过程、某个认识的讨论。第三，历史研究设定了从现在看过去的独特"回望"角度，这决定了历史研究法搜集材料、分析、阐释的种种特点。

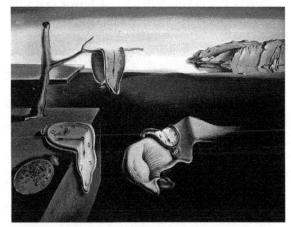

图14-1 记忆的永恒

历史研究的研究对象是旧的，但是历史研究追求的认识是新的。历史研究的目的并不是对过去的复述，也不只是"回到过去"，而是通过研究者的重新阐释形成新的历史叙事，增进我们的认识（图14-2）。历史研究的任务就是重写历史——补充、验证、调整前人的历史叙事。历史研究的特殊回望角度，加深对研究对象本体的认识。在设计学科内，历史研究的目的是回答建筑、城市、园林"是什么"等终极问题。过去的发生从来没有被完整记录下来，研究者也不可能了解过去所有的事物。历史叙事需要研究者确定研究问题的

图14-2　凡·博·乐-曼策尔设计的包豪斯百年纪念移动建筑

意义，同时也要求研究者具有发掘、解读、阐释材料的能力，以便阐发为经验、教训或规律。

中国是世界上最为重视历史的国家——而不是之一。中国的史学传统并不仅仅源于中国的历史久远，而在于中国社会珍视历史写作的传统和将历史视作认识来源的态度。法国学者魁奈这样评价中国的史学传统："历史学是中国人一直以其无与匹伦的热情予以研习的一门学问。没有什么国家如此审慎地撰写自己的编年史，也没有什么国家这样悉心地保存自己的历史典籍。"[1]最有说服力的事实是，以"二十四史"为代表的史书集成不间断地记载了三千多年的中国历史，这在世界上是任何文明所仅见的。这种书写早已成为历代中国人的自觉行为，并不因为朝代的更替和社会的变迁而改变。这种坚韧地书写历史的传统的背后是对待历史的态度。比起常用作参照的西方世界，中国社会的宗教从不严格、世俗气氛比较浓厚；在这个背景下，历史叙事不仅满足了人对认识过去发生的渴望，而且发挥着协助道德教化、规制社会秩序、规定和暗示世界观等强烈的意识形态功用。换言之，历史的教化一定程度上替代了宗教的教化。历史和史学在中国人的思想结构中占有核心的地位。[2]正是由于这种深厚传统，中国研究者对于历史研究并不会陌生。

当然，研究者也需要注意，中国史学传统和现代史学研究不甚相合之处。中国传统的历史写作风格平实而简约，倾向于丢失大量史料所承载的历史细节，并不展示研究者历史分析的过程。从发展认识的功用来看，中国传统的历史写作偏重形式的统一和完整，对于发展认识的思辨性色彩较为薄弱。[3]从方法论的发展上看，中国传统的历史写作着重于最终统一的历史叙事，对于发展研究问题、挖掘和寻访研究材料等方法论内容缺乏深

1　[法]弗朗斯瓦·魁奈.中华帝国的专制制度[M].谈敏，译.北京：商务印书馆，1992.

2　罗志田.守先待后——史学在中国之一[N/OL].文汇报，2013-12-28. http://jds.cass.cn/Item/24409.aspx.

3　马卫东.历史学的理论与方法[M].北京：北京师范大学出版社，2009:69.

入认识。从题材的选择来看，中国的史学传统对治国理政、道德修养题材有特别的强调；而对于环境、艺术、匠作（工程）等方面普遍不重视——视作等而下之的生活细节或"奇巧淫技"。因此，设计学科的研究在主流的传统中国史学研究中处于边缘地位，历朝历代积累的与环境设计相关的材料和认识均十分有限。

14.1.2 设计学科的历史研究

设计学科的历史研究对象和一般的历史研究有所不同。主流历史研究的对象是人和人之间、人群和人群之间的交往和活动，涉及政治、经济、文化、军事等各方面。设计学科研究的对象是建成环境、人和建成环境、建成环境中人和人之间的关系。建成环境是人类活动的背景，设计学科以外的学科多少会涉及建筑、城市、园林的内容。"本地通"式的历史爱好者对特定区域的历史发生有着掌故式的了解；军事、水利、地理、经济、农业、宗教、文学等学科都会从本学科的视角对建成环境的历史进行考察；任何古建筑和遗迹的介绍文字似乎都包含有历史叙事的成分。建筑、城市、园林在时间的轴线上进化生长，和人的社会相互交织碰撞，仿佛是有生命的、连续的、传续的。在设计学科的历史研究中，建筑、城市、园林不再只是人活动的背景，而是研究考察对象和历史叙事的主体。设计学科的历史研究可以对上述活动进行多方面的借鉴；然而，本学科的历史研究并不是对过去环境的简单还原，而是需要研究者的联系、阐发，从时间的轴线上加深对建筑、规划、景观本体的考察，增强对设计学科的深刻性、复杂性、多样性的认识。

历史研究法不仅适合人文学科对本质的追寻，而且也适用于对建成环境本质的探求。由于历史研究能从时间的宽广轴线上回答"建筑是什么"或者"城市是什么"的问题，历史的认识成为创立设计学科不可避免的支撑。古今中外毫无例外地，设计学院内开设有建筑史、规划史、园林史课程。这些课程的出现不仅仅意味着对风格定义的开端，也意味着设计师群体开始对设计和建成环境的本质开始了思考。对设计风格普查性地研究，不仅勾勒出设计学科的边界，也诠释了设计本身的复杂性和多样性。当建筑学与土木工程分离开来，建筑并不是有效的力学法则下砖石的拼合，也不是有效美学法则下炮制图样；建筑是附着于砖木之上，随时间而延绵不绝的理念和构想。在欧洲和美国建筑教育体制发端之时，折中主义正当其时，建筑历史和建筑设计的教学达到了完美结合。通过发掘获得的古典建筑样式在建筑历史课上被传授给学生；在建筑设计课中，学生将建筑历史课上所学的各种样式的元素组合搭配到折中主义的构图之中。在这种构架下，建筑历史塑造了建筑创造，并且投影到未来。通过回答"建筑是什么""完美建筑的面貌是怎样的"等问题，建筑历史研究为设计学科提供基本素材。作为基本研究成果的图样、纹样、细部，构成了建筑学的基本知识。在中国，以梁思成、柳士英等为代表的建筑教育家基本继承

图 14-3 1923 年包豪斯魏玛展览海报

了历史研究和设计教育互动的机制，并试图通过在中国本土进行历史研究回答"中国建筑是什么""中国建筑的未来应当如何"等具有终极意味的问题。

进入现代以后，作为现代主义建筑教育大本营的包豪斯学校曾经一度在课程设置中取消建筑历史课程。其理由是现代主义建筑创作方法反对沿袭既往风格和样式，割断历史能够更加无拘无束地自由创作。这种姿态似乎要终结历史叙事而"奔向未来"（图 14-3）。事实证明，历史虚无主义虽然配合了现代建筑革命，但是毕竟难以持续。历史课程和历史研究可以中断，但是历史的运行本身从未停止。格罗皮乌斯曾说，建筑学必须前进，否则就要枯死。建筑没有终极，只有不断变革。[1] 作为一种"历史"遗产，包豪斯强化了"反传统"的传统，实际上加速了历史的更替速度。随着时光流逝，现代主义建筑本身也成为历史 "样式"的一种，成为历史研究的对象。建筑、规划、园林的历史研究还会在很长时间里在设计学科的研究中居于不可动摇的地位。

14.1.3 历史研究的特点

本小节讨论历史研究作为视角和成果带来的方法论意义。

1）再现性

历史研究的基本内容是提供建成环境在过去某一时间点的再现信息，这既包括已不存在的建筑、城市、园林的再现，也包括留存至今建成环境在过去某一时间点与社会自然关系的考察。在人文性质的学科中（比如文学、音乐、艺术、宗教等），曾经存在的事物都具有意义，值得发掘和珍视。一定程度上，历史研究再现性是条理性的基础。历史研究的再现性扩大了设计学科的内容，使对建成环境的研究从现世扩充到广阔的历史时空中。在广阔的过去时间里再现建成环境，不仅具有对于设计师的设计范本意义，而且能够揭示出其与社会的复杂功能关系。因此，不仅那些大型的、著名的建成环境值得去再现（图 14-4），而且那些不知名的小构筑也有再现的必要；不仅那些毁坏湮灭的建

---

1 Gropius, Walter. The New Architecture and the Bauhaus[M]. Cambridge, MA: MIT Press, 1965.

成环境值得去再现，现存建成环境的逝去时光也值得去再现。历史研究者辛勤发掘材料、阐释分析的背后，即是这种再现性的需要。

图 14-4　老宾夕法尼亚火车站，1963 年拆除（估 1920 年代）

2）条理性

时间的流逝为设计学科积累了丰富的研究对象；时间轴线也为研究者提供了将历史空间中的"飘浮物"串连在一起的线索。时间的流动具有一种与生俱来的稳定性和永恒性，历史叙事因为附着于时间轴而具有内在的秩序美感。面对散乱而混杂的事实，历史叙事能够像串珠或者织锦一样为不同的现象建立条理。这种条理的整理为理解纷繁复杂的设计现象提供了秩序感，为零碎的现象赋予了有序的意义。时间的强大力量使得描述性的历史研究也具有规律的意义。

展示历史研究条理性最为经典的图示莫过于《弗莱彻建筑史》中出现的建筑之树。建筑之树最早出现在 1905 年该书第 5 版中，图 14-5 是更为形象的 1954 年第 16 版。建筑之树的图示通过不同建筑风格枝干展示了历史进程中的风格条理。位于图下部的六位女神分别守护着地理、地质、宗教、气候、社会、历史六个根系。第一层次发散出秘鲁、墨西哥、埃及、亚叙、印度、中国和日本六个建筑风格的旁枝；中间同层次的主干是希腊建筑，进而到罗马建筑。在第二层次，主干的罗马建筑进化为罗马风建筑，同级的旁枝是拜

图 14-5　《弗莱彻建筑史》建筑之树（1954 年）

占庭建筑和撒拉逊建筑。第三个层次为 13—15 世纪的中世纪建筑，以比利时与荷兰、德国、法国、意大利、英国、西班牙六个枝干作为代表。第四个层次是 15—18 世纪的文艺复兴建筑，受到罗马式的影响，同样以比利时与荷兰、德国、法国、意大利、英国、西班牙六个枝干作为代表。处于树顶端的第五个层次进化为以美国为代表的现代建筑，几个旁枝是古典复兴风格。自诞生以来，弗莱彻建筑之树受到了很多批评，包括：将设计活动的原因过于概括化；研究对象只关注表面的建筑现象，而不关注设计思想；枝节

之间的进化关系展示得比较含混，旁枝之间的进化关系（如不同时期的意大利的承接关系）应该更清楚地反映；采用进化主义的思想解释建筑，有一种不恰当的"时代前进"的假设。争议最大的恐怕是欧洲中心主义史观：在西方人的眼中，秘鲁、墨西哥、埃及、亚叙、印度、中国和日本等风格缺少变化，因而它们被统称为"非历史风格"，它们的建筑传统在建筑之树中的地位是边缘的、初级的。尽管如此种种，我们仍然不得不折服于这张图示枝干所展示的"时间—类型"的清晰认识系统和根系上"因素—建筑"的解释机制。这个系统和机制不仅为设计师展示了理解记忆风格的方便之门，而且为设计学科研究的历史条理提供了逻辑和趣味的范本。

3）验证性

余华曾经写道，没有什么比时间更具有说服力了，因为时间无需通知我们就可以改变一切。[1] 由于历史研究提供了事后"回望"的视角：研究者获得置身事外的身份，历史研究获得了宽阔全面的视野。研究的内容不困于紧迫的当前，历史研究者获得了宽阔的视野和从容看待事情起始因果的角度，因而获得更接近于真理的认识。研究同时代的设计思想、空间品质、社会影响等，固然能够由于"现世"的便利地运用观察、访谈乃至于问卷、实验等方法获得清晰、详尽、聚焦的认识，然而，以人的智慧考察当代的现象，难免会出现"不识庐山真面目，只缘身在此山中"的局限；加上利益、名声、派别、视野、风俗、禁忌等因素，认识上的短视和偏见就难于避免。在政治、文化、思想等领域，这种当代"喧嚣"或者"浮华"的现象普遍存在。更为恰当可靠的认识，需要在"盖棺"的肉体消失之后，由作为"他者"的后世研究者来完成"定论"才能趋于稳定。

历史的验证特征在西方绘画中有形象的反映。让-弗朗索瓦·德特洛伊（Jean-François Detroy）的绘画（图14-6）通过时间、真理、谬误等概念拟人化的描绘，形象地反映了时间揭示真理的主题。右手持镰刀的"时间"老人长有翅膀，随着他慢慢远去，老人左手慢慢揭开他的女儿"真理"的外衣。女主人翁"真理"同时揭开图画右方"谬误"的面具。画面左方，四个拟人化了的"基本美德"："坚韧"（卧在狮子上）、"公平"（持剑和天平）、"节制"（持水容器）、"智慧"（持蛇）分别蜷跪于"真理"脚下。该画意在说明，历史承载真理不像科学实验般采用即时的实证搜集方法，而是依赖于时间的流逝。

历史研究揭示真理的验证机制为拓展设计学科的认识深度提供了新的维度。第一，设计学科针对的对象往往比较复杂。研究内容中关于思想、方法、风格、价值的内容，

1　余华.活着[M].武汉：长江文艺出版社，1993.

既难以用科学研究的方法分离出单一化可以被测量和证明的要素（实验、观察、问卷等方法），也难于在当下的时间通过论辩、理性的力量完全厘清。通过时间的沉淀，让这些人文性质的内容被反复思考，或者考察社会对于这些思想接受的反应，成为一种可靠的方法。第二，设计学科存在着"完成即成功"的肤浅假设。随着规划文本交付，建筑建成剪彩，景观的植物长成，似乎设计师就可以评大奖、上杂志，宣布成功了。具有说服力和

图 14-6 时间揭示真理（让－弗朗索瓦·德特洛伊，1733 年）

鼓动性的言论，吸引眼球的造型，加上教育背景和头衔又成为包装，更是不断渲染着"现世"的成功。而在时间面前，"表面"的因素和设计建造本身的"真实"都在历史研究中成为考察的对象。历史研究者除了像科学实验者一样对研究对象细致观察，还具有和观察对象拉开了时间距离后的超然角度，获得历时性的验证。

设计学科对设计作品和思想的认识需要时间的沉淀。1970 年代至 1980 年代，詹姆斯·外恩斯（James Wines）的 SITE 公司（Sculpture In The Environment）曾经为百斯特（BEST）公司设计了一系列超级市场建筑。这些建筑打破美国传统商业卖场"方盒子"形态，成为解构主义的代表（图 14-7），被收入建筑杂志和书籍中，盛极一时。这些建筑在 20 世纪末几乎全部被拆毁或者改建成普通建筑的模样。由于这批建筑完全散失到历史的烟尘之中，到美国朝圣的建筑师们不可能再一睹其芳容了。历史的发生不仅展示出设计项目"存在过"，也从历史长河中充分展示设计与社会的各种碰撞。外恩斯本人仍然自辩该设计的"设计主观性"和"作为批判美国商业建筑的视觉批评意义"[1]；历史发生也能够揭示出撕裂、重构、扭曲等解构主义手法始终与愉悦的购物和展览体验相对抗，这种验证是当代考察所不具备的。

4）启迪性

启迪性是历史研究基于时间提供的"证明"角度，超越了对历史发生的一时一地的复原和验证，而在广阔的时间维度上获得规律性认识的特性。孔子编订《春秋》时

---

1 SITE New York. BEST Products Company Buildings [OE/OL]. [2017-05-21]. http://siteenvirodesign.com/content/best-products.

图 14-7　美国佛罗里达州迈阿密市百斯特（BEST）公司北楼
（1979 年）

图 14-8　美国国家档案馆前雕塑：基座铭文"过往皆是序章"

曾说："我欲载之空言，不如见之于行事之深切著明也。"[1] 抽象的说教，不如历史叙事来得深刻具体。历史就是"行事"，具有验证学说、教化、规律的作用，能够启发当下的行动。

　　自 18 世纪以来，在新康德主义和新黑格尔主义的影响下，历史学从单纯的历史纪录发展到对历史的解释和对历史规律的探求阶段。人们对自身的认识过程有了重新的理解，哲学家开始重新定义历史学。意大利哲学家贝内德托·克罗齐（Benedetto Croce）提出了三重历史认识的概念，包括当今的历史（contemporary history）、过去的历史（past history）、博学的历史（erudition history）。所谓当今的历史就是能对认识当今现象有帮助的历史叙事，"一切真历史都是当代史"。过去的发生只有进入当代的认识之中，才能获得认识上的复苏。相对应地，过去的历史是停留在客观层面上的编年史，是"死的历史"。博学的历史是指历史研究所做的充足准备状态。研究者需要掌握充足的历史材料；更重要的是，能够不断扩大材料的来源，能够对材料进行分析，能够以创造者的视角融汇材料，产生对当前的意义（图 14-8）。克罗齐将历史看成"运动中的哲学"，并主张历史应该由哲学家来写。过去的发生只有在当代人生活中发挥作用才成为历史叙事。因此，历史学中没有 "一劳永逸的蓝图"，同样的历史研究对象在不同的时期会被不断改写。

　　设计学科是实践的学科，历史研究的目的不只在于寻找历史的痕迹，同时也需要为历史找到意义。历史研究的启迪性不应该作狭义的理解：历史研究的启迪可以是直接可用的，比如对平面形式、立面形式、布局特征、装饰纹样的考察和揭示，这些内容直接被当代的建筑师所借用。同时，历史研究的启迪可以是对研究对象本体的更深入认识，比如设计师对设计过程的规定和认识、经济问题和使用问题的困扰和解决、理论的进化

1　司马迁．史记·太史公自序 [M]．北京：中华书局，1982．

和接受。厘清这些本体问题虽然没有能够对当代的具体问题，诸如低收入住宅、高铁站设计、生态城市规划作出回应，但是为当代的新问题提供思路、视角、维度，这部分内容仍然属于历史启迪的内容。梁思成对中国古建筑的研究就包含了诸多意义，诸如为当代"中国风"实践定义范本，为古代遗迹的保护提供依据，为认识中国古代建筑的演变提供线索，为未来中国建筑的发展找到"结构体系"，等等。前两者就属于直接的意义，后两者则属于更为宽泛的意义。

发展出具有思想观念的历史认识，要求历史研究者认识到"主观"和"现象"的古今相通。《增广贤文》说："观今宜鉴古，无古不成今。知己知彼，将心比心。"就是说历史的当代性，基于人的"将心比心"的同情心（sympathy）和同理心（empathy）能够跨越时间构成交流。历史研究启发性的特征也是其人文性的体现。社会科学的种种方法提供了客观获取研究材料的角度和方法，准确而可靠；但是这些角度都是外在的，无法进入个体设计师和使用者的内在世界。在设计学科中，研究者对设计概念和过程的了解能够使今人面对各种复杂局面的综合考量，贯穿古人的内心角度，站在他们的社会位置考虑体察。研究者不仅需要从搜集材料中读取内容，而且要像历史的亲历者一样，同理心地发展出历史内在的逻辑、兴奋、不满，完成历史活化的过程。

14.1.4 历史研究的限制

1）有限的材料

历史材料的有限性是历史研究作为一种方法的最大障碍。尽管历史在时间轴给予了研究者回望的广阔角度，但是研究者总是无法从现实进入历史之中。大量的信息被"冲到浴缸里了"。因而，研究价值的必要性并不必然开启一个研究，而只能以材料存在的可能性作为研究的出发点。历史仿佛隔着玻璃的动物园橱窗，看似通透，研究者可以从多个角度观察；然而，要真正看到"动物"，并不完全取决于研究者观察和筹划的努力，而在于是否有"动物"出现。

因此，历史研究法尽管有着宽广的"回望"角度和条理化的方法设定，但得出的历史认识终归是支离破碎的。不论是政治、经济、军事、文化的一般历史，还是关于建筑、规划、园林的历史，总归是不完整的。对于中国唐代的建筑，只能以现存的三个实例、有限的文字记载和壁画等材料进行推测。由于设计行业尚未发端，思想探讨的缺乏，仅有的园林写作《园冶》似乎代表了整个中国古代的造园思想；而事实上，该书只是一时一地一人的认识。研究者根据这些有限的材料进行谨慎的外推是必要的。然而，试图以夸张、忽视、空想等手段写作出"完整"历史的观念是值得研究者警惕的。

2）研究者视野的局限

历史的认识是主观参与构造。不仅在研究后期，材料的分析、串联、阐释，都是主观的活动，而且在研究前期，材料的预判、寻访也由研究者主观驱动。在这个意义上，历史研究的品质直接取决于研究者的视野。历史研究材料获取的天然限制，加上主观的不自觉设限，几乎可以将历史研究逼到无所事事的境地。因此，历史研究要求研究者具有较高的主观能动性。以实证研究的线性思维来进行历史研究，常会无功而返。就笔者的观察，设计学科历史研究开拓视野需要注意下面两个陷阱。

第一，研究维度上的"单向主义"。研究者只重视从设计最表象的美学问题入手，而忽视技术、制度、经济等其他维度。在历史研究中，研究者特别需要开发独特的，甚至批判的视角，方才可以成为搜集新材料、得出新认识的动力。将建筑、城市、园林放在社会的广阔背景中，考察他们和投资者、使用者、改造者的关系，会启发出有趣而重要的视角。当前人文学科和社会科学的理论提供了足够的资源和理论去探讨历史现象，可以帮助揭示设计者难于察觉的特质。

第二，研究心态上的"崇古主义"。常常听闻研究者说辞，恨不能生在建筑庄重的唐朝、宋朝，或者园林发达的明朝、清朝。历史研究者对研究对象的迷恋，从而唤起研究的同理心，当然无可厚非。然而，研究者需要警惕由于迷恋研究对象而在分析过程中美化、理想化、绝对化的情况。最集中的体现就是史学研究中媚雅、媚古的倾向。研究者唯古是尊、"食古不化"：没有明确的分析维度，回避评判研究对象；最后只剩下堆砌的讴歌和赞美，这种所谓成果必然片面而脆弱。脱离"崇古主义"并不是不要研究历史题材，而是需要始终持有探索的态度，从有效的分析视角得到可靠、深入的认识。

3）历史认识的可用性局限

罗伯特·塞耶（Robert Thayer）在其著作《尘世绿心》（*Gray World, Green Heart*）[1]中提到，在悠久的文明中，例如伊斯兰、欧洲和中国的文明中，都存在着理想主义的自然观。然而，为什么在悠久的自然观下，这些文明都不可避免地在当今都出现了触目惊心的环境污染呢？比如，中国在《易经》中谈到自然，中国的山水诗都是成篇累牍地对古典园林、古典苑囿、风景作为歌颂的对象，中国传统的自然观是如此的理想而发达，为什么中国当代的污染仍然如此严重？这个发问也揭示出历史研究的价值问题。历史的认识并不想

---

1 Thayer, Robert L. Gray World, Green Heart: Technology, Nature, and the Sustainable Landscape[M]. Hoboken, NJ: Wiley, 1993.

当然地延续到现在，突变和断裂随时可能发生。几乎所有古代文明发展出的自然观在工业化的强大冲击下都没有得到"自然而然"的延续；在缺乏法律和利益驱动的作用下，自然观被当事者抛弃就不足为奇了。

历史研究法的可用性局限回到了"历史对现在有什么用"的价值问题。虽然历史研究能够发展出对事物的规律和本质有着深刻的认识，但是历史认识首先解决的问题是对过往的好奇，这种认识对现实情况的启发总是辩证的。历史与当下如同隔着沉重而无形的玻璃隔板，两者可以相望，但毕竟相隔。历史研究揭示的景象、技术、经验、教训等，并不能直接转化为实践的力量和法则，而必须由读者通过和现在的事物连接后方才能显示出价值。即使历史研究揭示出的描述性的研究成果（比如唐代园林的典型布局）也需要通过价值的考量，方能够在当下的现实中找到"实用"。对于高明的论者，历史的不断重现似乎有着节奏，但决不能保证下一刻就能发生，就能复制。所谓历史只能参照，而绝不能比附。"历史应该在现实中不断重复"的观念必须纠正。

14.2 设计学科的史学方法传统

史学方法（historiography）又被翻译成"史学史""史学"，属于历史研究的视野、观念、技巧的讨论范畴。哪些内容应该成为历史叙事的一部分，哪些内容不重要？完成一项历史研究包含哪些步骤，如何判断一项研究的优劣？在史学方法的角度下，不同时代和流派的历史研究其根本的差异不是考查内容本身和历史叙事结果的不同，而是历史观念、逻辑、方法的不同（图14-9）。同一史学方法，其研究范围、考察趣味和动机、考察手段、考察标准（rigor）具有统一性。本节就对设计学科中存在的史学方法源头做一个梳理，寻找不同研究背后的贯穿逻辑。不同的史学方法机制之间，存在"综合"运用的可能性，即同一个历史研究蕴含了两种以上逻辑。这里的分置是为了将研究逻辑和严格程度梳理清楚。在建筑、规划、园林三个学科中，建筑史学发展得最早，不仅积累了丰富的认识，也积累了丰富的研究方法和逻辑，很大程度启发了城市史叙事和园林史叙事的开展。这里的讨论也以建筑史学方法为主展开。

作为思想史，或者思想之史，历史作为复杂体。[1] 在这个阶段，历史的认识者能够充分理解为何针对同一历史事件，不同的研究者给出的解释不同。历史的发生不像化学和物理那般清晰和可控，因而历史的解释是观点而不是事实。也没有一种解释正确或者错误。历史的复杂即使是谬误的解释中也有正确的成分。作为人文学科的角度解释，历史的解释具有很大的相对性：相比于历史的未知部分，能够解释的已知是如此微小。任何的历

---

1 Furay, Conal. Salevouris, Michael J.. The Methods and Skills of History: A Practical Guide[M]. 3rd Edition. Hoboken, NJ: Willey Blackwell, 2009: 28-29.

图 14-9　历史寓言（弗朗索瓦·夏维，17 世纪）

图 14-10　维特鲁威向罗马皇帝奥古斯都进献《建筑十书》

史解释都是选择性的、有限的，这是由历史学者的视野、兴趣、立场决定的。历史的解释差异不仅是正常的，而且是应该受到鼓励和欢迎的。

14.2.1　人文主义的传统

罗马奥古斯都时代的工程师维特鲁威（Vitruvius）公元前 27 年完成的《建筑十书》（*De Architectura*）在 15 世纪被重新发现以来（图 14-10），被认为是了解古典世界建筑最为重要的传世文件。尽管维特鲁威并没有要成为建筑史家的意识，但是《建筑十书》作为西方建筑叙述源头让这本著作无可避免地对建筑史史学方法产生了巨大影响。《建筑十书》显示出强烈的理论化的倾向，该书以作者的经验和思辨作为认识的基本来源，试图为建筑的不同形式、尺寸等找到包括历史源流的、象征意义的，或者使用性的解释。在这个基础上，维特鲁威还从现象中抽象出建筑的秩序、排布、匀称（Eurhythmy）、对称、礼仪（Propriety）、经济等原则。尤其是对坚固、实用、美观三原则的提出和论述，依然被当今的理论家们所沿用。作为建筑叙事，《建筑十书》选取的考察对象并没有对历史轴线考虑，对于复杂的建筑现象都采用了类型划分的方法。

真正树立起建筑学人文主义传统的是阿尔伯蒂（Leon Battista Alberti，图 14-11）。阿尔伯蒂明确地认为，建筑师的工作有别于具体的砖块石瓦，建筑设计是一种人文学者的工作：包含着思辨性劳动，完美的数学计算，美术的展现。也就是说，建筑学的核心不是工程，而是一个观念策略性的工作（参见本书第 2 章 2.4.2 小节）。这并不是说，阿尔伯蒂认为建筑的技术和安全等问题不重要，而是认为建筑设计的核心是解决了技术问题以后，高于技术的存在。他认为，建筑设计和诗歌、哲学、外交、法律等人文学科一样，受人文法则的支配。阿尔博蒂对法则的认识，和奥古斯丁是一脉相承的。在人文主义传统中，是建筑师不再是工匠，而是人文学者，建筑的创作是人的思想的延续。因此，建筑史的叙事也变成思想史的叙事。

阿尔伯蒂的人文主义建筑观的核心是建筑师。建筑师基于对环境的改造获得了改造社会的"代理人"地位。[1]阿尔伯蒂所启发的建筑史学方法也紧密围绕着建筑师的实践，他写道，我们应该搜集、比较、提取那些我们祖先留存下来的文字中最为实用的建议和一切我们能从他们的实践项目中所注意到的法则，并运用到我们的设计之中。[2]可以看到，这种建筑史学方法具有实用主义的特征：在考察对象上，文本和项目都能成为历史认识的来源；从考察的目的来看，对建筑历史的研究并不是为了完整的、年代接续清晰的建筑史叙事，而是穿越时空为当前实践提供参照。

图 14-11　阿尔伯蒂像

这种认识既是广泛的，同时也是缺乏内在历史条理的历史。在这个过程中，建筑学的范围扩大了，历史研究成了一种重塑建筑学本体的工具，从艺术、执业、思维、技术等各方面积累认识。这种史学研究所面对专业的行家作为认识服务的对象，历史认识依附在建筑涉及的活动之中，是为建筑师服务的、内在的历史。历史的认识更是属于设计师实践的认识。

人文主义传统对建筑史的考察总的来说还处于自发状态。阿尔伯蒂的史学方法和当今绝大多数的设计师并没有不同，建筑史研究者的身份还在设计师——研究者的位置，就如同本书第 2 章所论述的经验知识。设计师对历史研究对象的界定，持一种吸纳的、开放的态度，研究对象可以"自由进出"研究者的视野。以建筑师的视角得到的历史认识还没有时间轴线的概念，对于设计的内在体察多于对外在证据的发掘。但是，基于作为人、作为设计师的同理心，这种自发状态的史学方法常常能够切中设计师实践的关键，得到通用的设计法则。

14.2.2　美术史的传统

设计学科最早的研究，来自美术史教授在建筑专业中的建筑史教学。时至今日，很多美国高校中建筑博士学位导师仍然由美术史家兼任，设计学科的历史研究方法仍然受到美术史的滋养。美术史传统作为一种影响建筑史研究的史学方法，可以追溯到16 世纪的乔治·瓦萨利（Giorgio Vasari）。在《艺术家生平》一书中，瓦萨利将建筑

1　Leach, Andrew. What is Architectural History?[M]. Hoboken, NJ: John Wiley & Sons, 2013:18.
2　Alberti, Leon Battista. On the Art of Building in Ten Books[M]. Cambridge, MA: MIT Press, 1988.

师和画家与雕塑家一样归入美术家的行列中。[1]这种划分方法奠定了美术史的内容基础，同时也奠定了建筑史研究的传统。比起专业或者人文主义的传统，美术史的史学方法从外在的"他者"的角度切入，建筑获得了研究对象的地位，也获得了在美术史上的一席之地。

美术史史学方法比起人文主义史学方法，有着以下显著的不同。第一，建筑作为美术史考察的对象，获得了研究对象的地位。研究者通过借用美术的法则，获得有效分析的工具。研究认识不再是和设计师经验相交融，而是和研究者的自身经验脱离开来。研究者利用分析工具，对建筑现象进行时间轴线上的分析，从而获得明确的认识。这种从他者的角度审视建筑的角度和人文学科传统创造者的角度是不一样的。

第二，设计师和设计作品的个体地位在历史研究中的地位突出了。人文传统史学方法的基础是设计师实践的相通性，所得到的认识具有普遍性，是"通行"的设计法则。在美术史史学方法的视野下，设计师的个体性凸现出来：他们不再是运用通行设计法则的"相同个体"，而是创造力各不相同的艺术家。设计项目也不再是"平均"的环境，而是具有"作品"的意义。美术史史学方法着重于从艺术家的创造力角度展开历史叙事，更要还原那些天才内在的创造魔力。在时间轴线上，美术史史学方法能够使得设计师的成就更加凸显。建筑史叙事不再是设计法则在时间轴线上的流动，而是设计天才的英雄群传、设计作品的聚宝盆（图14-12）。

图14-12　菲利波·布鲁内莱斯基为佛罗伦萨大教堂制作的模型

美术史叙事中，作品风格分析和艺术家人生循迹是两个基本的考察角度，尤其是艺术家（建筑师）的考察角度，可以深入创造个体的内心：他们的才能如何获得及其如何发展？他们内心的力量如何爆发？他们的社会关系如何？在回答这些问题时，设计师教育和师承关系的考察是至关重要的。例如，拉斐尔如何传业给朱利奥·罗马诺（Giulio Romano），沙里文和赖特之间的承接，赖特和凯文·林奇之间的接续，库哈斯事务所所衍生的一系列事务所，等等。这些关系显示了"天才"之间的内在联系，是美术史传统提示的重要考察维度。

1　Vasari, Giorgio. The Lives of the Artists[M]. Bondanella, Julia Conaway (trans). Bondanella, Peter(trans).Oxford, New York: Oxford University, 1991.

14.2.3 考古学传统

理查德·柯尔特·霍尔（Richard Colt Hoare）曾用一句话概括考古学的核心价值：我们从事实而非理论说起（We speak from facts not theory）。考古学是通过发现和分析物质材料，从而认识人类古代社会的学科。考古学发展的早期，就与建筑和环境的考察密切相连。15 世纪早期，弗拉维奥·比昂多（Flavio Biondo）不满于罗马城内古代遗迹的衰败，开始考察和记录罗马城的建筑遗迹和地形景观。试图找寻罗马帝国早期的荣光，他完成了第一部系统记录罗马遗迹的著作，这也为他赢得了"第一代考古学家"的称号。[1] 16 世纪，塞巴斯蒂亚诺·塞利奥（Sebastiano Serlio）第一次明确地以测绘为蓝本，使用总结的方法，自下而上地总结出七条建筑设计原则。[2] 其后的考古学大事件，包括 1666 年以来对英国巨石阵的考察发掘，18 世纪以来对意大利赫库兰尼姆（1738 年）和庞贝（1748 年）两座被火山灰所掩埋古城的发掘，不仅是轰动整个欧洲的社会事件，也对建筑史研究有极大的触动，成为一种史学方法的来源（图 14-13）。

考古学为建筑史学设定了实证主义的史学方法逻辑。考古学的实证主义，和 18 世纪以来的科学进展所反映的证明逻辑一样，都讲求学说依赖的物质基础，从而避免单纯始于思辨的论述。当考古学史学方法投射到建筑历史研究，产生了如下后果：就研究对象而言，被限定到发掘或者发现的遗迹上。就研究逻辑而言，历史叙述的发展被要求直接来自实物考察。考古遗存现场有什么？具体尺寸样式如何？这些尺寸代表了何种内在的认识，是何种构图原理？从实物到认识的线性研究程序被建立起来。就研究标准而言，考古发现的真实性和测量的准确性成为研究的基础。寻找遗失在过去时空之中的认识，研究者的工作不在于调动自身的经验（人文主义的传统），也不在于体悟大师的行迹（美术史的传统），而在于重新发掘和整理留存的物质留存（遗址、场地、构筑物）。研究者不

图 14-13　赫菲斯提安神庙的记录（1795 年）

1　Flavio, Biondo. Italy Illuminated. Vol. 1: Books I-IV, I Tatti Renaissance Library 20[M]. White, J. A. (ed., trans.). Cambridge, MA: Harvard University Press, 2005; Flavio, Biondo. Italy Illuminated. Vol. 2: Books V-VIII, I Tatti Renaissance Library 75[M]. White, J. A. (ed., trans.). Cambridge, MA: Harvard University Press, 2016.

2　Serlio, Sebastiano. Regole generali di architettura sopra le cinque maniere de gli edifice[M]. Venice: Francesco Marcolini,1537.

仅获得了有别于设计者的"他者"研究角度，也获得了如科学家般的严谨手段和逻辑。明确的考察对象和过程保证了研究的效率，保证每次的建筑历史考察范围明确，不会和之前重复；同时在考察完成后基于明确的推导逻辑，必然有所认识。

考古学史学方法启发了建筑历史考察最重要的技能——建筑测绘（参见本书第8章）。考古学的田野工作方法，包括测量、记载、分析、外推（extrapolation）等一整套技能，直接被建筑史研究者所继承。研究者在现场通过用皮尺将建筑从整体到局部测绘出来，绘制成工程图纸的形式，包括平面、立面、剖面等。由测绘而得来的材料精准可靠，在研究材料的意义上具有很强的说服力，搜集这些材料成为分析的基础。另一种测绘资料根据现场素描稿或者照片所记录的建筑或者环境的形象描绘出轮廓，形成平面、立面、剖面的图纸。后一种"测绘"方法比较粗略，说服力不及前者，但是也遵循了"用事实说话"的考古学逻辑；由于节约时间，因而也被广泛应用。现代意义上的中国建筑史研究在20世纪初展开。波希曼、梁思成、刘敦桢、童寯、陈植等人，都创造性地使用测绘和照片记录的方法开展研究，承接了考古学史学方法传统。在当代，新兴的激光扫描、无人机遥感等技术无疑使得测绘基础材料更加精确。

测绘形成的图纸不仅是研究者进行分析阐释的基础材料，而且是设计师实践有明确参考价值的示范材料。在文艺复兴时期，伯鲁乃列斯基和多纳泰罗（Donatello）为了修建佛罗伦萨大教堂，对万神庙进行测绘。比起历史叙事的抽象认识，测绘成果图样更接近设计师设计成果的表达形式；因而，测绘的成果也成为直接指导设计的依据。且不说古典主义的建筑设计以希腊罗马的测绘图纸为典范，造成一次次不同的建筑复兴运动。中国建筑风格的传续同样得益于测绘图纸。德国人波希曼在20世纪早期测绘了大量中国建筑，1925年在柏林出版了包含较多测绘图的大型图书《中国建筑》。[1] 该书一出版，不仅使世界对中国的建筑认识更加清晰，也启发了世界各地的建筑师"中国复兴"的实践活动。亨利·墨菲（Henry Murphy）设计的南京国民革命军阵亡将士牌坊、罗伯特·瑞玛（Robert Reamer）和古斯塔夫·利尔杰斯特隆（Gustav Liljestrom）的西雅图第五大道剧院（1926年）、克里斯新·米凯尔森（Christian S. Michaelsen）和西格德·罗格斯塔德（Sigurd A. Rognstad）设计的芝加哥安良工商会大楼（1928年）、弗莱彻·斯蒂尔（Fletcher Steele）的斯托克卜罗奇中式花园（1936年）均直接受到了该书的影响。在中国，梁思成、刘敦桢、童寯、陈植等均受设计师教育，而非艺术史或者建筑史教育。得益于建筑师的基本训练，中国建筑史和园林史研究的测绘精度处于较高的起点，也能对刚刚兴起的现代设计实践活动具有启发意义。

考古学史学方法的前提在于"既存即有用"，换言之，所有遗址都是值得考察的。

---

1 Boerschmann, Ernst. Chinesische Architektur, 2 vols[M]. Berlin: E. Wasmuth, 1925.

考古学传统提供了研究"中段"有效的考察和分析策略，但是没有为研究筹划阶段选择研究对象和分析完成后阐释研究意义提供足够的方法论支持。在古典主义建筑教育时期，设计主流是复古主义（revival，或者译为复兴）：以罗马为建筑设计的典范，作为复兴的目标。因而，建筑史研究和考古学研究在价值上重合，就是不断发掘罗马建筑，为复兴找到目标样式。考古学史学方法着重于自下而上的推导逻辑，而不解决价值评判的问题。在这个大前提下，建筑史研究者可以专注于案例的发掘和分析，而不对建筑案例本身进行高下优劣的价值判断。一旦价值问题出现，考古学史学方法本身是无能为力的。在 17 世纪，克劳德·佩罗（Claude Perrault）试图从测量罗马建筑部件尺度和高度中总结出柱式的严格规则。[1] 由于案例数量如此之多，柱式各部分之间的准确关系并不完全相同；同时每个案例都是实证的来源，研究者就难于找到分析主体的参照。因此，佩罗只能得出建筑法则"不来源于先例，而来源于理性和不同民族品位"这种模棱两可的结论。除了罗马建筑内部的"分歧"，罗马建筑和其他建筑风格之间的价值竞争似乎也不能被考古学方法解决。随着古希腊遗迹在 18 世纪末逐渐被测绘，希腊建筑作为另一个典范和罗马建筑产生了竞争。最终价值的讨论中，罗马建筑只能分享希腊建筑的经典地位：罗马建筑具有古典的意义，希腊建筑则被赋予了启蒙的意义。在这个过程中，考古学史学方法对于意义解释的功能仍然是缺失的。

14.2.4 文化研究传统

在讨论文化研究史学方法之前，需要对中英文中"文化"一词的差异稍做辨析。一般来说，中文中的文化一词主要指优秀、积极的传统人文成果，是一个"褒义词"，比如，"有文化"；相反地，就是没文化。"传统文化"一词显然指代正面积极的那部分人文成果，而不包括那些负面消极的内容。英文中的文化（culture）一词比中文中的文化指代的范围要广泛得多，几乎涵盖了一切人类的、非自然的创造，是一个中性词。文化既可以包括高尚的、经典的高尚文化（high culture），如艺术、文学、电影等，也可以包括日常的大众文化、边缘文化、亚文化；既可以包括社会问题主导的文化方面所知（社会学的研究范畴），也可以包括普通的、日常的文化方面；既可以包括特殊的文化（如人类学对各种部族和文明的研究），也可以包括当下的、流行的文化。第二次世界大战以后，殖民主义、男权主义、结构主义等观念消退，各种专业融合，西方世界的社会科学研究显示出扩展、交叉、借鉴的趋势，"文化研究"（cultural studies）这一概念被提出。"文化研究"不仅体现在这一名称的学科专业和系所的出现，其影响所及，对各学科思想观

---

1 Perrault, Claude. Ordonnance for the Five Kinds of Columns after the Method of the Ancients[M]. McEwen, Indra Kagis(trans). Los Angeles, CA: Getty Publication, 1993.

念和方法论均产生了冲击。文化像一个巨大的伞，几乎包括一切社会科学和人文学科研究对象。在这一概念的影响下，各社会科学和人文学科研究对象得到扩展，研究角度变得多样，研究维度变得丰富。文化研究的视野使得建筑史学研究呈现出全新的面貌，具体体现在如下方面。

第一，文化研究的宽广视野极大扩展了建筑、城市、园林历史的研究范围。圣彼得大教堂是文化，自行车棚也是文化。邱园是文化，屋顶花园何尝不是。文化研究的理念下，似乎一夜之间取消了研究对象的准入机制。不那么正统的形式，比如灯塔、停车场、百货公司、监狱、移动房车、谷仓、大门等，都被纳入历史研究的范畴中。这种现象被描述为"没有建筑师的建筑"[1]。在风景园林领域，美国的杰克逊（J.B. Jackson）将研究的视野从花园和广场扩展到道路、设施、车库、荒原、遗迹——形成一个"文化景观"的领域。[2] 近年，河北易县奶奶庙、河北白洋淀荷花大观园金鳌馆，都得以借由文化研究的合法性成为建筑研究的关注对象。这种范式扩大了历史研究的对象，也扩大了历史研究的参与者。

第二，文化研究的方法论同时设置了"还原"建筑的考察角度（图 14-14）。前面提到的，不论是建筑师视角的人文主义传统，还是科学家视角的考古学传统，都倾向于将建筑物、建筑师从社会中抽取出来，作为独立的研究对象，聚焦考察。文化研究主张将研究对象还原到他们"处于"的社会整体中，考察社会环境和研究对象之间不断碰撞、不断变化的过程。在文化研究的视角之下，设计不再是设计师专控的产物，而是多种社会力量（包括社会风气、物质环境、体术条件、经济条件）碰撞的产物。比如希格弗莱德·吉迪恩（Sigfried Giedion）的现代建筑史写作、刘易斯·芒福德（Lewis Mumford）的城市史写作都试图将建筑和城市还原到社会的情境之中，而刻意和设计师的单一角度拉开距离。

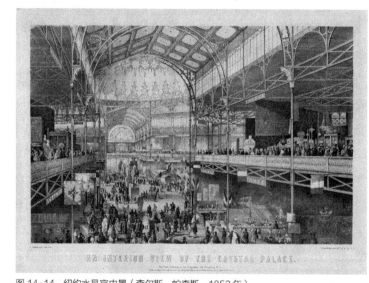

图 14-14 纽约水晶宫内景（查尔斯·帕森斯，1853 年）

1 Rudofsky, Bernard. Architecture without Architects: A Short Introduction to Non-pedigreed Architecture[M]. Albuquerque, NM: University of New Mexico Press, 1987.
2 需要再次强调的是，"文化景观"中的"文化"采用了西语语境中的广义的文化定义。

第三，文化研究的方法论为建筑史学引进了更多的考察维度。文化研究倡导的研究对象的扩大和研究"情景"的还原，使得学科交叉成为这一领域最为活跃的特征。不同的学科在文化研究的大屋顶下借用其他学科和理论的研究维度，也贡献自身的研究维度。比较常见的有：来自马克思主义的阶级分析、来自女性主义的性别分析、来自语言学理论的语义分析、来自民族理论的民族成分分析、来自政治理论的权力分析（国家－市民关系）、来自家庭理论的亲属和代际分析、来自经济学理论的成本效益分析、来自传播学理论的干涉－反馈分析、来自文本研究的文本分析、来自电影/摄影研究的视觉分析、来自心理学的环境行为分析等。这些维度为重新评价建成环境在社会存在提供了新的价值，比如公平、自由、效率、经济等，这些价值超出了设计师通常所关心的美观、坚固、适用等维度，为设计学科引入了新的价值。同时，由于这些维度的引入，考察建筑、城市、景观的社会存在也会更加明确，通过观察、访谈、报纸、问卷等反映更为广阔的社会材料也得以进入设计学科历史研究者的搜集目标中。

文化研究史学方法最大的挑战来自研究的合契与深度。对于设计学科，文化研究方法提供了巨大潜力和空间，同时也面临研究的内在和外在意义的质疑：这些对象的研究对设计学科本身的认识有多大程度的促进，对建成环境的改变有着多大的关联？由于文化本身定义的宽泛，对于建筑史研究而言，很多以"文化研究"之名吸纳的研究对象，似乎显得不是那么"有文化"。同时，来自其他学科的考察维度并不一定能够发展出和建筑学有关的结论。文化研究史学方法的运用需要研究者在研究筹划阶段，测度研究对象和设计学科核心价值的关联，从而避免研究成果不合契、不深刻的问题。

14.2.5 考据学传统

中国史学传统较少关注现代设计学科所关注的内容。换言之，在中国古代，营造、堪舆（造城）、园林等领域并未进入主流史家的研究视野。这并不能说，中国史学积累和设计学科的史学研究没有发生关系。中国古代史家在考察儒家礼仪制度时，常常也会将与此相关的宫室、城池、陵寝等给予考察。宋代李如圭《仪礼释宫》、朱熹《释宫》，清代任启运《宫室考》、焦循《群经宫室图》、胡培翚《燕寝考》都是这方面的研究成果。到近代，如王国维《明堂庙寝通考》和乐嘉藻（图14-15）的《中国建筑史》都运用了以文献作为主要论证材料的考据学方法。现代意义的中国建筑史研究遵循考古学史学方法，试图建立起田野考察和建筑测绘的新传统；乐嘉藻的书刚一出版就受

图 14-15 乐嘉藻晚年照片

到了梁思成的激烈批评。在文史研究的领域，考据学也受到当时学者的批评，认为考据学本质是文字狱的产物，研究内容琐碎而无用。尽管建筑、城市、园林学科的学者仍在继续使用考据学的方法，但是考据学作为一种史学方法，还没有在设计学科研究中彰显为一种传统。

考据学和田野工作结合能够使建筑、城市、园林历史研究更加具有深度。曹汛的一系列研究集中显示了考据学传统对于建筑研究的重要性。《营造法式》作者李诫的姓名考证研究中[1]，曹汛发掘出十五条宋代以来文献中的对于《营造法式》作者姓名的记载，对这些文献加以年代和流传的考证。其中包括对《营造法式》现存唯一宋本绍定本流传、翻刻、作伪的推测，和对现存绍定本所刻作者名称的放大辨识。同时，研究者根据名与字正义有连属的规律：《礼记·中庸》中有"诚则明也"。已知《营造法式》作者字明仲，名为诚更接近于"明仲"。最终，他认定《营造法式》的作者应该名为李诫。由于《四库全书》将《营造法式》作者认作李诚，1925年陶湘重印《营造法式》沿袭了四库全书的做法，以至于传误甚久。在中国现代意义上的建筑史学建立以来，《营造法式》是最受重视的文本材料之一，其作者姓名居然可能被错写了几十年，这令人不得不尊重考据学的史学方法传统。

考据学史学方法在于纠正"重田野、轻文献"，进而忽视文字材料的趋势。考据学的基本价值是辨明确切的文字材料，探究历史文本的形成、传承和改变。郭嵩焘写道："专门名家言考据者又约有三途：曰训诂，研审文字，辨析毫芒；曰考证，循求典册，穷极流别；曰雠校，搜罗古籍，参差离合。三者同源异用，而各极其能。"[2]考据学从文献材料的流变中，其"实事求是""无征不信"的态度仍然遵循从材料到认识的逻辑，和现代考古学在精神和逻辑上都是接近的。

古文献中包含古代社会生活中大量堪舆、艺匠、鱼虫、礼乐的内容。考据学传统的在史学研究中的确立，不至于由于现代学科划分的原因和建筑测绘"从环境中提取"的方法而忽视这些材料所体现的具体内容。大量的古文献材料能够进入研究者搜集材料的视野，研究者也能继承相应的考辨技能完成材料的提取、联系、判断，形成新的认识。在当代，文化研究的视野被普遍接受以后，对建成环境在社会中存在的"还原"研究兴起；网络搜索技术发达，典籍的数字化加快，客观上为考据学发展提供了条件；考据学史学方法作为利用古代文献材料的工具显得更加重要。

---

1 曹汛. 李诫本名考正 [J]. 中国建筑史论汇刊, 2010 (3).

2 郭嵩焘. 王氏校定衢本《郡斋读书志》序 [M]// 郭嵩焘. 郭嵩焘诗文集. 长沙：岳麓书社, 1984.

14.3 历史研究的选题和材料

对于历史研究者而言，研究历史就是重写历史。历史研究的任务并不是复述前人对过去发生的既有认识，而是贡献针对过去发生的新认识。新认识之所以有别于前人的认识，大致来源于如下三个途径：新材料的发现，新研究领域（对象）的开拓，研究者对既有材料的新解读阐释。材料、对象、认识三者在历史研究中处于相互关联的关系，但都是以材料的存在作为基础的。

14.3.1 历史研究的材料

傅斯年曾经说，史学就是史料学。[1] 历史研究的过程围绕着发掘、辨明、阐释研究材料而展开（图14-16）。孔子说："夏礼，吾能言之，杞不足征也；殷礼，吾能言之，宋不足征也。文献不足故也，足则吾能征之矣。"[2] 就是说，孔子能知道一些夏殷两代的礼制；但是，反映这两个朝代的杞国和宋国文献不足，所以孔子对于两代礼制只能存疑而不妄言。正如巧妇难为无米之炊，史料的缺乏会导致历史研究"不能成论"。要发展出有别于前人的新认识，其工作基础在于找到新的历史材料，或者重读已有的历史材料。一般来说，历史研究者会接触到三种材料：研究材料、背景材料、研究文献，有必要给予区分。

图 14-16　整合秦俑残片

1）研究材料

研究材料是研究者收拢起来进行解读分析，以期得出新认识，从而"改写历史"的那些材料。一般包括文档材料、观察（测绘记录）材料、访谈材料、实验材料。本书搜集材料章节（第6~10章），对相关材料的特点、类别、搜集程序进行了详细论述。表14-1对常见的历史研究材料做了总结，文档材料搜集记录研究对象各方面有效特征的材料，大概是历史研究最为重要的材料。由于文档材料的产生过程研究者不能控制，因而

1　傅斯年.史学方法导论[M].上海：上海古籍出版社，2011：12.
2　孔丘.论语·八佾[M]//朱熹.四书章句集注.北京：中华书局，1983.

也被称为"二手材料""被动材料"。研究中需要从研究对象和材料产生机制对材料可能来源进行预判，从而进行搜集。本书第10章10.4节提出了四种文档材料的记录和保存机制，包括设计建造过程、社会传播过程、运行管理过程、研究交流过程，供研究者预判和寻访活动参考。观察材料是研究者通过主动测绘和拍摄照片，记录当今仍既存的环境的准确图像资料。既存环境并不简单地等同于历史学中常说的"人的活动遗迹"。设计学科的研究者对于既存的环境，不仅能够勘察其年代和成因，还能够体会其空间和形式，观察这些环境和当前人使用的关系。当代技术发展出三维扫描技术，使测绘材料更加精确，具体讨论见第8章实地观察法。访谈材料是研究者主动搜集的口头材料，反映受访者对历史环境的记忆、感受、思考。对于历史研究而言，访谈材料既包括对历史事件亲历者的访谈，如主导者、参与者、使用者等，也包括历史时间旁观者的访谈，如朋友、亲属、学生等，具体讨论可参见第9章访谈研究法。 实验材料主要由专门机构进行，通过建筑材料的实验测定，从而帮助研究者对人造环境的建成年代、材料组成等方面进行判断。

历史研究的材料举例 表14–1

	材料种类	材料类型
文档材料	设计建造过程：前期研究、招标说明（tender notice）笔记、写生、草图、日记、设计日志、规划决策记录、施工日志（logbook）、建材设备信息、合同（业主、设计师、承建商、供货商）通信、回忆文章、总结文章； 社会传播过程：诗歌、游记、照片、明信片、报纸报道、电视、挂画、壁画、速写、插画、新闻烙印画、瓷器、漆器、墙纸、丝绸、商标、邮票、儿童玩具、墓葬明器； 运行管理过程：值班记录、维护修理记录、收费记录、行业年鉴、白皮书、趋势报告； 研究过程：考古勘察报告、照片、勘察图纸、学术文章	二手材料
观察材料	测绘图纸：废墟、建筑、场所、街道、设施、感受性的记录； GIS扫描测绘等	一手材料
访谈材料	自述口头材料：主导者、参与者、使用者等； 从旁口头材料：朋友、亲属、学生等	一手材料
实验材料	年代测试	一手材料（专门机构）

2）背景材料

"背景材料"是指研究者为了了解某个时代的背景和概况而进行宽泛阅读的材料。比如，对美国"镀金时代"城市公园建设的历史研究中，关于"镀金时代"城市化、工业化的论述材料就属于背景材料。这一类材料一般并不和研究对象发生直接关系，为研究者提供研究现象的参照体系；由于不是研究的直接材料，因而不能得出对现象本身（如上例中公园建设）的认识。但是，掌握这类材料可以很好地获得一种同理同情的"时代感"；背景材料也能提供建筑、城市、景观发生的线索和机制，启发搜集研究材料的方向。

3）研究文献

研究文献是指之前的研究者对同一个范畴的研究问题已经做出的研究材料、过程、结论的描述。比如上例中，研究美国"镀金时代"城市公园建设的历史，对其他已有诸如奥姆斯特德、城市美化运动等论文和专著的阅读和总结，属于研究文献综述阶段。研究文献严格意义上并不属于材料，因为研究文献已经发展出认识，属于已经用过的材料，不再是"未经触摸"的材料。

由于建筑、城市、园林历史的研究对象是日常可见、可玩、可赏的空间和环境，似乎进行研究的门槛较低，研究成果常常流于"游记随感"的肤浅状态。如果研究者只对"背景材料"和"研究文献"阅读，意味着研究者尚处于混沌的研究筹划阶段。虽然高明的研究能够通过分析常见材料而新见，但是"保险"起见，研究筹划通常要求研究者能够搜寻到独特的研究材料（比如，在上述举例的研究中，反映"镀金时代"城市公园状况的原始图纸、报纸、信件、照片等研究材料时），研究问题的可行性论证才算完成，研究进程方才正式启动。

14.3.2 选题与材料

当我们谈论建筑史、城市史、园林史的时候，我们头脑中的历史至少存在两种形态：一种是全时间、全空间、全包括的"大历史"，它没有边界、十分强大；就建成环境而言，这个大历史可以包括任何与建筑、城市、景观相关的项目、场所、认识、人物等。另一种是在圈定的范围内，具体的、片面的、有限的历史。比如说，里根时期城市规划，东晋的居住建筑和环境，第二次世界大战后社会主义国家的绿地设计思想，等等。当我们一般化地讨论历史的功用、价值、局限之时，两种形态的历史都是适用的。一旦当我们进入研究选题和材料搜集的操作阶段，限定第二种形态的历史就成为必要。从漫无边际到可以探究的历史研究，要求研究者确定具有适当规模的"工作片段"（workable portion），从而限定搜集材料的范围，划定产生认识可能的趣味，估计研究时间和精力投入，同时也控制材料缺失的风险。对于学者而言，具体历史的划定可以具有一定的层次：顶层为毕生的大目标，中层为近几年的可达目标，底层为一个研究周期内可达到的小目标。

历史研究的成败优劣取决于历史材料和历史叙事之间的支撑关系。因而，史料在历史研究中的作用如同食材之于烹饪，历史研究选题必须基于材料的可得性原则。在历史研究的操作和写作中，存在着演绎和归纳两种逻辑。归纳研究逻辑中，观点和理论都是通过搜集到的材料自下而上归纳出的。演绎的逻辑中，观点先行提出，研究者针对端点搜集材料作为证据。无论研究者持何种逻辑，材料是历史研究的根基。历史研究的选题不仅是找到历史材料的存在（特别是新的来源），而且需要从"工作片段"的角度对选题和材料进行有效地联结。

第一，研究材料决定研究问题的方面和规模。毫无疑问，材料不光是对研究"成立与否的论证"，也是对研究问题"工作片段"的论证。不同介质的材料有不同的优势和局限，比如，如果只是有实物材料而缺乏文字的记载，很难考察建成环境的社会影响；如果只有实物材料，但是没有确切的图像信息，就很难探知建成环境的确切风格内容。研究问题需要根据材料的特质进行切割。同时，研究的选题应该围绕材料的系统和数量展开，不要随意"外推""鸟瞰"历史，以免失去研究的确切性。从具体的案例开始常常是最为有效的方法，通过单个案例搜罗材料、选取视角，找到历史轴线。

第二，研究材料的证明力问题。用实证主义的观点来说，历史材料是证明理论的证据（evidence）。由于研究材料的证明力强弱有差别，研究的论证过程更像一个法庭上的论证过程。安德鲁·李奇（Andrew Leach）认为历史研究者同时扮演着鼓吹者和法官两种角色：作为鼓吹者在找到材料后需要极力证明；作为法官，需要小心翼翼采信，不说过头话，也应该拒绝偏激的观点。[1]

不同材料的证明力是不同的。总的说来，与现象发生的现场越近的材料证明强度越高。原始图纸档案比起社会传播过程中的照片更能反映建筑的面貌。招标文告和设计师自述比起从旁的访谈证明力要高。图像信息（包括测绘图纸、照片）是最为基础的反映建成环境面貌的材料，但最后的意义仍然需要文字材料的认定。近代以来，报纸、明信片等材料得以大量复制传播，也获得了比孤证更强的证明力。山西平顺天台庵弥陀殿年代论证的变化能够说明不同历时材料证明力的差异。[2]最早，天台庵弥陀殿被认为是晚唐建筑，被列入"全国仅存的四座完整的唐代建筑之一"。该建筑"附近有唐碑一通，立于殿前左侧，碑文漫漶字迹难辨"。弥陀殿之创建已没有任何文字资料可稽。研究者解读的证据只能来源于风格解读：从柱子、梁架、斗栱、出檐以及各主要部分的比例关系与既有唐代建筑的比较，推测出晚唐的可能性较大；也有不少学者支持五代说。在 2014 年大修中，脊槫与替木间发现了"长兴四年九月二日"的墨书。长兴是五代后唐明宗李亶的年号，长兴四年为公元 933 年，距大唐王朝灭亡已 26 年。至此，天台庵弥陀殿年代的疑惑和争论告一段落。此例说明，文字材料对年代判定比起外观风格推断的证明力更优。

1　Leach，Andrew. What is Architectural History?[M]. Hoboken, New Jersey：Wiley, 2010: 79.

2　帅银川，贺大龙. 平顺天台庵弥陀殿修缮工程年代的发现 [N]. 中国文物报，2017-03-03(8).

14.3.3 研究材料的有限性及其克服

历史研究的材料搜集有其天然的困难。历史研究面向的对象是过去发生的，一般"已经相对固化，不能重演，不能再现"。[1]不同于当代研究搜集材料和数据的"即时性"，历史研究方法的"事后性"角度决定了搜集材料的滞后性。当研究者接触到历史材料时，历史事件的发生已经完成，相关历史人物都离开了时间的舞台。他们或不在世；或即使在世，也脱离了历史事件发生的时刻。历史的发生和记录发生在"它在的时空"（the other world），并不来源于研究者的实在经历（empirically inaccessible），不以"现在"历史学研究者的需要而转移。这就让历史研究和科学研究区分开来，科学认识并不因为时间而改变（比如比萨斜塔的实验可以无限次重复）；因而，自然科学和社会科学属性的研究可以随时从身边的现实世界中搜集材料。带有历史信息的文档材料、测绘材料、访谈材料的源头常常会被时间淹没，诡秘无踪。设计学科的研究对象，建筑、景观、城市设施是社会事件的背景，长期不被社会主流关注。主流的历史学研究以社会和政治事件为主体，因而针对设计学科的有意识史料留存较少。

对抗历史研究材料有限性，首先在于研究者的能动性。郑樑生写道："史料只是历史上形成的东西。一般说来，并非有了人类社会就有史料，乃是有了史学方才有史料。史学伴随社会的发展而发展，史料的范围也伴随史学的发展而扩大。"[2]也就是说，发掘史料是历史研究者的必备技能；记录材料变成历史资料依赖于历史学者的激活。固然有很多历史由于材料的缺失而无法认清，但是仍然有大量的现存材料没有被历史学者注意、把握、解读。虽然历史研究者并不能按照主观意愿创造历史材料来完成历史叙事；然而，历史研究者仍然可以发挥主观能动性，不断预判和找到可能研究材料的来源。"上穷碧落下黄泉，动手动脚找东西"。[3]举个不恰当的比方，历史材料的搜集者仿佛商场里抓娃娃机的操作者（图14-17），纵然存在着重重障碍和困难，看准目标总能有所斩获。

图 14-17 寻找历史材料的机制

---

1 马卫东. 历史学的理论与方法 [M]. 北京：北京师范大学出版社，2009.

2 郑樑生. 史学方法 [M]. 台中：五南图书出版股份有限公司，2002.

3 傅斯年. 历史语言研究所工作之旨趣 [M]// 傅斯年全集（第4册）. 台北：联经出版公司，1980：64.

图 14-18 多重证据的方法

值得一说的是，档案保存制度、查询制度、检索技术、测绘技术、通信技术等的发展极大地提高了历史材料搜集的效率。从分散的保存到有目的的档案整理和保存；从学者个别的收集到有组织的收藏、编目、网络查询，这些新生事物对建筑、城市、园林的记载极其逼真、丰富、简便，同时查阅也十分简单、清晰，从平面立面的图纸到数字扫描，再到数字三维技术，这就为设计学科的历史研究提供了有效、系统的资料来源。虽然很难保证目前的保存机制是最完备的，但是无可否认的是，现今的工作正在向着"最重要、最大量、最有价值、最有代表性、最持久"的资料保存目标而迈进。

本书第 10 章提出了"好材料"的四种特性：相关性和代表性、丰富性、系统性、独特性。这些特性的论述都是在材料搜集阶段，评价单件或者单类材料时所提出的。考量具体研究对象的材料有限性，除了这些要求都适用以外，在方法论上还要求搜集材料的第五点：立体性。历史研究材料和其他的"实证研究"有着巨大的不同。其他的实证研究一般都要求从复杂的事实中提取出种类单一、格式统一的材料，从而方便进行材料和数据的分析。而历史研究则有着完全相反的要求，针对同一个研究对象，研究者应该有意识地搜集不同种类、来源、角度的材料，建立起过去发生现象的多相面，从而构建出丰富的历史场景（图14-18），对抗时间的冲洗。

在方法论上，针对同一对象的多重材料相互比照：这些材料之间或形成严丝合缝的印证，或产生龃龉和摩擦，都成为研究趣味的来源。材料间的比照，按目的的不同，可以分为"外考证"和"内考证"。外考证是对材料本身特征的考察，比如碑记文句的辨伪、版画的题材手法接续、构建年代碳 14 的测定等。内考证是对研究对象特征本身的"立体"探究，常见的比照包括：文字叙述和建筑实物的印证，园林碑刻图和园记文字相互印证，建造材料和民众观察欣赏材料印证，表面风貌特征和内部机制性特征印证。最重要的比照是图像和文字两大类材料的比照。图像是做的视角，完成了什么，设计了什么，建成了什么？做的视角是表层的、直觉的、效果的。文字是说的视角，怎么想的，怎么筹划的，原理如何？说的视角是确定的、思想的、机制的。有俗语说，不但要看说了什么，还要看做了什么。但是对于建筑、城市、园林，做和说同等重要。只有两者兼备，形成张力，阐发的内容才能既形象又深刻。说的材料，可以是文档、通信、日记，也可以从访谈中获得。做的材料，可以是留存的图画、照片、图纸，也可以通过访谈获得。

14.4 历史阐释

14.4.1 历史阐释概述

认识历史的最好方式就是重写历史。对于历史研究者，重写不仅意味着跨越时间障碍获得基本历史事实，而且意味着借助时间广阔的回望角度获得"超出考察对象本身"的意义。不论是西方还是东方的史学传统，都有不满足于历史研究只是简单地发掘与核定事实，而赋予历史研究"发掘意义"的要求。英国哲学家柯林武德认为"一切历史都是思想史"[1]，这种观念显然和"历史学就是史料学"的说法大为不同。司马迁在《太史公自序》中扼要地说明了历史研究的阐述功用："别嫌疑，明是非，定犹豫，善善恶恶，贤贤贱不肖，存亡国，继绝世，补敝起废。"[2]初涉历史研究的研究者往往容易就事论事，简单描述汇报，守着丰厚的材料却只能得到拘束局限的认识。阐释是通过历史意义的发掘进一步发展历史叙事的深度，不仅在于发现和解读新材料，还原研究对象的历史发生[3]。同时力争利用理论维度阐释出材料超乎本身的意义，获得研究对象历史发生机制的认识。

历史阐释具有主观和发散的特征，和自然科学研究的要求不同。第一，历史阐释鼓励研究者基于人共同的情感和意志，投入同理心的感悟（empathetic understanding）。英国史学家柯林伍德认为，历史学者认识过去的基本途径是主观地"在他自己的心灵中重演过去"。人类之所能够理解千百年前人类的思想情感意识，"只是由于现在的思想有跨过这一间隙的能力……并不只是由于现在的思想有能力思想过去，而且也由于过去的思想有能力在现在之中重新唤起他自己"。[4]克罗齐也说："没有想象性的重建或综合，是无法去写历史或读历史或理解历史的。"[5]这些论述都说明，历史的阐释不是一个全然理性的归纳过程。历史研究者不仅借助于自身的生活经验（特别是设计经验和场所体验），而且也求诸于思想、情感、想象。通过创造性地提出研究对象的可能特征、机制、影响、规律等具有一般意义的认识，获得一种更高层次的理解。

第二，历史阐释具有发散性。希腊神话中，历史之神缪斯克里欧（Clio）的名字就有宣言者（Proclaimer）的意思。该词的词源来自希腊词根 κλέω/κλείω，即重述（recount）、颂扬（celebrate）之意（图 14-19）。获得"超出历史考察对象本身"的意义，这就要求历史阐释突破研究对象本身，从"就事论事"到发散关联。在解读反映研究对象某一方

---

1 柯林武德. 历史的观念 [M]. 何兆武, 张文杰, 译. 北京: 商务印书馆, 1997: 302-303.

2 司马迁. 史记·太史公自序 [M]. 北京: 中华书局, 1982.

3 对于历史材料的分析解读，在本书第 12 章定性分析法第 12.2 节有十分详细的讨论。该节提出的文字及其图像解读的方法，特别是内解读和外解读的方法，是分析每件历史材料时几乎会用到的。本节关于阐释的内容是建立在材料的分析解读之上的。

4 柯林武德. 历史的观念 [M]. 何兆武, 张文杰, 译. 北京: 商务印书馆, 1997: 302-303.

5 贝奈戴托·克罗齐. 历史学的理论和实际 [M]. 北京: 商务印书馆, 1982: 2.

面特征研究材料的基础上，阐释应该从联系到研究对象的其他方面，功能要联系到其所处的种种外在环境。历史研究带来的广阔的回望视角几乎能够包容各种联系。本节讨论四种成熟的阐释模式（12.4.2 小节）和六种常用的阐释维度（12.4.3 小节）。无论是参考哪种模式和维度，阐释的目的就是获得描述材料意义层面的认识，由已知而未知、由无序而条理、由表象而机制、由已有角度而新视角，发展出历史认识的广度和深度。

图 14-19　历史女神缪斯克里欧（皮埃尔·米尼亚德，约 1689 年）

14.4.2 历史阐释的模式

1）描述阐释

描述历史现象以系统性地弄清楚历史上的建筑、城市、园林空间"是什么"为研究目标。比如，艮岳布局研究、武汉民国时期的银行建筑风格研究、南宋都城布局研究等都属于此类。历史现象描述和新闻报道有类似之处，研究者需要通过一番考察，向读者把历史现象发生的时间（when）、地点（where）、人物（who）、面貌（what）描述清楚。所不同的是，历史研究是"旧闻报道"，其细节取决于研究者获得材料的能力，同时需要研究者整理发展出系统性。

描述阐释的研究趣味不仅在于丰满扎实，更在于系统确切。丰满扎实的要求是针对事实，研究者用考证的方法把时间、地点、人物的准确事实弄清楚，也需要尽量多地找到研究材料本身和整理材料的维度（14.4.3 小节阐释维度），将环境的具体面貌呈现。对历史的描述（比如人名、地名、时间等事实）不是需要记住的考试答案，也不是散落的砂砾。描述阐释要求研究者为事实之间找到联系，从而为描述阐释的对象找到在"联系网络"中的意义。通过与相同（近）风格、相同（近）功用、相同（近）技术、相同（近）作者（学派）、相同（近）区域的现象建立坐标，从而更为精准地定义考察对象在这些坐标中的位置。在描述阐释的语境中，研究对象在坐标中不论是"常例"还是"特例"，都将更好地丰富原有系统，同时确切地再认识案例本身的意义。一般来说，对研究对象本身进行详尽丰满地描述可以在短时间内进行训练，而对多种理论系统的认识和联系则需要长期的积累。

2）成因阐释

成因阐释是在弄清建筑、城市、园林空间"是什么"的基础上，以阐释它们"如何发生"以及"为什么发生"为目标的认识。比起描述阐释针对单个现象，成因阐释实际有两个研究对象：现象和影响现象发生的原因。中国古建筑为何用木？美国西进时期的城市选址受何种因素主导？赫斯特城堡的修建过程如何？成因阐释的趣味在于，穿透具体形象的建成环境揭示暗藏因素。建成环境的生成是由于社会的背景、材料的来源、设计的天才、制度的规定、既有的技术，还是其他的原因？这些因素如何在各种层面和阶段演化和作用，导致了建成环境的形成？在同理心的介入下，研究者尽可能地开发可能的解释线索，更要找到能够支撑这些线索的研究材料。通过现象和原因材料的衔接，完成机制阐释。

在设计学科，成因阐释通常在微观和宏观两个层面展开。微观层面的机制解释主要反映建成环境的个案操作。研究者通过搜集规划建设活动的立案、设计、施工过程的材料，能够说明建成环境个案形成的具体原因，揭示出设计师孜孜以求的设计方法、理念、技术等。由于微观层面的研究对象明确单一，研究材料和对象之间的投影关系比较确切。具体项目中设计师的记录文章、采访文字、设计说明文本、招标公告、招标任务书、客户通信、日记等，都直接反映驱动建造事件的因素，根据这些内容进而阐释的内容无疑更加明确可靠。

在宏观层面上，社会风尚、技术、经济、规章、行会、教育等各方面因素构成在宏观上把握建成发生机制的线索。由于宏观层面的线索往往和现象发生之间存在着距离和层次，对机制的把握需要研究者有更多的"同理心"去揣测和概括，因而往往容易走向"飘忽"。研究者尤其要注意以下三个方面。第一，宏观机制阐释仍然以确切具体为要求，应该避免过于泛化的结论。诸如"技术决定形态""物质决定认识""先进文化取代落后文化"这样过度一般化的结论并不能有效揭示出现象发生的特殊性和复杂性，需要在宏观成因阐释中极力避免。第二，研究对象的规模要恰当，避免过大。由于机制阐释针对"因"和"果"两个对象，作为"果"太大会导致原因解释不清楚。比如，"政治、文化、外交环境是如何影响民国时期的建筑实践"这一题目。由于"民国时期的建筑实践"作为解释研究的"果"的方面跨度太大、对象太多、类型太复杂，对其本身的描述就不容易说清楚，细致具体地解释其原因头绪就会更加混乱。如果将研究对象缩小，成因阐释改为"政治、文化、外交环境是如何影响1927年至1937年上海地区的住宅设计",解释的条理就会清晰很多。第三,对于相隔较远的"因"与"果",研究者需要小心运用"同理心",尽量谨慎地做出因果关系的阐释。比如,考察建筑技术对建筑设计的影响,如果只是简单地描述当时的工业化情况,技术和设计之间的联系只能是基于"同时发生"并置关系的合理推断,而不是确切的因果关系。比如,朱启钤从《营造法式》中读出宋代材制较小的现象,推测由于东北未在疆土,缺乏大型木材所导致。[1]这种宏观层面上的历史机制结论只能是基于有限材料的推测,可信度有限。相比之下,研究者研究民国建筑找到当时具体建筑构件的描述,以及技术革新而导致法规修改的条文,或者景观行业协会会议记录中讨论剪草机技术的内容,具体技术影响设计的发生机制才会明确。在成因阐释中,宏观和微观层面相对独立;当然,宏观背景也能与微观个体抗争形成有趣的交织。

3)影响阐释

恩格斯在《德意志意识形态》中说:"人创造环境,同样环境也创造人。"[2]这说明了历史研究中的成因阐释和影响阐释的不同方向。对于后者,历史阐释的任务是考察建成环境作为人活动的容器、场所、象征,如何规范、容纳、限定、诱导、激发、触动社会生活。影响阐释将建筑、景观、城市还原到人的使用中,建成环境本体不再是孤立的"艺术品"单体,而成为社会生活的一部分。比如,大连在伪满时期绿化建设对城市生活的影响,范斯沃斯住宅的使用(图14-20),昌迪加尔的城市政治生活,等等。历史的影响阐释用社会生活作为镜子,反射出规划设计活动的成就与教训。在操作上,影响阐释和成因阐释并没有什么不同,都需要在研究中找到"因"和"果"的两端,加以联系分析。

图14-20 范斯沃斯住宅中沉睡的女人(疑为伊迪丝·范斯沃斯)

---

1 朱启钤. 李明仲八百二十周年忘之纪念 [J]. 中国营造学社汇刊,1930,1(1):1-24.
2 中共中央马克思恩格斯列宁斯大林著作编译局编译. 马克思恩格斯选集(第1卷)[M]. 北京:人民出版社,1972:93.

在影响阐释中，建筑、城市、园林处于诱因的地位。历史影响阐释研究操作不当，常常会变成广场管理、大厦管理的流水账，而失去历史研究深沉广阔的趣味。影响阐释着重建成环境对社会生活的塑造性，从反映场所中的社会生活逐步建立起设计学元素和生活"后果"之间的确切联系，而不是简单的流水账，或者零碎的逸闻趣事。在场所中发生、没有被建成环境所触动的现象并不是影响阐释的内容。

4）规律阐释[1]

任何认识一旦上升为规律，便具有一定的重复解释力，能够向其他现象"外推"。科学研究的重复解释力来自无差别的、可以普遍提取的物质特性（比如重力、导热性）；历史研究的重复解释力来自时间维度本身。历史研究就认识命题模式而言，无外乎上面提到描述阐释、机制阐释、影响阐释。但是，研究者透过时间因素而建立现象之间的关联性，也能够获得重复性的发现。宽广深沉的时间维度不仅赋予同一事物随着时间流逝的诸多现象以解释力，也赋予跨越时间的相似现象以解释力，还赋予同一时间不同空间的相似现象以解释力。历史研究的规律阐释来自研究者的主动选择，提供思辨性的满足。因此，历史规律阐释来自典型性和重要性，有别于科学规律的普遍性和均一性。历史的规律阐释不妨用"通透"作为要求。所谓"通"，就是阐释和材料有着很好的解释关系；阐释依靠对史料的阐释来立论，有多少材料，就说多少话。而"透"，则要求研究者能够很好地将认识命题投射解释不同时空的相似现象。在规律阐释中，矛盾、复杂、残缺是历史研究的常态。面对有限的材料、纷繁的理论、冲突的关系，研究者需要合理地划定规律的内涵与外延，使规律阐释达到一个令人满足的程度。

14.4.3 历史阐释的维度

维度就是相对成熟的讨论范畴，每个维度本身具有相对成型的角度、意义、精度、范畴。在历史阐释中，较为成型的、自上而下的维度不同于完全开放的、自下而上的"史料归纳"途径。维度仿佛一道明亮的光照入深邃而昏暗的过往，能够极大地激活整个历史研究过程。原来认为琐碎、混杂、无趣的材料，像磁粉一样吸附在维度的周围，变得有力、有序、有趣。用维度来重新考察研究对象是研究对象的重建过程。原来耳熟能详而且"至今已觉不新鲜"[2]的事物能够基于维度而展现出更多"有意义"的事实，变得丰

1　Furay, Conal. Salevouris, Michael J.. The Methods and Skills of History: A Practical Guide[M]. 3rd Edition. Hoboken, NJ: Willey Blackwell, 2009.

2　清代赵翼的《论诗》。

满而复杂。由于成熟的阐释角度本身包含意义，便能够开拓材料搜集的路子。这时，理论视角和材料之间发生了相互促进的关系：由于材料揭示出的具体事例，阐释维度也得到新材料的支撑，更为强健有力。

在发展阐述的过程中，维度起着连接线索和价值判断两重作用。第一，遵循特定的维度，研究对象的一部分特征就从整体中剥离开来，通过维度的逻辑串联起来。比如，以"功用"维度考察清代的皇家园林，关于使用者与园林环境互动的材料就可以被专门提取出，而园林的其他特征则放之阙如。第二，维度本身还为评判研究对象提供了尺度。"世上之事物本无善恶之分，思想使然。"[1] 维度引入了优劣价值判断。仍然以清代的皇家园林为例，功用维度的引入意味着研究者可从功用的角度对园林设计作出评判。不同的园林、同一园林的不同片段不再是均一的整体，功用阐释使得各部分呈现出评价上的差别。总之，运用维度就是超越单纯的"回望视角"，通过系统地组织材料，发展意义的过程。

本小节讨论设计学科历史阐释中最为常用的六个维度：时间、风格、功用、技术、传记、可持续。这些维度提供了与设计学科最常见的意义来源。研究者可以运用维度织起来的网兜，"兜住"那些需要分析的材料。当然，任何一个维度在历史阐释中的适用性取决于材料的支撑以及是否具有解释力。那些在具体情况中不适用的阐释维度，就像"网兜"中破开的洞口，研究者不必予以采用。

1）时间

时间是历史研究的"自带"维度。余华对时间的力量有过精彩的描写："我们并不是生活在土地上，事实上我们生活在时间里。田野、街道、河流、房屋是我们置身时间之中的伙伴。时间将我们推移向前或者向后，并且改变着我们的模样。"时间维度赋予研究材料以历史叙事特有的秩序和纵深。比如，对中国古代佛塔的研究，德国研究者波希曼（Ernst Boerschmann）开始较早，他能够熟练地运用现代测绘方法对建筑遗存作细致的整理。然而，由于文化语言的阻隔，波希曼的研究不能确定建筑的具体年代而止于"风格描述"的类型学水平（图 14-21 左）。当梁思成团队将时间维度引入古塔研究后，时间维度的阐释使对中国古代佛塔历史叙事研究的复杂性得到极大改进，阐释的深度就立刻建立起来（图 14-21 右）。通常所说的时间维度，包括时间点和时序两个视角。

第一，时间点的概念。在考察具体的案例和事件时，历史研究初涉者往往容易守于孤岛，就事论事。时间点的概念提供了阐释现象随着时间的纵横轴线展开的视角。

---

1 莎士比亚《哈姆雷特》。

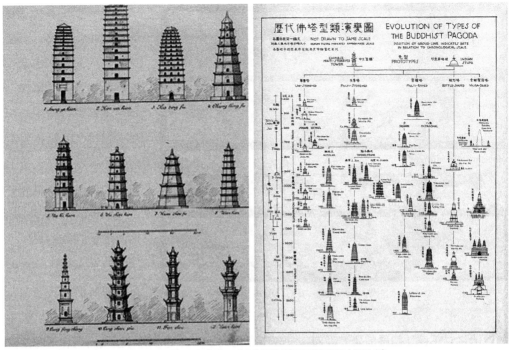

图 14-21 （左）佛塔比较图（波希曼，约 1940 年）；（右）历代佛塔型类演变图（梁思成）

一方面，由具体时间点横向发散为点面关系考察。将个案放在类型和社会的切片中，不仅对当时的研究对象止于其特定时间点的相关类型、做法、风格进行考察，也将考察对象和当时社会整体的风尚和技术背景进行连接。另一方面，由具体时间点纵向贯穿为点线关系考察。历史阐释视单个案例为时间拉链上的铁齿，运用时间阐释维度展示单个"铁齿"的连接作用。阐释需要为考察对象在连续的时间和前后的历史事件中找到联系：考察对象可能是平稳的历史行进中的一环，连接起前与后相似的现象；可能是某个乐章的尾声，保存着它所属时代的最后模样；还可能是一种对前例革新或者反叛，开创后来者的连续路径。不论是横向的还是纵向的时间关系上，研究者都需要就考察对象的典型性进行判断；人们常说的"一叶知秋""卓然独立"，说的就是个案在时间点上汇聚的典型或是不典型的意义。本书 12 章讨论了案例考察汇聚理论维度的多棱镜作用；借助时间维度，案例中理论维度的交汇更趋复杂，有潜力发展出复杂而丰富的历史叙事。

第二，时序的概念。时序是由于时间的流逝而形成的先后次序的阐释维度，研究者通常将两个或者两个以上现象按先后发生的顺序连接起来，因此获得次序上的意义。时序赋予了历史阐释"连续性"的意义：历史发生的片段不再是一地零散的珠玉，而是能通过时间轴线串联成的一件项链。具有时序的历史叙事成为一个随着时间轴线变化的活跃体（图 14–22）。时序的阐释要求研究者"原始察终，见盛观衰"；司马迁还进一步要求，

图 14-22　牌号 626- 疾驰 - 良种海湾母马 - 安妮 G（埃德沃德·梅布里奇，1887 年）

"详变略渐"[1]，为事物的变化找到始终，对变化发生的起止、高潮、低谷做出重点的阐释。时序阐释趣味在于对抗潜意识中"万物恒定"的惰性，在时间轴线上充分发掘历史材料的异质性，进而说明建成环境连续变化的特征。

时间轴线上的变化，即所谓"流变"，是历史研究最为基本的问题。对于设计学科的研究者而言，时序变化关系来自足够的时段归属内容。时段内的考察对象就定义时段内的考察对象相对稳定、能成为一个独立稳定的片段。从研究对象内部，时段划分来自研究材料的内容解读和归纳。比如，艾德伯格（Eleanor von Erdberg）对 18 世纪中国风的研究[2]，将受中国影响的欧洲园林建筑形象分为异域风情风格（Exotic style）、怪诞风格（Grotesque style）、模仿风格（Imitative style）。异域风情风格多掺杂近东地区对中国的描绘，怪诞风格显示了欧洲基于中国元素的"自由创作"，而模仿风格则更多地汲取了来自中国本土的建筑形象。研究者需要积累案例的数量，待到共性的差异出现，才能形成在时间轴上有序排布的独立片段。研究者通常需要运用反映研究对象特征的维度进行解读和划分，包括本小节介绍的风格、功用、技术、个人、学派、区域等中的一种或者多种。从外部，时段划定常常借助已有的政治、经济、社会分期，比如朝代更迭、重大的社会经济变革、重大的技术事件等。笔者在进行近代中美建筑文化的交流研究时，最初的时段划分依据美国的两场重要战争的结束：南北战争（1865 年）和第二次世界大战（1945 年）。随着认识的深入，觉得作为时段的开始《南京条约》（1842 年）比较重要，后来又觉得东西大陆铁路（1869 年）、排华法案（1882 年），美中贸易凋零等因素十分重要，因而这些年份也具有重要意义。这里暂时不讨论哪一种选择最优，想要说明的是：时段的划分附着于外部社会事件，仍然看重其对建筑、城市、园林的实质影响。

1　司马迁 . 史记·太史公自序 [M]. 北京：中华书局，1982.

2　Erdberg, Eleanor von. Chinese Influence on European Garden Structures[M]. Cambridge, MA: Harvard University Press, 1936: 10.

2）风格

在设计学科中，风格似乎日益成了一个陈旧的名词。对于实践家，被贴上风格的标签意味着手法僵化，且缺少"理论深度"；在理论界谈论风格，似乎显得不够前卫和深刻。这恰恰反映了风格作为阐释维度的特点：风格是建成环境稳定外在特征的集合。用 J.S. 阿克曼（J.S.Ackerman）的话说，风格是"可辨识特征的合奏"[1]；德国美术史家海因里希·沃尔夫林（Heinrich Wolfflin）更是将风格等同于"外在属性"。风格阐释注重形象本身的确切性与条理性，而不强调背后的机制。因为风格针对建筑、规划、园林实践的最终成果；在如今设计学科的历史研究（如果不是所有研究）中，风格仍然是最为核心的概念。尽管如今风格一词用得不那么频繁，运用风格这一概念所包含的外形分析规范性仍然是长久存在的。我们常常见到的"形式（分析）""视觉（分析）""图像（分析）""类型（分析）"等词汇实际充当了风格概念的功用。

风格作为一个阐释维度，和19世纪现代学术的发展逻辑相关联。由于自然地理的发现，人类需要认识事物的种类空前增加。以外在特征为主要维度系统认识建筑、城市、园林，和植物学、动物学（包括鸟类、昆虫、鱼类等）、化学、地质学孜孜不倦的分类学逻辑没有不同。分类学通过比较性地辨识事物外观，建立起条理系统。在设计学科教育开启之初，风格历史的条理为建筑、规划、园林学科的知识整理所采用。到如今，当很多学科已经转移了研究探索的趣味领域（如生物学、化学等转向了深层机制的发现），视觉相关学科（如美术史、建筑史）仍然依赖于建立在分类学基础上的风格维度。对于设计师实践关心的手法、策略、效果等问题，风格的概念不仅指向设计外观的总括性名称（诸如后现代主义建筑、巴洛克花园、理性主义的城市），也指向一系列特征方面（包括尺寸、比例、色彩、细节等）。因此，通过风格维度阐释和分析研究对象，在宏观上可以和具有相同（部分相同、类似）外观特征的设计类型进行整体比较，在微观上可以通过一系列外观特征作为切入点对研究材料进行具体分析。以外观风格分析作为基础，研究者可以联系更多的阐释维度，进一步发展出"因素—设计风格"和"设计风格—影响"的认识内容。

风格阐释并不是为了简单地将研究对象归入既定的风格类别当中，而是为了获得对其外在特征的确切认识。建筑、城市、园林的产生总是自发的设计行为，从来就不是为了风格的纯洁齐整而展开。建筑史叙事中，哥特、罗马风、洛可可等建筑风格的命名均不产生于风格流行的当时，而是后世所发展出的归类和总结。很多设计师曾经有这样的

---

1 Ackerman, J. S.. A Theory of Style[J]. The Journal of Aesthetics and Art Criticism, 1962, 20(3): 227-237.

经验：到国外旅游时，面对具体的建筑和环境，常常难于判别具体的设计风格。可见，对于研究对象外在特征的分析并不是"显而易见"的简单工作，而必须要以外观实态的分析作为基础。风格分析的基本逻辑是定性分析，分析材料是载有建成环境的图像，比如设计图纸、照片、测绘图纸、明信片、绘画、影像等。分析条理不必从零开始概念化，而是可以借助描述风格的子概念，比如形态、尺度、比例、颜色、材质、组合关系等。前人已整理的风格类型，则构成风格阐释可以攀缘的范畴。我们熟悉的风格名称，新现代主义、解构主义、后现代主义、地方现代主义、山寨现代主义等都是以现代主义为主线的风格分析发展出的新概念。一个项目的局部元素和整体是何种关系？对于局部或者整体而言，可以归入现存的哪种风格？哪些部分又是这个设计难以被已有风格所覆盖？在细致的分析下，新认识会浮现。阐释过程中，解读和判断存在往复交叉，研究者也可以发展出不同于已有风格和子概念的新条理。风格维度相对稳定，保证了阐释的规范性，能够确切地判断考察对象和已知风格的相同、相似、相异关系。

西方的学术界曾经因为中国殿堂建筑外观不如西方的变化剧烈，就认为中国古代建筑的发展缺乏变化。梁思成以风格作为阐释维度，以不同时期木构殿堂建筑的立面分析和建筑梁柱比例作为考察点进行归纳比对，将唐以来的中国木构殿堂建筑分成豪劲时期（Period of Vigour，约公元 600—1050 年）、醇和时期（Period of Elegance，约公元 1050—1400 年）、羁直时期（Period of Rigidity，约公元 1400—1900 年）。这种风格的再分类一定程度上反击了中国建筑"缺乏变化"的论点，改写了中国建筑的历史叙事，也将对中国建筑外形的认识推向深入。

赖德霖对徐敬直设计的南京中央博物院的研究[1]，就是以风格研究展开的。梁思成曾经发表的对当时建筑师设计中国样式"未得其法"不满。该研究以徐敬直设计南京中央

图 14-23　南京国立中央博物院渲染图（兴业建筑师事务所，1935 年）

1　Lai, Delin. Idealizing a Chinese Style: Rethinking Early Writings on Chinese Architecture and the Design of the National Central Museum in Nanjing[J]. Journal of the Society of Architectural Historians，2014, 73（1）：61-90.

博物院（图 14-23）的风格解读来反映梁思成的贡献，进而揭示梁思成对中国古典建筑"规范"句法的探索。研究者所依据的分析材料基础是中央博物院的设计图纸，同时也分析梁思成等陆续发现辽宋建筑的测绘图纸。通过平面和立面、减柱造、月台及栏杆、阑额及普拍枋、斗栱、室内结构、屋顶等 7 个方面对两者展开比对，确认了梁思成所追求的辽宋风格。

风格本身作为阐释维度，是存在主义的体现，长于描述而短于解释。风格阐释维度能够对设计作品的面貌（如形制、样式、细节等）进行细致、有效、系统地讨论。至于说在设计面貌以下的施工工艺、使用逻辑、决策逻辑，风格维度就显得无能为力了。这时，需要借助风格阐述作为发展历史叙事的基础，结合其他的阐释维度，对"现象以下"的机制、影响、意义等做出阐释。

3）功用

功用维度提供了一种"现实性"的分析视角，用以解释社会诉求对建成环境的塑造作用。一方面，社会对建筑、城市、园林有着明确具体的期待；另一方面，建筑、城市、园林作为建成环境满足社会的具体要求。在这种圈层中，设计师吸收社会的期待，转译为建成环境形态，并接受社会的检验。在设计学科的历史叙事中，功用不断地被规定为类型，类型又被社会的急剧变化和设计师的奇思妙想不断突破。在类型学中，建筑可以按照功用划分为宫殿、居住、文化、办公等类别，城市划分为交通、排水、绿地等不同的片段；园林可以划分为私园、公园、植物园、博览园等不同的类别。由于功用一定程度上设定了建筑、城市、园林存在的前提，类型学的分类能够使得考察的内容反映社会要求的共性。尼古拉斯·佩夫斯纳说类型在建筑史的发展中起到了"社会历史的功用"（function of social history）。[1]

图 14-24　北京西什库教堂（1900 年）

功用维度鼓励研究者从社会诉求的视角开拓历史研究对象的范围。在下意识的"正规"观念中，建成环境的主要类型似乎只有宫殿、寺庙和教堂（图 14-24）、公共绿地、私家园林这些"高尚

1　Pevsner, Nikolaus. A History of Building Types[M]. London: Thames and Hudson, 1976.

案例"。社会生活的前进早已超越了这些"正规"类型：在第二次世界大战以后的美国，"带会客室、厨房、交流室的教堂"、旅馆、中学和大学建筑、溜冰场、赌场、音乐厅等新的建筑类型相继出现，这些都可以纳入功用的阐释中。在 21 世纪的中国，社区参与式种植、物流仓库、社区超市、快递中转店、快捷旅店、无人超市、儿童培训场馆等类型相继出现。采用功用维度，研究者可以有意识地搜集反映建成环境决策和使用的材料，深入阐释"新型"建成环境的产生动力和社会接受程度。

功用维度意味着对外部塑造力量复杂性的追溯。由于社会本身的复杂性，功用意味着不同理论层面。有些功用内容是显性、具体的，比如火车站、儿童医院、消防站、火葬场等，结合留存的指标数据、往来书信、会议记录等内容能够阐释清楚。有些功用的内容则抽象、隐秘，比如佛教寺院伽蓝七堂的布局和寺院制度之间的关系，现代卫生思想如何塑造动物园的展示空间，20 世纪初美国公园和广场中广泛的音乐舞蹈活动对场地布局的影响，二战后美国公园和广场的使用和当时的人均住房面积的可能关系？如果仅仅依靠建成环境本身的材料，恐怕难于有效追溯。这需要研究者充分了解研究对象的历史处境，从具体事件以外的社会情境中找到切合的阐释层次。

真正理解社会功用与建成环境的互动情势，还需要研究者结合历史时间轴进行纵向对比，获得一种真正富有同理心的阐释。从今天的视角能够得到历史的教训，但是切忌用今人观点苛责前人的行为，而应该应用时间的宽广轴线考察社会和建成环境的相互塑造。比如，对 1950 至 1960 年代北京城墙拆除事件的研究，很多研究者注重对史实的发掘。包括学者、参政者、技术人员、政策决定者、执行者的各种记录和言论。[1] 然而，如果仅对这些材料进行分析，很容易落入"护墙方思想超前、拆墙方思想落后"的历史苛责之中。如果将北京城墙拆除事件和天津（1901 年）、上海（1912 年）、汉口（1907 年）、广州（1919 年）等城市的城墙拆除过程，也和纽约、伦敦、柏林等地城墙拆除过程相互比较，不难整理出城墙拆除事件背后的现代城市化的功用压力。考察一下欧洲古堡、美国要塞从军事设施到文化遗产的渐变过程，也不难发现其背后文化价值保存、社会功用、资金支持等三重力量在时间轴线上的消长作用。

4）技术

技术作为建成环境的物质实现手段，包括结构、构造、保温、交通、市政、卫生、灌溉、物种保护、环境保护等方面。技术阐释的深刻性在于穿透建成环境"表面"的视觉内容，能够触及"风格""功用"等阐释维度难于顾及的物质基础内容。成熟、廉价、可靠、

1 王军．城记 [M]．北京：生活·读书·新知三联书店，2003．

容易复制的技术对社会生产有着决定性的推动作用，这也构成了建成环境进行决策、设计、建造的基本物质背景。在技术阐释中，"图样概念"内容和"真实建造"内容相互对立，通过比对获得分析的张力。爱德华·福特的《现代建筑细部》（图14-25）从技术维度重新书写现代建筑史。[1] 研究者选择了细部作为考察角度，以研究者通过设计档案查阅、实地观察、重点访谈获得"隐含"信息重新展示了建筑的建造事实，以此为论据重新评价现代建筑运动

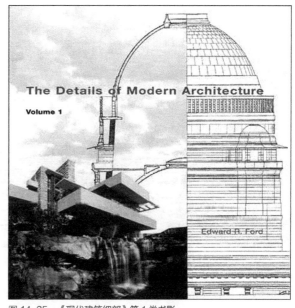

图 14-25　《现代建筑细部》第 1 卷书影

的思想和成果。研究者的考察成果包括一系列重新绘制的剖面图和轴测图，"开膛破肚"地展现设计或者建造的细节。这种穿透外形的技术考察是以往通过照片（渲染图、方案图）解读、现场体验、设计者言论分析所不具备的。技术和风格形成张力，确切的建造事实和"漂浮"的设计大师言论相互拉扯。一方面，铸铁建造的宏大穹顶，其尺度和跨度超过石质结构建造的可能性，其外在美学却能与古典主义相合。这种现象展示了建筑师善于对技术的权宜运用，同时也带来新脚穿旧鞋的真实性疑问，预示了新的、诚实的美学形式发生的可能。另一方面，简洁动人的现代建筑中，细部设计和施工工艺可能实现或者增强了设计意图，也常常发生为现代简洁的效果而出现的技术扭曲和伪装。在技术阐释中，建造事实、理论宣言、社会接受、建筑师创造之间的关系并不如"通俗"建筑史描述的那样光滑连贯。正是由于偏差、摩擦，乃至矛盾内容的揭示，技术维度带来了考察的丰富性和复杂性，进而使新的历史评价成为可能。技术维度的历史阐释要考虑以下两个要点。

第一，技术维度的阐释必须有具体确切的技术内容，而不能过分概括。割草机的发明如何导致欧美体育场地以及私家花园设计的革命？ 19 世纪新兴的铸铁材料如何作为建筑的结构并适应装饰的要求？ 芝加哥博览会的电灯照明如何影响美国的城市？这些具体的内容绝不是"技术决定设计"这样空疏宽泛的"技术决定论"所能概括的。相反地，技术阐释的趣味在于揭示某个历史时段特定的项目中，具体技术内容和其他设计建造因素之间激发、限制、互动、适应的辩证关系。过分概括会使特定历史烙印消失，历史阐释的意义就会大打折扣。

1　Ford, Edward R. The Details of Modern Architecture[J]. Cambridge, MA: MIT Press, 2003.

图 14-26 范斯沃斯住宅的钢结构搭建

在历史发生的当时，置身其中的设计师往往将技术视作一种理所当然的"设计背景"，主动通过文字材料记录适应或者对抗技术的情况是很少的。这需要研究者对历史发生当时的技术内容有意识地关注：从施工图档案涉及的技术内容入手，查看政府和专业协会推广技术的文告，专业杂志刊登的技术产品广告，这些内容都有利于我们获得历史发生时的技术情境，从而建立与建成环境的联系。研究者甚至需要脱离考察的具体设计内容，单独对技术内容本身展开考察。例如，李桢从木作工具角度对中国古代建筑技术进行了研究。[1] 研究者利用考古发掘材料以及文献资料，从伐木、制材、平木、节点及细部制作等方面，系统整理和揭示了我国传统木作加工工具的发展及其使用情况。通过对框锯、平推刨等木工工具的考证，阐释了技术和建筑发展的关系。

第二，建成环境的具体设计建造过程是技术维度阐释的主体（图 14-26）。技术作为历史考察的维度并不在于复述技术本身，而在于贴近建筑、城市、园林本体，考察在技术环境下的结合运用过程。不论是交通、供水、卫生等系统性的设施，还是混凝土、钢材、木材等的具体技术和材料，将它们还原到设计建造过程中，才会获得有益于设计学科的认识。设计建造过程的考察不仅带来一种置身于历史发生中的生动感和真实感，而且能够借助建造时间轴线考察从设计到建造实现步骤中的复杂交织关系，获得更丰富的认识。

5）传记

传记视角围绕"传主"展开阐释，显然遵循了"英雄创造历史"的逻辑。个体的人在历史阐释中有其独特的位置，这不仅因为人是独特思想文化产品的制造者（因此，莎士比亚、贝多芬、德加因此成为历史考察的对象），也由于人是历史事件的推动者（因此，研究南北战争历史，就需要追溯到林肯的生平）。在建筑、规划、园林学科中，设计师不仅是设计理念和设计方案的提出者，而且是环境建造的主导者和推动者，

---

1 李桢. 中国传统建筑木作工具 [M]. 上海：同济大学出版社，2004.

因而理所当然地能够采用传记角度。设计学科的"传主"以个体设计师为主，也可以是设计流派、运动等，比如奥姆斯特德、塔里艾森学派、纽约五人、城市美化运动等。即使在涉及较多"外在因素"的城市规划史领域，城市设计师们，包括奥斯曼之于巴黎，阿尔伯特·斯佩尔（Albert Speer）之于第三帝国的柏林，罗伯特·墨西斯（Robert Moses）之于现代纽约，卢西亚·科斯塔（Lucia Costa）之于巴西利亚，都能够基于设计身份而成为历史阐释的"传主"。[1]

传记维度以"传主"界定考察范畴，将时序考察和案例考察相结合。从时序上来看，"传主"个体有孕育之时，有成长之时，有无名之时，有挣扎蜕变之时，有震惊四座之时，有自我变革之时，还有枯萎衰亡之时。这种过程式的考察角度也避免了"明星天降"般零碎、跳跃的历史叙事，为理解设计实践的内在成长演变机制提供了契机。比如，考察北京的民族文化宫，从风格的维度分析，这幢建筑是新中国成立十年北京建设中的产物，在"大屋顶"风潮下掌握的比例、尺度、细部较好。运用传记维度，能从建筑师张镈的教育经历、测绘经历、设计经历发掘出更多的关联内容，从而为设计手法提供源头性解释。从案例考察（第13章案例研究法）来看，"传主"是汇聚各种理论因素和线索的"复杂事实"。传记维度的历史叙事需要主动交织起"传主"吸收的社会影响，面临的各种挑战，产生的各种反映。在这个意义上，不仅那些重要、有代表性、有影响力的个体能够成为"传主"，"无名个体"也能借于传记维度所具备的复杂阐释网络而成为"有名传主"。

传记维度使历史阐释获得了内在性的视角。在传记的设定下，建成环境不仅是社会风气和技术的塑造品，更是"传主"（设计师）内在思想、逻辑、品位、技能所支配的产物。传记维度揭示的是复杂的"人"的问题：人具有内在的思想、人格、品位、气质；人能够进行内在的思考和创造，能够回应或者抵御社会风气；设计作品不过是设计师思想行为的外在衍生品。因此，历史研究中不光有必要考察作为结果的建成环境，也需要阐释设计师个体内在的驱动力。传记的最高目标是展示"传主"激情澎湃的心灵历史。"传主"和当下往往时空两隔，研究者的现实策略是从搜集材料入手，由解读而阐发。传记维度的材料不仅包括设计建造有关的材料（比如书信、草图、

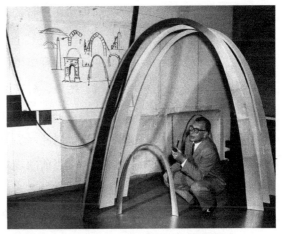

图 14-27　埃罗·沙里宁在设计大拱门纪念建筑的过程中

---

1 Leach, Andrew. What is Architectural History? [M]. Hoboken, NJ: John Wiley & Sons, 2013: 54.

写作、照片等，图 14-27），也包括记载有"传主"的家庭、教育、交游、执业、爱好等内容。联系外在的风格、技术、功用、区域等维度的内容，更容易凸显出"传主"生活的生动性。从解读"传主"生命的过程中，研究者获得一种同理心，站在"传主"的地位，思考可能的挑战和应对，因此来评价"传主"的成就。

6）可持续

可持续理论是 20 世纪 70 年代以来，西方对环境危机以及其他经济社会危机的系统反思后发展出的概念范畴。按照最为常见的定义，可持续要求人类的发展"既满足当代人的需求，又不损害后代人的需求"。可持续发展一般包含环境、经济、社会三个方面，以环境领域的学术和实践积累最为丰厚。作为一种阐释维度，可持续理论将更为长远的眼光引入对世界的认识和改造中。一系列子概念，包括资源、能源、物种、流域、污染、材料、全生命周期等，不光成为现世的实践标准，也能被引入历史领域，成为分析阐释的工具，启发着研究者在时间的轴线上重新评价人类改造环境活动的得失。《东北佛罗里达环境史》[1] 和《第二自然：新英格兰环境史》[2] 两本历史著作显示了可持续视角的影响。以往建筑史叙事的奋斗史、征服史、理想家园建设史等模式被抛弃，设计师的智慧、才干、品位也不再是考察的全部内容；各种建设成就背后对整体环境的利用、改造、影响、破坏、修复被小心地评估。历史的广阔纵深在揭示人类规划设计建造活动的"短视"时，展现出强大的方法论优势。两书对历史事实的考察，不仅仅是对不同时间段人类"短视"活动的简单复述，更在于用具体细节展现出每个时间点人类的认识、技术、需求如何与环境和资源之间剧烈碰撞的复杂关系。大量的案例丰富了可持续理论的时间纵深，获得了更高复杂程度的认识，对当前仍然在进行的土地利用规划、农业实践、生态规划等人类活动提供了启发和警示。

可持续理念显示了一种新的历史阐释维度的必要。从考察范围来看，可持续理论所提示的资源、能源、物种、流域、污染、材料、全生命周期等维度难以被之前的认识范畴所覆盖。这些维度既不在传统设计师的知识范围以内，也不在社会认识所及的范畴内。可持续理念对时间和存在的再定义，以此对历史阐释提出了的挑战。第一，可持续理念明确提出了来自未来的视角，即要求当前的规划设计活动"不损害后代人的需求"。历史研究是站在当前视角对过去的回望。未来考量的引入，意味着从时间轴线上获得更为深刻持久的历史认识的机遇。可持续理念的未来视角叠合历史研究的回望视角，似乎暗

1 Miller，James J. An Environmental History of Northeast Florida[M]. University Press of Florida, 1998.

2 Judd, Richard W. Second Nature: An Environmental History of New England[M]. Amherst, MA: University of Massachusetts Press, 2014.

示着一种更为永恒的阐释维度。第二，可持续理念通过资源、能源、物种、流域、材料等维度将有限的设计项目和更为广阔的"物质背景"相联系。建筑、规划、景观在多大程度或者范围上应该为多大尺度范围的"物质背景"承担责任？如何将这种程度或者范围纳入建筑史、城市史、景观史的叙事之中？这种阐释空间的扩大超出了传统建筑、城市、园林历史研究的基本范畴，还需要研究者进一步达成共识。

总之，历史阐释维度通过在考察对象的过程中引入分析角度和专业趣味，获得比研究材料本身更丰富、深入、确切的意义阐释。除了本小节论述的六种主要维度外，历史阐释常用的维度还包括地理、气候、建设制度、经济等。随着第二次世界大战后文化研究思潮的展开，更多的阐释维度进入历史研究中，包括阶级、性别、种族、家庭生活、语言、身体、政治、权利、宗教、社会、科学、未来、乌托邦、异位（Dystopia）、卫生、消费、记忆等。这些维度值得研究者进一步探索，通过找到切合的研究主题和材料，在阐释过程中给予回应。

第15章

思辨研究法

Chapter 15

Philosophical/Intellectual Method

15.1 思辨研究法概述

15.2 思辨的成果形式

15.3 思辨途径

15.4 思辨过程的检验

曾经有一位同学选定某建筑师和当代艺术运动的联系作为研究课题。当她填写开题报告时，数据来源和工作地点栏目分别填写的是图书馆杂志和导师工作室。这种表述不禁使人想起老子《道德经》第47章的内容："不出户，知天下；不窥牖，见天道。其出弥远，其知弥少。是以圣人不行而知，不见而明，不为而成。"[1] 大意是，认识的获得并不是以实证经验和数据为必要条件，宅在家里也能通晓天下大道。老子甚至认为，向外奔得越远，所获得认识就越少，因而认识的积累并不以观察和行动作为前提。老子讨论的就是思辨研究法。实证主义研究者可以指责老子是唯心的、先验的，缺乏研究材料和研究过程。然而，作为研究者，谁也不能否定研究者个体"纯思辨"的能动力和创造力。脱离实体的纯理性认识可以于研究者内在进行，其成果可以基于人的同情心和同理心，在研究者之间交流。在这个意义上，老子对于思辨的建议是：在自省上下功夫，通过活跃的内在思维认识事物的本质。有时甚至需要有意识地回避事物的实体，"不行而知，不见而明，不为而成"，才能更好地把握事物的本质概念。

在研究活动中，思辨如空气般无处不在。同时，思辨研究法作为产生认识的研究方法，具有极大的特殊性，因此本书将思辨研究的内容放在分析方法部分的最后一章。本书几乎所有章节的研究方法（包括属于定性性质的历史研究法）都属于围绕数据搜集展开的循证研究范式，而思辨研究法不是循证研究方法：从研究过程上来看，这种方法缺乏严格的材料搜集过程；从评判标准上来看，并不以对客观现实反映的精确作为准则，而是以同理及同情作为检验。这些特性也带来思辨研究在研究选题、文章写作的结构等方面的种种特性。本章论述了思辨研究法的特点（第15.1节），归纳了思辨的成果形式（第15.2节）和过程（第15.3节），并讨论了筛选和检验思辨的一些思路（第15.4节）。

---

1 老子. 道德经·第四十七章 [M]// 陈鼓应. 老子今注今译. 北京: 商务印书馆, 2003.

15.1 思辨研究法概述

15.1.1 思辨研究法的概念

思辨方法，也称为逻辑思辨（logical argument），是以主观理性认识作为主要的认识工具，以发展概念、命题、逻辑结构为研究成果，从而认识事物本质的研究方法。思辨活动看上去十分抽象，但是并不陌生（图15-1）。很多人身边会有这样的朋友：对于跨领域的问题，他们虽然并没有细致地接触实际工作，却总能魔术般地提供特别有针对性的建议。这类人群往往被称为"高人"。运用老子的

图15-1　罗丹——思想者（爱德华·J.施泰辛，1902年）

观点，并不难解释。"其出弥远，其知弥少。是以圣人不行而知，不见而明，不为而成。"见识的高低，并不和接触客观实际必然相关。"高人"之高，在于在某些情况下，脱离具体层面，运用抽象逻辑思维，更好地把握事物本质，回答重大问题。思是思考，辩是辨析，思辨就是主观活跃的概念创造和筛选活动。研究者一面提出新的概念、命题、框架，另一方面自我完善这些概念、命题、框架。在质疑、充实、淘汰的过程中，新的概念得到更好的发展。整个过程，都是在研究者意识中完成的。在任何研究中，广义的思辨活动总是如影随形，在确定研究问题、搜集数据、分析和阐发各个阶段都需用到思辨。本章所指的思辨方法，是一个相对独立的活动：研究者在研究过程中并不依赖于数据材料的搜集和分析过程，产生独立的研究成果，发展并阐释新的概念、命题、框架。

对于思辨在研究中的重要性，一般不存在争议；而对于思辨能否成为一种研究方法，以及思辨得出的成果能否成为学科知识的一部分，则呈现着显著的对立。科学主义者认为思辨只是一种手段，不是一种研究方法。循证研究的视野下，思辨能够为实证研究提供命题；然而，未经验证以及不能验证的思辨命题，与经过实证研究方法验证错误的命题一样，不是知识，需要被扫入"谬误"的类别当中。比如，通过思维得到的命题"居住小区设计中减少游憩性而增加活动性的规划内容，会增加小区居民的运动总量"。如果不经过观察方法或者问卷方法的验证，这一命题就毫无价值。因此，科学主义者的观念中，思辨研究法只是实证研究的前置步骤，并不是能够独立存在的研究方法。换言之，

对待思辨的成果，持一种 "需要谨慎经过验证筛选" 的态度，也就是非实证的命题不能成为知识的态度。

人文主义者认为，思辨研究是一种独立的研究方法；同时，未经实证验证的思辨成果也是学科知识的一部分。思辨发展出的命题中，有一部分自然可以被科学（自然科学、社会科学）的方法，通过数据搜集、分析判断的过程来证明或者证伪，从而成为稳固的认识。而另一部分思辨命题，是不能被搜集数据来回答，或者搜集数据并没有意义；这一类命题同样重要，必须用思和辩的方法来回答。比如，命题 "凡是民族的，就是世界的" 就不是一个被量化研究证明或者证伪的问题。又如，针对 "废弃厂区内 1970 年修建的构筑物是否具有保存价值" 的命题。简单地在当地进行问卷调查用 "多数胜出" 的方法，或者运用金钱估价方法来决定其保留价值，都是荒唐的；因为保存价值并不能由简单实证予以决定，而需要挖掘其内涵性内容。这类无法用搜集数据来回答的问题，涉及生存、道德、美学、精神、文化等方面，常常被称为 "本质问题" 或者 "终极问题"。人文学科（包括文学、哲学、美术、音乐、设计等）常常需要对这些问题作出回答。与用实证主义的方法来证明或者证伪不同，回答这类问题常常以人自身的强大理性为基础，为思考事物存在的本质与价值提供路径。发展 "终极问题" 命题，其作为框架、角度、维度的意义远大于确切的判断。

15.1.2 人文学科的认识论与思辨研究法

"人文"（humanities）一词在西方历史上，有着不同的含义。在古希腊时期，人文是人的最基本素质的集合，包括语法、修辞、逻辑（三艺），再加上算术、几何、天文和音乐，成为 "人文七艺"。而在漫长的中世纪直到文艺复兴，人文是和神、神学、神性相对的概念，既包含社会世俗的一面，也包含人性智慧和活力的一面。后者在文艺复兴时期得到极大地彰显。现代以来，科学成果和科学方法（实证方法）彰显，从自然哲学开始，改造了自然科学。以搜集数据为主要过程、以验证为主要目的实证方法逐渐进入对人和社会的研究中，并逐渐占据了主导地位，形成了社会科学的学科群体，最典型的如经济学、社会学、心理学等学科。如今，自然科学、社会科学、人文学科形成了知识体系的三个主要的大类。似乎任何与非科学的学科都可以归入人文学科的体系之中。典型的人文学科包括文学、哲学、语言学、宗教学、美术、音乐、设计等学科。很显然，建筑、规划、园林三个学科一部分认识的积累具有人文学科的特征。

人文学科承认人的尊严和价值，同时充分尊重人的个体性。人文学科研究在研究对象上围绕人的价值、信仰、感受等 "终极问题"，在价值上尊重人的灵感、才智、局限以及在此基础上的认识，在认识基础上以人在理解命题上的同理性和同情心为基础。人文学科的使命不仅包括对外在事物和现象的再发现，也包括对人本身和研究者自我的再发现。对此，洛克菲勒人文科学委员会发表于 1980 年的《美国生活中人文》对人文学科的意义和范畴做了如下概括：

> 人文学科提供了我们反思终极问题的土壤：人作为人意味着什么？人文学科的回答往往提供许多线索，但从来不是一个完整的答案。在一个不合理、绝望、孤独、死亡与新生、友谊、希望、理性一样并存的世界中，人文学科的解答揭示了人们如何尝试重塑一个道德、精神、智识意义上的世界。[1]

40 多年的时间过去，人类社会进入网络时代和自动化时代，研究者的存储工具、查找工具、分析工具愈来愈强大。然而，人文学科所关心的问题并没有被越来越发达的实证研究所回答。相反地，现代显现的诸如全球变化问题、污染、地区冲突，并非由于数据不精准，而是由于人在道德、理智等层面不能达成共识（图 15-2）。人文学科存在的价值体现在对于整体思维的借重和对于认识边缘的拓展，在新的技术环境下显得越发不可替代。思辨研究法不以验证客观，而是以人的主观智识来评判知识的生产；那么，思辨研究法的方法论基础在哪里呢？答案是，人的理性奠定了思辨研究的方法论基础，包括以下三点。

图 15-2　理智睡着时产生的恶魔（哥雅，1799 年）

第一，世界的规律是可知的。人的独特理性智识能够透过事物的表象而发现其背后所潜藏的本质，从而发展出本质性的认识。理性主义设定事物的本质是隐藏于事物外在特征之下内在的、稳定的、恒定的属性；同时，对事物的认识可以是多角度、多层次的，思辨的研究者总能不断提出概念、命题、结构。

第二，人的理性是认识事物本质和世界本原的强大工具。人的理性可以独立于感官，基于理性的推理可以独立于人的经验成为知识来源。理性主义哲学认为，观察、试验等

---

1 Commission on the Humanities. The Humanities in American Life: Report of the Commission on the Humanities[M]. Berkeley, CA: University of California Press, 1980.

手段只能获得外在的表面特征，而内在本质的特征需要依靠人的逻辑思辨活动去把握和揭示。在思辨方法里，人的推测（speculative）、批判（critical）、联系、洞见、顿悟等活动被赋予天然的合法性和有效性。

第三，人的理性思考结果可以基于人的共同理性而被评判、接受、流传。在英语中，有同情心（sympathy）和同理心（empathy）等概念，汉语成语中也有"将心比心""推己及人"的说法。人与人之间共享的理性不仅适用于人际的交往，也适用于知识的发掘和评价。由于研究者和读者都具有人的基本属性，因而他们具有相同的情绪、逻辑、思想基础。当研究者提出新观点、新思路时，其他人（包括研究者和普通人）基于人的共同理性能够理解这些思辨的概念、命题、结构，并得出认同或者不认同的态度。正是由于思辨研究的基础是人本身，思辨完全依赖于人的智慧、情感，也受限于人的智慧、情感；因此，人的主观思考成了工具。在思辨研究法看来，由于人性的永恒性，主观的思辨命题仍然具有可靠性，甚至永恒性。比如，柏拉图提出的真善美的抽象命题，构成音乐、文学、美术、建筑等学科共享的"本质问题"的概念，跨越了不同的文化和时间。

15.1.3 思辨研究法的特点

思辨研究和实证研究范式有着很大差异。这不仅体现在搜集材料和分析判断过程的特殊性，而且包括研究逻辑和假设。在本书总论和程序论部分（包括第4章确定研究问题和第5章文献综述）所描述的学术研究规则，对思辨研究并不全部有效。下面从研究过程、研究对象、研究内容、文本写作结构四方面分别讨论。

1）缺乏明确的研究对象和严格的数据搜集程序

本书第4章确定研究问题曾经讨论过：研究问题需要明确。然而，对于思辨研究法而言，并不以一个严格的确定研究问题作为前提。由于研究之初，概念和框架尚未成型，因此研究所面向的对象也只是一个大概的范畴。思辨研究完成之时，研究内容才明确，研究结论也基本完成了。因此，思辨研究法是构建概念的游戏，游戏终结于精巧概念的搭建之时。

思辨研究法没有严格的搜集材料的程序。其基于同理心的逻辑来获得证明力，不以数据的搜集和分析过程为标尺。一定程度上，思辨研究法甚至还要求研究者和具体的材料和数据保持距离。表15-1展示了四种常见研究方法的材料搜集情况。从数据来源的可信度来看，观察研究和访谈研究由研究者自主搜集研究材料，来源值得信赖。历史研究多用"二手材料",因而常常需要对材料进行解读和辨伪。而对于思辨研究,概念和系统的创建更依赖于主观上活跃,更考虑理论构造的精巧,有意远离具体材料,一般不考虑材料的信度问题。从材料和数据搜集的方便程度来看,观察研究和访谈研究可以"随时"从现场获得材料。而对于历史研究,材料是不可以创造的,研究者只能搜集保存下来的文档等材料。对于思辨研究,数据可以方便"进出"研究者的视野,全靠研究者考量这些具体事例能否支撑理论的构造。

思辨研究法和其他研究方法在数据搜集上的对比　　　　表15-1

研究类型	数据来源的可信度	搜集数据的方便程度	数据的形式
观察研究	自己搜集,来源可信	可以"随时"补充	定性/定量
访谈研究	自己搜集,来源可信	可以补充,取决于被访者	定性为主
历史研究	来源需要质疑	数据不可补充,可以挖掘"发现"	定性为主
思辨研究	不考虑数据来源	数据"进出"比较方便	定性为主

思辨研究不像实证研究一样预期能够在特定时间、通过调度特定的资源完成。思辨研究法没有特定的数据和材料搜集过程,而属于"书斋式"的研究;同时,思辨的"洞见"和深刻命题依赖于研究者的思辨能力和灵感,是"自己对自己"的研究。因此,由于思辨研究法不符合"投入—产出"的可预期原则,不适合作为主体方法申请研究课题和经费。同理,思辨研究法也不适合作为硕士研究和博士研究的主体方法。当然,如果是对前人的(而不是自己的)框架、概念、维度等思想内容进行系统考察(包括挖掘、归纳、批判等),则属于运用历史研究法,范畴也相对固定,材料相对固定,其"投入—产出"的可控性大大增强,这类研究问题是适合申请研究课题和经费的。

2)不适合过于具体的、实用性的问题

前文说到,思辨研究法适合于回答"终极问题",解决观念困惑;相对地,不适合回答相对具体、实用的"成型问题"。设计学科的研究对象具有历史、文化、艺术、宗教、思想等人文学科的属性。这些学科的"终极问题"包括:"建筑的美是什么""建成环境中的自然元素是否应该经过设计""城市的效率性和公平性孰轻孰重"等。这些问题涉及概念、价值、维度等较为抽象的方面,而不涉及具体的程度、高低、比例、效率等可测量的具体方面。具有经济社会效益的实用问题,需要有具体的效应、程度、范围作为回答问题的支撑内容,一般不采用思辨方法。

"终极问题"可以被社会科学"转化"为具体问题,从而用实证方法回答。比如,"环

图 15-3　苏格兰议会大厦

境美是什么"的问题可以用"有多少人认为苏格兰议会大厦有美感"来回答（图 15-3）。这时，明确具体的问题产生了，数据和材料的搜集也会变得具有针对性，研究者可以用实证的方法（如问卷、访谈、观察等）来回答。值得注意的是，在转化为实证研究问题的过程中，"终极问题"深沉复杂的特性被简单化了；考查集中于实用方面而并没有扩展对于"终极问题"概念的认识。因而，转化后的实证研究问题并没有从本质上回答"终极问题"。

3）思辨研究的开放性和累加性

思辨研究所针对的"终极问题"常常是以开放性（而不是以唯一性）的解答方式出现的。比如，"在生态学的视野之下，应该怎样进行城市设计？"就是一个适合由思辨活动来回答的问题。研究者可以从多角度、多尺度、多层次对这一问题进行回答。"提升城市绿化率是否会使城市的房产价值提升？"则是一个封闭的问题。回答这类问题可以用数据分析得到明确的"是"或者"否"的答案。相比之下，人文学科的"终极问题"往往是数据不能回答的。由于思辨研究的回答是开放性的，不同角度、不同层面的考量维度都成为"终极问题"的回答。思辨研究法常运用的策略包括推测（speculation）、比较、批判、阐释等，所给出的回答也是相对片面、相对阶段性、允许争议的。

回答"终极问题"的开放性构成了思辨研究累加性的特点。由于没有任何回答能够被作为标准答案，对于同一个问题的回答是一个持续进行的过程，由于回答者的加入而变得丰厚。这种累加式的过程，决定了思辨研究法的厚度。而累加的过程中，重复的、循环往复的、多角度叠合的过程中，思辨研究不仅包括不断提出的认识和积累的认识，也包括在提出认识的过程中获得认识的角度。同时，并不是由于思辨方法的开放性，所有研究者就能方便掌握。思辨研究形式门槛低、实体要求高，研究初学者更难掌握。这个特点对该方法的运用构成了挑战。

4）思辨研究的写作有异于循证研究

实证研究的论文写作一般是"探险家式"的，通过汇报研究假设、数据搜集、分析、阐发和结论这一系列"探险过程"，从而完成报告的过程。思辨研究的论文写作是"全能上帝式"的，研究者甫一下笔，就开始系统地介绍已经得出的概念、命题、公理、系统等。研究过程中的抽象、闪念、揸掇、解谜等探索过程，一般都不在论文中叙述。思辨研究论文所展示的，是一个被思考成熟的自洽框架。文章写作过程，包括片段性地展示论证过程、案例材料都是为了支撑和展现思辨的结果。思辨研究的价值论证在写作中占据重要的地位。循证研究的写作在文章开始会清晰地界定研究的价值和意义；而对于思辨研究的写作，价值论证是研究内容的一部分，直接支撑起对于"终极问题"的回答。

15.1.4 思辨研究法和其他 "定性"研究方法

在人文学科的范畴内，思辨研究法和历史研究法、定性分析法这三种研究方法得出的认识形式相似，甚至在研究的过程中重合交叉使用，可能产生混淆的情况，需要对它们进行辨析。

对比思辨研究与历史研究，思辨研究不乏采用历史内容支撑思辨框架的情况。历史研究法在阐释和立论的阶段，一定会运用到思辨的方法。两种方法在目的和趣味上各有不同。历史研究着重对过去从无到有的挖掘，所谓"存亡国，继绝世，补敝起废"。[1] 历史叙述的基本对象是过去的事实和现象，其证明力来自对既有现象的存在合理性，其研究方法的基本趣味不仅来自认识角度，也来自对过去"拂去尘埃"而重现的快感。思辨研究法着重于新的抽象理论构造，并不依附于过去的历史事实，其研究方法的基本趣味除了对于现象反映的逻辑性，还在于其理论框架搭建的精巧性（图15-4）。

对比思辨研究与案例研究，思辨研究常常采用案例、事实对思辨发展出的新理论框架进行支撑；这种情况就是古人所说的"六经注我"。为思辨加入事实的支撑能够使抽象认识更加具体生动。然而，随着支撑案例和事实的加入，研究就不单是抽象理论的发展，也带有案例研究的"实证"逻辑。在这种情况下，思辨研究仍然是主体，实例的支撑是附属。

对比思辨研究与定性分析，两者都是研究者积极运用主观，通过构造理论命题而得出定性认识的方法，但是逻辑思路完全不同。思辨研究是内在性的，而定性分析是外在性的。王国维所说："客观之诗人，不可不阅世。阅世愈深则材料愈丰富，愈变化，《水

1　司马迁 . 史记 · 太史公自序 [M]. 北京：中华书局，1982.

图 15-4　思辨研究法的机制

浒传》《红楼梦》之作者是也。主观之诗人，不必多阅世，阅世愈浅，则性情愈真，李后主是也。"[1] 大概可以说明内向性的思辨分析与外向性的定性分析的关系。思辨研究是跳跃性的、"凭空产生的"，可以不限于特定的数据来源和边界。定性分析法是循证研究，有严格的数据边界，分析的结论需要忠实于所搜集的数据材料。定性分析法和思辨研究法一样追求理论维度的新颖性，也追求发展理论和搜集数据之间的符合性。思辨研究法适合于更为广阔和抽象的议题，同时也缺乏定性研究扎实的分析过程和数据带来的强健证明力。

15.1.5　思辨研究法与设计学科

思辨研究法独特的本体论和认识论，决定了它对于设计学科的作用。

1）构建开放的观念世界

思辨研究法作为搭建和检验观念世界的工具，对设计学科具有不可替代的位置。建筑、规划、园林学科包含了"观念构造"的成分，并不是完全针对"客观实体"的学科。建筑从土木工程中分离，规划从市政建设中分离，园林从园艺种植中分离，设计学科形成之时显示了追求观念世界的倾向。在设计学科中，建筑、规划、园林不仅仅被认为是砖石、植物、设施的简单集合，而是人们概念、观念、价值、美感、文化的外化。设计概念的生成需要脱离物质，作为观念世界而存在。从构建观念世界的意义上，服从于既有范式的实证方法并不能为构建纯观念世界提供帮助，其严格性反而会损害观念世界的生长。另外，观念世界的美学、伦理、体验、感觉等内容只有通过思辨才能获得丰富而不是单薄的认识（图 15-5）。

本书第 2 章讨论了设计学科研究的特点：设计学科是多解性、重视个体、创造性的学科。这些特点都显示出设计学科具有不断重建观念世界的动机。思辨研究法将研究者

1　王国维. 人间词话·第十七则 [J]. 国粹学报，1908 (10).

主观作为认识动力，这为观念世界的构建提供了持续不断的血液，通过观念世界的构造回应了这些特点。思辨活动不需要重回到事实进行验证，也不受限于严密循证研究过程的封闭性，由此极大地放飞了研究者的主观性。不论是设计经验（身体性内容）的自我转化，还是搭建观照世界的新结构和范畴，研究者通过推测的、联想的、比较的、综合的手段，用思辨方法为创造新的理论范畴提供了可能性。

图 15-5　未来城市（1922 年）

2）启发批判的行动力

　　设计学科是面向未来的、行动性的学科。设计学科不仅像基础学科一样关心"是什么"的描述性问题，"为什么"的机制性问题，而且更关心"怎么办"的行动性问题。实证研究务求精准，能够在特定范式之下进行精确描述，发现当下的机制。而对于设计师而言，由于设计学科对多解的追求，更需要理论提供更多的选择性、可能性、实验性。这些理论不具有很强的确定性，更不要说准确性。实证研究在这种情况下是失效的，对于未来的启示限于对现实的评估，而缺乏对现实的批判力，也缺乏对未来的预示能力。美国科学史家 G·霍尔顿说："给思辨设置障碍就是对未来的背叛。"[1] 思辨研究能够指向非范式的自由性、未来性、行动性的内容。这些内容能够赋予设计学科强大的创新力和行动力。

3）提供实证研究命题

　　思辨方法为实证研究提供思路和原始观点。实证研究的材料搜集和分析判断都在特定的范式下进行，而这些范式最初来自哲学思辨，比如，统摄整个力学的加速度概念就是来自牛顿的"自然哲学"思索。新的范式创造出新的世界观，在新的世界观下研究者提出研究问题的命题假设，后面的搜集、分析、验证才能展开。由于思辨的成果总是处于从无到有的萌生状态，提出概念的思辨者常常受到诘责。不仅要承受对概念本身是否成立的质疑，也要承受概念接受者对思辨成果缺乏实证指标的质疑。

---

1 ［美］G．霍尔顿. 物理科学的概念和理论导论 [M]. 张大卫，等译. 北京：人民教育出版社，1983：283.

尽管实证研究和思辨研究之间存在如上联系，两者的研究重点仍然是不同的。在实证研究中的思辨多具有"查漏补缺"的分析性质，总是在既定的视角之下构造命题，厘定精巧的结构。思辨方法所面对的是从无到有地搭建新的概念、视角、系统。我们不能简单地认为思辨是实证研究的前置阶段，思辨研究本身有着自身的趣味和价值。以"市民参与"为例，在这个概念的提出阶段，研究者的工作在于思辨，重点从逻辑和价值上论证市民参与的可能性、合理性、必要性、重要性。而当这个概念趋于完善，研究者更注意在市民参与合理性的基础上，评估这类活动的成绩、效率、缺陷等具体的问题。

15.1.6 思辨研究法的限制

1）思辨研究的片面性和有限性

思辨研究法的片面性来自人认识问题能力的限制。研究者并不受到客观世界材料和数据的规范制约，而在主观意识上建立概念、命题、结构。当思辨方法的运用者滥用这种主观的自由，容易产生大批重复、空洞、松弛、混乱的所谓"思辨研究"，造成合格的与不合格的学术成果鱼目混珠。在建筑、规划、园林领域，多如牛毛的"新概念"就是明证。明明是旧建筑立面再设计问题，非要说是"环境更新视角下的垂直表皮再设计策略"。这些"新概念"仅仅具有概括性，没有实际认识的提升。另外，机械地翻译、介绍、嫁接一些国外的概念，而不论这些概念在国外对应的具体现象和问题背景，所译介的概念和理论很可能只是空壳而已。

思辨研究的片面性也体现在人思辨活动的倾向性上。对于研究者而言，由于人会自觉或者不自觉地考虑身份、眼界、利益、名声等因素，思辨研究的发展也会受到上述因素的限制。在中国，士大夫阶层长久以来具有清谈的传统：独立于凡俗的世间之外，追求独特的生活品位和美学享受。清谈传统构成了当今思辨研究法的良好土壤，然而也会导致人文研究"媚雅"的弊端。具体表现为：思辨的结果追求结论形式上的完美，缺少全面和辩证的眼光；对研究的对象无限理想化，而并不关心研究对象本身。魏晋时代士大夫阶层的玄学常常受到批判，就是由于和现实脱节。在当今，有思辨方法的论者对自己民族建造传统无节制拔高。"民族精神"的提法不仅见于中国园林和建筑的研究者，在其他文化里也有见到。"媚雅"思辨反映的是一种削足适履的研究方法论，不仅歪曲研究对象，而且对认识研究对象构成了阻碍。

2）思辨研究缺乏明确性

由于思辨研究在方法上赋予研究者极大的主观自由，因此思辨研究可以处于任何抽象层次，也可以包含任何范畴。这种主观自由也给思辨研究参差不齐的质量埋下了伏笔。思辨研究的成果就是对概念、命题、结构的规定，由于操作本身的抽象性，思辨研究常常为明确性所困扰，反映在三个方面：

第一，当前研究和既有研究的区分容易模糊。换言之，思辨提出的范畴、联系、规则等可能是拾人牙慧，重复前人已有的观念。由于不同品质和思辨研究相互掺杂在一起，有张力的思辨思考可能夹杂在既有的认识之中，难于分辨和评判。这实际要求研究者具备广博的知识，对既有的相似概念和命题做到胸有成竹。曾经有学者论述了由思辨而导致"思想产出"的双重风险。

> 冒险与权势、大众、流俗对抗；冒险成为空洞、肤浅、无根基的思想泡沫，因而一文不值。尽管前一种冒险可能使得思想家失去安逸、体面、尊严、自由甚至生命……第二种冒险是真正意义上的冒险：如果一个思想家视之为生命的思想，结果被证明是非独创的、无根基的、完全不成立的，在当时以及后世都没有激起任何回响，找不到任何知音，如同泡沫一样飘散在无垠的时空中，一点痕迹也没有留下，那么他的精力、心血都白费了，他赖以安身立命的基础就坍塌了，他的自信也就没有了。[1]

第二，概念定义的本身容易模糊。由于研究者发展概念和命题时缺乏建构和检验意识，思辨所发展概念的内涵和外延并没有被严格地确定。就读者而言，概念能够指代的边界，概念不能指代的边界，都会模糊起来，以至于读者阅读完毕不知道思辨所讨论的内容指向，更谈不上接受和应用概念。

第三，对事物的本质反映容易模糊。恰当的思辨研究虽然可以和现实保持一定的关系，但是现实的建成环境是设计学科研究者必须面对的。一个常见的弊病就是研究初学者一提到思辨研究就倾向于"宏大叙事"，不由自主地将研究的对象无限扩大。这种宏大叙事的思辨研究导致的结果就是思考的抽象层次太高，得出的规则又过于一般化而显得无趣，以至于读者很难将这些认识回落到可以进行操作的层面上。

3）思辨研究成果的外在价值有限

思辨研究的成果是建立新的观念模型，作为发展新认识的框架，这类成果很难直接

1　陈波.学问家和思想家 [M] // 陈波.与大师一起思考.北京：北京大学出版社，2012：251-256.

用实用方面进行衡量。用价值理论来描述，思辨研究的外在价值比较低，很难解决紧迫的实际问题。同时，由于思辨研究常常是随机的、闪现式的、不可控的，并不是由于时间、精力、金钱的投入就能产生可预期的思辨成果，因此，思辨研究很难作为可申请研究经费的类型。

思辨研究的观念性成果体现为对学科观念和思维促进的内在价值，因此，思辨研究价值的体现会有一个等待的过程。一项思辨研究价值体现出来，其概念、命题、框架不仅需要其他研究者"将心比心"的认同，而且还需要在讨论相关范畴时主动运用。很多在结构上完备的思辨研究在学术接受的过程中只是获得了"聊备一说"的地位，并没有真正进入研究共同体的话语和系统之中。

15.2 思辨的成果形式

思辨的完成意味着研究者能够对某个概念和命题"想明白"。有别于设计师"灵机一动"的思辨，作为研究活动的思辨需要担负起更多的理论责任，思辨成果需要达成较好完备性和层次性的"自洽"系统。思辨操作的内容虽然主观、抽象、变化万千，且处于不同的层次、范畴、角度，但并非不可捉摸，也并非没有标准。本节通过对思辨形式的归纳，讨论思辨的操作步骤和评价标准。研究者通过思辨构建观念大厦，就像建筑师的设计建筑一样，需要对构图、空间、结构、细部等内容进行操作，还需要根据设计的进程进行调整。本节介绍思辨形式，包括条理、概念、结构、路线四方面。

15.2.1 联系条理

条理就是理论维度，帮助人们在观念上提契和贯穿起纷乱的现实世界。条理既是理论敏感性（theoretical sensitivity）最基本的体现，也是构建观念系统最基础的内容。除了"条理"，人们还用头绪、思路、线索等词语来比喻理论维度。联系条理，意味着研究者的认识脱离混沌、差异、错位、混乱、对立等认知状态，而走向秩序和系统。孟子曾经由衷地赞叹"条理化"带来的认识愉悦："集大成也者，金声而玉振之也。金声也者，始条理也；玉振之也者，终条理也。始条理者，智之事也；终条理者，圣之事也。"[1]孟子以钟磬配合的音乐和谐比喻知识条理化的美感，并认为这是集大成者的工作。他认为整理条理是"智之事也"，需要极大的思辨投入，条理的梳理完成是"圣之事也"，意义重大。

---

1 孟子·万章下 [M]// 孟子注疏 . 武英殿十三经注疏 .

条理起于思维联系的建立。研究者在意识上联系两个以上事物，逐步摆脱混沌状态获得秩序。联系的建立常常源于研究者的闪念。闪念的光束向各个方向发射，没有预设的方向和目的，透过迷雾阴霾，在事物之间建立联系。这些联系可能是"实体"之间的联系（比如铺地材料质感和来访人员感受），也可能是概念之间的联系（比如可持续理论和表现主义的联系），还可以是原本互不相关的概念和事物的联系（比如建构理论和味觉的联系）。联系最终能够成立，在于能够带来认识上的通畅：缩减一些层次，获得一些捷径，澄清一些关系，提供一些启发性。联系的建立并不是为了结构的宏大，而是为了彰显具体理论敏感的闪亮。因此，联系的发生并不遵从认识顺序，可以发生在何种层次、范围、角度，可深可浅，只需要反映敏感的闪亮即可。

从思维联系到条理梳理，还有赖于研究者用命题进行整理。理论敏感性被激发，思维联系还是比较初等、比较孤立。当研究者用命题整理思维联系，像使用梳子一样理顺更多的现象，思维联系能够获得更多的条理性，把更多的事物联系在一起，反映他们相通的本性。使用条理是对事物共性的操作，发现隐藏不见的联系，将相隔遥远的事物联结起来，消解差异，获得聚集性的力量。梳理不仅是对研究对象的再整理划分，也是对思维联系和命题不断地清理和锤炼。最终，研究者提出的条理不再是空洞的符号，而成为有事实支撑的信息串。在此过程中，更明确的理论层次、范畴、类别、关系显现出来。皮尔斯·刘易斯（Peirce K Lewis）的经典文章《景观阅读公理：美国风貌导则》[1]起源于思维联系。研究者不满于人们对日常景观所持的存在主义态度，在数年的时间里发展出七条"公理"，包括景观作为文化线索公理、文化整体性和景观平等性公理、平常事物公理、历史视角公理、地理视角公理、环境调节（技术性）公理、景观模糊性公理。通过这些规则性的条理，研究者赋予"日常景观"以意义（图 15-6），论证了所有人造环境均能够反映出某种文化，为解读日常所见发掘出理论深度。这些条理之间虽然存在着局部重叠，系统性还有待加强，但是消解了以"重要性"和"代表性"来研究地理和景观的传统视角，赋予了身边"普通环境"诸多方面的文化意义，拓展了地理学和景观学研究的品位和材料。

条理不仅是用思维联系对研究对象的梳理，也包括对思维联系本身的语言锤炼。条理本身具有形式秩序，不仅能够增加形式上的美感，而且能够使条理内容更具系统性。例如，曾繁智以"跳、逍遥、舞、乱、照、相"[2]六个词语来总结 2000 年前后中国地标性建筑的形象特征。这六个词语的含义是：跳（出挑、超级悬挑），逍遥（切削、摇摆、

---

1 Lewis, Pierce F. Axioms for Reading the Landscape. Some Guides to the American Scene[C] // Meinig, Donald William (ed). The Interpretation of Ordinary Landscapes: Geographical Essays. New York, NY: Oxford University Press, 1979: 33-48.
2 曾繁智. 跳逍遥舞 乱照像——地标建筑形象简析（上）[EB/OL]. （2005-09-18）[2018-01-08]. http://topic.abbs.com.cn/topic/read.php?cate=2&recid=14779; 曾繁智. 跳逍遥舞 乱照像——地标建筑形象简析（下）[EB/OL]. （2005-09-18）[2018-01-08]. http://topic.abbs.com.cn/topic/read.php?cate=2&recid=15018.

图 15-6 某一美国日常景观（皮尔斯·刘易斯，1976 年）

旋转、扭曲、错位、滑移），舞（舞动、流动、动感），乱（杂乱、无向度、怪异、不可理喻），照（罩、笼罩、包络），相（象形、象征、寓意）。这一总结反映了对 2000 年前后中国建筑在实践手法极大丰富、急剧变化时期的理论归纳需要。尽管有一些调侃和不以为然的意味，该研究在造型的层面很好地概括出"标志性建筑设计的突出特点"。从语言符号的选择上看，条理来自齐整的描述性概括：六个词语均为动词，一定程度上还能连成一句顺口溜。六个词语既对建筑造型特征进行了描述，又为读者提供了设计操作手法上的启发。当然，该研究只针对造型形式的结果内容，止于描述性条理构建，并没有进一步探究造型手法背后的设计逻辑，也没有对造型结果的合理性和必要性进行探究，理论深度有限。总的说来，条理的梳理是思辨最基础、最初级内容。条理本身可以是很好的思辨成果，研究者可以基于条理，进一步构建概念、系统。

15.2.2 概念界定

人们创造和使用不同的概念，用以集约性地界定对事物本质的认识。概念的产生，意味着研究者对现象的认识到达了稳定的角度、层次、范围。不同文化所具有的独特概念反映出他们对于特定现象或者现象特定方面的兴趣。比如，汉语对于亲属关系的界定词汇远比英语丰富，在时间顺序上有父母、祖父母、曾祖父母、高祖父母；孙辈对应子女、孙、重孙、玄孙等。父系、母系的称谓特别地区分开来，比如姑、姨、婶婶、舅妈，而英文中以 aunt 一统概括。这些远比英语细致的概念区分，反映了汉民族对家庭关系和宗族关系的重视。又如，中文的"意境"一词很难找到准确的英文单词来对应。日语中"Komorebi"（木漏れ日，こもれび）一词，用来描述阳光与叶片的之细微缝隙，或者透过缝隙的筛状光线（图 15-7）。这种美学容易被同在东方的中国所理解，但是汉语中没有专门描述这一现象的词语。

在历史中，绝大多数概念的创造、接受、使用是无意识的社会行为。近代以来，新的概念不断涌现，研究者在创造概念的过程中扮演了积极的角色，比如性价比、情商、颗粒度、投资回报等"人造"概念被广泛接受，提高了社会交流水平和效率。在设计学科，空间、序列、场所、图像、乡土、建构、表皮等概念的引入，有效地提炼了学科的新认识，扩展了学科范围和深度。研究者主动构建产生的概念，也存在着隐忧：新提出的概念可能不被广泛接受，而只停留在文献纸面上，最终湮没在历史的长河中。概念被学术共同体和社会接受存在着偶然性，研究者很难掌控。但是，构建和完善概念依然存在着规则，研究者可以掌控。

图 15-7　阳光穿过树木（金子宏明，2014 年）

第一，言语的概括性。新概念不仅规定特定的认识视角，而且落脚于概括的语言符号。新概念一方面发前人所未发，因而能助人见前人所未见；另一方面采用语言精练通畅表达的新词汇，才能成为后续顺畅交流的枢纽。比起条理的整理，概念对内容的界定更进一步，用精练的词汇将理论维度给予聚拢，使得指代更加方便、稳定、高效。比如，在 1960 年代，理论家们已经不满于早期现代主义建筑纯净单调的设定，提出了批判现代主义建筑的诸多命题，也对"建筑应当如何"的前景给予重新定义。其中包括文丘里对建筑应当所具备"复杂性和矛盾性"的论证。然而，这些命题虽然有所指向，有的也形成了系统性范畴，但是总是显得相对零散。最终，查尔斯·詹克斯临门一脚，提出"后现代主义建筑"的概念。这一概念不仅统摄了对现代主义的批判，确立了建筑多样性的合法性（legitimacy），和社会文化领域的"后现代"理论相互联接，而且启发了"后现代"戏谑而又怀旧的建筑实践。

概念构建的过程中，常常容易混淆概括（summary）和归纳（induction），两者都反映了概念对于对象的反映程度。所不同之处是，概括是语言概念，归纳是逻辑概念：语言概括性要求概念在语义上能够较好地覆盖指向内容的整体；归纳则要求概念能够较好地对应每个个体的现象，反映个体对象之间的共通之处。在概念形成的阶段，概括和归纳同时进行，研究者需要注意过程中两者不同的功能。15.4.2 小节会对归纳逻辑和演绎逻辑稍微展开。

第二，内容的指向性。概念指向的内容需要明确、清楚，最好具有排他的特性。明确的指向性带来真实的概括性，而不是云里雾里的"模糊概念"。语言的概括性从来不是概念丧失明确内容指向性的借口。新的概念之所以存在的必要，就在于能够指向旧有概念所没有关注到的范畴和层级（图 15-8）。其中，有些概念指向了较为抽象的层次，

图 15-8　萨伏伊野墅的对景（罗里·海德，2003 年）

有些启发性概念指向了现在不存在但是未来可以被设计的事物。新提出的概念即使边界范畴难于被准确划定，仍然具有清晰的指向性。概念的外在形式是词语的概括，而实质任务是统摄新内容、新方向、新角度。研究者提出概念，绝不只是语言上的搭建，而是思想和见识的汇聚。比如，"后现代建筑"的概念就广义地指向了那些复杂的、世俗的，甚至怀旧性的设计，和早期现代主义所关注建筑的概念完全对立起来。概念的指向性越明确，就越能够显示出其理论价值，越能够判断其是否有改变认识的能力。有研究者对概念的概括性存在误解，在没有界定清楚描述对象的情况下，将概括范围尽量扩大，将层级尽量抽象。因此，得到的概念看似无所不包，实则丧失了内容指向性，往往空洞浮泛，缺乏思辨的张力。

第三，内涵的丰富性。内涵是概念的语言符号所蕴含的一系列理论维度，包括文化假设、历史沉淀、内在价值、应用前景等。一个概念的内涵越丰富，所包含的理论维度越多，越能具备更好的稳定性，越能够成为观念世界的核心，在认识交流中发挥更大的认识作用。由于概念本身的概括性，语言符号的"字面意思"常常不能反映概念的丰富内涵。这在概念的翻译中体现得十分明显。比如，英语概念 Wilderness 常常被翻译成野性或者荒野。这一概念所蕴含的内容，包括美国殖民地时期的环境状况、美国西进开发的历史、国民的血液之中流淌的对非人工建造区域的热爱等都是字面意思所不能反映的。设计领域中"街景设计"的概念，也不只是运用植物和雕塑美化和装饰街道。其背后的理念包括：街道是市民公共活动空间，街道是激发社区经济的催化剂，街道是保护市民安全的空间，街道还可以是处理雨水冲击的容器。这些理论内涵是长期规划设计和城市管理的过程所积累而成的。

研究者"人为"构建的概念缺乏长时间的社会积累过程，需要在概念构建之初主动挖掘和连接概念的理论维度，论证概念内涵的丰富性。一般来说，研究者发展的理论维度越多，概念就越成型、越稳固。例如在15.2.1小节的例子中，刘易斯为景观阅读提出的"公理"达到七条之多，公理之下还有推论，就是为了说明"平常景观"或者"文化景观"[1]概念的丰富内涵，希望概念能够借由这些通径进入社会话语中。相比之下，曾繁智"跳、

1　英文语境下的文化景观概念是指用扩大的文化视野定义更广泛的景观现象。

逍遥、舞、乱、照、相"的公共建筑设计研究对于只有单维度造型描述条理，尽管经过了语言上的锤炼，具备形式上的美感，但是维度数量太少，缺乏理论内涵的丰富性，能够形成概念的可能性较低。概念内涵有长期社会实践形成共识的成分，也有从未被意识到有待揭示挖掘的部分。无论哪种情况，研究者在概念建构阶段主动发掘、归纳、梳理、阐发都是必要的。常见的策略包括：用相邻领域和理论层次与新概念进行连接和比较，用历史上出现的文献和言论内容与新概念进行连接，用历史事件和实例类型与新概念进行连接，用相邻的类型与新概念进行连接，等等。基于更多的理论维度，研究者用演绎推理检验概念有效性也会更加具体。

第四，工具性。从概念在学理上令人信服到能够切实地为人广泛实用，中间存在着巨大的鸿沟；工具性就是能够进入实际使用的品质。在当今时代，无数发明创造涌现，相当一部分发明只是获得了专利证书，或者出产了样品，并没有被社会广泛接受和使用。概念的构建者无疑有着这种隐忧。无论用概括提升效率性也好，还是发展理论维度带来丰富性也好，就是为了能够让新提出的概念能为人所用。肯尼思·弗兰姆普敦（Kenneth Frampton）在 20 世纪末提出了"建构"（tectonic）的概念。[1] 建构理论为当时逐渐从早期现代主义走向细致的新现代主义建筑实践提供了理论依据（图 15-9）。建构概念规定了将建筑空间、体量、细节之间相互连接的法则，将设计概念和建造过程进行了理论化的统一。更重要的是，建构概念将建筑师的注意力和创造力引导到设计的中观物质层面，扩展了建筑设计的领域，更新了建筑品质评价的标准。不夸张地说，建构概念出现之前和之后，建筑界的面貌不一样了。对于设计学科，面向设计实践的概念能够激发起广大一线设计师的同情、同理、同感，在使用的工具性中带来概念的普及。论证这类概念，历史事件和实例类型的重新梳理能够构成新概念的支撑维度。弗兰姆普敦广泛地发掘了建筑史中不容于现代主义的美学因素，从而强化了建构的内涵。

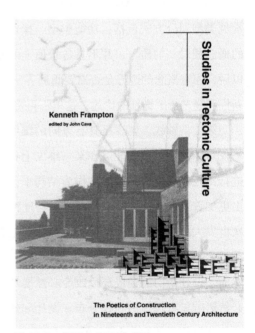

图 15-9　《建构文化研究》书影

相比于面向设计实践的概念，理论性概念的工具性是潜在的，需要研究者在提出概念之时主动进行示范。比如，笔者曾经提出"运

---

1 Frampton, Kenneth. Gitta Domik. Elizabeth R. Jessup. Carolyn JC Schauble. Studies in Tectonic Culture: The Poetics of Construction in Nineteenth and Twentieth Century Architecture[M]. Cambridge, MA: MIT Press, 1995.

动容量"的概念。定义公共空间单位面积上的运动量，旨在建立起公共绿地面积、公共绿地类型、绿地使用频率对城市居民运动量的决定关系。[1] 规划师可以使用这个概念更好地通过规划城市元素促进居民健康，获得行动力。对于新的理论概念，读者总会觉得不好琢磨。研究者通过对不同运动类型、不同公共绿地类型的示范概念的工具性，读者可以借由形象的示范获得评估任何运动类型、任何公共绿地类型的分析能力。

15.2.3 结构划分

同条理一样，结构也是一种借用譬喻的思辨形式。结构划分是在同一个概念内部的思辨建设，发生在理论比较成熟的阶段，用来描述概念内部的范畴区分。在同一个观念之下，随着命题不断涌现，系统内部复杂性增强，各命题之间关系可能发生重叠，甚至冲突，就产生了清理的必要。结构划分就是通过切割、象限、织网等方法，从单个概念发展出更多的子概念和子类别。结构划分在形式上获得了概念更高的复杂度，其目的在于获得对现象更好的对应性，同时也能厘清各概念的内涵与外延，更好地对应命题。结构划分并不提出新的观念视角，而是试图清理已有视角的内部系统。相比于针对单概念、单命题的思辨，结构划分是对大量性概念和命题的整合性思辨。结构划分包括以下三种方式。

第一，类型。类型是最为简单的结构，子概念处于平等的关系，能够被当作不同类型。常见类型划分方式包括：功能类型、操作手法、地域、规模等条理。类型学结构所划分的概念相对"匀质"，并不具备价值上的差异性。研究者需要检查的是，类型划分完成以后，原有概念的边界是否需要重新界定。本书第 12 章定性分析法中对分类的标准和创新性问题进行了详细的论述，这里不再赘述。

第二，轴线。轴线是具有方向的维度，用以有序地串联起诸多概念。轴线的提出，不仅意味着诸多概念能够在某一维度上找到连续性的关系，而且这些子概念的特征能够进行比较和度量。比起类型作为结构来说，轴线上的概念不再是相对独立的，而是显示出更加普遍的连续性特征。例如，马迁特（Merchant）提出的环境伦理结构。[2] 随着第二次世界大战以后环境主义运动的深入和生态思想的普及，不可避免地出现了观念上的混乱。生态思想要求人的生存和设计建设行为要为能源、资源、污染、物种等问题负责。然而，设计指向的建成环境改变必然要消耗能源和资源，可能会使用产生污染的材料，必然影响原有场地的物种分布。设计和建设的责任边界在哪里？马迁特提出了一个轴线式的环境伦理结构（表 15-2）。轴线的左端是人类中心（anthropocentric），右端是非人

---

1 赵晓龙，侯韫婧，张波. 额定供给运动容量——搭建绿地规划与运动健康的空间桥梁 [J]. 城市建筑，2018(03)：15-19.

2 Merchant, Carolyn. Deep Ecology[M] // Merchant, Carolyn. Radical Ecology: The Search for a Livable World. New York: Routledge, 1992: 85-109; Ian H. Thompson. Environmental Ethics and the Development of Landscape Architectural Theory[J]. Landscape Research, 1998, 23(2): 175-194.

类中心（nonanthropocentric），从轴线的左端到右端串联起一系列环境责任概念，包括自我中心（Egocentric）环境责任、社会中心（Homocentric）环境责任、物种中心（Biocentric）环境责任、生态中心（Ecocentric）环境责任。自我中心的环境道德只关心利己的行为，对环境保护持一种"放任"（Laissez faire）的社会介入态度，其社会经济基础是等价交换的资本主义市场规则。社会中心的环境伦理对社会整体负责，其种种环境保护举措也是服务于社会的实用主义的体现。物种中心的环境伦理认为同在生物界中的动植物和人具有同样的生存权利。动植物不仅是自然的一部分，而且享有自然中平等的权利。这种环境伦理不赞成进化论从低级到高级的级别假设，而视人类的种种破坏环境的行为为对其他物种生存权利的威胁。生态中心的环境伦理是全域的，其对象不仅包括生物体，还包括水、土壤、岩石等非生物体。生态中心主义主张环境的复杂性、相互依存性、持久性。因而，生态中心主义者持最为广泛、最为系统的环境保护观。马迁特的结构划分运用轴线有序地规定了分类的尺度规模，不仅明确划定了环境责任的范围，而且探析了概念背后的社会经济原理。对于设计师而言，这一研究厘清了以往环境伦理"漫无边际"为环境负责的困惑，也使评价设计项目生态品质获得了依据。

环境伦理学中的理论 / 立场结构划分　　　　　表 15–2

人类中心（anthropocentric）		非人类中心（nonanthropocentric）	
自我中心 （Egocentric）	社会中心 （Homocentric）	物种中心 （Biocentric）	生态中心 （Ecocentric）
自私的、放任自流（Laissez-faire）、相互胁迫（彼此同意）	最好的成员获得最好的利益、对大自然的管理责任（为人类的使用和享受）	生物群落的成员具有道德立场	生物圈和生态系统具有道德立场、对整个环境的义务、整体主义（Holism）
古典经济学、资本主义、新右派（New Right）	功利主义、马克思主义、绿色左派（Left Greens）、生态社会主义（Ecosocialism）"浅薄"生、态学（"Shallow" ecology）	道德扩展主义（Moral extensionism）、动物权利、生物平均主义（Bioegalitarianism）	深度生态（Deep ecology）、土地伦理、盖安主义（Gaianism）、佛教、美洲印第安人
托马斯·霍布斯、约翰·洛克、亚当·史密斯、托马斯·马尔萨斯、加勒特·哈丁	约翰·斯图尔特·密尔、杰里米·边沁、巴里·孔门纳（Barry Commoner）、默里·布钦	阿尔伯特·史威哲、彼得·辛格、汤姆·里根、保罗·泰勒	奥尔多·利奥波德、J·贝尔德·卡里科特

第三，象限。所谓象限，是将轴线运用到二维平面上的一种认识结构。在本书的论述中，也多次采用了象限的方式，比如理论的成熟过程（见图 1–17）和确定研究问题中"已知"

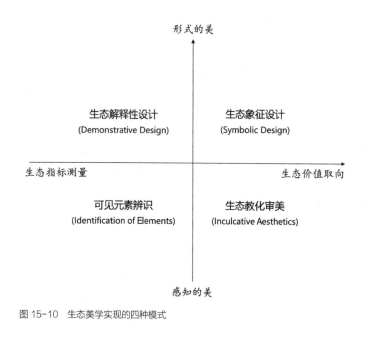

形式的美

生态解释性设计
(Demonstrative Design)

生态象征设计
(Symbolic Design)

生态指标测量　　　　　　　　　　　　　　生态价值取向

可见元素辨识
(Identification of Elements)

生态教化审美
(Inculcative Aesthetics)

感知的美

图 15-10　生态美学实现的四种模式

和"未知"的关系（见图4-3）。如果说类型和轴线的结构还因为存有列举的痕迹而显得不是那么系统，象限则提供了一种弥漫式的全覆盖的系统：任何元素都能在象限中找到具体位置（图 15-10）。象限上的任何元素可以从两个维度上进行比较，没有含糊不清的包含关系。当然，研究者还可以发展出三维甚至更多维度的结构划分；但是，要防止复杂结构没有理论负担，不能解释现象的情况。

15.2.4 规定导则

所谓导则，就是应然性命题。前两小节针对新的概念和概念的深化，指向"是什么"的描述性命题；应然性命题则指向"应当是什么""应当怎么做"的设计行动。描述性命题针对已经存在的事物和相对静止的状态；应然性命题能够通过规则的指定，可以指向"并不存在"的、可以被创造出的建筑、城市、园林内容。作为实践性的设计学科，导则的制定能够将特定的观念具体化，为设计师的实践活动提供具体的行动方向，潜在地扩展着学科的范围。

设计导则有两种来源，一种来自对既有建成环境的实证考察，这既包括从大量案例中归纳出共性导则（参见本书第 12 章定性研究法），也包括运用观察、实验、问卷等方法对具体案例的具体方面进行评价（参见本书第 6~10 章），推导出设计导则。另一种来自思辨。研究者通过"合理推理"而产生导则。"合理推理"是具有极大开放性的思维构造，鼓励研究者发散的想象力，是产生未来新事物的源泉。对于鼓励"多解性"的设计学科，应然性命题指向"某种设计可以这样做""某种设计还可以那样做"。换言之，思辨获得的导则"合理推理"是对实践可能性的探索，而不是对确定性的再证明。批判而产生导则是另一种"合理推理"，研究者通过对既有理论和实践的否定获得理论力量。这时，导则指向既有理论和实践的相反方向，纠正之前的谬误，或者补全不存在的事物。"合理推理"要求研究者在观念上建立自圆其说的某种联系即可，其价值支撑可以来自

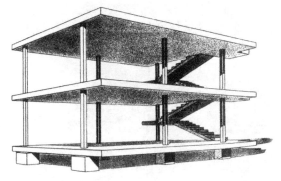

图 15-11 雪铁龙住宅（左）和多米诺体系（右）

图形视觉、感觉体验、学科基本趣味等。从逻辑上来看，"合理推理"是一种"弱推理"，并不要求符合严格的逻辑法则；从现实关系来看，"合理推理"并不以实证验证作为出发点和落脚点，没有形成证明的闭环。然而，正是这种"逸出"的开放性，可以吸纳任何社会风潮、灵感、技术、时尚、品位、做法，形成推动设计文化的设计导则。

例如，柯布西耶在 1926 年提出的"新建筑五点"现代建筑设计导则，包括底层架空、屋顶花园、自由平面、横向长窗、自由立面。早在 1914 年，柯布西耶已经发展出多米诺住宅系统（Maison Dom-Ino），提出了钢筋混凝土结构在未来建筑设计中的原型。柯布西耶在 1920 年建成的雪铁龙住宅（Maison Citrohan）中也示范了新建筑形式的具体面貌（图 15-11）。但无论多米诺住宅系统，还是雪铁龙住宅，都没有形成设计师普遍接受的设计范式。对于设计师而言，多米诺住宅系统只能算是一个技术背景，说明了钢筋混凝土的建造可能和住宅的工业化潜质，并没有对形式和空间进行探讨。雪铁龙住宅虽然具体形象，但其建筑物外观并不能自我说明现代建筑的"意义"，也缺乏对其他设计师未来的导向。"新建筑五点"中将工业建造模型转化为建筑设计的具体内容（平面、立面），阐释了现代主义"方盒子"的美学法则，形成一套有行动力、指向性、普遍性的设计指导原则。"新建筑五点"中的一部分是柯布西耶在多米诺住宅系统的基础上"合理推导"，另一部分则来自联想和想象。由于墙跟结构分离，墙不再跟结构产生关系，各个楼层不再相互影响；因此，建筑立面可以形成横向长条窗，甚至自由立面和自由平面。另一部分，则来自联想和想象，底层架空和屋顶花园，这些导则的提出来自对于空间体验的想象。通过法则化的规定，"新建筑五点"阐释了现代建筑的可能性。未来的研究者也不必窘限柯布西耶于示范住宅（雪铁龙住宅、萨沃伊住宅）的具体形象，而通过五点的指引完成新的创造。

15.3 思辨途径

图 15-12　乌托邦飞行器（1890—1900 年）

思辨终于"想明白"，而起于"捕捉想法"。思想者不仅需要重视"想明白"的成果，更要重视"捕捉想法"的头绪（图15-12）。想法是瞬间的闪念，有时候是蹭、蹭、蹭地冒出来的，有时候却苦求而不得。思辨研究法没有明确的研究对象，也没有严格的数据搜集过程。产生想法的时间、地点、密度、质量等，均不可预测，高明的思想似乎是"可遇不可求"的。尽管如此，当思辨被视作一种研究方法，在回环的、杂乱的、混沌的思辨活动中，我们仍然可以总结某些程序化的特征和规则。本节从自我经验、语言构造、依托理论三个方面考察思辨的可能途径。这里所探讨的途径在应用时往往是并置的、跳跃的、片段的，甚至矛盾的，这并不妨碍其局部的合理性和有效性。

15.3.1 自我经验

思辨研究是思想的贡献，思辨研究者扮演着思想家的角色。思辨的过程既是对现象的发现，也是对自我的发现。思辨的自我意识，是思想家发乎自我的体察，发乎内心的见解。其中既有理性的成分，还有与理性相对的直觉、感受、情绪成分，后者由内在冲动引导。思辨研究常常被科学主义者嘲笑是"拍脑袋的研究"。这个讽刺的说法不仅说明思辨研究法缺乏明确易于操作的研究过程，更说明了"脑袋"——研究者的主观在研究过程中的重要性。研究者必须发动主观，才可能从无意识到有意识，收获真诚的"心得"。思辨的起点可以是见解、提炼，也可以是想象、联系，还可以是感触，甚至感觉。无论是何种内容的主观反应，都是研究者自身的主观产出。最初的思辨可以是粗糙的、零碎的、杂乱的、浅薄的、矛盾的、重复的，但正是这些内容蕴含着可以触动新认识的材料。经验产出在形式上和定性研究法有些相似，都没有复杂的量化内容；所不同之处是，经验产出最初并不来自客观分拣的冷静，而是来自大脑运动的热情。

研究者的自身经验是思辨的泉眼，值得珍视。设计师和建成环境的互动多样，包括使用、设计、参与、阅读等，学者们常把这些内容概括为身体体验、图形体验、过程体验、阅读体验等。研究者要真正重视"实际生活"，一定程度上和抽象概括了的某个体验类别保持距离，寻找更为具体、斑驳、生动、杂乱的鲜活刺激。这种刺激可以是借鉴某个方案时的灵机一动，也可以是陪同甲方共同验收发现纰漏时的尴尬；可以是考察某个经典设计时的失望和无感，也可以是读到某个句子时的一点会心；可以是和规划局指标办主任的争吵，也可以是无意中听到自己设计的广场上活动市民的几句评价。来自实际生活的经验似乎微小琐碎，但是丰富广泛、充满细节。这些看似微小、零碎、片段化的经验能够真诚地植栽在他们的心智中，生长，发芽，蓬勃，构成研究者连续生命的一部分。对于研究者，直觉、沉思、冥想等活动是思辨的管道，自身经验能够提供取之不尽的资源。

生活本身并不能提炼出经验，研究者对生活的敏感体察才能。人们并不能从经验中学习，而只能从对经验的反思中学习。没有思考过的经历，就像没有经历一样。研究者开启对于自己的敏感体察，意味着能够连通内在自我和外在现象，零碎的经历能够被不断聚集，提炼出经验认识（图 15-13）。作家创作常常有"体验生活"的说法，指作家离开本身的生活环境，去别处获得认识和经验。设计师群体中也有"体验空间""体验场所"的说法，指设计师到某设计名作进行观察、感受。从经验提炼的角度来看，无论是作家体验生活，还是设计师体验空间，都有其狭隘之处。那些"有特色""有代表性"的地点，其内涵已经被充分咀嚼提炼，其场地环境常常被圈禁；很多所谓的体验毫无生气，仿佛"罐头食品"。对于敏感的思辨者而言，生活和空间是连续的、无处不在的，因而对生活和空间的体验无时无刻不在进行中，并不必"额外"地进行体验。相反地，采风式的收集材料如果不开启敏感的反思阀门，依然不会产生新的内容。研究者所需要的，是保持对生活的敏感体察能力。

经验提炼有赖于主动记录。从经历到思辨的产生是偶然的，可以来自单个事件、单个现象、单次体验。思辨的头绪既是无时不在的，也是转瞬即逝的。研究者坐在书斋里的电脑屏幕前或者稿纸前并不必然产生思辨的头绪。这就需要研究者即时将火花般闪过的想法记下来，留下瞬间的光

图 15-13　自画像（小塞缪尔·约瑟夫·布朗，约 1941 年）

彩。很多前辈有带纸片或者小本随时记录的习惯。随着智能手机的普及，有意识的研究者不仅可以记录文字，还可以录音、拍照，随时记录的手段更加灵活。

15.3.2 语言构造

人在提炼经验中不断地发展着洞察力。洞察力是理论构建能力和鉴赏能力切入经验的锋芒。人在日常的过程中不仅充当着认识命题的搜集器，也充当着加工器和过滤器。敏感的思辨者将自身经验上升成为命题，又不断将命题对照自身经验予以检验。经验进入理论包含往复的提炼和反馈，一方面固化、捕捉、搭建、打磨命题，一方面过滤常识的、浅薄的、平庸的命题。这个过程反复得越多，思想者的理论构建能力和鉴赏能力越高。

从研究者个体的经验意识到学术共同体共有的认识，需要反复的语言锤炼。对于思辨而言，语言的功能不仅在于记录，更在于提炼、构造、检验。早在西方古典时代，文法、修辞、逻辑就成为公民教育的核心，被称为"三艺"。语言反映的是对象，其自身的规范和美学构成了文法和修辞，而逻辑是语言背后的事理规则。语言对于思想者就像草图对于设计师一样，起着媒介工具的作用。字句的排列、词语的派生、段落的调整，并不只是表意的介质，更是磨砺认识的工具。研究者可以运用语言的明确性来规定思维层次的精确性，运用语言构造帮助思维构造，运用语言的比喻建立事理之间的感性连接，甚至创造新的词汇阐发和点燃新的概念和领域。最终，研究者需要找到投契的语言组织，解决思想之痒。

思辨研究是如此私密而微妙，研究者应该主动寻找适宜的环境和方式，"保护"兴致盎然的思考状态。捕捉思辨头绪的习惯因人而异，有人在午睡时灵感能够迸发，有人在种花种草时能够思如泉涌，有人则在旅途中的机场候机厅获得思辨的最大效益。康德、爱因斯坦、乔布斯均把散步作为激发灵感的来源。康德认为散步能够使感官开放，从而促使思维到达自由的状态。他习惯于一人，既不用追随同行人的脚步，也不用被人牵制思维。爱因斯坦和乔布斯等人都愿意与人共同散步，认为可以相互切磋激发灵感。在各种宗教和学派的典籍中，不乏极具智慧的对谈内容：除了由于对话者本身的思辨能力之外，对话的形式起了"对抗刺激"的作用，值得思辨研究者运用。古希腊时期苏格拉底的"产婆术"诠释了对话刺激而产生灵感：通过人与人的交谈过程，刺激灵感和思维，在这个过程中发现对方的逻辑缺陷，通过归谬和归纳来提出自己的命题和主张。

15.3.3 依托理论

无论是自身经验还是语言构造，对于初学者来说都显得比较抽象。研究者的思辨常常依托于既有的理论，这既包括有意识地阐发、批判、投射既有理论，也包括无意识地借用延伸既有理论，还包括研究者完成理论构造以后参照既有理论。依托既有理论能带来对象、深度、结构、价值上的种种参照。为了叙述简约，这里的讨论对依托既有理论的时机不做区分，将依托理论的思辨放在经典阐发、批判、理论投射三种操作方式中讨论。

依托理论的思辨活动和文献综述有一些相似点，也存在明显的差异。两者都要依托已有理论，文献综述对待已有文献的态度是忠实穷尽的；已有文献是工作的基本材料；在已有文献的范围内进行归纳判断，其价值归宿在于穷尽而系统。思辨对待文献的态度是实用主义的；已有文献的作用在于激发和参照；可以作为搭建结构的参照，也可以作为思辨深度的参照，还可以作为批判目标参照；思辨重在新内容的产生，可以加入已有文献以外的内容；在已有文献的范围或者层次以外进行创造，其价值在于新颖而深刻。

1）经典阐发

经典阐发是研究者依托经典所提供的范畴和文本，深化发展认识观念和体系的思辨策略。几乎在所有的人文学科中，认识的传播并不是完全按照知识系统（比如概念、范畴、命题、系统）的划分而展开；相反地经典的文本、人物、学派、事件、作品、建成环境充当着辐射认识的"轴心"。在设计学科中，《建筑十书》、《园冶》、阿尔伯蒂、包豪斯、霍华德等不仅在它们所在的时代推动着学科的发展，还具有超越时间的辐射效应。这就促使我们转向经典原始文本（场所）及其经典的范畴，发掘思辨条理。张载说："为天地立心，为生民立命，为往圣继绝学，为万世开太平。"[1] 从方法论的意义上，继承经典的意义不仅在于传薪续火，继承"往圣"光辉，而且在于清理基于经典带来的疑惑，更好地发展认识。

经典对于思辨的启发来自其结构性、历时性、现实性。第一，经典文本比较明确地划定了认识针对的范畴、趣味、命题等，这些内容对于后来的思想者意味着结构性。依托于经典的既有认识框架，研究者的思辨更加容易开启，不必从零开始捕捉。同时，经典本身的结构总会显示出某种缺憾和含混，需要研究者搭建新的结构予以支撑或者会通。第二，经典的流传带来历时的丰富性。不断有研究者会引用维特鲁威、阿尔伯蒂、赖特、库哈斯，也不断会有设计师在作品中向霍华德、阿尔托、奥姆斯特德致敬。在流传过程中，经典被

---

1 黄宗羲.宋元学案·卷十八横渠学案（下）[M].北京大学图书馆藏本.

不断地解读、参照、评价、演绎、应用，不但获得历史的累积感，也获得与社会互动的纵深。经典流传过程中的丰富性带来阐释的必要和曲解的可能，需要研究者给予澄清。第三，经典从书写的当时到认识的当下有待于研究者激活。经典尽管在纸面、图面、体量上保持存在，如果不被持续认识而融进现实，经典就只属于过去，不具备对当下的穿透力。歌德曾说："古人已经把我们所有需要想的事情全都想清楚了，我们现在要做的事情是要把古人想清楚的事情再想一遍。"[1] 现实的紧迫常常使实践者忘记经典仍然是活的存在。经典阐释需要研究者主动地用自身经验唤醒经典，同时用经典唤醒现实。

经典阐释需要超越整理解释，而落脚于发展认识。第一，经典阐发不是还原的过程。经典的整理、注释、辨误、翻译等工作都十分重要，但是这些都不是思辨者的工作领域。思辨者善于将重读经典的会心、疑惑、感悟转化为思辨的头绪。当然，经典的含糊、局限、矛盾之处，还可以激发研究者"批判"的内容。已有认识显示了前人思想的深度和广度，也规定了特定的范畴和角度。研究者要获得从自己经验中提炼认识的自由，就必须从已有认识的范畴和角度中脱离出来，与已有的认识格局保持距离，使自己的经验不被这些既有的框架束缚。爱默生提出不仅要从对某种文化的膜拜中脱离出来，也需要从对于任何先贤的格局中脱离出来。第二，研究者阐发的基础是将自身经验与文本对照阐发。经典不但通过重读的反思获得一种延续性，而且能够通过研究者"六经注我"而获得一种当下的关照。研究者经验不仅为经典提供丰富的细节支撑，经历本身也获得理论性。第三，经典阐发最终要求研究者的逻辑重构。已有的经典一般划定了特定的研究范畴，但这并不意味着研究者不能据此建立独立而系统的理论。研究者需要参照原始文本，会通个体经验，连接命题，重整系统，发掘价值，搭建起全新的观念系统。

麦克哈格出版于1969年的《设计结合自然》开创了生态设计的领域。[2] 这本划时代的著作展示了20世纪中叶的环境灾难，批判了建设活动中以人力之上的观念，提出了以大地自身的特征来决定规划建设内容的观念，并有较多具有启发性的实践。但是，这本著作语言艰深晦涩，内容丰厚零散，概念并未成型，案例缺少讲解，因而不少设计学科的学生视为畏途。《生存的景观》是麦克哈格的学生弗雷德里克·斯泰勒的作品[3]，可以视作是对前者的阐释性著作。在会通前者的基础上，后者发展思辨，获得了更好的理论性和系统性，包括更加清晰地定义出一个"生态规划和设计"的领域，更为清晰地阐释了景观层级分析方法，更加明确地示范了生态分析的过程和结果。后者"点亮"和"会通"了经典，自身也成为景观学科的经典之一（图15-14）。

---

1 Von Goethe, Johann Wolfgang. Conversations of German Refugees, Wilhelm Meister's Journeyman Years: or, The Renunciants. Vol. 10[M]. Princeton, NJ: Princeton University Press, 1995.

2 McHarg, Ian L. Design with Nature[M]. New York, NY: American Museum of Natural History, 1969.

3 Steiner, Frederick R. The Living Landscape: An Ecological Approach to Landscape Planning[M]. New York, NY: McGraw Hill, 1991.

图 15-14 《设计结合自然》书影（左）和《生存的景观》书影（右）

2）批判

批判，就是通过批驳而重新评判。和日常的驳论性质的杂文不同，批判作为一种思辨的方法论策略并不止于揭示谬论，而是以批驳入手，探索构建新的观念世界。研究者通过对一种广泛接受的理论和实践进行反思、批驳、重构，从而发展新的认识观念。批判的思维模式是："不应该这样，而应该那样。"从形式上来看，批判在于"破"：展示谬论，揭示矛盾性，打破原有理论的理想化。从目的上来看，批判还是在于"立"：提出新的命题、角度、观念结构、操作手段。几乎所有的思辨中都能找到批判的片段：路见不平，拔刀相助；思路不平，则要批判。有些研究的批判部分只是作为开启思辨的引子内容，而有些研究中批判成了主体内容。

批判的力量来自展现谬误的力度和清理谬误的能力。展现谬误的常见策略有三种。第一种是反证，通过直接呈现现实案例的方式从事实上批驳已有的理论。现实例子生动而形象，能够有效调动读者的经验而产生共鸣。反证对于例子的系统性没有要求，反证的案例可以是零散的、多来源的，不要求像科学研究中那些匀质而密集的样本。只要研究者能够找到哪怕一个具体的反面例子，就能完成反证。所选取的事实越能和所批判理论形成对比，越具有讽刺意味，越能有力地刺中原有理论。安·维斯顿·斯本（Anne Whiston Spirn）在反思麦克哈格生态设计理论时，用麦克哈格的建成设计作品作为反例，揭示了生态设计方法的局限性。[1] 麦克哈格多次表示，他和同事参与规划的伍德兰兹社区

---

1 Spirn, Anne Whiston. Ian McHarg, Landscape Architecture, and Environmentalism: Ldeas and Methods in Context[M] // Conan, Michel(ed). Environmentalism in Landscape Architecture. Washington D.C.: Dumbarton Oaks, 2000: 97-114.

是体现他思想和方法的最好实例（不是之一）。斯本的研究揭示出，在这一项目中，麦克哈格缺乏从规划分析落实到项目设计的能力。社区开发商在规划阶段后，并没有委托麦克哈格团队进行具体的开发设计。生态设计的奠基人居然能够把甲方委托的项目弄丢。这一讽刺的事实反映出麦克哈格所鼓吹的生态设计方法在概念、尺度、操作实务上的不连续性，亟须理论上的界定、修正、连通。

多个反证实例可以更为有力地形成系统性的叙事，或者结构性的反驳。通过串联起多个反例之间的联系，批判的同时也能建立起新的观念系统。罗伯特·文丘里等所著的《建筑的复杂性和矛盾性》[1]对现代主义刚性、单纯、划一的特性进行了批判。该研究的反证策略列举了建筑设计在两千余年时间内的"进化"过程，这个过程具有变化性、模糊性、多义性，这些特征与现代主义建筑师所宣称的建筑应该具备纯净、效率、简单的特征形成了鲜明反差。多个反面案例获得的系统性，加之研究者娓娓道来的语言，使得这部理论著作兼具可读性和说服力。

第二种反证策略是归谬，通过原有理论的"运行"，展示推理获得的荒谬结论，批驳原有理论。归谬的策略就像评估加工机器一样，如果输入了原料，却产生了与预期不相符的加工品，那么一定是机器出了问题。同样是批判麦克哈格的生态决定论，罗伯特·赛尔（Robert Thayer）发现了麦克哈格生态分析方法面向的尺度太大，以至于不能运用到场所（site）的尺度的矛盾。[2]他写道，当景观设计师和城市设计师兴冲冲地决定采用生态的方法进行设计时，当景观设计师满怀希望地希望扩张到区域尺度时，他们发现，他们的工作领域还是公园、庭院、广场、滨水等场所尺度的内容。通过展示在现实情况中"理论落空"的尴尬，完成对原有理论的归谬。

第三种是逻辑分析，通过分析原有理论的结构合理性，查验理论体系内部的条理，指出范围、外延、结构可能出现的"失误"。这种批判策略最为深刻，同时也可能最为晦涩。逻辑分析深入到抽象的理论结构之中，比起反证和归谬，难免缺乏形象和具体实例带来的共鸣。这种感觉像武术的"内功"，即使能够切中要害，也没有"武戏"；即使内行人看得明白，也毫不痛快。因此，逻辑分析策略最好能够和反证或者归谬的策略同时使用。常见的反证或者归谬也常常伴有逻辑分析作为解释。

作为一种思辨的操作手段，"为反而反"并不是批判的目的，批判最终需要达成"和解"，完成新观念和命题的建立。研究者针对已有理论"大闹一场"，揭示了原有理论的断裂、漏洞、残缺、陷阱以后，有责任对观念世界进行某种"缝合"。这可以是新观念世界的建立，也可以是旧有观念世界的某种修补和再界定。第一，研究者需要重视原有理论的起跳作用。

1　Venturi, Robert. Martino Stierli. David Bruce Brownlee. Complexity and Contradiction in Architecture[M]. New York, NY: The Museum of Modern Art, 1977.

2　Thayer, Robert L. Visual Ecology: Revitalizing the Aesthetic of Landscape Architecture[J]. Landscape, 1976, 20(2): 37–43.

能进行学术批判的理论有其价值，批判所揭示的谬论也存在边界，并不能否定理论中正确的部分。研究者的缝合工作通过对原有理论内涵和外延的再界定，能够获得更加精确的认识。原有理论的范畴、命题、结构、趣味、精密程度等体系性的内容，可能并没有被很好地总结。研究者发展思辨时依仗这些成型的理论条理内容，而不用"平地起楼台"。以批判为目的研究者，仍然需要贴切而中肯地认识原有理论，条分缕析地归纳总结。研究者切勿拿一些轻浮散漫的论调，或者生造出"假想敌"而轻轻打倒。建立在这个基础上，批判才会是精密紧致的，而不是张扬松散的。

第二，研究者需要在批判后提出建设性的新架构。这些推断可以是纯观念性的，也可以是行动性的；既可以是描述性的观念角度；也可以是机制性的因果规则。比如上述批判了麦克哈格生态决定论以后，提出"视觉生态"（visual ecology）的概念，试图在场所尺度上连接设计手法和生态原则，从而补充生态规划的范式在场所尺度的空白。这些建设性的推论并以此为基础修正"生态设计"运动以前的既有美学。一般来说，批判不能将一个理论的所有方面从黑到白地反向性扭转，只能针对概念的特定方面进行批判，比如前提、概念外围、分析方法、体系构建等，而对其他方面仍然承认其有效性。比如，量子力学的先驱们批判了牛顿力学在微观世界的不适用性，但并不等于宣判牛顿是错误的。对于牛顿力学而言，这种批判更加清晰地划定了其适用范围限于宏观世界，发展了牛顿力学。尤其设计学科具有多解性的特征，批判思辨尤其注意理论的边界，避免说"过头话"。

3）投射理论

投射理论是研究者将本学科以外的概念、视角、框架、分析工具等投射、嫁接、"转喻"到本学科，从而获得新观念系统的思辨策略。这种策略充分地展示了理论的工具性，仿佛一副眼镜可以用来观看不同的现象。有趣的是，历史上真的出现过运用透镜观察不同现象，发展出不同学科门类的事实。在15世纪初，望远镜最初用作航海者观察出现在海平面的敌船。17世纪初，伽利略将望远镜装置指向太空，通过对太阳系形体的观察，发现重塑了人类的宇宙观，开启了现代天文学。19世纪中期巴斯德将透镜装置对向实验台，发现了丰富的微生物世界。投射理论就是借用"透镜"的活动：引入其他学科理论、角度、工具，仿佛为本学科戴上了新的眼镜，使得考察的视域、视角、视力都变得不一样了。人类探索世界本来不应该存在边界，但是理论认识的辐射范围往往受到学科边界的限定，而其他学科的理论家并没有义务跨越学科边界宣扬理论。研究者需要勇敢地跨越学科的藩篱，学习其他学科的理论、角度、工具，投射理论而发展思辨。

这里所说的理论投射有别于理论应用。建筑、规划、园林学科具有 "知识下游学科"

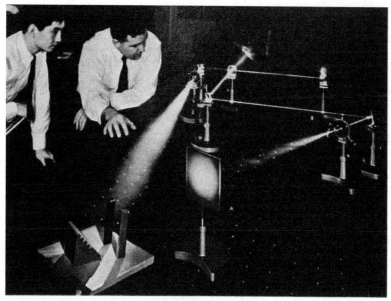

图 15-15　美国电话电报公司工程师的光投射实验（1922 年）

的特征，应用其他学科的理论和技术是自然而然的事情。比如，水文学提供的雨水计算公式，可以运用到居住区的储水容量计算中。理论应用固然要查验对象的各种性质，但是理论对象本身并没有发生变化。这里讨论的理论投射指的是研究者采用迁移、替换、象征、比喻、联想、想象等方式"由彼及此"地"投射"而产生新的观念系统。在这个过程中，理论针对的对象发生了变化，观念层级发生了跳跃。比如，柯布西耶的《走向新建筑》，从工业化大背景下的机器逻辑，从而提出"建筑是居住的机器"的设计观念和设计导则。理论投射发生的不同对象、不同层级、不同学科之间，显示出观念世界能够超越。对于讲求"多解"的设计学科，理论投射能够使认识活动饶有兴味，带来更多"有依据"的火花（图 15-15）。

　　投射理论可能是有意识的，也可能是无意识的。随着时代潜移默化的推动，研究者接受新的理论风气熏陶，自发地发展本领域的概念、条理、工具、导则。在前例中，柯布西耶的建筑主张并没有从论述现代性的哲学论文或者机械的专业讨论中展开，而是在工业化的浪潮中"无意识地"提取出机械时代观念，在建筑和其他设计领域投射和推演。这种理论投射结合了自身经验和判断，更加鲜活生动。相反地，有意识的理论投射具有学术的自觉性。研究者不仅参照某种理论的观念角度，而且全面地借用该理论的条理系统、分析结构、关键命题等内容。

　　较为成熟的"他处"理论已经在其领域获得内在系统的完备性和对现象解释的启发性。当理论投射到本学科中，研究者也以这两点考察理论投射的效力。第一，内容上对应。研究者必须找到能够在设计学科中找到原有理论对应的部分，原有理论中的命题、判断、分析工具才能生效。从原有理论的"研究对象—观念世界"到设计领域的"新研究对象—新观念世界",实际涉及四重"世界"。因此,理论投射不仅是新旧理论的转化,还必须考察"世界"之间的对应性,尤其是新理论和研究对象的对应性。在绝大多数情况下,来自其他学科的理论投射不能齐整地完成"——对应",而只能找到局部的合理性。第二,认识上的启发性。研究者所投射

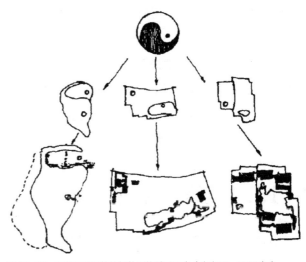

图 15-16　中国古典园林的拓扑同构关系示意(朱光亚,1988 年)

的理论,找到对应的内容,搭建起观念结构后,必须能够增进设计学科中的既有认识。投射产生的新观念结构需要能够充当新眼镜的作用,使读者见前所未见,发前所未发。比如,朱光亚将拓扑图学的理论投射到园林学中,阐释中国古典园林的布局原理。[1]拓扑学是图形学的分支:拓扑结构不反映物体的具体形态,而是反映物体内与外的关系。中国古典园林元素繁多,层次复杂,体验丰富。常见的研究思路采用对山水、花木、建筑分开叙述的策略,能够从个体上清晰地描述单类元素,但是缺乏从整体上概括中国古典园林的复杂性。研究者运用拓扑学"只问内外,不问形态"的特点,通过对建筑和水岸元素的概括,在平面图上抽象出空间围合关系。借助拓扑图学视角对典型古典园林的考察,总结出向心关系、互否关系、互含关系。这些关系的总结超越了之前分散认识园林元素的研究策略,系统性地描述了园林构图元素对空间组织的作用。研究显示颐和园、寄畅园、网师园存在着拓扑同构关系(图15-16),"这种惊人的拓扑同构现象揭示了中国古典园林要素关系的本质"。

作为一种思辨途径,理论投射获得启发性是第一位的,而思辨体系的完备性是第二位的。研究者如果只顾在逻辑形式上建立完善的结构,而不顾这个体系的启发性,可能得到的是"兴味索然"的框架。比如,有研究者试图将海德格尔哲学投射到空间理论中,厘清了原有理论的概念、命题、结构,甚至清理了其内在矛盾。然而,海德格尔理论投射的结论并没有教会设计师新的观察技能,哲学家的命题反而显得抽象笼统,不如设计师常用空间概念来得丰富明确。这种理论投射的趣味性就比较有限。在较多的情况中,理论投射获得局部的启发性和解释性。因此,研究者不必对理论投射抱有过于理想化的

---

1 朱光亚.中国古典园林的拓扑关系[J].建筑学报,1988(8):33-36.

期待。例如，有学者试图用阶级理论阐释建筑史的发展。阶级理论关于社会阶层的划分能够对建筑的建造者和使用者的社会身份予以确认，能够发展出"公共空间的人民性"等分析工具，还能较好地揭示出设计和建造者不能使用建筑的讽刺事实。但是，阶级理论很难揭示劳动阶级比起上层社会更加抵触现代主义设计，也不能解释欧洲公共空间的产生来源于贵族花园慷慨馈赠的事实。这些矛盾显示，理论投射有其局限性，只在特定的层面和范畴内具有解释力。

15.4 思辨过程的检验

思辨进行的过程没有严格的步骤，但是其发展大致经历从捕捉思绪，到构建概念和

图 15-17 思辨过程的检验

命题，再到检验和评估的过程（图15-17）。徐中曾经说："搞理论、写文章不是一件容易的事，对于提出的每个论点都要慎重审视，首先自己就要从各个角度来反驳它，直到驳不倒时才能够站得住脚，所以我写文章总是很慢。"[1]思辨的开端总是天马行空、纵横恣睢，当概念创造、关系建立、结构搭建完成之时，研究者需要对自己的思辨构架进行自我检验和评估，从而有助于观念世界的完备和自洽。

15.4.1 逻辑推理

研究者需要借助逻辑学所提供的规范，考察思辨的过程和内容。逻辑对证明过程中的原则和标准进行了规范，被孙中山称为"诸学诸事之规则，为思想行为之门径"。逻辑推理在认识的过程中就像转换接头一样，让特定的命题获得不同范围的适用性。不同的理论命题能够编织成不同的网络，并且借助人类的能动思考和实证活动推动认识的前进，也需要借助于逻辑推理。这里对两种逻辑推理的介绍主要集中于如何发展和修正思辨命题。

---

1 刘建平. 德以立教 严以治学——记天津大学建筑系创始人徐中先生 [C] // 李家俊主编. 天大风骨——十八罗汉纪实. 天津: 天津大学出版社, 2016: 225.

1）归纳推理

归纳推理（inductive reasoning）是研究者通过观察大量数目，或者反复出现的现象，获得命题的过程。比如说，研究者总是看到白色的天鹅，于是他从这一现象中归纳出"天鹅是白色"的命题。在语言表述的帮助下，归纳推理完成从具体到一般的认识过程。在这种一般性命题背后，暗示着"所有天鹅都是白色"的规律——尽管这种规律有着先天的不稳定。又如，休谟提出的归纳推理的例子，从每天都看到"太阳从东边升起，西边落下"的现象，推断出"每天太阳都从东边升起，西边落下"的规律。归纳推理对于思辨分析法十分重要。归纳逻辑是一种开放的、吸纳式的逻辑。归纳的一端是具体现象（包括经验、现实、既有理论等），有其内在的繁复性，另一端是研究者新提出的理论架构，是对现象繁复性的清理和提炼。爱默生曾经说：

> "一个志存高远的人总是静心研究每一个头绪纷乱的事实，他把事物内部所有奇特的构成和所有闻所未闻的力量都规整消化到它们所从属的类别和所服从的规律中，而且凭借深刻的洞察力，持续不断地将每一个组织的最后一根纤维和自然的外围物质都赋予生命。"[1]

从现象到理论，从举例、列举而广泛化。研究者提炼经验的目的，是获得能够归纳推理的命题。对于思辨成果的检验，既包括对现象和理论两端连接的检验，也包括观念系统自身的检验。

有效性是归纳推理的难点，也是思辨检验的终点。归纳推理是研究者理论野心的体现，研究者总是希望发现的联系能够具有广阔、完整、浩瀚的连续性，能够"放之四海而皆准"。然而，究其本质，归纳推理是在已观察的事物的基础上达成对任何未观察的事物的推理。比如，从历史推导到未来，从本地经济业绩推导到国家经济政策，从我们的星系得出关于宇宙的结论。研究者必须在心中默默地掂量，这种推导有效吗？由于人的经验有限，从"过去见识"做关于"任何存在"的规则性命题总是存在着风险。前文中关于太阳升起落下的归纳推理，被认为抓住了现象的本质，在可以预见的将来，是"强归纳"。而如果研究者从"我用草图纸探索细部设计的建造结果都很好"，归纳推理到"所有人用草图纸探索细部设计的建造结果都很好"，结论存在过度普遍化的风险，是"弱归纳"。本书第 12 章定性分析法中强调从大量性、具有边界的材料中获得命题，显然属于"强归纳"。本章主要讨论来自个人经验的归纳。

---

1 [美]爱默生.美国学者[M] // 爱默生.爱默生集.赵一凡，译.北京：生活·读书·新知三联书店，1993: 225.

大卫·休谟对于归纳推理的论证强调日常重复经验，从过去一直如此的日常"感觉"中获得正当性。来自个人经验的归纳论证并不具有严格的约束力，但具有"互通"的说服力。

研究者需要注意"弱归纳"在设计学科研究中的合法性（legitimacy）和必要性。建筑、规划、园林设计是强调未来性和多解性的专业，所研究对象常常是未来的而不是实在的（比如某个场所设计还停留在图纸上尚未付诸实施，并非实在不能成为经验实证的对象），所关注的命题常常是选择的并不是普适性的（比如某种特殊的设计风格，在创意之初即是一时一地的，并没有"放之四海而皆准"的普适性执念）。弱归纳本身具有的开放性在趣味判断、价值判断、感受判断、美学判断等方面更具有发现力。同时，设计实践的发散性对于可靠性、完备性问题不太关心。因此，弱归纳逻辑不仅在设计学科中具有独特地位，而且能够保有归纳发现中带来的趣味性、可能性。

2）演绎推理

演绎推理（deductive reasoning）是在一个规则性质的前提下，推导获得的结论。比如，前提的规则（也通常被称为大前提）是"采用了市民参与设计的公共设施总能获得较好的使用满意度"。由于"王家庄地铁站采用了市民参与设计"，所以"王家庄地铁站能够获得较好的使用满意度"。演绎推理具有很好的闭合性，如果大前提为真，在小前提不超越大前提的情形下，则结论必然为真。

在思辨活动中，演绎推理更多地被用来验证命题的真伪，或者对命题的外延进行界定。演绎推理通常和归纳推理接续进行，当研究者从自身经验中归纳推理出的命题，放回到诸多现象之中，如果结论和现实相符，则说明"大前提"为真；如果结论与现实不相符，则需要质疑"大前提"。在很多情形下，对"大前提"的质疑转换为对命题外延的修正。比如，前文中根据归纳推理得到的规律"所有天鹅都是白色"。当欧洲的殖民者17世纪到达澳大利亚以后，发现有黑色的天鹅。这时，我们不仅需要确认"所有天鹅都是白色"这一命题不为真，而且需要动手将命题修正为"在欧洲，所有天鹅都是白色"。在检验过程中，演绎推理就是这样逼近式地完善命题。以大量性搜集数据而验证假说命题（大前提）的实证研究也是在演绎逻辑的推动下，对命题的真实程度和边界进行测试。

15.4.2 思辨的四种病症

思辨在书斋以内发展命题，没有实证研究所规定的标准和程序，操作上也不需要数据和仪器，似乎门槛很低，人人都可以做。在过程中，不像实证研究可以借由数据的精度、数量，以及分析方法来判断研究的优劣，"人文怎么说都行"。正因为这样，思辨作为一种方法要求研究者较高的"筛选自觉"来获得理论的强健性（robustness）。研究的主观性并不代表随意性。思辨研究法包括了一个活跃地提出命题和结构，并筛选出命题和结构的过程，也包括了一个贯彻较高的思辨标准，回环式提高研究者思辨水平的过程。研究者编织观念网络时，务必检查每个节点，勇敢地否定和改进其中重复、虚弱、散漫、枯燥的想法，以期望得到有张力的、健壮的认识。这个过程对研究者的抽象思维能力和命题能力提出了很高的要求；经历了这样一个过程，思辨才能做到"心安理得"，获得新颖、强劲、有序、有趣的认

图 15-18　手中的反射球体（莫里斯·科尼利斯·埃舍尔，1935 年）

识（图 15-18）。本小节从常见的思辨欠缺中总结出屋中屋、糊眼镜、散架子、空架子这四种症状，并对每个症状分别从表征、原因、化解三方面进行讨论。

1）屋中屋——观念重复

《颜氏家训》中用"屋中屋"的说法形容观念构造的重复："理重事复，递相模学，犹屋下架屋、床上施床耳。"[1] 观念构造的重复包括：概念的重复、范畴的重复、命题的重复、结构的重复、分析工具的重复、结论的重复等。思辨研究作为一种方法，饱受诟病的一个原因在于低标准的重复。观念构造的重复不仅意味着观念并没有拓展，认识并没有增加，而且损害了观念世界内部的清晰性，阻碍了理论交流和观念运用，使得研究者不得不花费精力清理辨析这些重复的内容。更有研究者明知观念陈旧空洞，还刻意施以装饰，变成了粉饰性的"概念游戏"，甚至"论文机器"（paper mill）。

观念构造重复源于思辨的个体性。当研究者从鲜活的第一手经验中发现观念的亮光，会兴冲冲地提炼为观念片段，甚至上升为观念构造。然而，个体经验——不论是实践经验、生活经验，还是阅读经验——是有限的，研究者的经验提炼可能和已有认识（阐释）之

1　颜之推. 颜氏家训·序致 [M]// 四部丛刊初编.

图 15-19　纽约奥兰治县政府中心（The Orange County Government Center）

间存在大面积的重叠。如果研究者经验提炼并未超越已有认识的范围和深度，观念构造就是重复的。这时，虽然研究者的个体经验总结具有证实（confirm）和演示（demonstrate）既有理论的意义，但是作为观念构造活动则显然是欠缺的，容易造成低水平重复。

　　避免"屋中屋"的策略在于博览会通。"博览"在于研究者具备广博的知识，运用已有文献对思辨成果进行评估。文献是思辨凝结汇聚的高地，提供了与现实生活相隔离的高度。一个领域的文献不仅定义了研究的对象，而且定义了研究的范式：包括研究的既成策略，基本理论假设，命题所指的精度。这都需要研究者博览。"会通"在于研究者发动思考，将直觉和经验得来的思辨和前人的认识进行比照、连通、强化。会通的过程是和前辈先贤对话，遇到思想的不约而同之处，既是会心一笑的瞬间，也能决定研究者的经验提炼是否为"重复劳动"，这也是思辨检验的重点。博览会通的过程总会暴露个体经验的局限，文献的重读也会再次刺激经验提炼。这个过程将思辨内容和已有的认识区分开来，改进观念构造的基准、新颖程度、精度。博览会通要求广泛的阅读和切实的经验，这也是研究初学者常常被告诫不要在理论准备不足的情况下过早尝试思辨研究法的原因（图 15-19）。

2）糊眼镜——概念模糊

　　所谓"糊眼镜"，就是概念模糊、指代不清的观念系统。就像近视的人戴了一副糊眼镜，虽然有其框架，但是透过框架对观察认识并未产生任何变化。看上去风云际会，实际上云里雾里，两处茫茫皆不见。王世杰曾评价中国历代画论时描述了概念模糊的病状："往往是文字很优美，而内容空疏，意义含糊。"[1] 思辨的各种缺陷，浅薄、松弛、混乱等归根结底还是概念含混模糊、似是而非，缺乏针对研究内容和研究对象的明确指向。这就导致观念结构的搭建、健全、评估都没办法展开，对观念和实践缺乏切实的触动。

概念模糊源于概念构建的"膨胀"。概念是一种语言符号。当语言符号过度概括现象，不能准确地指向认识的特定层次和范围，概念就是模糊的，不具备"戴眼镜"一样的认识功效。不少研究初学者秉持"越大越好"的雄心，误以为思辨意味着概念需要是"超然"的、宏大的、不着边际的。同时，他们对专业内的趣味、观念、价值、挑战还处在一种一知半解的状态。当"需要"发展出一个命题和结论的时候（特别是论文要上交，课题需要完结，情绪要发泄），容易造成概念构建的"膨胀"：小到失恋者说"男人／女人没有一个好东西"，大到理论家谈"中西建筑文化的比较"之类的题目。膨胀的东西总是虚弱的。从这些例子中可以看到，由于过度概括，命题超出了能指的范畴。表面看起来是题目庞大，无所不包，而实质飘忽于指向对象内外，所论泛泛。

手工制作镜片的技师，一方面具有切磋打磨的手艺，另一方面有对照现实对半成品进行调整的技能。改进"糊眼镜"，研究者对概念的检验与此类似，一方面需要对语言进行打磨，另一方面需要对照研究者自身的经验提炼。一方面，概念是一种语言符号，打磨语言需要定位到确切的概念层次和范畴，选择契合的语言符号，对采用总括性的命题和词汇保持警惕。研究者应该打消"求大"的观念，而着重考察概念的准确性和对应性。对于概括性的内容，需要梳理其外延和内涵，避免概念所指泛滥。比起建立"宏大"的概念，研究者应该被鼓励在特定范式里面发展有限的、明确的、局部的"有趣"概念。另一方面，是运用打磨的概念对照经验。对照经验的前提是具有经验，这要求研究者要对思辨所针对的领域有深切的了解。研究者不仅需要对某个方向做系统的阅读，还需要充分的动手、交流、实践、体验；不仅对既有研究的范畴和趣味比较熟悉，而且对经验中的亮点、痛点、盲点能够进行捕捉。能否更好地揭示和治愈这些亮点、痛点、盲点，使认识更加具有清晰性。在检验阶段考察归纳逻辑和演绎逻辑的通畅，以检验研究者打磨语言符号的清晰度。

3）散架子——内在逻辑不自洽

"散架子"是指观念系统的内部结构松散，逻辑不能自洽。逻辑的英文是 logic，log 是语言的意思，logic 是"语言的规则"，或者是"语言的可分析性"。"逻辑"是一种

---

1 司徒立.致许江：谈教学的一封信 [EB/OL].（2018-07-10）[2019-04-15]. https://www.sohu.com/a/240389515_664182.

语言上的可证伪性，人们不用借助实验等实证数据，依靠语言符号的分析就可以对一个理论进行证伪。逻辑自洽是对理论构建具有观念结构上的合理性检验。"散架子"就是指一个观念系统从文字符号和语言思维的系统还不具有连贯性。散架子思辨虽然不乏闪光点，但容易像一盘散沙一样流于"随感"，不能成为富有学理、方便使用的思辨工具。

思辨成了"散架子"，源于研究者缺乏搭建观念系统的内部结构，导致思辨发展不健全。研究只享受片断性地捕捉命题的过程，而没有想到将这些命题搭建成宏伟坚固的大厦。或者，观念系统还处于十分初级的阶段，命题数量还很少，还没有到达可以构建的程度。因而，思辨命题显得互不关联，甚至东扯西拉。中国哲学文化中具备深厚的思辨传统，也包含"散架子"的弊端。中国传统哲学发展出很多有洞察力、能够直指人心的命题；同时，中国哲学缺乏体系构建的传统。这种现象可能也会影响到当代的研究者。

从"散架子"到结构合理的大厦，促成观念系统的不断健全。第一，在概念明确的基础上，研究者需要尽量多地发展出命题。这既包括在长时间的经验提炼中发展命题，也包括在主动依照常见的理论维度发展。常见的维度包括：概念–命题维度、描述–机制维度、观念–行动维度、观念–图像维度、历史维度、地域–文化维度等。不同层次和方面的命题是构建观念世界的砖瓦。借助这些不同的维度，命题之间是可以相互启发的。第二，研究者需要将诸多命题进行连接比照，发现并改正可能的纰漏。一方面，研究者需要将命题组装成聚合的、有条理的整体；另一方面，要像检测火车零件的列检工人一样，敲打命题之间的"联接"部分，检查其语言陈述和符号结构的逻辑是否通畅，和外围的概念的连接关系是否恰当。去除和改进逻辑上的谬误，获得各种概念和命题之间良好的支撑关系，"逻辑自洽"的系统建构就能达成。在发展内部结构的过程中，概念和命题的逻辑性和层次性也会同时得到发展。

4) 空架子

"空架子"是指具备很好的体系完备性，而缺乏对观念和行动触动力的观念系统。英文中用"骨化"（ossify）的说法来形容僵化、教条化的观念系统。就像图15-20中所示，虽然化石的骨骼齐备，排列有序，能够自成系统；但是，骨骼之上并无血肉皮毛，思辨系统具备支撑作用，毕竟没有血脉联通，没有呼吸吞吐。思辨构建的观念系统不和现实发生联系，缺乏对外部世界的关照，就容易干枯、"超然"、缺乏活力。我们通常听说的"教条化"就是空架子体系，虽然体系森严，规则齐整，但是这些法则只能为被动接受，并不能被读者为分析工具，整个系统全然僵化。由于分析工具的缺乏，空架子体系产生的理论可能被庸俗化和过度理想化，听起来无所不能，但是却没有对认识产生任何触动。

造成空架子的原因在于，研究者着重思辨成果的形式构造，而轻视思辨成果的观念效用。原则上，研究者可以沉浸在观念世界中，发展出无限多的命题和观念结构。于是，研究者由提炼而抽象，抽象而建构，沉醉于理论体系的构造。而不少命题能够通过一般地常理进行推导，算不得新的思辨观念。思辨在观念上搭建框架，难免孤芳自赏；不顾读者和现实世界，难免僵化封闭。在各种文化中，这种思辨的自我封闭现象不同程度地存在。在中国，崇尚空谈、清谈的文化传统就是明证。

图 15-20　大丹犬和吉娃娃骨架

　　改进"空架子"的现象，在于连通观念构造和现实世界，建立起两者的张力。而对于没有张力的观念构造，要给予抛弃。第一重连接是创造动机的再发掘。研究者在建立起观念系统时，不必只展现一个结果式的万能系统，而应该对理论搭建的痕迹有所保留，对研究者本身构造观念系统的动机、灵感、愿景等内容充分论述。观念构造动机的再发掘能够过滤掉那些"圈地"式的概念发展和机械组合式的观念构建。

　　第二重连接是观念系统价值的发掘。研究者需要对新的思辨成果对原有价值的触动进行充分论述。思辨成果是抽象的、观念的，需要价值提炼的活动予以确认：观念系统有什么用？新的观念系统是否定义出新的现象？多大程度上可以改善理论系统的混乱？能够多大程度上触动对现有现象的认识？我觉得有趣，是否别人会觉得有趣？我们常常听说"把握时代脉搏"的说法。脉搏是如此微弱，如何才能把握呢？中医师在长期的经验和知识积累中，熟悉了种种微妙现象的价值，从而获得捕捉的能力。思辨就是给研究对象把脉的工作，研究者从细微、琐碎的现象入手，通过价值论的放大，揭示出思辨的核心内容，彰显观念系统。思辨的价值和提炼是并行的。价值一方面为新的观念系统提供支撑，另一方面为过滤"差点意思"的观念系统提供滤网。

　　第三重连接是对现实的关照。思辨的发展是观念世界的构造，其完善程度不仅在于其内在逻辑能够自洽，而且在于能够关照外部世界。对于有行动性要求的设计学科，内在逻辑系统和外部关照的检验是必要的。这需要研究者有意识地运用举例，进行支撑论证。对于设计学科而言，新的观念构造对现实的关照不仅包括当下的现实，还包括历史先例的有效解释和对未来设计行动的指引。最终，"空架子"被充实为更为丰满、有触动力的观念结构，完成结构性和启发性的统一。

Part 4

Supplementary Discussion

第
4
编

余
论

第 16 章

研究型设计

Chapter 16
Research-Based Design

16.1 研究型设计概述

16.2 从研究型设计发展认识

16.3 研究型设计的类型

设计学科本身的目的在于完成设计方案，乃至建成人居环境。从学科的要求来看，学术研究应该满足设计活动的认识要求，并触动和启发设计活动。而在当今设计学科的研究领域，大量的学术研究成果涌现的同时，夹杂着大量无病呻吟的量产式学术研究。这种"研究机器"的现象引发越来越多的批评，很多设计师干脆忽略学术研究的成果，径直进行自由而又切实的设计创造活动。

作为本书的余论，本章探讨的是研究活动对设计活动的反馈问题。严格地说，本章讨论的研究型设计不能算作研究方法的一种。但是，结合了研究内容的设计活动越来越成为规划设计机构的要求，越来越多国内外的设计学院也允许研究生通过"研究型设计"而不是学术研究完成学位。因而，有必要对研究型设计进行专章讨论。

研究型设计肩负着两种使命。第一，研究成分对设计活动的触动：设计者通过吸收研究成果或者运用研究方法，触动"普适"的设计过程，发展出"更优"的设计成果。第二，设计者通过自身设计过程的记录、梳理、评判，触发更多对设计过程的认识，进而归纳成经验性知识，发展出能够推而广之的新的"设计回路"。研究型设计并不以设计项目的完成为最终目的，而是充满了发展认识的作用。研究型设计概念提供了学术认识向设计转化的桥梁，也提供了从设计中再归纳出认识的回归通道。一定程度上，研究型设计还提供了衡量知识外在价值的角度——尽管我们知道并非所有好研究都具有"可转化"的外在价值。

本章第 16.1 节论述了研究型设计在知识回路中的地位和价值。第 16.2 节探讨了研究型设计的悖论及其化解。由于设计和研究在逻辑、过程、目标上完全不同，"研究型设计"的概念将两者相叠合，因而带来悖论。第 16.3 节根据研究成分在设计过程中不同节点的介入，提出了研究型设计的四种主要类型。对研究型设计的四种类型的探讨从研究触动设计和设计积累认识这两个角度展开。由于本书的主体部分（前 14 章）都是围绕实证研究和专类研究展开的，本章也可以看作是对经验研究的集中论述。

16.1 研究型设计概述

16.1.1 研究型设计

研究型设计，顾名思义，就是融合了"研究成分"的设计项目。现实中，对于研究和设计相互融合的呼声从来就没有停止过。我们特别注意到，这种呼声体现在了以下两个事实中。第一，在美国、英国等国家，相当数量的硕士研究生培养（包括极少数的博士研究生培养）允许，甚至鼓励学生以设计为主体，取代学术论文的纯研究方式作为研究生训练的终点成果。

1941 年，年已 35 岁的飞利浦·约翰逊放弃了之前的专业，进入哈佛大学设计学院的研究生项目学习建筑设计。这个富家子弟不仅完成了设计，而且将设计完整地建造了出来，并以此作为他的毕业论文。因而，这座住宅也被称作"毕业论文住宅"（thesis house）。这座位于美国麻省剑桥市灰街 9 号的住宅至今仍在。对于设计学院中学习的绝大多数学生，恐怕都没有约翰逊的物质条件。作为一个"毕业论文"，这个项目十分具体地展示了约翰逊对密斯美学的学习和继承（图 16-1），而且显示了设计学科的归宿性的特点——从抽象认识而获得综合具体的建成环境。

近年来，在硕士层次以设计取代纯研究越来越成为一种趋势。有些学校把这种方式叫作"研究型设计"（Research-based Design），或者"创新型设计"（Creative Project）。在中国，一部分建筑、规划、景观系所培养方案也同意研究生提交设计的形式作为获得学位的成果。这种以研究型设计作为答辩成果的"专业型硕士"，以区别于"学术型硕士"以学术研究成果作为答辩成果——尽管在实际操作中，学生可以相对不顾学位种类而自由选择两者之一作为学位成果。

名为"研究生"，为何将研究训练过程最为重要的部分中以设计取代研究呢？从建筑学、城市规划学、风景园林学学科特征和培养目的很好理解。绝大多数建筑、规划、

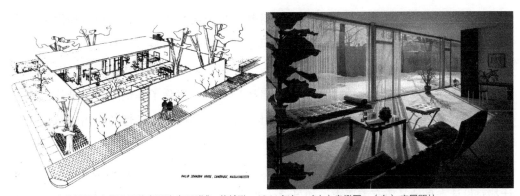

图 16-1　麻省剑桥市灰街 9 号住宅设计（飞利浦·约翰逊，1941 年）。（左）鸟瞰图；（右）实景照片

图 16-2　美术学院的研究生以作品方式进行答辩（杨松林，1984 年）

园林类的硕士生毕业即将走向设计执业的工作岗位：无论是设计师，还是政府部门的规划设计管理，抑或是地产开发企业工作，与其做纯学术性研究，不如在设计过程中探讨学术认识和设计实践的关系，从而在未来更好地将研究的认识内容转化为实践，并在实践中积累经验知识。在美术等与设计学科相邻的领域，运用作品而不是学术研究进行答辩（图 16-2）。然而，从研究方法论的角度，对研究型设计的探讨并不确切深入。什么叫研究型设计？研究型设计区别于"一般性"设计的特征在哪些？如果有研究型设计，是否还有非研究型设计？设计学科的研究生以及更大的设计师群体如何发展出一个恰当的研究型设计项目？研究型设计是不是研究？研究型设计的成果是具体的设计，还是设计方法？研究型设计除了运用知识是否产生新的知识？这些问题在目前都没有得到很好的回答。

　　第二，在设计刊物的稿源中，为介绍设计案例的自述型文章成为重要一部分，有时甚至占到一半以上的用稿量。这类文章报道最新设计实践，用图纸和照片介绍最新的设计实践，是在设计学科中重要的信息材料来源。一个不断被提及的话题是：如何提高设计自述型案例文章的理论性？在各类评审和评比中，发表工程案例类文章是否为学术成果？除了贡献实例，实践者是否应该为设计学科的知识共同体贡献新的认识（甚至是可以推而广之的认识）？这些问题涉及实践界如何回馈理论界，从实践中积累经验认识。在当今信息环境下，信息的存储和传输变得异常便捷，图像和图纸等形象性信息可以方便地交流。与此相对的是，设计学科比任何时候都更加需要图片所不能表述的机制性内容。学术交流不仅需要选择有价值的形象信息，更肩负提供深层认识的责任。自述型设计案例，除了需要对其空间、形体、材料、细部等最终敲定的外观可见特征的呈现，更需要对设计过程、设计思路、疑难问题，甚至可能生成的理论维度等"不可见"认识的阐释。换言之，自述型案例文章除了提供工程实录的信息，是否应该提供一般化的认识？是否能够对其他实践活动起到指导性的作用？能否为整个知识共同体提供有益的教训？

　　本章将上述两种活动均视作"研究型设计"，它们具有如下共性：第一，这两类设计都对设计本身的品质有着要求。如果设计者设计水平不够，成果缺乏设计品质，即使有一些研究的成分，谈论"研究型设计"也是徒然。虽然分析完备和理论梳理清楚，但是由于没有造型、空间、综合等设计品质内容的支撑，不仅设计结果不合格，也不能为理论提供验证。第二，这两类设计活动肩负了发展出新认识的使命，均不以方案的完成为终点。设计者在设计过程中融合了研究内容或者研究方法，完成后的设计也试图对设计理论有所回馈。第三，这两类设计的可能认识内容源于单个设计案例，来自设计者内向的反思，属于典型的经验知识。

本章并不对"所有"的设计进行讨论，这里只讨论受到研究活动触动的和能够贡献新的理论认识的那部分"研究型设计"。设计学科的研究饱受个体创新性和类型普遍性两者对立的困扰。设计的本质追求在于求新、求变，切不可似曾相识，落了俗套；而设计知识的积累在于总结类型，发现规律，同时不能对新现象不知不觉。竞争的个体性与类型的示范性，统一于某一项设计之中，就需要理论的介入。设计的起意、探索、完成的通径林林总总，可以通过理论总结出来。我们更加关心：引入了研究维度后，对设计活动究竟有何触动？"研究型设计"和"非研究型"的普通设计区别在哪里？或者说，研究型设计的研究成分和先进性体现在哪些方面？

16.1.2 研究型设计对设计学科的意义

1）提供了理论和实践交汇的契机

研究型设计体现了设计理论和设计实践融合的要求。设计项目成为验证理论的落脚点，既有理论从风格手法、具体技术构造、设计过程控制、分析过程、灵感来源等方面改变"通常的"设计过程。在这个过程中，设计的诸多不便于其他研究方法考察的方面均能够在研究型设计中考察，包括设计任务的得出，设计师的灵感来源，设计过程的往复等。由于设计学科近年的"学术化"过于偏重实证研究的模式，强调纯科学范式，从而可能排斥主观知识，尤其忽视设计经验对于知识积累的作用。长此以往，造成理论和实践的分离，理论越来越死板破碎、远离设计活动，而实践也流于表面形式、缺乏内在的批评维度。研究型设计探究"愿景—机制"互为表里的关系，在设计方面，追求理论对设计的触动。在理论方面，能以案例为载体，追求设计的新认识积累。不仅促使设计学科理论和实践的会通，也促使设计师提升理论能力、发展理论和实践的交互环路。

2）回归设计学科的基本特征

设计学科之所以特别，在于它们是行动性学科、多解性学科、图像性学科、应用性

图 16-3 新奥尔良意大利广场

学科（参见本书第 2 章第 2.4 节）。这些特征将设计学科和物理学、社会学、地理学、生态学等纯"知识学科"区分开来。研究型设计概念的提出，回应了设计学科的这些特殊性。

第一，设计学科作为行动性学科，不仅讲求认识的深浅，而且关注从认识向实践的转化性。设计项目的完成，在某种程度上证明了理论的有效性——尽管按照实证主义的观点，设计方案没有建成，还没有受到社会使用的检验。但是，设计项目完成作为理论有效性验证至少脱离了理论的抽象状态，完成具体设计的过程，获得具有感染力的形式和空间。这种行动也提供了经验知识积累的可能性。

第二，设计学科作为多解性学科，意味着同一个设计任务可以对应各个不同的设计方案，同时，每个设计方案可能都是较好的解决方式。相对一般化的认识，具体的并且各个不同的设计方案提供了理论转化的多样性与可能性。从知识积累的角度，每个个案都很重要。研究型设计是个体性的现象，为在具体过程中比较和评价设计的多种解答提供了可能。

第三，设计学科作为图像性学科，通常的设计成果展现以图纸形式为主，富有感染力和说服力。从设计学科的历史看，没有设计的愿景，就没有设计学科本身。霍华德的花园城市模式，柯布西耶的现代住宅五点，查尔斯·摩尔的后现代新奥尔良意大利广场都采用设计图景的方式解释新的设计风格和设计方法（图 16-3）。没有什么比设计愿景更能阐释设计思想。同时，图像本身的肤浅性常常受到诟病：不论是透视图、平面图、还是示意图，都只能反映出设计的表象特征。研究型设计的设定给设计者提出了深度的要求：研究者不仅应该努力发展出具体、丰富、恰当的设计内容，而且应该探求图像以下的机制、原理、规律等认识性内容。

第四，设计学科作为应用性学科，综合了上游学科的知识，比如声学、社会学、结构、生态学、行为学等内容。单个项目的设计并没有创造出新的单类认识，但是从上游到下游的设计过程意味着"知识运用"的过程，积累着作为设计学科应用其他学科知识的经验。单个研究型设计案例的设计过程蕴含着有意识或者无意识的理论运用：案例从策划、设计到建成的活动本身提供了考察"知识运用过程"的机会。

3）探索设计的未来性

在建筑、规划、园林等学科中，学术研究具有局限性。和设计构思的发散奔放的特质不同，学术研究总体是收敛的，研究方法要求严谨规范。学术研究面向既存现象，具有"滞后性"的特征，难于指向未来的创造。因此，学术研究并不能成为设计学科发展的全部动力。设计活动带来的未来性和想象力能够成为强大的批判工具，推动学科的发展。

16.2 从研究型设计发展认识

16.2.1 研究型设计的方法论悖论

本书第1章第1.3节论述了设计和研究的差异，两者是逻辑、技能、身份、目标上完全不同的两种活动。"研究型设计"的概念意味着研究与设计相叠合，这带来了至少三种形式上的悖论。

第一，研究和设计的逻辑和技能是相向而行的（图16-4）。研究是一个获得抽象认识的过程，设计是一个重构具体未来的过程。在研究活动中，研究者将事实的某个片面提取出来，运用研究方法对这个片面的材料和数据进行搜集，从而得到新的理论认识。因而，研究活动是分析的、封闭的。设计活动中，设计者应用已有理论，发展出针对性的设计信息和导则，通过综合的逻辑，运用造型方法形成具体的建成环境设计方案。因而，设计活动是综合的、发散的，甚至是开放的、奔放的。设计过程是综合运用或者"消费"理论的过程，并不具有特定的考察对象。研究和设计的逻辑过程完全相反：研究是从形象到抽象，设计是从抽象到形象。设计和研究两种活动要求的能力也不一样：研究过程要求收集材料的能力、抽象分析判断的能力；设计过程归纳总结的能力、选择比对的能力、

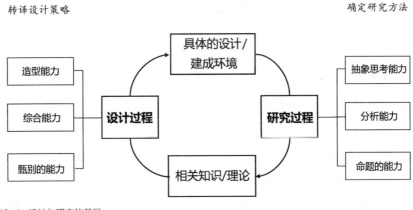

图 16-4 设计与研究的差异

图 16-5 蛇咬自己的两难处境

具体造型和空间思维的能力。要做一个好的设计需要造型和空间思维的能力。

第二，除了过程中存在的冲突，更为令人棘手的是研究者和设计者的身份悖论。研究活动中，研究者站在"他者"的角度，于设计过程外，按照学术规范，冷静地获取和分析材料来取得认识。设计活动中，设计师沉浸在各种信息和材料中，自主地发展出形态、空间、环境。当研究型设计试图将研究和设计"搅和"到一起时，参与者的身份悖论就会展示出来。研究型设计者的身份究竟应该是相对主观自主的设计者，还是相对客观严格的研究者？图 16-5 十分清楚地展示了这种悖论：一条蛇咬着自己的尾巴，不断回环，形成美丽的图案。蛇为何会咬自己的尾巴？蛇一般咬得应该都是其他动物，它咬到自己的情形，则反映了设计主体和研究混杂以后的两难性：不咬吧，则没有收获；咬吧，则疼了自己。研究型设计操作者的身份既需要在其中，也需要在其外；既需要是运动员，也需要是裁判员。这种身份悖论在研究型设计的设定中，人同时作为研究者和设计者，也面临着"自己咬自己"的处境。

第三，依靠单个的设计案例来产生理论和认识，设计活动本身的"非封闭性"和"单次性"显然会对理论性的发展带来悖论。研究型设计一般仍然在"愿景"的阶段，学生的研究型设计基本均为设计方案；设计师的自述型案例多为建成不久的项目，尚未经历使用的检验。换言之，项目是否好用，是否聚齐人气，在实证的层面上并没有被回答。同时，由于每个设计项目都是单个的，单个项目所总结出认识的普遍性常常受到质疑。

16.2.2 研究型设计的理论维度

化解研究型设计的方法论悖论，需要对研究型设计的过程进行适当划分。虽然研究和设计的逻辑和技能是相背而行的，但是两者可以分置于研究型设计的不同阶段。比起"普通"的设计项目，研究型设计多出了设计之前的项目筹划和设计之后的理论总结两个阶段。在"筹划—设计—总结"三个阶段，操作者在研究者和设计者身份之间转化。在项目筹划阶段，操作者除了决定设计的基本内容，还需要决定研究成分的来源。在设计进行阶段，操作者主要是完成设计。经验知识要求"设计者写自己"，因而研究者和设计者的身份可以叠合。在总结阶段，研究型设计的操作者有责任发展出新认识。可以明确的是，通过单个的研究型设计案例所获得认识是经验型知识（参见第2章第2.3节的论述），这意味着研究型设计可以不必遵守实证知识的种种规范。本小节从认识来源、考察内容、考察结果三方面讨论研究型设计的理论维度。

图16-6　自画像（古斯塔夫·库尔贝，1843—1845年）

1）设计经验是认识的来源

杜威说过，我们并不从经验中学习，我们从对经验的反思中学习。[1]不论是作为研究生学术训练的研究型设计，还是作为专业交流的杂志自述型工程设计，其成为知识共同体的理论积累，都在于设计者对自身经验的记录反思。虽然一个设计项目是单次的，但是其本身蕴含的经验认识仍然构成设计学科知识积累的重要来源。从单个案例中所得到知识抽象程度较低，则概括的层面较弱，更加零散细碎，结合具体情况批判和评价的层面较强。这些单个设计案例的局限和经验知识具体而实际的积累方式并无矛盾。

从形式上看，研究型设计和普通工程项目最大的区别是文字反思（而非仅仅图册和设计说明）。经验知识经由语言文字整理积累；文字反思不仅是理论发展的结果，也是促使理论发展的工具。从时间上看，设计者开始反思和整理自身经验，已经悄然地经历了身份的转化——从那个"设计师的我"变成"研究者的我"。这个作为研究者的、现在的"我"以过去的"我"作为研究对象（图16-6）。文字反思过程事实上促成了"设计时的我"和"写作时的我"相互分离。设计者有意识地进入"研究者的我"，这种研究身份变换的意识能使设计者减少困惑，明确研究对象和内容。同时，设计师自觉的身份转化意味着研究视角获得"返观内照"的视角。这不仅是对自我的反思，也是对研究过程的反思，还是对产生的新认识与学科已有认识之间关系的反思。

以总结设计经验为发展理论的维度，要求研究型设计的执行者有意识地搜集设计过程的相关材料。考察设计过程，困难莫过于材料稀缺。在研究型设计的设定中，由于研究对象是自己和自己的设计活动，而且是"不久以前的自己"，研究者成了离研究对象最近的人。行动中的人总是最接近真理，但是由于自身的忽视与遗忘，未能用材料记录下来的内容便永远消散了。相反地，如果设计师在设计过程中有意识地保存各类设计的过程记录，则后来的反思更加全面而具体。这些材料涵盖了设计过程中留存的各种文字

---

1 Dewey, John. Experience and Education[M]. New York, NY: Touchstone, 1997: 13.

和图像记录，包括场地勘察记录、各种会议记录、来往电邮信函、潦草的设计草图、各阶段修改过程中的各种图纸等，也涵盖了没有留有记录材料留存的内容，包括灵光一闪的时刻、业主的某次口头要求、某次挥笔前后的微妙感受等。在文本写作的过程中，研究者可以十分方便地获取、捕捉、呈现这些资料。同时，文本所展示设计过程的材料不仅能够为研究者自身发展出经验知识，也能为其他研究者所用，产生新的理论认识。

单个案例的外推意义是有局限的，需要设计者对类型的外延边界做出说明。单次的设计过程发展出来的经验知识，可能是对既有类型的单次检验、单次发展，也可能是单次的设计过程的感受。研究型设计所展示的单个案例只能够一定程度代表新的"批判类型"，但是并不妨碍积累的认识添加到"批判类型"设计导则中。经验的知识来自个体，设计师之间可以因为同情心和同理心而相通，仍然是鲜活而有效的认识。

2）设计方法是考察基本内容

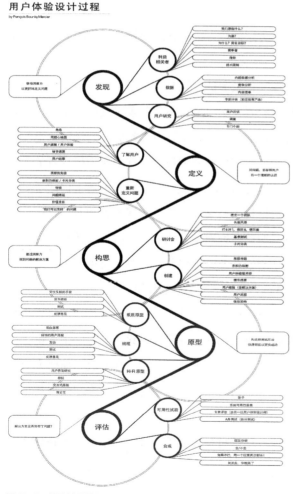

图 16-7　设计过程图示

设计方法体现在设计过程的步骤中：青涩的理论、飘忽的灵感、搜集的材料、自觉或者不自觉的选择必然处于设计的某个阶段，改变或者推动着设计进程。设计者考察研究型设计的设计方法，就是从一时一地的单次设计活动中，归纳出设计推进的一系列步骤。这种归纳通过重新归纳每个步骤的设计要点，获得一定程度上普遍的、不断被复制的过程，这就是新的设计方法。

以设计过程作为考察的框架，为研究者近距离、清晰、细致、完整地考察设计过程提供了机会。梳理设计过程就是将设计者内心的活动外向化，清晰直白地整理为一系列步骤。通常的设计实践更强调设计的结果，而不太注重解剖式的分析设计过程。由于设计过程总是在设计者主观的掌控之下，不仅是隐藏的，而且常常在快节奏行进的设计过程中遗失。设计过程的整理将"变魔术"的设计过程显性化、外向化，使我们能够像考察化工厂、炼钢厂工艺流程一样，系统地梳理探讨设计的发生和演化机制。研究者用示意图的方式整理设计过程已经成为一种标准动作（图 16-7）。整理流程越精细，工艺控制的讨论越有效。从图中可知，研究型设计的设计方法讨论的深度和工程设计的深度并没有关系。研究型设计一般止步于深化设计阶段，设计深度不要求整套施工图的完成。

图 16-8　那耳喀索斯（卡拉瓦乔，1598—1599 年）

设计过程的考察不仅涵盖了前面提到的需要搜集的各种材料，方便进行总结归类，也为考察设计活动中不太容易用实证方法进行研究的概念提供了途径。设计者的想象、情绪、判断、心理状态、灵感闪现、因袭前例、外在刺激等自觉或者不自觉的内容都可以被考察到，虽然设计过程中诸如灵感、想象等活动是发散、跳跃的，期间可能存在着尺度的变化、过程的往复、思路的阻塞等。梳理这些内容，需要设计者"凝视"不久前的设计过程，对何者在先、何者在后作出排序，并进行连接，最终整理出不同的条块和维度，分出主路和枝杈路。设计者的写作不仅是依据已有材料的解读和叙述，也包括解释和感受的内容。为什么选择这种手法而不是那种？为什么从某个点先开始？方案是否进行了比对？同时，某个理论的运用是否出现了阻碍，能否运用得好？总之，设计过程的自梳理打破了设计的"不可知论"和设计师"能力决定论"，将过程的事实整理成为可供他人借鉴的经验知识。

梳理设计过程并不是一个"美化"的过程。从考察设计过程发展理论，需要反思和评估的维度。研究型设计文本之所以区别于工程介绍，就在于其具备反思维度。设计师需要从说服业主的"销售员"角色，转变为沉静的"反思者"角色。因此，研究型设计的文本不是设计说明，而是回想录：除了衡量那些正面的效应，也要捕捉那些非正面的、教训类的内容。这些能够最终发展成有敏感度的理论维度。对于设计过程的梳理，要防止自恋的倾向。自恋症（narcissism）一词来自古希腊神话人物那耳喀索斯（Narcissus）的名字。一次那耳喀索斯打猎归来，从池水中看见了自己俊美的脸，于是爱上了自己的倒影，无法离开，最终在池塘边憔悴而死（图 16-8）。考察设计过程中，如果沉浸于"自己设计的美"，很难得到有效的认识。研究者需要跳出自我，以他者视角分析自己的设计过程，验证涉及理论的外延和内涵。那些设计过程中所走的弯路、岔路、无用功等反映了真实的探索，能够带来更加强健有效的认识积累。

3）批判类型学作为考察结果

批判类型学是指通过研究型设计而完成对特定设计类型的发展。批判类型学的前提是设计学科中各种与理论有关的"设计类型"。有的类型是以设计项目的功能分类，比如宾馆设计、游乐场设计、市政广场设计、校园规划、风景区规划等；有的是以设计项目中的元素分类，比如雨水设计、色彩设计、植物设计等；有的是以设计目标命名，比如经济适用型居住小区设计、低碳城市设计、节水景观设计、低影响开发城市设计等；当然，还有些更为细致的组合式类型。设计的类型存在着分类方式、内容指向、尺度范围上的差异；但是，不同设计类型基本都满足了两个要件：第一，设计类型都指向一套成熟的、定型的、线性的设计过程（上一小节讨论的内容）。第二，设计类型的步骤都包含了一系列"如何操作"的设计导则。批判类型学借用了既有类型作为参照，设计完成产生了新型，或者亚型，或者丰富了既有型是一种对原有类型的批判。批判类型学旨在于既有设计类型中加入新的"线性回路"和"设计导则"。批判类型学认为，具体设计的复杂性和具体设计师的能动性能够和既有设计类型的抽象设计方法之间形成张力。批判类型学使飘忽的类型学理论落地，设计项目和设计方法接驳。批判类型学坚信既有的设计类型能够随着技术进步、设计巧思、社会需求等，得到更为充分细致的发展，最终等到新型或者原有型的亚型。

批判类型学需要设计者的理论自觉。设计者需要具备一种主动选择、比对、检视理论的能力。研究者需要把设计之前的筹划、之中的推进、之后的反思看作是一个和已有类型的设计方法理论认识发生关系的过程，从对比中归纳出新的认识。批判类型学的认识积累遵循两条不同的路径。第一，将设计过程视作对已有类型的验证，考察已有类型的设计方法是否在研究型设计中得到验证、修正、发展。也就是说，研究型设计的过程不仅是设计师的主体活动，也是新设计方法的体现。在有意识引用理论的过程中也探讨理论的外延和内涵、选择过程等复杂的细节，通过设计的愿景发展理论。比如，某设计以雨水设计为主题对某大学校园进行重新设计，这项设计并未改变雨洪设计的基本计算方法和设计流程，但是针对了大学校园的建筑密度、活动空间、道路设置等因素。这项可以视作雨水设计或者大学校园设计的亚型。第二，从设计过程的回忆和梳理中，"无中生有"地发展出新认识。这种路径并不以某种既成的设计类型作为参照，设计过程并不是设计方法的体现，而是植根于实际的经验值之中自下而上地产生。这种思路常常给予设计师很多思维上的自由，能够自主发现、设定、添加新的内容。比如，在一次图书馆设计的项目中，设计者通过观察、问卷、访谈等活动，发现当今大学图书馆的使用受到网上远程阅读、学生晚自习、学生考研等活动的影响，与以往单纯的图书馆使用大有不同，从而根据这些信息完成新时代图书馆的新类型设计。

16.3 研究型设计的类型

"研究型设计"仍然要求设计师从无到有地完成设计项目，其特殊之处在于研究成分。根据研究成分介入设计过程的节点不同，本书把研究型设计分成四个类别：理论投射型设计、信息主导型设计、乌托邦型设计、评估反馈型设计（图16-9）。研究型设计本身应该具备设计项目空间、功能、美观、完成度等方面的基本品质。在此基础上，我们更关心研究成分对于设计的触动，以及对于学术共同体的启示。因此，对每个类型的讨论均包括研究触动设计和设计积累认识两部分。

16.3.1 理论投射型设计

理论投射型设计（Theory Projective Design）设想了一个从理论到设计的线性过程：这种类型的设计并不是设计者"自然而然"地发展出来，而是有意识运用某种理论的结果。通过设计者有意识运用较新的理论，产生新的设计成果。比如"健康城市视角下的屋顶花园设计""全生命周期视角下的城市公交站设计"就属于理论投射型设计。

1）研究触动设计

理论投射型设计的研究成分并不来自设计者自身的原创研究，而是来自对他人最近研

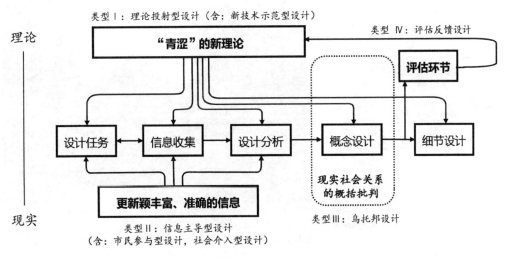

图16-9 研究成分、设计过程、研究型设计类型的关系

究成果的梳理和运用。研究者将"青涩"的新理论投射到具体的场地，触动"普通的"设计过程，最终形成新的设计过程和新的面貌。比如，将雨洪理论投射到某大学校园规划项目中，研究者根据新理论形成一系列设计导则。一部分导则可能是添加性的，比如草坡的设计和蓄水池的设计，可以方便地组装到已有的设计方案中。另一部分导则对设计过程具有革命性的冲击，比如按照雨水流向形成的"小流域"重新组织安排功能区域，这些内容就不是添加性的修修补补能够完成的了。作为理论投射型设计，雨洪理论赋予了校园规划设计新的规则和内容，形成有别于未曾运用低影响开发理论的"普通"校园规划设计。理论投射型设计中的所谓"青涩"理论，既可以是"形而上"的理论，比如环境行为学理论、智慧城市理论、健康城市理论，也可以是"形而下"的设计操作方法和技术，比如麦克哈格的层级叠合分析法、雨水花园设计方法，还可以是新的设计风格和美学。在具体的示范过程中，新的设计技术在不断出现，比如说软件技术（Rhino、Grasshopper）、保温隔热技术、雨水处理技术、BIM技术、预制技术等新技术。理论投射型设计的一个重要亚型是对新技术示范型设计。当结合了具体的设计项目以后，新技术不再是抽象不可捉摸的理论认识，而是有着明确的"可感知的"的设计过程和设计成果，对其他设计者有着明确的示范作用。

在设计学科的历史上，设计项目能以其具体性唤醒设计界和社会未能理解的新理论。密斯于1958年对纽约西格拉姆大厦的设计，将早已闻名的欧洲现代主义理念以实景的方式展示在纽约，在美国设计界和美国社会引起轰动。又如，1974年麦克哈格及其合作者在德州设计的伍德兰兹社区，清晰地向社会阐释了之前《设计结合自然》描述的生态设计法则，比起单纯的理论阐释要有力得多（图16-10）。这里探讨的理论投射型设计虽然尚未建成，却依然具有从理论到愿景的感染力。

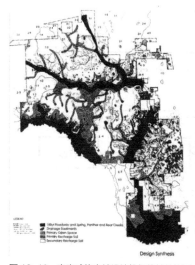 

图 16-10 麦克哈格主持设计的伍德兰兹社区。（左）自然元素综合图；（右）实景照片

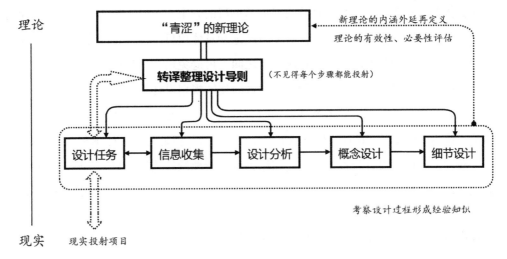

理论

"青涩"的新理论 → 新理论的内涵外延再定义
理论的有效性、必要性评估

转译整理设计导则 （不见得每个步骤都能投射）

设计任务 → 信息收集 → 设计分析 → 概念设计 → 细节设计

考察设计过程形成经验知识

现实　现实投射项目

图 16-11　理论投射型设计的流程

　　筹划从"青涩"的新理论到设计项目，设计者需要理论选择和整理的工作（图 16-
11）。汪坦曾经强调："理论只能启发实践，不能指导实践。"[1]从来就不存在着一个"自
动适应"的设计理论，理论转化为行动还需要设计者的主观选择和运用。理论能够投射
到项目中，需要设计者能够将具体场所的特征和新理论的特定框架做有效的连接。研究
者需要在设计开始之前就对理论做出清晰的梳理，对复杂的、分散的研究成果给予聚合、
比照、转译、梳理。理论投射型设计前端对研究成果综合消化，有点像学术研究中的文
献综述。所不同的是，理论投射型设计的目的在于应用探究而不是批判，因而梳理的倾
向是求同而不求异。梳理应该围绕具体的设计导则，比如，基于高效学习空间的图书馆
设计中，设计者需要总结出涉及高效学习的布局、尺度、光线、流线、空间围合、容量、
比例、尺度、细部、材料等方面内容。和设计关系较远的理论，比如区域生态学、城市
犯罪学、棕地改造等，以及现象学理论，环境伦理理论，需要研究者的转译和梳理。确
定理论投射的管径，弄清楚理论的颗粒度，方才成为具有行动力的设计导则，投射到设
计过程之中。新理论和导则的清理过程，也能够筛选清除出满是空口号的"伪理论"。

2）设计积累认识

　　从理论投射型设计中，设计围绕既有的理论展开，其认识积累方式是"演绎式"的。
以原有的理论为参照，设计过程与已有认识之间形成张力：新理论的适用性得到贯彻，
复杂性得以发掘——这些都蕴含在设计过程中。第一，理论找到了具体时空的对应性。
无论是造景理论，还是新城市主义理论，抑或是城市渗水池的估算方法，甚至抽象的规

1　马国馨. 有幸两度从师门——忆恩师汪坦 [J]. 建筑学报，2011(11): 98-101.

则在具体的时空落地，通过设计技巧形成新场所的方案。第二，对使用理论复杂性的认识不光来自设计本身的综合性，而且来自理论和具体项目中与多种因素的碰撞。抽象的设计导则、具体项目要求、基地情况三者之间不可避免地会出现冲突和矛盾，需要相互协调。比如，低碳城市理论在我国寒冷地区居住区规划设计中的应用，必须要将低碳城市理论转化为设计导则，并考察哪些导则能够运用到寒冷地区和居住区规划，哪些并不相关，哪些存在谬误。设计过程虽然不进行理论创造，但是充满了对理论的测试。

对理论投射型设计过程考察最终归结到对于新理论的认识积累。新理论多大程度上有效触动了"普通"设计过程？新理论能否逐步一般化，成为设计过程的一般性要求，还是提供了设计过程的可选性策略？新理论和其他的理论是否协调？新理论所提示的设计导则对于一般设计过程是添加式的，还是颠覆性的？回答这些问题，不仅能够更好地促进新理论的运用，也能进一步发展新理论，明确理论的内涵与外延。

理论投射型设计的局限来自经验知识的局限性。第一，很多设计者对于经验知识的价值心存疑虑，乃至忽视经验的总结。没有有意识的积累，设计师选择、梳理、投射理论的操作经验在设计完成后消散。而正是这些来自个案的鲜活经验，帮助新的理论摆脱抽象凝固的状态，成为被普遍接受的认识和方法。第二，设计形象性的干扰。设计理论一旦转变成形象的愿景就具备合理性么？显然不是。相反地，出色的空间和形态设计常常干扰着对理论的评判。在第二次世界大战结束后的三十年间，美国社会不加甄别地接受现代主义建筑的纯净愿景，以至于造成广泛而深远的现代城市病。经验积累不能从实证的角度确切地回答理论在现实运行过程中的适用性，而只能提供在设计过程中的有限适用性。设计者依然需要保持对于单纯设计经验的警惕。

16.3.2 信息主导型设计

如果说理论投射型设计解决对"青涩"理论的疑虑，信息主导型设计（Information Guided Design） 则相信：搜集更多的设计信息是优化设计的根本。因而，这种设计类型要求设计者尽可能地利用各种方式，获得新鲜、丰富、准确的信息，从而触动设计过程，比如大数据指引的地铁站改造设计等。

1）研究触动设计

信息主导型设计强调信息对设计的引导作用，而并不先入为主地套入一个熟悉的设计类型。设计过程中，设计者需要突破"设计师先知"的心理暗示，对设计项目保持一定的陌生感。比如，一片城市街头的绿地，究竟是设计成一池三山的风景，还是排布若

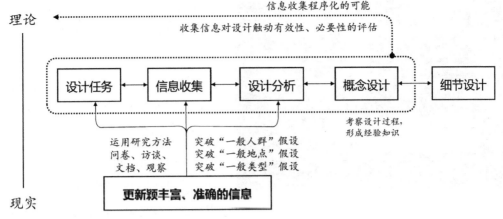

图 16-12　信息主导型设计的流程

干篮球场，并不取决于设计者的经验判断，而是来自实地的信息。信息搜集过程可以发现和化解设计矛盾，形成设计趣味的来源。信息主导型设计将信息搜集过程作为一个必需的步骤被单列出来，前置到了任务书前的阶段。信息主导型设计搜集信息的来源可以是明确的。比如，针对都市青年群体的居住区公共空间设计、针对心血管病人康复的步道设计等，针对特定人群搜集材料即可。也可能搜集信息的来源需要挖掘，如一片先前被化工厂污染的棕地，一片废弃的主题乐园等。

也许有人问，凡是设计都要搜集尽量多的信息，信息主导型设计所谓的信息搜集有何特别呢？

信息主导型设计的研究成分在于从"信息"到"设计内容"的推导。设计内容的形成，不应该只是甲方给定的，或者设计师根据经验确定的；设计者需要像做研究一样搜集材料，从而推导出设计内容。在美国和日本，研究者们发展出建筑计划学（architectural programming）的领域，强调到生活中搜集信息作出合理的设计"计划"。信息主导型设计显然对设计者的思辨自主性要求更高。一个项目可以搜集信息的方面是那么多，设计者需要判断哪些方面的信息是最为相关、最为必要的。设计项目之前，设计者需要像做研究一样设定搜集材料的方向（图 16-12）。其获得信息的方式完全可以参照本书论述五种主要的搜集数据的方法（第 6~10 章，包括观察、问卷、文档、实验、访谈）。所不同的是，信息主导型设计的材料搜集过程并不是为了创造理论，而是为了反映设计对象的特征。

信息主导型设计的一个重要亚型是市民参与型设计。市民参与型设计通过在设计策划阶段和设计过程中征询市民的记忆、态度、思想信息，获得确切的设计依据。市民参与型设计在实际操作中费时、费力、费钱，这使很多决策方、老师、同学对市民参与很有抵触。需要承认，市民参与型设计需要组织者的巨大热情和巨大资源。但是，它不仅能为我们提供设计的思路与灵感，也能承载针对市民的设计教育功能。市民参与型设计是设计建设团队（包括设计师、设计决策方、建设方等）和市民进行沟通，普及设计建

图 16-13　化石溪规划过程中的市民参与（2017 年）

设基本知识的好机会。绝大多数参与市民并没有设计技能和全局概念，因此，设计者应该对信息搜集的交流方式和信息厚度有着清晰预判。设计前端的信息搜集中，需要很好地解释项目起因和背景，对关涉到设计任务书的关键问题进行很好的筹划。设计过程的信息搜集中，需要充分地用图画以外的手段交流已有方案的构思、功能、材质、结构、空间等内容（图 16-13）。肯·史密斯（Ken Smith）设计的洛杉矶橘郡公园采用了市民参与的方式。为了使设计更容易被理解，一个小比例尺的巨大平面图像巨大的地毯一样铺陈在场地，并标注了重要的区域，市民可以驻足其上，来回走动观赏理解。这种方式加强了市民的参与体验，便于他们的信息反馈。

信息主导型设计中，设计者可以从人群、场地、类型三个方面，突破"一般设计项目"所设定的认识深度，从而触动从新"信息"到新"设计内容"的推导。第一，突破"一般人群"的假设。"一般人群"的假设认为人的需求具有普遍性，因而将人的要求平均化，转化为规划设计的基础指标。常见的设计指标，比如宽度指标、高度指标、面积指标、绿化指标、车位数指标、各类设施指标等，都基于一般人群的假设。在极大方便设计推进的同时，一般人群的假设常常会忽视人的差异，认为所有人群都能适应那个平均化了的空间需求，因而导致设计不精细。比如，一般人群的假设认为男女的如厕空间要求是均质的，然而由于性别差异，男女如厕时间存在很大的差异。因而，剧院、旅游区、机场女厕排长队的情况就是对一般人群假设的反抗。信息主导型设计要求设计者通过对一般人群进一步细分，从而获得更为细致的事实和观点。常见的细分人群包括儿童、妇女、老人、青年、行动不便者、盲人、心血管病人、抑郁病患者等。更加细分的人群意味着更为具体的设计诉求，设计者获得更为细致的设计依据，更好地将项目的内容界定出来。常见的信息主导型设计题目，如老年人高层公寓设计、抑郁病患者室外康复环境设计、青年长租公寓设计、适应儿童户外活动的城市广场设计等，都遵循了这种思路。

信息主导型设计的另一个重要亚型是社会介入型设计，关注难以被纳入日常商业社会设计活动中的社会弱势群体，包括低收入者住房设计、城市打工者子女游乐空间设计、留守老人活动空间设计、地震灾害后的设计等。这部分人群的建成环境诉求很难通过他们自身的经济条件满足，也不能进入一般商业设计公司的视野。这些项目所能够调用的资源更加有限，设计师以社会救助者的身份出现，对于信息搜集的要求也会更高。正是由于社会介入型设计从设计对象到设计内容都会有不同于普通设计的特质，设计师的创造性工作更加独特，设计结果也格外令人满意。埃及建筑师哈桑·法西（Hassan Fathy）在埃及的实践反映了设计师介入社会的力量（图 16-14）。[1] 近年来不少普利策建筑奖得主，包括日本建筑师坂茂（2013）、伊东丰雄（2014）、智利建筑师亚历杭德罗·阿拉维纳（Alejandro Aravena，2016）、印度建筑师巴克里希纳·多希（Balkrishna Doshi，2018）也都发展出对于低收入群体、受灾群体的设计实践。比起其他的信息主导型设计，社会介入型设计的经济和技术基础更加薄弱，更加依赖了透彻细致的信息搜集工作和设计创造才能。

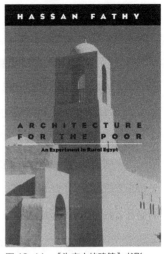

图 16-14　《为穷人的建筑》书影

第二，突破"同质类型"的假设。在设计学科中，类型学是一个十分便利的概念。几乎所有的建筑、规划、园林设计项目都可以按照功用的不同，分成不同的类型，比如居住、观演、体育、商业等。因而，设计师的活动也就按照类型——特别是设计手册上对于类型的论述——而展开。类型知识在总结以往经验方便设计的同时，也会掩盖真正未来使用者的真实、明确、独特的功能要求。这就要求设计者运用多种研究方法，从人群中获得关于未来使用的可能期待。

由于将要建设的项目暂时并不存在于现实中，研究者针对类型的研究可以选择若干处同类型的已完成项目，根据建设规模、资金投入、消费定位、服务人群、生活习惯等进行"对标"的材料搜集。根据设计采集信息的设定，同类型设计的类同点可以是一点或者若干点。设计者通过基本指标选择同类型的已完成项目，通过观察、访谈、问卷、大数据等方法搜集信息对这些项目进行评估，从中得到正向或者负向的教益，从而指导新设计的进行。

第三，突破"一般场地"的假设。场地是设计过程中最容易忽视的因素：对于粗放的委托方，似乎准确的边界信息就是基地本身了。设计学科对于场地的定义是十分广泛的：既涉及设计边界内的信息，也涉及设计边界所处的区域信息；既涉及自然信息，也涉及社会和人文信息。常见的场地信息包括天气、土壤、地形、水文、交通、产业、使用、人口、经济等方面。一些既成设计类型对材料搜集已经做出了明确的要求，比如商业建筑设计对于业态材料的搜集，滨河设计对于水文材料的搜集等。策略探索设计要求设计者突破这些既成模式，建立起从场地特征到设计导则的联系，从经济、环境、物质等诸种限制中找到灵感。除了多重地理信息系统数据和史志资料的搜集以外，对地理、历史、工程专家访谈，对当地"场所精神"的观察体验，和当地居民的交流，都能极大扩展信息主导型设计的来源。

1　Fathy, Hassan. Architecture for the Poor: An Experiment in Rural Egypt[M]. Chicago, IL: University of Chicago Press, 1973: 201.

2）设计积累认识

信息主导型设计的认识积累需要设计者对设计中信息采集和转化的效果进行评估。设计完成后的理论总结不仅需要设计者敏锐地讨论信息触动设计的时刻，从设计过程中明确搜集信息的有效性，也要从外推经验的角度探讨搜集信息的必要性。搜集信息多大程度上触动了"普通"设计过程？信息采集的范围和目标应该如何确定？信息采集的难点何在，如何克服？在搜集数据的过程中，多重来源的信息如何综合？搜集信息所提示的设计任务和功能多大程度能够运用于项目的设计中？信息对于项目设计过程的影响，哪些是直接"推导"获得的必要结论，哪些是对设计产生发散性启发的灵感来源？对比信息搜集对设计过程的触动，经历复杂的信息搜集过程是否是值得的？针对特定类型的项目，数据搜集方法能否常态化？

在积累认识上，信息主导型设计和理论投射型设计有着显著的不同。理论投射型设计遵循线性的过程，一个现成的理论可以构成讨论认识的框架，呈现自上而下的投射关系。相比之下，信息主导型设计则是一个自下而上的信息聚拢过程，引入反映深刻现实的种种数据材料而推动设计进程，并不依赖一个现成的主体理论。信息主导型设计不太屈从于既有的类型学设定，因而可以放松类型归属和理论的约束。从这种接地气的设计类型中积累新的理论认识，还需要设计者在设计完成后，将认识和已有理论类型进行比照，从而形成可能的新类型。

信息主导型设计缺陷在于信息的非主体性。信息本身并没有意义，如果没有设计者有意识的策划，常常造成"信息的迷失"。这种情况反映在三个方面：第一，设计者搜集信息缺乏方向性的预判，对从信息到设计的走向并无掌握。如果缺乏和设计目标相结合，虽然在设计前置过程中林林总总地搜集了很多信息，但是由于没有抓住设计的主要矛盾，信息主导的过程并不能对设计活动有所触动。不明就里的同行也常常以信息的丰厚程度为标准来评价整个设计项目，忽视了搜集的方向性和有效性。第二，设计者对信息能反映的内容缺乏认识，很多信息并不能准确反映未来建成环境的真实需求。比如，美国鲍尔州立大学在1990年左右筹建新篮球馆期间，参与者信心满满地表达了"过于强烈"的观赛意愿。设计决策过程中对此未加甄别，导致一所在校学生人数万余人的大学修建了11500座的体

图 16-15　鲍尔州立大学沃森体育馆

育馆。除了巨大的建设投资和维护费用，由于上座率严重不足影响观赛气氛，不得不添加挡板将"多余"的座位遮挡或者隔开，创造更小、视觉上更合适的空间（图 16-15）。第三，信息可以推导出必要的结论启发设计，但是不能代替设计。比如，设

计者在低收入者住房设计的调查中，只能获得相应人群的寻租情况、房租负担情况、居住要求和可容忍情况等。受访人群不可能明了低收入住宅的几种基本模式，更不可能完成户型、建筑、居住区设计。

16.3.3 乌托邦型设计

1516年，托马斯·莫尔在《乌托邦》一书中描绘了一个与世隔绝的社会，从此，"乌托邦"逐渐演化成一个概念，用来指代人们对理想社会和生活环境的寄托（图16-16）。乌托邦具备三个特点：第一，乌托邦远离现实世界。第二，乌托邦不光是社会形态，而且有着具体的形象和愿景。第三，乌托邦用形象的场景对现实世界进行批判和启发。这里对研究型设计的讨论借用乌托邦的上述特征来命名一种具有强烈批判特质的设计类型。在建筑、规划、园林等学科的发展史上，那些革命性的主张似乎都可以划入乌托邦型设计的范畴。比如，霍华德的花园城市是对当时工业化初期城市状况的激烈批判，从而构建起城市与自然融合的新形态。柯布西耶的新建筑五点不仅是对古典主义的反叛，而且描绘出现代主义建筑的具体面貌。

乌托邦概念的三个特征提示了乌托邦型设计（Utopian Design）作为研究型设计的三个指向。第一，既然乌托邦是不存在的，那么设计可以一定程度上和现实世界脱离，而不必面面俱到地满足现实考量。乌托邦型设计鼓励设计者大胆想象、勇敢突破，对设计某一方面进行激烈的改变，同时可以不必顾及这种激烈改变带来的现实风险。因此，乌托邦型设计不像理论投射型设计一样认同既有的理论范式，也不像信息主导型设计跟从于现实的精准信息，执着于设计是否太贵或者太费。乌托邦型设计对既有的理论和可能的现实细节都保持一定程度的解脱。评判乌托邦型设计，也不必过于拘泥于现实世界诸如建造、经济、性价比等考量，而应该着眼于其突破性的命题和愿景。

第二，乌托邦型设计强调具体的愿景，而不是抽象的社会关系。建筑、规划、园林等学科不是完全服从于理性推导的科学学科。在学科发展的历史上，概念先行、理想先行、想象先行。乌托邦型设计类型充

图 16-16 《乌托邦》1516 年初版插图

图 16-17 赖特与广亩城（Broadacre City）计划模型

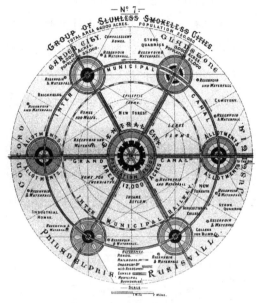

图 16-18 花园城市：无烟尘的城市组团（1898 年）

分解放了设计者的想象力，将对社会的批判呈现为图解、理想呈现为愿景，在塑造社会的同时重塑了学科本身。换言之，乌托邦型设计不仅需要从受社会科学和自然科学影响的那些片面化的概念中找到批判的对象（比如平等、自由、福祉、效率、经济、舒适、健康等），最终还是要落实到设计概念之中，也就是空间、比例、尺度、场所、序列、系统等能够变成具体场所的设计元素（图16-17）。乌托邦型设计富有感染力的愿景建立起了新范式的框架，其本身并不需要严格的逻辑论证。

第三，乌托邦型设计强调设计愿景的批判力。不仅在愿景中的设计元素赋予了社会批判的意义，用来组合设计元素的设计手法组合赋予的空间秩序也具有了对社会秩序的批判意义。比如，霍华德花园城市计划实现了对早期城市混乱秩序的批判。他设想在 6000 英亩的土地上安置 32000 居民。在这一计划中，河道、铁路、水池、农田、城市功能等元素被纳入设计范围，被赋予了治愈城市混乱、促进社会公平、物产自给自足等意义。设计者以同心圆图案，用轴线、分区、联系等组织出富有形式感的空间秩序，希望以此获得更加完善的社会秩序（图 16-18）。

1）研究触动设计

乌托邦型设计是设计领域最具有指向性的设计类型，也是最为困难的设计类型。研究型设计的研究成分来自设计者对当今社会关系的认识和批判、乌托邦型设计对社会关系高度概括的把握。这种把握使得乌托邦型设计不像理论投射型设计从既有的理论文献获得设计的推动力，也不像信息主导型设计从描绘现实世界的数据材料中寻找具体明确的支撑。乌托邦型设计在于重构而非修补，因而它对社会的尖锐批判不是具体而微的，而是整体性的。这有点像文献综述挤压出一个"空白"的区域，乌托邦型设计需要设计者对社会现象和设计现象进行富有洞察力的梳理和重构，从革命性的社会批判到再造一个革命性的建成环境系统。

乌托邦型设计的完成需要设计者借助设计能力，完成从系统重构到形式重构的过程。对社会的批判林林总总，形成的理论创见层次各异，但对社会的批判言论还达不成乌托邦型设计。乌托邦型设计需要设计者在批判社会的基础上，调动设计元素的操控力，建立新的系统和图景。有情怀的设计师总相信建成环境的重构能够重新定义社会关系，从而带来社会的进步。在乌托邦型设计的操作过程要求强大的设计能力，在没有"现实功用"的情况下从无到有发展出具有高度丰富性和系统性的设计方案。新系统和新图景在乌托邦型设计中互为表里：系统是对新的社会关系的调整，图景是系统在生活场景中的体现。没有新系统的图景设计，很容易陷入"伪形体批判"的怪圈中，变成不着调的氛围渲染图像和软件技法展示。

库哈斯等人的出埃及记（又名：建筑的自愿囚徒）是一个典型的乌托邦型设计。这一设计运用了圣经中出埃及记的典故，讽刺性地将当时的柏林墙视作一种设计典范，并以伦敦为背景设计了一种新的城市介入方式。11个相邻正方形形成的长条形几何巨构切入城市空间中，与原有城市的破碎和混乱形成对比（图16-19）。每个巨构内的正方形包含有不同的符号，并能够成为激发人活动的生活场景。库哈斯认为该项目能够吸引人们疯狂地涌入这个气势恢宏的构筑物，并甘愿在内成为囚徒；几何巨构以外的区域则会变成废墟。这个具有强烈乌托邦气质的设计显示了城市飞地的潜力，在库哈斯成名以后又被反复提及。这一设计强烈的对比愿景虽然展示了革命般的城市改造野心；但是由于细节的缺乏，一方面能够带来库哈斯拥趸们更多的崇拜，另一方面也缺乏支撑防御和封闭巨构说服力。

图16-19 出埃及记，或建筑的自愿囚徒：条状地带（雷姆·库哈斯，埃里亚·曾格利斯，马德隆·弗里森多普，佐伊·曾格利斯，1972年）

2）设计积累认识

作为一种认识积累，乌托邦型设计所积累的认识充满活力，又极不稳定。乌托邦型设计认为重整建成环境的秩序能够优化社会秩序，这种假设并不总是成立。乌托邦型设计以具体而综合的图景示人，从诞生之日起就被不断验证、不断批评。所有的乌托邦型设计都与最终实现的"合理现实"存在距离。然而，乌托邦型设计本身的意义在于建立范式，而不是修正范式。乌托邦型设计对于知识共同体而言，积极提出了有愿景的、系统的构想——它的内容综合而全面。乌托邦型设计完成之时并未验证，距离实证范式知识十分遥远，但是它提供了实证的方向和范畴。乌托邦型设计的内容面向未来，不是总结既往的经验知识，但是它提供了批判和重构的设计经验，可以说是"思辨研究法"（参见第15章）的未来化和图景化。尽管乌托邦型设计容易被实证主义者攻击为随意、不科学、缺乏逻辑，我们难于否认乌托邦型设计对设计学科的推动力。

在当前设计学科的学术环境中，似乎学位层次越高，越支持研究者（研究生）进行逻辑性强、实证性强的研究，而对灵感、想象、跳跃性思维越来越疏离。这种趋势使得洞察设计学科特点的人士深深忧虑。乌托邦型设计从规范上为设计学科的蓄力提供了一条窄窄的通路。这条道路允许研究生层次以上的研究者进行一些灵感性的尝试。这种永远难于找到成熟设计过程的模式应该在设计学科的研究中占有一席之地。

16.3.4 评估反馈型设计

评估反馈型设计在概念设计完成时对设计的可能效果进行评价和探究，通过比较调试从而获得优化的设计。我们知道，建筑、规划、园林等学科均是观念策略性学科。一方面，设计师只负责"打样"完成平面、立面、剖面、细部等图纸，而不从事实际的垒墙立柱、移花接木的建造工作。另一方面，建筑师、规划师、风景园林师的职业活动均是指向建造，一旦环境建造完成就会变成刚性的，设计师再无可能施加影响。而在现实设计工作当中，设计方案完成以后总会快速进入后续的深化设计和建造过程中。近年来，建成环境的材料、能源、生态、社会问题不仅被揭示出来，而且能够被研究者所发展出的评估指标（甚至是评估系统）给予细致的量化。通过由评估过程获得的反馈，评估反馈型设计实现对方案的进一步优化。

所谓评价，就是研究者需要拿着标尺，按照特定的标准，丈量出成型设计方案的某些方面的具体绩效。由于研究者可以方便地从设计过程中搜集到设计项目可供测量的各方面内容，所以评估可以方便地展开。从形式上来看，评估反馈型设计将方案概念设计阶段向后延伸，将更多"设计后"的内容纳入设计过程中。设计师"一次概念设计结束就意味着设计终结"的天才观念受到了评估系统的挑战。这意味着评估反馈内容触动设计师重启设计过程，对概念设计进行优化。和悬于云端、注重概念批判的乌托邦型设计不同，评估反馈型设计注重建造的绩效。和处于设计前端注重设计任务生成的信息主导型设计不同，评估反馈型设计注重设计完成后的绩效评估和预测。因此，评估反馈型设计不仅需要回归到建造本身的物质主性，而且要通过预见性的建造考量，对设计方案做出回馈。

1）研究触动设计

评估反馈型设计的"研究成分"来自评估环节的导入和设计反馈。在当今的理论和技术环境下，通常有标准评估和模拟评估。

第一，标准评估是采用特定标准对设计项目进行评判，从而对设计进行改进的活动。设计评估可以借助既有的通行系统，比如：美国绿色建筑协会的《能源和环境领先计划》（LEED）、美国景观基金会的《可持续基地》（Sustainable Site）评价标准、《风景区规划标准》、《遗产保护标准》等。研究者也可以借用学术研究中提出新的框架对社会、环境、经济收益等不同的内容做出评价（Social Impact Assessment，Environmental Impact Assessment）。通常的设计评估发生在项目投入使用以后，在建成环境使用过程中到实证的信息（图16-20）。设计图纸的精细化，以及各种评估工具的发展使对项目的评估可以发生在概念设计完成以后，进入实施阶段以前。

对于评估所针对的内容（比如全生命周期的材料评估），设计者在设计过程中当然也会考虑。但是，设计过程和评估过程遵循完全不同的逻辑。设计过程将所有设计元素按照一定的设计逻辑聚合成整体，而评估则是提取设计整体的某一方面进行量化考察的

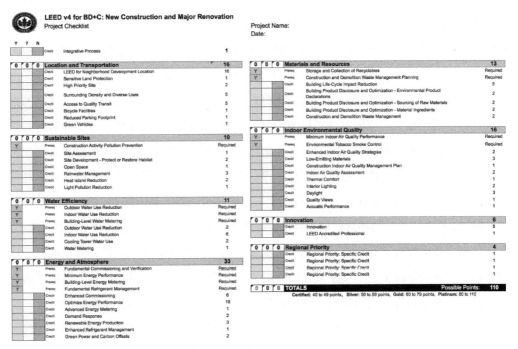

图 16-20　《能源和环境领先计划》（LEED）第四版新建项目类评估表

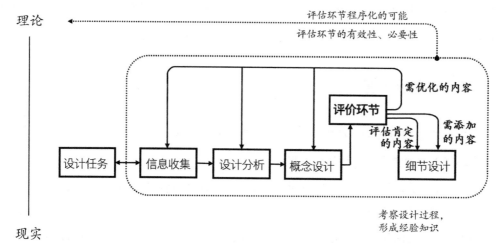

图 16-21 评估反馈型设计的流程

过程。设计的聚合过程难免有各种折中和忽略，使得具体的设计目标变得模糊；评估的提取过程中才能清晰地考察清楚。研究型设计中加入评估的程序，就是利用其条分缕析的特性，反馈为优化设计成果提供依据（图 16-21）。

设计评估对已有设计的触动在程度上有所不同。有些触动是添加式的，比如，根据评估结果要求增加建筑自身能源的比率，会在建筑的屋顶添加若干太阳能板。又如，根据评估结果增加场地的渗水率，更换铺装材料就可以达成优化，不涉及整体设计方案格局的调整。还有些调整是方向性的，涉及设计方案格局的颠覆。比如，为了获得某评估系统中关于雨水蓄水池的得分，如果前期方案没有注意地势变化，通过评估反馈进行优化，意味着总平面的布局要重新进行。这些根据评估反馈进行的优化调整在研究型设计中并没有被疏忽；相反地，而是有意识引入研究成分所追求的结果。

除了从单项标准中获得一系列优化策略，评价体系还提供评价竞争性设计策略的指标。比如，某一建筑的遮阳设计可以节约电能，但又消耗更多的建材。节能和节材的效应可以在评估体系下的能源和材料两个类别之下进行平衡取舍。节能评估需要设定建筑运行的期限，是一个长期的过程；节材的评估则主要涉及项目建设所耗和项目拆除时可循环的可能性。在同一个评价体系内提供了平衡这些考虑的折算依据。

第二，模拟评估是运用现代信息技术，对设计方案的导热、通风、声学、用材、渗水、人流分布、环境效应等方面进行评估。模拟评估的逻辑和标准评估一样，都要求在设计方法相对完善的情况下，对某些具体的效应进行准确的测评。所不同的是，模拟评估会要求设计者熟悉软件，进行建模。模拟评估能够以较小的代价模拟多重复杂的情况，能够十分细致地考察既有方案，从而完成更为精确细致的改进设计。借于模拟评估的方便，评估反馈型设计常常采用多方案比较的方式。

2）设计积累认识

评估反馈型设计所积累的认识应该聚焦于对评估反馈的效果评价。评估环节多大程度上触动了"普通"设计过程？评估所针对的具体方面应该如何选择？评估环节所提示的反馈信息多大程度能够运用于项目的优化设计中？评估和优化需要进行多少轮？评估反馈型设计虽然很大程度上依赖于量化的评估数据；但是这种量化的研究处于一种设计者对研究命题明了之前的摸索阶段，并不是像实验研究法一样在研究之初就设定了明确的研究命题。经由评估反馈型设计获得的认识仍然属于经验型认识。

16.3.5 研究型设计四种类型的小结

表 16-1 总结了四种基本的研究型设计。它们都试图通过调动研究的成分，改变"普通的"设计过程，为触动设计提供新的内容和依据。值得一说的是，这些类型并未动摇设计者的主体地位：无论是投射理论、搜集信息，还是批判产生愿景、从评估过程反馈，仍然需要设计者进行取舍判断，决定设计触动内容的来源和走向。设计者的主观能动和设计能力，仍然居于设计的核心。这四种设计类型发生于不同的阶段，前提和趣味也各有不同。但是，类型的划分并不是完全对立的，一定程度上它们也可以进行组合。比如，理论投射型设计可以附带评估内容，乌托邦型设计也可以前置信息主导的内容，等等。

四种基本的研究型设计的特征　　　　　　　　　　　　表 16-1

类型	发生阶段	前提	趣味性	缺陷
理论投射型设计 （亚型：新技术示范型设计）	概念设计前和整个设计过程中	新兴、青涩理论的存在	吸收研究成果； 设计示范性； 探究理论的适用性和复杂性	理论单一
信息主导型设计 （亚型：市民参与型设计、社会介入型设计）	主要在概念设计前	设计决策需要详尽信息	运用研究方法； 信息的丰富性和准确性； 发现理论的盲点	搜集数据的迷失； 对数据的依赖
乌托邦型设计	概念设计前和整个概念设计阶段	社会系统缺陷的存在	批判性； 新愿景的形象性	可遇不可求； 逻辑性较弱
评估反馈型设计	主要在概念设计后，优化概念设计	设计与建造脱节悖论	物质性、建造性； 绩效的精确性	依赖于较好的设计方案本身

结　语 / Concluding Remarks

前文用十六章讨论了笔者认识所及的研究方法。如果说还有什么未尽之言，可能有以下几点。

第一，研究方法讨论的根本目的在于其作为工具的有用性。研究方法不是研究的点缀，不是研究的借口，更不是混淆是非的布帘。在设计学科相关的基金评审、论文评审中，研究方法还不同程度地被作为一种"唬人"的噱头，仿佛看不懂的"高级方法"或者数理分析高深的研究为最好。笔者的观点一向是：研究方法能触及研究问题最好，越清晰越好，没有必要追求时髦的、装点门面的研究方法。如果读者通过对本书的阅读和应用，建立起对研究探索过程清晰而不是混沌的认识，本书的目的就达到了。

第二，研究方法是研究的工具而不是研究本身。有了研究方法的武器，不等于赢得了研究的"战役"。研究方法的工具性只有运用到具体的研究活动中才能充分体现出来。本书在讨论研究方法时所涉及的研究实例都具有相对刚健（robust）的研究过程（尤其是研究筹划过程）和相对完善的研究成果。对于读者而言，"莫将容易得，便作等闲看"。在任何研究中，筹划、搜集、分析、阐述的过程都包含着不计其数的比照、试错、淘汰、往复、修改、重复、深化。研究者同仁应正视并享受这个充满魅力和疑惑的过程，而不是逃避或者有意识将这个过程简单化。研究方法只有在这个实际运用和碰撞的过程中才真正显示出其指导性和规则性；相反地，离开研究活动的方法论讨论不过是空洞的规则和教条。有能力者研究科学，无能力者研究方法，说的就是这个道理。

第三，研究方法是一个动态的、不断发展的范畴。研究方法的讨论具有天然的滞后性，文字本身的单维性也难免在叙述中出现内容的重叠或者割裂。读者既没有必要将本书视作终结文本，而使研究方法受到本书有限叙述的限制，也不应该将本书讨论的章节结构视作藩篱。美国篮球教练帕特·莱利说过："冠军需要超乎以及超越取得胜利的动因（A champion needs a motivation above and beyond winning）。"对于研究者而言，对问题的兴趣不仅可以塑造研究本身，也可以塑造新的研究方法。办法总比问题多，研究者应该勇敢发展出新的研究方法。没有研究者主动改进研究方法和研究工具，就没有新的研究对象和研究内容。不仅是研究初学者，在某个领域有所成就的研究者，仍然需要走出"研究方法—研究对象"完美契合的舒适区，吸收和探索新的研究方法，从而为发展研究内容找到源头活水。

对于一个不完善的领域，跑马圈地容易，精准建设困难；搭架子容易，充实内容难。笔者不揣对研究方法的粗浅认识，即使"空空如也"，也尽可能地"叩其两端而竭"：争取尽量多的吸收诸多学科的方法论理论，并深入分析设计学科已有的研究实例。真诚地希望各位读者以自己的研究成果赐教，帮助完善本书。笔者学力有限，书中定有很多谬误、遗漏、浅薄之处，真诚地欢迎读者不吝批评、指正。我的邮箱是：65746174@qq.com。

2017 年 4 月，静水城 南牛津街

图片来源 /Image Sources

第 1 章　知识论和学术研究

图 1-1　左：未知作者 . 梁思成一行前往山西五台山 [OL]. CNKI. 2015-06-11[2017-6-26]. https://boyue.cnki.
net/RelicDetail/Index/1062.

中：Whyte, William Hollingsworth. City: Rediscovering the Center[M]. New York, NY: Doubleday, 1988.

右：李保峰 , 2003.

图 1-2　左：Liang, Sicheng. Fairbank, Wilma. A Pictorial History of Chinese Architecture: A Study of the Devel-
opment of its Structural System and the Evolution of its Types[M]. Cambridge, MA: MIT Press, 1984.

中：Whyte, William Hollingsworth. City: Rediscovering the Center[M]. New York, NY: Doubleday, 1988: 96.

右：李保峰 , 王振，2005.

图 1-3　Noemiseh91. Gargoyle of Notre-Dame Cathedral, Overlooking the City of Paris[OL]. Wikimedia. 2015-10-
1[2022-5-22]. https://commons.wikimedia.org/wiki/File:Chimera_of_Notre-Dame_de_Paris.jpg.

图 1-4　Lucarelli, Fosco. Nikolai Lutohin, Sci-fi Illustrations from 70' s Yugoslavia[OL]. Socks. 2002-5-26[2019-
6-1]. http://socks-studio.com/2012/05/26/nikolai-lutohin-sci-fi-illustrations-from-70s-yugoslavia/.

图 1-5　Unknown Author. Tom Roberts Working on the Big Picture[OL]. Wikimedia. 2009-8-26[2020-5-
22]. https://commons.wikimedia.org/wiki/File:TomRobertsUnfinished.jpg.

图 1-6　Mohamed_hassan. Untitled[OL]. Pixaby. 2022-2-19[2022-4-20]. https://pixabay.com/es/vectors/mental-asesora-
miento-cerebro-7018783/.

图 1-7　大都会艺术博物馆 .

图 1-8　Morandi, Giorgio. Metaphysical Still Life[OL]. Wiki Art. 2013-1-30[2018-5-2]. https://www.wikiart.org/en/
giorgio-morandi/metaphysical-still-life-1918-1.

图 1-9　Unknown Author. Workers atop the Woolworth Building, New York, 1926[OL]. Reddit. 2020-3-26[2020-
12-20]. https://www.reddit.com/r/SweatyPalms/comments/fp925i/workers_atop_the_woolworth_building_
new_york_1926/.

图 1-10　大都会艺术博物馆 .

图 1-11　Numen/For use, 2013.

图 1-12　Mohamed_hassan. Untitled[OL]. Pixaby. 2019-9-2[2022-4-20]. https://pixabay.com/es/illustrations/
sherlock-holmes-detective-sombrero-4445206/.

图 1-13　Lucarelli, Fosco. Madelon Vriesendorp' s Manhattan Project[OL]. Socks. 2015-2-2 [2017-7-9]. http://
socks-studio.com/2015/02/02/madelon-vriesendorps-manhattan-project/.

图 1-14　Unknown Author. Buckminster Fuller[OL]. Edwardcella.com. 2018-9-8[2020-6-16]. https://www.edward-
cella.com/exhibitions/35-r.-buckminster-fuller-inventions-and-models/.

图 1-15　Corbusier, Le. Vers une architecture. [M]Cinquiè me edition. Paris: Editions G. Crès et Cie., 1923.

图 1-16　张波 . 2017. 电脑制图 .

图 1-17　张波 . 2017. 电脑制图 .

图 1-18　左：Geralt. Architects in Design and Construction[OL]. Pxhere. 2021-6-1[2022-6-16]. https://px-

540

here.com/ru/photo/1615864.

右：KevMacK. A Walk in the Woods[OL]. Pxhere. 2020-6-4[2021-6-16]. https://pxhere.com/ru/photo/
1615864.

图 1-19　Unknown Author. Famous Architects Dress as Their Famous New York City Buildings (1931)[OL]. Open Cul-
ture. 2014-3-15[2018-5-16]. https://www.openculture.com/2014/03/architects-dress-as-famous-
buildings-they-designed-in-vintage-1931-photo.html.

图 1-20　Shumway, Edgar S. A Day in Ancient Rome[M]. Boston: D. C. Heath and Co.，1908.

图 1-21　大都会艺术博物馆 .

图 1-22　大都会艺术博物馆 .

图 1-23　Unknown Author. Architect at His Drawing Board [OL]. Wikimedia. 2005-2-19[2017-6-6]. https://
en.wikipedia.org/wiki/File:Architect.png.

第 2 章　设计学科的研究

图 2-1　大都会艺术博物馆 .

图 2-2　法国国立教育博物馆 .

图 2-3　Unknown Author. The WAA and the AIA both met in Cincinnati in 1889[OL]. 2006-01[2018-01-19]. AIA.
https://info.aia.org/aiarchitect/thisweek06/0106/a150_tw010606.htm.

图 2-4　未知作者 . 中国建筑师学会民国二十二年度 (1933 年) 年会合影 [OL]. Pinimg.com.Unknown Date
[2018-01-19]. https://i.pinimg.com/originals/69/6d/4a/696d4ac5da66571cb17c8266dc64780d.png.

图 2-5　未知作者 . 中国建筑师学会《中国建筑》创刊号封面 [OL]. Archcollege. 2018-8[2019-01-19]. http://
www.archcollege.com/archcollege/2018/8/41526.html.

图 2-6　Ockman, Joan (Ed). Architecture School: Three Centuries of Educating Architects in North America[M]. Cam-
bridge, MA: MIT Press，2012: 387.

图 2-7　张波 . 2017. 电脑制图 .

图 2-8　Unknown Author. College History[OL]. Berkeley. Unknown Date [2019-06-19]. https://ced.berkeley.edu/
about-ced/college-history.

图 2-9　张波，卞晴 . 2017. 电脑制图 .

图 2-10　张波 . 2017. 电脑制图 .

图 2-11　Unknown Author. God as Architect/Builder/Geometer/Craftsman, The Frontispiece of Bible[OL]. Wikimedia.
2014-4-19[2018-5-7]. https://commons.wikimedia.org/wiki/File:God_the_Geometer.jpg.

图 2-12　WebzChicago. A Mies van der Rohe Building Gets a Face-lift[OL]. WebzChicago. 2013-8-8[2018-9-5].
https://www.wbez.org/stories/a-mies-van-der-rohe-building-gets-a-face-lift/f52ff313-d79d-4015-9f8c-
0a47666e67b2.

图 2-13　Unknown Author. Map of Cambridge, MA, inching towards 1:1 scale[OL]. Reddit. 2018-10-24[2019-6-1].
https://www.reddit.com/r/MapPorn/comments/agy5yc/map_of_cambridge_ma_inching_towards_11_scale/.

图 2-14　Descartes, Rene. De Homine (Treatise on Man)[M]. Paris: Chez Theodore Girard, 1677.

图 2-15　d'Argenville, Antoine Joseph Dézallier. The Theory and Practice of Gardening[M]. London: Geo. James,
1712.

图 2-16　Unknown Author. Giorgio de Chirico en Caixaforum[OL]. Celand. 2018-4-7 [2019-5-31]. http://www.cel-
andigital.com/actualidad/6141-giorgio-de-chirico-en-caixaforum.

图 2-17　齐康 . 杨廷宝谈建筑 [M]. 北京：中国建筑工业出版社 , 1991.

图 2-18　安藤忠雄 . 建をる [M]. 东京：东京大学出版会 , 1999.

图 2-19　大都会艺术博物馆 .

图 2-20　[明] 计成 , 江户写 . 园冶 [OL]. 日本国立国会图书馆 . Unknown Date [2019-06-19]. https://dl.ndl.go.jp/info:ndljp/pid/2536236.

图 2-21　de Chirico, Giorgio. Ruines Étranges (1932-1934) [OL]. Mutual Art.Unknown Date [2019-06-19].　https://www.mutualart.com/Artwork/Ruines-Etranges--Contemplatori-di-rovine/F8654ECDAE39396B.

图 2-22　Alexander, Christopher. Ishikawa, Sara. Silverstein, Murray. Jacobson, Max. Fiksdahl-King, Ingrid. Angel, Shlomo. A Pattern Language: Towns, Buildings, Construction[M]. New York, NY: Oxford University Press, 1977.

图 2-23　Bacon, Edmund N. Design of Cities[M]. London: Thames and Hudson, 1976.

图 2-24　童寯 . 江南园林志 [M]. 北京：中国建筑工业出版社 , 1984.

图 2-25　彭一刚 . 中国古典园林分析 [M]. 北京：中国建筑工业出版社 , 1986.

图 2-26　刘敦桢 . 中国古代建筑史 [M]. 北京：中国建筑工业出版社 , 1980.

图 2-27　Mumford, Lewis. The City in History[M]. London: Pelican Books, 1966.

图 2-28　de Chirico, Giorgio. The Mysterious Bath(1938)[OL]. Wiki Art. Unknown Date [2019-06-19]. https://www.wikiart.org/en/giorgio-de-chirico/the-mysterious-bath-1938.

图 2-29　Brown, G. Z.. Mark DeKay. Sun, Wind, and Light：Architectural Design Strategies[M]. New York, NY: Wiley: 1987.

图 2-30　Gehl, Jan. Cities for people[M]. Washington, DC: Island Press, 2013.

图 2-31　de Chirico, Giorgio. Le philosophe(1926)[OL]. Mutual Art.Unknown Date [2019-06-19].　https://www.mutualart.com/Artwork/Le-philosophe/7355B267CDD96A7E.

图 2-32　邱小嫦 . 2017. 钢笔画 .

图 2-33　Stanziola, Phil. Mrs. Jane Jacobs, chairman of the Comm. to save the West Village holds up documentary evidence at press conference at Lions Head Restaurant at Hudson & Charles Sts[OL]. Library of Congress. Unknown Date [2019-06-19]. https://www.loc.gov/pictures/item/2008677538/.

图 2-34　布拉格（捷克）国立美术馆 .

第 3 章　研究方法

图 3-1　左：西奥·范杜斯堡正在制作私宅模型 . 摄影者不明 . 1923. https://chagalov.tumblr.com/post/1218531205/theo-van-doesburg-working-on-a-model-of-the

中：厨师和食物 . 艺术家未知 . 年代未知 . https://st2.depositphotos.com/1496387/6775/v/950/depositphotos_67753949-stock-illustration-cooking-vector-logo-design-template.jpg.

右：心灵和感官的魔法分析 . 罗伯特·弗洛德 (Robert Fludd). 1619. https://noise-vs-signal.tumblr.com/post/617004196961599488/the-mind-by-robert-fludd-1619.

图 3-2　Wilfredor. Tools used on Brazil's Nordest[OL]. Wikimedia. 2020-1-9[2020-12-22]. https://commons.wikimedia.org/wiki/File:Tools_used_on_Brazil%27s_Nordest.jpg.

图 3-3　张波 , 卞晴 . 2017. 电脑制图 .

图 3-4　左：Colorado Public Radio Staff. The Gold King Mine: From an 1887 Claim, Private Profits and Social Costs[OL]. CPR News. 2015-8-17[2018-6-2]. https://www.cpr.org/2015/08/17/the-gold-king-mine-from-an-1887-

claim—private—profits—and—social—costs/.

右：（英国）帝国战争博物馆.

图 3-5　Almendarez, Jospeh. Modern Architecture In Berlin City[OL]. Pixy. Unknown Date [2020-6-19]. https://pixy. org/4716639/.

图 3-6　张波, 卞晴. 2017. 电脑制图.

图 3-7　Reynolds, Simon. Tomorrow[OL]. Foundobjects. 2020-4-1[2020-6-9]. https://f0und0bjects.blogspot.com/2020/.

图 3-8　张波. 2017. 电脑制图.

图 3-9　Magritte, René. Quand l'heure sonnera(1932)[OL]. Sothebys. 2011[2018-1-10]. http://www.sothebys.com/ fr/auctions/ecatalogue/lot.42.html/2011/impressionist—modern—art—evening—sale—n08741.

图 3-10　Schapiro, Steve. Rene Magritte[OL]. Unkown Date[2019-10-?] Wikiart. https://www.wikiart.org/en/rene—mag-ritte.

图 3-11　Rikap, Cecilia. Intellectual Monopoly Capitalism and the University[OL]. Marxist sociology blog. 2020-12-2[2021-6-9]. https://marxistsociology.org/tag/knowledge/.

图 3-12　Davi.trip. Portrait of the Philosopher of Science Thomas Samuel Kuhn[OL]. Wikipedia. 2018-2-23[2018-6-18]. https://commons.wikimedia.org/wiki/File:Thomas-kuhn-portrait.png.

图 3-13　Poet Architecture. R. Buckminster Fuller holds up a Tensegrity sphere on 18th April, 1979[OL]. Flicker. 2016-5-5[2019-7-8]. https://www.flickr.com/photos/poetarchitecture/26806590126.

图 3-14　Agricola, Georgius. De Re Metallica(Translated from the First Latin Edition of 1556)[OL]. Hoover, Herbert Clark(Translator). Hoover, Lou Henry(Translator).Gutenberg. 2011-11-14[2017-10-5]. http://www.guten-berg.org/files/38015/38015-h/38015-h.htm.

第 4 章　确定研究问题

图 4-1　大英博物馆.

图 4-2　Tttrung. Self—made Man statue at FPT University Ha Noi[OL]. Wikimedia 2021-4-18[2021-7-9]. https:// commons.wikimedia.org/wiki/File:Self—made_Man_statue_at_FPT_University_Ha_Noi.jpg.

图 4-3　张波, 卞晴. 2016. 电脑制图.

图 4-4　Heyde, Manfred. String figure: Fish[OL]. Wikimedia. 2014-1-20[2019-5-5]. https://commons.wikimedia. org/wiki/File:AbnehmfigurFisch.jpg.

图 4-5　Migda1', Jakub. Different Types of Views[OL]. Medium. 2014-1-20[2019-5-5]. https://medium.com/@cre-atorofminds/different—types—of—views—e4c2dadb740d.

图 4-6　大都会艺术博物馆.

图 4-7　大都会艺术博物馆.

图 4-8　Shing, Choo Yut. Invisible Iife[OL]. Flicker. 2017-7-11[2020-6-1]. https://www.flickr.com/photos/25802865@ N08/35738983662/in/photostream/.

图 4-9　邱小嫦. 2017. 钢笔画.

图 4-10　Unknown Author. Cloud Computing[OL]. Piqsels. Unknown Date [2021-6-9]. https://www.piqsels.com/en/public—do-main—photo—zbhjb.

图 4-11　Roletschek, Ralf. City of Berlin in Morning Fog[OL]. Wikimedia. 2015-2-27[2019-7-8]. https://commons. wikimedia.org/wiki/File:15—02—27—Flug—Berlin—D%C3%BCsseldorf—RalfR—DSCF2427b—02.jpg.

图 4-12　Matter, Herbert. Art and Architecture Magazine June 1945 Cover Design[OL]. Pinimg. Unknown Date

[2020–10–9]. https://i.pinimg.com/originals/06/61/dc/0661dcb31cc35b73521da2ecd8a46b86.jpg.

图 4–13 Unknown Author. Stillness in Motion by Tomás Saraceno[OL]. Piqsels. 约 2017[2020–10–9]. https://www.piqsels.com/en/public–domain–photo–jndgx.

图 4–14 张波，卞晴．2016. 电脑制图．

图 4–15 de Chirico, Giorgio. Il tributo dell'oracolo[OL]. Teladoiofirenze.it.Unknown Date [2020–10–1]. http://www.teladoiofirenze.it/arte–cultura/la–realta–oltre–la–realta–omaggio–a–giorgio–de–chirico/attachment/19big.

图 4–16 Magritte, Rene. The Dawn of Cayenne (1926)[OL]. Wiki Art. Unknown Date [2020–5–5]. https://www.wiki-art.org/en/rene–magritte/the–dawn–of–cayenne–1926.

图 4–17 贝伦尼斯·阿博特（Berenice Abbott）. 约 1958.

图 4–18 张波，杨艺．2017. 电脑制图．

图 4–19 张波，卞晴．2017. 电脑制图．

图 4–20 邱小嫦．2016. 钢笔画．

图 4–21 Boxhorn, Marcus Zuerius. Emblemata politica & Orationes[M]. Amstelodami, J. Janssonii, 1635.

第 5 章　文献综述

图 5–1 Geisterseher. The Universal Library[OL]. Tumblr. 2012–2–6[2018–7–5]. https://geisterseher.tumblr.com/image/17201677422.

图 5–2 大都会艺术博物馆．

图 5–3 大都会艺术博物馆．

图 5–4 张波．2017. 电脑制图．

图 5–5 Daderot. Library in the Morgan Library & Museum – New York City, New York, USA[OL]. Wikimedia 2020–2–4[2020–11–20]. https://upload.wikimedia.org/wikipedia/commons/1/16/Library_–_Morgan_Library_%26_Museum_–_New_York_City_–_DSC06557.jpg.

图 5–6 Gwen's River City Images. Book Sculpture[OL]. Flickr. 2006–2–20[2018–6–9]. https://www.flickr.com/photos/auntie/102849109.

图 5–7 Richard T. T. Forman. Land Mosaics: The Ecology of Landscapes and Regions[M]. New York, NY: Cambridge University Press, 1995.

图 5–8 Murphy, Chris. Giant Books 03[OL]. Flickr. 2006–10–21[2018–7–9]. https://www.flickr.com/photos/chrism70/275932496.

图 5–9 Diliff. The British Museum Reading Room[OL]. Wikimedia. 2006–2–10[2014–5–7]. https://en.wikipedia.org/wiki/File:British_Museum_Reading_Room_Panorama_Feb_2006.jpg.

图 5–10 Unknown Author. Book Sculpture[OL]. Pxhere. 2017–2–20[2019–5–19]. https://pxhere.com/en/photo/766001.

图 5–11 张波．2017. 电脑制图．

图 5–12 大都会艺术博物馆．

图 5–13 大都会艺术博物馆．

图 5–14 庞佳．集颜值和才华于一身，她是当代画坛当之无愧的"大姐大"[OL]. 搜狐网．2017–5–26[2019–6–1]. https://www.sohu.com/a/143858237_684572.

图 5–15 大都会艺术博物馆．

图 5–16 张波，卞晴．2017. 电脑制图．

图 5–17 邱小嫦．2016. 钢笔画．

图 5–18 滨海潮．天台庵 [OL]. 腾讯快报．2019 [2020–7–8]. https://kuaibao.qq.com/s/20190720A0NQIS00?refer=spider.

图 5-19　Klack, Gunnar. Beinecke Rare Book & Manuscript Library Interior[OL]. Wikimedia.　2014-4-15[2018-7-9]. https://commons.wikimedia.org/wiki/File:Beinecke_Rare_Book_%26_Manuscript_Library_Interior_(34254026911).jpg.

第 6 章　问卷调查法

图 6-1　Avery, William. Henry Mayhew Taken from the 1861 Edition of London Labour and the London Poor in Post-Proofing at www.pgdp.net[OL]. Wikimedia. 2007-2-22[2018-9-7]. https://commons.wikimedia.org/wiki/File:Henrymayhew.png.

图 6-2　Inaglory, Brocken. The Golden Gate Bridge Refracted in Rain Drops Acting as Lenses[OL]. Wikimedia. 2009-5-2[2019-7-8]. https://commons.wikimedia.org/wiki/File:Refraction_of_Golden_Gate_Bridge_in_rain_droplets_1.jpg.

图 6-3　邱小嫦 . 2017. 钢笔画 .

图 6-4　Worth, Thomas. Taking the Census (Harper's weekly, 1870-11-19)[OL]. Library of Congress. Unknown Date [2018-9-18]. https://www.loc.gov/item/93510014/.

图 6-5　张波 . 根据圣克拉拉市中心区详细规划方案在线参与改画（https://www.santaclaraca.gov/home/showdocument?id=68101）.2019.

图 6-6　张波 . 根据美国建筑师协会居住设计趋势调查改画（http://info.aia.org/AIArchitect/2017/reports/2017-q2/2017-q2-home-design-trends-survey.pdf）. 2019.

图 6-7　张波 . 2018. 电脑制图 .

图 6-8　Unknown Author. Brain Sand Sculpture[OL]. Pxhere. 2017-1-23[2019-9-8]. https://pxhere.com/en/photo/535585.

图 6-9　张波 . 2018. 电脑制图 .

图 6-10　郑亦汶 . 2019. 电脑制图 .

图 6-11　王子阳，曾龙 . 安徽局物测队志愿者开展文明创建问卷调查活动 [OL]. 中国煤炭报 . 2018-10-26[2020-11-20]. http://mobile.zmdxw.com/content/2018-10/29/000718.html.

图 6-12　牡丹司法 . 牡丹区司法局开展双城同创问卷调查活动 [OL]. 澎湃新闻 . 2019-11-18 [2020-11-20]. https://www.thepaper.cn/newsDetail_forward_5002440.

图 6-13　大都会艺术博物馆 .

第 7 章　实验研究法

图 7-1　英国国家美术馆 .

图 7-2　Sedlacek, Franz. Der Chemiker[OL]. Wikimedia. 2016-1-1[2018-10-10]. https://www.futurity.org/women-in-science-stereotypes-927882/.

图 7-3　张波 . 2018. 电脑制图 .

图 7-4　Unknown Author. The Leaning Tower, Pisa[OL]. Library of Congress. Unknown Date[2019-5-5]. https://www.loc.gov/item/2016887865/.

图 7-5　Currier & Ives. Franklin's Experiment, June 1752 Demonstrating the Identity of Lightning and Electricity, from which He Invented the Lightning Rod (1876)[OL]. Wikimedia. 2013-10-24[2018-10-10]. https://upload.wikimedia.org/wikipedia/commons/7/78/Benjamin_Franklin_Lightning_Experiment_1752.jpg.

图 7-6　张波 . 2018. 电脑制图 .

图 7-7　张波 . 2018. 电脑制图 .

图 7–8　Boubekri, Mohamed. Lee, Jaewook. MacNaughton, Piers. Woo, May. Schuyler, Lauren. Tinianov, Brandon. Satish, Usha. The Impact of Optimized Daylight and Views on the Sleep Duration and Cognitive Performance of Office Workers[J]. Int. J. Environ. Res. Public Health，2020，17（9）：3219.

图 7–9　张波 . 2018. 电脑制图 .

图 7–10　张波 . 2018. 电脑制图 .

图 7–11　左：RS Ulrich. View Through a Window may Influence Recovery from Surgery[J]. Science，1984，224（4647）：420–421. DOI: 10.1126/science.6143402.
　　　　右：Sandrabertman. Nature Recovering[OL]. Sandrabertman. Unknown Date [2019–7–9]. http://www.sandrabertman.com/submissionsreceived.html.

图 7–12　张波 . 2018. 电脑制图 .

图 7–13　左：Unknown Author. Double Façade System Section[OL]. Unknown Date [2018–9–3].　https://archinect.com/people/project/26529470/mixed–use–transit–oriented–development/35012598#&gid=1&pid=5.
　　　　右：李保峰 . 2012.

图 7–14　刘鼎艺，张波 . 2019. 电脑制图 .

图 7–15　Unknown Author. EyeSo Glasses[OL]. Unknown Date [2019–9–9]. http://www.eyeso.net/porduct/Glasses/computer.html.

图 7–16　Painter, Chuck. Stanford Prison Experiment[OL]. Stanford Historical Photograph Collection. 2017–9–1[2018–9–9]. https://exhibits.stanford.edu/shpc/catalog/mx116sx3644.

图 7–17　Halprin, Lawrence. 1966 Summer Workshop[OL]. Journey to the Sea Ranch. 2017–9–1[2018–9–9]. http://searanch.ced.berkeley.edu/s/sea–ranch/item/1766#?c=0&m=0&s=0&cv=0&xywh=–767%2C–1%2C3383%2C1264.

第 8 章　观察研究法

图 8–1　大都会艺术博物馆 .

图 8–2　汉堡美术馆 .

图 8–3　奥赛博物馆 .

图 8–4　邱小嫦 . 2018. 钢笔画 .

图 8–5　Highsmith, Carol M.. "The Eye," a 30–foot–tall eyeball sculpture in Dallas, Texas[OL]. Library of Congress. 2014–05–11 [2019–7–19]. https://www.loc.gov/item/2014632601/.

图 8–6　邱小嫦 . 2018. 钢笔画 .

图 8–7　邱小嫦 . 2018. 钢笔画 .

图 8–8　Whyte, William Hollingsworth. The Social Life of Small Urban Spaces[M]. New York, NY: Project for Public Spaces, 1980.

图 8–9　大都会艺术博物馆 .

图 8–10　大都会艺术博物馆 .

图 8–11　张波 . 2017. 电脑制图 .

图 8–12　徐婧然 . 2017. 照片 .

图 8–13　Lynd, Robert S.. Helen M. Lynd. Middletown in Transition[M]. New York: Harcourt, Brace and Co., 1937.

图 8–14　Whyte, William Foote. Street Corner Society: The Social Structure of an Italian Slum[M]. Chicago, IL: University of Chicago Press, 1955.

图 8-15　Dehio, Georg. von Bezold, Gustav. Dome of the Rock, Jerusalem. Cross Section[OL]. Wikipedia. 2006-1-19[2020-
　　　　1-19]. https://upload.wikimedia.org/wikipedia/commons/4/41/Dehio_10_Dome_of_the_Rock_Section.jpg.

图 8-16　Calder, Mike. Rocque, John(Corrected Scan). Rocque's Map of London 1741-5[OL]. Wikimedia. 2009-8-17[2018-
　　　　8-18]. https://commons.wikimedia.org/wiki/File:Rocque%27s_Map_of_London_1741-5.jpg.

图 8-17　National Park Service. Roof Plan - San Xavier del Bac Mission, Mission Road, Tucson, Pima County, AZ[OL].
　　　　Library of Congress. Unknown Date [2017-8-9]. http://hdl.loc.gov/loc.pnp/hhh.az0061/sheet.00007a.

图 8-18　梁思成 . 梁思成《图像中国建筑史》手绘图 [M]. 北京：读库 , 2016.

图 8-19　伦敦约翰·索恩爵士博物馆 .

图 8-20　National Park Service. Beebe Windmill, Hildreath Lane & Ocean Avenue (moved several times), Bridgehamp-
　　　　ton, Suffolk County, NY (1976)[OL]. Library of Congress Unknown Date [2019-1-29]. https://www.loc.gov/
　　　　pictures/item/ny1231.sheet.00005a/.

图 8-21　American Textile History Museum. The Boott Cotton Mills[OL]. National Park Service. Unknown Date [2019-1-29].
　　　　https://www.nps.gov/articles/building-america-s-industrial-revolution-the-boott-cotton-mills-of-low-
　　　　ell-massachusetts-teaching-with-historic-places.htm.

第 9 章　访谈研究法

图 9-1　Unknown Author. Amplifiers, Bolling Field[OL]. Library of Congress. Unknown Date [2016-7-6]. https://
　　　　www.loc.gov/item/2016831413/.

图 9-2　邱小嫦 . 2016. 钢笔画 .

图 9-3　Kahn, Louis .. Dung Ngo. Peter C. Papademetriou. Louis Kahn: Conversations with Students[M]. Hudson,
　　　　NY: Princeton Architectural Press, 1998.

图 9-4　Unknown Author. Hugh Downs interviews Frank Lloyd[OL]. chicagogeek.tumblr.com. 2013-9-10[2015-7-9].
　　　　https://chicagogeek.tumblr.com/post/60853316608/hugh-downs-interviews-frank-lloyd-wright-sitting.

图 9-5　大都会艺术博物馆 .

图 9-6　张波 . 2018. 照片 .

图 9-7　梁思成 . 清式营造则例 [M]. 北京：中国建筑工业出版社 , 1981.

图 9-8　Austen, Elizabeth Alice. Street Sweeper and Broom[OL]. Library of Congress. 2013-9-10[2015-7-9]. https://
　　　　www.loc.gov/item/2005680939/.

图 9-9　Helphand, Kenneth I.. Defiant Gardens: Making Gardens in Wartime[M]. San Antonio, TX: Trinity Univer-
　　　　sity Press, 2006.

图 9-10　上海工务局 . 大上海都市计划第一稿土地使用规划（大上海区域计划总图初稿）[OL]. 虚拟上海
　　　　平 台 . Unknown Date [2018-9-9]. https://www.virtualshanghai.net/Asset/Preview/vcMap_ID-758_No-1.
　　　　jpeg.

图 9-11　Giedion, Sigfried. Space, Time and Architecture: The Growth of a New Tradition[M]. Cambridge, MA: Har-
　　　　vard University Press, 1967.

图 9-12　易安·麦克哈格档案收藏 . 宾夕法尼亚大学建筑档案馆 .

图 9-13　张艳华 . 山西省平遥县传统民居营造技艺研究 [D]. 北京：北京交通大学 , 2018.

图 9-14　张波，卞晴 . 2018. 电脑制图 .

图 9-15　Bain News Service. Tom Gibbons Interviewed[OL]. Library of Congress. Unknown Date [2018-7-6]. https://
　　　　www.loc.gov/item/2014716240/.

图 9-16 Stahl, Stephen M.. Richard L. Davis. Dennis H. Kim. Nicole Gellings Lowe. Richard E. Carlson. Karen Foun-
tain. Meghan M. Grady. Play It Again: The Master Psychopharmacology Program as an Example of Interval
Learning in Bite-sized Portions[J]. CNS Spectrums, 2010, 15(8): 491-504.

第 10 章　文档搜集法

图 10-1　邱小嫦. 2016. 钢笔画.

图 10-2　Grimm, Sandy. Insects in Amber[OL]. Encyclopædia Britannica. Unknown Date [2018-9-18] https://www.bri-
tannica.com/science/amber#/media/1/18849/136380.

图 10-3　Heinze, Hermann. Souvenir map of the World's Columbian Exposition at Jackson Park and Midway Plai-
sance, Chicago, Ill, U.S. A. 1893[OL]. Library of Congress. Unknown date[2017-09-01]. https://www.loc.gov/
item/2010587004/.

图 10-4　Hubei Sheng Guan shu ju. Hubei Hankou zhen jie dao tu[OL]. Library of Congress. Unknown Date [2019-09-01].
https://www.loc.gov/item/gm71005145/.

图 10-5　Unknown Author. Archives of the Czech Social Security Administration[OL]. imgur.com. Unknown DateD
[2017-09-23]. https://i.imgur.com/MrKPJ5y.jpg.

图 10-6　Unknown Author. Beatrix Farrand Portrait[OL]. Connecticut Women's Hall of Fame. Unknown Date [2017-
09-23]. https://www.cwhf.org/inductees/beatrix-farrand.

图 10-7　中国国家图书馆.

图 10-8　萧默. 敦煌建筑研究 [M]. 北京：中国建筑工业出版社，2019：77.

图 10-9　大都会艺术博物馆.

图 10-10　上：Bramston, W.. A Plan of the City of Canton and its Suburbs Shewing the principal Streets and some of the con-
spicuous Buildings from a Chinese Survey on an Enlarged Scale with additions and References[OL].
Unknown date[2019-09-23]. https://visualizingcultures.mit.edu/rise_fall_canton_04/cw_gal_01_thumb.
html.
中、下：皮博迪埃塞克斯博物馆.

图 10-11　弗莱彻斯蒂尔和瑙姆科吉庄园相关档案 1926—1959（Fetcher Steele papers regarding Naum-
keag1926-1959）. 马赛诸塞州保护托管会档案和研究中心.

图 10-12　Cranz, Galen. The Politics of Park Design: A History of Urban Parks in America[M]. Cambridge, MA: MIT
Press, 1982.

图 10-13　宋阳，张波，张冉. 2019. 电脑制图.

图 10-14　作者未知. 莫高窟第 61 窟西壁《五台山文殊圣迹图》[OL]. 中国美网. 2017-11-15 [2018-09-
23]. http://www.cnmeiw.com/News/NewsCenter/NewsDetail?keyId=6d196747-b19c-4e61-b748-
a82c00a13f9d.

图 10-15　安徽博物馆.

图 10-16　张波，刘鼎艺. 2018. 电脑绘图.

图 10-17　McLaughlin, James(1875). Cincinnati Zoo Architectural Drawings, p9[OL]. Ohio Memory. Unknown Date
[2014-7-7]. https://ohiomemory.org/digital/collection/p267401coll36/id/3535.

图 10-18　河南博物院.

图 10-19　英国国家美术馆.

图 10-20　乔特档案 (Choate papers). 马赛诸塞州保护托管会档案和研究中心.

图 10–21 Sanborn Map Company. Sanborn Fire Insurance Map from Muncie, Delaware County, Indiana, P72[OL]. Library of Congress. Unknown Date [2018–6–23]. https://www.loc.gov/resource/g4094mm.g4094mm_ g024331911/?st=gallery.

图 10–22 张波 . 2018. 照片 .

图 10–23 比阿特丽克斯 · 法兰德档案 . 丹巴顿橡树园图书馆 .

图 10–24 张波 . 2018. 照片 .

图 10–25 丹巴顿图书馆 . 2016.

第 11 章　定量分析法

图 11–1 张波，宋阳，张冉 . 2019. 电脑制图 .

图 11–2 大都会艺术博物馆 .

图 11–3 大都会艺术博物馆 .

图 11–4 大都会艺术博物馆 .

图 11–5 Moreh, Jack. Finance Professional[OL]. Freeimage. Unknown Date [2019–9–9]. https://freeimage.me/photo/8968/ finance–professional––broker––financial–advisor––analyst––cf.

图 11–6 Geralt. Untitled Image[OL]. Pixabay. 2017–10–30[2019–1–5]. https://pixabay.com/photos/statistics–arrows–ten- dency–business–2899893/.

图 11–7 张波 . 2017. 电脑绘图 .

图 11–8 张波 . 2019. 电脑绘图 .

图 11–9 张波 . 2019. 电脑绘图 .

第 12 章　定性分析法

图 12–1 Dolby, Phil. Bull Ring, Birmingham City Centre, England, UK[OL]. 2017–1–14[2019–5–3]. https://pxhere.com/en/ photo/388469.

图 12–2 Lutohin, Nikolai. Illustrations[OL]. Socks. 2012–5–26[2017–7–28]. http://socks–studio.com/2012/05/26/nikolai–lu- tohin–sci–fi–illustrations–from–70s–yugoslavia/.

图 12–3 Fabrizi, Mariabruna. A Downsized Manhattan Between Analogy and Abstraction: "Roosevelt Island Housing, Com- petition" by O.M. Ungers (1975). Socks. 2018–6–24[2019–9–5]. https://socks–studio.com/2018/06/24/a–down- sized–manhattan–between–analogy–and–abstraction–roosevelt–island–housing–competition–by–o–m–un- gers–1975/.

图 12–4 卞晴 . 张波 . 2017. 电脑绘图 .

图 12–5 Lynch, Kevin. The Image of the City[M]. Cambridge, MA: MIT Press, 1964.

图 12–6 Evondue. Elastic Bands Colour Ball Elastic[OL]. Pixabay. 2017–4–18[2019–5–9]. https://pixabay.com/photos/elas- tic–bands–colour–ball–elastic–2229753/.

图 12–7 Unknown author. Plantations of the Mississippi River from Natchez to New Orleans, 1858[OL]. Tennessee State Li- brary and Archives. Unknown Date [2019–9–9]. https://teva.contentdm.oclc.org/digital/collection/p15138coll23/ id/8929, accessed 2022–08–11.

图 12–8 弗莱彻 · 斯蒂尔档案 . 美国国会图书馆 .

图 12–9 Crocker, J.. Millennium Park, Chicago, IL, USA from Aon Center[OL]. 2005–10–13[2017–9–18]. https://commons.

wikimedia.org/wiki/File:2005-10-13_2880x1920_chicago_above_millennium_park.jpg.

图 12-10　Chong, Alan. Murai, Noriko. Guth Christine(ed). Journeys East: Isabella Stewart Gardner and Asia[M]. Minneapolis, MN: Periscope Pub, 2009.

图 12-11　张波 . 2016. 照片 .

图 12-12　Nute, Kevin. Frank Lloyd Wright and Japanese Architecture: A Study in Inspiration[J]. Journal of Design History, 1994, 7(3): 169-185.

图 12-13　左：Raphael Tuck and Sons. Baltimore, Maryland, ca. 1907: Observatory and old fortifications in Patterson Park[OL]. Digital Maryland. Unknown Date [2018-9-9]. https://collections.digitalmaryland.org/digital/collection/mdpc/id/139/.

　　　　　右：张波 . 2018. 照片 .

图 12-14　大都会艺术博物馆 .

图 12-15　大都会艺术博物馆 .

图 12-16　朱迅 . 2016. 照片 .

图 12-17　Lutohina, Nikolaja. Illustration[OL]. Tumblr. 2011-11-18[2019-1-19]. https://yugodrom.tumblr.com/tagged/nikolai%20lutohin.

图 12-18　彭一刚 . 传统村镇聚落的景观分析 [M]. 北京：中国建筑工业出版社，1992.

图 12-19　张波 . 2018. 电脑制图 .

图 12-20　Kandinsky, Wassily. Composition VIII[OL]. Wikimedia. 2009-9-13[2015-8-8]. https://commons.wikimedia.org/wiki/File:Wassily_Kandinsky_Composition_VIII.jpg.

图 12-21　左：Snow, John. On the Mode of Communication of Cholera[M]. 2nd ed. London: John Churchill, 1855.

　　　　　右：Justinc. John Snow Memorial and Pub[OL]. Wikimedia. 2005-10-6[2018-7-9]. https://commons.wikimedia.org/wiki/File:John_Snow_memorial_and_pub.jpg.

图 12-22　Lutohina, Nikolaja. Illustration[OL]. Tumblr. Unkown date [2017-1-19]. https://70sscifiart.tumblr.com/post/103198486856/yugodrom-ilustracija-nikolaja-lutohina.

第 13 章　案例研究法

图 13-1　邱小嫦 . 2016. 钢笔画 .

图 13-2　Unknown Author. Picture[OL]. Piquels. Unknown date[2018-9-9]. https://www.piqsels.com/en/public-domain-photo-zxbsq.

图 13-3　Chuttersnap. Untiled Image[OL]. Unsplash. 2018-9-8[2018-12-28]. https://unsplash.com/photos/W2f1VZ6KuoM.

图 13-4　Famartin. Southeast side of Whitetop Mountain[OL]. Wikimedia. 2017-5-16[2019-9-25]. https://commons.wikimedia.org/wiki/File:2017-05-16_17_52_43_View_south-southeast_from_about_5,340_feet_above_sea_level_on_the_south-southeast_side_of_Whitetop_Mountain_within_the_Mount_Rogers_National_Recreation_Area,_in_Grayson_County,_Virginia.jpg.

图 13-5　Venturi, Robert. Denise Izenour, Scott. Brown, Denise Scott. Izenour, Steven. RVDSBS. Learning from Las Vegas: The Forgotten Symbolism of Architectural Form[M]. MIT Press, 1977: 14-15.

图 13-6　Forsyth, Ann. Reforming Suburbia: The Planned Communities of Irvine, Columbia, and the Woodlands[M]. Oakland, CA: University of California Press, 2005.

图 13-7　易安·麦克哈格档案 . 宾夕法尼亚大学建筑档案馆 .

图 13-8　未知作者 . 要看今年的设计上海，找这些东西就对了 [OL]. 好奇心日报 . Unknown Date [2019-9-19].

http://www.qdaily.com/cooperation/articles/toutiao/23699.html.

图 13-9   Zahn, Johann. Images in Oculus Artificialis(1685)[OL]. Public Domain Review. 2017-3-7[2019-5-5]. https://publicdomainreview.org/collection/images-from-johann-zahn-s-oculus-artificialis-1685.

图 13-10   张波 . 2015. 照片 .

图 13-11   Fewings, Nick. Highway[OL]. Everypixel. Unknown Date [2019-10-3]. https://www.everypixel.com/image-574880431979385237.

第 14 章　历史研究法

图 14-1   纽约现代艺术博物馆 .

图 14-2   Yalcinkaya, Gunseli. Bauhaus bus embarks on world tour to explore the school's global legacy[OL]. Dezeen. 2019-1-8[2019-8-7]. https://www.dezeen.com/2019/01/08/bauhaus-bus-wohnmaschine-spinning-triangles-savvy-contemporary/.

图 14-3   Schmidt, Joost. Poster for the 1923 Bauhaus Exhibition in Weimar, Germany[OL]. Modernaut. 2019-1-20[2020-1-19]. https://modernaut.blogspot.com/2019/01/poster-disegnato-da-joost-schmidt-per.html.

图 14-4   Unknown Author. The Old Pennsylvania Station New York City[OL]. Tentaclii. 2011-8-20[2018-1-20]. https://tentaclii.wordpress.com/2011/08/20/the-old-pennsylvania-station-new-york-city/.

图 14-5   Fletcher, Banister. A history of Architecture on the Comparative Method for Students, Craftsmen and Amateurs[M]. London: Batsford, 1931: III.

图 14-6   英国国家美术馆 .

图 14-7   Unknown Author. Best Products Company, Miami, FL, USA[OL]. Lazerhorse. Unknown Date [2018-5-8]. http://www.lazerhorse.org/wp-content/uploads/2016/02/Best-Products-Company-Miami-FL-USA---1979.png.

图 14-8   张波 . 2016. 照片 .

图 14-9   大都会艺术博物馆 .

图 14-10   Le Clerc, Sebastian. A Depiction of Vitruvius Presenting De Architectura to Augustus[OL]. Wikimedia. 2009-2-3[2018-9-7]. https://commons.wikimedia.org/wiki/File:Vitruvius.jpg.

图 14-11   Cecchi, Giovanni Battista. Vasari, Giorgio. Leon Battista Alberti[OL]. Europeana. Unknown Date [2018-9-9]. https://www.europeana.eu/en/item/92062/BibliographicResource_1000126112846.

图 14-12   张波 . 2009. 照片 .

图 14-13   Stuart, James. Revett, Nicholas. Antiquities of Athens: Measured and Delineated by James Stuart, FRS and FSA, and Nicholas Revett, Painters and Architects. Vol. 3[M]. New York, NY: Princeton Architectural Press, 2008: Plate 1.

图 14-14   大都会艺术博物馆 .

图 14-15   王尧礼 . 乐嘉藻晚年照片 [J]. 贵州文史丛刊 , 2014 (01).

图 14-16   湖南卫视 , 龚文彬 . 修复师 "复原" 一尊兵马俑需耗时五个月 [OL]. 腾讯新闻 . 2017-6-3[2019-7-7]. https://freewechat.com/a/MjM5MDIzNzA4MA==/2665037907/1.

图 14-17   邱小嫦 . 2016. 钢笔画 .

图 14-18   邱小嫦 . 2016. 钢笔画 .

图 14-19   Mignard, Pierre(circa 1689). The Muse Clio[OL]. Wikimedia. 2013-12-7[2018-7-9]. https://commons.wikimedia.org/wiki/File:The_Muse_Clio_-_Pierre_Mignard_(Full-version).jpg.

图 14-20   芝加哥纽伯里图书馆 .

图 14-21 左：Boerschmann, Ernst. Comparing drawings of pagodas (after 1940, unpublished)[OL]. China Heritage Quarterly. 2011-3-25[2018-5-6]. http://www.chinaheritagequarterly.org/scholarship.php?search-term=025_boerschmann.inc&issue=025.

右：梁思成. 梁思成《图像中国建筑史》手绘图 [M]. 北京：读库, 2016.

图 14-22 美国国家美术馆.

图 14-23 Lai, Delin. Idealizing a Chinese Style: Rethinking Early Writings on Chinese Architecture and the Design of the National Central Museum in Nanjing[J]. Journal of the Society of Architectural Historians, 2014, 73(1): 61-90.

图 14-24 Officiers du Génie du Corps exé ditionnaire. La Chine a Terre Et En Ballon[M]. Paris: Berger-Levrault & cie, 1902.

图 14-25 Ford, Edward R.. The Details of Modern Architecture (Vol.1)[M]. Cambridge, MA: MIT Press, 2003.

图 14-26 Unknown Author. Farnsworth House under Construction[OL]. Taylordonsker. Unknown Date [2018-7-1]. http://www.taylordonsker.com/news/2016/10/6/reflecting-on-the-farnsworth-house-by-mies-van-der-rohe.

图 14-27 Unknown Author. Eero Saarinen in the Design Process of Gateway Arch[OL]. Gateway Arch Park Foundation. Unknown Date [2018-5-3]. https://www.archpark.org/support/eero-saarinen-society.

第15章 思辨研究法

图 15-1 大都会艺术博物馆.

图 15-2 纳尔逊-阿特金斯艺术博物馆.

图 15-3 Traynor, Kim. Scottish Parliament building, Holyrood[OL]. Wikimedia. 2011-3-2[2-17-9-9]. https://commons.wiki-media.org/wiki/File:Scottish_Parliament_building,_Holyrood.jpg.

图 15-4 邱小嫦. 2016. 钢笔画.

图 15-5 Unknown Author. A Floating City in 10,000 Years[OL]. Wikipedia.2014-2-20[2018-5-5]. https://en.wikipedia.org/wiki/File:Science_and_Invention_Feb_1922_pg905_-_Cities_of_the_Future.jpg.

图 15-6 Lewis, F. Pierce. Axioms of the Landscape: Some Guides to the American Scene[J]. Journal of Architectural Education,1976, 30(1): 6-9.

图 15-7 Kaneko, Hiroaki. Mototaki Fukuryu-sui Waterfalls[OL]. Wikipedia.2014-8-23[2018-5-7]. https://commons.wikimedia.org/wiki/File:%E5%85%83%E6%BB%9D%F4%BC%8F%E6%B5%81%E6%B0%B4%E3%81%A8%E6%9C%A8%E6%BC%8F%E3%82%8C%E6%97%A5_(Mototaki_Fukuryu-sui_waterfalls)_23_Aug,_2014_-_panoramio.jpg.

图 15-8 Hyde, Rory. Le Corbusier- Villa Savoye, 1928-30[OL]. Flicker. 2003-12-10[2015-9-3]. https://www.flickr.com/photos/roryrory/2520027371.

图 15-9 Frampton, Kenneth. Studies in Tectonic Culture: The Poetics of Construction in Nineteenth and Twentieth Century Architecture[M]. Cambridge, MA: MIT Press, 1995.

图 15-10 张波. 2009. 电脑绘图.

图 15-11 左：Le Corbusier. Jeanneret, Pierre. OEuvre Complète (Volume 1, 1910-1929)[M]. Zürich: Les Editions d'Architecture Artemis, 1964.

右：Joaoslr. Maison Citrohan, Germany (1927) by Le Corbusier[OL]. Reddit. 2019-10-14[2019-12-31]. https://www.reddit.com/r/ModernistArchitecture/comments/qqw9wl/maison_citrohan_germany_1927_by_ le_corbusier/.

图 15-12 Romanet & cie (between 1890 and 1900). Early Flight[OL]. Wikimedia. 2007-3-31[2018-5-5]. https://commons.wikimedia.org/wiki/File:Early_flight_02561u.jpg#/media/File:Early_flight_02561u_(2).jpg.

图 15-13 大都会艺术博物馆.

图 15-14 左：McHarg, Ian L. Design with Nature[M]. New York, NY: American Museum of Natural History, 1969. 右：Steiner, Frederick R.. The Living Landscape: An Ecological Approach to Landscape Planning. Washington DC: Island Press, 1991.

图 15-15 American Telephone and Telegraph Company. Image from Page 277 of "Bell Telephone Magazine" (1922) [OL]. Flickr. Unknown Date [2019-5-30]. https://www.flickr.com/photos/internetarchivebookimages/14756122642.

图 15-16 朱光亚. 中国古典园林的拓扑关系 [J]. 建筑学报，1988(08):36.

图 15-17 邱小嫦. 2016. 钢笔画.

图 15-18 Escher, M. C.. Self-portrait in Spherical Mirror Lithograph Jigsaw Puzzle[OL]. Kattyayani's Travelling Circus. 2019-3-22[2019-7-19]. https://kattyayanistravellingcircus.com/2019/03/22/hand-with-reflecting-sphere-m-c-eschers-self-portrait-in-spherical-mirror-lithograph/.

图 15-19 Case, Daniel. The Orange County Government Center[OL]. Wikimedia. 2015-9-14[2019-9-1]. https://commons.wikimedia.org/wiki/File:Orange_County_Government_Center_during_demolition.jpg.

图 15-20 Sklmsta. Great Dane and Chihuahua Skeletons[OL]. Wikipedia. 2010-3-29 [2018-5-9]. https://commons.wikimedia.org/wiki/File:Great_Dane_and_Chihuahua_Skeletons.jpg.

第16章　研究型设计

图 16-1 Mock. Elizabeth (Ed). Built in USA: 1932-1944[M]. New York, NY: The Museum of Modern Art,1944: 47.

图 16-2 中国中央美术学院.

图 16-3 Brown, Timothy. Piazza d'Italia, Charles Moore, 1978, New Orleans[OL]. Flickr. 2014-4-20[2018-2-3]. https://www.flickr.com/photos/atelier_flir/15105496901/.

图 16-4 张波. 2018. 电脑制图.

图 16-5 Unknown Author. Snake Bites Its Tail[OL]. Pinimg. Unknown Date [2019-9-9]. https://i.pinimg.com/originals/53/70/07/537007d31ab0b0c0f570c886041df061.jpg.

图 16-6 Courbet, Gustave. Le Désespéré [OL]. Wikimedia. 2013-1-7 [2018-5-19]. https://commons.wikimedia.org/wiki/File:Gustave_Courbet_-_Le_D%C3%A9sesp%C3%A9r%C3%A9_(1843).jpg.

图 16-7 Unknown Author. Design Process[OL]. Unknown Date [2019-9-29]. http://uxuidesigner.io/wp-content/uploads/2018/03/my_uxprocess5.png.

图 16-8 意大利国立（罗马）古代艺术美术馆.

图 16-9 张波, 王璐. 2019. 电脑制图.

图 16-10 左：易安·麦克哈格档案. 宾夕法尼亚大学建筑档案馆.
右：张波. 2018. 照片.

图 16-11 张波, 王璐. 2019. 电脑制图.

图 16-12 张波, 王璐. 2019. 电脑制图.

图 16-13 Coconino National Forest. Fossil Creek Planning - Public Meeting in Camp Verde[OL]. Wikimedia. 2019-9-8[2019-12-12]. https://commons.wikimedia.org/wiki/File:Fossil_Creek_Planning_-_Public_Meeting_

in_Camp_Verde_(33158366952).jpg.

图 16-14　Fathi, Hasan. Architecture for the Poor: An Experiment in Rural Egypt[M]. Chicago, IL: University of Chicago Press, 1973.

图 16-15　张波 2014. 照片 .

图 16-16　Unknown Author. Title Woodcut for Utopia Written by Thomas More[OL]. Wikimedia. 2008-4-16[2018-4-1]. https://commons.wikimedia.org/wiki/File:Isola_di_Utopia_Moro.jpg.

图 16-17　Unknown Author. Frank Lloyd Wright and Broadacre City[OL]. Unknow Date [2018-8-9]. http://archivesde-limaginaire.epfl.ch/collection/detail_auteur.php?auteur=WRIGHT%20Frank%20Lloyd&sortdata=rand.

图 16-18　Howard, Ebenezer. To-morrow: A Peaceful Path to Real Reform[M]. London: Swan Sonnenschein & Co., 1898.

图 16-19　Koolhaas, Rem. Zenghelis, Elia. Vriesendorp, Madelon. Zenghelis, Zoe. Exodus, or the Voluntary Prisoners of Architecture: The Strip (Aerial Perspective)[OL]. MOMA. Unknown Date [2018-8-20]. https://www.moma.org/collection/works/104692?sov_referrer=artist&artist_id=6956&page=1.

图 16-20　绿色建筑委员会 . 2013.

图 16-21　张波 , 王璐 . 2019. 电脑制图 .

附录一

建筑学、城乡规划学、风景园林学学术期刊名录 / Appendix I Academic Journal Directory in Architecture, Planning, and Landscape Architecture

说明：

1. 本名录面向发表和三个学科相关学术研究成果的纸质或者线上连续出版物。本名录排除了纯粹以发表设计作品为主的专业实践期刊；酌情收入既发表学术文章也发表设计作品的期刊。名录中的绝大多数期刊都采用了同行评议机制，很少量的稳定发表高水平研究成果的非同行评议期刊也被收入。

2. 本名录按照建筑学、城乡规划学、风景园林学三个类别形成列表，列表之间不重复。建筑学类中收录了室内设计、遗产保护、一般性设计学的期刊；城乡规划学中偏重环境的内容划分到风景园林学部分。但是，这种划分是柔性的，三个学科的交叉比比皆是。

3. 本名录围绕建筑学、城乡规划学、风景园林学的核心知识展开，对于设计学科的细分学科（如声学、建筑热工学等）和相邻学科（如艺术学、文物学、地理学、交通学、人类学、人口学、园艺学、林学、环境工程学、公共卫生学等）的学术刊物，以不收录为原则。读者可以参考其他学科相应的刊物名录。

4. 考量期刊的重要性以学术影响力为根本标准。除了考虑期刊的影响因子和发文数量等常见量化指标，本名录也结合设计学科特征，着重考虑了期刊载文的研究水平、主要读者群、积累年数、投稿系统等四个因素。

5. 本名录基于笔者有限的理解，得到了各方专家的指点，仅供读者投稿、阅读时参考。由于笔者见识有限，恳请读者多提意见，使这个名录更加完善。

1. 中文学术期刊部分

建筑学重要中文学术期刊名录　　　　　　　　　　　　　　　　附表 1-1

序号	期刊中文名称	自译英文名称	主办机构	创刊年份	每年期数	备注
1	建筑学报	Architectural Journal	中国建筑学会	1954	12	
2	建筑师	The Architect	中国建筑出版传媒有限公司	1979	6	
3	世界建筑	World Architecture	清华大学	1980	12	
4	新建筑	New Architecture	华中科技大学	1983	6	

序号	期刊中文名称	自译英文名称	主办机构	创刊年份	每年期数	备注
5	时代建筑	Time + Architecture	同济大学	1984	6	
6	建筑科学	Building Science	中国建筑科学研究院	1985	12	
7	工业建筑	Industrial Construction	中冶建筑研究总院	1964	12	
8	南方建筑	South Architecture	华南理工大学	1981	6	
9	西部人居环境学刊	Journal of Human Settlements in West China	重庆大学	1986	6	曾用刊名：室内设计
10	建筑史学刊	History of Architecture	清华大学建筑学院	1964	4	曾用刊名：建筑史论文集；建筑史
11	中国建筑史论汇刊	Journal of Chinese Architecture History	清华大学建筑学院	2009	2	2020 年与《建筑史》合并为《建筑史学刊》
12	装饰	Zhuangshi	清华大学	1956	12	
13	中国建筑教育	China Architectural Education	教育部高等学校建筑学专业教学指导分委员会；全国高等学校建筑学专业教育评估委员会；中国建筑学会；中国建筑出版传媒有限公司	2008	4，不定期	
14	建筑创作	Archicreation	北京建筑大学	1989	6	主办单位曾为北京市建筑设计研究院（1989—2021）
15	室内设计与装修	Interior Design + Construction	南京林业大学；江苏省建筑装饰设计研究院有限公司	1986	12	
16	华中建筑	Huazhong Architecture	中南建筑设计院；湖北土木建筑学会	1983	12	

序号	期刊中文名称	自译英文名称	主办机构	创刊年份	每年期数	备注
17	建筑与文化	Architecture & Culture	世界图书出版有限公司	2004	12	
18	建筑技艺	Architecture Technique	亚太建设科技信息研究院；中国建筑设计研究院	1994	12	
19	生态城市与绿色建筑	Eco-city and Green Building	中国对外翻译出版公司	2010	4	
20	绿色建筑	Green Building	上海市建筑科学研究院（集团）有限公司	1985	6	曾用刊名：化学建材
21	城市空间设计	Urban Flux	经济日报社；证券日报社	2008		2008—2018年由天津大学承办，2019年起由山东建筑大学承办
22	建筑遗产	Architecture Heritage	中国科技出版传媒股份有限公司；同济大学	2016	4	

城乡规划学重要中文学术期刊名录　　　　　　　附表 1–2

序号	期刊中文名称	自译英文名称	主办机构	创刊年份	每年期数	备注
1	城市规划	City Planning Review	中国城市规划学会	1977	12	
2	城市规划学刊	Urban Planning Forum	同济大学	1957	6	曾用刊名：城市规划汇刊
3	城市发展研究	Urban Development Studies	中国城市科学研究会	1994	12	
4	国际城市规划	Urban Planning International	中国城市规划设计研究院	1986	6	曾用刊名：国外城市规划；城市规划研究
5	规划师	Planners	广西期刊传媒集团有限公司	1985	24	

序号	期刊中文名称	自译英文名称	主办机构	创刊年份	每年期数	备注
6	现代城市研究	Modern Urban Research	南京城市科学研究会	1986	12	曾用刊名：南京城市研究；城市研究
7	中国人口资源与环境	Chinese Journal of Population Resources and Environment	中国可持续发展研究；山东省可持续发展研究中心；中国 21 世纪议程管理中心；山东师范大学	1991	12	曾用刊名：中国人口·资源与环境
8	上海城市规划	Shanghai Urban Planning Review	上海市城市规划设计研究院	1991	6	
9	城市问题	Urban Problems	北京市社会科学院	1982	12	
10	地域研究与开发	Areal Research and Development	河南省科学院地理研究所	1982	6	曾用刊名：中原地理研究
11	北京规划建设	Beijing Planning Review	北京城市规划设计研究院	1987	6	
12	小城镇建设	Development of Small Cities & Towns	中国建筑设计研究院	1983	12	曾用刊名：村镇建设
13	城市与区域规划研究	Journal of Urban and Regional Planning	清华大学建筑学院	2008	4	
14	住区	Design Community	清华大学；清华大学建筑设计研究院；中国建筑出版传媒有限公司	2010	6	
15	中国名城	China Ancient City	扬州市人民政府	1987	12	

风景园林学重要中文学术期刊名录　　　　　　　　　　　　　　　　附表 1-3

序号	期刊中文名称	自译英文名称	主办机构	创刊年份	每年期数	备注
1	中国园林	Chinese Landscape Architecture	中国风景园林学会	1985	12	

序号	期刊中文名称	自译英文名称	主办机构	创刊年份	每年期数	备注
2	风景园林	Landscape Architecture	北京林业大学	2005	12	
3	景观设计学	Landscape Architecture Frontiers	高等教育出版社有限公司；北京大学	2013	6	亦为英文杂志
4	古建园林技术	Traditional Chinese Architecture and Gardens	北京《古建园林技术》杂志社有限公司	1983	6	
5	园林	Garden	中国风景园林学会；上海市园林科学研究所	1984	12	2000 年由原双月刊改为月刊
6	中国城市林业	Journal of Chinese Urban Forestry	中国林业科学研究院	2003	6	

2. 外文学术期刊部分

建筑学重要外文学术期刊名录　　　　　　　　　附表 1-4

序号	期刊名称	参考中文译名	出版机构	创刊年份	每年期数	备注
1	Journal of the Society of Architectural Historians (JSAH)	建筑史学家学会学报	University of California Press	1941	4	Society of Architectural Historians 主办
2	Journal of Architectural Education (JAE)	建筑教育学报	Taylor & Francis	1947	2	Association of Collegiate Schools of Architecture 主办
3	The Journal of Architecture	建筑学报	Taylor & Francis	1996	8	Royal Institute of British Architects (RIBA) 主办
4	Architectural Science Review	建筑科学评论	Taylor and Francis	1958	6	
5	Building and Environment	建筑与环境	Elsevier	1976	20	
6	Architectural History	建筑历史	Cambridge University Press	1958	1	Society of Architectural Historians of Great Britain (SASGB) 主办

序号	期刊名称	参考中文译名	出版机构	创刊年份	每年期数	备注
7	International Journal of Architectural Heritage	建筑遗产国际学报	Taylor & Francis	2007	12	
8	Design Studies	设计研究	Elsevier	1979	6	
9	Design Issues	设计问题	The MIT Press	1984	4	
10	Traditional Dwellings and Settlements Review	传统民居与聚落评论	International Association for the Study of Traditional Environments (IASTE)	1989	2	International Association for the Study of Traditional Environments (IASTE) 主办
11	Journal of Interior Design	室内设计学报	Wiley	1975	4	Interior Design Educators Council, Inc. (IDEC) 主办
12	Journal of Green Building	绿色建筑学报	College Publishing	2006	4	
13	Frontiers of Architectural Research	建筑学研究前沿	Elsevier B.V. Higher Education Press Limited Company	2012	4	Southeast University, China
14	International Journal of Design Creativity and Innovation	设计创造和创新国际学刊	Taylor and Francis	2013	4	（英国）The Design Society 主办
15	Architectural Research Quarterly(arq)	建筑研究季刊	Cambridge University Press	1995	4	
16	Architectural Theory Review	建筑理论评论	Taylor & Francis	1996	3	
17	Vernacular Architecture	乡土建筑	Taylor & Francis	1971	1	（英国）Vernacular Architecture Group 主办
18	Architectural Histories	建筑历史	European Architectural History Network (EAHN)	2013	1	European Architectural History Network (EAHN) 主办

序号	期刊名称	参考中文译名	出版机构	创刊年份	每年期数	备注
19	Nexus Network Journal–Architecture and Mathematics	关系网络杂志 – 建筑与数学	Springer	1999	4	
20	Journal of Asian Architecture and Building Engineering	亚洲建筑与建筑工程学报	Taylor & Francis	2002	6	the Architectural Institute of Japan (AIJ), the Architectural Institute of Korea (AIK), and the Architectural Society of China (ASC)
21	Harvard Design Magazine	哈佛设计杂志	Harvard University Graduate School of Design	2009	2	
22	Buildings & Landscapes: Journal of the Vernacular Architecture Forum	建筑与景观	University of Minnesota Press	1982	2	Vernacular Architecture Forum 主办，曾用名：Perspectives in Vernacular Architecture (1982—2007)
23	AA Files	AA 档案	Architectural Association School of Architecture	1981	2	
24	Journal of Architectural Conservation	建筑保护学报	Taylor & Francis	1995	3	
25	The Design Journal	设计学报	Taylor & Francis	1998	6	
26	Architecture and Culture	建筑与文化	Taylor & Francis	2013	3	
27	Journal of Architecture and Urbanism	建筑与城市主义学报	Vilnius Tech	1983	2	
28	International Journal of Architectural Computing (IJAC)	国际建筑计算学报	SAGE	2003	4	
29	Architecture, City and Environment	建筑、城市与环境（西班牙语）	Universitat Politecnica de Catalunya	2011	3	
30	Archnet–IJAR (International Journal of Architectural Research)	建筑研究国际学报	Emerald	2007	3	

序号	期刊名称	参考中文译名	出版机构	创刊年份	每年期数	备注
31	City, Territory and Architecture	城市、领地和建筑	Springer	2014	1	
32	Journal of Architectural and Planning Research	建筑与规划研究学报	Locke Science Publishing Company, Inc.	1984—2018（已停刊）	4	1974—1980：Journal of Architectural Research 1970—1973— Architectural Research and Teaching

城乡规划学重要外文学术期刊名录　　　　　　　　　附表 1-5

序号	期刊名称	参考中文译名	出版机构	创刊年份	每年期数	备注
1	Journal of the American Planning Association (JAPA)	美国规划协会学报	Taylor	1935	4	American Planning Association 主办
2	Urban Studies	城市研究	SAGE	1964	16	Urban Studies Journal Limited 合办
3	Habitat International	人居国际	Elsevier	1976	4	
4	Journal of Planning Education and Research (JPER)	规划教育与研究学报	SAGE	1981	4	Association of Collegiate Schools of Planning (JPER) 主办
5	Computers, Environment and Urban Systems	计算机，环境和城市系统	Elsevier	1980	6	曾用名：Urban Systems
6	Journal of Planning Literature (JPL)	规划文献学报	SAGE	1985	4	
7	Cities	城市	Elsevier	1983	12	
8	Sustainable Cities and Society	可持续城市与社会	Elsevier	2011	8	

序号	期刊名称	参考中文译名	出版机构	创刊年份	每年期数	备注
9	Progress in Planning	规划进展	Elsevier	1973	12	
10	International Journal of Urban and Regional Research（ijurr）	国际城市与区域研究学报	Wiley	1977	6	IJURR Foundation Ltd.
11	Environment and Planning A: Economy and Space	环境与规划 A	SAGE	1969	8	
12	Land Use Policy	土地利用政策	Elsevier	1984	12	
13	Urban Geography	城市地理	Taylor and Francis	1980	10	
14	Environment and Urbanization (E&U)	环境与城市化	SAGE	1989	2	
15	European Urban and Regional Studies	欧洲城市与区域研究	SAGE	1994	4	
16	Journal of Urban Technology	城市技术学报	Taylor and Francis	1992	4	Regional Studies Association 主办
17	Urban Affairs Review (UAR)	城市事务评论	SAGE	1965	6	American Political Science Association's section on Urban Politics 主办
18	Journal of Urban Affairs	城市事务学报	Taylor and Francis	1979	10	The Urban Affairs Association (UAA) 主办
19	City and Community	城市与社区	SAGE	1990	4	the Community and Urban Sociology Section of the American Sociological Association 主办
20	Journal of Urban Health	城市健康学报	Springer	1851	6	New York Academy of Medicine (NYAM) 主办。曾用名 Transactions of the New York Academy of Medicine, Bulletin of the New York Academy of Medicine (1851—1925)

序号	期刊名称	参考中文译名	出版机构	创刊年份	每年期数	备注
21	Urban Climate	城市气候	Elsevier	2012	4	
22	Annals of the American Association of Geographers	美国地理学家协会年鉴	Taylor	1911	6	The American Association of Geographers (AAG) 主办，曾用名 Annals of the Association of American Geographers (1911—2015)
23	Regional Science and Urban Economics	区域科学与城市经济学	Elsevier	1971	6	曾用名 Regional and Urban Economics (1971—1974)
24	Urban Policy and Research	城市政策与研究	Taylor and Francis	1982	4	Regional Studies Association 主办
25	Environment and Planning B: Urban Analytics and City Science	环境与规划 B	SAGE	1974	6	
26	Environment and Planning C: Politics and Space	环境与规划 C	SAGE	1983	8	
27	Environment and Planning D: Society and Space	环境与规划 D	SAGE	1983	6	
28	European Planning Studies	欧洲规划研究	Taylor and Francis	1993	12	
29	International Regional Science Review (IRSR)	国际区域科学评论	SAGE	1975	4	
30	Planning Theory	规划理论	SAGE	2002	4	
31	Journal of Rural Studies	农村研究学报	Elsevier	1985	4	
32	Applied Geography	应用地理学	Elsevier	1981	12	

序号	期刊名称	参考中文译名	出版机构	创刊年份	每年期数	备注
33	Journal of Urban Planning and Development	城市规划与发展学报	ASCE	1956	4	
34	Housing Studies	住房研究	Taylor and Francis	1986	10	
35	Society and Nature Resources	社会与自然资源	Taylor	1988	12	The International Association for Society and Natural Resources (IASNR) 主办
36	Housing, Theory and Society	住房、理论和社会	Taylor and Francis	1984	5	1999 年改现名 曾用名 Scandinavian Housing and Planning Research (1984—1998)
37	Town Planning Review (TPR)	城镇规划评论	Liverpool University Press	1910	6	
38	Housing, Theory, and Society	住房、理论和社会	Taylor and Francis	1984	5	曾用名：Scandinavian Housing and Planning Research (1984—1998)
39	Journal of Urban Design	城市设计学报	Taylor and Francis	1996	6	Regional Studies Association 主办
40	Journal of Urban History (JUH)	城市历史学报	SAGE	1974	6	
41	Journal of Contemporary Ethnography (JCE)	当代人类学学报	SAGE	1972	6	
42	Urban History	城市历史	Cambridge University Press	1974	4	曾用名 Urban History Yearbook (1974—1991)
43	Planning Perspectives	规划视角	Taylor and Francis	1986	6	International Planning History Society (IPHS) 主办
44	The Journal of Transport and Land Use (JTLU)	交通与土地利用学报	University of Minnesota	2008	1	World Society for Transport and Land Use Research 主办

序号	期刊名称	参考中文译名	出版机构	创刊年份	每年期数	备注
45	Housing Policy Debate	住房政策争鸣	Taylor and Francis	1990	6	
46	Journal of Urban Management	城市管理学报	Elsevier	2012	4	Zhejiang University 和 the Chinese Association of Urban Management 主办
47	City	城市	Taylor and Francis	1996	6	Regional Studies Association 主办
48	International Planning Studies	国际规划研究	Taylor	1996	4	Regional Studies Association 主办
49	Urban Design International	国际城市设计	Palgrave Macmillan	1996	4	
50	Planning Practice & Research (PPR)	规划实践与研究	Taylor and Francis	1986	6	Regional Studies Association 主办
51	Journal of Urbanism: International Research on Placemaking and Urban Sustainability	城市主义学报	Taylor and Francis	2008	4	Congress for the New Urbanism (CNU) 主办
52	Urban Morphology	城市形态	International Seminar on Urban Form	1997	2	International Seminar on Urban Form (ISUF) 主办
53	European Journal of Spatial Development (EJSD)	欧洲空间发展学报	Politecnico di Torino	2003	5	
53	Community Development Journal	社区发展学报	Oxford University Press	1966	4	
54	Area Development and Policy	地区发展和政策	Taylor and Francis	2016	4	Regional Studies Association
55	Journal of Place Management and Development	场所管理和发展学报	Emerald	2008	4	

序号	期刊名称	参考中文译名	出版机构	创刊年份	每年期数	备注
56	Planning Theory & Practice	规划理论与实践	Taylor and Francis	2000	5	
57	International Journal of Urban Sustainable Development	城市可持续发展国际学报	Taylor and Francis	2009	3	
58	Journal of Housing and the Built Environment	住房和建成环境学报	Springer	1986	4	
59	Journal of Planning History	规划历史学报	SAGE	2002	4	The Society for American City and Regional Planning History (SACRPH) 主办
60	都市計画 City Planning Review	都市计划	日本都市計画学会	1952	6	日本都市計画学会主办
61	農村計画学会誌 Journal of Rural Planning Association	农村计划学会会刊	（日本）農村計画学会	1982	4	（日本）農村計画学会主办

风景园林学重要外文学术期刊名录　　　　　　　　　附表 1–6

序号	期刊名称	参考中文译名	出版机构	创刊年份	每年期数	备注
1	Landscape and Urban Planning	景观与城市规划	Elsevier	1974	12	曾用名：Landscape Planning(1974); 合并了 Urban Ecology
2	Urban Forestry & Urban Greening	城市林业与城市绿化	Elsevier	2000	10	
3	Landscape Research	景观研究	Taylor & Francis	1968	8	The Landscape Research Group (LRG) 主办
4	Journal of Landscape Architecture	风景园林学报	Taylor & Francis	2006	3	European Council of Landscape Architecture Schools (ECLAS) 主办
5	Studies in the History of Gardens & Designed Landscapes	园林和设计景观历史研究	Taylor & Francis	1981	4	曾用名：The Journal of Garden History

序号	期刊名称	参考中文译名	出版机构	创刊年份	每年期数	备注
6	Environment and Behavior	环境与行为	SAGE	1969	10	
7	Journal of Environmental Psychology	环境心理学杂志	Elsevier	1981	6	Division of Environmental Psychology of the International Association of Applied Psychology 主办
8	Landscape Journal	景观学报	Universiy of Wisconcin Press	1982	2	Council of Educators in Landscape Architecture (CELA) 主办
9	Landscape Ecology	景观生态学	Springer	1987	12	
10	Health and Place	健康与场所	Elsevier	1995	6	
11	Urban Ecosystems	城市生态系统	Springer	1997	6	
12	Sustainability	可持续性	MDPI	2009	24	
13	Journal of Environmental Planning and Management	环境规划与管理学报	Taylor	1948	14	曾用名：Planning Outlook Series 1 (1948—1965), Planning Outlook (1966—1991)
14	Ambio: A Journal of Environment and Society	安比奥环境与社会杂志	Springer	1972	8	Royal Swedish Academy of Sciences 主办
15	Environmental Impact Assessment Review	环境影响评估评论	Elsevier	1980	6	
16	International Journal of Environmental Research and Public Health	国际环境研究与公共卫生杂志	MDPI	2004	24	
17	Human Ecology	人类生态	Springer	1972	6	

序号	期刊名称	参考中文译名	出版机构	创刊年份	每年期数	备注
18	Topos	拓扑	Callwey	1992	4	
19	LA+ (Landscape Architecture Plus)	景观加	ORO	2015	2	University of Pennsylvania School of Design 主办
20	Land	土地	MDPI	2012	12	
21	Journal of Digital Landscape Architecture	数字风景园林学报	Wichmann	2016	1	Digital Landscape Architecture Conference 主办
22	Landscape Research Record	景观研究实录	CELA	2013	1	Council of Educators in Landscape Architecture (CELA) 主办
23	Journal of Socio-ecological Practice Research	社会生态实践研究学报	Springer	2019	4	
24	Landscape Online	景观在线	https://www.landscape-online.org/	2007	1	International Association for Landscape Ecology (IALE) 主办。曾用名 Living Reviews in Landscape Research (LRLR) (2007—2014)
25	Places Journal	场所学刊	https://placesjournal.org/	1983—2009, 2009	4 (1983—2009), 不定期	
26	Landscape	景观	Berkeley, CA	1951—1994 (已停刊)	2	founded by J.B. Jackson in 1951, to 1968.
27	Landscape Review	景观评论	PKP	1995—2019 (已停刊)	2	Lincoln University (New Zealand)
28	ランドスケープ研究	景观研究	日本造園学会	1925	5	曾用名：造園学雑誌 （1925—1933）、造園雑誌（1934—1994）

附录二

建筑学、城乡规划学、风景园林学（国外）学术会议名录 / Appendix II (Abroad) Academic Conference Directory in Architecture, Planning, and Landscape Architecture

说明：

1. 本名录面向以学术研究者为主体、以学术研究交流为主要目的、具有连续召开周期的学术会议。会议的名称可以是大会（Conference）、会议（Meeting）、研讨会（Symposium）、论坛（Forum）等。一般学术会议（或大型活动的学术会议部分）应该具有开放平等的投稿参与渠道，有公信力的审稿流程，最好也应有论文集或者概要出版。基于这些标准，纯产品展示的展览会（Expo）、纯邀请性质的论坛会议、纯事务性质的理事会会议（Council Meeting）都被排除在本名录外。

2. 考量会议的重要性以促学术研究的及时交流为根本标准，并不完全以覆盖区域大小而定。会议的报告水平、吸引人数、积累年数、投稿系统、举办秩序、会后出版记录情况是整理时考虑的六个主要因素。对于一部分报告水平较高，但是积累年份有限、召开不太稳定的会议，暂时不放在此名录中。

3. 学术会议的邀约、投稿、审稿的时间节点对于参会的研究者十分重要。由于大多数会议每届时间点都会略有差异，请读者根据网站查询最新信息。

4. 中国境内学术会议的传统正在积累形成中。本名录对这些会议处于观察中，待未来成熟后进行更新。

5. 本名录基于笔者有限的理解，得到了各方专家的指点，仅供读者投稿、参会时参考。由于笔者见识有限，恳请读者多提意见，使这个名录更加完善。

建筑学重要国外学术会议名录 附表 2-1

序号	会议名称	会议 / 组织英文缩写	中文参考译名	起始年份	间隔 / 年	会议 / 组织网址
1	International Union of Architects World Congress of Architecture	UIA	国际建筑师学会大会	1948	3	http://www.uia-architectes.org
2	American Institute of Architects Conference on Architecture	AIA	美国建筑师学会年会	1867	1	https://www.aia.org/
3	Conference of Architectural Collegiate School Association	ACSA	（北美）建筑院校联合会年会	1912	1	http://www.acsa-arch.org/
4	Society of Architectural Historians Annual Conference	SAH	（北美）建筑史学家学会年会	1940	1	http://www.sah.org/
5	European Association for Architectural Education Annual Conference	EAAE	欧洲建筑教育协会年会	1975	1	https://www.eaae.be/

序号	会议名称	会议 / 组织英文缩写	中文参考译名	起始年份	间隔 / 年	会议 / 组织网址
6	Architectural Research Centers Consortium Conference	ARCC	建筑研究机构联盟会议	1976	1	https://www.arcc-arch.org/
7	Environmental Design Research Association Conference	EDRA	环境设计研究学会大会	1968	1	http://www.edra.org/
8	人間 環境学会 Man-Environmental Research Association Conference	MERA	（日本）人与坏境学会大会	1982	1	https://mera-web.jp/
9	International Association for People-Environment Studies	IAPS	人与环境研究国际学会大会	1969	2	http://www.iaps-association.org/
10	European Architectural History Network International Meeting	EAHN	欧洲建筑史联络网国际会议	2010	2	https://eahn.org/conferences/
11	International Federation of Interior Architects/Designers Congress	IFI	国际室内建筑师 / 设计师联盟大会	1965	2	https://ifiworld.org/
12	Interior Design Educators Council Annual Conference	IDEC	室内设计教育者委员会年会	1963	1	https://idec.org/annual-conference/
13	American Society of Interior Design National Conference	ASID	美国室内设计协会年会	1975	1	http://www.asid.org/
14	Passive and Low Energy Architecture Conference	PLEA	被动式和低能耗建筑会议	1981	1	http://www.plea-arch.org
15	The International Scientific Committee on Archaeological Heritage Management Annual Meeting	ICAHM	国际考古遗产管理科学委员会年会	1987	1	https://icahm.icomos.org/
16	Association for Computer Aided Design in Architecture Conference	ACADIA	美国计算机辅助建筑设计研究协会	1981	1	http://www.acadia.org/
17	Computer Aided Architectural Design Futures	CAAD future	未来计算机辅助建筑设计国际会议	1986	2	http://www.caadfutures.org/
18	Education and Research in Computer Aided Architectural Design in Europe Conference	eCAADe	欧洲计算机辅助建筑设计研究协会会议	1983	2	http://www.ecaade.org/

序号	会议名称	会议／组织英文缩写	中文参考译名	起始年份	间隔／年	会议／组织网址
19	The USGBC's Annual Greenbuild International Conference	USGBC	美国绿色建筑委员会年度绿色建造国际会议	2002	1	http://www.usgbc.org/
20	Computer Aided Architecture Design Research in Asia	CAADRIA	亚洲计算机辅助建筑设计研究国际会议	1996	1	http://www.caadria.org/
21	Space Syntax Symposium	SSS	空间句法研讨会	1997	2	https://www.spacesyntax.net/symposia/
22	Vernacular Architecture Forum Conference	VAF	乡土建筑论坛会议	1980	1	https://www.vernaculararchitectureforum.org/
23	The International Association for the Study of Traditional Environments Conference	IASTE	国际传统环境研究协会会议	1988	2	https://iaste.org/conferences/
24	National Conference on the Beginning Design Student	NCBDS	（美国）全国设计初步教育会议	1972	1	https://www.beginningdesign.org/About-the-Conference
25	The Nordic Symposium on Building Physics	NSB	北欧建筑物理会议	1987	3	每届迁移
26	The Symposium on Simulation for Architecture and Urban Design	SimAUD	建筑与城市设计仿真研讨会	2010	1	http://www.simaud.org/
27	Architecture, Culture, Spirituality Forum Symposium	ACS	建筑文化精神讨论会	2007	1	https://acsforum.org/
28	The Architects Regional Council of Asia	ARCASIA	亚洲建筑大会	1970	2	http://www.arcasia.org/
29	日本建築学会大会（学術講演会）	AIJ	日本建筑学会年会（学术讲演会）	1917	1	http://www.aij.or.jp/

序号	会议名称	会议／组织英文缩写	中文参考译名	起始年份	间隔／年	会议／组织网址
1	World Planning School Congress	WPSC	世界规划院校大会	2001	5	https://www.gpean-planning.org
2	International Society of City and Regional Planners Annual World Congresses	ISOCARP	国际城市与区域规划师协会年会	1965	1	http://isocarp.org/
3	Association of Collegiate Schools of Planning Annual Conference	ACSP	（北美）规划院校大会年会	1969	1	https://www.acsp.org/
4	Urban Affairs Association Conference	UAA	城市事务协会年会	1969	1	http://urbanaffairsassociation.org/
5	Association of European Schools of Planning Annual Congress	AESOP	欧洲规划院校协会年会	1987	1	http://www.aesop-planning.eu/
6	International Congress of the Asian Planning Schools Association	APSA	亚洲规划院校协会国际大会	1991	2	http://www.apsaweb.org/
7	American Planning Association National Planning Conference	APA	美国规划协会全国规划年会	1910	1	https://www.planning.org/conference/
8	Annual UK–Ireland Planning Research Conference		英国－爱尔兰规划研究年会	早于2008	1	https://psfuk.wordpress.com/
9	Association pour la promotion de l'enseignement et de la recherche en amenagement et urbanisme	APERAU	法语规划院校研究教学促进会年会	1999	1	http://aperau.org/
10	Association of American Geographer Annual Meeting	AAG	美国地理学会年会	1904	1	http://www.aag.org/cs/annualmeeting
11	International Geographical Union Conference	IGU	国际地理联合会区域大会	1871	2	igu-online.org/
12	Transportation Research Board Annual Meeting	TRB	（美国国家科学院）交通研究委员会年会	1920	1	https://www.trb.org/AnnualMeeting/AnnualMeeting.aspx
13	Association of American Geographer Annual Meeting	AAG	美国地理学会年会	1904	1	http://www.aag.org/cs/annualmeeting

序号	会议名称	会议／组织英文缩写	中文参考译名	起始年份	间隔／年	会议／组织网址
14	International Geographical Union Conference	IGU	国际地理联合会区域大会	1871	2	igu-online.org/
15	International Planning History Society Conference	IPHS	国际规划史协会会议	1977	2	http://planninghistory.org/
16	Society For American City & Regional Planning History National Conference on Planning History	SACRPH	北美城市与区域规划史协会全国规划史会议	1986	2	http://www.sacrph.org/
17	Association for Public Policy Analysis and Management Fall Research Conference	APPAM	公共政策分析与管理协会秋季研究会议（年会）	1979	1	https://www.appam.org/
18	International Conference on Computational Urban Planning and Urban Management	CUPUM	计算机与城市规划和管理国际会议	1989	2	https://cupum.co/events/
19	International Association for China Planning Conference	IACP	国际中国规划学会年会	2005	1	www.chinaplanning.org/
20	International Seminar of Urban Form	ISUF	城市形态国际研讨会	1996	1	http://www.urbanform.org
21	International Conference on Urban Climatology Conference	ICUC	国际城市气候学会议	1989	3	https://www.urban-climate.org/icuc/
22	The Velo-City Conference (European Cyclist' Federation)	Velo City	欧洲城市自行车交通会议	1983	1	http://www.ecf.com/projects/velo-city-2/
23	日本都市計画学会年度全国大会（論文発表会）	TPIJ	日本都市计划学会年会	1966	1	https://www.cpij.or.jp/

风景园林学重要国外学术会议名录　　　　　　　　　　　　附表 2-3

序号	会议名称	会议／组织英文缩写	中文参考译名	起始年份	间隔／年	会议／组织网址
1	International Federation of Landscape Architects World Congress	IFLA	国际风景园林师联盟世界大会	1948	1	www.iflaonline.org

序号	会议名称	会议／组织英文缩写	中文参考译名	起始年份	间隔／年	会议／组织网址
2	American Society of Landscape Architects Annual Meeting	ASLA	美国景观设计师协会年会	1898	1	www.asla.org
3	Council of Educators in Landscape Architecture Conference	CELA	（北美）景观教育委员会年会	1920	1	www.thecela.org
4	European Council of Landscape Architecture Schools Conference	ECLAS	欧洲景观教育院校联合会年会	1991	1	www.eclas.org
5	International Association of Landscape Ecology World Congress	IALE–World	国际景观生态联盟世界大会	1983	4	www.ialeworldcongress.org/
6	IALE–North American Annual Meeting	IALE–North America	国际景观生态联盟北美年会	1986	1	https://www.ialena.org/
7	The National Recreation and Park Association Annual Conference	NRPA	（美国）全国游乐与公园协会年会	1965	1	https://www.nrpa.org/
8	International Union for Conservation of Nature – World Conservation Congress	IUCN	世界自然保护区联盟世界保护区大会	1948	4	https://www.iucn.org/our-union/iucn-world-conservation-congress
9	Annual International Digital Landscape Architecture Conference	DLA	国际风景园林信息技术年会	1999	1	https://www.dla-conference.com/
10	Society for Ecological Restoration World Conference	SER	恢复生态学学会世界大会	2005	2	https://www.ser.org/page/WorldConference
11	The Ecosystem Services Partnership World Conference	ESP	生态系统服务协作组织世界大会	2008	2	https://www.es-partnership.org/
12	日本造園学会年度全国大会（研究発表会）	JILA	日本造园学会年会	1925	1	https://www.jila-zouen.org/

索 引/Index

参考文献／Reference

1. 外文类

Ackerman, J. S.. A Theory of Style[J]. The Journal of Aesthetics and Art Criticism, 1962, 20(3): 227-237.

Alberti, Leon Battista. On the Art of Building in Ten Books[M]. Cambridge, MA: MIT Press, 1988.

Alexander, Christopher. A Pattern Language: Towns, Buildings, Construction[M]. New York, NY: Oxford University Press, 1977.

Alexander, Christopher. The Timeless Way of Building[M]. New York, NY: Oxford University Press, 1979.

Alofsin, Anthony. The Struggle for Modernism: Architecture, Landscape Architecture, and City Planning at Harvard[M]. New York, NY: W. W. Norton & Company, 2002.

Babbie, Earl. The Practice of Social Research[M]. 12th Edition. Belmont, CA: Wadsworth, 2010.

Bacon, Edmund N. Design of Cities[M]. London: Thames and Hudson, 1976.

Barker, Roger Garlock. Wright, Herbert Fletcher. One Boy's Day: A Specimen Record of Behavior[M]. New York, NY: Harper.

Barnett, Jonathan. Short Guide to 60 of the Newest Urbanisms and There Could be Many More[J]. Planning, 2011, 77(4): 19-21.

Bausell, R. Barker. Conducting Meaningful Experiments: 40 Steps to Becoming a Scientist[M]. Thousand Oaks, CA: Sage Publications, 1994.

Berliner, Nancy. Yin Yu Tang: The Architecture and Daily Life of a Chinese House[M]. North Clarendon, VT: Tuttle Publishing, 2013.

Boerschmann, Ernst. Chinesische Architektur(2 vols) [M]. Berlin: E. Wasmuth, 1925.

Booth, Wayne C..Colomb, Gregory G.. Williams, Joseph M.. The Craft of Research[M]. 3rd Edition. University of Chicago Press, 2008.

Brown, G. Z.. DeKay, Mark. Sun, Wind, and Light: Architectural Design Strategies[M]. Hoboken, NJ: John Wiley & Sons, 1987.

Camerer, Colin F., Anna Dreber, Felix Holzmeister, Teck-Hua Ho, Jürgen Huber, Magnus Johannesson, Michael Kirchler, et al. Evaluating the Replicability of Social Science Experiments in Nature and Science Between 2010 and 2015[J]. Nature Human Behaviour, 2018, 2(9): 637-644.

Caplow, Theodore. Howard M. Bahr. Bruce A. Chadwick. Dwight W. Hoover. All Faithful People: Change and Continuity in Middletown's Religion[M]. Minneapolis, MN: University of Minnesota Press, 1983.

Collins, Hilary. Creative Research: The Theory and Practice of Research for the Creative Industries[M]. New York, NY: Bloomsbury Visual Arts, 2018.

Commission on the Humanities. The Humanities in American Life: Report of the Commission on the Humanities[M]. Berkeley, CA: University of California Press, 1980.

Conan, Michel (ed). Environmentalism in Landscape Architecture[M]. Washington D.C.: Dumbarton Oaks, 2000.

Conrads, Ulrich (ed). Programs and Manifestoes on 20th-century Architecture[M]. Bullock, Michael(trans).

Cambridge, MA: MIT Press, 1971.

Contandriupoulos, Christina. Francis, Harry Mallgrave (eds). Architectural Theory: Volume II an Anthology from 1871-2005[M]. Hoboken, NJ: Blackwell Publishing, 2008.

Corbusier, Le. Towards a New Architecture[M]. New York, NY: Dover Publications, 2013.

Cranz, Galen. Boland, Michael. Defining the Sustainable Park: A Fifth Model for Urban Parks[J]. Landscape Journal, 2004, 23(2):102-120.

Cranz, Galen. The Politics of Park Design: A History of Urban Parks in America[M]. Cambridge, MA: MIT Press, 1989.

Creswell, John W. Cheryl N. Poth. Qualitative Inquiry and Research Design: Choosing among Five Approaches[M]. Thousand Oaks, CA: SAGE Publications, 2016.

Creswell, John W. Educational Research: Planning, Conducting, and Evaluating Quantitative[M]. Upper Saddle River, NJ: Prentice Hall, 2002.

Crouch, Christopher. Pearce, Jane. Doing Research in Design[M]. New York, NY: Bloomsbury Publishing, 2013.

Deming, M. Elen. Swaffield, Simon. Landscape Architectural Research: Inquiry, Strategy, Design[M]. Hoboken, NJ: John Wiley & Sons, 2011.

Dewey, John. Experience and Education[M]. New York, NY: Touchstone, 1997.

Dixon, Hunt John (ed). Garden History: Issues, Approaches, Methods[M]. Washington, DC: Dumbarton Oaks Research Library and Collection, 1992.

Eisenhardt, Kathleen M.. Melissa E. Graebner. Theory Building from Cases: Opportunities and Challenges[J]. Academy of Management Journal, 2007, 50(1): 25-32.

Emerson, Ralph Waldo. Essays & Lectures[M]. New York, NY: Library of America, 1983.

Erdberg, Eleanor von. Chinese Influence on European Garden Structures[M]. Cambridge, MA: Harvard University Press, 1936.

Evans, Jonathan. Thinking and Reasoning: A Very Short Introduction[M]. Cambridge, UK: Oxford University Press, 2017.

Farthing, Stuart. Research Design in Urban Planning: A Student's Guide[M]. Thousand Oaks, CA: SAGE Publications, 2015.

Fathi, Hasan. Architecture for the Poor: An Experiment in Rural Egypt[M]. Chicago, IL: University of Chicago Press, 1973.

Ford, Edward R. The Details of Modern Architecture(Vol.1) [M]. Cambridge, MA: MIT Press, 2003.

Forsyth, Ann. Reforming Suburbia. The planned communities of Irvine, Columbia, and The Woodlands[M]. Oakland, CA: University of California Press, 2005.

Frampton, Kenneth. Gitta Domik. Elizabeth R. Jessup. Carolyn JC Schauble. Studies in Tectonic Culture: The Poetics of Construction in Nineteenth and Twentieth Century Architecture[M]. Cambridge, MA: MIT Press, 1995.

Francis, Mark. A Case Study Method for Landscape Architecture[J]. Landscape Journal, 2001, 20(1): 15-29.

Fraser, Murray(ed). Design Research in Architecture: An Overview[M]. Abingdon: Routledge, 2013.

Furay, Conal. Salevouris, Michael J.. The Methods and Skills of History: A Practical Guide [M]. 3rd Edition. Hoboken, NJ: Willey Blackwell, 2009.

Gatje, Robert F. Great Public Squares: An Architect's Selection[M]. New York, NY: W. W. Norton & Company, 2010.

Gehl, Jan. Cities for People[M]. Washington, DC: Island Press, 2013.

Gehl, Jan. Life Between Buildings: Using Public Space Copenhagen[M]. Copenhagen, Denmark: Danish Architectural Press, 1971.

Gehl, Jan. Svarre, Birgitte. How to Study Public Life[M]. Washington, DC: Island Press, 2013.

Gensler(ed). Gensler Research Catalogue[M]. Novato, CA: ORO Editions, 2014.

Giedion, Sigfried. Space, Time and Architecture: The Growth of a New Tradition[M]. Cambridge, MA: Harvard University Press, 1967.

Glaser, Barney G.. Anselm Leonard Strauss. Awareness of Dying[M]. Piscataway, NJ: Transaction Publishers, 1966.

Gottschalk, Louis Reichenthal. Understanding History: A Primer of Historical Method[M]. New York, NY: Knopf, 1950.

Groat, Linda N.. Wang, David. Architectural Research Methods[M]. 2nd Edition. Hoboken, New Jersey: Wiley, 2013.

Hays, K. Michael(ed). Architecture Theory Since 1968[M]. Cambridge, MA: MIT Press, 2000.

Helphand, Kenneth I. Defiant Gardens: Making Gardens in Wartime[M]. San Antonio, TX: Trinity University Press, 2006.

Herrington, Susan. Landscape Theory in Design[M]. Milton Park, Oxfordshire: Taylor & Francis, 2016.

Hirschfeld, Christian Cajus Lorenz. Hirschfeld, Hirschfeld. Theory of Garden Art[M]. University of Pennsylvania Press, 2001.

Ignatow, Gabe. Mihalcea, Rada. An Introduction to Text Mining: Research Design, Data Collection, and Analysis[M]. Thousand Oaks, CA: Sage Publications, 2017.

Judd, Richard W.. Second Nature: An Environmental History of New England[M]. Amherst, MA: University of Massachusetts Press, 2014.

Jungnickel, Kat (ed). Transmissions: Critical Tactics for Making and Communicating Research[M]. Cambridge, MA: MIT Press, 2020.

Kahn, Louis I.. Dung Ngo. Peter C. Papademetriou. Louis Kahn: Conversations with Students[M]. Hudson, NY: Princeton Architectural Press, 1998.

Karson, Robin S. Fletcher Steele, Landscape Architect: An Account of the Garden Maker's Life, 1885-1971 [M]. Thousand Oaks, CA: Sage Press, 1989.

Kostof, Spiro. The City Shaped: Urban Patterns and Meanings Through History[M]. Boston, MA: Bulfinch, 1991.

Kruft, Hanno-Walter. History of Architectural Theory[M]. Hudson, NY: Princeton Architectural Press, 1994.

Kuhn, Thomas S. The Structure of Scientific Revolutions[M]. Chicago, IL: University of Chicago Press, 1962.

Kühne, Olaf. Landscape Theories: A Brief Introduction[M]. New York, NY: Springer, 2019.

Lai, Delin. Idealizing a Chinese Style: Rethinking Early Writings on Chinese Architecture and the Design of the National Central Museum in Nanjing[J]. Journal of the Society of Architectural Historians, 2014, 73(1): 61-90.

Lassiter, Luke E.. Campbell, Elizabeth. Goodall, Hurley. Johnson, Michelle Natasya. The Other Side of Middletown: Exploring Muncie's African American Community[M]. Walnut Creek, CA: AltaMira Press, 2004.

Laurel, Brenda. Design Research: Methods and Perspectives[M]. Cambridge, MA: MIT Press, 2003.

Leach, Andrew. What is Architectural History? [M]. Hoboken, NJ: John Wiley & Sons, 2013.

Leedy, Paul D.. Ormrod, Jeanne Ellis. Practical Research[M]. New York, NY: Pearson Custom, 2005.

Leitch, Vincent B.. William E. Cain (eds). The Norton Anthology of Theory and Criticism[M]. New York, NY: W. W. Norton & Company, 2010.

Lewis, Pierce F. Axioms for Reading the Landscape. Some Guides to the American Scene[C]// Meinig, Donald William (ed). The Interpretation of Ordinary Landscapes: Geographical Essays. New York, NY: Oxford University Press, 1979: 33-48.

Lucas, Ray. Research Methods for Architecture[M]. London: Laurence King Publishing, 2016.

Lynch, Kevin. The Image of the City[M]. Cambridge, MA: MIT Press, 1960.

Lynd, Robert S.. Lynd, Helen Merrell. Middletown in Transition: A Study in Cultural Conflicts[M]. New York, NY: Harcourt, Brace, and Company, 1937.

Lynd, Robert S.. Lynd, Helen Merrell. Middletown: A Study in Modern American Culture[M]. New York, NY: Harcourt, Brace, and Company, 1929.

McHarg, Ian L. Design with Nature[M]. New York, NY: American Museum of Natural History, 1969.

Miller, James J. An Environmental History of Northeast Florida[M]. Gainesville, FL: University Press of Florida, 1998.

Mumford, Lewis. The City in History[M]. Gretna, LA: Pelican Books, 1966.

Muratovski, Gjoko. Research for Designers: A Guide to Methods and Practice[M]. Thousand Oaks, CA: SAGE Publications, 2015.

Murphy, Michael D. Landscape Architecture Theory: An Evolving Body of Thought[M]. Long Grove, IL: Waveland Press, 2005.

Nagel, Jennifer. Knowledge: A Very Short Introduction[M]. Oxford, UK: Oxford University Press, 2014.

Newton, Norman T. Design on the Land: The Development of Landscape Architecture[M]. Cambridge, MA: Harvard University Press, 1971.

Niezabitowska, Elzbieta Danuta. Research Methods and Techniques in Architecture[M]. Abingdon: Routledge, 2018.

Ockman, Joan. Williamson, Rebecca(Ed). Architecture School: Three Centuries of Educating Architects in North America[M]. Cambridge, MA: MIT Press, 2012.

O' Grady, Jenn Visocky. O' Grady, Ken Visocky. A Designer's Research Manual[M]. 2nd Edition Gloucester,

MA: Rockport, 2017.

Perrault, Claude. Ordonnance for the Five Kinds of Columns after the Method of the Ancients[M]. McEwen, Indra Kagis(trans).Los Angeles, CA: Getty Publication, 1993.

Pevsner, Nikolaus. A History of Building Types[M]. London: Thames and Hudson, 1976.

Pregill, Philip. Volkman, Nancy. Landscapes in History: Design and Planning in the Eastern and Western Traditions[M]. Hoboken, NJ: John Wiley & Sons, 1999.

Richard T. T. Forman. Land Mosaics: The Ecology of Landscapes and Regions[M]. Cambridge, MA: Cambridge University Press, 1995.

Robertson, David P. Hull R. Bruce. Which Nature? A Case Study of Whitetop Mountain[J]. Landscape Journal, 2001, 20(2): 176-185.

Rogers, Elizabeth Barlow. Landscape Design: A Cultural and Architectural History[M]. New York, NY: Harry N. Abrams, 2001.

Rosenhan, David. On Being Sane in Insane Places[J]. Science, 1973, 179 (4070): 250-258.

Roth, Leland M. Understanding Architecture: Its Elements, History, and Meaning[M]. Abingdon: Routledge, 2018.

Rudofsky, Bernard. Architecture without Architects: A Short Introduction to Non-pedigreed Architecture[M]. Albuquerque, NM: University of New Mexico Press, 1987.

Salevouris, Michael J. The Methods and Skills of History: A Practical Guide[M]. Hoboken, New Jersey: John Wiley & Sons, 2015.

Samuel, Flora. Dye, Anne. Demystifying Architectural Research: Adding Value to Your Practice[M]. Abingdon: Routledge, 2019.

Silva, Elisabete A., et al. (eds). The Routledge Handbook of Planning Research Methods[M]. Abingdon: Routledge, 2014.

Song, Yang. Zhang, Bo. Using Social Media Data in Understanding Site-scale Landscape Architecture Design: Taking Seattle Freeway Park as an Example[J]. Landscape Research, 2020, 45(5): 627-648.

Steiner, Frederick. R. The Living Landscape: An Ecological Approach to Landscape Planning[M]. New York, NY: McGraw Hill, 1991.

Thayer, Robert L. Gray World, Green Heart: Technology, Nature, and the Sustainable Landscape[M]. Hoboken, NJ: Wiley, 1993.

Thayer, Robert L. Visual Ecology: Revitalizing the Aesthetic of Landscape Architecture[J]. Landscape, 1976, 20(2): 37-43.

Treib, Marc (ed). Modern Landscape Architecture: A Critical Review[M]. Cambridge, MA: MIT Press, 1994.

Ulrich,RS. View Through a Window may Influence Recovery From Surgery[J]. Science,1984, 224(4647):420-421.

Van den Brink, Adri, et al. (eds). Research in Landscape Arhitecture: Methods and Methodology[M]. Abingdon: Routledge, 2016.

Vasari, Giorgio. The Lives of the Artists[M]. Bondanella, Julia Conaway (trans). Bondanella, Peter(trans). Oxford and New York: Oxford University Press, 1991.

Vaughan, Laurene (ed). Practice based Design Research[M]. New York, NY: Bloomsbury Publishing, 2017.

Venturi, Robert. Martino Stierli. Brownlee, David Bruce. Complexity and Contradiction in Architecture[M]. New York, NY: The Museum of Modern Art, 1977.

Venturi, Robert. Scott, Denise. Izenour, Steven. Learning from Las Vegas: The Forgotten Symbolism of Architectural Form[M]. Cambridge, MA: MIT Press, 1977.

Whyte, William Foote. Street Corner Society[M]. Chicago, IL: University of Chicago Press, 1967.

Whyte, William Hollingsworth. The Social Life of Small Urban Spaces[M]. New York, NY: Project for Public Spaces, 1980.

Williamson, Timothy. Philosophical Method: A Very Short Introduction[M]. Oxford, UK: Oxford University Press, 2020.

Wood, Christopher S. A History of Art History[M]. Hudson, NY: Princeton University Press, 2019.

Yin, Robert K. Case Study Research and Applications: Design and Methods[M]. Thousand Oaks, CA: Sage Publications, 2017.

Yin, Robert K.. Case Study Research: Design and Methods[M]. Thousand Oaks, CA: Sage Publications, 1994.

Zeisel, John. Inquiry by Design: Environment/Behavior/Neuroscience in Architecture, Interiors, Landscape, and Planning[M]. New York, NY: W. W. Norton & Company, 2006.

Zhang, Bo. Ian Mcharg's Operational Aesthetics[J]. Landscape Research Record, 2019 (8):88-102.

[日] 安藤忠雄 . 建築を語る [M]. 东京：东京大学出版会 , 1999.

[日] 九龍城探検隊（著，写真）. 可児弘明（監修）. 寺澤一美（插图）. 大図解九龍城 [M]. 东京：岩波書店，1997.

[日] 日本建築学会 . 建築 · 都市計画のための調査 · 分析方法 [M]. 东京：井上書院 , 2012.

2. 中文译著类

[德] 阿图尔 · 叔本华 . 叔本华美学随笔 [M]. 韦启昌，译 . 上海：上海人民出版社 , 2009.

[德] 黑格尔 . 法哲学原理 [M]. 范扬，张企泰，译 . 北京：商务印书馆 , 1978.

[意] 贝奈戴托 · 克罗齐 . 历史学的理论和实际 [M]. 傅任敢，译 . 北京：商务印书馆 , 1982.

[法] 弗朗斯瓦 · 魁奈 . 中华帝国的专制制度 [M]. 谈敏，译 . 北京：商务印书馆 , 1992.

[美] 爱默生 . 爱默生集 [M]. 赵一凡，译 . 北京：生活 · 读书 · 新知三联书店 , 1993.

[英] 柯林武德 . 历史的观念 [M]. 何兆武，张文杰，译 . 北京：商务印书馆 , 1997.

中共中央马克思恩格斯列宁斯大林著作编译局 . 马克思恩格斯选集（第 1-4 卷）[M]. 北京：人民出版社 , 1972.

3. 中文论著类

曹汛 . 李诫本名考正 [J]. 中国建筑史论汇刊 , 2010.

曾繁智 . 跳逍遥舞 乱照像——地标建筑形象简析（上）[EB/OL]. 2005-09-18. [2018-01-08]. http://topic.abbs.com.cn/topic/read.php?cate=2&recid=14779.

曾繁智 . 跳逍遥舞 乱照像——地标建筑形象简析（下）[EB/OL]. 2005-09-18. [2018-01-08]. http://topic.abbs.com.cn/topic/read.php?cate=2&recid=15018.

陈波 . 与大师一起思考 [M]. 北京 : 北京大学出版社 , 2012.

陈从周 , 蒋启霆 , 赵厚均 . 园综 [M]. 上海 : 同济大学出版社 , 2004.

陈从周 , 陈健行（摄影）. 说园 [M]. 上海 : 同济大学出版社 , 1984.

风笑天 . 社会研究方法 [M].4 版 . 北京 : 中国人民大学出版社 , 2013.

冯军旗 . 中县干部 [D]. 北京 : 北京大学 , 2010.

傅斯年 . 史学方法导论 [M]. 上海 : 上海古籍出版社 , 2011.

胡适 . 有几分证据说几分话 : 胡适谈治学方法 [M]. 北京 : 北京大学出版社 , 2014.

赖德霖 . 走进建筑 , 走进建筑史 : 赖德霖自选集 [M]. 上海 : 上海人民出版社 , 2012.

李国豪 . 建苑拾英 : 中国古代土木建筑科技史料选编（第三辑）[M]. 上海 : 同济大学出版社 , 1999.

李祯 . 中国传统建筑木作工具 [M]. 上海 : 同济大学出版社 , 2004.

梁思成 . 梁思成全集 [M]. 北京 : 中国建筑工业出版社 , 2001.

梁思成 . 清式营造则例 [M]. 北京 : 中国建筑工业出版社 , 1981.

刘敦桢 . 中国古代建筑史 [M]. 北京 : 中国建筑工业出版社 , 1980.

刘建平 . 德以立教 严以治学——记天津大学建筑系创始人徐中先生 [C]// 李家俊 . 天大风骨——十八罗汉纪实 . 天津 : 天津大学出版社 , 2016.

马国馨 . 有幸两度从师门——忆恩师汪坦 [J]. 建筑学报 , 2011(11): 98-101.

马卫东 . 历史学的理论与方法 [M]. 北京 : 北京师范大学出版社 , 2009.

毛泽东 . 毛泽东选集（第 1-4 卷）[M]. 北京 : 人民出版社 , 1992.

毛泽东 . 毛泽东选集（第 5 卷）[M]. 北京 : 人民出版社 , 1977.

潘绥铭 . 生存与体验 : 对一个地下"红灯区"的追踪考察 [M]. 北京 : 中国社会科学出版社 , 2008.

彭一刚 . 中国古典园林分析 [M]. 北京 : 中国建筑工业出版社 , 1986.

彭一刚 . 传统村镇聚落的景观分析 [M]. 北京 : 中国建筑工业出版社 , 1992.

齐康 . 杨廷宝谈建筑 [M]. 北京 : 中国建筑工业出版社 , 1991.

饶尚宽 . 老子 [M]. 北京 : 中华书局 , 2006.

帅银川 , 贺大龙 . 平顺天台庵弥陀殿修缮工程年代的发现 [N]. 中国文物报 , 2017-03-17(08).

司马迁 . 史记 [M]. 北京 : 中华书局 , 1982.

司徒立 . 致许江 : 谈教学的一封信 [EB/OL]. 2018-07-10. [2019-04-15]. ttps://www.sohu.com/a/240389515_664182.

童寯 . 江南园林志 [M]. 北京 : 中国建筑工业出版社 , 1984.

王向荣 , 林箐 . 西方现代景观设计的理论与实践 [M]. 北京 : 中国建筑工业出版社 , 2002.

萧默 . 敦煌建筑研究 [M]. 北京 : 文物出版社 , 1989.

杨伯峻 . 孟子译注 [M]. 北京 : 中华书局 , 1960.

杨祥银 . 当代美国口述史学的主流趋势 [J]. 社会科学战线 , 2011(2): 68-80.

张波, 金霁. 受中国影响的美国园林和建筑名录 [J]. 中国园林, 2016(4): 117-123.

张波. 建筑学科的学术化和理论积累的三种范式 [J]. 建筑师, 2019(1):88-93.

张波. 中国对美国建筑和景观的影响概述 (1860—1940)[J]. 建筑学报, 2016(3):6-12.

张楠. 当代建筑创作手法解析 : 多元 + 聚合 [M]. 北京 : 中国建筑工业出版社, 2003.

张永和. 非常建筑 [M]. 哈尔滨 : 黑龙江科学技术出版社, 1997.

赵晓龙, 侯韫婧, 张波. 额定供给运动容量——搭建绿地规划与运动健康的空间桥梁 [J]. 城市建筑, 2018(3): 15-19.

郑梁生. 史学方法 [M]. 台中 : 五南图书出版股份有限公司, 2002.

周卜颐. 周卜颐文集 [M]. 北京 : 清华大学出版社, 2003.

朱光亚. 中国古典园林的拓扑关系 [J]. 建筑学报, 1988(8): 33-36.

朱启钤. 营造论 [M]. 天津 : 天津大学出版社, 2009.

朱熹. 四书章句集注 [M]. 北京 : 中华书局, 1983.

朱育帆, 郭湧. 设计介质论——风景园林学研究方法论的新进路 [J]. 中国园林, 2014(7):5-10.

致 谢 / Acknowledgement

本书的写作得到了诸多师长、朋友、学生的帮助，在此致以深深的谢意。

我在俄克拉荷马州立大学的同事 Michael Holmes 老师、Cheryl Mihalko 老师、罗青老师、Janet Cole 老师、Lou Anella 老师、Burce Dunn 老师、王檬老师、张少倩老师，德克萨斯农工大学宋阳老师，路易威尔大学赖德霖老师，伊利诺伊大学胡洁老师，犹他州立大学杨波老师，佛罗里达大学罗毅老师，西弗吉尼亚大学江珊老师，普渡大学黄伊玮老师，香港大学姜斌老师等，给予了我学术、工作、生活各方面的支持和帮助。

我在鲍尔州立大学任教期间，系主任 Jody Rosenblatt Naderi 老师指定我讲授"研究方法"课程——本书的框架就是从讲授该课程的基础上逐步搭建的。感谢学习该课程的同学对我教学活动中的启发和协助。我的同事 Malcolm Cairns 老师、John Motloch 老师、Marsha Hunt 老师、Carla Corbin 老师、Meg Calkins 老师、Robert Baas 老师、Joe Blalock 老师、Miran Day 老师、Larry Barrow 老师、Lohren Deeg 老师等，和我有很多学术上、工作上的交流，并给我诸多生活上的帮助。

我在佛罗里达大学学习期间，佛罗里达大学前主任 Terry Schnadelbach 老师、Maxine Schnadelbach 建筑师、Peggy Carr 老师、彭仲仁老师、克莱姆森大学 Mary Padua 老师，俄勒冈大学任兰滨博士，佛罗里达大学杨飞博士，伊利诺伊大学赵巍博士等，给我诸多指点和帮助。

在研究方法课程"中国化"的过程中，清华大学杨锐老师邀请我于 2014 年 5 月到该校做了关于研究方法的讲座。2014 年 6 月赵晓龙老师邀请我到哈尔滨工业大学做了关于研究方法的系列讲座，第一次相对完整地用中文讲授了该课程。此后，赵晓龙老师、朱逊老师、赵巍老师促成了我客座哈尔滨工业大学、连续多年讲授该课程。2015 年 6 月北京交通大学曾忠忠老师、夏海山老师、佘高红老师、盛强老师促成了我在该校的客座教授计划，多次讲授了该课程；在此期间，蒙东南大学王建国老师评估听课，给予了我很多指点和鼓励。在前两所学校连续完整讲授的经历，使本书结构趋于完善。华中科技大学李保峰老师、戴菲老师、赵纪军老师、王通老师，哈尔滨工业大学（深圳）宋聚生老师、刘堃老师，华中农业大学高翅老师、杜雁老师，西南交通大学沈中伟老师、刘一杰老师、周斯翔老师，北京大学王志芳老师，重庆大学毛华松老师，天津大学张天洁老师，同济大学周宏俊老师、刘珊珊老师，中央美术学院侯晓蕾老师，武汉大学武静老师，上海交通大学陈丹老师，北京林业大学黄晓老师、薛晓飞老师，东北林业大学庞颖老师，海南大学张华立老师，合肥工业大学凌峰老师，浙江农林大学王欣老师、鲍沁星老师，北京建筑大学傅凡老师，吉林建筑大学莫畏老师，湖北工业大学张辉老师，绍兴文理学院郑逸汶老师等师长朋友先后邀请我到中国各地考察、讲座、做训练营、参与硕博士论文答辩，这些帮助都直接丰富了本书的内容。通过研究原理的讲授，不少研究初学者为研究的构思和行动找到通径，使我感到这项工作是有意义的。在深入的讨论活动中，我也亲眼看到更多为研究而困惑的专业人士和研究者，希望本书的出版能够为他们提供一些可能的帮助。

John Zeisel、Linda Groat、David Wang、章俊华、戴菲、Elen Deming、Simon Swaffield等先行者在建筑学、城乡规划学、风景园林学等学科的研究方法开创了不同的通径，本书在相应引注位置给予了致敬。超越这些学者的论述，是本书可能得到的最高评价，同时也是本书完成的最低要求。

《建筑师》杂志主编李鸽和编辑陈海娇老师作为本书的责任编辑，为本书付出了大量心血和智慧，没有他们的创造性劳动，本书的出版是不可能的。中国建筑工业出版社原副总编辑王莉慧老师为本书的立项搭建了桥梁。邱小嫦同学在紧张的学习工作之余，为本书画了30余幅精美的钢笔画插图。卞晴、王璐、赵英君、吕倩楠、杨艺等同学协助我完成了部分流程图的绘制。高铭、温贺帆、刘梦涵等同学协助整理了部分学术刊物和学术会议的内容。特此致谢。还有更多政府、设计、地产、实业界师长朋友带给我帮助和启发，这里不一一列举。

我的爱人刘曦承担了烦琐的家务，保证了我日常的写作计划。我的父母、岳父母为我的写作和研究创造了很好的条件。小女张得一虽然对本书没有任何贡献，但是她的到来使笔者有一种及时完成和不断学习的紧迫感，因而也乐意把她放到致谢当中。

图书在版编目（CIP）数据

建筑·规划·园林研究方法论 = Research Methods
in Architecture, Urban Planning and Landscape
Architecture / 张波著 . —北京：中国建筑工业出版
社，2022.9（2024.1 重印）
ISBN 978-7-112-27504-5

Ⅰ.①建… Ⅱ.①张… Ⅲ.①建筑科学—研究 Ⅳ.
① TU

中国版本图书馆CIP数据核字（2022）第100770号

责任编辑：陈海娇 李 鸽
书籍设计：强 森
责任校对：孙 莹

建筑·规划·园林研究方法论

Research Methods in Architecture
Urban Planning and Landscape Architecture

张 波 著
Bo Zhang

*

中国建筑工业出版社出版、发行（北京海淀三里河路9号）
各地新华书店、建筑书店经销
北京海视强森文化传媒有限公司制版
建工社（河北）印刷有限公司印刷

*

开本：787 毫米 × 1092 毫米 1/16 印张：38¼ 字数：770 千字
2023 年 3 月第一版 2024 年 1 月第二次印刷
定价：**118.00** 元
ISBN 978-7-112-27504-5
（39563）